WILEY

北京理工大学"双一流"建设精品出版工程

Rocket Propulsion Elements（9th Edition）

火箭发动机基础

（英文第9版）

[美]乔治·萨顿（George P. Sutton）　[美]奥斯卡·比布拉兹（Oscar Biblarz）◎著
谢　侃　李世鹏　李军伟　张　平　王　建　等◎译

北京理工大学出版社
BEIJING INSTITUTE OF TECHNOLOGY PRESS

版权专有　侵权必究

图书在版编目（CIP）数据

火箭发动机基础：第9版/（美）乔治·萨顿（George P. Sutton），（美）奥斯卡·比布拉兹（Oscar Biblarz）著；谢侃等译. —北京：北京理工大学出版社，2019.6（2024.12重印）

书名原文：Rocket Propulsion Elements, 9th Edition

ISBN 978-7-5682-7143-1

Ⅰ. ①火…　Ⅱ. ①乔…②奥…③谢…　Ⅲ. ①火箭发动机　Ⅳ. ①V43

中国版本图书馆 CIP 数据核字（2019）第 122476 号

北京市版权局著作权合同登记号　图字 01-2017-5492 号

Title: Rocket Propulsion Elements 9th Edition by George P. Sutton and Oscar Biblarz, ISBN：9781118753651

Copyright© 2017 JohnWiley&SonsLtd

All Rights Reserved. Authorised translation from the English language edition published by John Wiley & Sons Limited. Responsibility for the accuracy of the translation rests solely with Beijing Institute of Technology Press Co., LTD and is not the responsibility of John Wiley & Sons Limited. No part of this book may be reproduced in any form without the written permission of the original copyright holder, John Wiley & Sons Limited.

出版发行 /	北京理工大学出版社有限责任公司
社　　址 /	北京市海淀区中关村南大街 5 号
邮　　编 /	100081
电　　话 /	（010）68914775（总编室）
	（010）82562903（教材售后服务热线）
	（010）68948351（其他图书服务热线）
网　　址 /	http://www.bitpress.com.cn
经　　销 /	全国各地新华书店
印　　刷 /	三河市华骏印务包装有限公司
开　　本 /	787 毫米 × 1092 毫米　1/16
印　　张 /	37.75
字　　数 /	886 千字
版　　次 /	2019 年 6 月第 1 版　2024 年 12 月第 3 次印刷
定　　价 /	138.00 元

责任编辑 / 张海丽
文案编辑 / 张海丽
责任校对 / 周瑞红
责任印制 / 李志强

图书出现印装质量问题，请拨打售后服务热线，本社负责调换

本书译者及分工

第1章　徐　博　谢　侃　张　平
第2章　俞　点　徐　博　谢　侃　王　建
第3章　李军伟　王茹瑶
第4章　李军伟　韩　磊
第5章　李军伟　张智慧
第6章　李军伟　马宝印　席运志
第7章　李军伟　周心远
第8章　李军伟　王茹瑶　刘　帅　武婷文
第9章　李军伟　宋岸忱
第10章　李世鹏　陈　琪
第11章　李世鹏　陶　涛
第12章　李世鹏　王斯强
第13章　李世鹏　王　倩
第14章　李世鹏　王昕远
第15章　李世鹏　王昕远
第16章　李世鹏　陈　琪　王斯强　王昕远　李印欣　王　倩　陶　涛
第17章　王宽宇　谢　侃　金　戈　张　平
第18章　陈湘南　谢　侃　张　平
第19章　黄　刚　谢　侃　王　建
第20章　艾诗迪　谢　侃　王　建
第21章　王　冉　谢　侃　张　平

全书由王冉和谢侃统稿。

译者序

从上一版中译本出版至今已经过去 15 年,2003—2018 年,世界航天领域虽然没有发生翻天覆地的变化,但从技术应用的广度而言超过了之前任何一个 15 年。一方面,航天飞机的退役与中国在"神舟""嫦娥"和"天宫"等项目上取得的一系列成功使国际航天领域的力量对比发生了微妙的变化;另一方面,私营公司作为新兴力量的代表加入了航天发射阵营,人类似乎即将迎来航天商业时代。此外,人类对于未知太空的探索从未停止,越来越多的科研卫星和探测器发射升空。人们在日常生活中也更多地享受到人类航天给生活带来的种种便利。人类航天拨开了神秘的面纱,这使得越来越多的中国人开始关注这一领域并投身于此。在下一个 15 年人类航天将去往何处无从知晓,但人类的航天探索之路从来都充满挑战、辉煌与无尽的未知,我们相信,它一定是决定人类未来命运的所在。

航天推进技术和火箭发动机是人类进行航天活动最重要的基础。乔治·萨顿和奥斯卡·比布拉兹编著的《火箭发动机基础》是航天推进领域最著名的一本入门书籍,其作为经典的权威著作已经翻译成多种语言并被全世界多所高校使用,目前已经出版到第 9 版。本书以通俗易懂的语言全面而细致地介绍了航天推进领域近乎所有的内容,包括推进原理,推进剂,各类推进器的结构、制造工艺,推进器的选择、羽流特征和试验方法等,对于系统地了解这一学科有很大帮助。本书可供高等院校火箭发动机相关专业学生、航空航天领域的工程师和希望了解基本推进知识的火箭爱好者学习使用。

与第 7 版相比,新版增加了一个章节,变为 21 章,并调整了一些章节的顺序,但整体内容基本不变;替换了一些已经过时的推进系统实例,新增了全电推进的上面级发动机等推进装置;删减了一些讨论发动机发展趋势的内容。这也从某种角度反映了过去一段时间火箭推进技术的进展。

在获得中译本版权后，北京理工大学宇航学院喷气推进实验室师生利用课余时间对本书的英文版进行了认真的翻译，译者及分工附后。由于译者水平有限，译著中难免存在某些谬误，希望读者能提供宝贵意见。若本书能给广大读者带来一定的帮助，就是对我们翻译工作最大的肯定。

译　者
2019 年 6 月
北京理工大学宇航学院

英文版序

美国的火箭推进行业似乎即将发生变化。在过去以及目前，该行业主要由美国国防部和美国国家航空航天局（NASA）进行规划、资助和协调。政府提供资金、测试或发射设施以及其他支持。正如在所有领域发生的一样，传统的公司已经改变了所有权，一些公司已经出售或者被合并，一些公司已经倒闭，一些公司减少了员工数量，其他公司也已经进入这个领域。新的私人融资公司如雨后春笋般涌现，开发了自己的火箭推进系统和飞行器，以及自己的测试、制造和发射设施。这些新的公司已经收到一些政府合同。一些私营公司已经开发了自用的太空飞行器和火箭推进系统，而这些系统最初并不在政府计划内。虽然商业趋势变化会显著影响火箭的研究活动，但本书的目的不是描述这种商业影响，而是介绍火箭推进原理并提供有关火箭推进系统技术和工程方面最新的信息和数据。

所有航空航天的发展目标都是更好的性能、更高的可靠性或更低的成本。过去在开发或改进用于空间应用的火箭推进系统时，重点主要在非常高的可靠性上，而并不注重高性能和低成本。推进系统数百个部件中的每一个都必须可靠地工作，保证在运行期间不发生故障。事实上，在全世界范围内，太空发射的可靠性已经极大地提高了。近年来，其发展目标主要体现在低成本方面，其次才是对性能与可靠性的追求。因此，第9版针对火箭推进系统低成本的要求，专门撰写了一个新的章节和图表。另外，在本书中，环境兼容性也是可靠性的一部分。

第9版与第8版一样，共分为21章，但有些方面更为详细。21个章节的名称详见目录。每章都有一些更改、添加、改进或删除。一些例题已经给出答案，方便学生或其他读者自行核对。

新版中约有一半的内容与化学火箭推进有关（固体火箭发动机、液体火箭发动机和混合动力火箭发动机）。火箭推进系统使用最多的（目前正在使用、备用或生产中）是固体火箭发动机；固体火箭发动机的大小、复杂性和工作时间各不相同；大多数固体火箭发动机用于军事或国防。目前，用于航天、导弹防务（正在使用或生产中）的第二大数量的发动机是液体火箭发动机，它们在尺寸、推力或工作时间上差异很大。许多航空航天人士认为，液体火箭推进技术已经成熟。从公共资源和技术人员处可获得足够的技术信息，因此可以放心地研发任何新型或改进型火箭推进系统。

有一些新的应用（不同的飞行器、不同的任务）上使用了现有或改进的火箭推进系统。本书中就提到了其中一些新应用。

与第8版相比，新版删减了一些近期已经退役的火箭发动机的相关内容和数据，如航天飞机发动机（已于2011年退役）以及"能源号"运载火箭发动机，取而代之的是一些很可能已经实际投产多年的火箭推进系统。新版还增加了一些目前在产的火箭推进系统，如俄罗斯RS-68和RD-191发动机。第9版中对目前研究和发展的讨论相对较少，因为即使某些特定的发展目前看来很有希望实现，但何时才出现更好的推进系统、更好的结构材料、更好的推进剂或更好的分析方法却是未知的。遗憾的是，大多数研究和开发计划都没有投入生产应用。

本书的新增部分包括液体火箭发动机推力室寿命、一种强力的新型固体推进剂炸药成分和变推力火箭推进。新增了对一氧化二氮推进剂的讨论并对过氧化氢和甲烷的研究作了补充。对于几种不同类型的液体推进剂火箭发动机分别列举了发动机示例。新增了"信使号"空间探测器的火箭推进系统作为一个多推进器压力输送系统的示例，并使用它的流程图取代第8版航天飞机的流程图。以俄罗斯RD-191发动机（用于Angara系列运载火箭）作为高性能分级燃烧发动机循环的示例。以RS-68A发动机作为目前先进的燃气发生器发动机循环的示例，该发动机也是目前液氧/液氢发动机中推力最高的。以RD-0124发动机为例，展示了有着4个推力室和1个涡轮泵的上面级火箭发动机。目前，正在研究一种3D打印的新工艺，用于替换现有液体火箭发动机的零部件。

在第9版中，本书增加了之前版本所未涉及的新内容：完全采用电推进的上面级发动机，具有更好抗气蚀性能的双进气道液体燃料离心泵，发射前使用的低温推进剂贮箱，小型推进装置加脉冲的优点，避免液体推进剂冷却套管道中碳沉积的方法以及一个2 kW的电弧喷射推力器。此外，由于核动力火箭推进系统在未来10年内不太可能再次开展研发,且凝胶推进剂与塞式喷管也不会很快投入生产,所以这三个主题的相关内容新版也进行了很大程度的删减。

所有例题和示例都已经过审核。有些已经过修改,有些是新的。一些被认为难以解决的问题已被删除。本书末尾的索引已经扩展,使得在书中找到特定主题变得更加容易。

本书第 1 版自 1949 年首次出版以来,一直是火箭推进领域很受欢迎和很权威的著作,已经被超过 35 个国家的至少 77 000 名学生和专业人士所选购。它已作为约 55 所大学的研究生和本科生课程的教材。本书是有史以来有着最长生命力的航空航天类书籍,已经连续印刷 67 年,同时被美国航空航天研究所(AIAA)的两项享有盛誉的专业奖项所引用。早期版本已被翻译成俄文、中文和日文。作者用本书在大学、公司和政府机构进行了多次讲座和课程。在一家公司里,所有的新工程师都会收到本书并被要求学习。

正如前几版所述,读者应该非常清楚推进剂的危害,如泄漏、火灾、爆炸或危害健康。作者和出版商建议读者在接触或处理推进剂前必须详细了解其危险性、特点和特性,进行严格的安全性培训,准备防护用品。曾经由于没有进行严格的安全培训,最终导致了人员伤亡。向推进行业员工定期提供安全培训和推进剂信息,并通过适当的预防措施和精心的设计,则可以安全地处理所有推进剂。不管是直接行为还是间接行为,作者和出版社对读者在火箭推进方面的行为概不负责。本书中的材料不足以从事火箭推进试验或操作。

本书及先前版本使用英制(EE)单位(英尺、磅)和国际单位制(SI),国际单位制也称为公制单位(m、kg)。目前,大多数化学火箭推进系统的图纸和组件的测量,大部分火箭推进的设计以及大部分的制造业仍然使用英制单位;美国的一些大学和研究组织,以及其他国家的大部分推进组织使用国际单位制。尽管美国一直致力于转向国际单位制,但仍同时使用这两种单位。

在此真诚地感谢以下推进领域的专家提供的帮助和信息。感谢 2005—2015 年来自航空航天公司的 James H. Morehart(提供多型火箭发动机和推进剂信息);感谢 2012—2015 年来自加利福尼亚州卡诺加公园航空喷气洛克达因公司的副总裁(已退休)Jeffrey S. Kincaid(提供 RS-68 发动机和图纸、多种推进相关数据);感谢 2015 年来自加利福尼亚州卡诺加公园航空喷气洛克达因公司的发动机项目首席工程师 Roger Berenson(提供 RS-68 和 RS-25 发动机和其他数据);感谢 2014—2015 年来自科罗拉多州森特尼尔联合发射联盟的 Mathew Rottmund(提供运载火箭推进信息);感谢 2013—2016 年来自华盛顿州雷德蒙德航空喷气洛克达因公司的市场经理(已退休)Olwen M. Morgan(提供"信使号"太空探测器和单组元推进剂相关信息);感谢 2013—2015 年来自雷德蒙德航空喷气洛克达因公司的 Dieter M. Zube(提供关于肼的认识和数据);感谢 2015 年来自航空喷气洛克达因公司的经理 Jeffrey D. Haynes(提供增材制造相关信息);感谢 2015 年来自马里兰州华盛顿堡的顾问 Leonard H. Caveny 和顾问 Russell A. Ellis（两人主要研究固体火箭发动机）；感谢在 2014—2015 年来自马里兰州埃尔克顿轨道 ATK 导弹防御和控制公司的系统工程总监 David K. McGrath（主要研究固体火箭发动机）；感谢在 2013—2015 年来自华盛顿州贝尔维尤危险材料顾问 Eckart W. Schmidt（研究肼和液体推进剂）；感谢 2014 年来自美国俄亥俄州克里夫兰市美国国家航空航天局格伦研究中心空间推进高级技术专家 Michael J. Patterson（研究电力推进信息）；感谢 2011—2013 年来自新泽西州德特福德，前印度空间研究组织的 Rao Manepalli（研究火箭推进系统信息）；感谢 2014 年来自航空喷气洛克达因公司的 Dan Adamski（提供了 RS-68 流程图）；感谢 2015—2016 年来自航空航天公司的 Frederick S. Simmons（已退休）（贡献了第 20 章的评论）。

  作者致力于审核与验证第 9 版中的全部内容。如果读者在本书中发现任何错误或重要缺漏，我们希望您能够通知我们，以便在后续出版中对其进行修订和更改。

乔治·萨顿
加利福尼亚，洛杉矶

奥斯卡·比布拉兹
加利福尼亚，蒙特雷

目 录
CONTENTS

第1章 分类 ……………………………………………………………………… (1)
  1.1 通管喷气推进 ………………………………………………………… (2)
  1.2 火箭推进 ……………………………………………………………… (4)
    1.2.1 化学火箭推进 …………………………………………………… (4)
    1.2.2 通管喷气发动机与火箭发动机的组合 ………………………… (7)
    1.2.3 核火箭发动机 …………………………………………………… (8)
    1.2.4 电火箭推进 ……………………………………………………… (9)
    1.2.5 其他火箭推进方案 ……………………………………………… (10)
    1.2.6 火箭推进国际成果 ……………………………………………… (11)
  1.3 火箭推进的应用 ……………………………………………………… (11)
    1.3.1 运载火箭 ………………………………………………………… (12)
    1.3.2 航天器 …………………………………………………………… (16)
    1.3.3 军事及其他应用 ………………………………………………… (18)

第2章 定义和基本原理 ………………………………………………………… (22)
  2.1 定义 …………………………………………………………………… (22)
  2.2 推力 …………………………………………………………………… (26)
  2.3 排气速度 ……………………………………………………………… (27)
  2.4 能量和效率 …………………………………………………………… (28)
  2.5 复合推进系统 ………………………………………………………… (30)
  2.6 典型性能值 …………………………………………………………… (31)
  2.7 可变推力 ……………………………………………………………… (32)

第3章 喷管理论与热力学关系 ………………………………………………… (37)
  3.1 理想火箭推进系统 …………………………………………………… (37)
  3.2 热力学关系式概述 …………………………………………………… (38)

3.3 喷管内部等熵流动 .... (41)
3.3.1 速度 .... (41)
3.3.2 喷管流动和喉部条件 .... (45)
3.3.3 推力与推力系数 .... (48)
3.3.4 特征速度与比冲 .... (51)
3.3.5 欠膨胀与过膨胀喷管 .... (52)
3.3.6 燃烧室几何形状的影响 .... (57)
3.4 喷管构型 .... (57)
3.4.1 锥形和钟形喷管 .... (58)
3.5 实际喷管 .... (64)
3.5.1 边界层 .... (65)
3.5.2 多相流 .... (65)
3.5.3 其他现象与损失 .... (67)
3.5.4 性能修正系数 .... (67)
3.6 四种性能参数 .... (70)
3.7 喷管对准 .... (71)

第4章 飞行性能 .... (78)
4.1 无重力、无阻力空间飞行 .... (78)
4.2 作用在大气层内飞行器上的力 .... (81)
4.3 基本运动关系式 .... (83)
4.4 空间飞行 .... (88)
4.4.1 椭圆轨道 .... (90)
4.4.2 深空飞行 .... (92)
4.4.3 轨道摄动 .... (94)
4.4.4 任务速度 .... (96)
4.5 机动飞行 .... (99)
4.5.1 反作用控制系统 .... (101)
4.6 推进系统对飞行器性能的影响 .... (103)
4.7 飞行器 .... (104)
4.7.1 多级飞行器 .... (105)
4.7.2 级间分离 .... (106)
4.7.3 运载火箭 .... (109)
4.8 军事导弹 .... (110)
4.9 飞行稳定性 .... (113)

第 5 章 化学火箭推进剂性能分析 (119)

- 5.1 背景和基础 (120)
- 5.2 燃烧室或发动机状态分析 (124)
- 5.3 喷嘴膨胀过程分析 (128)
- 5.4 计算机辅助分析 (130)
- 5.5 热化学计算结果 (131)

第 6 章 液体推进剂火箭发动机基础 (146)

- 6.1 推进剂的类型 (149)
- 6.2 推进剂贮箱 (150)
- 6.3 推进剂供给系统 (155)
- 6.4 气压供给系统 (157)
- 6.5 贮箱增压 (164)
  - 6.5.1 影响挤压气体质量的因素 (165)
  - 6.5.2 压缩气体质量的简化分析 (166)
- 6.6 泵压式供应系统及发动机循环 (167)
- 6.7 用于机动、轨道修正或姿态控制的火箭发动机 (176)
- 6.8 发动机系列 (179)
- 6.9 阀门和管路 (182)
- 6.10 发动机支撑结构 (184)

第 7 章 液体推进剂 (189)

- 7.1 推进剂物性 (193)
  - 7.1.1 经济因素 (193)
  - 7.1.2 推进剂性能 (193)
  - 7.1.3 一般的物理危害 (194)
  - 7.1.4 理想物理性能 (195)
  - 7.1.5 点火、燃烧和火焰特性 (196)
  - 7.1.6 推进剂物性的变化和规范 (197)
  - 7.1.7 添加剂 (197)
- 7.2 液体氧化剂 (197)
  - 7.2.1 液氧 (197)
  - 7.2.2 过氧化氢 (198)
  - 7.2.3 硝酸 (198)
  - 7.2.4 四氧化二氮 (199)
  - 7.2.5 一氧化二氮 (199)
  - 7.2.6 氧化剂清洗过程 (200)

7.3 液体燃料 ·· (200)
  7.3.1 烃类燃料 ·· (200)
  7.3.2 液氢 ·· (201)
  7.3.3 肼 ·· (202)
  7.3.4 偏二甲肼 ·· (202)
  7.3.5 一甲基肼 ·· (203)
7.4 液体单组元推进剂 ·· (203)
  7.4.1 单元肼 ·· (203)
7.5 气体推进剂 ·· (204)
7.6 安全性和环保问题 ·· (205)

第8章 推力室 ·· (209)

8.1 喷注器 ·· (214)
  8.1.1 喷注器流动特性 ·· (218)
  8.1.2 影响喷注器特性的因素 ·· (220)
8.2 燃烧室和喷管 ·· (221)
  8.2.1 燃烧室的容积与形状 ··· (221)
  8.2.2 传热分布 ·· (223)
  8.2.3 推力室冷却 ··· (224)
  8.2.4 冷却通道的液压损失 ··· (229)
  8.2.5 推力室室壁载荷和应力 ·· (229)
8.3 小推力火箭发动机推力室或推进器 ·· (232)
8.4 材料和制造 ·· (235)
8.5 传热分析 ·· (240)
  8.5.1 稳态传热一般关系式 ··· (241)
  8.5.2 瞬态传热分析 ··· (244)
  8.5.3 向冷却夹套液体的稳态传热 ··· (245)
  8.5.4 辐射 ·· (248)
8.6 起动和点火 ·· (249)
8.7 推力室的使用寿命 ·· (251)
8.8 随机变化的推力 ·· (252)
8.9 推力室设计分析举例 ·· (253)
  8.9.1 基本参数的确定 ·· (253)
  8.9.2 级的质量和推力 ·· (255)
  8.9.3 推进剂流量和推力室尺寸 ·· (256)
  8.9.4 传热 ·· (257)

  8.9.5 喷注器设计 ································· (259)

  8.9.6 点火 ······································· (260)

  8.9.7 布局图、质量、流量和压降 ················ (260)

第9章 液体推进剂燃烧及其稳定性 ························ (267)

9.1 燃烧过程 ·· (267)

  9.1.1 喷注/雾化区 ······························ (268)

  9.1.2 快速燃烧区 ································ (269)

  9.1.3 流管燃烧区 ································ (269)

9.2 分析与模拟 ··· (270)

9.3 燃烧不稳定性 ······································ (270)

  9.3.1 评定技术 ···································· (276)

  9.3.2 不稳定燃烧的控制 ·························· (277)

第10章 涡轮泵及其气体供给 ···························· (283)

10.1 概述 ·· (283)

10.2 典型涡轮泵简介 ··································· (283)

10.3 涡轮泵布局的选取 ································ (287)

10.4 流量、轴转速、功率和压力平衡 ················ (291)

10.5 泵 ··· (293)

  10.5.1 分类和概述 ································ (293)

  10.5.2 泵参数 ······································ (294)

  10.5.3 推进剂的影响 ······························ (298)

10.6 涡轮 ·· (299)

  10.6.1 分类和概述 ································ (299)

  10.6.2 涡轮性能和设计考虑 ······················ (301)

10.7 涡轮泵初步设计方法 ······························ (302)

10.8 燃气发生器和预燃室 ······························ (304)

第11章 发动机系统、控制与总装 ······················ (309)

11.1 推进剂预算 ··· (309)

11.2 整个或多个火箭推进系统的性能 ················ (311)

11.3 发动机设计 ··· (312)

11.4 发动机控制 ··· (319)

  11.4.1 发动机起动和推力上升的控制 ············ (320)

  11.4.2 样机的起动和关机顺序 ···················· (322)

  11.4.3 自动控制 ···································· (324)

  11.4.4 计算机控制 ································ (326)

11.5 发动机系统调整 …………………………………………………… (327)
    11.5.1 火箭发动机健康监测系统 …………………………………… (331)
11.6 系统集成和发动机优化 …………………………………………… (332)

第12章 固体推进剂火箭发动机基础 …………………………………… (336)

12.1 基本关系和推进剂燃速 …………………………………………… (343)
    12.1.1 质量流量关系 …………………………………………………… (345)
    12.1.2 燃速与压强的关系 ……………………………………………… (346)
    12.1.3 燃速与温度的关系 ……………………………………………… (348)
    12.1.4 可变燃速指数 n ………………………………………………… (350)
    12.1.5 侵蚀燃烧效应 …………………………………………………… (351)
    12.1.6 其他的燃速增强效应 …………………………………………… (352)
12.2 其他性能问题 ……………………………………………………… (354)
12.3 推进剂装药和装药形状 …………………………………………… (358)
12.4 推进剂装药应力和应变 …………………………………………… (365)
    12.4.1 材料特性 ………………………………………………………… (366)
    12.4.2 结构设计 ………………………………………………………… (368)
12.5 用固体推进剂火箭发动机进行姿态控制和横向机动 …………… (373)

第13章 固体推进剂 ……………………………………………………… (381)

13.1 分类 ………………………………………………………………… (381)
13.2 推进剂特性 ………………………………………………………… (388)
13.3 危险性 ……………………………………………………………… (392)
    13.3.1 意外点火 ………………………………………………………… (392)
    13.3.2 老化和使用寿命 ………………………………………………… (393)
    13.3.3 壳体超压和失效 ………………………………………………… (393)
    13.3.4 不敏感性 ………………………………………………………… (395)
    13.3.5 压力上限 ………………………………………………………… (396)
    13.3.6 毒性 ……………………………………………………………… (396)
    13.3.7 安全准则 ………………………………………………………… (396)
13.4 推进剂组分 ………………………………………………………… (397)
    13.4.1 无机氧化剂 ……………………………………………………… (401)
    13.4.2 燃烧剂 …………………………………………………………… (402)
    13.4.3 黏结剂 …………………………………………………………… (402)
    13.4.4 燃速调节剂 ……………………………………………………… (402)
    13.4.5 增塑剂 …………………………………………………………… (403)
    13.4.6 固化剂或交联剂 ………………………………………………… (403)

目 录

- 13.4.7 活性黏结剂和增塑剂 …………………………………………（403）
- 13.4.8 有机氧化剂或炸药 ……………………………………………（403）
- 13.4.9 添加剂 …………………………………………………………（404）
- 13.4.10 颗粒尺寸参数 ………………………………………………（404）
- 13.5 其他推进剂类别 ……………………………………………………（406）
  - 13.5.1 燃气发生器推进剂 …………………………………………（406）
  - 13.5.2 无烟或低烟推进剂 …………………………………………（408）
  - 13.5.3 点火器推进剂 ………………………………………………（408）
- 13.6 衬层、绝热层和包覆层 ……………………………………………（409）
- 13.7 推进剂的加工和制造 ………………………………………………（411）

第14章 固体推进剂的燃烧 ……………………………………………（419）

- 14.1 物理和化学过程 ……………………………………………………（419）
- 14.2 点火过程 ……………………………………………………………（422）
- 14.3 推力终止 ……………………………………………………………（424）
- 14.4 燃烧不稳定性 ………………………………………………………（424）
  - 14.4.1 声学不稳定性 ………………………………………………（425）
  - 14.4.2 燃烧稳定性的分析模型和仿真 ……………………………（428）
  - 14.4.3 燃烧不稳定性的评估、改善和设计 ………………………（428）
  - 14.4.4 涡脱落不稳定性 ……………………………………………（430）

第15章 固体火箭发动机及组件设计 …………………………………（433）

- 15.1 发动机壳体 …………………………………………………………（433）
  - 15.1.1 金属壳体 ……………………………………………………（436）
  - 15.1.2 纤维缠绕增强塑料壳体 ……………………………………（438）
- 15.2 喷管 …………………………………………………………………（440）
  - 15.2.1 分类 …………………………………………………………（440）
  - 15.2.2 设计和结构 …………………………………………………（442）
  - 15.2.3 吸热和喷管材料 ……………………………………………（445）
  - 15.2.4 烧蚀材料 ……………………………………………………（449）
- 15.3 点火器 ………………………………………………………………（450）
  - 15.3.1 烟火点火器 …………………………………………………（451）
  - 15.3.2 发热式点火器 ………………………………………………（452）
  - 15.3.3 点火器分析和设计 …………………………………………（452）
- 15.4 火箭发动机设计方法 ………………………………………………（454）

第16章 固液混合推进剂火箭发动机 …………………………………（461）

- 16.1 应用及推进剂 ………………………………………………………（462）

16.2 内部混合动力发动机弹道 ·· (465)
 16.3 性能分析和装药结构 ·· (468)
   16.3.1 动力学特性 ··· (470)
 16.4 设计实例 ··· (471)
 16.5 燃烧不稳定性 ·· (475)

第17章 电推进 ··· (483)
 17.1 理想飞行性能 ·· (487)
 17.2 电热推力器 ·· (490)
   17.2.1 电阻加热推力器 ··· (490)
   17.2.2 电弧加热推力器 ··· (493)
 17.3 非热电推力器 ·· (496)
   17.3.1 静电装置 ··· (496)
   17.3.2 静电推力器的基本关系式 ································· (497)
   17.3.3 电磁推进器 ·· (502)
 17.4 飞行性能优化 ·· (508)
 17.5 任务应用 ··· (512)
 17.6 空间电源供应和调节系统 ······································ (514)
   17.6.1 电源单元 ··· (514)
   17.6.2 功率转换装置 ·· (516)

第18章 推力矢量控制 ·· (523)
 18.1 单喷管 TVC 机构 ·· (524)
 18.2 多推力室或多喷管的 TVC ····································· (533)
 18.3 试验 ··· (536)
 18.4 与飞行器的装配 ·· (536)

第19章 火箭推进系统的选择 ··· (539)
 19.1 选择过程 ·· (540)
 19.2 选择准则 ·· (544)
 19.3 接口 ··· (545)

第20章 火箭发动机排气羽流 ··· (548)
 20.1 羽流外观和流动特性 ·· (549)
   20.1.1 辐射的频谱分布 ··· (554)
   20.1.2 多喷管羽流 ·· (556)
   20.1.3 羽流特征 ··· (557)
   20.1.4 飞行器底部形状和回流 ···································· (557)
   20.1.5 压缩波和膨胀波 ··· (557)

20.2 羽流效应 …………………………………………………………………… (559)
   20.2.1 烟雾和蒸气尾迹 ………………………………………………… (559)
   20.2.2 毒性 ……………………………………………………………… (560)
   20.2.3 噪声 ……………………………………………………………… (560)
   20.2.4 航天器表面污染 ………………………………………………… (561)
   20.2.5 无线电信号衰减 ………………………………………………… (561)
   20.2.6 羽流撞击 ………………………………………………………… (562)
   20.2.7 液体推进剂火箭发动机的热传递 ……………………………… (562)
20.3 分析与数值模拟 ……………………………………………………………… (563)

第21章 火箭发动机试验 …………………………………………………… (566)
21.1 试验类型 …………………………………………………………………… (566)
21.2 试验设施和安全措施 ……………………………………………………… (567)
21.3 测试设备和数据管理 ……………………………………………………… (573)
   21.3.1 测量系统术语 …………………………………………………… (573)
   21.3.2 试验测量 ………………………………………………………… (574)
   21.3.3 健康监测系统 …………………………………………………… (575)
21.4 飞行试验 …………………………………………………………………… (576)
21.5 事故处理程序 ……………………………………………………………… (576)

附 录 …………………………………………………………………………… (578)
附录1 转换因子与常数 ………………………………………………………… (578)
附录2 地球标准大气特性 ……………………………………………………… (581)
附录3 理想化学火箭发动机主要方程汇总 …………………………………… (582)

第 1 章 分 类

广义上的推进是指改变惯性参考系中物体运动状态的行为。推进系统产生的力可以使静止物体产生运动、改变物体运动的速度或克服物体在黏性介质中运动时受到的阻力。推进的英文来源于拉丁语，其本意是"赶走"。喷气推进是一种依靠喷射物质的动量传递给物体上的反作用力实现物体运动的方法。

火箭推进是一类通过喷射自身携带的物质产生推力的喷气推进，这些物质称为工质或推进剂；通管推进是另一类喷气推进，它包括涡轮喷气发动机和冲压发动机，这些发动机通常也称为吸气式发动机。通管推进装置大多数利用周围介质作为推进剂，周围介质与装置中储存的燃料燃烧从而获得能量。火箭推进与通管推进装置的组合在某些应用中具有广阔的前景，本章将对其进行简要介绍。

火箭推进最常用的能源来自化学燃烧，也可由太阳辐射和核反应提供。与此类似，各种推进装置可分为化学推进、核推进以及太阳能推进等几类。表1-1按照能源和推进剂的类型列出了一些主要的推进方式。辐射能也可以从太阳以外的能源获得，理论上还包括通过地面发射的微波和激光束传输的能量。核能来源于原子核内的质能转换，可以通过裂变或聚变产生。能源是火箭性能的核心，因此，人们考量了飞行器自身携带的或飞行器外部提供的各种能源。火箭推进系统中有效的能量输入是热能或电能，有效的输出推力来自喷射物质的动能以及燃烧室内壁和喷管出口处的推进剂压力。因此，火箭推进系统主要将输入的能量转换为排出气体的动能。喷射出的物质可以是固态的，也可以是液态或气态的。通常，喷出的物质是两相或多相混合物。在极高的温度下，喷出的物质还可能是等离子体，这是一种导电的气体。

表 1-1 各种推进装置的能源和推进剂

推进装置	能源[a]			推进剂或工质
	化学能	核能	太阳能	
涡轮喷气发动机	D/P			燃料 + 空气
涡轮冲压发动机	TFD			燃料 + 空气
冲压发动机（烃类燃料）	D/P	TFD		燃料 + 空气
冲压发动机（氢冷却）	TFD			氢 + 空气
火箭发动机（化学）	D/P	TFD		自带推进剂
通管火箭发动机	TFD			自带固体燃料 + 周围空气
电火箭发动机	D/P		D/P	自带推进剂

续表

推进装置	能源[a]			推进剂或工质
	化学能	核能	太阳能	
核裂变火箭发动机		TFD		自带氢
太阳能加热火箭发动机			TFD	自带氢
光子火箭发动机（big light bulb）	TFND			喷射光子（不带推进剂）
太阳帆			TFD	反射光子（不带推进剂）

[a] D/P：已研制和/或认为可实现；TFD：技术可行性已证实但未完成研制；TFND：技术可行性尚未证实。

1.1 通管喷气推进

这类推进方式通常称为吸气式发动机，它们由通管内用于约束空气流动的装置和给予管道内气流能量的装置组成。这类发动机利用空气中的氧气与飞行器自带的燃料进行燃烧。这类发动机包括涡轮喷气发动机、涡轮风扇发动机、冲压发动机和脉冲发动机。介绍这类推进装置主要是为了与火箭推进进行比较，另外也为后面将要介绍的火箭－通管组合发动机提供背景知识。表1－2比较了典型的化学火箭发动机、涡轮喷气发动机与冲压发动机的若干性能指标。由于高比冲（这是后面将定义的性能指标）将直接带来远射程，因此在飞行高度相对较低时，吸气式发动机在飞行器射程上比化学火箭发动机更有优势。但是，火箭发动机的独特特点（如推重比高、推力迎风面积比高、推力几乎与飞行高度无关）使其能够在稀薄空气尤其是在太空中飞行。

表1－2 典型化学火箭发动机与两种通管推进系统的性能比较[①]

性　能	火箭发动机	涡轮喷气发动机	冲压发动机
典型推重比	75∶1	5∶1（带加力燃烧室）	7∶1（30 000 ft、$Ma3$）
单位推力燃料消耗量/(lb·(lbf·h)$^{-1}$)[a]	8～14	0.5～1.5	2.3～3.5
单位迎风面积比推力/(lbf·ft^{-2})[b]	5 000～25 000	2 500（海平面、低马赫数[c]）	2 700（海平面、$Ma2$）
典型比冲[d]/s	270	1 600	14 00
推力与高度的关系	随高度稍有增加	随高度降低	随高度降低
推力与飞行速度的关系	接近常数	随速度增加	随速度增加
推力与空气温度的关系	常数	随温度降低	随温度降低

[①] 1 ft（英尺）＝0.304 8 m；1 lb（磅）＝453.6 g；1 lbf（磅·力）＝4.45 N。——译者

续表

性　能	火箭发动机	涡轮喷气发动机	冲压发动机
飞行速度与排气速度的关系	无关，飞行速度可大于排气速度	飞行速度总小于排气速度	飞行速度总小于排气速度
高度极限/km	无，适合空间飞行	14～17	20，$Ma3$ 30，$Ma5$ 45，$Ma12$

a 乘以 0.102 转化为 kg/(N·h)。
b 乘以 47.9 转化为 N/m^2。
c 马赫数（Ma）是速度与当地声速之比（见式（3-22））。
d 比冲是一个性能参数，它将在第 2 章定义。

涡轮喷气发动机是最常见的通管发动机。图 1-1 所示为其基本构成。

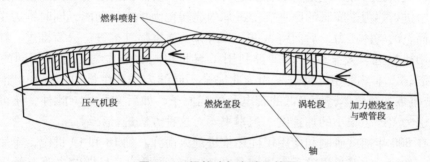

图 1-1　涡轮喷气发动机简图

当飞行马赫数大于 2 时，大气层内的飞行就可以采用冲压发动机（一种纯通管发动机）。在冲压发动机中空气纯粹靠气体动力学原理压缩，并且通过增加流经其内的亚声速压缩空气的动量产生推力，除了没有压气机和涡轮外，其内部构成基本上类似于涡轮喷气发动机与涡轮风扇发动机。图 1-2 所示为一种冲压发动机的基本结构。使用烃类燃料的亚声速燃烧冲压发动机的速度上限约为 $Ma5$；使用氢燃料同时用氢冷却，可至少把速度上限提高到 $Ma16$。超声速燃烧冲压发动机也称为超燃冲压发动机，已经在验证飞行器上进行了测试。所有冲压发动机必须依靠火箭助推器或机载发射加速到超声速状态和设计飞行高度，并产生斜激波以压缩并降低入口处空气速度。亚声速燃烧冲压发动机主要应用于舰载和地面发射的防空导弹。用于高超声速飞行器的氢燃料冲压发动机的研究似乎很有前景，但截至本书完成时，它们尚未得到完全论证。有一种概念超声速飞行器将使用冲压发动机的高速飞行器和一级或二级火箭助推器结合，它们可以将飞行器加速至其设计飞行状态，在 50 000 m 高度上以高达 $Ma25$ 的速度飞行。

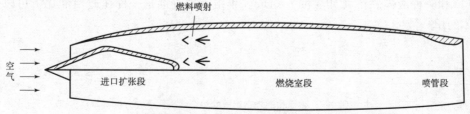

图 1-2　超声速进气道（收敛-扩张流道）冲压发动机简图

近年来，在火箭技术方面没有出现真正新的或重要的概念，这反映了此领域已趋于成熟。仅出现了少数已验证概念的新应用，本版仅收录了其中几个已经批量生产的新应用。火箭推进领域研究和开发工作的努力方向通常包括在新应用中使用新方法、新设计、新材料以及新制造工艺，降低成本并加快进度。

1.2　火箭推进

火箭推进系统可按照以下多种方式分类：能源类型（化学能、核能或太阳能）；基本功能（助推器、主级或上面级、姿态控制、轨道位置保持等）；飞行器类型（飞机、导弹、助飞器、空间飞行器等）；推力大小；推进剂种类；结构形式；飞行器上火箭发动机的台数等。

还有一种火箭是按照产生推力的方法进行分类的。实际火箭发动机大多数利用了气体在超声速喷管中进行热力学膨胀的原理。推进剂内能转化为排气的动能，同时推力也来自作用在排气接触面上的气体压力，后面将做进一步解释。航空喷气推进、火箭推进、核推进、激光推进、太阳热推进以及某些电推进都利用了与此相同的热力学原理和相同的通用装置（燃烧室加喷管）。非热能型电推进采用与此完全不同的方法产生推力，这些电推进系统利用磁场和/或电场加速气体密度极低的带电分子或原子，如后文所述。此外，还可利用不同高度的地球引力差产生很小的加速度，但本书不对这种方法进行介绍。

中国人在800年前就研制和使用了固体推进剂火箭弹。到18和19世纪，军用火箭已得到广泛使用。然而，火箭推进的重大进展是在20世纪取得的。早期的先驱有俄国人康斯坦丁·齐奥尔科夫斯基，他因提出火箭飞行基本方程及在1903年提出制造火箭的提议而彪炳史册。美国人罗伯特·戈达德因在1926年利用液体火箭发动机首次实现了火箭飞行而闻名于世。关于火箭发展史，可参见参考文献1-1～1-7。

1.2.1　化学火箭推进

化学推进剂通常包括一种燃料和一种氧化剂，它在高压燃烧室中燃烧反应产生的能量把反应气体产物加热到很高的温度（2 500～4 100 ℃），这些气体随后在超声速喷管中膨胀并加速到很高的速度（1 800～4 300 m/s）。由于这些气体的温度约为钢熔点的2倍，故发动机上所有与高温燃气接触的表面都必须进行冷却或隔热。按照推进剂的物态，化学火箭推进装置可分为多种类型。

液体火箭发动机使用液体推进剂，推进剂在压力作用下从贮箱流到推力室[①]。图1-3所示为典型的挤压式液体火箭发动机系统示意图。液体双组元推进剂由一种液体氧化剂（如液氧）和一种液体燃料（如煤油）组成。单组元推进剂是一种在适当催化下可以分解成高温气体的单一液体。

---

① "推力室"一词用于表述由喷注器、喷管和燃烧室组成的组合件。几个官方机构常用该词，因此本书也采用该词。对用于航天器控制的小型发动机，通常使用术语"推力器"，本书某些章节也使用该术语。

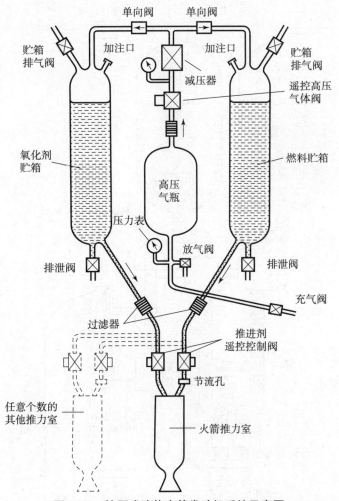

图 1-3 挤压式液体火箭发动机系统示意图

（虚线部分为另一推力室，某些发动机中由同一供应系统支持的推力室数目超过12个。图中还展示了用于起动、关机、控制贮箱压力、加注推进剂与增压气体、排出或吹除剩余推进剂、贮箱泄压或排气所需的各种组件以及一些传感器）

气体挤压式供应系统大多用于推力小、总冲低的推进系统（如飞行器姿态控制系统），每台发动机通常有多个推力室。图 1-4 所示为大型泵压式双组元液体火箭发动机示意图。泵压式液体火箭发动机系统通常用于需要大量推进剂、较大推力的场合，如运载火箭。详细内容参见参考文献 1-1～1-6。

在推力室内，推进剂经过反应变成高温燃气，随后燃气通过一个超声速喷管，在被加速后以极高的速度排出，从而把动量施加在飞行器上。超声速喷管包括收敛段、喉部及锥形或钟形的扩张段，第 2 章和第 3 章将对其做进一步描述。

某些液体火箭发动机允许重复工作，可任意起动和关机。如果推力室具有足够的冷却能力，液体火箭发动机可连续工作数小时，仅取决于推进剂供应情况。液体火箭推进系统需要各种精密的阀门、复杂的输送装置（包括推进剂泵、涡轮和燃气发生器）。液体火箭发动机都具有推进剂增压装置以及相对比较复杂的燃烧室或推力室。

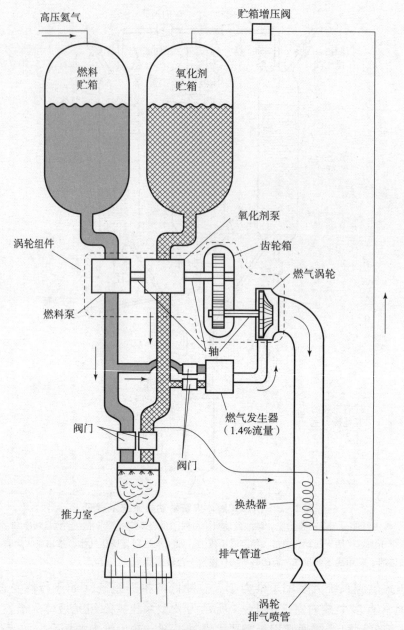

图 1-4　一种泵压式液体火箭发动机系统示意图
(驱动涡轮的热气由独立的燃气发生器产生。图中未画出用于控制运行、加注、排气、排液、吹除推进剂的组件和过滤器、先导阀、传感器。涡轮泵组件包括两个推进剂泵、一个齿轮箱和一个高速涡轮。许多涡轮泵没有齿轮箱)

在固体推进剂火箭发动机①中，用于燃烧的推进剂装填在燃烧室或发动机壳体内(图 1-5)。固体推进剂装药称为药柱，它包含完全燃烧所需的所有化学成分。一旦点燃，

---

① 历史上，将"引擎"(engine)一词用于液体火箭推进系统；将"发动机"一词用于固体火箭推进系统，它们最早是由不同的两批人使用的。

它通常以预定的速率在所有暴露的药柱内表面上平稳燃烧，图中发动机的圆柱形药孔与四个槽道的内表面最先燃烧。药柱内腔随着推进剂的燃烧及消耗不断增大。燃烧产生的高温燃气流经超声速喷管从而产生推力。一旦点燃，发动机装药会依预设方式有序地燃烧，直到推进剂全部耗光。固体火箭发动机没有输送系统及阀门，参见参考文献1-6~1-9。

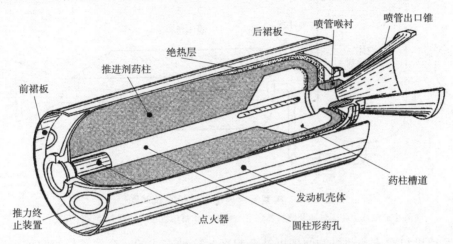

图1-5　典型固体火箭发动机简要剖视图

（推进剂药柱黏结在壳体与绝热层上，喷管为锥形。燃烧室压力作用在由圆柱形壳体与前后半球壳组成的压力容器内。经许可摘自文献12-1）

第6章至第11章、第12章至第15章分别叙述液体推进剂与液体推进系统、固体推进剂与固体火箭发动机。第19章对液体推进系统与固体推进系统进行了比较。

气体推进剂火箭发动机使用自身携带的高压气体（如空气、氮气或氦气）作为工质。储存气体需要相对较重的气瓶。冷气发动机曾用于许多早期航天器的低推力机动和姿态控制系统，有些目前仍在使用。利用电能或燃烧某种单组元推进剂在燃烧室内加热气体可提高其性能，这种系统通常称为热气推进系统。第7章对气态推进剂进行了总结。

混合推进剂火箭推进系统同时使用液体与固体推进剂。例如，若一种液体氧化剂喷入装有含碳固体燃料药柱的燃烧室，发生的化学反应将产生高温燃气（图1-6）。第16章将讨论这类推进系统，目前有很多这类发动机已经试验成功。

1.2.2　通管喷气发动机与火箭发动机的组合

"战斧"巡航导弹使用串联两级推进系统，导弹利用固体火箭助推器从发射平台发射，助推器工作结束后与导弹分离。随后，导弹使用一台小型涡喷发动机维持低空飞行，以几乎不变的亚声速飞向目标。

通管火箭发动机有时也称为空气补燃火箭发动机，它结合了火箭发动机与冲压发动机的原理。通管火箭发动机的性能（比冲）要高于化学火箭发动机，但其只能在大气层内工作。通常，空气补燃火箭发动机会将空气与火箭发动机排气（为了补燃，排气是富燃的）按比例混合，从而使其依然能保持火箭发动机的特性，如高静态推力、高推重比。但实际上，通管火箭发动机通常更像一种冲压发动机，主要体现为它必须先被加速到工作速度，火箭发动机组件更多是作为富燃燃气发生器（液体或固体的）使用的。

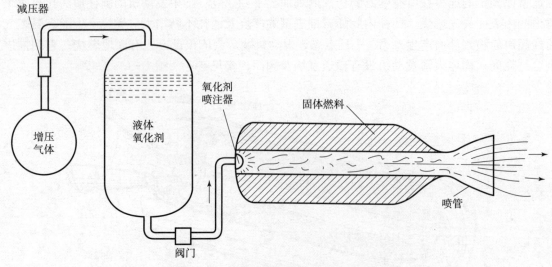

图1-6 典型混合火箭发动机系统简图
（氧化剂贮箱、高压气瓶及燃料燃烧室与喷管的相对位置与飞行器具体设计有关）

火箭发动机与冲压发动机的原理可结合起来。这种方法的一个例子是使两种推进系统按顺序先后工作，随后串联起来并共用一个燃烧室，如图1-7所示。小尺寸的构型方案，即所谓的一体化火箭冲压发动机，在采用冲压发动机的空射导弹上很有前景。火箭发动机要转变为冲压发动机，需要扩大排气喷管喉部面积（通常是抛掉火箭发动机喷管部分），连通冲压发动机进气道与燃烧室，随后按常规程序起动冲压发动机。

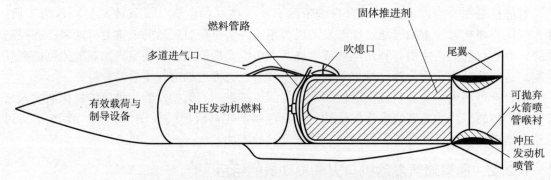

图1-7 使用一体化火箭冲压发动机的空射导弹原理
（当导弹加速到飞行速度且固体推进剂耗尽后，火箭发动机燃烧室成为冲压发动机燃烧室，空气与冲压发动机燃料在其内燃烧。未画出点火器和转向机构）

固体燃料冲压发动机使用固体燃料药柱，燃料汽化或烧蚀后与空气反应。有一种获得专利的含硼固体燃料，将其制成类似固体推进剂的药柱，以混合火箭发动机的方式燃烧，已获得较高的燃烧效率。

1.2.3 核火箭发动机

核火箭发动机基本上是一种液体火箭发动机，其动力输入来自单个核反应堆，而非任何化学燃烧。一台带有核裂变石墨反应堆的试验火箭发动机在20世纪60年代制造出来，并用液态氢作为推进剂进行了地面测试。它能提供848 s的等效真空比冲（这个性能参数将在第2章中解释），当核反应堆功率为4 100 MW，氢气温度为2 500 K时推力超过40 000 lbf。之后，没有对核裂变火箭发动机进行进一步的地面测试。

公众的担忧导致了核火箭发动机项目的终止，因为任何地面或飞行事故都可能在地球环境中意外传播放射性物质。由于在未来几十年内，核火箭发动机不太可能得到发展，所以在此不进行进一步讨论。本书第8版有关于核推进的更多内容和参考。

1.2.4 电火箭推进

电推进很吸引人，因为它的性能较高且使用较少的推进剂就能产生所需的推力，但现有的电源限制了其只能提供相对较低的推力。此类推进系统对于地面发射和大气飞行来说非常不足，因为它自身需要相当笨重且相对低效的电源（但是在航天器中通常可以与其他子系统共享）。与化学推进不同，电推进利用的能量源（核能、太阳辐射或电池）不包含在所使用的推进剂中。通常电推进系统的推力很小，典型的仅有轨道保持级（0.005~1 N）。为了使航天器得到较高的速度增量，需要比化学推进长得多的时间施加这个小推力（和小加速度），有些需要数月甚至数年（见参考文献1－10和第17章）。

在三种基本的电推进类型中，电热火箭推进与前面提到的液体化学火箭发动机最为相似：推进剂用电加热（使用电阻丝的称为电阻加热式，使用电弧的称为电弧加热式），产生的高温气体随后通过超声速喷管做热力学膨胀（图1－8）。这种电热推力器一般推力为0.01~0.5 N，排气速度为1 000~7 800 m/s，推进剂使用氨（NH_3）、氢（H_2）、氮（N_2）或肼类化合物。

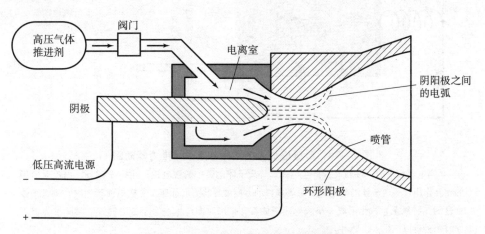

图1－8 电弧加热式电推进系统简图

（电弧等离子体温度极高（约15 000 K），由于热传递，阴极、阳极和电离室会升温（1 000 K））

另外两种电推进类型是静电或称离子推力器和电磁或称磁等离子体推力器，其推进原理与其他发动机不同，不存在气体在喷管中的热力学膨胀现象。这两种电推进推力器只能在真空中工作。在离子推力器中（图1－9），工质（一般为氙气（Xe））被夺去电子而电离，随后重离子在静电场内被加速到很高的速度（2 000~60 000 m/s）。之后利用发射的电子把离子中和，以防止空间电荷在航天器上积累。

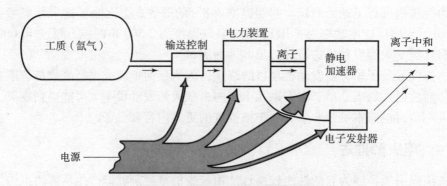

图 1-9 典型离子推力器系统简图
(箭头的宽度表示了电能的大致分配)

在电磁推力器中，等离子体（离子、电子和中性粒子的高能气体混合物）通过电流和垂直磁场之间的相互作用而加速，随后以很高的速度（1 000～75 000 m/s）喷出。这种推力器有不同的种类和几何形状。霍尔效应推力器，一种相对较新的电推类型，也可以视为静电推进（见第 17 章）。图 1-10 所示为一种使用固体推进剂的简单脉冲推力器，这种推力器已被用于航天器姿态控制。

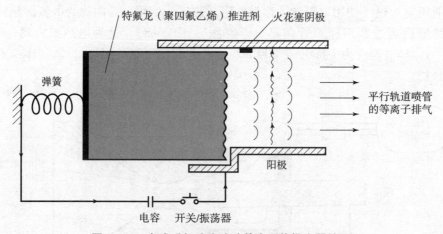

图 1-10 自感磁加速度脉冲等离子体推力器简图
(当电容放电时，导轨左侧产生电弧。等离子体电弧中的强电流产生一个磁场。电流与磁场的相互作用使等离子体沿与电流及磁场垂直的方向即导轨方向加速。每次电弧产生时，少量固体推进剂（特氟龙）汽化形成一小块等离子体雾，排出时即产生一个小推力脉冲。实际推力器工作时每秒可以产生多个脉冲。)

1.2.5 其他火箭推进方案

一种方案是太阳能热火箭发动机。它用一个大直径光学设备（如轻质精密抛物面反射镜或菲涅尔透镜）把太阳光集中到一个接收器或光学空腔内（见参考文献 1-11）。图 1-11 所示为太阳热火箭发动机方案示意图。太阳能火箭发动机参数参见表 2-1。接收器由高温金属（如钨（W）或铼（Re））制成，有一个换热器把工质（通常是液氢）加热到约 2 500 ℃，高温气体从一个或多个喷管排出。大型反射镜必须指向太阳，若航天器绕地球或其他行星轨道运行，这就要求反射镜的方向可调。这种推进系统的性能可比化学火箭发动机高 2~3 倍，但推力较小（1~10 N）。由于大型轻质光学器件很难承受拉力而保持不变形，因此光学组件一般布置在大气层外。系统的污染可以忽略不计，但储存或补加液氢却是个挑战。目前，研究的问题有刚性轻质反射镜或透镜结构、工作寿命、减少氢气蒸发和传给航天器其他组件的热量损失。一个试验性的太阳能热火箭推进系统于 2012 年在某卫星上进行了测试。根据作者的了解，它尚未获得批准投入生产应用（截至 2015 年）。

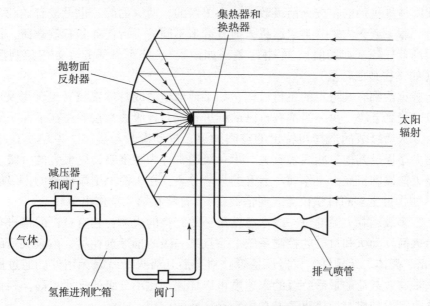

图 1-11 太阳热火箭发动机方案示意图

另一种方案是太阳帆。它基本上是一个很大的光子反射面。太阳帆的动力来源于航天器外部（见参考文献 1-12），但航天器只能往远离太阳的方向飞行。还提出了把辐射能量通过激光或微波从地面站传送到卫星上的方案，但相关测试尚未开展。

1.2.6　火箭推进国际成果

目前，有 30 多个国家在积极研制或生产火箭推进系统。本书对少数几个国外火箭发动机研制单位以及它们的成就、所发表的国际火箭发动机文献进行了介绍。虽然本书大部分资料来自美国的研制经验，但这并不是为了抹煞其他国家的成就。

截至本书这次编写，仅有的主要国际合作项目是国际空间站（ISS），它是一个多年的合作项目，主要由美国与俄罗斯承担，另外还有其他一些国家积极参与。该载人空间站用于对许多研究项目开展试验和观测，参见参考文献 1-13。

1.3　火箭推进的应用

由于火箭发动机能达到其他推进装置无法比拟的性能，因此它具有自己的应用领域，并且通常不会与其他推进装置竞争。为任何特定应用选择最佳的火箭推进系统种类和设计都是一个复杂的过程，这涉及许多因素，包括系统性能、可靠性、成本、推进系统尺寸和兼容性，这些将在第 19 章中论述。下面将给出几个重要的应用实例，有些内容将在第 4 章中做进一步讨论。

1.3.1 运载火箭

人类自 1957 年以来已经进行了不计其数的航天发射，成功率超过 95%。运载火箭或助推器可大致分为一次性的或可回收、可重复使用的；按推进剂的类型可分为常温的或低温的、液体或固体推进剂的；按火箭级数可分为单级的、两级的等；也可按有效载荷或火箭的尺寸及质量，载人或无人来分类。运载火箭有许多不同的飞行任务和有效载荷，据此可分为以下几类：商业任务（如通信）、军事任务（如侦察）、非军事任务（如气象观测）和太空探索任务（如飞往其他行星）。

每种运载火箭都有其特定的飞行目标，如某地球轨道或月球着陆（见参考文献 1-14）。通常火箭有二级到五级，每一级都有自己的推进系统，各级通常按顺序在下面一级工作结束后开始点火。火箭级数的选择与特定的空间弹道、机动次数与类型、单位质量推进剂的能量、载荷的大小以及其他一些因素有关。第一级通常称为主推级，是最大的一级。这一级火箭在第二级火箭发动机点火工作前与上升的火箭分离。在火箭上增添额外的一级能显著增加有效载荷（如携带更多的科学仪器或通信设备），这将在第 4 章作出解释。

实际上，多级运载火箭的每一级本身就是一枚完整的火箭，它有自己的推进剂、自己的一台或多台火箭发动机和自己的控制系统。一旦某一级的推进剂耗尽，该级火箭的剩余质量（包括空贮箱、壳体、结构件、仪器设备等）对于后几级火箭就毫无用处。通过抛离这些无用质量，携带有效载荷的最后一级的末速度可以加速到比不分级的火箭更高。在低轨运载火箭中，固体火箭发动机与液体火箭发动机都有广泛的应用。

图 1-12 所示为"德尔塔"Ⅳ重型运载火箭起飞时的画面。它的所有主发动机都采用了液氧/液氢（LOX/LH_2）推进剂。一级火箭发动机采用航空喷气洛克达因公司（Aerojet Rocketdyne）的 RS-68A 发动机，如图 6-9（a）、（b）所示，其参数参见表 11-2；二级火箭发动机采用航空喷气洛克达因公司的 RL-10B-2 液氧/液氢发动机（24 750 lbf 推力），如图 8-17 所示，其参数参见表 8-1。当发射较小载荷时，会移除两台捆绑式助推器，它们使用的液体发动机与一级主发动机相同。图 1-13 所示为"宇宙神"Ⅴ运载火箭起飞时的画面。它的一级火箭发动机采用俄罗斯动力机械科研生产联合体的 RD-180 发动机，使用航空喷气公司的捆绑式固体助推器，上面级发动机采用航空喷气洛克达因公司的 RL 10A-4-2 液氧/液氢发动机。RD-180 液氧/煤油发动机可参见参考文献 1-2，如参考文献 1-2 中的图 7.10-11 所示，其参数参见参考文献 1-2 中的表 7.10-2。在这两种运载火箭中，有效载荷都位于第二级的顶部，拥有自己的小型发动机推进装置。表 1-3 给出了这两种美国运载火箭使用的大型推进系统的参数，未在表 1-3 中列出的是"德尔塔"Ⅳ重型运载火箭附加的两个级间分离系统。每个级间分离系统由安装在两个外侧助推器上的一组小型固体火箭发动机组成，这些发动机中的 1/4 安装在每个喷管壳体下方，1/4 安装在每个外侧助推器的头部整流罩下方。它们的目的是将两个外侧助推器在其推力终止之后从继续工作的芯级火箭上移开，从而避免发生任何碰撞。这些级间分离固体发动机可以在相当短的工作时间内产生很大的推力。

第1章 分　类

图 1-12　"德尔塔"Ⅳ重型运载火箭起飞时画面
（芯一级液体发动机采用普拉特·惠特尼洛克达因公司（PWR）的 RS-68A 液氧/液氢火箭发动机，两个捆绑式助推器也使用相同的发动机。如图 6-9（a）、（b）所示。鸣谢航空喷气洛克达因公司）

图1-13 "宇宙神"V运载火箭起飞时画面

（它使用3个（或5个）航空喷气公司的捆绑式固体火箭助推器，芯一级采用俄罗斯动力机械科研生产联合体的RD-180液氧/煤油液体火箭发动机；主要参数见表1-3。鸣谢联合发射联盟）

表1-3 两种美国运载火箭的主要推进系统

运载火箭	发动机名称（推进剂）	级数	每级发动机数量	单台发动机推力/(lbf·kN^{-1})	比冲/s	氧化剂燃料混合比	燃烧室压强/(psi)[e]	喷管出口面积比	发动机死重
"德尔塔"Ⅳ重型运载火箭	RS-68A（液氧/液氢）	1	1或3	797 000/3 548[a]	411[a]	5.97	1 557	21.5:1	14 770/6 699(lbm/kg)
	RL 10B-2（液氧/液氢）	2	1	702 000/3 123[b,c]	362[b]	5.88	633	285:01:00	664 lbm
				24 750/0.110[a]	465.5[a]				
	固体助推器	0	1~5	287 346/1.878[b]	279.3[b]		3 722	16:1[c]	102 800 lbm（装填后）
"宇宙神"Ⅴ运载火箭	RD-180[d]（液氧/煤油）	1	1	933 400/4.151[b]	310.7[b]	2.72	610	36.4:1	12 081/5 480(lbm/kg)
	RD 10A-4-2（液氧/液氢）	2	1或2	860 200/3.820[b,c]	337.6[a]	4.9~5.8		84.1:1	5 330 kg
				22 300/99.19[a]	450.5[a]				370/168

[a] 真空值。
[b] 海平面值。
[c] 点火时。
[d] 俄罗斯 RD-180 发动机有两个万向节上安装的推力室。
[e] 1 psi(1 bf/in^2) = 6.894 7 kPa。

另一个在表 1-3 中未列出的是用于"德尔塔"Ⅳ重型运载火箭第二级的姿态控制系统。它有 12 个可重新起动的小型单组元肼推进器，在上面级动力飞行（动力来自 RL 10B-2 发动机）和无动力飞行期间向其提供俯仰、偏航和滚转控制力。这些推进器和分离发动机在图 1-12 中不明显。

美国航天飞机已在 2011 年全部退役，它是第一种可以在跑道上滑行着陆的可重复使用的航天器。图 1-14 所示为航天飞机发射时的基本结构，包括由助推器、轨道器组成的两级和一个外部燃料箱。它标出了航天飞机上的全部 67 个火箭推进系统。它们包括 3 台液氧/液氢主发动机（每台真空推力为 470 000 lbf，化学命名法见第 7 章）、2 台四氧化二氮/一甲基肼轨道机动发动机（每台真空推力为 6 000 lbf）、38 个四氧化二氮/一甲基肼反作用控制系统主推力器（每个真空推力为 870 lbf）和 6 个微调推力器（每个真空推力为 25 lbf）、2 个大型分段式复合推进剂固体助推器（每个海平面推力为 3.3×10^6 lbf）、16 个复合推进剂固体级间分离发动机（每个真空推力为 22 000 lbf，工作 0.65 s）。这些级间分离发动机在助推器的推力终止后开始工作，以使助推器与外部燃料箱分离。轨道器是一种可重复使用的飞行器组合体，既是运载火箭也是宇宙飞船，着陆时还是一架滑翔机。那两台捆绑式固体火箭发动机在当时是世界上最大的，为了在海上回收燃尽的发动机，它们还装有降落伞。巨大的液氧/液氢外部燃料箱在入轨之前被耗尽并抛弃（见参考文献 1-15）。航天飞机完成了民用和军事任务，它将宇航员和卫星送入轨道，开展科学探索，为国际空间站提供补给，维修、保养和回收卫星。目前，退役的轨道器（航天飞机的有翼飞行器）正在博物馆中展出。在本书编写时（2015 年），美国国家航空航天局（NASA）已经签署了新一代大型载人航天器上一些关键技术的初始研发合同，它们被命名为"猎户座"飞船和"航天发射系统"（SLS）超重型火箭。

数家美国和外国创业型公司目前正在研发新一代载人航天器，其中一些是私营企业。他们针对未来的商业市场，包括将游客送入太空旅游。所有这些都基于可重复使用的飞船，有些使用垂直发射的可重复使用的运载火箭，也有一些使用水平起飞或着陆的运载工具。使用新型有翼飞行器的试飞员已经完成许多次亚轨道飞行。现在预测这些组织中的哪一个会成功实现载人航天飞行的商业化还为时过早。一些新公司已经为实用的"低成本"运载火箭开发了整体结构和发动机；在本书编写时，它们被用于定期向国际空间站（位于低地球轨道上）运送补给。为了降低成本，未来运载火箭的第一级需要实现可回收和可重复使用。

单级入轨飞行器因其避免了分级带来的成本和复杂性而具有很大的吸引力，人们希望其拥有更高的可靠性（结构简单、组件少）。然而，其预想的有效载荷对于实现经济化运行来说太小了。迄今为止，开发火箭推进单级入轨飞行器的努力尚未成功。

1.3.2 航天器

航天器按其任务不同可分为地球卫星、月球航天器、行星际航天器和跨太阳系航天器等几种，也可分为载人航天器与无人航天器。参考文献 1-16 列出了 20 000 颗卫星，并将它们分类为通信、气象、导航、科学探索、深空探测、观测（包括雷达监视）、侦察和其他用途的卫星。火箭推进系统既可用作航天器的主推进功能（加速度沿飞行方向，用于如轨道抬升、入轨、变轨机动等），也可用于完成辅助推进功能。辅助推进功能有姿态控制、自旋控制、动量轮和陀螺卸载、空间交会、级间分离、贮箱推进剂沉底等。航天器一般需要多

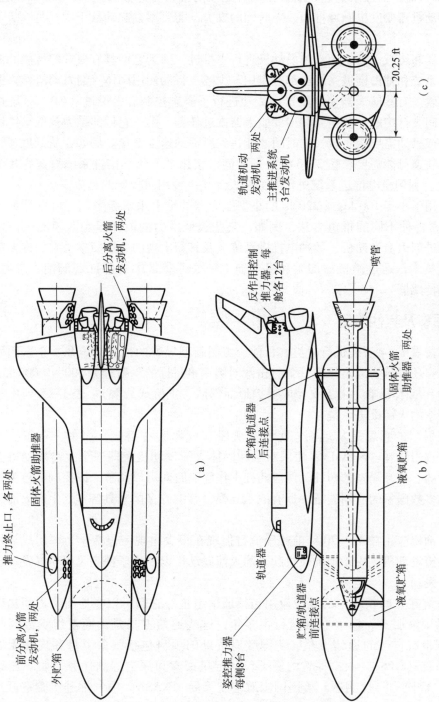

图 1-14 原始航天飞机简图

(轨道器（尺寸与中程喷气客机相当）的三角翼飞行器）是一种可重复使用的，航天器与机结合的货运飞行器，垂直起飞，像滑翔机一样水平降落。机翼的设计使最少任务次数为 100 次，低轨运载能力 65 000 lbf，最多可载 4 名机组人员，可将 25 000 lbf 的有效载荷带回地球。NASA 的新一代载人太空发射系统（SLS）计划使用改进的航天飞机发动机（图 6-1），该发动机被命名为 RS-25）

台不同的火箭发动机，有些推力很小。对于航天器三轴姿态控制，由于各轴都要控制正负转动，推进系统必须能提供6个转动自由度的纯力矩，因此至少需要12个推力器。有些任务只需要4~6个推力器，而复杂的载人航天器所有舱段的推力器总数可达20~50个。通常，小型姿态控制发动机需要发出脉冲推力或短时间的推力，需要重复起动数千次（见6.7节和参考文献1-17）。

大多数航天器和运载火箭使用液体发动机进行主推进，因为它们具有更好的性能。液体推进剂在主推进系统和辅助推进系统上都有应用。少数飞行器使用固体火箭发动机作为助推级，有些用于入轨。有些航天器使用电推进成功进行了姿态控制。电推进（EP）系统最近也已用于长期空间飞行中的一些主要和次要航天器推进任务。由于它们的推力较低，使用电推进的空间操作或机动需要相对较长的时间才能达到所需的速度增量。例如，从低地球轨道转移到地球同步轨道可能需要长达2~3个月的时间，相比之下化学推进系统只需要几个小时（见第17章）。利用全电推进系统进行上面级设计是一种相对较新的趋势。

微推进是适用于小于100 kg或220 lb的小型航天器的推力水平新名词，可参见参考文献1-18。它包含各种不同的推进方法，例如，某些极低推力的液体单和双组元火箭发动机、小型气体推进剂火箭发动机、数种电推进系统，及其新出现的先进版本。它们许多都是基于新兴的制造技术，通过微机械加工和机电加工来处理非常小的部件（阀门、推力器、开关、绝缘器或传感器）。

1.3.3 军事及其他应用

军事应用可按表1-4所列进行分类。目前，美国新型导弹的推进系统几乎全采用固体火箭发动机。导弹还可分为战略导弹（如打击敌对国军事目标的、射程为800~9 000 km的远程弹道导弹）和战术导弹（用于支援或保护地面部队、飞机或战舰）。表1-5列出了一些典型的不同用途的火箭推进系统。

术语"面发射"的意思是从地面、海面（舰船）或海底（潜艇）发射。有些战术导弹，如空面近程攻击导弹（SRAM），使用双脉冲固体火箭发动机，即一个火箭发动机壳体内装有两个独立的、相互隔离的药柱，两段药柱工作间隔时间可以调节，以控制飞行弹道或速度。目前，大多数国家的武器装备中拥有战术导弹，其中许多国家具备本国生产火箭发动机和导弹的能力。

有些火箭发动机应用在40~70年前曾经流行但现在很少出现，包括作为军用战斗机升空动力的液体火箭发动机、用于辅助飞机起飞的火箭发动机以及用于提高飞机喷气发动机推力的超性能火箭发动机。

火箭推进系统在空间领域中的其他应用包括通信卫星。它们可以在地面站之间提供电话和电视信号的中继服务，已经顺利运行很多年；这些通信卫星是由商业组织经营和操作的。其他国家也有自己的通信卫星。美国政府资助的项目包括气象卫星和现在无处不在的全球定位系统（GPS）。太空探索的例子包括行星探索和深空探测任务，如"旅行者号"探测器和"信使号"探测器。美国国家航空航天局（NASA）喷气推进实验室开发了大量这类的任务和探测器；他们使用一个肼推进剂反应控制系统支持的多个推力器；另一项应用是用于太空旅游的亚轨道有翼飞船。截至2014年年底，两架私人投资的此类飞船验证机已经试飞。

表1-4 部分使用火箭推进系统的军事应用

类 型	飞行器/系统	评论/实例
军用卫星	侦察、观测 保密通信 洲际弹道导弹发射早期预警	依赖现有火箭,如"德尔塔"Ⅳ、"德尔塔"Ⅱ和"宇宙神"Ⅴ运载火箭
战略武器	井射洲际弹道导弹 潜射洲际弹道导弹 巡航导弹(亚声速飞行)	"民兵"Ⅲ和"三叉戟"运载火箭,固体火箭发动机的战略导弹 使用固体助推器和涡扇发动机,射程5 000~9 000 km
面对面战术武器	中程弹道导弹 战场支援(射程很短) 舰对舰或舰对岸 小型肩扛式导弹 小型有线制导导弹	"潘兴"Ⅱ导弹(两级) 制导或非制导 全部使用固体火箭发动机,单级 "红眼睛"导弹是一种肩扛式面对空导弹
面对空和面反导战术武器	区域防空 广域防空 战场支援 小型肩扛式导弹 舰船防空	"标准"导弹、"爱国者"导弹 使用固体助推器和液体推力器机动的多级火箭 固发、制导或非制导,"红眼睛"导弹 施放导线以控制区域战区对空导弹的飞行路径
空对空导弹	近程 远程	都使用固体火箭发动机 更大的制导导弹
空对面导弹	飞机翼下挂载 反装甲导弹 反潜导弹 反辐射导弹 鱼雷动力 火箭增程炮弹 飞行员弹射座椅	制导,固体火箭发动机,"不死鸟"导弹、"麻雀"导弹 带穿甲战斗部,"标枪"导弹、"陶式"导弹,固体火箭发动机 潜射导弹,固定火箭发动机 自导的空射固体导弹 燃气发生器,固体火箭发动机 炮弹内高达20 000g过载,射程增加 紧急机动,固体火箭发动机
专用武器或装置		

表1-5 火箭应用中的部分推进特性实例

应 用	推进剂类型	推力曲线	典型工作时长	最大加速度[a]
大型运载火箭	液体或低温液体	接近恒定推力	2~8 min	(1.2~6)g
捆绑式助推器	固体或液体	100 000~3 300 000 lbf	0.5~2 min	(1.2~3)g
燃尽捆绑级分离	4~8台固体发动机	每台10 000~20 000 lbf	少于1 s	
防空或反导导弹	固体,有些用液体末端机动	助推段高推力,保持段减推力,转向高推力	每台2~75 s	(5~20)g,可达100g
航天器轨道机动或机动保持	可储存液体,低温液体或电推	太空中多次重启,可脉冲工作	累计工作最多10 min	(0.2~6)g
空射制导导弹	固体	助推段高推力,保持段低推力或减推力,某些是双脉冲	助推2~5 s,保持10~30 s	最多25g
战场支援-面发射	固体	减推力	每级最多2 min	最多10g
火箭增程弹-炮射	固体	恒定或减推力	数秒	炮膛中最多20 000g
大型航天器姿态控制	可储存液体（单或双组元）、电推进、氙气	多次重启（最多数千次）、脉冲工作	累计工作最多数小时	小于0.1g
小型航天器姿态控制	电推进,冷气或热气,可储存液体	多次重启（最多数千次）、脉冲工作	累计工作最多数小时	小于0.1g
航天飞机可再利用主动机	低温液体（O₂/H₂）	推力可调,发动机可重复使用,多次飞行	8 min,某些任务中累计约7 h	
月球着陆	可储存双组元	10:1推力变化	4 min	数个g
气象探空火箭	固体	单一燃烧时长,大多减推力	5~30 s	最多15g
反坦克导弹	固体	单一燃烧时长	0.2~3 s	最多20g

[a] g 是地球表面重力加速度,$g = 9.806\ 6\ m/s^2$（或32.17 ft/s²）。

参考文献

1-1. E. C. Goddard and G. E. Pendray (Eds), *The Papers of Robert H. Goddard*, three volumes, McGraw-Hill Book Company, 1970, 1707 pages. It includes the pioneering treatise "A Method of Reaching Extreme Altitudes" originally published as Smithsonian Miscellaneous Collections, Vol. 71, No. 2, 1919.

1-2. G. P. Sutton, *History of Liquid Propellant Rocket Engines*, published by AIAA, 2006, 911 pages.

1-3. B. N. Yur'yev (Ed), *Collected Works of K. E. Tsiolkowski*, Vols. 1–3, USSR Academy of Sciences, 1951; also NASA Technical Translation F-236, April 1965.

1-4. H. Oberth, *Die Rakete zu den Planetenräumen* (By Rocket to Planetary Space), R. Oldenburg, Munich, 1923 (in German), a classical text.

1-5. W. von Braun and F. Ordway, *History of Rocketry and Space Travel*, 3rd ed., Thomas Y. Crowell, New York, 1974.

1-6. L. H. Caveny, R. L. Geisler, R. A. Ellis, and T. L. Moore, "Solid Enabling Technologies and Milestones in the USA," *Journal of Propulsion and Power*, Vol. 19, No. 6, Nov.–Dec. 2003, AIAA, pp. 1038–1066.

1-7. A. M. Lipanov, "Historical Survey of Solid Propellant Rocket Development in Russia," *Journal of Propulsion and Power*, Vol. 19, No. 6. Nov.–Dec. 2003, pp. 1063–1088.

1-8. AGARD Lecture Series 150, *Design Methods in Solid Rocket Motors*, AGARD/NATO, Paris, April 1988.

1-9. A. Davenas, *Solid Rocket Propulsion Technology*, Pergamon Press, London (originally published in French), revised edition 1996.

1-10. C. Zakrzwski et al., "On-Orbit Testing of the EO-1 Pulsed Plasma Thruster." AIAA2002-3973, Reston, VA, 2002. http://eo1.gsfc.nasa.gov/new/validationReport/Technology/Documents/Summaries/08-PPT_Rev-0.pdf.

1-11. T. Nakamura et al., "Solar Thermal Propulsion for Small Spacecraft—Engineering System Development and Evaluation," Report PSI-SR-1228, July 2005.

1-12. T. Svitek et al., "Solar Sails as Orbit Transfer Vehicle—Solar Sail Concept Study," Phase II Report, AIAA paper 83-1347, 1983.

1-13. NASA *International Space Station* (A resource on the ISS by NASA; includes operational use, wide range of background material, archives, image gallery and planned missions). www.nasa.gov/station-34k.

1-14. S. J. Isakowitz, J. B. Hopkins, and J. P. Hopkins, *International Reference Guide to Space Launch Systems*, 4th ed., AIAA, 2004, 596 pages.

1-15. National Aeronautics and Space Administration (NASA), *National Space Transportation System Reference*, Vol. 1, *Systems and Facilities*, U.S. Government Printing Office, Washington, DC, June 1988; a description of the Space Shuttle.

1-16. A. R. Curtis (Ed), *Space Satellite Handbook*, 3rd ed., Gulf Publishing Company, Houston, TX, 1994, 346 pages.

1-17. G. P. Sutton, "History of Small Liquid Propellant Thrusters," presented at the 52nd JANNAF Propulsion Meeting, May 2004, Las Vegas, NE, published by the Chemical Propulsion Information Analysis Center, Columbia, Maryland, June 2004.

1-18. M. M. Micci and A. D. Ketsdever, *Micropropulsion for Small Spacecraft*, Progress in Aeronautics and Astronautics Series, Vol. 187, AIAA, 2000, 477 pages.

第 2 章 定义和基本原理

本章针对推进力、排气速度和能量产生与转换的效率，讨论它们的定义和基本关系；对不同种类的推进系统进行了比较，并介绍了复合推进系统的同步性能。火箭动力的基本原理实质上就是力学、热力学和化学的结合。推进是通过向飞行器施加一个力，使其加速，或者在有阻力的情况下维持其速度来实现的。该推进力由高速喷出的推进剂气体产生的动量变化产生，本章中的公式适用于所有此类系统。所有公式中使用的符号定义见本章最后，本书尽可能使用美国火箭推进界的标准字母符号（见参考文献 2-1）。

2.1 定义

总冲 I_t 为推力 F（可随时间变化）对工作时间 t 的积分，即

$$I_t = \int_0^t F \mathrm{d}t \tag{2-1}$$

对于恒定推力而言，忽略起动和停机的瞬态变化，式（2-1）可简化为

$$I_t = Ft \tag{2-2}$$

总冲 I_t 基本上与推进系统所有推进剂释放的总能量成正比。

比冲 I_s 表示每单位推进剂"重量"流量产生的推力。对于任何火箭推进系统的性能来说，这都是一个重要的参数。这个概念类似于汽车每加仑（USgal）汽油英里（mile）数①。比冲数值越大，通常表示性能越好。本书的许多章节给出了一些 I_s 的具体值，后面将介绍特定任务的最佳比冲的概念。如果推进剂总质量流量为 $\dot{m}$ 且标准加速度为 g_0（给定海平面标准重力加速度为 9.806 6 m/s² 或 32.174 ft/s²），则

$$I_s = \frac{\int_0^t F \mathrm{d}t}{g_0 \int_0^t \dot{m} \mathrm{d}t} \tag{2-3}$$

式（2-3）给出了任何火箭发动机的时间平均比冲值（以秒为单位），尤其是当推力随时间变化的情况。在瞬变条件下（在启动或推力建立阶段、关机阶段、变流量或变推力阶段），I_s 的值可以通过式（2-3）的积分或通过使用在短时间间隔的 F 和 $\dot{m}$ 的平均值获得。

式（2-3）可以改写为

$$I_s = I_t / (m_p g_0) \tag{2-4}$$

式中：m_p 为排出的总有效推进剂质量。

---

① 1 USgal（美加仑）= 3.785 dm³，1 mile = 1.609 km。——译者

在第 3 章、第 12 章和第 17 章中，将进一步讨论比冲的概念。针对恒定的推进剂质量流量 $\dot{m}$，恒定推力 F 以及忽略瞬时起动或关机的情况，式（2-3）可简化为

$$I_s = F/(\dot{m}g_0) = F/\dot{w} = I_t/w \tag{2-5}$$

在地球表面附近，$m_p g_0$ 表示的是有效推进剂重量 w[①]，其相应的重量流量由 $\dot{w}$ 给出。但是对于空间或卫星远地轨道，质量已经乘以一个"任意常数"，即 g_0 并不代表重量。在国际标准单位制（SI）或公制单位中，I_s 的单位为"s"。在美国，仍然使用英制工程单位（EE）系统（ft、lb、s）进行许多化学推进工程、制造和测试的说明。在许多过去和现在的美国出版物、数据和合同中，比冲的单位由推力单位（lbf）除以推进剂的重量流速（lbf/s）得到，即 s 的单位。因此，I_s 的数值无论是在英制单位系统还是标准国际单位制中都是相同的。但需要注意的是，I_s 的单位并不表示时间，而是表示每单位"重量流量"推进剂产生的推力。在本书中，使用符号 I_s 专门表示比冲，如参考文献 2-1 中所列。对于固体推进剂和其他火箭推进系统，符号 I_{sp} 更常用于表示比冲，如参考文献 2-2 中所列。

发动机实际排气速度在整个出口横截面上并不是完全均匀的，并且速度分布难以精确测量。对于采用一维描述的计算问题，可以假设轴向速度 c 均匀分布。该有效排气速度 c 表示从火箭喷射出的推进剂的平均速度或质量当量速度，可定义为

$$c = I_s g_0 = F/\dot{m} \tag{2-6}$$

式中：速度 c 的单位为 m/s 或 ft/s。由于 c 和 I_s 仅相差一个常数 g_0，因此，c 与 I_s 两个之中的任意一个都可用作衡量火箭性能的指标。在俄罗斯文献中使用 c 代替 I_s。

固体火箭发动机一般难以准确测量出推进剂流速。因此在地面试验中，比冲通常根据总冲和推进剂重量计算［使用火箭发动机初始与最终重量之差以及式（2-5）］。反过来，总冲则是利用式（2-1），通过对测量所得的推力进行时间积分获得。对于液体火箭发动机，可以测量出推力和瞬时推进剂流量，因此式（2-3）可用于计算比冲。式（2-4）给出了比冲的另一种定义，即消耗单位重量（海平面重量）推进剂对飞行器施加的总冲量。

推进剂比耗量定义为比冲的倒数，通常不用于火箭推进领域。它一般用于汽车和通管推进系统。表 2-1 给出了其典型值。

表 2-1 各种火箭发动机典型性能参数对比

发动机种类	比冲[a]/s	最高温度/℃	推重比[b]	工作时间	比功率[c]/(kW·kg^{-1})	典型工作流体	技术水平
化学-固液混合发动机	200~468	2 500~4 100	10^{-2}~100	几秒到几分钟	10^{-1}~10^3	固体或液体	已使用
液体发动机	194~223	600~800	10^{-2}~10^{-1}	几秒到几分钟	0.02~200	N_2H_4	已使用
电阻加热式推力器	150~300	2 900	10^{-4}~10^{-2}	几天	10^{-3}~10^{-1}	H_2，N_2H_4，N_2H_4，H_2，NH_3	已使用

---

① 本书使用重量和质量两个物理量，重量也称为重力，其单位一般为 N 和 lbf。——译者

续表

发动机种类	比冲[a]/s	最高温度/℃	推重比[b]	工作时间	比功率[c]/(kW·kg^{-1})	典型工作流体	技术水平
电弧加热-电热推力器	280~800	20 000	10^{-4}~10^{-2}	几天	10^{-3}~1	H_2	已使用
电磁（含脉冲等离子体）推力器	700~2 500	—	10^{-6}~10^{-4}	几周	10^{-3}~1	固体等离子体	已使用
霍尔效应推力器	1 220~2 150	—	10^{-4}	几周	10^{-1}~5×10^{-1}	Xe	已使用
静电离子推力器	1 310~7 650	—	10^{-6}~10^{-4}	几个月或几年	10^{-3}~1	Xe	已使用
太阳能发动机	400~700	1 300	10^{-3}~10^{-2}	几天	10^{-2}~1	H_2	还在研发

[a] 海平面最佳气体膨胀。$P_1 = 1\,000$ psi，$P_2 = P_3 = 14.7$ psi。
[b] 推力与完整推进系统海平面重量（含推进剂，不含有效载荷）之比。
[c] 单位排气质量流量的功能。

飞行器整体或飞行器某一级或是推进系统本身的质量比 MR 定义为最终质量 m_f 除以火箭初始质量 m_0，即

$$\mathrm{MR} = m_f/m_0 \tag{2-7}$$

式中：m_f 由火箭在有用推进剂质量 m_p 全被消耗排出后停机的飞行器或飞行器某级的质量组成；其他术语见图 4-1。

式（2-7）适用于单级或多级飞行器，对于后者，总质量比是各级飞行器质量比的乘积。最终的飞行器质量必须包括诸如导引装置、导航设备、有效载荷（如科学仪器或军用弹头）、飞行控制系统、通信设备、电源、贮箱结构、残余推进剂以及所有发动机硬件。在一些飞行器中，它还可以包括机翼、机组人员、生命支持系统、再入防护罩、起落架等。MR 的典型值可以取 60%（如一些战术导弹）到 10%（如一些无人运载火箭的某一级）。该质量比是分析飞行性能的重要参数，参见第 4 章。当 MR 仅适用于单个低级时，其所有上级都成为其"有效载荷"的一部分。很重要的一点是需要指定 MR 是应用于多级飞行器、单级还是特定的推进系统。

推进剂质量分数 ζ 表示为有效推进剂质量 m_p 在初始质量 m_0 中所占的比值。它可以应用于飞行器、飞行器单级或整个火箭推进系统中，可定义如下：

$$\zeta = m_p/m_0 \tag{2-8}$$

$$\zeta = (m_0 - m_f)/m_0 = m_p/(m_p + m_f) \tag{2-9}$$

$$m_0 = m_p + m_f \tag{2-10}$$

与质量比 MR 一样，推进剂质量分数 ζ 用于描述火箭推进系统的性能；当应用于整体飞行器、单级或多级时，其值将有所不同。对于火箭推进系统而言，初始或满载质量 m_0 由惰性推进质量（燃烧和储存推进剂所需的硬件）和有效推进剂质量组成。它将排除大量非推进组件，如有效载荷或导引装置（图 4-1）。例如，在液体火箭发动机中，最终惰性推进质量 m_f 将包括推进剂贮箱、它们的加注和排出增压系统（涡轮泵和/或气体挤压系统）、一个

或多个推力室、各种管道、阀门、发动机支架或发动机结构、过滤器和一些传感器。任何残留或不可用的剩余推进剂通常是最终惰性质量 m_f 的一部分，如本书所述。然而，一些火箭推进器制造商和一些文献指出残余物是推进剂质量 m_p 的一部分。当应用于整个火箭推进系统时，推进剂质量分数 ζ 的值表示设计的质量。例如，0.91 的质量分数意味着只有 9% 的质量是惰性火箭硬件，并且这一小部分需要来容纳、供给和燃烧相当大质量的推进剂。ζ 值越大越好。

一个完整推进系统的冲重比定义为总冲量除以初始（载有推进剂的）飞行器海平面重量 w_0，它的值越大表明设计越有效率。假设推力恒定，忽略起动、关机瞬变，冲重比可以表示为

$$\frac{I_t}{w_0} = \frac{I_t}{(m_f + m_p)g_0} = \frac{I_s}{m_f/m_p + 1} \qquad (2-11)$$

推重比 F/w_0 表示发动机能够给予其自身负载的推进系统质量的加速度（为地球表面的重力加速度 g_0 的倍数）。表 2-1 给出了一些 F/w_0 的值。推重比可用于比较不同类型的火箭推进系统和/或鉴定发射能力。对于恒定推力，最大推重比或最大加速度总是在推力终止（燃尽）之前出现，因为有效推进剂质量的消耗减小了飞行器的质量。

例 2-1 某火箭飞行器具备以下特性：

初始质量	200 kg
火箭工作结束后质量	130 kg
有效载荷、非推进系统结构等质量	110 kg
火箭工作持续时间	3.0 s
推进剂平均比冲	240 s

求飞行器及其推进单元的质量比、推进剂质量分数、有效排气速度和总冲。此外，有效载荷中的敏感电子设备所能承受的最大加速度为 $35g_0$。在飞行期间加速度是否会超过这一数值？假设推力恒定并忽略起动和停机瞬变过程以及重力（由气动翼的升力平衡）。

解 初始质量与火箭运行后的质量之差是消耗的推进剂的质量，即 70 kg。因此，飞行器的质量比（见式 (2-8)）为 $MR = m_f/m_0 = 130/200 = 0.65$，对于推进装置而言，其质量比为 $(130-110)/(200-110) = 0.222$，注意两者的差别。推进系统的推进剂质量分数为（见式 (2-8)）

$$\zeta = 70/(200-110) = 0.778$$

该质量分数对于战术导弹来说是可以接受的，但对航天器来说可能只是"一般般"。有效排气速度 c 与比冲成正比，由式 (2-6) 得，$c = 240 \times 9.81 = 2354.4$ (m/s)。推进剂质量流量 $\dot{m} = 70/3 = 23.3$ (kg/s)，推力变为（见式 (2-6)）

$$F = I_s g_0 = 23.3 \times 2354.4 = 54\,936 (\text{N})$$

现在可以计算总冲，$I_t = 54\,936 \times 3 = 164\,808 (\text{N} \cdot \text{s})$。地球表面推进系统的冲重比由式 (2-11) 得，$I_t/w_0 = 164\,808/[(200-110) \times 9.81] = 187 (\text{s})$（这可能只反映了一种"平均水平的设计"，因为"优秀设计"的冲重比将更接近比冲，即 $I_s = 240$ s）。

对于水平轨迹，最大加速度值在推进工作结束时，即停机之前获得（因为当推力未改变时，飞行器质量正处于其最小值 130 kg），则

$$\text{最终加速度} \ a = F/m = 54\,936/130 = 422.58 (\text{m/s}^2)$$

这个数值等于 $43.08g_0$（地球表面重力加速度），超过了设备规定的最大限度 $35g_0$。这可以通过降低推力和延长飞行时间来解决。

2.2 推　力

推力是火箭推进系统作用在飞行器质心处产生的力。它是一种由结构承受的、推进剂高速喷射产生的反作用力（与花园浇水软管反冲或枪支后座为同样现象）。动量是一个矢量，其定义为质量和其矢量速度的乘积。在火箭发动机里，由飞行器携带的质量相对较小的推进剂以很高速度喷射出来。

由于动量的变化，产生的推力如下所示（推导可以在本书的早期版本中找到）：

$$F = \frac{\mathrm{d}(mv_2)}{\mathrm{d}t} = \dot{m}v_2 = \frac{\dot{w}}{g_0}v_2 \tag{2-12}$$

假设出口气体速度恒定，均匀并指向轴向，当质量流量恒定时，推力本身也是恒定的。通常这种理想推力实际上可以接近实际推力。

但是，只有当喷管出口压力等于外界压力时，该力才代表总推力。

外界流体（如当地大气）的压力产生推力的第二分量。图 2-1 简要画出了作用在火箭燃烧室外表面上的外部压力以及典型的热火箭推进系统内部气体压力变化的示意图，箭头的方向和长度表示压力的相对大小。轴向推力可以通过对所有作用在内外表面（投影到与喷管出口方向垂直的平面）上的压力进行积分确定；径向向外的作用力是比较大的，但是当火箭燃烧室轴向对称时，其不会对推力产生影响。

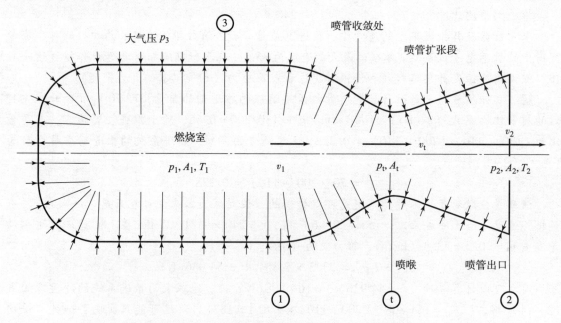

图 2-1　作用在燃烧室和喷管内表面的不均匀压力

（内部气体压力（大小由箭头长度表示）在燃烧室内是最高的 p_1，到喷管部分则持续降低至喷管出口压力 p_2。外部压力或大气压力 p_3 是均匀的，喉部压力为 p_t。四个带圆圈的符号表示 A、v、T 和 p 在特定位置的量，中心线旁的水平箭头表示相对速度）

对于几何形状固定的喷管而言，由于飞行期间高度变化会引起环境压力变化，因此导致大气压力 p_3 与喷管出口平面的排出气体压力 p_2 之间会存在不平衡。在均匀大气中稳定工作时，总推力可以同样表达如下（这个方程是使用气体动力学中的控制体积方法得出的，见参考文献 2-3 和 2-4）：

$$F = \dot{m}v_2 + (p_2 - p_3)A_2 \tag{2-13}$$

式中：第一项是动量推力，由推进剂质量流量与其相对于飞行器排气速度相乘得到；第二项表示压差推力，由喷管出口处的横截面积 A_2（排气射流离开飞行器的位置）与出口处的气体压力与环境流体压力之差的乘积组成（p_2 仅在超声速喷管排气中会与 p_3 不同）。当出口气体压力小于周围流体压力时，压差推力为负。由于这种情况会降低推力，加之其他原因（见第 3 章），并不是理想状态，因此火箭喷管通常设计成排气压力等于或略高于外界环境压力。

当外界大气压等于排气压力时，压差项为零，推力公式（2-13）与式（2-12）相同。在真空中 $p_3 = 0$，并且压差推力达到最大：

$$F = \dot{m}v_2 + p_2A_2 \tag{2-14}$$

大多数喷管的面积比 A_2/A_t 设计成排气压力等于在海平面或海平面以上的周围空气压力（$p_2 = p_3$）。对于任何固定的喷管结构，一般只能在一个高度上达到这种要求，将这种情况称为在该高度喷管达到最佳膨胀比，第 3 章将对其进行详细讨论。

式（2-13）表明推力与火箭的飞行速度无关。由于环境压力的变化会影响压差推力，因此火箭推力随高度发生显著变化。由于大气压力随着海拔的升高而降低，当飞行器到达更高的高度时，推力和比冲将增加。在地球上，由于高度变化引起的压差推力的增加可以达到海平面推力的 10%~30%；事实上，当飞行器高度上升时，大气压力不断减小，导致推力增加，这是火箭推进系统的一个独有特征。表 8-1 给出了几种液体火箭发动机的海平面推力和高空推力。附录 2 给出了作为高度函数的标准大气特性（即环境压力 p_3）。

2.3 排气速度

由式（2-6）定义的等效排气速度适用于所有质量排出推力器。由式（2-13）可知，对于恒定推进剂质量流量，表达式可修改为如下形式。如前文，g_0 是一个常数，其数值大小等于海平面上的标准重力加速度，并且不随高度变化：

$$c = v_2 + (p_2 - p_3)A_2/\dot{m} = I_s g_0 \tag{2-15}$$

在式（2-6）中，c 的值可以通过测量推力和推进剂流量确定。当 $p_2 = p_3$ 时，等效排气速度 c 的值等于推进剂气体实际的平均排气速度 v_2。但是，当 $p_2 \neq p_3$ 且 $c \neq v_2$ 时，式（2-15）等号右边第二项通常和 v_2 相比较小；因此，等效排气速度总是与实际排气速度较为接近。在地球表面，当 $c = v_2$ 时，式（2-13）中的推力可简写为（下面的式子中受限制较少）

$$F = (\dot{w}/g_0)v_2 = \dot{m}c \tag{2-16}$$

特征速度 c^* 是火箭推进文献中经常使用的术语（读作"c 星"），可定义为

$$c^* = p_1 A_t/\dot{m} \tag{2-17}$$

特征速度 c^* 虽然不是物理速度，但用于比较不同化学火箭推进系统设计和推进剂的相对性能，易通过测量 $\dot{m}$、p_1 和 A_t 确定。特征速度 c^* 基本与喷管特性无关，可能与燃烧效率有关。但是比冲 I_s 和等效排气速度 c 仍然是喷管几何形状的函数（如喷管面积比 A_2/A_t，见

第 3 章)。表 5-5 和表 5-6 给出了 I_s 和 c^* 的一些典型值。

例 2-2 在固体火箭发动机的海平面试车中得到以下测量数据(所有横截面都是圆形且不变的):

燃烧时间	40 s
初始推进系统质量	1 210 kg
测试后的火箭质量	215 kg
海平面推力	62 250 N
燃烧室压力	7.00 MPa
喷管出口压强	70.0 kPa
喷喉直径	8.55 cm
喷管出口直径	27.03 cm

试求海平面上的 $\dot{m}$、v_2、c^* 和 c,以及海平面上距海平面 1 000 m 和 25 000 m 高空的压差推力(见式(2-13))和比冲。假设火箭上升期间动量推力不变,并且可以忽略起动和停止瞬态变化。

解 题目给定直径对应的横截面积分别是 $A_t = 0.005\ 74\ \text{m}^2$ 和 $A_2 = 0.057\ 4\ \text{m}^2$ (面积比为 10)。所有高度的稳态质量流量均为

$$\dot{m} = (1\ 210 - 215)/40 = 24.88\ (\text{kg/s})$$

要求的 c^* (所有高度的)和海平面上的 c 可从式(2-17)和式(2-6)中求得:

$$c^* = p_1 A_t/\dot{m} = 7.00 \times 10^6 \times 0.005\ 74/24.88 = 1\ 615\ (\text{m/s})$$

$$c = F/\dot{m} = 62\ 250/24.88 = 2\ 502\ (\text{m/s})$$

海平面的压差推力为负值,即

$$(p_2 - p_3)A_2 = (0.070 - 0.101\ 3) \times 10^6 \times 0.057\ 4 = -1\ 797\ (\text{N})$$

所以喷管出口速度 v_2 (所有高度)由式(2-13)得

$$v_2 = (62\ 250 + 1\ 797)/24.88 = 2\ 574\ (\text{m/s})$$

其余答案如表 2-2 所列,可以从附录 2 中得到外界气压。

表 2-2 例 2-2 中的部分答案

高度/m	p_3/kPa	压差推力/N	I_s/s
海平面	101.32	-1 797	255
1 000	89.88	-1 141	258
25 000	2.55	3 871	278

对附录 2 中标准大气表的进一步检验表明,压差推力在 3 000 m 处恰好为零。

2.4 能量和效率

虽然火箭推进系统设计一般不使用效率,但这个概念可以让人们了解这些系统中的能量平衡。效率的定义有很多种,取决于所需要考虑的损失,并且任何定义一致的效率(如本节中提出的)都可以较好地评估能量损失。如前所述,在所有推进系统中都会出现两种类

型的能量转换过程,即能量的产生过程,通常是将储存的能量转换为可用的能量,并且随后将其转换为反作用推力的形式。喷射物质的动能是对推进有用的主要能量。射流功率 P_{jet} 是对这种能量的时间导数,并且对恒定气体出口速度($v_2 \approx c$,在海平面上)而言,它是 I_s 和 F 的函数:

$$P_{\text{jet}} = \frac{1}{2}\dot{m}v_2^2 = \frac{1}{2}\dot{w}g_0 I_s^2 = \frac{1}{2}Fg_0 I_s = \frac{1}{2}Fv_2 \tag{2-18}$$

术语"比功率"有时可用作衡量推进系统质量(包括能量源)的可用性,它等于喷射功率除以加载的推进系统质量,即 P_{jet}/m_0。对于需要包含大量相对低效能源的电力推进系统而言,比功率远低于化学火箭的功率。在不同的推进器类型中输入火箭推进系统的能量来源是不同的,对于化学火箭发动机来说,这种能量只能通过燃烧产生。单位质量化学推进剂能获得的最大能量为其燃烧反应热 Q_R。化学火箭发动机输入功率定义为

$$P_{\text{chem}} = \dot{m}Q_R J \tag{2-19}$$

式中:J 为单位转换常数(见附录1)。

能量的很大一部分作为废气中的残余焓值离开喷管并且不能转换成动能,这类似于内燃机的热废气损失能量。

化学火箭发动机的燃烧效率 η_{comb} 定义为单位推进剂质量释放的实际能量与理想反应热的比值,用来度量能量源产能的效率。它的数值可能很高(接近94%~99%)。当输入功率 P_{chem} 乘以燃烧效率时,得到的就是推进装置的可用功率,该功率在发动机中被转换为排气射流的动能。在电推进中,类似的效率是功率转换效率;对于太阳能电池而言,它取决于将太阳辐射能转换成电能的效率,数值较低(10%~30%)。

在某一时刻传给飞行器的功率定义为推进系统的推力 F 和飞行速度 u 的乘积:

$$P_{\text{vehicle}} = Fu \tag{2-20}$$

火箭推进系统的内效率反映了将系统推进装置的输入能量转换为喷射物质的动能的能力。例如,对于化学火箭发动机,它是由式(2-18)中喷射气体的动能除以化学反应的输入功率式(2-19)得到的。化学火箭的能量平衡图(图2-2)展示了典型的能量损失。内效率可表示为

$$\eta_{\text{int}} = \frac{\text{射流动能}}{\text{可获得的化学能}} = \frac{\frac{1}{2}\dot{m}v^2}{\eta_{\text{comb}}P_{\text{chem}}} \tag{2-21}$$

任何通过流体介质的物体都会或多或少影响流体,影响方式可能是阻碍其运动和/或需要额外能量消耗(搅动它)。这是表面摩擦所导致的结果,这一部分的损耗可以很大。推进效率 η_p(图2-3)可以反映这种能源消耗。它能确定有多少排气动能可用于推进火箭飞行器,定义式为

$$\eta_p = \frac{\text{飞行器功率}}{\text{飞行器功率} + \text{射流残余动能}}$$

$$= \frac{Fu}{Fu + \frac{1}{2}\dot{m}(c-u)^2} = \frac{2u/c}{1+(u/c)^2} \tag{2-22}$$

式中:F 为推力;u 为绝对飞行速度;c 为相对于飞行器的等效排气速度;$\dot{m}$ 为推进剂质量流量;η_p 为所需的推进效率。

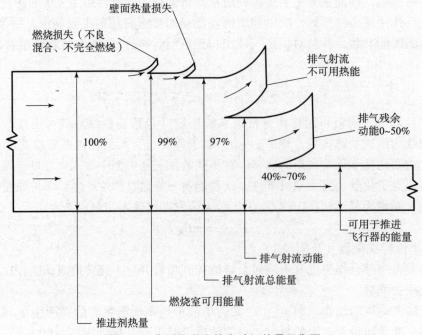

图 2-2 典型化学火箭发动机能量平衡图

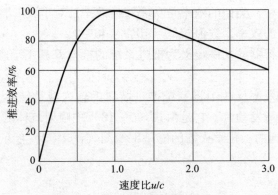

图 2-3 不同飞行速度时的推进效率

当飞行器向前飞行的速度恰好等于等效排气速度时，推进效率达到最大值。此时射流的剩余动能变为零，废气静止停留在空间中。

虽然需要追求经济高效地使用能源，但同时还存在需要喷射质量消耗最小的问题，这在许多情况下比降低能源消耗更重要。例如，对于核反应堆能源和一些太阳能源来讲，可以获得几乎无限量的热能，但飞行器只能携带有限量的推进剂。对于给定的推力，如果排气速度高，工质消耗量就少。因为比冲与排气速度成正比，故可用比冲高低度量推进剂质量的经济性。

2.5 复合推进系统

以下关系用于确定一组（两个或多个）推进系统并联点火（同时在同一方向）时的总

推力（总量用下标"oa"表示）和推进剂的总质量流量。这些关系适用于液体火箭发动机、固体火箭发动机、电力推进系统、混合动力推进系统以及任何这些的组合。许多太空运载火箭和较大的导弹会使用多个推进系统。例如，航天飞机在升空时共有三个大型液体发动机和两个大型固体发动机。

总推力 F_{oa} 确定飞行器的飞行轨迹，总质量流量 $\dot{m}$ 确定飞行器的质量，它们联合确定整体比冲 $(I_s)_{oa}$：

$$F_{oa} = \sum F = F_1 + F_2 + F_3 + \cdots \quad (2-23)$$

$$\dot{m}_{oa} = \sum \dot{m} = \dot{m}_1 + \dot{m}_2 + \dot{m}_3 + \cdots \quad (2-24)$$

$$(I_s)_{oa} = F_{oa}/(g_0 \dot{m}_{oa}) \quad (2-25)$$

配有涡轮泵和燃气发生器的液体火箭发动机，会产生一个单独的涡轮机出口流，通常通过管道和喷管排出发动机（图1-4），相关参数需要包括在上面的等式中。这将会在例2-3和例11-1中进一步说明。

例2-3 Atlas 2 导弹的 MA-3 组合式液体发动机包括两台助推发动机（每台发动机海平面高度 $F = 165\,000$ lbf，$\dot{m} = 667$ lbm/s）。在推进剂质量流量约为 33 lbm/s 时两台助推发动机的涡轮排气可以额外增加 2 300 lbf 的推力，在工作约 145 s 后，助推发动机与飞行器分离。芯级主火箭发动机也在起飞时开始运行，总共运行 300 s。在质量流量为 270.5 lbm/s 时，它的海平面推力为 57 000 lbf，高空推力为 70 000 lbf，其涡轮排气会引入发动机的喷管中且不会直接对推力做出贡献。在只有主发动机工作的飞行阶段，两个小型游机会用于飞行器的滚转控制，在推进剂质量流量为 2.13 lbm/s 时，每台游机的高空推力为 415 lbf。当所有喷管垂直向下时，试求起飞时和高空的总推力 F_{oa} 和总质量流量 $\dot{m}_{oa}$。

解 利用式（2-23）和式（2-24），由涡轮排气产生的推力必须被考虑进式（2-23）中。
在海平面高度，有

$$F_{oa} = 165\,000 \times 2 + 2\,300 + 57\,000 = 389\,300\,(\text{lbf})$$

$$\dot{m}_{oa} = 667 \times 2 + 33 + 270.5 = 1\,637.5\,(\text{lbm/s})$$

在高空（真空环境），有

$$F_{oa} = 70\,000 + 2 \times 415 = 70\,830\,(\text{lbf})$$

$$\dot{m}_{oa} = 270.5 + 2 \times 2.13 = 274.76\,(\text{lbm/s})$$

2.6 典型性能值

表2-1和图2-4给出了各种火箭发动机主要性能参数的典型值。

化学火箭推进系统比冲相对较低，结构质量相对较轻（发动机总质量小），推力可以达到很高，因此可以提供高加速度和高比功率。与此相反，离子推进器具有非常高的比冲，但是它们需要携带大量电力系统以提供这种高喷射速度所需的动力。由于电推进装置（以及使用太阳能的其他装置）的加速度极低，通常需要很长时间进行加速，因此这些系统最适合于飞行时间较长的任务。电力系统的小推力也意味着它们无法在强引力梯度（如地球起飞或着陆）中起作用，而适合于太空中的飞行任务。

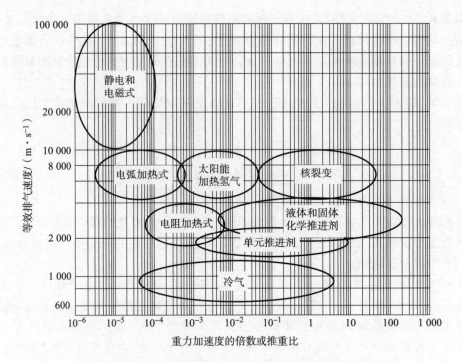

图 2-4 排气速度与典型飞行器加速度的关系
（圈中区域表示各种推进系统的大致性能范围。飞行器质量包括推进系统，但假设有效载荷质量为零）

火箭推进系统的性能也取决于它们的应用需求，典型应用展示在本书的其他章节中。

化学推进系统（固体和液体火箭）是目前最成熟且广泛应用于不同的飞行器中的系统。它们会在第5章到第16章中具体描述。电推进也已在许多太空飞行应用中有所运用（见第17章）。其他类型仍处于探索或开发阶段。

图 2-4 中所示的加速度与提到的各种火箭推进系统所施加的推力大小直接相关。有效排气速度与单位推力所需的喷射功率（见式（2-18））和由此产生的输入功率（与速度的平方成正比，取决于内部效率，（见式（2-21））有关联。对于电推进系统来说，它们的值非常高，除非推力本身减小到相对较低的值。到2015年，预计100 kW级别的电源将在太空投入使用。

在图 2-4 中，混合火箭推进系统（见第16章）没有单独展示，因为它们包含在液体和固体化学推进剂的那部分中。在环境温度下储存的压缩（冷）气体已在大型飞行器的滚转控制、小型飞行器的姿态控制和火箭玩具上应用了很久。如图 2-4 所示的核裂变火箭推进系统证明了之前的分析估计，它们的发展已经停止。霍尔和离子推进器是此图中静电和电磁式的一部分，它们在许多太空应用中已成功实现飞行（见第17章）。

2.7　可变推力

大多数现有的火箭推进系统基本上具有恒定的推进剂质量流量，能产生恒定的推力或伴随着高度上升略微增加的推力。只有一些飞行任务需要在飞行期间经历大的推力变化；表 2-3 提供了几个应用实例；这些需要随机变推力的飞行器主要使用液体火箭发动机。一些飞行器在短暂的初始阶段中需要高推力,而在随后的主要飞行阶段则使用预设低推力(通常为全推力的20%~35%);这种飞行器主要使用固体火箭发动机。后续的8.8节描述了液体火箭发动机如何设计和控制随机可变推力。12.3节则解释了如何设计固体火箭发动机的装药以给出预定的推力变化。

表2-3 不同推力的应用

应用	种类	L/S*	评价
大型助推器或助推级的垂直上升穿过大气层	AB	L[c]	减小的推力可避免作用在飞行器上过大的气动压力
短程战术面面导弹	B	S[d]	100%的初始推力,20%~35%的推力维持飞行
战术面空防御导弹	B	S	100%的初始推力,20%~35%的推力维持飞行
飞行员紧急座椅弹射舱	B	S	能够快速弹射离开飞机到更高的高度部署降落伞
行星或月面软着陆,制动点火	A[a]	L	通过自动着陆控制可使推力减少为1/10
反弹道导弹的多级区域防御导弹末级	A 或 B	L, S	轴向推力、侧向推力和姿态控制推力使其能够导向预测的拦截点
探空火箭或气象火箭(垂直上升)	B[b]	S	许多此类火箭使用预设的双推力,但并非所有此类火箭都使用

[a] 随机可变的推力。
[b] 预设(减小)的推力。
[c] 液体火箭发动机。
[d] 固体火箭发动机。

一些固体和液体推进剂试验推进系统已经采用可变喷喉面积(通过喷管喉部可变位置的"针栓"实现)并且有一个实验型号已经完成飞行任务。迄今为止,有关此类系统的生产和应用尚没有公开资料。

■ 英文符号

A	面积,m^2(ft^2)
A_t	喷管喉部面积,m^2(ft^2)
A_2	喷管出口面积,m^2(ft^2)
c	等效排气速度,m/s(ft/s)
c^*	特征速度,m/s(ft/s)
E	能量,J(ft·lbf)
F	推力,N(lbf)
F_{oa}	总推力,N(lbf)

g_0	标准海平面重力加速度，9.81 m/s² (32.3 ft/s²)
I_s	比冲，s
$(I_s)_{oa}$	总比冲，s
I_t	总冲，N·s (lbf·s)
J	换热系数或热功当量，4.184 J/cal 或 1 055 J/Btu 或 778 ft·lbf/Btu
m	质量，kg（slug，1 slug = 海平面 32.174 lb 的质量）
m_{oa}	总质量，kg
$\dot{m}$	质量流量，kg/s (lbm/s)
m_f	最终质量（火箭推进剂消耗完毕），kg (lbm 或 slugs)
m_p	推进剂质量，kg (lbm 或 slugs)
m_0	初始质量（火箭推进剂消耗前），kg (lbm 或 slugs)
MR	质量比 (m_f/m_0)
p	压力，Pa 或 N/m² (lbf/ft²)
p_3	环境压力或大气压力，Pa (lbf/ft²)
p_2	发动机喷管出口气体压力，Pa (lbf/ft²)
p_1	燃烧室压力，Pa (lbf/ft²)
P	功率，J/s [(ft·lbf)/s]
P_s	比功率，J/(s·kg) [(ft·lbf)/(s·lbf)]
Q_R	单位质量推进剂的反应热，J/kg (Btu/lbm)
t	时间，s
u	飞行器速度，m/s (ft/s)
v_2	燃气相对发动机的速度，m/s (ft/s)
w	重量，N 或 (kg·m)/s² (lbf)
$\dot{w}$	重量流量，N/s (lbf/s)
w_0	初始重量，N 或 (kg·m)/s² (lbf)

■ 希腊字母

ζ	推进剂质量分数
η	效率
η_{comb}	燃烧效率
η_p	推进效率

习 题

答题时请参考本书末的三个附录：
附录1 转换系数和常数；
附录2 地球标准大气特性；
附录3 主要公式汇总。

1. 射出的水流以图2-5所示方式冲击固定的板。

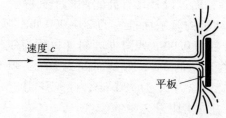

图2-5 射流冲击固定板示意图

试计算：
(1) 如果流体每分钟流出50 kg，绝对速度为200 m/s，那么板上受到的力是多少？
(2) 若平板以 $u = 50$ km/h 沿流动方向移动时，这个力是多少？
解释你的算法。
答案：(1) 167 N；(2) 144 N。

2. 某火箭发动机数据：推力8 896 N，推进剂消耗率3.867 kg/s，飞行速度400 m/s，推进剂的能量值为6.911 MJ/kg。假设燃烧效率为100%。
试计算：
(1) 等效排气速度；(2) 单位推进剂流量的喷射动能；(3) 内效率；(4) 推进效率；(5) 总效率；(6) 比冲；(7) 推进剂比耗量。
答案：(1) 2 300 m/s；(2) 2.645 MJ/kg；(3) 38.3%；(4) 33.7%；(5) 13.3%；(6) 234.7 s；(7) 0.004 26 s^{-1}。

3. 某火箭发动机（水平飞行）的等效排气速度为7 000 ft/s，推进剂流量为280 lb/s，推进剂放热值为2 400 Btu/lb。发动机工作65 s。试以速度比 u/c（$0 < u/c < 1.0$）为横坐标绘制推进效率、内效率和总效率曲线。飞行器额定速度为5 000 ft/s。
试计算：
(1) 比冲；(2) 总冲；(3) 所需的推进剂质量；(4) 推进剂平均比重为0.925时所占的体积。忽略重力和阻力。
答案：(1) 217.4 s；(2) 3 960 000 lbf·s；(3) 18 200 lb；(4) 315 ft^3。

4. 试计算习题2中火箭的比功率，假设推进系统干质量为80 kg，持续时间为3 min。

5. 某俄罗斯火箭发动机（使用液氧/煤油的RD-0110）由四个推力室组成，由一个涡轮泵供应燃料。涡轮泵的涡轮排气通过管道输送到四个游机喷管中（可以旋转以提供对飞行轨迹的一些控制）。
试通过以下信息，确定四个游机排气喷管的推力和质量流量。对于单个推力室（真空）：
$$F = 73.14 \text{ kN}, c = 2\,857 \text{ m/s}$$
对于带游机的发动机整体（真空）：
$$F = 297.93 \text{ kN}, c = 2\,845 \text{ m/s}$$
答案：5.37 kN，2.32 kg/s。

6. 某型火箭发动机的比冲为250 s。试求什么范围的飞行器速度 u（以 ft/s 为单位）将使推进效率保持在大于等于80%。此外，如何利用火箭分段使得运载火箭在发射过程中所处的速度范围内保持高的推进效率？

答案：4 021 ~ 16 085 ft/s；通过设计具有高比冲的上面级。

7. 某固体推进剂火箭发动机的海平面推力为 207 000 lbf，火箭发动机的初始总质量为 50 000 lbm，其推进剂质量分数为 0.90。残留推进剂（也称为残药碎片，当燃烧室压力低于爆燃极限时燃烧停止）占燃烧总量的 3%，燃烧时间为 50 s；喷管喉部面积 A_t 为 164.2 in^2，喷管面积比 A_2/A_t 为 10。燃烧室压力 p_1 为 780 psi，喷管压力比 p_1/p_2 可视为 90.0。忽略任何起动/停机所引起的瞬变，并参考附录 2 中的信息。

试计算：

(1) 推进剂质量流量 $\dot{m}$（恒定值）及海平面比冲 I_s；

(2) 最佳喷管膨胀比的海拔高度及此条件下的推力和比冲；

(3) 在真空条件下的推力和比冲。

答案：(1) $\dot{m}$ = 873 lbm/s，I_s = 237 s；(2) F = 216 900 lbf，I_s = 248.5 s；(3) F = 231 000 lbf，I_s = 295 s。

8. 在 Atlas V 的主动段，RD-180 发动机与三个固体火箭发动机（SRB）在初始阶段一起运行。其余时间 RD-180 发动机单独运行。使用表 1-3 中给出的信息，计算在初始段发动机联合工作时飞行器的总等效排气速度。

答案：309 s。

9. 使用表 2-1 中给出的值，选择三个推进系统并计算推进剂质量固定为 20 kg 的总冲量。

10. 利用例 2-3 中给出的 MA-3 火箭发动机相关信息，计算海平面和高空的总比冲，并将它们与各个助推发动机、主发动机和单个游机的 I_s 值进行比较。

答案：$(I_s)_{oa}$ = 238 s（海平面），$(I_s)_{oa}$ = 258 s（高空）。

11. 确定质量比 MR 和用于产生推力的推进剂的质量。该固体火箭发动机的惰性质量为 82.0 kg。装填推进剂后，发动机质量变为 824.5 kg。出于安全原因，直到发动机运行前不久才安装点火器；这种点火器的质量为 5.50 kg，其中 3.50 kg 是点火剂。在点火后检查，发现发动机仍有一些未燃烧完全的推进剂，发动机质量为 106.0 kg。

答案：MR = 0.127 7，消耗推进剂质量 720.5 kg。

参考文献

2-1. "American National Standard Letter Symbols for Rocket Propulsion," *ASME Publication Y 10.14*, 1959.

2-2. "Solid Propulsion Nomenclature Guide," *CPIA Publication 80*, Chemical Propulsion Information Agency, Johns Hopkins University, Laurel, MD, May 1965, 18 pages.

2-3. P. G. Hill and C. R. Peterson, *Mechanics and Thermodynamics of Propulsion*, Addison-Wesley, Reading, MA, 1992. [Paperback edition, 2009]

2-4. R. D. Zucker and O. Biblarz, *Fundamentals of Gas Dynamics*, 2nd ed., John Wiley & Sons, Hoboken, NJ, 2002.

第3章 喷管理论与热力学关系

热力学关系式可用于描述火箭发动机喷管和燃烧室内部的工作过程,涉及气体动力学与热力学原理,是计算火箭推进系统性能和确定若干设计参数所必需的数学工具。这些关系式可用于评估与比较不同火箭推进系统的性能、预估火箭发动机(利用超声速喷管中的气体膨胀原理进行工作)的工作性能,还可以根据任何给定的性能要求计算必要的设计参数(如喷管尺寸和大致形状)。

该理论适用于化学火箭推进系统(液体、固体以及固液混合推进系统)、核火箭发动机、太阳能加热推进系统、电阻或电弧加热的电火箭推进系统以及任何利用气体高速流动产生反作用力的推进系统。

本章将介绍并阐述一些对火箭发动机的分析和设计较为重要的基本热力学关系式。利用这些公式,读者可对火箭发动机气体特性和气体在高温/高压环境下膨胀所涉及的热力学过程有一个基本了解。读者需具备基本的热力学和流体力学知识(见参考文献3-1~3-3)。本章还将介绍各种喷管构型、非最佳性能、能量损失、喷管排列方式、变推力喷管以及4类不同喷管性能参数的确定方法。

3.1 理想火箭推进系统

理想火箭推进系统的概念是非常有用的,因为其相关的基础热力学原理可以用相对简单的数学关系式表达,这些关系式将在本章后续部分给出。这些公式是准一维喷管流动的理论描述,是实际气动热化学特性的全二维或三维方程的理想化和简化形式。虽然是简化形式,但通过下述假设,这些公式可用于获得大多数火箭推进系统的热力学参数,也足以满足初步的设计任务。对于化学火箭发动机,实际测量的性能通常比理论计算值低1%~6%。在设计新的火箭发动机时,当前普遍认可的做法是利用理想火箭发动机参数,然后加以适当的修正进行设计,这个方法将在3.5节详细讨论。理想火箭发动机装置应满足以下假设:

(1) 工质(或化学反应产物)是均相的。
(2) 工质的所有成分都是气态的。任何凝聚相(液态或固态)对总质量的影响可忽略不计。
(3) 工质服从完全气体定律。
(4) 气体与发动机内壁面没有任何热传递存在,流动是绝热的。
(5) 没有明显的壁面摩擦,忽略所有的边界层效应。
(6) 喷管流动不产生激波或不连续性。
(7) 推进剂流量是常数。工质的膨胀均匀而稳定,没有气流脉动与明显的湍流。
(8) 瞬变效应(起动和关机)的持续时间较短,可忽略。

（9）发动机喷管的排气只沿轴线方向。

（10）气体的速度、压力、温度和密度在垂直于喷管轴线的任何截面上都是均匀的。

（11）在发动机燃烧室内气体达到化学平衡，气体成分在喷管内保持不变（冻结流动）。

（12）普通推进剂储藏在环境温度下，低温推进器处于沸点温度下。

有了这些假设，就可以对下面几节将要阐述的相对简单的准一维方程组进行推导。本章后续部分将介绍更复杂的理论，以及对上述列表中的几个假设引入修正系数，这将使分析结果更加精确。下面将解释上述假设通常只引入很小误差的原因。

对于双组元液体火箭发动机，理想情况下假设喷注系统使燃料和氧化剂完全均匀混合，从而产生均相的工质。一个好的火箭发动机喷注器能够实现这个功能。对于固体火箭发动机，固体推进剂必须是均相且混合均匀的，其燃烧速率也是稳定的。对于太阳能加热或电弧加热的推进系统，假设高温燃气在发动机任何横截面上都能保持均匀的温度与稳定的流量。由于燃烧室温度通常很高（常用推进剂温度可达 2 500 ~ 3 600 K），燃气温度远远高于它们各自饱和状态对应的温度，与完全气体非常接近。上面的假设（4）（5）和（6）使火箭发动机喷管内的流动过程可以采用等熵膨胀关系式，因此实现了从热能和压力势能到射流动能的最大限度的转换（这也意味着喷管内的流动是可逆的热力学过程）。壁面摩擦损失难以精确确定，但由于喷管内壁面光滑，损失通常可以忽略不计。除了微小型的燃烧室外，发动机室壁传热造成的能量损失通常小于总能量的1%（偶尔达2%），因此可以忽略。稳态时推进剂流量和压力的短期波动通常小于其稳定值的5%，它们对火箭性能的影响很小，也可以忽略。在精心设计的超声速喷管中，热能或压力势能向排气动能的转变是平稳进行的，没有正激波或不连续，因此气体的流动损失通常来说也很小。

某些发动机公司和作者提出的理想发动机的定义中不一定包括上述全部12项内容。例如，某些作者采用具有15°半角的锥形出口喷管作为理想喷管的基本构型，以考虑速度扩张损失，代替了假设（9）（喷管出口速度全都沿轴线方向）。这部分内容将在本章后面详细叙述（使用了修正系数 λ）。

3.2 热力学关系式概述

本节简要回顾一些推导喷管流动公式所需的基本关系式。这些关系式的严格推导过程和讨论可参见各热力学或流体动力学文献，如参考文献3-1~3-3。

能量守恒定律可以直接应用于喷管内的无轴功绝热过程。此外，在没有激波或摩擦的情况下，流动的熵变为零。焓的概念在流动系统中是很有用的，焓 h 包括内能与流动功（或气体以速度 v 越过边界所做的功）。对于理想气体，焓可以方便地表示为比定压热容 c_p 与热力学温度 T 之积（c_p 为比定压热容，定义为定压环境下焓对温度的偏导数）。在上述假设下，单位质量的总焓或滞止焓 h_0 在喷管流动中保持常数，即

$$h_0 = h + v^2/(2J) = 常数 \tag{3-1}$$

其他滞止条件将在后续介绍，见式（3-7）。式（3-1）中 J 为热功当量，只有当热量单位（即 Btu 和 Cal）与力学单位（即 ft·btf 与 J）混合使用时才引入。在国际单位制（SI）（kg、m、s）中，J 的值为1。在英制单位制（EE）中，J 的值为另一常数（见本书附录）。喷管中任何两个轴向截面 x 和 y 之间等熵流动的能量是守恒的，而势能的变化可以忽略，因

此流动时滞止焓（或其他热力学参量）的降低伴随有动能的增加，则

$$h_x - h_y = \frac{1}{2}(v_y^2 - v_x^2)/J = c_p(T_x - T_y) \tag{3-2}$$

在只有单进口与单出口的稳态流动中，质量守恒定律表现为通过任意两截面 x 与 y 的质量流量 $\dot{m}$ 相等，其数学形式称为连续性方程。设横截面积为 A，速度为 v，比容为 V（体积除以质量），则在任意截面有

$$\dot{m}_x = \dot{m}_y \equiv \dot{m} = Av/V \tag{3-3}$$

完全气体定律（在任意位置 x 处）可以写为

$$p_x V_x = RT_x \tag{3-4}$$

式中：气体常数 R 为通用气体常数 R' 与流动混合气体的分子量 $\mathfrak{M}$ 的比值。标准状态下分子容积为 22.41 m³/(kg·mol) 或 ft³/(lb·mol)，与此相关的 R' = 8 314.3 J/(kg·mol·K) 或 1 544 ft·lbf/(lb·mol·°R)。在此可注意到式（3-3）用密度 ρ 表达时，ρ 为比容 V 的倒数。对于完全气体，比定压热容 c_p、比定容热容 c_v 及其比热比 k 在较宽的温度范围内都是常数，三者有如下关系：

$$k = c_p/c_v \tag{3-5a}$$

$$c_p - c_v = R/J \tag{3-5b}$$

$$c_p = kR/(k-1)J \tag{3-6}$$

对于等熵流动过程，喷管任意两个截面 x 与 y 之间存在以下关系：

$$T_x/T_y = (p_x/p_y)^{(k-1)/k} = (V_x/V_y)^{k-1} \tag{3-7}$$

在喷管的等熵膨胀过程中，压力显著下降，热力学温度微微下降，而比容增大。当流动以等熵过程停止时，得到的状态称为滞止状态，用下标"0"表示。有时也用"总"字代替"滞止"。从式（3-1）可以看出，滞止焓为静止焓（或当地焓）与流体动能之和。根据能量方程可得滞止温度为

$$T_0 = T + v^2/(2c_p J) \tag{3-8}$$

式中：T 为流体的热力学静温。

在绝热流动中，滞止温度为常数。滞止压力与等熵流动中当地压力之间的关系可以根据式（3-7）和式（3-8），得到

$$p_0/p = [1 + v^2/(2c_p JT)]^{k/(k-1)} = (V/V_0)^k \tag{3-9}$$

当局部速度接近零时，相应的局部温度和局部压强接近于滞止温度和滞止压强。在燃烧室中，气流速度通常较小，因此燃烧室压强基本上等于滞止压强。理想气体的声速 a 与压强无关，它的定义为

$$a = \sqrt{kRT} \tag{3-10}$$

若采用英制（气体常数）单位，气体常数 R 值应通过添加修正系数 $g_c \equiv g_0$ 加以修正，故式（3-10）变为 $\sqrt{g_c kRT}$。此修正系数一并考虑了适当的速度单位。马赫数（Ma）是量纲为 1 的流动参数，其定义为流速 v 与当地声速 a 之比：

$$Ma = v/a = v/\sqrt{kRT} \tag{3-11}$$

当 $Ma < 1$ 时是对应于亚声速，大于 1 时对应于超声速。当 $Ma = 1$ 时，流动速度恰好为声速。后面将要指出，所有一维超声速喷管的喉部马赫数应等于 1。现在可根据式（3-2）、式（3-7）和式（3-10）表示出滞止温度与马赫数的关系：

$$T_0 = T\left[1 + \frac{1}{2}(k-1)Ma^2\right] \tag{3-12}$$

或

$$Ma = \sqrt{\frac{2}{k-1}\left(\frac{T_0}{T} - 1\right)}$$

式中：T_0 和 p_0 表示温度和压力的滞止值。与温度不同，喷管绝热膨胀期间的滞止压力仅对于完全等熵流动保持恒定（没有任何类型的损失）。滞止压力可通过下式计算：

$$p_0 = p\left[1 + \frac{1}{2}(k-1)Ma^2\right]^{k/(k-1)} \tag{3-13}$$

等熵流动中喷管内任意两个位置 x 和 y 的喷管面积比可以用马赫数表示。如图 3-1 所示，在喷管喉部（最小面积）$A_x = A_t$ 处，有 $Ma_x = 1.0$，同时可知对应 T/T_0 与 p/p_0 的大小。一般来说，有

$$\frac{A_y}{A_x} = \frac{Ma_x}{Ma_y}\sqrt{\left\{\frac{1 + [(k-1)/2]Ma_y^2}{1 + [(k-1)/2]Ma_x^2}\right\}^{(k+1)/(k-1)}} \tag{3-14}$$

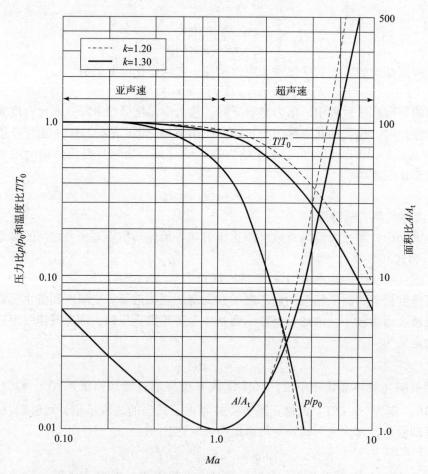

图 3-1 亚声速和超声速状态下拉瓦尔喷管中面积比、压力比和温度比 T/T_0 与 Ma 的关系

从图 3-1 中可以看出，在亚声速流动状态下，燃烧室收缩比（$y = 1$ 位置处）或喷管入

口面积比 A_1/A_t 很小,其值为 3~6,具体大小由流动马赫数确定,流动通道为收敛型。k 的变化几乎不带来影响。在固体火箭发动机中,燃烧室面积 A_1 是指初始药柱中的流动通道或空腔面积。对于超声速流动,喷管截面扩张,面积比增长很快,k 值对面积比有显著影响。在 Ma 4 时出口面积比 A_2/A_t 为 15~30,由 k 值确定。另外,k 对压力比的影响较小,对温度比影响较大。

混合气体的平均分子质量 $\mathfrak{M}$ 为所有组分的摩尔分数 n_i(单位为 kg·mol)与平均分子质量之积 $n_i \mathfrak{M}_i$ 的和除以所有组分的摩尔分数之和。第 5 章将对此作进一步叙述,参见式(5-5)。采用符号 $\mathfrak{M}$ 是为了避免与 Ma 混淆,在较早的文献中,$\mathfrak{M}$ 也称为摩尔分子质量。

例 3-1 一理想火箭发动机在海平面工作,燃烧室采用燃烧产物的比热比 k 为 1.3 的推进剂。假设喷管出口马赫数为 2.52,求所需燃烧室压力及喷管喉部与出口截面的面积比。喷管进口马赫数很小,可以忽略。

解 对于最佳膨胀,喷管出口压强应等于大气压强,即 0.101 3 MPa。若忽略燃烧室气流速度,则理想燃烧室压强与总压相等,根据式(3-13),得

$$p_0 = p\left[1 + \frac{1}{2}(k-1)Ma^2\right]^{k/(k-1)}$$

$$= 0.101\ 3\left[1 + 0.15 \times 2.52^2\right]^{(1.3/0.3)} = 1.84\ (\text{MPa})$$

设喉部 $Ma_t = 1.0$,根据式(3-14)确定理想喷管面积比 A_2/A_t(图 3-1)为

$$\frac{A_2}{A_t} = \frac{1}{Ma_2}\left[\frac{1 + [(k-1)/2]Ma_2^2}{(k+1)/2}\right]^{(k+1)/2(k-1)}$$

$$= \frac{1}{2.52}\left[\frac{1 + 0.15 \times 2.52^2}{1.15}\right]^{2.3/0.6} = 3.02$$

需要注意理想则意味着无损失,与最佳是不同的概念。最佳反映了在特定的给定压力下的最佳计算性能。最佳性能通常被视为设计条件,由推力系数曲线图中 $p_2 = p_3$ 时的状态表示(图 3-6、图 3-7 中固定 p_1/p_3 时的曲线峰值)。

3.3 喷管内部等熵流动

在收敛-扩张喷管中,燃烧室燃气的大部分热能转变为动能。如后面所述,气体的压力和温度将显著下降,而气体速度可超过 3 km/s。在分析过程中,该膨胀过程可视为可逆的等熵流动过程。当喷管内壁有流动障碍或凸起(如焊接飞溅物或残渣)时,燃气的部分动能将转变回热能,且该部分参数基本上恢复至燃烧室内的总温和总压。由于这会很快导致局部壁面的过热与破坏,因此喷管内壁必须光滑,不得有任何凸起。滞止状态还会在燃气舵前缘(见第 18 章)或伸入气流中的气体取样管尖端出现。

3.3.1 速度

根据式(3-2)可得喷管出口速度为

$$v_2 = \sqrt{2J(h_1 - h_2) + v_1^2} \tag{3-15a}$$

式(3-15a)仅适用于理想火箭发动机,且适用于喷管内任意两个位置。对于 k 为常数的情况,利用式(3-6)和式(3-7)可改写式(3-15a),其中下标"1"和"2"分别

表示喷管进口和出口状态，即

$$v_2 = \sqrt{\frac{2k}{k-1}RT_1\left[1-\left(\frac{p_2}{p_1}\right)^{(k-1)/k}+v_1^2\right]} \quad (3-15\text{b})$$

当燃烧室截面相对喷管喉部截面较大时，燃烧室速度（或喷管进口速度）相对较小，v_1^2 项可忽略。燃烧室温度 T_1 即喷管进口温度，在等熵条件下它与滞止温度或燃烧温度 T_0（对于化学火箭）相差不大。这样就导出了排气速度 v_2 的简化表达式，该表达式很重要，在分析中经常用到，即

$$v_2 = \sqrt{\frac{2k}{k-1}RT_1\left[1-\left(\frac{p_2}{p_1}\right)^{(k-1)/k}\right]}$$
$$= \sqrt{\frac{2k}{k-1}\frac{R'T_0}{\mathfrak{M}}\left[1-\left(\frac{p_2}{p_1}\right)^{(k-1)/k}\right]} \quad (3-16)$$

由式（3-16）可知，理想喷管的排气速度是压强比 p_1/p_2、比热比 k、喷管进口热力学温度 T_1 以及气体常数 R 的函数。由于任何特定气体的气体常数都与平均分子质量 $\mathfrak{M}$ 成反比，故排气速度或其相应的比冲是喷管进口热力学温度（接近于 T_0）与平均分子质量之比的函数，如图 3-2 所示。该比值 $T_0/\mathfrak{M}$ 在优化化学火箭发动机混合比（氧化剂流量/燃料流量）时起到重要作用。

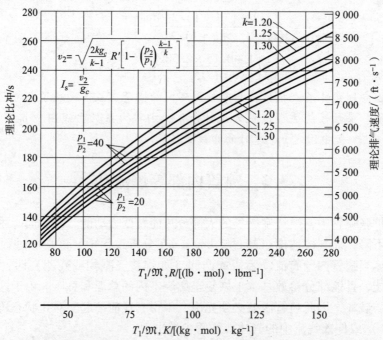

图 3-2 在喷管最佳膨胀时，不同的 k 和 p_1/p_2 值的理想火箭发动机的比冲、排气速度与燃烧室热力学温度 T_1 和平均分子质量 $\mathfrak{M}$ 之间的关系

式（2-13）和式（2-16）给出了速度 v_2/c、推力 F 和比冲 I_s 之间的关系，图 3-2 画出了在两种压比、三种 k 值下比冲的变化。式（3-16）表明，增加燃气温度（通过提高能量释放值）或降低推进剂分子质量（通过使用富含氢的低分子量气体混合物）都能提高 $T_0/\mathfrak{M}$ 的大小。也就是说，可以通过增大排气速度 v_2 来提高比冲，从而改善飞行器性能。喷管

压强比 p_1/p_2 和比热比 k 的影响则不太显著。从图 3-2 可以看出，发动机性能随压强比的增加而增加，且压强比随着燃烧室压强 p_1 的增加而增加，或随出口压强 p_2 的降低（对应于高空设计方案）而增加，而 k 值的影响较小且不规则。因为双原子或单原子气体的分子量比较低，但 k 值却较高。

为了比较两个火箭推进系统的比冲大小，或评估各个设计参数的影响，压强比值必须标准化。目前，一般采用 1 000 psi（6.894 MPa）的燃烧室压强和 1 atm（0.101 3 MPa）的出口压强，或 $p_1/p_2 = 68.06$ 作为标准的参考状态。

对于最佳膨胀状态，$p_2 = p_3$，等效排气速度 c（式（2-15））与理想发动机排气速度 v_2 相等，即

$$v_2 = (c)_{opt} \tag{3-17}$$

因此在式（3-15）和式（3-16）中，v_2 可以用 c 代替。对于固定的喷管出口面积比和燃烧室压强来说，这种最佳状态只出现于特定高度，此时外界压强 p_3 与喷管排气压强 p_2 相等。而对于其他高度，$c \neq v_2$。

当压强比无限大时（外界环境为真空状态），喷管出口速度达到理论最大值：

$$(v_2)_{max} = \sqrt{2kRT_0/(k-1)} \tag{3-18}$$

虽然压强比为无限大，但理论最大排气速度仍然是有限值，因为它对应于有限的流体热能。这样的膨胀实际上是不会发生的，因为在这种情况下，大多数工质组分的温度会降低至液化温度或冰点以下，此时它们不再是气体，无法再进行气体膨胀。

例 3-2 一台在海平面（$p = 0.101\ 3$ MPa）工作的火箭发动机，燃烧室压强 $p_1 = 2.068$ MPa 或 300 psi，燃烧室温度为 2 222 K，推进剂消耗量 $\dot{m} = 1.0$ kg/s。取 $k = 1.30$，$R = 345.7$ J/(kg·K)。试绘制横截面积 A、局部速度 v、比容 V、绝对温度 T 和局部马赫数随喷管压强的变化曲线，并计算理论推力和理论比冲。

解 假设该火箭发动机工作在最佳状态，燃气通过膨胀降至环境压强 $p_3 = 0.101\ 3$ MPa，因此 $p_2/p_1 = 0.049$。根据式（3-16）可计算出有效喷气速度为 1 827 m/s。由于 $v_2 = c$，因此由式（2-5）与式（2-16），可得

$$I_s = c/g_0 = 1\ 827/9.81 = 186(s)$$
$$F = \dot{m}c = 1.0 \times 1\ 827 = 1\ 827(N)$$

在此例中，定义轴向位置 x 为喷管入口（图 2-1 位置 1），或喷管喉部（图 2-1 位置 t），并将轴向位置 y 保持为变量，位置范围如图 2-1 中的 1→2（出口）所示。

根据式（3-16）可计算速度，其中设 p_y 等于出口压力 p_3，即当地大气压强 0.101 3 MPa，则

$$v_2 = \sqrt{\frac{2k}{k-1} RT_1 \left[1 - \left(\frac{p_2}{p_1}\right)^{(k-1)/k}\right]}$$
$$= \sqrt{\frac{2 \times 1.30 \times 345.7 \times 2\ 222}{1.30 - 1}\left[1 - \left(\frac{0.101\ 3}{2.068}\right)^{0.230\ 8}\right]} = 1\ 827(m/s)$$

通过选择一系列压强值（2.068～0.101 3 MPa），并根据式（3-3）与式（3-11）分别计算出相应的横截面积与马赫数，从而得到图 3-3 中所示的数据。此过程较为烦琐，更快捷的方法是根据 p_y 修改相关的方程式，从而直接绘制图像，具体过程如下。

根据完全气体的状态方程（见式（3-4））计算：

$$V_1 = \frac{RT_1}{p_1} = 345.7 \times \frac{2\,222}{2.068 \times 10^6} = 0.371\,4\,(\text{m}^3/\text{kg})$$

根据式（3-7），写出比容和温度关于压强 p_y 的函数：

$$V_y = V_1\,(p_1/p_y)^{1/k} = 0.374\,(2.068/p_y)^{0.769}\,(\text{m}^3/\text{kg})$$

$$T_y = T_1\,(p_1/p_y)^{(k-1)/k} = 2\,222\,(p_y/2.068)^{0.231}\,(\text{K})$$

压强 p_y 可以通过介于 $2.068 \sim 0.101\,3$ MPa 的插值表示。根据式（3-16）可写出速度 v_y 关于压强 p_y 的函数：

$$v_y = 2\,850\,[1 - (p_y/2.068)^{0.231}]^{1/2}\,(\text{m/s})$$

根据式（3-3）可写出横截面积 A_y 关于压强 p_y 的函数：

$$A_y = \dot{m}V_y/v_y = (1.0 \times 0.371\,4/2\,580) \times (2.068/p_y)^{0.769}[1 - (p_y/2.068)^{0.231}]^{-1/2}$$

$$= 1.44 \times 10^{-4} \times (2.068/p_y)^{0.769}[1 - (p_y/2.068)^{0.231}]^{-1/2}\,(\text{m}^2)$$

根据式（3-11）可写出 Ma_y 关于压强 p_y 的函数：

$$Ma_y = v_y/[kRT_y]^{1/2}$$

$$= [2\,850/(1.30 \times 345.7 \times 2\,222)^{1/2}][1 - (p_y/2.068)^{0.231}]^{1/2}(p_y/2.068)^{-0.231}$$

$$= 2.582\,[1 - (p_y/2.068)^{0.231}]^{1/2}(p_y/2.068)^{-0.231}$$

可利用上述公式并通过 MATLAB 或 MAPLE 等图形软件绘制期望的图像。图 3-3 显示了各关键参数变化的半定量图，但仅表现图像趋势。需要注意的是，图 3-3 中压强从左至右递减，表示从左到右的喷管流量（单位为 psi，喉部压强为 164.4 psi，出口压强为 14.7 psi，图 3-3 左侧压强为零）。

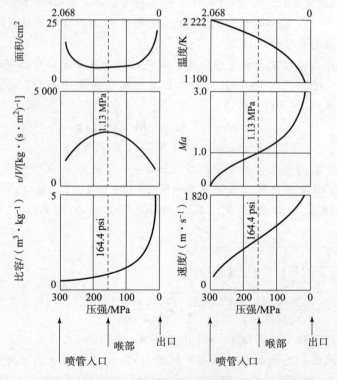

图 3-3　横截面积、温度、比容和速度随喷管内压力的典型变化曲线

通过上述例题可以得到一些有趣的推论。在火箭发动机喷管中气流速度很高（1 km/s 以上），且燃气流经火箭发动机喷管的温降是很可观的，如例 3-2 中温度在较短的距离内变化了 1 115 ℃。这不足为奇，因为燃气动能的增加是由焓降得到的，而焓降与温降成比例。由于排气在离开喷管时仍然较热（1 107 K），出口温度和环境温度很难一致，故还有相当一部分热能无法转变为气流的动能。

3.3.2 喷管流动和喉部条件

超声速喷管（以其发明者的名字命名为拉瓦尔喷管）由收敛段和扩张段组成。根据连续性方程，喷管截面积与比率 v/V 成反比，v/V 值体现在图 3-3 中。在 v—V 曲线中存在最大值，其原因在于气流速度在收敛段增加的速率大于比容增加的速率，而在扩张段中比容增加的速率更大。

喷管最小横截面积称为喉部面积 A_t，喷管出口面积 A_2 与喉部面积 A_t 之比称为喷管面积膨胀比，用希腊字母 ε 表示，这是一个重要的喷管设计参数，即

$$\varepsilon = A_2/A_t \tag{3-19}$$

单位面积的气体流量在喉部达到最大值。喉部气体压强比是唯一的，只与比热比 k 有关。令式（3-13）中 $Ma=1$，可得到喉部压强比为

$$p_t/p_1 = [2/(k+1)]^{k/(k-1)} \tag{3-20}$$

使等熵流质量流量达到最大值的喉部压强 p_t 称为临界压强。临界压强与喷管入口压强的比值为 0.53~0.57。如果压强比大于式（3-20）的计算结果，则在给定进口条件下，通过特定火箭发动机喷管的流量将小于最大流量。应注意此处压强比与通过整个喷管的压强比不同。最大流量或壅塞条件（后面进行解释）并不建立在出口平面上，而是建立在喉部处。喷管进口压强与燃烧室总压非常接近，然而对于形状细长的燃烧室，燃气从喷注器到喷管入口区域过程中有明显的压降，故喷管进口压强与燃烧室总压相差较大，这将在 3.5 节中讨论。在临界压强位置，即喉部，马赫数始终为 1，比容和温度可以根据式（3-7）和式（3-12）求得：

$$V_t = V_1[(k+1)/2]^{1/(k-1)} \tag{3-21}$$

$$T_t = 2T_1/(k+1) \tag{3-22}$$

式（3-22）中的喷管进口温度 T_1 非常接近于燃烧温度，因此也接近于喷管流动总温 T_0。在喉部，这些特性仅有轻微的变化。以 $k=1.2$ 的气体为例，其临界压强比约为 0.56（这意味着 p_t 略大于燃烧室压强的 1/2；温度略微下降（$T_t = 0.91T_1$），而比容膨胀超过 60%（$V_t = 1.61V_1$））。根据式（3-15）、式（3-20）和式（3-22），临界速度（喉部速度）为

$$v_t = \sqrt{\frac{2k}{k+1}RT_1} = \sqrt{kRT_t} = a_t \tag{3-23}$$

式（3-23）中的第一种形式可通过喷管进口条件直接计算喉部速度，第二种形式则通过喉部温度计算喉部速度 v_t。喷管喉部处的临界速度显然就是当地声速（由于 $Ma_t = 1.0$，故 $a_t = v_t$）。喷管进口气流处于亚声速状态，喷管喉部下游的气流处于超声速状态。喷管扩张段的气流在超声速状态下压强进一步降低，速度进一步增加。若喷管在喉部截面截断，则出口气流速度为声速，且流量达到最大。只要喉部达到临界压强，即 p_2/p_1 等于或小于式

（3-20）所确定的值时，喷管便可达到声速或超声速流动状态。因此，存在三种基本的喷管类型：亚声速喷管、声速喷管及超声速喷管。表3-1对其进行了介绍。

表3-1 喷管类型

喷管类型 参数	亚声速	声速	超声速
喉部速度	$v_1 < a_t$	$v_1 = a_t$	$v_1 = a_t$
出口速度	$v_2 < a_2$	$v_2 = a_2$	$v_2 > a_2$
马赫数	$Ma_2 < 1$	$Ma_2 = Ma_t = 1.0$	$Ma_2 > 1$
压强比	$\dfrac{p_1}{p_2} < \left(\dfrac{k+1}{2}\right)^{k/(k-1)}$	$\dfrac{p_1}{p_2} = \dfrac{p_1}{p_t} = \left(\dfrac{k+1}{2}\right)^{k/(k-1)}$	$\dfrac{p_1}{p_2} > \left(\dfrac{k+1}{2}\right)^{k/(k-1)}$
形状			

火箭发动机使用的是超声速喷管，这种喷管可以将燃气热能最大限度地转变为动能。火箭发动机喷管的进出口压强比需要设计得足够大，以产生超声速气流。当发动机工作在海平面时，只有当燃烧室绝对压强降至约 1.78 atm 以下时，喷管扩张段才会产生亚声速流动。这种压力条件实际上仅仅在起动和关机瞬变阶段的极短时间内出现。

弹性压力波在介质中的传播速度等于声速，声音就是一种无限小的压力波。只要在稳态流动系统中，任何位置达到声速，压力扰动就不可能逆向穿过该位置向上游行进。因此，只要扰动不使下游压强提高至其临界值以上，则喷管喉部下游的任何小障碍或扰动都不会对喉部或喉部上游的流动产生影响。对于形状固定的喷管而言，即使进一步降低出口压强，甚至降为真空，也不可能再使喉部的速度或流量增加。这一重要的状态称为流动的壅塞，它总建立在喉部位置，而不是在喷管出口或其他位置上。超声速喷管临界截面处的壅塞流量可以根据式（3-3）、式（3-21）和式（3-23）推导出，它等于喷管内任何截面上的质量流量：

$$\dot{m} = \frac{A_t v_t}{V_t} = A_t p_1 k \frac{\sqrt{[2/(k+1)]^{(k+1)/(k-1)}}}{\sqrt{kRT_1}} \tag{3-24}$$

因此，通过火箭发动机喷管的（壅塞）质量流量与喉部面积 A_t、燃烧室（滞止）压强 p_1 成正比；与 $T/\mathfrak{M}$ 的平方根成反比，同时还与气体物性有关。根据式（3-4）、式（3-16）、式（3-21）和式（3-23）可知，超声速喷管的喉部面积与下游面积（下游压强为 p_y）之比可以表示为压强比和比热比的函数，即

$$\frac{A_t}{A_y} = \frac{V_t v_y}{V_y v_t} = \left(\frac{k+1}{2}\right)^{1/(k-1)} \left(\frac{p_y}{p_1}\right)^{1/k} \sqrt{\frac{k+1}{k-1}\left[1 - \left(\frac{p_y}{p_1}\right)^{(k-1)/k}\right]} \tag{3-25}$$

式（3-25）描述了喷管出口膨胀比，当 $p_y = p_2$ 时，$A_y/A_t = A_2/A_t = \varepsilon$。对于低空工作（海平面至10 km）的喷管，面积比通常为 3~30，视燃烧室压力、推进剂组分和发动机的尺寸要求而定。对于高空工作（100 km 以上）的喷管，面积比通常为 40~200，有的甚至高达 400。根据式（3-15）和式（3-23），喷管喉部下游速度（压强为 p_y 处）与喉部速度之

比为

$$\frac{v_y}{v_t} = \sqrt{\frac{k+1}{k-1}\left[1-\left(\frac{p_y}{p_1}\right)^{(k-1)/k}\right]} \quad (3-26)$$

需要注意的是,式(3-25)计算结果虽为无量纲量,但它并不是马赫数。式(3-25)和式(3-26)可根据给定压强比直接确定理想火箭发动机喷管的速度比或面积比,反之亦然。图3-4画出了它们之间的关系。当$p_y = p_2$时,可根据式(3-26)计算喷管出口截面与喉部截面的速度比。当出口压强与大气压强一致时($p_2 = p_3$,图2-1),这些方程对处于最佳膨胀状态的喷管适用。对于高空工作的火箭发动机而言,面积比增至1 000以上时,排气速度便不会再显著增加。此外,大面积比会带来设计上的困难和较大的喷管质量,故实际应用中面积比约为350。

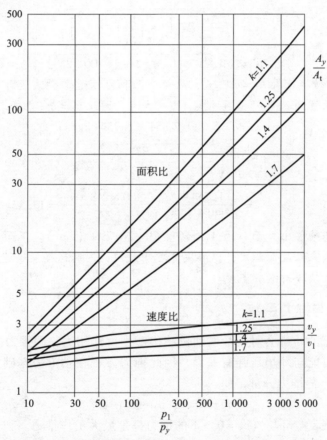

图3-4　超声速喷管扩张段面积比、速度比与压力比的关系

附录2为标准地球大气特性表,它提供了不同高度下的大气压强值。这些数据每天都会产生略微变化(主要由太阳活动引起),同时与南北半球有关。例如,200 km和3 000 km高度的大气密度相差一个量级以上,这一差距可对卫星阻力的预估产生影响。

例3-3　试设计一理想火箭发动机喷管,工作高度为25 km,推力为5 000 N。燃烧室压强为2.039 MPa,燃烧室温度为2 800 K。假定推进剂$k = 1.20$,$R = 360 \text{ J}/(\text{kg} \cdot \text{K})$,试确定喉部面积、出口面积、喉部温度及实现最佳膨胀时的出口速度。

解　在海拔25 km处的大气压强为2.549 kPa(附录2中所列的比值0.025 158与海平面

压强 0.101 3 MPa 相乘）。压强比为

$$p_2/p_1 = 0.002\,549/2.039 = 0.001\,25 = 1/800$$

根据式（3-25）（图3-4）可求得面积比为

$$\frac{A_t}{A_y} = \frac{V_1 v_y}{V_y v_t} = \left(\frac{k+1}{2}\right)^{1/(k-1)} \left(\frac{p_y}{p_1}\right)^{1/k} \sqrt{\frac{k+1}{k-1}\left[1-\left(\frac{p_y}{p_1}\right)^{(k-1)/k}\right]}$$

$$= (1.10)^5 \times (0.001\,25)^{0.833} \sqrt{11.0 \times [1-(0.001\,25)^{0.167}]}$$

$$= 1.67 \times 10^{-2} = 1/60$$

根据式（3-22）可求得喉部温度为

$$T_t = 2T_1/(k+1) = 2 \times 2\,800/2.2 = 2\,545(\text{K})$$

根据式（3-16）可求得理想出口速度为

$$v_2 = \sqrt{\frac{2k}{k-1}RT_1\left[1-\left(\frac{p_2}{p_1}\right)^{(k-1)/k}\right]}$$

$$= \sqrt{1.21 \times 10^7 \times [1-(0.001\,25)^{0.167}]} = 2\,851(\text{m/s})$$

由式（3-24）转换可得 $A_t = \dot{m} V_t/v_t$，故喉部面积可通过质量流量计算得到。为了准确地得出质量流量，注意到 $p_2 = p_3$（通过式（2-15）），因此 $v_2 = c$。根据式（2-16），得

$$\dot{m} = F/c = 5\,000/2\,851 = 1.754(\text{kg/s})$$

$$A_t = \frac{\dot{m}}{p_1}\sqrt{\frac{RT_1}{k[2/(k+1)]^{(k+1)/(k-1)}}}$$

$$= \frac{1.754}{2.039 \times 10^6}\sqrt{\frac{360 \times 2\,800}{1.2 \times [2/2.2]^{11}}} = 13.32(\text{cm}^2)$$

由此可知，理想喷管出口面积为 $A_2 = 60 \times 13.32 = 799$（$\text{cm}^2$）。下面，设计人员根据所选择的实际喷管结构来修改面积比，以解决非理想效应，同时选择能够适应燃烧室高压的材料，并利用适当的方法冷却喉部温度。

3.3.3 推力与推力系数

推进剂燃气射流的动量会对火箭发动机结构产生反作用力，即推力。由于流动为超声速，喷管出口压强可能与环境压强有差异，因此推力方程在动推力基础上（式（2-13））还应增添（或减去）静推力分量，即

$$F = \dot{m}v_2 + (p_2 - p_3)A_2$$

任何给定喷管在真空环境（$p_3 = 0$）下的推力都是最大工作推力。利用附录2列出的大气特性，式（2-13）给出了在海平面和宇宙真空环境之间推力随高度的变化关系。图2-2所示为推力随高度变化的平滑近似曲线。若想通过给定最佳工况（$p_2 = p_3$）下的推力值、p_1、k 及 A_2/A_t 计算推力，则上面的推力公式可修改为

$$F = F_{\text{opt}} + p_1 A_t \left(\frac{p_2}{p_1} - \frac{p_3}{p_1}\right)\frac{A_2}{A_t} \quad (3-27)$$

利用式（2-5）、式（2-17）和式（2-13）可得到比冲修正公式为

$$I_s = (I_s)_{\text{opt}} + \frac{c^* \varepsilon}{g_0}\left(\frac{p_2}{p_1} - \frac{p_3}{p_1}\right) \quad (3-28)$$

例如，当出口压强 p_2 随给定其他面积比 A_2/A_t 变化后，可以使用上述关系计算其比冲。

将式（3-16）、式（3-21）和式（3-23）中的 v_2、v_t 与 V_t 代入式（2-13）并作整理，得

$$F = \frac{A_t v_1 v_2}{V_t} + (p_2 - p_3) A_2$$

$$= A_t p_1 \sqrt{\frac{2k^2}{k-1} \left(\frac{2}{k+1}\right)^{(k+1)/(k-1)} \left[1 - \left(\frac{p_2}{p_1}\right)^{(k-1)/k}\right]} + (p_2 - p_3) A_2 \quad (3-29)$$

式（3-29）称为理想推力方程。推力系数 C_F 现在可以定义为推力除以燃烧室压力 p_1 和喉部面积 A_t，然后得到式（3-30）的结果。

式（3-29）的第一种形式为通用形式，适用于所有火箭发动机的气体膨胀过程，而第二种形式只适用于理想火箭发动机，其中 k 在膨胀过程中保持恒定。式（3-29）表明，推力与喉部面积 A_t、燃烧室压强（或喷管进口压强）p_1 成正比，并且是喷管压强比 p_1/p_2、比热比 k 以及静推力的函数。该公式称为理想推力方程。现定义推力系数 C_F 为推力除以燃烧室压强和喉部面积 A_t，则

$$C_F = \frac{F}{p_1 A_t} = \frac{v_2^2 A_2}{p_1 A_t V_2} + \frac{p_2 A_2}{p_1 A_t} - \frac{p_3 A_2}{p_1 A_t}$$

$$= \sqrt{\frac{2k^2}{k-1} \left(\frac{2}{k+1}\right)^{(k-1)/(k+1)} \left[1 - \left(\frac{p_2}{p_1}\right)^{(k-1)/k}\right]} + \frac{p_2 - p_3}{p_1} \frac{A_2}{A_t} \quad (3-30)$$

推力系数 C_F 是量纲为 1 的参数，对于分析过程十分关键。它与气体特性 k、喷管面积比 ε 和压强比 p_1/p_2 有关，与燃烧室温度无关。对于任何给定的压强比 p_1/p_3，当面积比 $\varepsilon = A_2/A_1$ 变化时，推力系数 C_F 和推力 F 在 $p_2 = p_3$ 时达到最大值。这个最大值称为最佳推力系数，它是喷管设计中的一个重要参数。利用推力系数可对式（3-29）进行简化：

$$F = C_F A_t p_1 \quad (3-31)$$

推力系数 C_F 可根据式（3-31），通过试验测定燃烧室压强、喉部直径和推力进行求解。从式（3-30）可以看出，尽管推力系数是燃烧室压强的函数，但它与 p_1 并不是简单关联的，反而与喉部面积直接关联，并成正比关系。推力系数的值为 1.0~2.0，其可视为相对于燃烧室压强只作用于喉部面积所产生的推力，由于气体通过超声速喷管的膨胀而产生推力的放大系数。该参数可以方便地观察燃烧室压强或高度变化对给定的喷管构型带来的影响，或用于将海平面的推力计算结果修正到特定的飞行高度条件下。

图 3-5 显示了完全膨胀状态下（$p_2 = p_3$），对于不同的 k 值和面积比 ε，推力系数随压强比 p_1/p_2 的变化关系。图 3-6 和图 3-7 分别绘制了当 $k = 1.20$ 和 $k = 1.30$ 时，在不同压强比 p_1/p_3、不同面积比 ε 下的推力系数曲线。这两组曲线可用于计算欠膨胀和过膨胀喷管的工作状态，有助于解决各种喷管问题，如下所述。图 3-6 和图 3-7 中给出的数据均为理想值，未考虑喷管扩张、摩擦以及内部膨胀波等造成的损失。

当 p_1/p_3 变得非常大（如膨胀到近真空状态）时，推力系数接近图 3-6 和图 3-7 所示渐近线的最大值。图中还给出了非设计状态（$p_2 \neq p_3$）下的推力系数，只要喷管在任何时候都是满流的（工质没有与喷管壁面分离）。流动分离问题将在本节后面讨论。

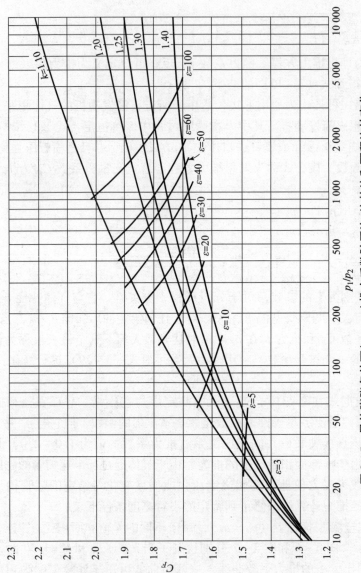

图 3-5 最佳膨胀条件下（$p_2 = p_3$）推力系数随压比、比热比和面积比的变化

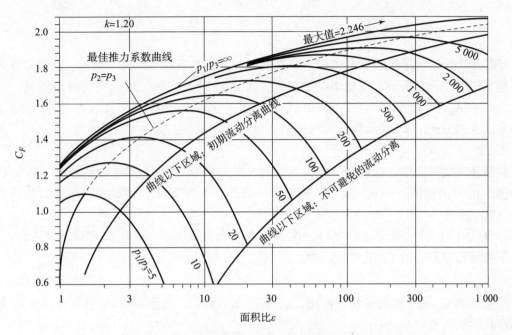

图 3-6　$k=1.20$ 时推力系数 C_F 与喷管面积比的关系

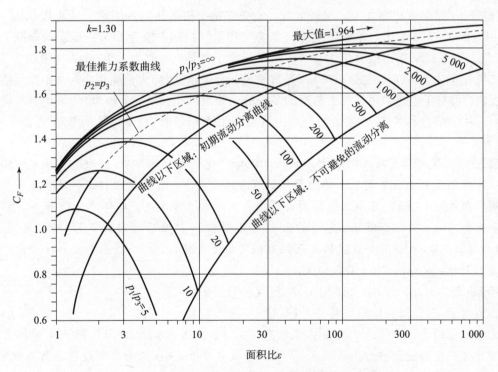

图 3-7　$k=1.30$ 时推力系数 C_F 与喷管面积比的关系

3.3.4　特征速度与比冲

特征速度 c^* 由式（2-17）得到。根据式（3-24）、式（3-31），特征速度可表示为

$$c^* = \frac{p_1 A_t}{\dot{m}} = \frac{I_s g_0}{C_F} = \frac{c}{C_F} = \frac{\sqrt{kRT_1}}{k\sqrt{[2/(k+1)]^{(k+1)/(k-1)}}} \tag{3-32}$$

特征速度仅是推进剂特性和燃烧室特性的函数，与喷管特性无关。因此，它可以作为评价不同推进剂组分对燃烧室性能影响的指标。式（3-32）的第一种形式是通用形式，c^* 可由 $\dot{m}$、p_1 和 A_t 的试验数据确定；第二种形式给出了 c^* 的理想值，其表示为气体特性（k）、燃烧室温度和分子量 $\mathfrak{M}$ 的函数，可根据第 5 章的理论确定。表 5-4 和表 5-5 列出了部分 c^* 的数据。

特征速度效率表示在燃烧室中产生高温高压气体时化学能释放的完善程度。它为 c^* 的实际值（试验测量值，即式（3-32）的第一部分）与理论值（见式（3-32）的最后部分）之比，一般为 92%~99.5%。

结合式（3-31）和式（3-32），推力可表示为质量流量 $\dot{m}$、表征燃烧室性能的 c^* 以及表征喷管膨胀能力的 C_F 的乘积，即

$$F = \dot{m} c^* C_F \tag{3-33}$$

流量系数 C_D 也常被部分作者使用，它与 c^* 互为倒数。流量系数 C_D 和特征速度 c^* 均只能用于化学火箭推进系统。

比热比 k 的变化对各种量（如 c、c^*、A_2/A_t、v_2/v_t 或 I_s）的影响不如对燃烧室温度、压强比或分子量的变化那么大。尽管如此，它仍然是个值得注意的因素，这可以从图 3-2、图 3-4~图 3-7 中看出。单原子气体（如氦气和氩气）的 k 值为 1.67；低温的双原子气体（如氢气、氧气和氮气）的 k 值为 1.4；对于三原子气体，k 值为 1.1~1.3（甲烷为 1.11，氨和二氧化碳为 1.33）（见表 7-3）。通常来说，分子越复杂，k 值就越小。对于振动能级已被激发的高温分子也是如此。对于典型的多组分火箭发动机排气，k 和 $\mathfrak{M}$ 的平均值与燃烧产物组分（化学组分和浓度）有很大关系，这将在第 5 章解释。k 和 $\mathfrak{M}$ 的数值见表 5-4~表 5-6。

例 3-4 某火箭发动机燃烧室压强为 20 atm，喷管膨胀面积比 $\varepsilon = 6$，设 $k = 1.30$。试问：从海平面至 10 km 高度处，推力变化的百分比是多少？该火箭最佳工作高度是多少？

解 由式（3-33）可知，在推力公式中，只有推力系数 C_F 与环境压强有关。首先确定海平面和 10 km 处的压强比 p_1/p_3 的大小（见附录 2）；然后利用式（3-30）或图 3-7（曲线与过 $A_2/A_t = 6.0$ 的垂直线的交点）可确定推力系数。

海平面处：$p_1/p_3 = 20/1.0 = 20$；$C_F = 1.33$

10 km 处：$p_1/p_3 = 20/0.261\,51 = 76.5$；$C_F = 1.56$

推力增量 $= (1.56 - 1.33)/1.33 = 17.3\%$

需要注意的是，喷管处于完全膨胀状态（$p_2 = p_3 = 0.396$ atm）时，所产生的推力略低于该喷管可产生的最大推力。从图 3-7 可以看出，对于 $\varepsilon = 6$ 的喷管，最佳推力系数 C_F 为 1.52，相当于工作在 7.2 km 处；而喷管若工作在真空中，则最大推力系数为 1.63。

3.3.5 欠膨胀与过膨胀喷管

欠膨胀喷管的出口面积太小以至于气体无法实现完全膨胀，故喷管以大于外部压强的出口压强排出气体。由于喷管出口压强大于外界大气压强，气体无法在喷管内膨胀完全，因此

将会在喷管外进一步膨胀。

过膨胀喷管的出口面积相对最佳面积而言太大，气体出口压强低于外界压强，因此同样无法达到最佳状态。图 3-8 显示了超声速喷管内的过膨胀现象，并给出了过热蒸汽沿喷管轴线在不同背压或压强比下的压强测量值。曲线 AB 对应了压强随最佳背压所对应的面积比变化的规律。曲线 AC 和 AD 对应于外界压强升高时压力沿轴线的变化规律。膨胀通常在喷管上游段正常进行，但在下游段发生变化。例如，在曲线 AD 上的 I 处，压强低于出口压强，随后压强将突然升高，并伴随气流与喷管壁面的分离（分离现象将在本章后面叙述）。

喷管扩张段内强压缩波或激波（一种强烈的突跃压缩波，只存在于超声速流动中）的存在对喷管内气流分离现象有强烈的影响。曲线 ID 中的压强突升即表示激波。膨胀波（B 点下方）也是严格的超声速现象，它能够使喷管出口气流与较低的外界压强匹配。激波与膨胀波将在第 20 章进一步讨论。

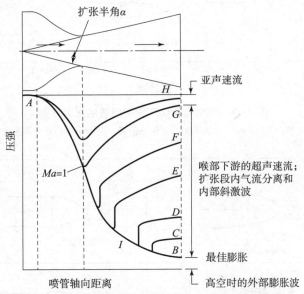

图 3-8　不同流动条件下收敛-扩张喷管的压强分布
（其中进口压强相同，出口压强不同。基于早期试验数据）

超声速喷管中存在以下几种流动状态：

（1）当外界压强 p_3 低于喷管出口压强 p_2 时，喷管满流，但在出口处会形成外部膨胀波（欠膨胀状态）。喷管内的气体膨胀不完全，C_F 和 I_s 将小于完全膨胀下的值。

（2）当外界压强 p_3 略高于喷管出口压强 p_2 时，喷管在 p_2 下降至 p_3 的 10%~40% 前均为满流。此时膨胀效率稍低，C_F 和 I_s 均低于完全膨胀下的值。喷管出口截面外存在强度较弱的斜激波。

（3）在较高的外界压强下，喷管扩张段内将发生气流分离。此时超声速燃气射流的直径将小于喷管出口直径。在稳态流动下，分离通常保持轴对称状态。图 3-9 和图 3-10 所示为发动机喷管的推力系数和特性，绘制了气流的分离，分离平面的轴向位置取决于当地压强和喷管壁面轮廓。随着外界压强的增加，分离点向上游移动。喷管出口处，分离的气流在中心仍然保持超声速，但是被环形的亚声速流动区包围。分离位置处存在不连续性，与有效面积比下完全膨胀的喷管相比，推力减小。喷管外部的羽流场中还有激波的存在。

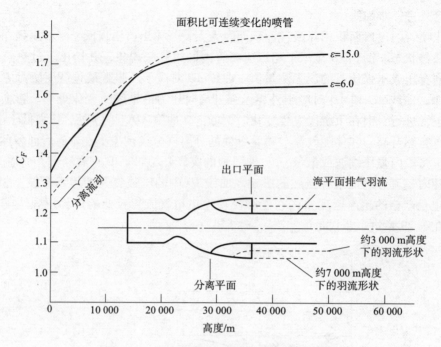

图 3-9 两个面积比不同的喷管的推力系数
（其中一个喷管在 7 000 m 以下的高度发生气流分离。图中未示出充分膨胀的排气羽流）

级	ε	飞行时	h/km	I_s/s	海平面静态试验时	h/km	I_s/s
助推级或第一级	6	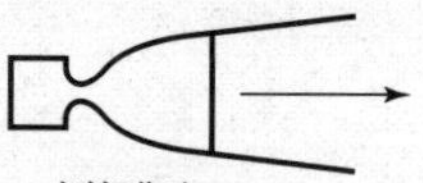 喷管满流，轻微欠膨胀	0	267	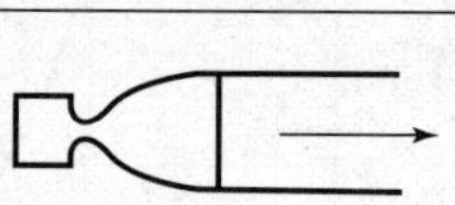 喷管满流	0	267
第二级	10	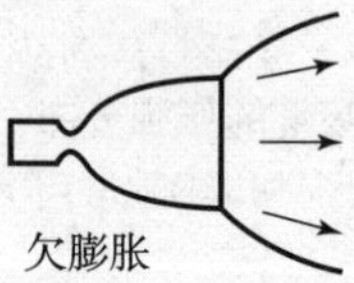 欠膨胀	24	312	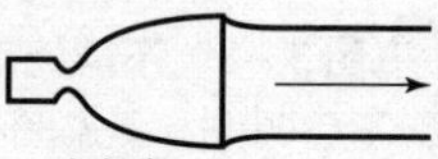 过膨胀，轻微收缩	0	254
第三级	40	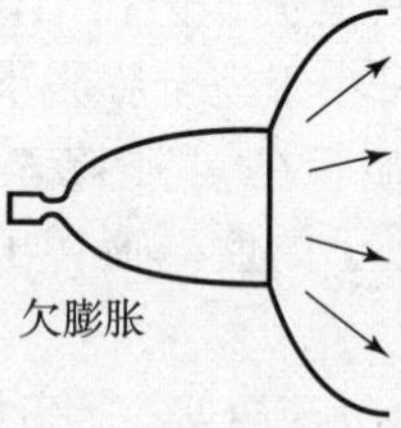 欠膨胀	100	334	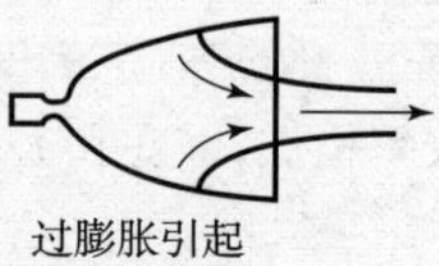 过膨胀引起的流动分离	0	245

图 3-10 三级运载火箭中三种典型的火箭发动机喷管特性简图
（第一级发动机的推力室和推力最大，但喷管面积比最小。面顶级或第三级发动机通常推力最小，但喷管面积比最大）

(4) 对于出口压强稍低于入口压强的喷管（图3-8中的曲线AH），压强比低于临界压强比（临界压强比见式（3-20）），且整个喷管内均为亚声速流动。这种情况通常在火箭喷管启动和停止瞬间的短时间内出现。

若要估算超声速喷管扩张段内分离平面处的压强大小，通常使用经验性的方法（见参考文献3-4）。其中参考文献3-5描述了各种喷管、各喷管的特性以及估算分离点位置和压强的方法。上面所述的过膨胀和欠膨胀状态，其压强的实际值是比热比和面积比的函数（见参考文献3-1）。

轴向推力的方向通常不因分离而改变。因为对于常规的火箭发动机设计，在稳态流动情况下，喷管扩张段的某个横截面上的分离通常是均匀的。在瞬变过程（如起动和关机）中，分离可能不是轴对称的，因此这可能对喷管产生短暂、较大的侧向力。大型火箭发动机喷管在正常的海平面瞬变过程中（燃烧室压强达到满流前），在过膨胀流动情况下气流可能出现一些短暂的流动振荡和非对称分离。瞬变侧向力的大小和方向会发生迅速而无规则的变化。所产生的侧向力可以较大，会造成喷管出口锥结构和推力矢量控制万向节控制器的故障。

参考文献3-5、3-6和3-7讨论了侧向力的计算方法。

当出现流动分离时（一般在严重过膨胀喷管中出现），只要知道喷管中分离点的位置，就能计算出推力系数。因此可通过等效小型喷管（其出口面积与分离点处的面积相等）来确定原喷管的推力系数。与未发生分离相比，分离效应增大了推力和推力系数。因此，对于工作高度较高的喷管（ε值较大），在有气流分离的情况下其海平面推力可能比预计值高，在这种情况下，实际上可能希望分离发生。但是，在有分离流动时，喷管很大一部分没有被利用，这部分占据较大的质量，喷管比实际需要的更大且更长，这样会使发动机的重量和尺寸增加，并降低飞行性能。因此，设计师通常不会选择能够引起分离的面积比。

由于不规则的流动分离和破坏性的侧向载荷的存在，大面积比的发动机更容易产生过膨胀现象，因此常避免使用该类喷管进行海平面静态试验。海平面试验通常用面积比较小的喷管代替。然而，进行实际高空试验时（或在高空试验设备中进行高空模拟试验，见第21章），则要使用原面积比的喷管。若想避免在低空发生流动分离的同时确保在高空具有较高的推力系数C_F，可以使用面积比随飞行过程变化的喷管，这将在本节末尾讨论。

对于大多数工作在大气层的火箭发动机而言，工作高度存在一定的范围限制，即燃烧室压强一定时，喷管压强比有一定的变化范围。最佳膨胀状态（$p_2 = p_3$）只存在于特定高度上，因此面积比固定的喷管绝大多数时间工作在过膨胀或欠膨胀状态。根据上述结论，最理想的喷管不一定是能够提供完全膨胀的喷管，而是能使飞行器达到最佳飞行性能（如总冲、比冲、射程或有效载荷）的喷管。这通常牵涉到在动力飞行弹道上作时间平均。

例3-5 利用例3-4的数据（$p_1 = 20$ atm，$k = 1.30$），考虑两个面积比分别为$\varepsilon = 6.0$和$\varepsilon = 15$的喷管，试将这两者的性能作为高度的函数进行比较，并画出其C_F与高度的关系。假设喷管内无激波。

解 解题步骤与例3-4中的相同，绘制结果如图3-9所示。

C_F的数值可以通过在图3-7中作过$\varepsilon = 6.0$和$\varepsilon = 15$的垂直线求得。当不断增大高度时，C_F对应的压强比也不同；当然还可通过式（3-30）计算C_F的精确值。小面积比喷管在低空的工作性能更好，当高度高于10 km后，大面积比喷管的性能更佳。要注意在图3-9中，虚线表示通过喷管面积比在各个高度上连续变化，使出口压强p_2与环境压强p_3四配时所获得的推力曲线。

对于 $\varepsilon=15$ 的喷管，最佳压强比在 $p_1/p_3 = p_1/p_2$ 时出现。根据图 3-5 或图 3-7 可知，该比例约为 180，此时环境压强 $p_3 = 20/180 = 0.111$ (atm)，相当于 15.5 km 的工作高度，低于这一高度的喷管处于过膨胀状态。在海平面，$p_1/p_3 = 20$，可能出现如图 3-8 所示的分离现象。参考相似形状的喷管可知，分离将出现在局部压强介于 p_3 的 10%~40% 或低于 0.4 atm 的横截面上。在喷管面积比为 6~7 的截面以下的部分不满流，且燃气射流仅占据喷管出口的中心部分（图 3-9 和图 3-10）。斜激波和气流收缩将增大排出气流的压强，使其与环境压强相适应。如果气流不分离，则出口压强可达到 0.111 atm，但这种状态通常是不稳定的。随着飞行器高度的增加，分离平面逐渐向喷管下游移动，直到约 7 000 m 高度，排气将充满整个喷管出口面积。

图 3-10 比较了典型三级运载火箭的 3 种发动机喷管的高空特性与海平面特性，以及不同面积比下的羽流形状。在海平面条件下点火时，面积比最大的三级喷管将产生流动分离，并产生较大的性能损失；第二级喷管将满流，但外部羽流会收缩；由于 $p_2 < p_3$，因此 I_s 和 F 会有损失；第一级喷管不受影响。当第二和第三级喷管在适当的高度工作时，气流将不会发生分离。

例 3-6 某工作在海平面附近的火箭发动机试验数据如下：推力 $F = 53\,000$ lbf，燃气比热比 $k = 1.20$，质量流量 $\dot{m} = 208$ lbm/s，喷管出口面积比 $A_2/A_t = 10.0$，试验台大气压强 $p_3 = 13.8$ psi，燃烧室压强 $p_1 = 620$ psi。试验人员还知道，对于流速（和混合比）相同，且工作在 $p_1 = 1\,000$ psi 和 $p_3 = 14.7$ psi 的标准基准条件下的发动机的理论比冲为 289 s。假设燃烧温度 T_1 和比热比 k 随燃烧室压强的变化不大，试比较该火箭在海平面、标准环境和真空环境下的测试性能。

解 试验条件下的实际压强比为 620/13.8 = 44.93；标准状态下的理论压强比为 1 000/14.7 = 68.03；膨胀到海平面的实际压强比为 620/14.7 = 42.18。

由于喷管工作在超声速状态，因此根据式 (2-5)、式 (3-24) 和式 (3-31)，可知比冲仅取决于推力系数的比值，即 $(I_s)_b = (I_s)_a [(C_F)_b/(C_F)_a]$。根据测试条件（$\varepsilon = 10$，$k = 1.20$，$p_1/p_3 = 44.93$），从图 3-6 或式 (3-30) 中可以求得推力系数 $C_F = 1.48$。根据式 (2-5) 可求得其相应的比冲为 $I_s = 53\,000/208 = 255$ (s)。

结果如表 3-2 所列。

表 3-2 例 3-6 计算结果

参数	试验条件下测试结果	海平面测试结果	标准状态下计算结果	真空状态下计算结果
p_1/psi	620	620	1 000	620
p_1/psi	13.8	14.7	14.7	0
p_1/p_3	44.93	42.18	68.03	∞
F/lbf	53 000	52 480	55 702	60 690
I_s/s	255	252.5	268	292
C_F	1.52	1.505	1.60	1.74

图 3-9 和图 3-10 表明，对于上升飞行的火箭飞行器（如发射状态），理想的设计方案希望喷管具有可延伸的"橡皮型"扩张段，使得喷管出口面积可以随着外界压力的降低而变大。这种设计方案能使飞行器在上升过程中的任何高度都达到其最佳性能。然而到目前为止，我们还无法设计出这种全高度补偿的、类似于"伸缩橡胶"的灵活、可拉伸的机械装置。然而，仍然有一部分实际的喷管构型可随高度改变喷管形状，从而在不同高度获得最佳性能。这些喷管构型将在下一节讨论。

3.3.6 燃烧室几何形状的影响

如在解释式（3-15）和式（3-16）时提到的，当燃烧室横截面积比喉部面积大 4 倍以上时（$A_1/A_t > 4$），燃烧室内气体速度 v_1 可以忽略。然而，飞行器空间或重量的限制往往要求液体火箭发动机具有较小的燃烧室；对于固体火箭发动机，药柱的设计通常会导致较小的空腔容积、通孔以及端面。这时 v_1 对性能的影响无法忽略。燃烧室内的气体随着温度升高而膨胀，而在燃烧室内加速这些膨胀气体所消耗的能量也将导致压降。燃烧室内的这种加速过程是绝热的（无热交换），但不是等熵的。当燃烧室直径等于喷管直径时，即没有喷管收敛段时，这种损失达到最大。这种发动机称为无喷管火箭发动机，它已在少量战术导弹助推器中得到应用，其特点是具有较小的惰性质量与惰性长度。对于无喷管发动机来说，质量减轻对飞行性能的改进超过了其喷管性能的损失。由于狭长燃烧室内存在显著压降，故喷管进口处的压强低于燃烧室压强，此时 A_1/A_t 将变大，这会造成推力和比冲的少量损失。这种损失的理论在本书的第 2 版和第 3 版中介绍过，表 3-3 针对小直径燃烧室性能损失给出了部分结论。

表 3-3 小直径燃烧室的性能损失估计[a]

燃烧室-喉部 面积比 A_1/A_t	喉部压强 损失/%	推力损失/%	比冲损失/%
∞	100	0	0
3.5	99	1.5	0.31
2.0	96	5.0	0.55
1.0	81	19.5	1.34

[a] $k = 1.20$, $p_1/p_2 = 1\,000$。

3.4 喷管构型

目前，已有多种成熟的喷管构型投入使用。本节将介绍喷管的几何形状与性能，其他章节（第 6 章、第 8 章、第 12 章、第 15 章和第 18 章）将分别讨论喷管的材料、传热与特定要求、设计、结构和推力矢量控制的应用。喷管由收敛段、喉部截面（最小截面）以及扩张段组成，横截面通常采用圆形（燃烧室亦然）。在本书各章可看到各种类型的喷管图。参考文献 3-4 和参考文献 3-8 叙述了其他几种喷管构型。

燃烧室和喷管喉部之间的喷管收敛段对喷管性能的影响并不显著。该段的亚声速流动可以在很低的压降下转弯，因而任意给定半径、锥角、壁面轮廓曲线或喷管进口形状都可以使流动顺利进行。例如，有些小的姿态控制推力室的喷管甚至与燃烧室轴线成 90°，却没有任何性能损失。喉部轮廓对性能的影响较小，一般可以采用任意的平滑曲线做轮廓。由于这两个区域的压强梯度很高，流动紧贴壁面。不同喷管构型的主要差别在于超声速流动的扩张段，下文将详细叙述。通常，整个喷管的壁面应平坦，不得有裂缝、孔、锐边或凸起，从而使表面粗糙造成的摩擦、辐射吸收和对流传热降到最小。

图 3-11 展示了 6 种不同的喷管构型，下面将分别进行讨论。前三种展示了最常见的锥形和钟形喷管，本章将对其进一步介绍。后三种喷管内部有中心体，有极好的高空补偿特性（这意味着在喷管外部，高温气体边界可以随着外部压强减小而扩大，从而在各个高度均产生较优的膨胀）。虽然后三种喷管已经通过了地面试验，但至今未应用于运载火箭的飞行中（见第 8 版）。图 3-12 对几种喷管的长度进行了比较。喷管构型设计的最优目标是在得到较大比冲的同时，尽可能使喷管质量和长度最小化（短喷管可以缩小飞行器的长度，减小惰性质量并简化结构）。

3.4.1 锥形和钟形喷管

锥形喷管是使用最早且结构最为简单的喷管构型，它易于制造，目前仍然广泛应用在很多小型发动机上。采用锥形喷管的理想发动机的出口排气动量需要用理论修正系数 λ 修正。该修正系数是扩张角为 2α 的喷管排气动量与气流全为轴向的理想喷管排气动量之比：

$$\lambda = \frac{1}{2}(1 + \cos\alpha) \tag{3-34}$$

理想发动机的 $\lambda = 1.0$。对于扩张锥角为 30°（扩张半角 $\alpha = 15°$）的发动机喷管，其出口动量对应的轴向排气速度为式（3-15b）计算结果的 98.3%。注意，修正系数 λ 只能用于式（2-13）、式（3-29）和式（3-30）中的前半项（动推力），不能用于后半项（静推力）。

15° 的扩张半角已成为非正式参考标准，用于比较不同扩张角度锥形喷管的修正系数、能量损失或长度。

喷管扩张角较小时可使大部分动量沿轴向进行，从而获得较高的比冲，但同时会增大喷管的长度与质量，造成火箭推进系统的性能损失。采用大扩张角能使喷管设计得更短、更轻，但喷管性能将变得极低。因此，锥形喷管的形状和长度存在最佳值（半角通常为 12°～18°），通常要根据具体用途和飞行轨道进行折中。

钟形喷管或特形喷管（图 3-11 和图 3-13）是目前最常用的喷管形状。此类喷管在紧接喷管喉部的下游处具有大角度扩张段（20°～50°），随后喷管轮廓的斜率逐渐减小，最终使喷管出口处达到较小的扩张角（通常扩张半角小于 10°）。紧接喉部的扩张角可以设计得很大（20°～50°），因为这个区域内相对压强较高，压力梯度很大，工质迅速膨胀，除非喷管轮廓不连续，否则不会引起气流分离。气体在超声速钟形喷管中的膨胀比在相同面积比和长度下的锥形喷管更充分，因为其型面轮廓的设计可以使损失最小化，这将在本节后面解释。

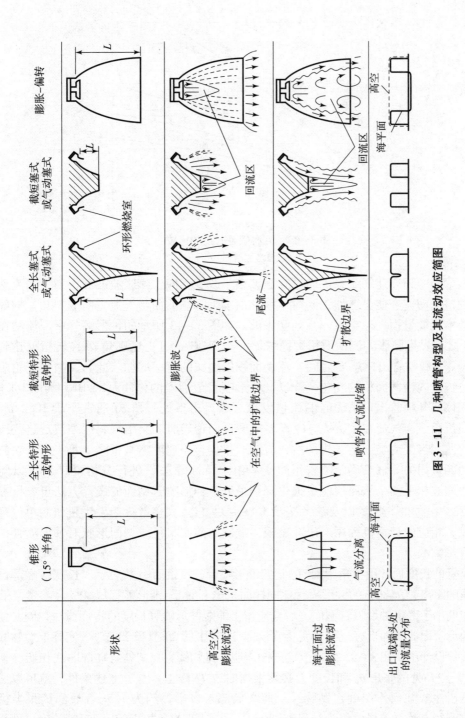

图 3-11 几种喷管构型及其流动效应简图

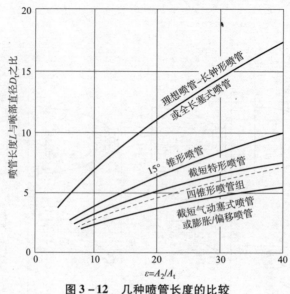

图 3-12 几种喷管长度的比较
（见参考文献 3-9）

扩张形壁面中超声速气流只能通过膨胀波束来改变方向。膨胀波波面很薄，当流动方向稍有改变时，流动速度便会增加，同时压强和温度下降。波面与气流方向成斜角。喉部之后的气流将基本无能量损失地穿过一系列膨胀波。如图 3-13 所示的钟形喷管中，流动在喉部和转折点 I 之间发生膨胀。流动面积平稳增加（类似喇叭状），轮廓角 θ_i 在转折处达到最大值。在转折点 I 和喷管出口点 E 之间，流动面积以递减的速率增加。此时，喷管壁轮廓发生变化，单位长度内横截面积的变化率降低。特形喷管最后段的作用是减小喷管出口张角 θ_e，从而减小气体离开喷管出口平面时的流量发散损失。出口处张角 θ_e 通常小于 $10°$。θ_i 与 θ_e 之差称为回折角。当气流在位置 I 与位置 E 之间反向偏转时，会出现斜压缩波。这些压缩波波面同样较薄，当气流受到微弱扰动后，流动产生偏转，速度略微下降。每一道压缩波都会造成少量的能量损失。仔细确定喷管型面（采用"特征线法"进行分析设计）可以使斜膨胀波与斜压缩波相平衡，从而使能量损失降到最低。钟形喷管型面的设计方法可参见参考文献 3-3 的第 20 章和第 33 章以及参考文献 3-8～3-11。大多数火箭发动机研制单位都对此类工作开发了相应的计算机程序。研究发现，喉部的曲率半径或型面形状对钟形喷管扩张段的型面是有影响的。

钟形喷管的长度通常用半角为 $15°$ 的基准锥形喷管长度的百分数表示。长度（喉部截面和出口截面间的距离）为 80% 的钟形喷管比同样面积比下的 $15°$ 锥形喷管短 20%。参考文献 3-9 中介绍了初期用于确定钟形喷管型面，后期应用于缩短钟形喷管长度的特征线法，同时使用抛物线作为钟形型面曲线的良好近似（见参考文献 3-3 中的 20 节和 33 节）。实际上抛物线已应用于某些喷管设计中。图 3-13 中最上面的图表明，抛物线在点 I 处与喉部曲线相切（切线与轴线成 θ_i），点 E 处的张角 θ_e 和长度 L 必须根据曲线 TI 修正。有了上述条件，就可以通过简单的几何分析法或几何作图确定抛物线。通常喉部入口半径约为 $1.5r_t$，喉部扩张半径约为 $0.4r_t$，允许半径有略微差异，因为结果差别不大。中间部分的曲线给出了喷管长度、面积比和两个钟形型面角度之间的关系。最下面的曲线给出了喷管的修正系数，相当于锥形喷管的 λ，可用于修正完全膨胀状态（$p_2 = p_3$）下的推力系数或排气速度。

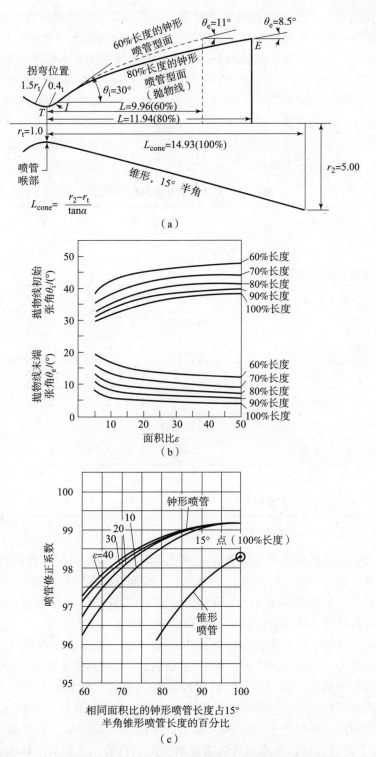

图 3-13　(a) 对面积比均为 25 的 15°锥形喷管、80% 长度钟形喷管、60% 长度钟形喷管的内壁面进行了比较（其中长度表示喉部半径 r_t（图 (a) 中 $r_t=1$）的倍数）；(b) 曲线给出了初始张角 θ_i 和出口张角 θ_e 与喷管面积比和百分比长度的关系；(c) 曲线以修正系数的形式给出了喷管损失

表 3-4 列出了图 3-13 中各抛物线的数据，以帮助读者使用此方法，并进行结果检验。该表给出了两个缩短的钟形喷管和一个锥形喷管在三种面积比下的数据，其中以 15°半角作为参考。可以看出，随着喷管长度的减小，长度更短或面积比更小的喷管损失更大。修正系数每提高 1% 比冲（或推力）便提高 1% 以上，这种差异在许多应用中是很显著的。缩短长度有明显的好处，通常可以提高飞行器的质量比。表 3-4 与图 3-13 表明，在相同的面积比下，钟形喷管（等效长度为 75%~85%）的效率比 15°锥形喷管（长度为 100%）的效率要稍高一些。对于较短的喷管（等效长度低于 70%），内部斜激波引起的能量损失就比较大了，因此这类短喷管目前不太常用。

表 3-4 几类钟形喷管的相关数据

面积比 ε	10	25	50
锥形喷管（15°半角）			
等效长度（100%）[a]	8.07	14.93	22.66
修正系数 λ	0.982 9	0.982 9	0.982 9
钟形喷管			
等效长度（80%）[a]	6.45	11.94	18.12
修正系数 λ	0.985	0.987	0.988
转折点/出口处的近似半角/(°)	25/10	30/8	32/7.5
钟形喷管			
等效 21 长度（70%）[a]	4.84	9.96	13.59
修正系数 λ	0.961	0.968	0.974
转折点/出口处的近似半角/(°)	32.5/17	36/14	39/18

[a] 等效长度是量纲为 1 的量，表示为喉部半径（为 1）的倍数。

目前，投入应用的典型固体火箭发动机的拐点角度为 20°~26°，折回角度为 10°~15°，在它们的发散部分具有不同的壁轮廓。相比之下，目前没有夹带颗粒的液体火箭发动机的弯曲角度为 27°~50°，折返角度为 15°~30°。因此，使用钟形喷管（具有高校正因子值）导致的性能增强在具有固体颗粒的固体火箭发动机中略低。

固体火箭发动机排气以及凝胶态液体推进剂排气中含少量固体颗粒（通常为氧化铝），这些固体颗粒会撞击在图 3-13 所示 I 和 E 之间的反向弯曲的喷管壁面上。虽然气流可通过斜压缩波的作用发生偏转，减小扩张，但颗粒（特别是较大的颗粒）却无法偏转，会保持直线运动趋势高速撞击壁面，这将引起严重的喷管壁面磨损和烧蚀，特别是对于常用的烧蚀和石墨材料。这种由灼热颗粒造成的磨损随回折角的增大而增加。如果减小回折角（同时也减小了张角），则烧蚀可以减小到可以接受的程度。目前，典型的固体火箭发动机的张角为 20°~26°，回折角为 10~15°。相比之下，排气中无颗粒的液体火箭发动机的张角为 27°~50°，回折角为 15°~30°。因此，排气中有固体颗粒的固体火箭发动机因采用钟形喷管（喷管修正系数高）而得到的性能增加会稍低一些。

理想的（穿过斜激波时损失最小）钟形喷管相对较长，相当于张角为 10°~12°的锥形喷管，如图 3-11 所示。通常这种长喷管质量较大，当火箭的质量要求严格时，应优先选择长度缩短的钟形喷管。

1. 两级喷管

两级喷管（两部分具有不同的膨胀比）的性能优于仅具有一个固定面积比的传统喷管。由图 3-9 可知，面积比较小的喷管（$\varepsilon=6.0$）在低空性能更好，而面积比较大的喷管在高空表现更佳。如果这两种喷管可以以某种方式机械地组合，则组合后的两级喷管的性能将与能够进行高度补偿（连续调节到最佳面积比）的喷管性能十分接近，如图 3-9 中细虚线所示。通过对整个飞行时间进行积分可知，两级喷管额外增加的性能对于高速任务（如地球轨道发射和深空任务）可起到显著的作用。现已研究出几种改进型钟形喷管，可在多个高度上实现最优性能。图 3-14 介绍了三种不同的两级喷管方案。当喷管在地面或地面附近工作时，采用较低的初始面积比 A_2/A_1；在高空工作时则采用第二种较大的面积比以改善工作性能（见参考文献 3-4）。

2. 可延伸喷管

目前，可延伸喷管在多级飞行器的顶级中得到普遍应用。当下面级部分完成工作并脱落后，喷管延伸段被移动至运行位置。这些太空中的发动机仅在喷管延伸时工作。可延伸喷管需要作动器、电源、用于在飞行期间将延伸段移动到位的机构以及紧固和密封装置。它已成功地应用于几种固体火箭发动机和液体火箭发动机中，且通常在点火前完成部署。如图 8-17 所示，此应用涉及的关键问题在于：解决将延伸段可靠移动到位的坚固机构、喷管各段之间的高温燃气密封以及所涉及的额外重量。它的主要优点是当下面级喷管工作期间，喷管储备的长度较短，从而减小了飞行器的长度和惰性质量。如今应用此概念已经设计了很多三级喷管的方案，如图 12-3 展示了其中一种。

可抛弃嵌入式喷管方案如图 3-14 所示。该方案不需要考虑移动机构和燃气密封问题，但在两个部分的连接处可能存在潜在的温度滞止。到目前为止，美国生产的飞行器还未使用过这种方案，参见参考文献 3-4 和 3-12。

双钟形喷管方案采用了两个缩短的钟形喷管，组合成一个带有"环形凸起"或拐点的喷管，如图 3-14 所示。在上升过程中，首先由面积比较小的喷管起作用，流动在拐点处出现分离。然后随着高度的增加，气体进一步膨胀，拐点下游的流动逐步向喷管贴紧，直至气流充满整个喷管出口部分。此时喷管在较大的面积比下工作，可得到较高的工作性能。双钟形喷管型面的环形凸起以及热传递问题会导致少量的性能损失。迄今为止这种方案几乎没有实际使用经验。

3. 多喷管

在固体发动机或液体火箭发动机上用一簇较小的喷管（推力室）代替单个大喷管（推力总和相等）可以减小喷管长度，从而减小飞行器长度、结构质量和惰性质量。四推力室的布局已经在美国、俄罗斯生产的许多大型太空运载火箭和导弹中得到有效利用。同时，通过设计多个喷管还可以实现推力矢量控制（图 18-9）。如图 3-12 所示，这种簇式喷管的长度与同等推力室下的单个喷管的长度相比缩短了约 30%。然而，采用簇式喷管后，喷管出口处直径会略微变大，因此飞行器阻力也会变高，此外当发动机质量较大时，这种设计会使发动机更为复杂。

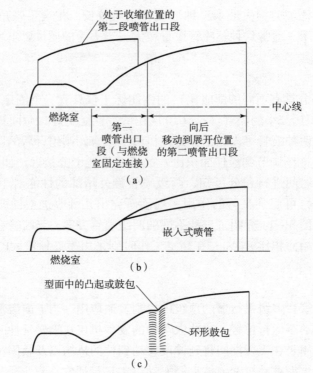

图 3-14 三种具有高度补偿功能的两级喷管方案的简图
(a) 两段式可延伸喷管 (图 8-17); (b) 可抛弃嵌入式喷管 (未画出支撑、移动或释放机构); (c) 双钟形喷管 (见参考文献 3-4)

3.5 实际喷管

本章 3.1 节列出的 11 条假设和简化仅仅是为了可以用较为简单的算法和数学解去分析实际火箭现象而提出的近似假设。其中，大多数假设都可以通过两种途径进行完善：采用经验修正系数（基于试验数据）；开发或使用更精确的算法，并对能量损失、物理或化学现象进行更详细的研究和模拟。这通常需要进行更复杂的理论分析和数学处理。本节将对上述部分途径作简要叙述。

与理想喷管相比，实际喷管具有能量损失，而且部分气体能量无法转换为排气动能。下面将列出主要的能量损失，并对其中一部分进行详细讨论。

(1) 喷管出口截面流动扩张会造成损失。对于锥形喷管，该损失为扩张角余弦的函数（见式 (3-34)）。采用钟形喷管型面可以减小这种损失。

(2) 喷管收缩比 A_1/A_t 较小（燃烧室面积或药孔横截面积相对于喉部面积较小时）可引起燃烧室压强损失，并使推力和排气速度略微下降（见表 3-2）。

(3) 壁面边界层中较低的流动速度会使等效排气速度降低 0.5%~1.5%。

(4) 气流中的凝相颗粒可导致高达 5% 的能量损失（取决于颗粒尺寸、形状和凝相颗粒百分含量）。

(5) 不稳定燃烧或流动振荡会引起少量的损失。

(6) 喷管流动中的化学反应改变了燃气成分、燃气特性和燃气温度所造成的损失，通常为 0.5%（见第 5 章）。

（7）在瞬态工作期间燃烧室压强和总体性能较低，如起动、关机或脉冲。

（8）对于非冷却喷管材料（如纤维增强合成树脂或石墨），工作时喉部区域的逐渐烧蚀会使喉部直径增加 1%~6%。这将使燃烧室压强和推力降低 1%~6%，同时喉部区域的扩大会导致比冲的减小，通常小于 0.7%。

（9）气体成分不均匀会导致性能降低（不均匀由不完全混合、湍流或不完全燃烧引起）。

（10）真实气体特性可能使气体成分发生显著改变，即 k 和 $\mathfrak{M}$ 的实际值会导致少量的性能损失，损失 0.2%~0.7%。

（11）面积比恒定的喷管在非最佳高度下工作时，推力与比冲会减小。如果飞行器始终在设计状态对应的高度飞行（$p_2 = p_3$），则不会产生损失。当飞行高度偏高或偏低时，那么与具有高度补偿的喷管相比，推力损失（在部分飞行段）可以达到 10%，同时飞行性能会降低 1%~5%，如图 3-6、图 3-7 所示。

3.5.1 边界层

实际喷管在紧贴内壁面附近存在一层较薄的黏性边界层，其中气体速度远小于自由流动区域中的速度。边界层放大图如图 3-15 所示。紧邻壁面的气流速度为零，在壁面以外，边界层可以视为由许多连续的环形薄层叠加而成，各层的速度逐步增加，直到到达自由流速度为止。壁面附近的低速流动区为层流、亚声速流动，但在边界层内的高速流动区是超声速的，并会转变为湍流状态。由于速度的局部减小以及黏性摩擦生热，部分动能会转变为热能，故边界层内局部温度会显著高于自由流温度。紧贴壁面的气流会向壁面传热，因此其温度要低一些。气态边界层对喷管和燃烧室壁面上总的传热量影响较大，同时它还对火箭发动机（特别是采用小型喷管和大面积比的长型喷管的发动机）的性能存在影响，在这种情况下总质量流量中可能有相当大的比例（2%~25%）位于边界层的低速区。压强、温度或密度的大梯度以及当地速度的变化（方向和大小）都会影响边界层。同时，喷管中的流动分离常常来自边界层内部。迄今为止，使用比例法则对边界层进行分析依旧不太确切。

参考文献 3-1 的第 26~28 章和参考文献 3-18 介绍了边界层效应的理论分析方法。尽管火箭发动机喷管中边界层的理论分析仍然不太完善，但边界层对性能的整体影响很小。对于大多数具有未产生流动分离的火箭喷管，边界层导致的比冲损失不超过 1%。

3.5.2 多相流

某些火箭发动机的气态工质中夹杂了许多小液滴和固体颗粒。当气体在喷管中膨胀时，这些凝相颗粒会对气体进行加热。这种情况通常发生在固体推进剂（见 13-4 节）或某些胶体推进剂（见第 7 章）中，推进剂中含有的铝粉会在排气中形成氧化物小颗粒。氧化铁催化剂或含铝、硼或锆的固体推进剂也会出现这种情况。

通常，如果颗粒相对较小（直径小于或等于 0.005 mm），它们将与气体具有几乎相同的速度，并且将与喷管气流处于热平衡状态，故气体消耗动能加速颗粒的同时又从颗粒处获得热能。随着粒径变大，各颗粒质量（以及惯性）随直径的立方增加，而带动颗粒运动的气动力仅随直径的平方增加。因此，大颗粒会滞后于气体运动，而且对气体的传热也不会像小颗粒那样迅速。大颗粒的动量比同样质量的小颗粒更低，且由于传出的热量较小，大颗粒到达喷管出口时的温度比小颗粒高。

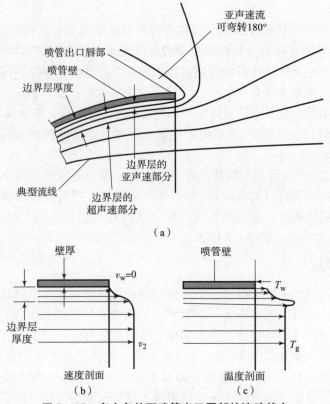

图 3-15 高空条件下喷管出口唇部的流动状态
(图中画出了流线、边界层、速度及温度分布)

根据下面与参考文献 3-13 和 3-14 中所描述的,可以推导出用于修正各性能参数(I_s、c 或 c^*)的简单方程式。这些公式基于以下假设:气体和颗粒的比热在整个喷管内恒定;颗粒足够小,以至于其运动速度与气体相同并与气体处于热平衡状态;颗粒与气体之间无质量交换(无蒸发或冷凝);只有气体会发生膨胀和加速;颗粒占据的容积与气体容积相比可忽略不计;如果颗粒数量很少,加速颗粒所需的能量可以忽略;膨胀和加速过程中无化学反应。

焓 h、比容 V、比热比 k 和气体常数 R 可以表示为凝相产物的质量分数 β 的函数,质量分数 β 为颗粒(液体或固体颗粒)质量与总质量的比值。恒定压强和体积下的比热容分别表示为 c_p 和 c_v(下标 "g" 和 "s" 分别表示气态或固态),故存在以下关系:

$$h = (1-\beta)(c_p)_g T + \beta c_s T \tag{3-35}$$

$$V = V_g(1-\beta) \tag{3-36}$$

$$p = R_g T / V_g \tag{3-37}$$

$$R = (1-\beta) R_g \tag{3-38}$$

$$k = \frac{(1-\beta)c_p + \beta c_s}{(1-\beta)c_v + \beta c_s} \tag{3-39}$$

本节最后将对排气中含有凝相颗粒的固体推进剂在喷管流动中的燃烧产物的性能参数进行简要讨论。

将上述关系式与简单一维喷管流动的公式(式(2-15)、式(3-15)或式(3-32))结合可知,比冲或特征速度值将随质量分数 β 的增大而减小。当颗粒和质量分数 β 非常小时

（颗粒直径小于 0.01 mm，β 值小于 6%），比冲损失通常低于 2%。对于较大的颗粒（直径大于 0.015 mm）和较大的 β 值，该理论并不适用，此时比冲将比无任何流动滞后时的值小 10%~20%。实际的颗粒尺寸及其分布取决于特定的推进剂燃烧产物、特定的颗粒组成以及具体的火箭推进系统，通常要通过测量确定（见第 13 章和第 20 章）。因此，只有当额外的放热使燃烧温度 T_0 提高到足以抵消排气中因颗粒无法膨胀而引起的性能损失时，固体推进剂中添加金属（如铝）才会使性能提高。

在喷管面积比很大、喷管出口压力很低（处于高空或宇宙真空时）的状态下，气态推进剂的成分可能会发生凝结。随着喷管中温度的急剧降低，气相组分（如 H_2O、CO_2 或 NH_3）将发生冷凝。这会导致单位面积气体流量的减少，以及颗粒蒸发潜热向剩余气体的传递。在气体膨胀过程中，还可能形成固相颗粒和微小雪粒（H_2O）或其他成分的冻雾。只有当液滴尺寸很小且凝结物质的质量分数适中时，凝结对性能的总体影响才会较小。

3.5.3 其他现象与损失

燃烧过程实际上不是完全稳定的。通常，若燃烧室压强的低频和高频振荡幅值在额定值的 5% 以下时，便认为燃烧平稳，流动可稳定进行。气体特性（k、$\mathfrak{M}$、c_p）和流动参数（v、V、T、p 等）也会随时间振荡，且不一定沿流动通道均匀分布。因此，这些参数仅仅是"平均"值，但无法确定它们属于哪一类平均值。在理论上，很难评估由不均匀的非稳态燃烧引起的能量损失。对于平稳燃烧的火箭发动机，这种损失小到可以忽略，但在振荡幅值较大时损失就很显著了。

当气流中存在化学反应时，喷管内的气体组分可能会略微改变，因此对于所有化学系统来说，均匀或"化学冻结"气流的假设不完全有效。第 5 章介绍了在气体成分和气体特性变化的复杂情况下发动机性能的分析方法。如图 2-2 所示，喷管排出的热能（$\dot{m} c_p T_2$）无法转变为可用于推进的能量（动能）。为降低这种损失，唯一的方法是降低喷管出口温度 T_2（采用更大的喷管面积比），但即使这样该损失仍然较大。

当工作时间较短时（如反坦克火箭或反复起动和关机的脉冲姿态控制发动机），瞬变过程在总工作时间中占据很大部分。在起动和关机的瞬变阶段，平均推力、平均燃烧室压强以及平均比冲要低于稳定运行状态下的值，可对该过程进行逐步分析。例如，起动阶段在燃烧室中已反应的推进剂必等于通过喷管的气体流量与将燃烧室充填到高压所需的气体量之和。此外，也可以利用燃烧室压强随时间变化的经验曲线作为计算的基础。在小推力推进系统中，过渡时间或许只要几毫秒，可忽略不计。但对于大型推进系统，过渡时间会比较长（可达数秒钟）。

3.5.4 性能修正系数

3.4 节中已经理论地讨论过锥形和钟形喷管修正系数，在此讨论其他的经验修正系数。这些系数代表了实际中无法避免的各类非理想现象（如摩擦、不完全混合、不完全燃烧、传热、化学不平衡以及二维/三维效应），参见图 2-2 和参考文献 3-4。修正系数在火箭的分析中可以任意定义，它的概念不同于传统的效率，因此也就不存在"通用性能修正系数"一说。对于准确测量数据已知的发动机，修正系数可对实际性能进行简单的预测。例如，速度修正系数为 0.942 意味着速度或实际比冲约为理论值的 94%（常用值可能接近 0.92）。

设计师常利用修正系数对发动机进行测试前的性能预估、初步设计、提出非正式建议或进行健康监测等工作。在上述应用中，我们需要利用一系列额定值以及有用公式进行性能估计。若需要计算性能的精确值，业内普遍使用专门的计算机程序进行计算。

修正系数是由测量所得的实际值（下标为"a"）与通过公式计算求得的理想值（下标为"i"）之比。在一般的火箭发动机测试中，通常测量燃烧室压强、推进剂质量流量、推力以及喉部和出口面积。通过测量可直接求得推力修正系数（$\zeta_F = F_a/F_i$）与质量修正系数（$\zeta_d = \dot{m}_a/\dot{m}_i$），利用所测得的燃烧室压强可进一步求得（$(p_1)_a(A_t)_a$），单位为 N，该测量值在下面将要讨论的另外两个修正系数的公式中有所体现。实际喷管面积比 [$\varepsilon_a = (A_2)_a/(A_t)_a$] 通过测量获得，该比值与例 3-7 中所示的理想值/计算值有所差异。液体火箭发动机的推进剂质量流量 $\dot{m}_a$ 利用校准流量计通过地面试验进行测量，而固体火箭发动机的质量流量却无法直接测量，其 $\dot{m}_a$ 的有效值只能根据地面测试的初始和最终重量确定。因此，固体火箭发动机的质量修正系数 ζ_d 仅代表平均值。

推力修正系数 ζ_F 为推力的测量值与理想值（见式（3-29））之比，质量修正系数 ζ_d 为质量流量的测量值与理想值（见式（3-24））之比。与不可压缩流体不同，在火箭推进系统中，由于实际流量可能超过理想流量，因此 ζ_d 的值总是略大于 1.0（高达 1.15），原因如下：

（1）不完全燃烧（燃烧温度较低时）会导致排气密度增加。

（2）发动机壁面的冷却（尤其对于小型推力室而言）会使边界层温度降低，从而降低平均气体温度。

（3）实际喷管中比热比和平均分子质量的变化会影响流速，从而影响质量修正系数（见式（3-24））。

c^* 效率（ζ_{c^*} 修正系数）表示燃烧室和喷注器的组合效率。它定义为 [$(p_1)_a(A_t)_a$] / $\dot{m}_a$ （见式（2-17））的测量值与相应的理想值（由式（3-32）右半部计算得到）之比。对于设计良好的燃烧室，修正系数值 ζ_{c^*} 通常超过 95%。修正系数 ζ_{C_F} 也称为 C_F 效率，代表了喷管在工作状态下的设计效率，它定义为 $F_a/[(p_1)_a(A_t)_a]$（见式（3-31））的测量值与相应理想值（由式（3-30）计算得到）之比。对于良好设计的喷管，修正系数 ζ_{C_F} 的值通常在 90% 以上。

利用式（2-16）（或式（3-32），$c = c^* C_F$）中给出的速度定义，有效排气速度修正系数（$\zeta_v \approx (F_a/\dot{m}_a)/c_i$）：

$$\zeta_v = \zeta_F/\zeta_d = \zeta_{(c^*)}\zeta_{(C_F)} \tag{3-40}$$

将式（3-33）进一步等效为修正系数的形式，可写为 $\zeta_F = \zeta_d \zeta_{c^*} \zeta_{C_F}$。该式只对研究试验过程中的不确定性有意义，同时表明了稳定流动中上述四个修正系数之间存在约束关系，不能任意确定。

根据式（2-5）可计算比冲的实际值为

$$(I_s)_a = (I_s)_i (\zeta_v) \tag{3-41}$$

热力学喷管效率 η_n 原本定义为理想焓变与实际焓变之比（见式（3-15a）和式（3-16）），此时在给定压强比下，热力学喷管效率为

$$\eta_n = (\Delta h)_a/(\Delta h)_i = \left[\frac{1}{2}(v_2^2)_a\right]/\left[\frac{1}{2}(v_2^2)_i\right] \approx (\zeta_v)^2 \tag{3-42}$$

当 $p_2 = p_3$ 时，上述公式中的近似符号变为等号。该效率表示喷管内的损失（见参考文献 3-3），且数值始终小于 1.0。对于微型发动机的小喷管来说，由于其摩擦效应相对较大，因此具有较小的喷管效率 η_n。摩擦效应取决于表面积与体积之比（矩形横截面会具有额外的锐角损失）。

在严格的"化学冻结"流假设下，利用式（3-32）的右侧可推导出关于理想总温与实际总温（此处 $T_1 \approx (T_0)_i$）之间的关系式：

$$(T_0)_a / (T_0)_i \approx (\zeta_{c^*})^2 \qquad (3-43)$$

计算超声速喷管的入口状态较为容易。在喷管分析中不但需要确定通过指定质量流量的燃气所需的实际喉部面积，还要确定喷管出口平面处的面积与流动特性。在喷管附近，热量损失改变了当地总温，同时与摩擦损失共同作用改变了总压（总压与总温分别以燃烧室中的 $(p_0)_1 = p_1$ 和 T_1 作为初始值）。由于理想公式是基于任意给定截面上的当地滞止量进行计算的，因此问题在于该公式如何与适当的流体假设结合运用。

总压与喉部面积乘积的理论值与实际值之比可用修正系数表示，即

$$[(A_t)_a (p_1)_a] / [(A_t)_i (p_1)_i] = \zeta_F / \zeta_{C_F} \text{ 或 } \zeta_d \zeta_{c^*} \qquad (3-44)$$

若想通过上述参数得到实际的喷管喉部面积，则需要额外的信息，关键在于如何将总压之比与对应的喷管温度之比联系起来。已知的是，多变指数"n"提供了各气体性质之间的关系（见参考文献 3-3）。由于喷管效率通常较高（约 90%），我们还可以应用式（3-7）给出的等熵关系。实际的喷管流动不是等熵的，尽管总压与总温有显著降低（见例题 3-7），但沿喷管产生的净熵变非常小。当对膨胀比给定的实际喷管进行分析时，需要稍增大总压，使其超过 p_{1i} 的大小，使其能够与之前定义的理想喷管性能相一致。

例 3-7 利用以下条件设计火箭发动机喷管：

燃烧室压强	20.4 atm 或 2.067 MPa
大气压强	1.0 atm
气体平均分子质量①	21.87 kg/(kg·mol)
比热比	1.23
理论比冲或 $c_i i$	230 s 或 2 255.5 m/s（在工作状态下）
设计推力	1 300 N
燃烧室温度	2 861 K

试确定排气速度、比冲、喷管喉部面积与出口面积的实际值。同时利用给出的修正系数计算质量修正系数和喷管效率：$\zeta_F = 0.96$，$\zeta_{c^*} = 0.98$，$\zeta_{C_F} = 0.97$。

解 理论推力系数根据式（3-30）可确定。设计状态下 $p_2 = p_3$。将 $k = 1.23$ 与 $p_1/p_2 = 20.4$ 代入式（3-30），可得推力系数 $(C_F)_i = 1.405$，喉部面积 $(A_t)_i = 4.48 \text{ cm}^2$。计算结果可通过在图 3-5 中插值进行检验。

有效排气速度 c_a 无法通过试验测定，但可通过计算求解，即

$$c_a = (c_i)(\zeta_v) = 2\,255.5 \times (0.98 \times 0.97) = 2\,144 \text{ (m/s)}$$

实际比冲为 $(I_s)_a = 2\,144/9.81 = 219 \text{ (s)}$，由式（3-40）可知质量修正系数为

---

① 气体平均分子质量也称为摩尔质量。——译者

$$\zeta_d = \zeta_F/(\zeta_{c*}\zeta_{C_F}) = 0.96/(0.98 \times 0.97) = 1.01$$

注意：该系数略大于 1.0，其原因在于 $v_2 = c$，故结果与前面所述有差异。喷管效率 $\eta_n = (\zeta_v)^2 = 90\%$。

出口位置处总温的近似值可通过式（3-43）计算，即 $(T_0)_a \approx T_1(\zeta_{c*})^2 = 2\,748\text{ K}$。下面估算喉部总温，修正系数仅适用于整个喷管。由于喷管效率仅比理想值低 10%，且总温的整体变化小于 4%，因此将总温下降量的 1/2 分配给喉部上游区域，对近似来说足够，即 $(T_0)_t = 2\,804\text{ K}$。因此，有

$$(p_0)_t \approx p_1[2\,804/2\,861]^{k/(k-1)} = 1.86\,(\text{MPa})$$

根据式（3-44）可计算实际喉部面积的估计值：

$$(A_t)_a/(A_t)_i = (\zeta_F/\zeta_{C_F})(p_1/(p_0)_t) \approx 1.10$$

正如预期的那样，在更贴合实际的流动状态下，喉部面积的实际值大于理想值（约 10%）。还可继续求出实际的出口面积。

质量流量计算如下：

$$\dot{m} = \zeta_F F/c_a = 0.582\text{ kg/s} = p_2 A_2 c/(RT_2)$$

由题可知 $p_2 = p_3$，T_2 可通过下式近似计算，得

$$T_2 \approx 2\,746 \times (0.013/1.67)^{(0.229/1.229)} = 1\,631\,(\text{K})$$

其中，$(p_0)_a \approx 1.67$ MPa 为真实喷管出口的实际总压。最后可得出口面积为 $(A_2)_a \approx 16.61\text{ cm}^2$，面积比为 $\varepsilon_a \approx 3.37$。该结果可以与图 3-4 中的理想值进行比较。

3.6 四种性能参数

当使用推力、比冲、推进剂流量及其他性能参数的数值时，必须清楚地给定各参数产生的具体条件。性能参数至少有四种，即使对于相同的火箭发动机来说，它们在概念和数值上往往也是不同的，因此在使用 F、I_s、c、v_2 或 $\dot{m}$ 等性能参数时，应明确地给定各参数的适用条件（以下各条并非适用于所有参数）。

① 燃烧室压强，对于细长燃烧室还需要规定压强的测量位置（如喷管入口）。
② 环境压强（或工作高度，或真空度）。
③ 喷管膨胀面积比，以及是否处于最佳状态。
④ 喷管形状和出口张角（见式（3-34）和图 3-11）。
⑤ 推进剂类型、组分及混合比大小。
⑥ 推进剂的初始温度。

（1）第 2、3、5 章中推导的理论性能参数仅对理想火箭适用。3.1 节已经给出了理想喷管的前提条件，但对于实际来说，常常用修正后的喷管代替原有的理想喷管进行理论上的性能分析。分析过程中，需要同时利用上面的修正系数对各个损失因素进行考虑，最终计算所得的性能也将低于原理想值。上述分析是二维的，通常会采用真实气体特性对喷管内的化学反应作修正，以及对出口扩张作修正。当然，大多数还考虑前文所述的几类损失问题。例如，用于固体火箭发动机喷管的计算机程序考虑了喉部侵蚀与多相流的损失；对于液体火箭发动机，当含有两个以上的同心区域时，各区域可能有不同的混合比，从而导致不同的气体

特性，因此其程序也对该问题进行了考虑。对于含膨胀波和压缩波的喷管，在型面分析中可采用有限元法或特征线法。一些更复杂的程序还考虑了黏性边界层效应和喷管壁传热。通常情况下，这些计算机数值模拟程序都是通过使用有限元法求解 Navier–Stokes（N–S）方程进行分析计算的。大多数设计单位都针对自身情况开发了一系列计算机数值模拟程序。对于不同的喷管构型、推力水平和工作时间，可以选择对应的程序进行分析设计。有的单位还常使用仅包含一个或多个修正系数的简单一维程序进行初步估算、提出非正式建议和地面测试评估等工作。

（2）交付性能值，即实测性能值是根据实际尺寸下的发动机的静态试验或飞行试验得到的。使用时需注明试验条件（如 p_1、A_2/A_t、p_3 等），并针对仪器偏差、误差或校准常数对测量值作校正。同时，飞行试验数据需要根据气动效应（如阻力）作修正。通过修正系数（如推力修正系数、速度修正系数和质量修正系数），可以得到第（1）项中的理论值在实际情况下对应的近似值。对于初步估算，这些近似值的精度一般已满足要求。在研制新型发动机的过程中，有时使用按比例缩小的推进系统。通过比例系数，可以得到缩比模型下测量值对应的实际尺寸下的近似值。

（3）标准状态下的性能值即上述两项中的校正值。这些标准条件一般严格由客户规定，反映了普遍接受的工业实践水平。通常，标准状态指易于评定或易于与基准值比较的状态，也常常指易于测量或修正的状态。例如，为了合理地比较几种推进剂和火箭推进系统的比冲，常把数据修正到以下标准状态（见例题 3–6）。

①燃烧室压强为 p_1 = 1 000 psi（6.894 MPa）或其他约定值。
②海平面下，$p_2 = p_3$ = 14.96 psi（0.013 2 MPa）。
③喷管出口面积比对应于设计状态下的数值，$p_2 = p_3$。
④锥形喷管的扩张半角为 α = 15°或其他约定值。
⑤特定的推进剂尤其是规定的混合比或推进剂组分，且存在最大杂质含量。
⑥推进剂初始温度为 21 ℃（有时为 20 ℃ 或 25 ℃），低温推进剂初始温度为沸点温度。

火箭推进系统通常根据预定的要求或客户认可的规范进行设计、建造、试验和交付，这些技术要求一般以正式的文本形式加以记录，称为火箭发动机技术规范。该规范对上面的性能要求和其他要求做了详细规定。第 19 章中描述推进系统的选择过程时，会对该问题进行更详细的讨论。

客户通常要求火箭制造商交付的火箭推进系统满足要求的最低性能指标（如最小推力 F 和最小比冲 I_s 等）。这些值可通过在额定值基础上减去所有可能发生的损失得到。这些损失包括喷注器或管道内压力降低引起的燃烧室压力变化、喷管表面粗糙度引起的损失、推进剂初始环境温度、环境压力变化和产品之间的制造公差（如药柱体积、喷管尺寸、泵的叶轮直径等）。可以通过估计这些损失的发生概率来预测这些最小值的大小，并通过实际尺寸下的静态测试和飞行测试进行验证。

3.7 喷管对准

当推进系统的推力矢量方向不通过飞行器质心时，推力会产生一个使飞行器旋转的转矩。对于飞行器的旋转或姿态控制而言，预定的控制转矩是不可缺少的。通常这种转矩可由推力矢量偏转、气动舵或独立的姿态控制发动机产生。但是，当主推进系统的固定喷管产生的推力轴线发生偏斜时，转矩的大小和方向通常是未知的，这时产生的转矩并不是我们所需要的。对于一个大型的大推力火箭助推器系统而言，即使推力轴线偏斜很小的角度（小于0.50°），在运行过程中也会产生很大的干扰力矩。如果不采取校正或补偿措施，很小的偏斜也会使飞行器偏离预定的飞行轨道。为使这种转矩在飞行器的姿态控制补偿能力范围之内，推进系统的固定喷管（不可摆动）的轴线必须进行精确校准。通常情况下，喷管扩张段出口表面的几何轴线方向应与推力轴线方向一致。因此需要使用特殊的定位装置，使喷管轴线的方向在过飞行器重心的预定轴线的±0.25°范围内，并将喷管喉部的中心定位在飞行器中心线上，如在 1~2 mm。

此外还存在其他几种偏斜：①喷管几何形状不规则（非圆形、凸起、表面粗糙度不均匀）；②起动和关机瞬时的气流偏斜；③推进系统或飞行器结构在载荷作用下产生的不规则变形；④气流中的不规则性（喷注器故障、固体推进剂燃速不均匀）。对于简单的无制导火箭飞行器，通常使飞行器绕飞行轴旋转起来，以防止其只在一个方向产生偏斜。换言之，即在动力飞行时把偏斜均匀化。

对于空间较为狭窄的航天器或运载火箭，有时无法将大面积比喷管全部容纳在其有限的空间内。在这种情况下，为了能紧凑安装，通常沿飞行器外表面以一定角度把喷管切除。图3-16 展示了两个（总共有四个）滚动控制推力室，其喷管出口截面与飞行器外形一致。斜切喷管的推力方向不再像完全对称喷管那样沿喷管轴的中心线，且喷管出口流动不再是轴对称的。参考文献 3-16 给出了估算斜切喷管的性能与推力方向的方法。

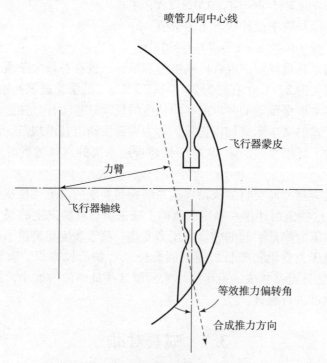

图 3-16 为与圆柱形飞行器的外表面相适应，采用了两个带有斜切喷管的姿态控制推力室的飞行器局部简图

第3章 喷管理论与热力学关系

■ 符号表

A	面积,$m^2(ft^2)$	
c	等效排气速度,m/s(ft/s)	
c_p	比定压热容,$J/(kg \cdot K)[Btu/(lbm - °R)]$	
c_s	固体比热容,$J/(kg \cdot K)[Btu/(lbm - °R)]$	
c_v	比定容热容,$J/(kg \cdot K)[Btu/(lbm - °R)]$	
c^*	特征速度,m/s(ft/s)	
C_F	推力系数	
C_D	流量系数(I/c^*),s/m(s/ft)	
D	直径,m(ft)	
F	推力,N(lbf)	
g_0	海平面标准重力加速度,$9.80665\ m/s^2$($32.174\ ft/s^2$)	
h	单位质量的焓,J/kg(Btu/lb)	
I_s	比冲,s 或 $(N/s^3)/(kg \cdot m)[(lbf \cdot s)/lbm]$	
J	热功当量,$J = 4.186\ J/cal$(SI 单位制)或 1 Btu = 777.9 ft $\cdot$ lbf	
k	比热比	
L	喷管长度,m(ft)	
$\dot{m}$	质量流量,kg/s(lbm/s)	
Ma	马赫数	
$\mathfrak{M}$	平均分子质量,$kg/(kg \cdot mol)[lbm/(lb - mol)]$	
MR	质量比	
n_i	i 组分的摩尔数	
p	压强,$N/m^2(lbf/ft^2$ 或 $lbf/in^2)$	
R	单位质量的分子常数,$J/(kg \cdot K)[(ft \cdot lbf)/(lb \cdot °R)](R = R'/\mathfrak{M})$	
R'	通用气体常数,$J/(kg \cdot mol \cdot K)[1544(ft \cdot lb)/(lb\ mol - °R)]$	
T	热力学温度,K(°R)	
v	速度,m/s(ft/s)	
V	比容,$m^3/kg(ft^3/lbm)$	
$\dot{w}$	推进剂重量流量,N/s(lbf/s)	

■ 希腊字母

α	锥形喷管扩张半角
β	固体颗粒的质量分数
ε	面积比
η_n	喷管效率
ζ_{C_F}	推力系数修正系数
ζ_{c^*}	c^* 修正系数

ζ_d	质量修正系数
ζ_F	推力修正系数
ζ_v	速度修正系数
λ	锥形喷管出口扩张角修正系数

■ 下标

a	实际的
g	气体
i	理想的
max	最大值
opt	最佳喷管膨胀
s	固定
sep	分离点
t	喉部
x	火箭喷管内任意方向和截面
y	火箭喷管内任意方向和截面
0	滞止或撞击状态
1	喷管进口或燃烧室
2	喷管出口
3	大气或环境

习 题

1. 某些试验结果表明,液氧 – 汽油反应产生的燃气的平均分子质量为 23.2 kg/(kg·mol),比热比为 1.22。试计算该燃气的比定压热容和比定容热容,假设其为理想气体,完全气体定律适用。

2. 在海平面工作的完全膨胀喷管的实际状态如下:质量流量 $\dot{m} = 3.7$ kg/s, $p_1 = 2.1$ MPa, $T_1 = 2\,585$ K, $\mathfrak{M} = 18.0$ kg/(kg·mol),且推进剂比热比 $k = 1.30$。试求:v_2、T_2 和 C_F。

3. 某气体在喷管内等熵膨胀,其喷管入口速度为 70 m/s,出口速度为 1 500 m/s。试求:气体在膨胀过程中的焓变。若忽略初始速度,则引入的误差百分比为多少?

4. 温度为 500 ℃ 的氮气($k = 1.38$,平均分子质量为 28 kg/(kg·mol))以 $Ma2.73$ 流动。试求当地声速。

5. 某理想火箭发动机的参数如下:

平均分子质量	24 kg/(kg·mol)
燃烧室压强	2.533 MPa
外界压强	0.090 MPa
燃烧室温度	2 900 K
喉部面积	0.000 50 m²
比热比	1.30

试求：

(1) 喉部速度；(2) 喉部比容；(3) 推进剂流量与比冲；(4) 推力；(5) 喉部马赫数。

6. 用两种方法求习题 5 的理论推力系数。

7. 理想发动机的喷管面积比为 2.3，喉部面积为 5 m²，在燃烧室设计压强为 300 psi、燃烧室温度恒定为 5 300 °R 且环境压强为 10 psi 的条件下，生成了 $k=1.30$，$R=66$ J/(kg·K) 的气体。利用适当的阀门可以调节进入推力室的推进剂流量，在燃烧室压强分别为 300 psi、200 psi 与 100 psi 的条件下，试计算以下各参数，并画出其与燃烧室压强的关系。

(1) 燃烧室压强与大气压强之比；(2) 给定面积比下的等效排气速度；(3) 设计状态下的理想排气速度与实际面积比下的理想排气速度；(4) 推进剂流量；(5) 推力；(6) 比冲；(7) 出口压强；(8) 出口温度。

8. 对于特征速度 $c^* = 1\ 500$ m/s 的理想发动机，已知喷管喉部直径为 18 cm，推力系数为 1.38，质量流量为 40 kg/s。试计算燃烧室压强、推力和比冲的大小。

9. 对于例 3-2 给出的发动机装置，试计算喷管截短后，出口面积减少 50% 时的排气速度；估算动能和推力损失，并将其表示为初始动能和初始推力的百分比的形式。

10. 若例 3-2 中的喷管膨胀到真空状态，则其最大排气速度为多少？若膨胀面积比为 2 000，排气速度又为多少？

11. 为使火箭发动机在任何高度都能在最佳膨胀比下工作，往往考虑面积可变的传统轴对称喷管结构。但由于其设计困难，该类发动机从未成功实现过。假设该装置可以实现，则当燃烧室压强为 20 atm、$k = 1.20$ 时，面积比将如何随高度变化？试绘出 50 km 以下的变化曲线。

12. 设计一个工作在 10 km 高空、面积比为 8.0 的超声速喷管。其燃气温度 $T_0 = 3\ 000$ K，同时可知燃气气体常数 $R = 378$ J/(kg·K)，$k = 1.30$。试计算出口马赫数、出口速度和出口温度以及燃烧室压强。假设气体性质不发生改变，若燃烧室压强增大 1 倍，推力和出口速度会如何变化？该喷管与完全膨胀状态下的喷管有多大差距？

13. 在第二次世界大战期间，德国 A-4 发动机的海平面推力为 25 400 kgf，燃烧室压强为 1.5 MPa。若喷管出口压强为 0.084 MPa，出口直径为 740 mm，则在 25 km 的高度下产生推力为多少？

14. 试推导式（3-34）（假设质量流量均产生于锥体顶点），并计算扩张半角为 13° 的锥形喷管的角度修正系数。

15. 对于例 3-2，假设推力修正系数为 0.985，质量修正系数为 1.050，试计算：

(1) 实际推力；(2) 实际排气速度；(3) 实际比冲；(4) 速度修正系数。

16. 某理想火箭发动机的参数如下：

燃烧室压强	27.2 atm
喷管出口压强	3 psi
比热比	1.20
平均分子质量	21.0 kg/(kg·mol)
燃烧室温度	4 200 °F

试确定临界压强比、喉部的气流速度、膨胀面积比以及喷管的理论出口速度。

答案：0.564 5；3 470 ft/s；14.8；8 570 ft/s。

17. 某理想火箭发动机，其特征速度为 1 200 m/s，质量流量为 73.0 kg/s，推力系数为 1.50，喷管喉部面积为 0.024 8 m^2，试计算该发动机的等效排气速度、推力、燃烧室压强和比冲。

答案：1 830 m/s；133 560 N；3.590×10^6 N/m^2；186.7 s。

18. 推导式（3-24）和式（3-25）。

19. 某运载火箭的发动机在海平面测试期间一直无法达到预期效果。该发动机包括压强为 4.052 MPa 的燃烧室，以及面积比 $\varepsilon=20$ 的超声速喷管。在设计条件下当地大气压强为 20 kPa。推进剂的比热比 $k=1.2$，喷管的喉部直径为 9 cm。

试计算：

(1) 设计状态下的理想推力。

(2) 工作在海平面时的理想推力。

(3) 说明发动机无法达到理想效果最可能的原因。

答案：(1) 44.4 kN；(2) 34.1 kN；(3) 喷管内出现分离。

20. 假设某给定发动机内的理想流动如下：

(1) 说明使 $c^* = c = v_2$ 成立的所有必要条件（是否现实）。

(2) 对于给定 p_1/p_3，上述条件是否会产生最佳推力？

(3) 对于某个工作在适中高度的运载火箭，绘制（绝对值或相对值）c^*、c 和 v_2 随高度的变化关系。

21. 某火箭喷管结构设计值为 $A_t=19.2$ in^2，$A_2=267$ in^2，当 $p_3=4$ psi 时喷管工作在最佳状态，在燃烧室压强为 570 psi 的条件下，其产生的理想推力为 18 100 lbf。若其燃烧室设计的结构不变，其工作温度 $T_1=5\ 300$ °R，推进剂 $k=1.25$，$R'=68.75$(ft·lbf)/(lbm-°R)，且其效率 c^* 为 95%。在规定的压力条件下，对该发动机进行测试，测得当流速为 2.02 m/s 时，推力仅为 16 300 lbf。试求相应的修正系数（ζ_F、ζ_d、ζ_{C_F}）以及假设冻结流动下的实际比冲。

22. 当喷管面积比增大时，固定 p_1/p_3 和 k，推力会跟着变化（见式（3-30）），且在 $p_2=p_3$ 处达到峰值，此时的推力系数为最佳推力系数（图 3-6、图 3-7）。令 $k=1.3$，$p_1/p_3=50$，试说明当 p_2/p_1 随 ε 的增加而下降时，$1.964[1-(p_2/p_1)^{0.231}]^{0.5}$ 增加趋势要缓于 $[1/50-p_2/p_1]\varepsilon$ 的增加趋势（在峰值之后 $\varepsilon\approx 7$）（提示：利用式（3-25））。

参考文献

3-1. A. H. Shapiro, *The Dynamics and Thermodynamics of Compressible Fluid Flow*, Vols. 1 and 2, Ronald Press Company, New York, 1953; and M. J. Zucrow and J. D. Hoffman, *Gas Dynamics*, Vols. I and II, John Wiley & Sons, New York, 1976 (has section on nozzle analysis by method of characteristics).

3-2. M. J. Moran and H. N. Shapiro, *Fundamentals of Engineering Thermodynamics*, 3rd ed., John Wiley & Sons, New York, 1996; also additional text, 1997.

3-3. R. D. Zucker and O. Biblarz, *Fundamentals of Gas Dynamics*, 2nd ed., John Wiley & Sons, Hoboken, NJ, 2002.

3–4. R. Stark, "Flow Separation in Rocket Nozzles – an Overview", AIAA paper 2013-3849, July 2013.

3–5. G. Hagemann, H. Immich, T. Nguyen, and G. E. Dummov, "Rocket Engine Nozzle Concepts," Chapter 12 of *Liquid Rocket Thrust Chambers: Aspects of Modeling, Analysis and Design*, V. Yang, M. Habiballah, J. Hulka, and M. Popp (Eds.), Progress in Astronautics and Aeronautics, Vol. 200, AIAA, 2004.

3–6. P. Vuillermoz, C. Weiland, G. Hagemann, B. Aupoix, H. Grosdemange, and M. Bigert, "Nozzle Design Optimization," Chapter 13 of *Liquid Rocket Thrust Chambers: Aspects of Modeling, Analysis and Design*, V. Yang, M. Habiballah, J. Hulka, and M. Popp (Eds), *Progress in Astronautics and Aeronautics*, Vol. 200, AIAA, 2004.

3–7. "Liquid Rocket Engine Nozzles," NASA SP-8120, 1976.

3–8. J. A. Muss, T. V. Nguyen, E. J. Reske, and D. M. McDaniels, "Altitude Compensating Nozzle Concepts for RLV," AIAA Paper 97-3222, July 1997.

3–9. G. V. R. Rao, Recent Developments in Rocket Nozzle Configurations, *ARS Journal*, Vol. 31, No. 11, November 1961, pp. 1488–1494; and G. V. R. Rao, Exhaust Nozzle Contour for Optimum Thrust, *Jet Propulsion*, Vol. 28, June 1958, pp. 377–382.

3–10. J. M. Farley and C. E. Campbell, "Performance of Several Method-of-Characteristics Exhaust Nozzles," *NASA TN D-293*, October 1960.

3–11. J. D. Hoffman, Design of Compressed Truncated Perfect Nozzles, *Journal of Propulsion and Power*, Vol. 3, No. 2, March–April 1987, pp. 150–156.

3–12. G. P. Sutton, Stepped Nozzle, U.S. Patent 5,779,151, 1998; M. Ferlin, "Assessment and benchmarking of extendible nozzle systems in liquid propulsion," AIAA Paper 2012-4163, July/August 2012.

3–13. F. A. Williams, M. Barrère, and N. C. Huang, "Fundamental Aspects of Solid Propellant Rockets," *AGARDograph 116*, Advisory Group for Aerospace Research and Development, NATO, October 1969, 783 pages.

3–14. M. Barrère, A. Jaumotte, B. Fraeijs de Veubeke, and J. Vandenkerckhove, *Rocket Propulsion*, Elsevier Publishing Company, Amsterdam, 1960.

3–15. R. N. Knauber, "Thrust Misalignments of Fixed Nozzle Solid Rocket Motors," AIAA Paper 92–2873, 1992.

3–16. J. S. Lilley, "The Design and Optimization of Propulsion Systems Employing Scarfed Nozzles," *Journal of Spacecraft and Rockets*, Vol. 23, No. 6, November–December 1986, pp. 597–604; and J. S. Lilley, "Experimental Validation of a Performance Model for Scarfed Nozzles," *Journal of Spacecraft and Rockets*, Vol. 24, No. 5, September–October 1987, pp. 474–480.

第4章 飞行性能

本章对采用火箭发动机推进的飞行器（如导弹、航天器、运载火箭或射弹）的性能进行叙述，目的是从火箭发动机的角度向读者介绍这方面的知识。推进系统对飞行器施加一个力，使其加速（或减速）、克服阻力或改变飞行方向。某些推进系统会对飞行器提供扭矩使其产生旋转或其他机动动作。飞行任务有多种应用领域：①大气层内飞行（空地导弹、地地近程导弹、地空导弹、空空导弹、助推器、探空火箭或者飞行器火箭推进系统），参见参考文献4-1和4-2；②近地空间飞行（地球卫星、轨道空间站，或远程弹道导弹），参见参考文献4-3~4-9；③月球和行星飞行（是否降落以及是否返回地球），参见参考文献4-5~4-12；④深空探测或者逃逸太阳。除了微推力在第17章讨论外，以上所有情况都将在本章进行讨论。首先从基本的空间飞行的一维分析开始，然后考虑不同飞行器更复杂的飞行路径场景。本书附录中给出了转换系数、大气特性以及主要公式汇总。

4.1 无重力、无阻力空间飞行

这种简化的火箭飞行分析适用于外层空间，那里没有空气（故没有阻力），并且基本上没有显著的地球引力。飞行器的飞行方向与推力方向（沿喷管轴线）相同，即飞行轨迹是一条一维直线加速路径。在发动机工作时间 t_p 内，推进剂流量 $\dot{m}$ 与推力 F 保持不变。推力 F 由式（4-1）定义，对于恒定的推进剂流动，推进剂流量 $\dot{m}$ 为 m_p/t_p，其中 m_p 为可用推进剂总质量。根据牛顿第二定律，对于瞬时质量为 m、速度为 u 的飞行器，有

$$F = m \cdot \frac{du}{dt} \qquad (4-1)$$

对于起动和关闭时间可以忽略的任务火箭，飞行器瞬时质量 m 可以表示为飞行器初始总质量 m_0、初始推进剂质量 m_p、发动机工作时间 t_p 与工作时刻 t 的函数：

$$m = m_0 - \frac{m_p}{t_p}t = m_0\left(1 - \frac{m_p}{m_0}\frac{t}{t_p}\right) \qquad (4-2)$$

$$m = m_0\left(1 - \zeta \frac{t}{t_p}\right) = m_0\left[1 - (1-\mathrm{MR})\frac{t}{t_p}\right] \qquad (4-3)$$

式（4-3）以适用于弹道计算的形式给出了飞行器质量。飞行器质量比 MR 与推进剂质量分数 ζ 已在式（2-7）、式（2-8）中定义（多级飞行器见4.7节），其关系为

$$\zeta = 1 - \mathrm{MR} = 1 - \frac{m_f}{m_0} = \frac{m_p}{m_0} \qquad (4-4)$$

图4-1给出了各种质量的定义。起飞时的初始质量 m_0 等于可用推进剂质量 m_p 加上飞行器空质量或最终质量 m_f，而 m_f 等于推进系统惰性质量（如喷管、贮箱、壳体、未耗尽的

残余推进剂)加上制导、控制、电子等有关设备和有效载荷的质量。推力终止后,残余推进剂被认为是最终发动机质量的一部分。这包括液体推进剂贮箱中、阀体空腔、泵体或者管路表面的残余液体推进剂。对于固体火箭发动机,包括未燃烧的推进剂和未燃烧的绝热层。

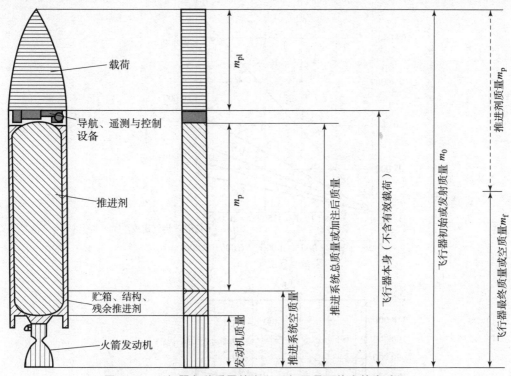

图 4-1 飞行器各种质量的定义(如果是固体火箭发动机,
则贮箱、结构和残余推进剂替换为喷管、绝热层和壳体)

对于恒定的推进剂流量 $\dot{m}$ 和有限的推进剂燃烧时间 t_b,推进剂总质量 m_p 为 $\dot{m}t_p$,飞行器瞬时质量 $m = m_0 - \dot{m}t$,式(4-1)可写为

$$du = (F/m)dt = (c\dot{m}/m)dt$$

$$= \frac{(c\dot{m})dt}{m_0 - m_p t/t_p} = \frac{c(m_p/t_p)dt}{m_0(1 - m_p t/m_0 t_p)} = c\frac{d(\zeta t/t_p)}{1 - \zeta t/t_p}$$

发动机起动和关停仅仅消耗很少量的推进剂,此处可以忽略。对上式积分,可得到无重力真空条件下飞行器在推进剂耗尽时能达到的最大速度 u_p。

当 $u_0 \neq 0$ 时,Δu 常称为速度增量,则

$$\Delta u = -c\ln(1-\zeta) + u_0 = c\ln(m_0/m_f) + u_0 \tag{4-5}$$

若假设初始速度 $u_0 = 0$,则推力终止后的速度 u_p 为

$$u_p = \Delta u = -c\ln(1-\zeta) = -c\ln[m_0/(m_0 - m_p)]$$
$$= -c\ln MR = c\ln(1/MR) = c\ln(m_0/m_f) \tag{4-6}$$

式中:ln 为自然对数;Δu 为在无重力真空条件下,从 $u_0 = 0$ 的静止状态起飞、推进剂流量恒定的飞行器所能达到的最大速度增量。

图 4-2 给出了 c、I_s 和 ζ 的变化对速度增量的影响。对式(4-6)取自然对数,可写成另一种形式:

$$e^{\Delta u/c} = 1/\mathrm{MR} = m_0/m_\mathrm{f} \tag{4-7}$$

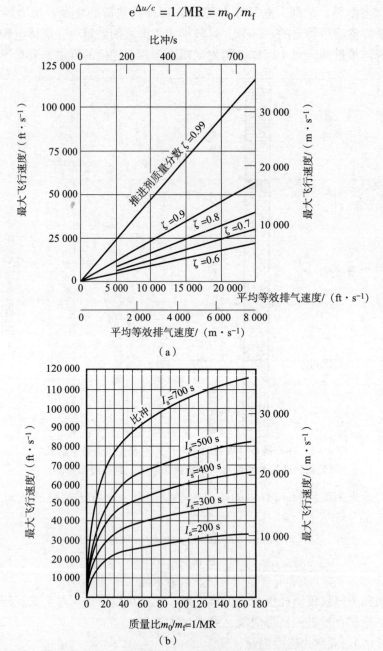

图 4-2 无重力、无阻力空间中，质量比、比冲不同的飞行器的最大速度 [式（4-6）的曲线]

（单级飞行器的 1/MR 最高可达 20，多级飞行器可超过 200）

无重力真空条件下可获得的最大飞行速度增量 Δu 这个概念有助于理解飞行器基本参数的影响。它可用于比较不同的推进系统、飞行器、飞行任务或改进设计方案。

由式（4-6）可知，推进剂质量分数对飞行器速度的影响是对数关系。该值从 0.80 提高到 0.90，无重力真空中的飞行器最大速度可提高 43%。0.80 的质量分数意味着结构、蒙皮、有效载荷、推进系统硬件、电子设备、制导系统、气动升力面等的质量只能占飞行器总质量的 20%，剩余的 80% 为可用推进剂。质量分数要超过 0.85，必须对飞行器精心设计。

根据目前所采用的材料，0.95 左右的质量分数看起来可能是实际单级飞行器的极限。当质量分数为 0.90 时 MR＝0.1，1/MR＝10.0。并不是只有真空中星际飞船的质量分数或质量比对关闭动力时飞行器的速度（也包括射程）有强烈影响，几乎所有以火箭为动力的飞行器都是这样的。为此，设计的一个重点是减少每个飞行器组件的惰性质量，包括推进系统。

改变式（4-6）的形式，可解出在一定的飞行器初始起飞质量或最终质量下，要达到某速度增量所需的有效推进剂质量 m_p。最终质量包括有效载荷、飞行器结构质量、推进系统空质量（含残余推进剂）和一小部分制导、通信、控制设备的质量。这里，$m_p = m_0 - m_f$：

$$m_p = m_f(e^{\frac{\Delta u}{c}} - 1) = m_0(1 - e^{\frac{-\Delta u}{c}}) \tag{4-8}$$

在无重力环境下，飞行速度增量 Δu_p 与等效排气速度 c 成正比，故与比冲也成正比。这样，比冲的任何提高（如采用更好的推进剂、更佳的喷管面积比或更高的室压）都会反映为飞行器性能的改进，只要在提高比冲的同时不过多地增加推进系统惰性质量（它会降低有效推进剂质量分数）。图 4-3 所示为采用式（4-8）对多个推进剂质量分数 ξ_i 下单级火箭的载荷质量分数 m_{pl}/m_0，与 $\Delta u/(I_s g_0)$ 系数的函数关系进行计算。

图 4-3 补充了图 4-2 显示的作为 $\Delta u/(I_s g_0)$ 和 ξ_i 的函数 m_{pl}/m_0（对于多级飞行器，见例 4-3）。注意，对于任意给定的 $\xi_i < 1.0$，随着 $\Delta u/(I_s g_0)$ 的增加，某些特定的有效载荷分数变得不可用，对于终止于零有效载荷分数的三条曲线而言，这是显而易见的。

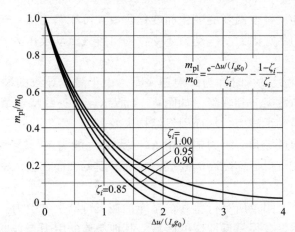

图 4-3　无重力、无阻力条件下单级飞行器不同质量分数、速度增量和比冲条件下最大载荷分数

（对于每一级 $m_0 = m_i + m_{pl}$，式（2-8）变为 $\xi_i = m_p/m_i$）

4.2　作用在大气层内飞行器上的力

作用在地球大气层内飞行器上的外力通常有推力、气动力和重力。其他一些力（如风力、太阳光压等）是很小的，在简单计算中通常忽略。

推力是由动力装置（如螺旋桨或火箭推进系统）产生的力。它一般作用在动力装置轴线方向，即沿螺旋桨轴线或火箭发动机喷管轴线。第 2 章已给出了火箭发动机在恒定流量下的推力，它与等效排气速度 c 和推进剂流量 $\dot{m}$ 有关。在许多火箭发动机中，推进剂质量消耗率 $\dot{m}$ 基本上是恒定的，而起动及关机瞬变过程往往很短，可以忽略。

因此，推力由式（2-6）（或者式（2-13）和式（2-15））给出，$\dot{m}$ 可以写为

m_p/t_p，则

$$F = c\dot{m} = cm_p/t_p \tag{4-9}$$

如第 3 章所述，对于给定的推进剂，等效排气速度 c 或比冲 I_s 的值取决于喷管面积比和飞行高度。随着高度的增加，c 值会有少量提高，其比例为 1.2～1.8（真空环境下较高）。

大气环境中有两个相关的气动力。阻力 D 是由流体对运动物体的阻碍所产生的与飞行方向相反的气动力，升力 L 是垂直于飞行方向的气动力。它们是飞行速度 u、飞行器周围流体的密度 ρ 和飞行器特征表面积 A 的函数：

$$L = C_L \frac{1}{2} \rho A u^2 \tag{4-10}$$

$$D = C_D \frac{1}{2} \rho A u^2 \tag{4-11}$$

式中：C_L、C_D 分别为升力系数和阻力系数。对于飞机和有翼导弹，面积 A 指机翼面积。对于无翼导弹或运载火箭，它指与导弹轴线垂直的最大横截面积。升力系数、阻力系数主要与飞行器外形、飞行马赫数、攻角（飞行器轴线或翼平面与飞行方向的夹角）有关。在低速飞行时，马赫数的影响可忽略，阻力系数、升力系数主要与攻角有关。图 4-4 给出了典型超声速导弹的阻力系数与升力系数的变化情况。这些系数在 $Ma = 1$ 附近达到最大值。对于无翼飞行器，攻角 α 通常很小（$0° < \alpha < 1°$）。附录 2 列出了大气的密度与其他一些特性。地球大气的密度会随太阳活动与昼夜温度的变化而变化，最大可相差 2 倍（300～1 200 km），这给阻力计算带来了最大的不定因素。气动力还受发动机排气流动及压力分布的影响，这将在第 20 章介绍。

飞行器在 $Ma = 1$ 附近飞行时称为跨声速飞行。由于激波导致的冲击会产生气动力的强不稳定性，这会导致指数突升和骤降，如图 4-4 所示。在一些特定情况下，飞行器在跨声速时候的阻力会超过最大承载力，从而引发结构失效。

对于运载火箭和弹道导弹，阻力损失用 Δu 表示，一般为飞行器理想速度的 5%～10%。该值相对较低是因为在飞行器速度高的高空，空气密度低，而在空气密度高的低空，飞行器速度低，因此动压较低。

星球引力是月球、太阳及所有行星和恒星施加在飞行器上的引力。引力沿指向吸引体质量中心的方向拉飞行器。在很靠近地球的区域，其他星体的引力与地球引力相比可忽略。由地球产生的引力称为重力。

若忽略地球地理特征和非球形对重力的影响，则重力加速度与物体-地心距离的平方成反比。令 R_0 为平均地表半径，g_0 为半径为 R_0 的地表处的加速度，则星球引力 g 随着海拔高度 h 变化：

$$\begin{aligned} g &= g_0 (R_0/R)^2 \\ &= g_0 [R_0/(R_0 + h)]^2 \end{aligned} \tag{4-12}$$

式中：h 为高度。

在赤道处地球半径为 6 378.388 km，g_0 的标准值为 9.066 5 m/s^2。在月球那么远的地方，地球重力加速度只有 $3.3 \times 10^4 g_0$ 左右。对于很多精确分析，g 的值会因为附近山体高度和当地特定区域不同的密度而变化。

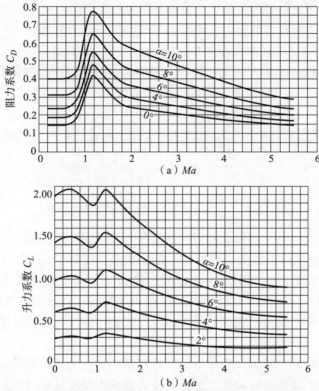

图 4-4　德国 V-2 导弹的阻力系数、升力系数在多种攻角条件 α 下随马赫数的变化
（系数基于弹体横截面积，不考虑排气羽流效应。Ma 由式（3-11）定义，与外界流动有关）

4.3　基本运动关系式

　　对于在地球附近飞行的飞行器，其他所有天体对它的引力通常可忽略不计。现假设飞行器作直线平衡飞行，所有控制力、侧向力、使飞行器转动的力矩均为零。弹道是二维的，并保持在一个固定平面内。飞行器有机翼，机翼与飞行方向倾斜，其攻角为 α，机翼为飞行器提供一个与飞行方向垂直的升力，飞行方向与推力方向不一致。图 4-5 所示为二维带翼飞行器受力图。

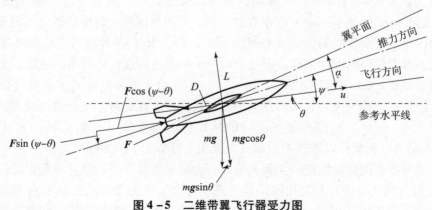

图 4-5　二维带翼飞行器受力图

令 θ 为飞行航迹与水平面的夹角，ψ 为推力方向与水平面的夹角。沿飞行方向，质量与加速度的乘积必定等于所有力的合力，即推力、气动力与重力之和：

$$m(\mathrm{d}u/\mathrm{d}t) = F\cos(\psi - \theta) - D - mg\sin\theta \qquad (4-13)$$

垂直于飞行方向的加速度为 $u(\mathrm{d}\theta/\mathrm{d}t)$。对于常数 u 和飞行航迹瞬时半径 R（到地心），该加速度为 u^2/R。垂直于飞行速度方向的运动方程为

$$m(\mathrm{d}\theta/\mathrm{d}t) = -F\sin(\psi - \theta) + L - mg\cos\theta \qquad (4-14)$$

把式（4-10）代入式（4-14），式（4-11）代入式（4-13），就可以求得加速度：

$$\frac{\mathrm{d}u}{\mathrm{d}t} = \frac{F}{m}\cos(\psi - \theta) - \frac{C_D}{2m}\rho u^2 A - g\sin\theta \qquad (4-15)$$

$$u\frac{\mathrm{d}\theta}{\mathrm{d}t} = -\frac{F}{m}\sin(\psi - \theta) + \frac{C_L}{2m}\rho u^2 A - g\cos\theta \qquad (4-16)$$

由于 t_p、u、C_D、C_L、p、θ 和 ψ 随时间、任务特点或高度而独立变化，式（4-15）和式（4-16）无法得到通解。此外，C_D、C_L 是速度或马赫数的函数。在更详细的分析中，还可能考虑其他一些因素，如不用于主推进的推进剂（如用于姿态或飞行稳定性控制的推进剂）。参考文献 4-1、4-8、4-11 和 4-12 给出了某些飞行状态下飞行性能的背景知识。对于不同的火箭飞行任务或飞行状态，所有最大化或优化的飞行性能参数是不同的，如 Δu、射程、击中目标的时间或高度等。

对于实际的轨迹分析、导航计算、空间飞行路径确定或导弹发射时间表，上述二维简化理论还不够准确；除了考虑阻力和重力之外，还必须考虑微扰效应（见第 4.4 节所列的那些效应），并且需要计算机建模来处理这些复杂的关系。通常来讲，轨迹可适当划分为小的单元和步骤或采用数值积分来定义轨迹。更一般地说，三体理论包括三种质量之间的引力（如地球、月球和航天器），这在许多空间飞行问题中被认为是必要的（见参考文献 4-2 ~ 4-5）。当推进剂流动和推力不恒定以及飞行路径为三维时，给定方程的形式和求解变得更加复杂。

对于每次飞行任务，人们可以获得飞行速度和飞行距离的真实历史数据，因此通过积分式（4-15）和式（4-16）得到历史轨迹。一般情况下需要 6 个方程：3 个用于描述沿 3 个垂直轴的平动，3 个用于描述绕这些轴的旋转。参考点坐标系的选择可以简化数学解（见参考文献 4-3 和 4-5），但在选择最佳的飞行轨迹时总有许多方面需要取舍。例如，对于一个固定的推力，需要同时考虑燃烧时间、阻力、有效载荷、最大速度和最大高度（或范围）。参考文献 4-2 描述了探空火箭在有效载荷、最大高度和飞行稳定性之间的权衡考虑。

如下面的章节将要叙述的，式（4-15）和式（4-16）在各种特定应用情况下可作进一步的简化。对于粗略的设计估算，根据上面两个基本方程迭代计算出的速度、高度或射程一般已能满足需要。式（4-15）和式（4-16）还可用于根据精确的弹道测量数据（如光学或雷达轨迹数据）确定飞行器飞行期间的实际推力或实际比冲。飞行器加速度 $\mathrm{d}u/\mathrm{d}t$ 是与净推力成正比的，因此，根据推进剂流量的估算值或实测值（它们在最初预计时是不同的），以及气动力分析就可以求得火箭推进系统在飞行情况下的实际推力。

对于推力和推进剂流量恒定的无翼火箭弹、运载火箭或导弹，这些方程可以简化。在图 4-6 中，飞行方向 θ 与推力方向相同，且无翼、对称、稳定飞行的飞行器在零攻角时其升力可假设为零。对于相对地球的单平面二维弹道（无风力），飞行方向加速度为

$$\frac{\mathrm{d}u}{\mathrm{d}t} = \frac{c\zeta/t_\mathrm{p}}{1-\zeta t/t_\mathrm{p}} - g\sin\theta - \frac{C_D \frac{1}{2}\rho u^2 A/m_0}{1-\zeta t/t_\mathrm{p}} \tag{4-17}$$

式中：t_p 为推进剂工作或者燃烧时间；ζ 为推进剂质量分数。

图 4-6 中的力矢量图画出的总净力（把推力、阻力和重力矢量相加）与飞行方向成一角度（航迹为曲线）。这种图是弹道迭代数值求解的基础。

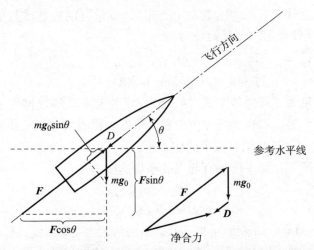

图 4-6　无翼飞行器自由体简化受力图（力矢量图画出了总净力）

本节中的关系式是针对单平面中二维飞行路线的。若发生向该平面外的机动（如因太阳引力、推力偏斜或风造成的），则飞行路线要变成三维的，需要用另一组方程来描述这种飞行。参考文献 4-1 给出大气层内火箭弹的三维运动方程。该方程描述把飞行器推离其飞行平面需要能量和力。为了达到飞行目标，必须精确计算弹道，目前几乎所有的计算都有赖于计算机。现在许多航天企业或政府机关拥有很多用于飞行弹道分析的计算机程序。有些是二维的，相对简单，主要用于各种飞行弹道、飞行器方案或推进系统方案的初步计算及比较。有些程序采用了静止平面地球模型，另外有些采用了旋转曲面地球模型。三维程序可以更加精确地分析飞行弹道，考虑了部分或全部的扰动、轨道面变化或有攻角的飞行情况。如参考文献 4-3 中介绍的，它们要比二维程序复杂得多。

若飞行弹道是垂直的（如探空火箭），则式（4-17）变为

$$\frac{\mathrm{d}u}{\mathrm{d}t} = \frac{c\zeta/t_\mathrm{p}}{1-\zeta t/t_\mathrm{p}} - g - \frac{C_D \frac{1}{2}\rho u^2 A/m_0}{1-\zeta t/t_\mathrm{p}} \tag{4-18}$$

发动机工作结束时飞行器的速度可通过积分得到，积分限为 $t=0$ 到 $t=t_\mathrm{p}$，对应的速度为 $u=u_0$ 和 $u=u_\mathrm{p}$。式（4-18）等号右边前两项很容易积分，最后一项仅在飞行器大部分时间都在大气层内飞行的情况下才起明显作用，它可采用图表法或数值法积分，其值可记为 BC_DA/m_0，其中

$$B = \int_0^{t_\mathrm{p}} \frac{\frac{1}{2}\rho u^2}{1-\zeta t/t_\mathrm{p}} \mathrm{d}t$$

这样，飞行器关机速度或推进剂耗尽速度为

$$u_p = -\overline{c}\ln(1-\zeta) - \overline{g}t_p - \frac{BC_DA}{m_0} + u_0 \qquad (4-19)$$

式中：u_0 为初始速度，如由助推器提供的速度；$\overline{g}$ 为考虑时间和高度平均后（见式（4-12））的星球引力；$\overline{c}$ 为时间平均等效排气速度，它与高度有关。对于非垂直飞行路径，重力损失是飞行方向与当地水平面的夹角的函数，更准确地说重力损失是 $\int(g\sin\theta)dt$ 的积分。

若忽略地球大气层外的气动力（真空中工作），也没有助推器或其他获得初速度的方法（$u_0=0$），则垂直上升弹道的末速度简化为

$$\begin{aligned}u_p &= -\overline{c}\ln(1-\zeta) - \overline{g}t_p \\ &= -\overline{c}\ln MR - \overline{g}t_p = \overline{c}\ln(1/MR) - \overline{g}t_p\end{aligned} \qquad (4-20)$$

通常第一项的值最大，其值等于式（4-6）。它与发动机等效排气速度直接成正比，对质量比的变化很敏感。第二项在上升弹道中总是负的，但若发动机工作时间 t_p 较短、在高轨飞行 $\overline{g}$ 相对较小的空间飞行的话，该项的值很小。

在简化的二维情况下，海平面垂直起飞的净加速度为

$$a_0 = (F_0g_0/w_0) - g_0 \qquad (4-21)$$
$$a_0/g_0 = (F_0/w_0) - 1 \qquad (4-22)$$

式中：a_0/g_0 为以海平面重力加速度 g_0 的倍数表示的初始起飞加速度；F_0/w_0 为起飞推重比。

对于大型的地面或海面发射飞行器，该初始推重比的值为 1.2~2.2；对于小型导弹（空空、空地、地空），该值通常较大，有时可高达 50 甚至 100。垂直上升飞行器的最终加速度或末加速度 a_f 通常指在火箭发动机临关机前、推进剂完全耗尽前的加速度：

$$a_f = (F_f/m_f) - g \qquad (4-23)$$

式（4-23）适用于动力飞行路径变化很大范围的高度，g 会降低（见式（4-12））。对于推进剂流动恒定的火箭推进系统，最终加速度通常也是最大加速度，因为被加速的飞行器质量在推进剂终止前是最小的，而上升火箭的推力通常随高度增加而增加。当发现终端加速度太大（例如，导致结构过度受力，从而需要增加结构质量）时，必须通过重新设计来减少推力，使其在燃烧周期的最后部分降低。在载人飞行中，最大加速度限制在宇航员能够承受的最大重力载荷。

例 4-1 一简单的单级救生信号弹的飞行弹道参数符号如图 4-7 所示，其特征参数如下：

发射重量 w	4.0 lbf
可用推进剂重量 w_p	0.4 lbf
等效比冲	120 s
发射仰角 θ（相对水平面）	80°
发动机工作时间 t_p（常推力）	1.0 s

因为飞行速度较低，故忽略阻力。假设没有风，当地重力加速度等于海平面加速度 g_0，并在飞行过程中保持不变。使得推进剂质量与发动机整体质量相等，约 0.4 lbm。假设起动和关机时间很短可以忽略。试求：动力飞行的初始加速度和最终加速度、最大弹道高度、达到最高点的时间、落点射程、发动机关机时的飞行角度及落地时的角度。

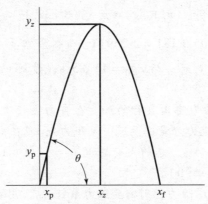

图 4-7 上升轨道上的粗线表示飞行的动力部分

解 把飞行弹道分为三段：1 s 的动力飞行段、关机后的无动力上升段和自由降落段。

根据式 (2-5)，可得推力：

$$F = I_s w_p / t_p = 120 \times 0.4/1.0 = 48 (\text{lbf})$$

根据式 (4-22)，可得 x、y 方向的初始加速度：

$$(a_0)_x = g_0 (F\cos\theta/w) = 32.17 \times (48/4.0)\cos 80° = 67.03 (\text{ft/s}^2)$$

$$(a_0)_y = g_0 [(F\sin\theta/w) - 1] = 32.17 \times [(48/4.0)\sin 80° - 1] = 348 (\text{ft/s}^2)$$

推力终止时最终飞行加速度为

$$a_0 = \sqrt{(a_0)_x^2 + (a_0)_y^2} = 354.4 \text{ ft/s}^2$$

推力方向与飞行方向是一致的。根据式 (4-20) 可得到动力飞行末速度 u_p 的垂直分量与水平分量。在此要注意，飞行器质量因推进剂的消耗而减少。

x、y 方向的飞行末速度分别为

$$(u_p)_x = c\ln(m_0/m_f)\cos\theta = 32.17 \times 120 \times \ln(4/3.6) \times 0.1736 = 70.6 (\text{m/s})$$

$$(u_p)_y = c\ln(m_0/m_f)\sin\theta - g_0 t_p = 32.17 \times 120 \times \ln(4/3.6) \times 0.984 - 32.17 \times 1.0 = 368 (\text{m/s})$$

有效排气速度 $c = I_s g_0$（见式 (2-6)）。无阻力飞行条件下，发动机关机时弹道与水平方向的夹角为

$$\arctan(368/70.6) = 79.1°$$

通过式 (4-22)，结合最终质量，计算出最终加速度为 $a_f = 400 \text{ m/s}$。

在动力飞行段，关机点的坐标为 y_p 和 x_p，可通过对各自速度对时间的积分，按照式 (2-6) 算得，其结果如下：

$$y_p = ct_p[1 - \ln(m_0/m_f)/(m_0/m_f - 1)]\sin\theta - \frac{1}{2}g_0 t_p^2$$

$$= 32.17 \times 120 \times [1 - \ln(4/3.6)/(4/3.6 - 1)] \times 0.984 - \frac{1}{2} \times 32.17 \times 1.0^2 = 181 (\text{ft})$$

$$x_p = ct_p[1 - \ln(m_0/m_f)/(m_0/m_f - 1)]\cos\theta$$

$$= 32.17 \times 120 \times [1 - \ln(4/3.6)/(4/3.6 - 1)] \times 0.173 = 34.7 (\text{ft})$$

无动力弹道段顶点的垂直速度为零。无动力弹道飞行高度可以通过关机时垂直动能与势能相等来计算，$g_0(y_z - y_p) = \frac{1}{2}(u_p)_y^2$，则

$$(y_z - y_p) = \frac{1}{2}(u_p)_y^2/g_0 = \frac{1}{2} \times 368^2/32.17 = 2\,105\,(\text{ft})$$

最大高度位置为 $y_z = 2\,105 + 181 = 2\,259\,(\text{ft})$。剩余需要求的是垂直下降自由飞行部分。从最高点下降的时间为 $t_z = \sqrt{2y_z/g_0} = 11.85\,\text{s}$，最终的垂直速度为 $(u_f)_y - g_0 t_z = 381\,\text{ft/s}$。

最大高度为动力段和无动力自由飞行的和。在自由飞行阶段，水平速度由于没有加速度，保持 70.6 ft/s 不变（无重力分量、无风、无阻力）。现在需要计算从关机到最高点自由飞行的时间 $t = (u_p)_y/g_0 = 11.4\,\text{s}$，总的飞行时间 $t_{\text{ff}} = 11.4 + 11.85 = 23.25\,(\text{s})$，水平射程 $\Delta x = 34.7 + 70.6 \times 23.25 = 1\,676\,(\text{ft})$。

撞击角度约为 79°。若考虑阻力，则需要阻力系数 C_D，用式（4-18）数值求解。所有速度量和距离量的值会稍微小一些。参考文献 4-3 给出了一组探空火箭的飞行弹道。

4.4 空间飞行

牛顿引力定律定义空间两体之间的引力为

$$F_g = Gm_1m_2/R^2 = \mu m_2/R^2 \tag{4-24}$$

式中：G 为万有引力常数（$G = 6.674 \times 10^{-11}\,\text{m}^3/(\text{kg} \cdot \text{s}^2)$）；$m_1$ 和 m_2 为两个相互吸引的天体（如地球和月球、地球与航天器、太阳与行星）的质量；R 为两者质心的距离。地球引力常数 μ 为牛顿万有引力常数 G 与地球质量 m_1（5.974×10^{24} kg）的积，$\mu = 3.987 \times 10^{14}\,\text{m}^2/\text{s}^2$。

火箭提供了一种逃逸地球去月球和行星际旅行、离开我们的太阳系、在空间制造静止或运动空间站的工具。忽略地球自转和其他星体的引力，逃逸地球所需的飞行速度可根据运动体的动能等于其克服重力所需做的功求得：

$$\frac{1}{2}mu^2 = m\int g\,\text{d}R$$

把 g 代入式（4-12），忽略空气摩擦，得地球逃逸速度为

$$v_e = R_0\sqrt{\frac{2g_0}{R_0 + h}} = \sqrt{\frac{2\mu}{R}} \tag{4-25}$$

式中：R_0 为地球等效半径（6 374.2 km）；h 为海平面轨道高度；g 为地面重力加速度（9.806 m/s²）；以地球为中心的航天器半径 $R = R_0 + h$。

如图 4-8 所示，地表处逃逸速度为 11.79 km/s，在地球大气层范围内各处的逃逸速度与此相差不大。表 4-1 给出了太阳、各大行星和月球的表面逃逸速度。从地球表面以逃逸速度发射飞行器是没有实际意义的。当飞行器上升穿过大气层时，它要受到严重的气动加热和气动压力。实际运载火箭必须以相对较低的速度穿越大气层，在稠密大气层外加速到较高的速度。例如，在航天飞机上升段，主发动机推力实际上控制在较小的水平以避免过压和过热。此外，逃逸飞行器也可从空间站或在轨航天飞机上发射。

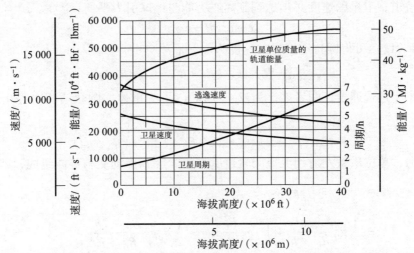

图 4-8 轨道能量、轨道速度、公转周期和地球逃逸速度是卫星轨道高度的函数
（地球是球形的，忽略了地球的扁圆形状、自转和大气阻力）

表 4-1 一些天体的特征数据

名称	平均轨道半径/ ($\times 10^6$ km)	环绕周期	平均直径/ km	相对质量 (地球为1)[a]	比重比	表面重力加速度/ (m·s^{-2})	表面逃逸速度/ (m·s^{-1})
太阳	—	—	1 393 000	332 950	1.41	273.4	616 000
月球	0.383	27.3 天	3 475	0.012	3.34	1.58	2 380
水星	57.87	87.97 天	4 670	0.06	5.5	3.67	4 200
金星	108.1	224.70 天	12 400	0.86	5.3	8.67	10 300
地球	149.6	365.256 天	12 742	1	5.52	9.806	11 179
火星	227.7	686.98 天	6 760	0.15	3.95	3.749	6 400
木星	777.8	11.86 年	143 000	318.4	1.33	26	59 700
土星	1 486	29.46 年	212 000	95.2	0.69	11.4	35 400
天王星	2 869	84.0 年	47 100	17	1.7	10.9	22 400
海王星	4 475	164.8 年	50 700	17.2	1.8	11.9	31 000
冥王星	5 899	284.8 年	2 368	0.002 18	1.44	0.658	1 229

[a] 地球质量为 5.974×10^{24} kg。
摘自参考文献 4-3 和 4-4。

火箭动力飞船可以成为地球的卫星，像月球那样环绕地球。卫星轨道一般是椭圆形的，有些是圆形的。低地轨道（高度一般低于 500 km）记为 LEO。卫星可用于广播电视的通信中继、气象观测以及侦察。卫星轨道一般要高于地球大气层，因为这样能减少克服阻力（阻力会使飞行器离地球越来越近）所需的能量消耗。考虑到 Van Allen 带对航天员和敏感仪器的辐射效应，有时也选择较低的地球轨道。

对于圆轨道，卫星的速度必须达到其离心力能与地球引力平衡：

$$mu_s^2/R = mg$$

由式（4-12）可得圆轨道卫星的速度为

$$u_s = R_0\sqrt{g_0/(R_0+h)} = \sqrt{\mu/R} \tag{4-26}$$

该速度小于逃逸速度，两者之比为 $\sqrt{2}$。以秒（s）为单位的圆轨道相对静止地球环绕一圈的周期为

$$\tau = 2\pi(R_0+h)/u_s = 2\pi(R_0+h)^{3/2}/(R_0\sqrt{g_0}) \tag{4-27}$$

忽略阻力，单位质量发射到卫星圆轨道所需的能量 E 由动能与势能组成，即

$$E = \frac{1}{2}u_s^2 + \int_{R_0}^{R} g\,dR$$

$$= \frac{1}{2}R_0^2\frac{g_0}{R_0+h} + \int_{R_0}^{R} g_0\frac{R_0^2}{R^2}dR = \frac{1}{2}R_0 g_0\frac{R_0+2h}{R_0+h} \tag{4-28}$$

图4-8给出了逃逸速度、卫星速度、卫星周期及卫星轨道能量与高度的关系。

高度为300 mile（482.8 km）的地球圆轨道卫星的速度约为7 375 m/s（24 200 ft/s），环绕静止地球一圈需要1.63 h，理论上每公斤质量的发射能量为 3.35×10^7 J。半径为6.611倍地球半径（42 200 km）的赤道上空圆轨道卫星的环绕周期为24 h，它相对于地球上的观察者似乎是静止的，这种卫星称为地球同步轨道上的同步卫星（缩写为GEO）。这种轨道广泛用于通信卫星。在4.7节介绍运载火箭时我们将描述航天器有效载荷是怎样随着圆轨道高度的增加及轨道倾角（轨道面与地球赤道面的夹角）的变化而减少的（见参考文献为4-3、4-4、4-5、4-6和4-9）。

4.4.1 椭圆轨道

上述圆轨道是图4-9所示的一般椭圆轨道的一个特例。对于一般椭圆轨道，地球（或任一天体，另一物体围绕其运动）位于椭圆的一个焦点处。运动方程可根据开普勒定律推导。椭圆轨道可以用极坐标描述如下：

$$u = \left[\mu\left(\frac{2}{R}-\frac{1}{a}\right)\right]^{1/2} \tag{4-29}$$

式中：u 为椭圆轨道上物体的速度；R 为物体与天体中心的瞬时半径（矢量，大小与方向都有变化）；a 为椭圆长轴长度；μ 为地球引力常数，其值为 3.986×10^{14} m³/s²。各符号已在图4-9中标明。

从式（4-29）可知，当运动物体在离焦点最近的位置时即轨道近地点时达到其最大速度 u_p，在轨道远地点时达到其最小速度 u_a。把 R 代入式（4.29），定义椭圆偏心率 $e = \sqrt{a^2-b^2}/a$，得远地点速度和近地点速度为

$$u_a = \sqrt{\frac{\mu(1-e)}{a(1+e)}} \tag{4-30}$$

$$u_p = \sqrt{\frac{\mu(1+e)}{a(1-e)}} \tag{4-31}$$

椭圆轨道的另一个特性是：对于椭圆任何位置处的速度与瞬时半径之积都为常数，即 $u_x R_x = u_y R_y = uR$。卫星的精确轨道路线与它进入轨道时的速度（大小、方向）有关。

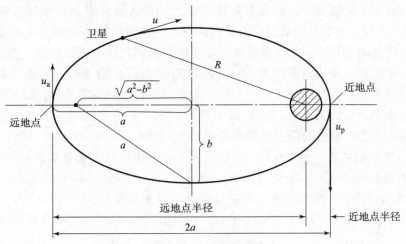

图 4-9　椭圆轨道
（中心天体位于椭圆的一个焦点上）

对于星际转移，利用霍曼最早提出的一种简单的转移椭圆（见参考文献 4-7）可用最小能量实现理想的转移任务。假设围绕太阳的行星轨道为圆轨道且与初始轨道共面，可以证明向行星轨道转移的最小能量路径是如图 4-10 所示的一条与行星轨道相切的椭圆线。这种转移需要在转移起点产生一个速度增量（推力相对较高），在转移终点产生另一个速度增量，两个速度增量均为各圆轨道速度与相应的转移椭圆的近地点速度或远地点速度之差。霍曼转移起点和终点的机动推力必须足够大，以缩短发动机工作时间，其产生的加速度至少要 $0.01g_0$，最好更大。若采用电推进，其加速度约为 $10^{-5}g_0$，工作时间可能要数周或数月，其最佳转移轨道将与霍曼椭圆有很大不同。第 17 章将介绍这部分内容。

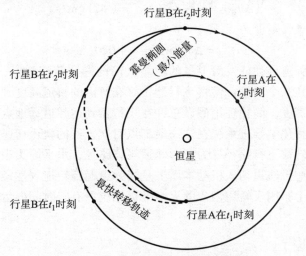

图 4-10　行星际转移轨道示意图
（低轨地球卫星向高轨转移也采用相同的方式）

发射日期或发射点与目标的相对位置，对于行星际转移任务是很关键的，因为航天器必须在到达目标轨道后与目标相遇。从地球到月球的霍曼转移时间 $t_2 - t_1$ 约为 116 h，从地球到火星约为 259 天。若采用更快的转移轨道（更短的转移时间，图 4-10 的虚线），则需要消耗比霍曼转移更多的能量。这意味着要使用更大的航天器和更大的推进系统（有更大的总冲）。对需要进行空间交会的航天器的发射还存在一个发射窗口问题。从地球发射的火星任务航天器可能有两个月以上的发射窗口。霍曼转移椭圆和快速转移路径不仅适用于行星际飞行，也适用于地球卫星从一圆轨道到另一圆轨道（共面）的飞行。此外，若航天器要与另一轨道上的航天器交会，在转移前两个航天器必须在合适的预定位置，以实现同时到达交会点。若初始轨道（或行星）与目标轨道不共面，则需要更多的能量用于在与初始轨道面垂直的方向施加推力。更多的信息参见参考文献 4-3、4-4、4-6 和 4-10。

例 4-2 某卫星从高度为 160 km 的赤道面停泊圆轨利用霍曼椭圆转移到共面圆轨道。假设地球为半径为 6 374 km 的均匀球体。试求：进入转移轨道所需的速度增量和进入 42 200 km 高度的同步轨道所需的速度增量（轨道术语见图 4-10）。

解 轨道半径分别为 $R_A = 6.531 \times 10^6$ m，$R_B = 48.571 \times 10^6$ m。转移椭圆的长轴为

$$a_{te} = \frac{1}{2}(R_A + R_B) = 27.551 \times 10^6 \text{ m}$$

两条轨道的速度为

$$u_A = \sqrt{\mu/R_A} = [3.986\,005 \times 10^{14}/(6.571 \times 10^6)]^{1/2} = 7\,788 \text{ (m/s)}$$

$$u_B = \sqrt{\mu/R_B} = 2\,864.7 \text{ (m/s)}$$

进出转移椭圆轨道所需的速度为

$$\begin{cases} (u_{te})_A = \sqrt{\mu}[(2/R_A) - (1/a)]^{1/2} = 10\,337 \text{ (m/s)} \\ (u_{te})_B = \sqrt{\mu}[(2/R_B) - (1/a)]^{1/2} = 1\,394 \text{ (m/s)} \end{cases}$$

从停泊轨道到椭圆的速度增量 Δu_A 和从椭圆轨道到最终轨道的速度增量 Δu_B 为

$$\begin{cases} \Delta u_A = |(u_{te})_A - u_A| = 2\,549 \text{ (m/s)} \\ \Delta u_B = |u_B - (u_{te})_B| = 1\,471 \text{ (m/s)} \end{cases}$$

转移机动所需总速度增量为

$$\Delta u_{total} = \Delta u_A + \Delta u_B = 4\,020 \text{ (m/s)}$$

图 4-11 给出了弹道导弹或发射卫星的运载火箭的椭圆转移弹道。在初始动力飞行段，制导系统把扭矩控制在某个角度，使得飞行器正好在所需的轨道高度到达椭圆远地点。对于理想的卫星轨道切入速度，简化理论假设总冲在飞行器到达弹道远地点或最高点的瞬时施加给飞行器。目前，一种化学推进系统在这一最高点对航天器的轨道切速度进行了增加，这使得航天器从椭圆形的转移飞行路径变为环形轨道飞行路径，水平箭头表示速度增加。对于理想卫星，简化的理论假设轨道切入机动本质上是当弹道椭圆轨道到达最高点或顶点时，总冲量的瞬时增加。实际上，用于轨道切入的火箭推进系统在有限时间内运行，在此期间会发生重力损失和海拔变化。

4.4.2 深空飞行

月球任务或行星际任务包括针对月球、金星、火星及其他行星的绕飞、着陆和返回飞行。根据式（4-25），逃逸地球所需要的能量为 $\frac{1}{2}mv_e^2$，其值为 6.26×10^7 J/kg，远远大于地球卫星发射能量。各种天体的星球引力及其逃逸速度与它的质量和直径有关，表 4-1 列出了其大概数据。图 4-12 所示为理想的行星着陆任务飞行图。

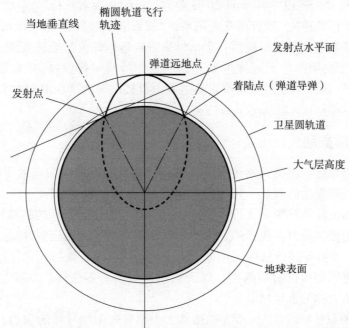

图 4-11 远程弹道导弹的自由飞行（无阻力）椭圆弹道（地球在其椭圆弹道的焦点上）
(面发射通常是垂直发射（图中未画出），但弹道在动力飞行早期很快转弯进入椭圆弹道。弹道射程为地球表面的弧线距离。对于卫星，当运载火箭到达其椭圆弹道远地点时，另一个动力飞行段（称为轨道入轨，如速度箭头所指）开始，把卫星送入轨道）

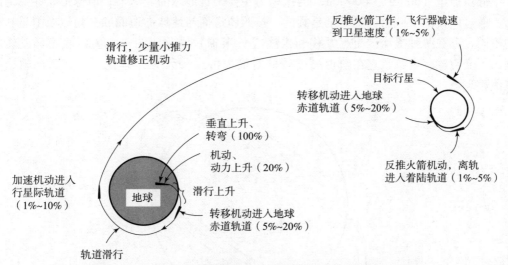

图 4-12 理想的行星着陆任务中典型的动力机动飞行示意图
(图中的数字以起飞推力百分比的形式表示机动时的推力大小。图中尺度未按比例。粗线表示动力飞行段)

太阳系逃逸所需的能量约为 5.03×10^8 J/kg，这是地球逃逸能量的 8 倍。现有技术可把小型无人探测器从太阳发射到外层空间，但要想实现飞往即使是最近的恒星的任务，还有待发明出长寿命的新型火箭推进系统及其试验验证。太阳逃逸航天器的轨道要么是抛物线（能量最小），要么是双曲线（见参考文献 4-6 和 4-10）。

"旅行者 2 号"飞行器（由 NASA 喷气推进实验室研制）是第一个人造物体脱离太阳

系，进入星际空间。它于 1977 年 8 月 20 日发射，目的是探索外行星（飞过木星、土星、海王星和天王星的飞行轨道），然后离开太阳系。"旅行者 2 号"已经服役超过 40 年。三轴陀螺稳定系统和天球参考仪器需要提供一个信号来定期运行其火箭推进系统。该系统由气体加压供给系统和 16 个小型的单组元推进器，其中 8 个持续工作保持 12 ft 直径的天线指向地球。"旅行者 2 号"由三个放射性同位素热电发电机提供动力，在发射时共提供 420 W 的电能（参考：http://en.wikipedia.org/wiki/Voyager2）。

4.4.3 轨道摄动

本节简要讨论导致空间飞行路径或卫星飞行轨道发生摄动或偏离的干扰力和干扰力矩。更详细的飞行轨道和摄动的叙述，可参见参考文献 4-3、4-4 和 4-13。卫星上需要一个系统来测量卫星的位置及其预定飞行轨道的偏差，然后加以抵消、控制和校正。通常校正是由一组小的反作用控制推力器执行的，推力器按所需方向发出预定的冲量。航天器整个寿命期间（1~20 年）都需要进行这种校正，以克服扰动的影响，维持预定飞行状态。

摄动可分为短周期和长周期两类。以天或轨道周期为振荡周期的摄动力称为昼夜摄动力，长周期的摄动力称为永年摄动力。

高轨卫星（36 000 km 以上）所受的摄动力主要是太阳和月球的引力，其方向随卫星绕地球飞行而变化（卫星坐标）。该三体效应会增加或减小飞行速度并改变飞行方向。在极端情况下卫星会飞近第三体（如月球），产生所谓的双曲线机动，这种机动会严重改变轨道。这种现象反过来也可用于改变卫星能量，从而有意地改变速度和轨道形状。

中低轨卫星（500~35 000 km）的摄动力主要来自地球的非球形。地球形状在赤道附近凸出，通过两极的横截面也不完全是圆的。按照轨道面与地球赤道面的夹角以及卫星轨道高度的不同，存在两种摄动：交点漂移和拱线（长半轴）漂移。图 4-13 以轨道面旋转的形式画出了交点漂移现象，它在轨道高度较低时最大可达每天 9°。理论上，赤道面轨道没有交点漂移现象。

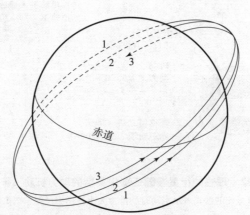

图 4-13　轨道交点漂移（以轨道面旋转的形式画出）
（旋转方向与卫星东西运动方向相反）

图 4-14 画出了拱线漂移（放大示意），地球中心依然是焦点。这种摄动可看作椭圆轨道在固定平面上的运动。显然，远地点和近地点的位置都要发生变化，变化的速率是卫星高度和轨道倾角的函数。对于远地点高度为 1 000 n mile、近地点高度为 100 n mile 的赤道面轨

道，拱线漂移大概为每天 10°。

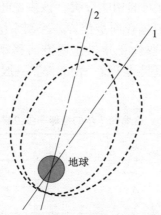

图 4-14　地球非球形引起的椭圆轨道拱线漂移（由 1 到 2）

现代卫星设计（因伸出的天线、太阳电池阵或其他不对称的设备造成了形状的不规则）在其寿命期内会受到各种干扰卫星位置、轨道的力和力矩。主要的力矩和力来自以下因素：

(1) 气动阻力。这种因素在轨道高度为 500 km 下时很重要，而到 800 km 以上时一般认为可忽略。参考文献 4-7 对气动阻力进行了详细的论述，该阻力除了影响不对称航天器的姿态外，还会造成椭圆轨道的变化，即轴线漂移、长轴变短以及轨道偏心率降低。

(2) 太阳辐射。这种因素在高轨道（800 km 以上）时成为主要因素，它是由太阳辐射光子对卫星表面的冲击引起的。对于地球附近的卫星，暴露在阳光下的表面上的太阳光压（单位为 N/m^2）为

$$p = 4.5 \times 10^{-6} \cos\theta [(1 - k_s)\cos\theta + 0.67 k_d] \tag{4-32}$$

式中：θ 为入射阳光与表面法向的夹角；k_s 和 k_d 分别为镜面反射系数和漫反射系数。

对于卫星星体表面和天线表面，k_s 和 k_d 的典型值分别为 0.9 和 0.5；对于太阳电池阵表面，k_s 和 k_d 的典型值分别为 0.25 和 0.01。太阳辐射强度随距离的平方变化（见参考文献 4-4 和 4-14）。施加在航天器上的力矩 $T = pAl$，其中 A 为投影面积，l 为太阳光压压心与航天器质心的距离。对于一个拥有大的非对称太阳板的卫星，太阳辐射将会产生一个小的扭矩使得飞行器旋转。

(3) 重力梯度。航天器上的引力力矩是由分布在航天器各处的质量上的引力差异造成的。确定该力矩需要知道引力场和航天器的质量分布。该力矩随轨道半径的增加而减小，随航天器质量分布（包括伸展物和附件）的不均匀性而增加。重力梯度的影响在运行轨道较低的大型航天器或空间站上最为显著，参见参考文献 4-4 和 4-15。

(4) 磁场。地球磁场与卫星内部的磁矩相互作用产生力矩。地球磁场绕地轴进动，强度很弱（极点和赤道处的磁强分别为 0.63 G 和 0.31 G）。由于磁暴和其他因素，该磁场在方向与强度上是连续波动的。磁场强度与轨道高度 R^3 成反比，随轨道高度的增加而减小。地磁力干扰在卫星初步设计阶段通常忽略，参见参考文献 4-16。

(5) 内部加速度。太阳电池阵展开、推进剂晃动、航天员或航天器内其他质量的运动、反作用飞轮的"卸载"等会产生干扰力矩或干扰力。

(6) 对于精确的近地轨道，地球的扁率（赤道直径略大于两极直径）、高山或不同密度

的地球表面积会引起这些轨道的扰动。

卫星推进需求可按表 4-2 所列的功能分类，该表给出了适用于典型的高轨椭圆轨道卫星的总冲"预算"。为了保持卫星在同步位置，控制系统设计师通常要区分两种不同的修正位置的保持轨道的方法。东西修正指沿东西方向移动卫星轨道面与地球赤道面的交点，它通常修正主要由地球扁率引起的干扰。南北修正一般用于抵消太阳与月球的三体效应干扰。

表 4-2 质量为 2 000 lb、寿命为 7 年的地球同步卫星所需的推进功能及总冲

功能	总冲/(N·s)
轨道捕获	20 000
姿态控制（转动）	4 000
东西位置保持	13 000
南北位置保持	270 000
再定位（Δu，200 ft/s）	53 000
拱线漂移控制（三体吸引）	445 000
离轨	12 700
总计	817 700

许多卫星任务不担心摄动力引起的轨道缓慢变化，但是，在某些任务中必须抵消这些扰动力，把卫星保持在特定轨道和轨道的特定位置上。例如，GEO 上的地球同步通信卫星就需要保持其位置与轨道，这样它就能做到：①一直覆盖地球特定区域或在它的视线范围内一直与地球上某一个基站保持联系；②不会对在这条拥挤的赤道面同步轨道上的其他卫星造成威胁。另一个例子是 LEO 上多个协同工作的卫星组成的通信卫星系统，这种情况下至少有 1 颗卫星需在特定位置与地球上某处进行接收与发送射频信号的工作。它们的轨道及卫星之间的相对位置需进行控制与保持，参见参考文献 4-3。

轨道保持意味着周期性地施加一个小的修正力或力矩。GEO 卫星通常是数月一次。地球同步卫星轨道保持所需的速度增量 Δu 一般为每年 10~50 m/s。若卫星质量为 2 000 kg，寿命为 10 年，每年 50 m/s 的修正量需要的总冲约 100 000 N·s。若采用小推力单组元或双组元发动机，相当于需要 400~500 kg 的推进剂（差不多整星质量的 1/4）。若采用电推进，所需的推进剂量可大大减少，但对于某些航天器来说电源设备的质量会增加，参见参考文献 4-6、4-13 和 4-14。

4.4.4 任务速度

描述空间任务所需能量大小的一种简便方法是使用任务速度这个概念，它是达到任务目的所需全部速度增量的和。在图 4-11 画出的行星着陆任务简图中，它是弹道中所有粗实线（火箭动力飞行段）所表示的速度增量的和。尽管有些速度增量是通过反推（用于减小飞行速度的负推力）获得的，但这些机动也需要能量，它们的绝对值也应计入任务速度。由地

球自转带来的初速度（赤道处为 464 m/s，28.5°纬度的发射点为 408 m/s）不需要由飞行器推进系统提供。在肯尼迪发射中心把航天器发射到 110 km 轨道，停留一段时间，然后作离轨机动所需的任务速度及各 Δu 组成部分列于表 4-3 中。

表 4-3　航天飞机飞行速度增量明细表　　　　　　　　　　　　　m/s

理论卫星速度	7 790
重力损失 Δu	1 220
垂直飞行转弯 Δu	360
气动阻力 Δu	118
轨道切入	145
离轨机动再入大气层、气动减速	60
轨道修正与速度调整	62
28.5°纬度处地球自转速度	-408
所需总任务速度	9 347

　　飞行器所需的任务速度是任务飞行期间所有平动（力通过飞行器质心，包括转弯）速度增量绝对值的和。它是假设飞行器各级上所有用于增加飞行器动量的推力器的推进能量均施加在同一方向上时，飞行器在无重力真空中能达到的理论速度。它可用于比较不同的飞行器设计方案，并表示任务能量需求的大小。

　　飞行器所需的任务速度必须等于"能提供的"任务速度，即飞行器各级上的推进系统能提供的速度增量之和。航天飞机推进系统（捆绑固体火箭助推器、主发动机，对于入轨还要包括轨道机动系统，如图 1-14 所示）为前面叙述的航天飞机任务"能提供的"总速度增量必须等于或大于 9 347 m/s，当考虑反应控制系统的推进剂和不确定性因素时，这个值将会需要超过 9 621 m/s。对于单级化学推进系统，视有效载荷、飞行器设计方案及推进剂的不同，其能提供的空间任务速度为 4 000 ~ 13 000 m/s。若有二级，则或许可达 12 000 ~ 22 000 m/s。

　　后面将要叙述的旋转机动不改变飞行器速度，通常不计入任务速度需求。此外，针对长期摄动力的卫星轨道保持通常也不算在任务速度内。然而，设计师需要考虑为这些情况提供额外的推进能量与推进剂。这些通常由另一称为反作用控制系统的独立推进系统来完成。

　　表 4-4 给出了各种行星际任务所需的飞行器速度的典型估算值。若从一空间卫星基地开始行星际旅行，则所需飞行器速度可大大减小，即减掉了卫星环绕地球所需的速度。随着空间飞行目标的扩大，任务速度变得越来越大。对于一给定的单级或多级飞行器，有办法提高其最终速度，但一般只能靠减少有效载荷来实现。以相对简单的地球轨道有效载荷为基准，表 4-5 给出了同一飞行器在其他任务下的有效载荷的典型值。由表 4-5 可知，飞行器能把很大载荷送入近地轨道，但只能携带该载荷的一小部分在月球上着陆，因为月球着陆需要增加上面级而吃掉了有效载荷质量。因此，在相同有效载荷的情况下，任务速

度高的空间飞行需要的飞行器比任务速度低的飞行器要大很多。表 4-4 和表 4-5 中的数据仅仅是近似值，因为它们与飞行器具体设计特点、所用推进剂、准确的轨道时间关系及其他因素有关。

表 4-4 典型的行星际飞行器任务速度

任务	理论速度/(km·s^{-1})	实际速度近似值/(km·s^{-1})
地球卫星轨道（不返回）	7.9~10	9.1~12.5
地球逃逸（不返回）	11.2	12.9
月球逃逸	2.3	2.6
月球软着陆（不返回）	13.1	15.2
火星软着陆	17.5	20
金星软着陆	22	25
月球着陆并返回地球[a]	15.9	17.7
火星着陆并返回地球[a]	22.9	27

[a] 大气层内气动减速。

表 4-5 高能化学火箭发动机多级飞行器不同任务的相对有效载荷

任务	相对有效载荷[a]/%
地球卫星	100
地球逃逸	35~45
24 h 地球卫星	10~25
月球硬着陆	35~45
月球软着陆	10~20
月球飞越	30~42
月球卫星	20~30
月球着陆、返回	1~4
月球环绕、返回	8~15
火星飞越	20~30
火星卫星	10~18
火星着陆	0.5~3

[a] 参考任务为 555.6 km 的地球轨道。

4.5 机动飞行

一般而言，所有的推进都需要被飞行器制导和控制系统控制（起动、监控和停机）。本节叙述各种机动飞行和采用火箭推进的加速形式。

（1）第一级或其上面级推进系统在发射与上升段增加飞行器的动量。它们需要大推力或中推力、工作时间较短（一般为 0.7~8 min）的火箭发动机。迄今为止，这类推进系统全部采用化学推进系统。它们占了飞行器质量的主要部分，4.6 节将进一步对其讨论。

（2）入轨是通过有力地操纵上面级（载荷），提高速度使其达到上升椭圆轨道的最远点。图 4-10 展示了这样一个从最远点上升的椭圆飞行路径。图中水平箭头代表推力方向，使得飞行器进入地心共面轨道。这主要由运载火箭上面级的主推进系统实施。为了切入低地球轨道，推力水平取决于载荷大小、转移时间和轨道类型，一般为 200~45 000 N。

（3）太空飞行器从一个轨道转移到另一个轨道有两个火箭推进阶段。一段在从发射轨道到转移路径的起点，另一段在到达目标轨道的终点。图 4-9 中的霍曼椭圆轨道是最小能量快速转移轨道。若要转移到更高的轨道，则在飞行方向施加推力；若要转移到更低的轨道，则要在飞行方向的反方向施加推力。转移轨道也可采用推力很小的电推进系统（0.001~1 N）来达到，但其飞行路径将有很大不同（多圈螺旋形），转移时间将会长很多（见第 17 章）。在月球任务或行星际任务中也有类似的机动，如图 4-11 所示。

（4）速度矢量调整和微小飞行校正机动通常采用带多个小型液体火箭发动机的反作用控制系统进行小推力、短时间、间歇性（脉冲）的工作来完成，不管是转动还是平动。弹道导弹的微调发动机用于精确校正末速度矢量，以提高目标精度。运载火箭上的姿态控制发动机系统用于在另一精度稍差的推进系统把末级送入轨道后对其进行精确地入轨修正机动。深空探测器轨道的中途制导修正机动也属于这一类。轨道保持机动或称为位置保持机动（克服扰动力）推进系统用于把航天器保持在预定轨道和预定位置上，它也可归为这一类。

（5）再入机动和着陆机动有多种形式。若在有大气层的行星上着陆，大气阻力会降低再入飞行器的速度。对于多个椭圆轨道，阻力会越来越快地降低任何轨道的近地点高度和近地点速度。若要在预定地点精确着陆，则需在预定的高度和离着陆点一定距离处施加一个特定的速度矢量。为了正确使用热防护层，飞行器必须旋转到正确的位置和方向。为了尽量减少传热（一般对热防护层而言）、准确降落在预定着陆点或准确击中预定目标（弹道导弹），飞行器进入稠密大气层时速度大小和方向的精度是很关键的。这通常需要进行相对较小的机动（总冲很低）。若大气层很稀薄或没有大气层（如在月球或水星上着陆），则在下降和着陆过程中必须施加一个反推力。火箭推进系统通常可调节推力大小，以保证实现软着陆、适应飞行器在下降过程中其质量随推进剂消耗而减小。例如，"阿波罗"登月飞船火箭发动机的推力变化范围为 10~1。

（6）交会对接同时涉及小推力反作用控制推力器的旋转机动与平移机动。对接（有时称为锁定）是两个航天器的连接，互相之间需要平稳地逐步接近（小推力推力器脉冲工作）以防损坏航天器。

（7）纯旋转机动是把飞行器按指令旋转到某个特定角度，例如，对准望远镜、有关仪器、太阳电池阵或天线进行观测、导航、通信或接收太阳能。这种机动也用于把卫星的姿态指向保持在特定方向。例如，若卫星的天线需一直指向地心，则卫星在绕地球一圈中需自转一圈。旋转机动还用于在主推进系统工作前把喷管指向调整到所需的方向。它还可用于保持飞行稳定性或校正姿态角振荡（姿态角振荡会增加阻力、引起飞行器翻滚）。飞行器旋转能提高飞行稳定性，并能消除推力矢量的偏心。若需要快速起旋，则可采用多个推力器的化学反作用控制系统。若允许完成旋转机动的时间较长，则通常可采用多个推力器的电推进系统。

（8）改变飞行轨道面需要在与初始飞行轨道面垂直的方向上施加一个推力（通过飞行器质心）。通常是把推进系统转到合适的方向（由反作用控制系统完成转动）后执行。这种机动用于改变卫星的轨道面，或在行星际（如火星）飞行时从地球轨道面转向与之不共面的行星际飞行轨道。

（9）离轨机动与废弃航天器销毁机动以消除空间碎片。废弃航天器不允许对其他航天器造成危害。对航天器施加一个较小的推力，使其降到足够低的椭圆轨道，然后大气阻力使其继续减速。废弃航天器通常在再入稠密大气层过程中解体或烧毁。

（10）应急机动或变任务机动。若航天器出现故障，决定中断任务（如放弃原定任务，提前快速返回地球），则一些发动机将用于完成应急任务。例如，"阿波罗"登月飞船服务舱主发动机通常用于反推进入绕月轨道以及从月球轨道返回地球，但它也可用于有效载荷与运载火箭的应急分离和跨月滑行期间的非正常中途修正，以完成应急返回地球。

表4-6列出了上述机动类型与另外一些机动类型，并给出了已用于这些机动的各种火箭推进系统（见第1章）。表4-6中略去了几种推进系统，如太阳能推进和核火箭推进，因为这些推进系统尚未真正用于空间任务。表4-6中右侧中推进系统中的电推进系统具有很高的比冲（见表2-1），这对深空飞行任务非常有吸引力，但电推进系统只能用于那些允许推力作用时间足够长，以在很小的加速度下达到所需的飞行器速度的任务。

表4-6 各种机动飞行常用的火箭推进系统类型

推进系统 机动飞行应用	液体推进火箭发动机			固体推进火箭发动机		电推进		
	大推力泵压式液体火箭发动机	中小推力液体火箭发动机	脉冲工作多个小推力液体火箭发动机	大型固体火箭发动机，通常分段	中小推力固体火箭发动机	电阻、电弧加热推力器	离子、电磁推进	脉冲等离子体发动机
运载火箭主级	××			××				
捆绑发动机	××			××				
运载火箭上面级	××	××		×	××			
卫星入轨与变轨		××			××	×		
速度修正、轨道修正、轨道提升		×	××			×	×	

续表

推进系统 机动飞行应用	液体推进火箭发动机			固体推进火箭发动机		电推进		
	大推力泵压式液体火箭发动机	中小推力液体火箭发动机	脉冲工作多个小推力液体火箭发动机	大型固体火箭发动机，通常分段	中小推力固体火箭发动机	电阻、电弧加热推力器	离子、电磁推进	脉冲等离子体发动机
轨道/位置保持、航天器旋转			××			××	×	×
航天器对接			××					
再入着陆、应急机动		×	×					
离轨		×	×		×	×		
深空飞行、太阳逃逸								
战术导弹					××	×		
战略导弹	×	×	×	××				
导弹拦截			×	××		××		

注：×代表使用；××代表近来常用。

4.5.1 反作用控制系统

反作用控制系统的所有功能在上面的机动飞行中都有介绍；它们用于前面（4）、（6）和（8）所描述的机动控制。在一些运载设计中，如果推力水平低，它们也用于前面（2）和（3）所描述的任务，以及（5）和（7）的部分任务。

反作用控制系统（RCS），通常也称作辅助火箭推进系统，它需要提供弹道修正（小的 Δu 的方法），以及修正几乎所有航天器和所有主要运载火箭的旋转和姿态位置。如果大部分是旋转机动，则 RCS 称为姿态控制系统（这一术语在整个行业和文献中尚未统一）。

RCS 可在有效载荷级以及多级运载火箭的任何一级中采用。在一些任务和设计中，RCS 只内置在最上面的一级中；它在整个飞行过程中运行，并为所有阶段提供所需的控制力矩和力。在大型飞行器中，RCS 的多个推进器的水平推力相对较大（500～15 000 lbf），而相对于较小的小型卫星，则可以很小（0.01～10 lbf）。液体多推进剂火箭发动机目前用于几乎所有的运载火箭和大多数航天器。早期的航天器方案中曾使用了冷气系统。在过去的 20 年里，电推进开始用得越来越多，主要是运用在航天器上（见第 17 章）。RCS 的使用寿命可能很短（当用于飞行器单独一级时），也可能在整个飞行任务期间（约超过 10 年）用于轨道航天器的一部分。

飞行器的姿态必须控制在三个相互垂直的轴上，每个轴有两个自由度（顺时针旋转和逆时针旋转），总共有 6 个自由度。俯仰力矩控制飞行器前缘的上升或下降，偏航力矩控制飞行器向左或向右运动，滚转力矩使飞行器绕飞行轴线作顺时针或逆时针转动。需要采用两台推力完全相同、同步工作（起动、关机）、离质心距离相同的推力器。图 4-15 显示了一个简单的球型航天器姿态控制系统，推进器 $x-x$ 和 $x'-x'$ 适用于绕 X 轴的旋转力矩。在这样一个系统中，至少应该有 12 个推进器，但一些在这些喷管的放置方向有几何或者其他限制的航天器，实际上可能有 12 个以上。同样的系统，通过操作不同的喷管，也可以提供平移力。例如，如果每一个（相反的）推力单元 x 和 x' 同时工作，产生的力将推动航天器向 Y 轴方向前进。有了这样的设计，使用较少的推进器是可能的，但是它们通常不会提供一个纯扭矩。

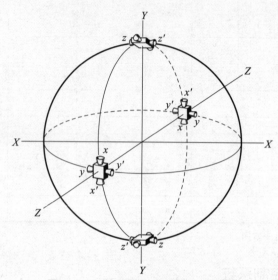

图 4-15　航天器姿态控制系统简图

（它需要 12 个推进器（x，y，z），以允许应用纯扭矩有三个摆轴。四个未标记的推进器，显示在顶部和底部的星系团，将需要在 Z 轴的平移机动）

一个作用控制系统通常包括下面一些子系统：①传感器，用于确定航天器在任何时刻相对参考方向的姿态、速度和位置，如陀螺、星体跟踪定位器和无线信标机；②控制指令系统，对实际位置、姿态与所需或预定的位置姿态进行比较，发出控制指令，在所需时间内改变飞行器的姿态；③用于改变飞行器姿态的装置，如一组高速飞轮、一组姿态控制推力器装置，参见参考文献 4-13 和 4-14。

使用惯性或高速旋转反作用轮也可以实现精准的姿态角矫正，当它们的转速增加或减小时，它们会施加力矩。虽然这些车轮简单有效，但是它们所能提供的角动量变化是有限的。通过使用辅助姿态控制推力火箭单元，可以卸载甚至重新固定每个飞轮，使其可以根据需要继续提供小的角位置校正。

一对推力为 F、推力线距离为 l 的推力器产生的力矩 T 作用在转动惯量为 M_a 的航天器上，产生的角加速度为

$$T = Fl = M_a \alpha \tag{4-33}$$

对于半径为 r 和质量分布均匀的圆柱，转动惯量 $M_a = \frac{1}{2}mr^2$，对于均匀球体 $M_a = \frac{2}{5}mr^2$。力臂 l 采用最大实际值可使推力和推进剂消耗量减到最小。若在时间 t 内角加速度 ω

保持不变，飞行器以角速度 θ 转动，转过角度为

$$\omega = \alpha t, \quad \theta = \frac{1}{2}\alpha t^2 \tag{4-34}$$

一般情况下，控制系统检测到一个小的姿态扰动后发出一个合适的修正指令。在精密的敏感器检测姿态变化后，飞行器实际上已经转动了一个小角度。故必须采取措施，以免飞行器姿态或控制系统产生过调和振荡。因此，许多飞行器需要采用很多极短的脉冲（0.010~0.030 s）和很小的推力（0.01~100 N），参见参考文献 4-11、4-13 和 4-14。

反作用控制系统的主要特征里有总冲大小、推力器数目、推力大小、推力方向、工作占空特性等。工作占空特性指推力脉冲的次数、脉冲工作时间、推力间隔时间以及任务工作过程推力器累计工作时间。对于特定的推力器，30%的工作占空特性是指该推力器的累计平均工作时间占推进系统工作时间的30%。推进系统的这些工作参数可通过任务、制导控制方式、所需精度、飞行稳定性、主发动机大致的推力偏心量、三维飞行轨道的变化、弹道摄动和其他一些因素确定，但有些参数一般很难确定。

4.6 推进系统对飞行器性能的影响

本节给出了几种提高飞行器性能的方法，所列的大多数改进措施都直接受飞行任务以及飞行器和推进系统的选择或设计的影响。只有一小部分飞行器性能的改进不依靠推进系统。以下所列出的大多数适用于所有飞行任务，但其中有些只适用于某些任务。

(1) 等效排气速度 c 或其当量比冲 I_s 通常直接影响飞行器的整体性能。例如，高的比冲能提高飞行器最终的速度增量 Δu。高比冲可通过使用能量更高的推进剂（见第 7 章和第 12 章）、采用更高的燃烧室压力以及采用更大的喷管面积比（对于高空工作的上面级）来实现，所有这些都不会明显增加飞行器的惰性质量。随着电推进的发展，一个更高的、可用的 I_s 可以提高飞行器的性能，但正如第 17 章所描述的，它们非常低的推力确实限制了其在某些空间任务上的使用。

(2) 飞行器质量比 m_0/m_f 对飞行器性能的影响是对数关系。有好几种方法可提高质量比。一种方法是减少最终质量 m_f（包括惰性硬件和有效载荷加上无法使用的剩余推进剂的质量）。要减少惰性质量意味着需采用更轻的结构、更小的有效载荷、更轻的制导控制设备或减少不可用残余推进剂，这就需要采用强度更高的结构材料、效率更高的电源设备或更小的电子设备。在实际设计过程中，设计师总是会强调减少所有硬件的质量，把残余推进剂量降低到其实际极限值。另一种方法是增加初始的质量，使用更高的推力和更多的推进剂，但伴随着结构的小幅度增加和惰性系统推进质量的小幅度增加。

(3) 在某些应用中，减少工作时间（增加水平推力）将会减少重力损失。然而，较高的加速度通常需要更高的结构和推进系统的质量，这反过来对质量比是不利的。

(4) 大气阻力可以认为是负推力，至少有四种方式可以将其减少。阻力有几种分类：①形状阻力（形阻）与气动外形有关。细长头锥、尖薄前缘的机翼的阻力要比短粗钝头外形的小。②横截面积小的飞行器所受的阻力小。因此推进系统最好能设计成细长包络形状。③阻力与飞行器横截面积或迎风面积成正比。采用高密度的推进剂可减少推进剂容积，从而减少飞行器横截面积。④摩擦阻力（摩阻）是由空气流过飞行器外表面时产生的摩擦造成

的。流畅的轮廓和光滑的外表面通常能减少摩阻。推进剂密度对摩阻也有影响，因为高密度导致体积小，从而减小了飞行器表面积。⑤底部阻力（压阻）是另一种形式的阻力，它是作用在飞行器底面上的局部气压的函数，与喷管出口设计（出口压力）和飞行器底部形状有关。第20章将做进一步讨论。

（5）推进喷管的长度占据了整个运载总长度的很大部分。如第3章所述，每一个任务都有一个最佳的喷管轮廓和长度，可以通过权衡分析来确定。同一个推进系统上较短的喷管或多个喷管可以使飞行器变短，在某些情况下这能减轻一些飞行器结构重量，稍微提高飞行器质量比。

（6）在推进系统停止时，当初始速度 u_0 增加时，最终的飞行速度可以增加。通过向东发射卫星，地球的旋转速度增加了最终的卫星轨道速度。地球切向速度在赤道处高达464 m/s 或 1 523 ft/s；一家商业企业，充分利用了这一速度增量，在赤道的船只上发射。在约翰肯尼迪航天中心（北纬28.5°）向东发射时，额外速度较小，约为408 m/s 或 1 340 ft/s。相反，向西发射卫星时初速度为负，需要更多的速度增量。另一种增加 u 值的方法是从卫星或飞机上发射宇宙飞船或空地导弹，该导弹转移其初始的运载速度矢量，并向目标方向发射。例如，"飞马座"三级太空飞行器，它是从飞机上发射的。

（7）对于在大气中飞行的飞行器，当使用空气动力升力来抵消重力和减少重力损失时，就有可能增加它们的射程。采用机翼或以一定攻角飞行可增加升力，但也增加了阻力。升力也可以用来增加机动性和弹道的灵活性。

（8）当火箭的飞行速度 u 接近火箭的等效排气速度 c 时，推进效率最高（见式（2-22）和图2-3），更多的火箭废气能量被转化为飞行器的飞行能量。当 $u=c$ 时，推进效率达到100%。因此，若在很大部分飞行弹道中 u 接近 c，所需的推进剂量就较少。

（9）当飞行任务发生变化时，某一特定火箭发动机（在多级运载中）的液体推进剂可能无法充分使用，然后这种未使用的推进剂可在飞行器内转移来增加另一种火箭发动机系统单元的推进剂。例如，航天飞机中可储存的液体推进剂从轨道机动系统（OMS）转移到反应控制系统（RCS-14小型双推进剂推进器）。这一转移允许进行更多的轨道维护操作，并在轨道上有更多的时间。

这些影响参数中有几个是可以优化的。因此，对于每一个任务或者飞行应用，都有一个最优的推进系统设计，最优状态的推进参数的确定取决于飞行器或飞行参数。

4.7 飞行器

如前所述，绝大多数火箭动力飞行器都采用一种相对简单的单级设计，通常采用固体火箭发动机。如4.8节所述，大部分发动机用于军事应用。在本节中，将讨论更复杂的多级空间运载火箭和其他一些飞行器，如大型弹道导弹（通常称为战略导弹）和一些探空火箭。它们的制导系统都需要有一定的智能化并且包括导航系统的硬件。

单级轨道飞行器（如对低地轨道）能携带的有效载荷是有限的，这一概念引起了人们研究的兴趣。图4-2和图4-3表明，高性能的单级飞行器，推进剂含量为0.95，平均当量比冲为400 s，可以在没有有效载荷的情况下达到近12 000 m/s 的理想最终速度。如果考虑到重力和阻力，则需要相应地增加 I_s 值。考虑弹道中的机动和姿态控制系统，视设计而定，一个阶段的有效载荷很可能保持在总起飞质量的 1.0% 左右。为了提高有效载荷比，完成要求更高的任务，需采用下面要叙述的两级或多级飞行器。

4.7.1 多级飞行器

多级飞行器能达到更高的飞行速度、更多的有效载荷、更大的防御导弹区域覆盖范围，以及提高远程弹道导弹射程或区域防御导弹的性能。当某一级的可用推进剂完全耗尽后，把该级剩下的干质量从飞行器上抛掉；然后下一级推进系统开始工作；最后一级（或顶级）携带有效载荷，这一级通常是最小的。把完成任务的飞行器子级干质量从飞行器上分离可以省去对这部分无用质量继续加速所消耗的能量。随着级数的增加，飞行器起飞质量可以减小。当级数很多时，起飞质量下降的好处就不明显了。实际上级数不能选得太多，因为那样会增加物理机构的数量、复杂性和质量。视任务而定，通常最合适的级数是二～六级。参考例 4-3，现已成功使用的多级运载火箭有多种不同的构型，图 4-16 所示为四种运载火箭构型。大多数运载火箭是垂直发射的，但也有少量是从飞机上发射的，如"飞马座"三级运载火箭。

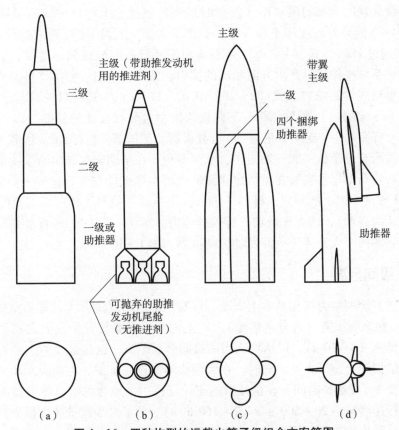

图 4-16 四种构型的运载火箭子级组合方案简图
(a) 串联分级；(b) 部分分级；(c) 并联分级；(d) 背驮式分级

尽管它只占初始质量的一小部分，但多级火箭的有效载荷与其起飞质量大致成正比。如果 50 kg 的有效载荷需要 1 枚 6 000 kg 的多级火箭，那么 500 kg 的有效载荷将需要使用与相同的有效载荷分数和相同的推进剂类似配置的约 60 000 kg 多级火箭。若下一级关机后上面级紧接着开始工作，则串联多级火箭的总理论速度就是各级速度增量之和。

对于图 4-16 (a)，n 级飞行器，则最终速度增量为

$$\Delta u_f = \sum_1^n \Delta u = \Delta u_1 + \Delta u_2 + \Delta u_4 + \cdots \qquad (4-35)$$

垂直大气层飞行，每一个单独的速度增量由等式（4-19）决定。在失重的真空环境下飞行，这个等式可以被简化为（见式（4-6））：

$$\Delta u_f = c_1 \ln(1 + MR_1) + c_2 \ln(1 + MR_2) + c_3 \ln(1 + MR_3) + \cdots \qquad (4-36)$$

式（4-36）定义了理想多级火箭串联配置下能够获得的最大速度。假设空间环境（没有阻力，没有重力），在大气内飞行系统停止时没有任何公共部分推力下降。当低一级推进系统停止工作（没有时间延迟）时，上一级推进系统以全部推力开始工作，因为真实的阶段分离过程有一些不可避免的小的延迟（非常低的推力或没有推力）。式（4-35）中单独的速度增量需要由式（4-15）和式（4-16）确定，并且考虑了阻力和重力损失。这会在下面讨论。正如本章前面提到的，其他的损失或轨迹扰动也能被考虑进来，这种情况下需采用数值解法。

二级或三级火箭的全部的质量比（发射时最初的质量比上最后一级的最终质量）可以超过 100。图 4-2 能分解成适用于每一级，如单级火箭（1/MR≤95）、串联或者多级火箭（1/MR 直到和超过 180）。式（4-36）并不适用于并行、部分或驮运等阶段，如图 4-16 所示，多个推进系统操作同时产生方向相同的推力，整体比冲量、整体推进剂质量流量和总推力和质量流量见式（2-23）、式（2-25）和式（11-1）～式（11-3）。

图 4-16 (a) 给出了一般的结构，不同级火箭垂直装在彼此的顶部，如"民兵"远程导弹、俄罗斯"泽尼特"（或"齐尼思"）运载火箭。美国部分暂存 Atlas 运载火箭在早期已被使用；它允许所有发动机一起开始工作，从而避免了在早期未被证实的维持机引擎的高度起动；两个阿特拉斯助推器安装在类似甜甜圈的火箭主体组件在飞行过程中会脱落。图 4-16 (c) 有两个或两个以上的独立助推器"捆绑式助推器"级与主体底部垂直配置（它们可以是固体或液体推进剂），这允许增加飞行器的能力。图 4-16 (d) 的背驮式结构概念用于航天飞机——它的两个大型固体火箭发动机助推器如图 1-14 所示。

4.7.2 级间分离

下面级推进系统的推力终止基本上需要一段有限的时间（通常大的推力室为 1~3 s，小的为 1 ms）。一些多级火箭（有分离装置），在上面级推进系统开始点火之前，两级间可能会有进一步的延迟（4~10 s），以达到适当的级间分离距离，这是必要的。延迟启动可以防止任何吹回火焰损坏上面级火箭。同时，在大型火箭推进系统中，上面级发动机起动不是瞬时的，而是需要 1 s 或更长时间。在这几秒的累计延迟中，地球的引力使火箭向上的速度减小，造成了飞行速度减小 20~500 ft/s（7~160 m/s）。为了减少这种速度损失并缩短分段时间，人们采用一种称为热分段的方案——在下面级推进系统完全关闭之前或者在达到基本零推力之前，上面级推进系统实际上是在一个较低水平但逐渐增加的推力下起动的；在级间结构中放置特殊的抗燃管道，使上部发动机的热废气在级间实际分离之前和之后能够对称地偏转并安全排放。由于这提高了飞行性能，美国的"泰坦Ⅱ号"等大型多级运载火箭以及中国和俄罗斯的某些运载火箭都采用了热分段计划。

对多级运载火箭，各级质量比、发动机额定推力、推进持续时间、各级重心的位置或轨迹通常都使用复杂的轨迹计算机程序来最优化。高比冲化学火箭发动机（如使用氢氧推进剂的）通常用在空间运载火箭的上面级上，因为在这里，比冲的任何微小增加通常比下面级更有效。

例 4-3 一个两级行星探测器（图 4-17）从高轨卫星上发射到真空无重力轨道。图中符号意义如下：

m_0 为飞行器（级）发射初始质量；

m_p 为某级可用推进剂质量；

m_0 为飞行器某级初始质量；

m_f 为飞行器某级最终质量（发动机工作结束后），包括推进系统干质重（含残余推进剂）、飞行器结构质量、控制制导设备质量、有效载荷质量等；

m_{pl} 为有效载荷质量，包括控制制导设备、通信设备、天线、科研设备、电源设备、太阳电池阵、传感器等的质量。

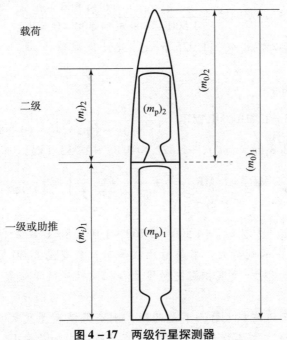

图 4-17 两级行星探测器

下标"1"和"2"表示第一级和第二级，飞行器参数如下：

无重力真空中飞行速度增速	6 200 m/s
比冲 I（每级）	310 s
各级等效排气速度 c	3 038 m/s
飞行器初始起飞质量	4 500 kg
各级推进剂质量分数	0.88

假设相同的推进剂用于两级发动机中，没有明显的级间分离延迟。

试求在以下两种情况下的有效载荷量：

（1）两级质量相等 $[(m_i)_1 = (m_i)_2]$；

(2) 两级质量比相等 $[(m_f/m_0)_1 = (m_f/m_0)_2]$。

解 下面的关系用于所有例子。起飞质量或者发射质量可以分为三部分：两个推进级和一个载荷。

$$(m_i)_1 + (m_i)_2 + (m)_{pl} = 4\,500 \text{ kg}$$

推进剂是推进剂系统质量的88%，所以

$$(m_p)_1 = 0.88(m_i)_1, \quad (m_p)_2 = 0.88(m_i)_2$$

喷管出口面积比和燃烧室压在两级中相同。因此排气速度相同：

$$c_1 = c_2 = c = I_s g_0 = 310 \times 9.807 = 3\,040 \text{ (m/s)}$$

(1) 两级质量和相等：

$$(m_i)_1 = (m_i)_2 = m_i$$

式（4-36）可以改写为

$$e^{\Delta u/c} = (1/\text{MR}_1)(1/\text{MR}_2) = \frac{(m_0)_1}{(m_0)_1 - (m_p)_1} \frac{(m_0)_2}{(m_0)_2 - (m_p)_2}$$

$$e^{4\,700/3\,040} = \frac{4\,500}{4\,500 - 0.88 m_i} \frac{4\,500 - m_i}{4\,500 - 0.88 m_i}$$

以上的二次方程可以解出 $m_i = 1\,925.6$ kg。此处，载荷为 $m_{pl} = m_0 - 2m_i = 4\,500 - 2 \times 1\,925.6 = 649$（kg）

(2) 两级质量比相等：

$$e^{\Delta u/c} = 4.693 = 1/\text{MR}_2 \times 1/\text{MR}_2 = \left[\frac{(m_0)_1}{(m_0)_1 - (m_p)_1}\right]^2 = \left[\frac{4\,500}{4\,500 - (m_p)_1}\right]^2$$

解出 $(m_p)_1 = 2\,422.8$ kg, $(m_i)_1 = 2\,422.8/0.88 = 2\,753$（kg）。同样解出 $(m_p)_2$：

$$e^{\Delta u/c} = 4.693 = 1/\text{MR}_2 \times 1/\text{MR}_2 = \left[\frac{(m_0)_2}{(m_0)_2 - (m_p)_2}\right]^2 = \left[\frac{1\,747}{1\,747 - 0.88(m_i)_2}\right]^2$$

其中

$(m_i)_2 = 1\,068.8$ kg，所以 $m_{pl} = 4\,500 - 2\,763 - 1\,068.8 = 678.2$（kg）。

(2) 的载荷比（1）的载荷大。当质量比相等时，载荷约高30 kg，并且这个结论应用在航天飞行时的其他级。对一个有相同发射质量和相同性能的单级火箭，载荷为476 kg，是两级火箭载荷的70%。

若例4-3中采用三级运载火箭而不是两级，则有效载荷量更大。然而，有效载荷增加量理论上只有8%~10%。若再增加第四级，则有效载荷增加量更小，只有3%~5%。性能改进的潜力随着级数的增加而减小。实际飞行器每增加一级就意味着带来更多的复杂性（如可靠的分离机构、级间段结构、导管接头、电缆接插件等），需要额外的惰性质量（增加质量比MR），并降低了总体可靠性。因此，通常选择能满足有效载荷要求和速度增量要求的最少的级数。

在例4-3两个简化的案例中，由火箭选择的飞行弹道必须是不同的，因为它们的飞行时间和加速过程是不同的。这个例子得出一个应用于所有多级火箭推进的结论，对每一个任务都有一个最佳数量的级数，级之间的最佳质量分布，此外通常对各种设计方案还存在一条最佳飞行弹道，使飞行器关键参数（如有效载荷、速度增量或射程等）达到最大。

4.7.3 运载火箭

第一级或下面级通常称为助推级，通常是最大的，并且要求最大的推力与总冲。对在地球表面发射的火箭，目前所有级都使用化学推进剂来实现所需的推力重量比。随着后来级数的增加，推力越来越小，也被称为上面级或主发动机。推力要求依火箭的总质量而定，而总质量依有效载荷的质量和任务而定。典型的结构如图4-16所示。

许多带有大的有效载荷的运载火箭有1~6个大的捆绑式助推器，也被叫作"零级或半级"。它们增加初始的推力；所有装置同时开始工作。图4-16中展示了很多类型。这些固体助推器捆绑非常常见，例如，图1-13中的Atlas V或者图1-14中的航天飞机。捆绑型助推器通常比与其相当的液体推进系统小，从而有更小的阻力，但是会产生有毒的燃气。液体推进剂捆绑级被用于"德尔塔"IV重型运载火箭（图1-12），同时也用于苏联首个洲际导弹（ICBM）及多个苏联/俄罗斯的运载火箭。大多数有比固体推进剂更好的比冲和更好的性能，但是需要在发射基地进行推进剂的加注。

不同的运载火箭有不同的要求。较小的适用于低有效载荷和低轨道；较大的通常级数更多，更重，有效载荷更大或任务速度更高。火箭花费随着级数的增多和初始发射质量的增大而增大。一旦一个特定的运载火箭证明可靠，通常就对它进行改进，以提高它的性能或任务适应性。运载火箭的每一级可以有几个火箭发动机，每一个都是为了特定的任务或机动。航天飞机系统（图1-14中）有67个不同的火箭推进系统。在大部分情况下，每一个火箭发动机都被应用在机动上。但是，在一些情况下，相同的发动机可以服务于不止一个任务。例如，航天飞机上的小型反作用控制推力器在入轨和再入时用于姿态控制（俯仰、偏航和滚动），另外还可用于平衡内部质量漂移（航天员运动、可伸展臂的运动）、小的轨道修正、小的飞行路径调整、交会对接以及科学仪器的精确指向。

航天飞行器是携带着有效载荷的运载火箭的一部分。它是运载火箭中唯一进入轨道或深空的部分（有些设计成能返回地球的）。最终主要的航天机动，例如入轨，或行星着陆，通常需要较大的速度增量；给机动提供推力的推进系统，可能与航天器结合在一起，也可能装在紧靠航天器下面的可分离的子级上。4.5节描述的机动通常由多级火箭中两个不同的级上的推进系统完成。选择何种最佳的推进系统和决定由多个推进系统中的哪一个完成特定的机动任务将取决于对性能、成本、可靠性、计划进度、任务灵活性的优化（见第19章）。

当一架航天飞行器从地球表面发射进入轨道的过程中，它要经过三个不同的弹道飞行：①大多数火箭是垂直发射的，然后当下面的火箭动力指向飞行速度矢量方向时，经历一个转弯机动飞行；②然后飞行器经历一段无动力自由弹道滑行，弹道轨迹通常是椭圆形，直到它的最高点；③卫星需要一个来自火箭推进系统的额外的推力以增加足够的总冲或能量加速达到轨道速度。这个最后的机动也被叫作入轨，或有时称为踢机动。在初始动力飞行段，制导系统把弹道角和末级关机速度控制到关机后火箭空间飞行速度矢量正好使得火箭在所需的轨道高度达到椭圆滑行轨道的远地点。正如图4-11显示的那样，一个多级弹道导弹经历上面提到的相同的两个上升段，但是它随后继续沿着它的椭圆形弹道轨迹飞行，直至飞向目标。

早期成功的运载火箭都已经作了改进、放大，提高了性能。新研制的火箭继承了大多数已有的、经验证的、可靠的组件、材料和子系统，这样就减少了研制工作量和成本。对飞行器进行一些改进可以提高任务能力（可完成更难的任务）或有效载荷。一般来说，改进工作是采用以下一种或多种方法实现的：在不过度增加贮箱和壳体质量的情况下增加推进剂量；增大推力，增强发动机；提高比冲；增加或加大助推器。此外，还可以通过加强结构以提高承载能力来改进飞行器性能。

图 4-18 给出了"飞马座"火箭的有效载荷与圆轨道高度、倾角的关系，该火箭是一种小型空射运载火箭。轨道倾角是地球赤道面与轨道面的夹角，赤道面轨道的倾角为零，极地轨道的倾角为 90°。因为地球自转为飞行器提供了一个初速度，在赤道上向东发射可获得最大的有效载荷。在轨道高度相同的情况下，有倾角的轨道其有效载荷要比倾角为零的轨道小。在轨道倾角相同的情况下，有效载荷随着轨道高度的增加而减小，因为需要更多的能量用于克服地球引力。由图 4-18 可知，当轨道高度超过 1 200 km 后实际有效载荷已经很小。为发射较重的有效载荷或发射到较高的轨道，需要比"飞马座"更大的火箭。图 4-18 中的数据基于特定的有效载荷分离机构（38 in）和特定的飞行器速度增量余量（220 ft/s），该余量是为大气密度的正常变化（可能使阻力翻倍）、推进系统的质量公差等情况所考虑的。所有运载火箭的制造方都能提供类似的曲线。

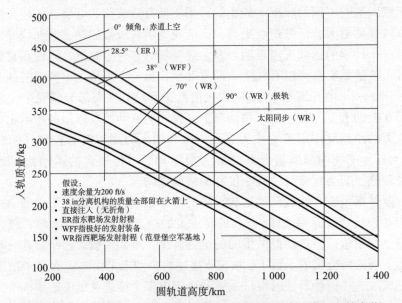

图 4-18 "飞马座"运载火箭有效载荷随圆轨道高度及倾角的变化
（该火箭是一较简单的空射三级全固体火箭，直径为 50 m，各级为固体火箭发动机）

航天飞机在佛罗里达的肯尼迪航天中心向东发射进入 28.5°轨道时有效载荷最大，对于 185 km 高度的轨道其有效载荷约为 254 025 kg。高度每增加 1 n mile，有效载荷约减少 45.4 kg。若轨道倾角为 57°，有效载荷将减小到约 19 051 kg。若在西海岸的范登堡空军基地向南发射进入 98°倾角的近极地圆轨道，有效载荷将只有 13 880 kg。

4.8 军事导弹

现在建立的火箭推进系统中的大多数都是为了军事目的。有各种各样的导弹、炮弹和军事任务，因此有许多不同的推进系统，但全部都使用化学推进系统。它们的范围从简单的、小的、无导航的、尾翼稳定的、单级的火箭炮弹（用于空对地任务或地对地炮击）到复杂的、精细的、昂贵的、远程的、多级弹道导弹（用于远程军事或战略目标）。术语"面"不仅仅是地面（在地面发射或地面目标），而且是海面（从船上发射）和海平面以下（潜水艇发射）。战术导弹可以用来攻击或者保护地面军队、附近的军事或战略装备、军事飞行器、短程导弹或者反坦克导弹。武装部队为了完成任务也使用军事卫星，如侦察、来袭警告、安全通信（包括命令和控制）和准确定位地球表面的具体项目（纬度和经度）。

战略导弹射程在3 000 km以上，一般是两级到三级的地地火箭动力导弹。一些早期的设计采用了液体火箭发动机，有些导弹还在服役。约在50年前，美国和法国的新型战略导弹就使用固体推进剂火箭发动机。为了在停止最后一级的推进系统时，精确地调整有效载荷的最终飞行速度（大小、方向和位置），通常有一个液体推进剂反作用控制系统，固体推进剂反作用控制系统有时也存在（图12-27和图12-28）。远程导弹的飞行分析和弹道轨迹与本章描述的空间发射的火箭在许多方面是相似的。

固体推进剂火箭发动机更适用于大部分战术导弹任务，因为它们允许相对简单的勤务，并且能快速发射。同时，固体推进剂不会溢出，并且储存时间长（见表19-1和表19-3）。低温推进剂不适合军事导弹，如果飞行高度低，持续时间长，如巡航导弹，通常采用吸气式发动机和机翼（提供升力）比采用长时间工作的火箭发动机更好。然而，巡航导弹仍然需要用大型固体火箭发动机发射并把它加速到一定的速度。

液体推进剂火箭发动机最近用在两级防空导弹和弹道防卫导弹的上面级，因为它们可以在不同的时间内脉冲，并且可以随机节流。针对每种应用，都存在最佳总冲、最佳推力-时间曲线、最佳喷管构型（单喷管/多喷管、有无推力矢量控制、最佳面积比）、最佳室压、最合适的药柱内孔型面。对于某些战术导弹，排气羽流在可见光、红外或紫外谱段的辐射是否较低对于某些安全特征（使系统对能量刺激不敏感）可能非常重要（见第13章和第20章）。

短程、无控、无导航、单级火箭飞行器，例如军用火箭炮弹（地面和空中发射）和营救火箭，设计上能够非常简单。可以应用的运动等式从4.3节导出，并且在参考文献4-1中给出了详细的分析。

目前，无制导火箭动力导弹的产量远远超过其他任何一种火箭动力飞行器。最近几年，美国直径为2.75 in的折叠翼无制导固体火箭发动机导弹年产量达25万枚。用于防空、反坦克或步兵支援的制导导弹的年产量为数百枚甚至在千枚以上。

因为这些火箭炮弹基本上是无制导导弹，击中目标的准确度依赖初始瞄准和由不均匀的阻力、风力、振荡和喷管弹体尾翼的不对中引起的分散度。如果炮弹正在以较低的初始速度运动，那么来自预定轨道的偏差被放大，因为带有尾翼的炮弹低速飞行时，空气动力稳定性下降。当炮弹从一个飞行器上以一个相对高的初始速度发射时，或者当炮弹通过绕轴旋转获得稳定性时，与从其他高度发射的简单的尾翼稳定火箭相比，它们的打击目标的精确度可以增加2~10倍。

在有制导的空对空火箭和空对地火箭动力导弹上，到达给定目标的飞行时间，通常称为击中目标时间t_t，它是一项重要的飞行性能参数。如图4-19所示，导弹飞过的距离（称为射程）是速度-时间曲线的积分面积，可以导出其简化计算公式。简化计算假设无阻力、无重力、飞行方向接近水平、动力飞行段射程相对总射程很小、动力飞行段速度线性增加。

击中目标时间可定义为

$$t_t = \frac{S + \frac{1}{2}u_p t_p}{u_0 + u_p} \tag{4-37}$$

式中：S 为飞行器到目标的射程，相当于在速度 – 时间曲线下的积分面积；u_p 为火箭在动力飞行阶段时的速度增量（直到燃烧完或推进剂停止燃烧的时间）；t_p 为火箭的工作时间；u_0 为发射的飞行器的最初速度。

对相同的飞行时间，真实的飞行器速度的范围（虚线）比阻力小的飞行器更小。为了更加精确，使用由式（4-19）给出速度增量 u_p。更加精确的值也可以通过一步一步的轨迹分析计算得到，包括式（4-17）中阻力和重力的影响。

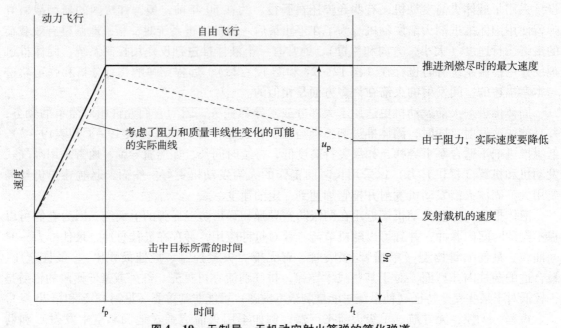

图 4-19　无制导、无机动空射火箭弹的简化弹道
（实线为无阻力、无重力情况下飞行速度，虚线为实际飞行速度）

无制导的空对空或空对地火箭弹，对目标的瞄准是通过调整载机的方向而进行的。相对简单的固体推进剂火箭发动机是最通用的选择。有制导的导弹（如空空导弹、空地导弹或地空导弹），在朝目标飞行时，其飞行轨迹能被可移动的地面装置控制表面空气动力特性，也可推进系统控制和完成，还可通过脉冲和节流来产生低推力。随着有制导的导弹的导航系统和目标导引头系统检测和沿着目标的飞行路径追踪，计算机首先计算出预测的撞击点；然后导弹的飞行控制改变导弹的飞行轨迹，直到成功撞击目标。控制系统命令推进系统工作或点燃多级推进器的一个发动机的液体推进剂推进器（或者在固体发动机中，通过带有热气的多级喷管关闭气阀，来有选择地提供推力）。类似的一系列事件在防卫型地基弹道导弹场景中也会发生，这就要求推进系统的脉冲或重复开始的能力，可能伴随着一些节流或侧向力。具有这样性能的火箭发动机，如图 6-15、图 12-27 和图 12-28 所示。

没有制导的炮弹和有制导的导弹，击中概率随着击中目标时间 t_t 的减少而增加。在任何特定的空对空作战情况下，火箭炮弹的效果与击中目标的时间的三次方成反比。当击中目标的时间尽可能小时，通常得到的效果最好（如最佳击中概率）。

任何导弹和推进结构，分析得到在所有可能的飞行场景中击中目标时间最短的情况是复杂的。下面的火箭推进性能和参数会帮助减少击中目标的时间，但是它们的效果由特定的任务、射程、导航和控制系统、推力曲线图和特定的飞行条件决定。

(1) 高初始推力或高初始加速度，使导弹迅速达到高初始动力飞行速度（图 12-19）。

(2) 使用额外的低推力装置抵消阻力和重力损失，从而保持高速飞行。这个飞行可以通过单个火箭推进系统完成，该系统提供短而高的初始推力，之后是长时间较小的（10%~25%）持续推力。

(3) 为了达到更高的超声速飞行速度，两级导弹会更加有效。当第一级的推进剂耗尽后将其抛掉，减少下一级的惰性质量，提高其质量比，从而增加飞行速度。

(4) 如果目标高机动性，导弹和目标间的接近速度很大，那么不但要提供轴向推力，而且要提供侧向力或侧向加速度来到达防御导弹。这可以由空气动力（表面的升力或以一定的攻角飞行）实现，也可以由带有可变推力或脉冲推力的多级喷管推进系统完成；火箭发动机安装有轴向推进器、一个或多个侧向推进器。侧向推进器必须正确安装，使所有的推力基本上指向火箭的重心，从而使回转力矩最小。提供侧向加速度的推进器也称为轨控发动机，因为通常使火箭转向火箭的轴向。

(5) 当导弹有大的 L/D 比（或小的横截面积）时，阻力损失可以减少，当推进剂密度高时，导弹的体积可以更小。当导弹在低海拔高速飞行时阻力最高，长的薄的推进系统结构和高密度推进剂能减小阻力。

火箭发动机另外还有一种独特的军事应用是火箭助推炮弹，用于增加火炮的射程。这些炮弹中的小型火箭发动机能在炮筒里承受很高的加速度（通常为 $(5\,000 \sim 10\,000)\,g_0$）。

4.9 飞行稳定性

当飞行器飞行时不随意旋转或振荡，就达到了稳定。不稳定飞行是不希望得到的，因为俯仰或偏航振荡会增加阻力（以一定攻角飞行时的大部分时间），还会使设备和传感器（目标导引头、水平扫描器、太阳传感器或雷达）出现问题。不稳定通常导致飞行器的翻滚（不可控的转向），这将引起入轨失败、目标丢失、贮箱中液体推进剂晃动。

稳定性可由适当的设计得到，使飞行器达到内在的稳定，稳定性也可由适当的控制得到，如使用飞机上的空气动力控制面、反作用控制系统或铰链式的多火箭喷嘴。当扰动力矩（如由阵风、推力偏心或翼型偏置产生）比由推力矢量控制或空气动力控制面产生的稳定力矩小时，飞行是稳定的。对于无制导飞行器，如低空火箭弹，直线飞行的稳定性通过使飞行器具有很大的稳定裕度达到。稳定裕度可通过飞行器尾翼以及使飞行器重心位于气动压心之前而获得。对于装有主动稳定控制系统的飞行器，希望其固有稳定性接近中性，这样所需要的控制力就比较小，就可采用较小的控制装置、小型 RCS 推力器和小型作动机构，从而降低了结构质量。中性稳定性可通过合理的气动面布局和飞行器内部组件的质量分布使得飞行器重心处于气动压心前面一点来获得。因为气动力矩随马赫数变化，压心在飞行器加速飞行过程中并不固定，通常是沿飞行器轴线不断移动的。飞行器重心也会随推进剂的消耗、飞行器质量的减小而改变位置。因此，通常很难使导弹在任何高度、速度和飞行状况下都达到中性稳定性。

稳定性在某些方面影响火箭推进系统的设计。通过细致的喷管设计和装配，有一定可能性使推力偏心达到最小，从而减小它对飞行器产生的力矩和反作用控制器中的推进剂消耗。通过精巧的设计，在一定程度上控制重心轨迹也是可能的。在液体推进剂火箭中，通过采用特殊的设计措施、特殊的贮箱形状、仔细选择贮箱在飞行器中的安装位置可以控制飞行器重心的变化。对于固体火箭发动机，一般情况下，设计师在控制重心变化方面的自由度比较小。如图15-6所示，通过在喷管前面安装长尾管等方法，把固体推进剂质量分布在飞行器重心附近。如4.5节和第6章所述，拥有多个推力器的姿态控制液体推进系统已满意地用于产生使飞行器沿多个方向转动的控制力矩。

无制导的火箭炮和导弹通常通过偏转空气动力尾翼或偏转多个火箭排气喷管进行旋转或滚转来提高飞行稳定性和精确度，这与子弹通过枪管的螺旋线得到的旋转相似。这样的自旋稳定性部分由陀螺效应决定，即旋转轴的倾斜被转矩抵消。然而，离心效应使液体推进剂室变空，并且对固体推进剂颗粒产生额外的压力。在某些情况下，低速旋转不是为了旋转稳定性，而是为了把推力矢量偏心或气动面偏置带来的问题尽量减小或消除掉。

■ 符号

a	椭圆长轴长度，m；或加速度，m/s^2
A	面积，m^2
b	椭圆短轴长度，m
B	阻力积分值
c	等效排气速度，m/s
$\bar{c}$	平均等效排气速度，m/s
C_D	阻力系数
C_L	升力系数
D	阻力，N（lbf）
e	椭圆偏心率，$e = \sqrt{1 - b^2/a^2}$
E	能量，J
F	推力，N
F_f	最终推力，N
F_g	星球引力，N
F_0	初始推力，N
g	重力加速度，m/s^2
g_0	海平面重力加速度，$g_0 = 9.8066$ m/s^2
$\bar{g}$	平均重力加速度，m/s^2
G	通用引力常数或牛顿引力常数，$G = 6.674 \times 10^{11}$ m^3/(kg·s^2)
h	高度，m
h_p	关机点火箭高度，m
I_s	比冲，s
k_d	漫反射系数
k_s	镜面反射系数
l	力臂，m
L	升力，N（lbf）

m		瞬时质量，kg
m_f		最终质量（发动机工作结束后），kg
m_p		推进剂质量，kg
m_0		初始起飞质量，kg
$\dot{m}$		推进剂质量流量，kg/s
M_a		转动惯量，kg·m²
MR		飞行器质量比 m_f/m_0
n		级数
p		压力，N/m² 或 Pa
r		半径，或两相互吸引的质量的中心距离，m
R		飞行器到地心的瞬时半径，m
R_0		等效地球半径，$R_0 = 6.3742 \times 10^6$ m
S		射程，m
t		时间，s
t_p		从起飞到关机的时间或从发动机起动到推力终止的时间，s
t_t		击中目标时间，s
T		力矩，N·m
u		飞行器速度，m/s
u_a		轨道远地点速度，m/s
u_p		关机速度或轨道近地点速度，m/s
u_0		初始速度或发射速度，m/s
v_e		逃逸速度，m/s
w		重量，N
x, y		椭圆上的任意点

希腊字母

α		攻角，(°) 或 rad
ζ, ζ_i		推进剂质量比 $\zeta = m_p/m_0$
θ		飞行方向与水平面的夹角，(°) 或 rad
μ		地球的重力常数，3.986×10^{14} m³/s²
ρ		质量密度，kg/m³
τ		卫星运动周期
Ψ		推力方向与水平夹角
ω		角速度，(°)/s 或 rad/s

角标

e		逃逸情况
f		推力终止最终时刻
max		最大值

p   关机或推进结束时刻
pl   载荷
s   卫星
z   顶点
0   初始时刻或起飞时刻

习 题

1. 在无重力空间飞行的飞行器，计算出可以使得飞行器达到 1 600 m/s 和 3 400 m/s 的质量比，有效喷气速度为 2 000 m/s。如果初始质量为 4 000 kg，相应的推进剂质量为多少？

答案：推进剂质量为 2 204 kg。

2. 计算无重力火箭弹垂直发射后的末速度和高度，参数如下：$\bar{c} = 2\ 209$ m/s；$m_p/m_0 = 0.57$；$t_p = 5.0$ s；$u_0 = 0$；$h_0 = 0$。选择一个相对小直径的导弹，长径比 $L/D = 10$，导弹平均密度为 1 200 kg/m³。

3. 假设习题 2 中的火箭弹存在与图 4-4 中 0°曲线相似的阻力系数，试重新计算习题 2，采用数值的方法并估计 u_p 和 h_p 的百分比误差。

4. 一个科研用飞行器，在无重力、无阻力空间发射了一个较小的航天器，这个航天器（25 kg 总质量）由于存在一个 2 kg 的敏感仪器包，限制了其最大加速度不超过 50 m/s²。它是由固体推进剂火箭发动机（$I_s = 260$ s，$\zeta = 0.88$）提供推力的。假设火箭发动机的瞬时起动和停止。

(1) 假设推进剂质量流率处于稳态恒定，求最小燃烧时间。

(2) 求小航天器相对飞行器的最大速度。

(3) 假设前 1/2 总冲仍然按照推进剂既定的质量流率工作，另外 1/2 的总冲按照既定质量流率的 20%，求最小燃烧时间和小航天器相对飞行器的最大速度。

5. 一个在 500 km 高度圆形轨道巡航的卫星，计算其周期、飞行速度以及将单位质量代入轨道所需的能量。

答案：1.58 h；7 613 m/s；33.5 MJ/kg。

6. 一个大型战术导弹参数如下：推进剂质量流率为 12 slug/s（1 slug = 32.2 lbm = 14.6 kg）；喷管出口速度为 7 100 ft/s；喷管出口压力为 5 psi（无气流分离）；环境压力为 14.7 psi（海平面）；起飞重量为 12 t；燃烧时间为 50 s，喷管出口面积为 400 in²。

试计算：

(1) 海平面推力；(2) 海平面有效喷气速度；(3) 初始推重比；(4) 初始加速度；(5) 质量比 m_0/m_f。

答案：(1) 81 320 lbf；(2) 6 775 ft/s；(3) 3.38；(4) 2.38g_0。

7. 在习题 6 的条件下计算导弹在发动机关机时的高度和速度，忽略大气阻力，假设为简单垂直轨迹。

8. 一个球形卫星有 12 个单组元推力室用于姿态控制，其参数如下：推力（单个）：5 lbf；I_s（稳态或者工作 2 s 以上）：240 s；I_s（脉冲工作时间 100 ms）：200 s；卫星重量为 3 500 lbf；卫星直径为 8 ft；卫星内部密度分布均匀；沿 Y 和 Z 轴扰动力矩分别为 0.000 05 ft·lbf；沿 X

轴扰动力矩为 0.001 ft·lbf；推力室轴之间的距离为 8 ft；卫星最大位置误差为 ±1°。脉冲间隔 0.030 s。

试计算：

(1) 在无修正力矩情况下，卫星的最大和最小角度漂移。

(2) 脉冲工作频率为多少可以纠正角度漂移？20 ms，100 ms，还是 2 s？讨论哪个脉冲模式最优，哪个最不切实际。

答案：(1) 4.65 rad/h 和 18 365 rad/h。

9. 对于理想多级运载火箭，讨论以下问题。

(1) 如果第二级和第三级未立刻工作但允许发动机关闭和上一级分离存在时间间隔，考虑其对理想任务速度的影响。

(2) 如果发动机发生故障并比预定推力低几个百分点，但发动机工作持续时间较长，考虑其对任务速度的影响。

10. 给定一个圆柱形飞行器（直径 D = 1.0 m，高度为 1.0 m，平均密度为 1.1 g/cm^3），其包含一个平面太阳帆板固定在机械臂上（质量为 32 kg，机械臂有效长度为 1.5 m，面对太阳的有效面积为 0.6 m^2），通过无摩擦轴承连接，该飞行器低轨接受太阳光的高度为 160 km，接收光的时间为 50%。

试计算：

(1) 太阳光压产生的最大扭矩和一天内角度的变化。

(2) 任意平均阻力系数为 1.0 时，飞行器和太阳帆板的阻力（用附录 2 中的大气参数）。

(3) 运用初始压力为 5 000 psi 的高压存储气体作为姿态控制的推进剂，设计一个姿态控制系统可以周期性调节扰动（包括 F、I_s、t）。

11. 计算例 4 – 3 中单级运载火箭的载荷，并用这个结果和二级、三级运载火箭相比。

12. 一个地球卫星在椭圆轨道飞行，近地点为 600 km，离心率 e = 0.866。如果火箭推进系统在不同位置飞行方向产生一个 200 m/s 的速度增量，计算新卫星的运动情况：

(1) 远地点点火；(2) 近地点点火；(3) 近地点反向点火，用来减速。

13. 1 枚探空火箭（质量为 75 kg，直径为 0.25 m），垂直加速到 5 000 m 高度，速度为 700 m/s。重力和阻力作用下产生的加速度是多少倍的 g_0（C_D 采用图 4 – 4 和附录 2 的数据）？

14. 推导式 (4 – 37)，并说明你的假设。

15. 计算单级火箭的载荷相对整体质量变化（如载荷质量分数），I_s = 292 s，推进剂质量分数为 0.95，新发动机 I_s = 455 s 和质量分数为 0.9。假设总体质量、结构和其他固定质量不变。Δu = 5 000 m/s。

参考文献

4–1. J. B. Rosser, R. R. Newton, and G. L. Gross, *Mathematical Theory of Rocket Flight*, McGraw-Hill Book Company, New York, 1947; or F. R. Gantmakher and L. M. Levin, *The Flight of Uncontrolled Rockets*, Macmillan, New York, 1964.

4–2. R. S. Wolf, "Development of a Handbook for Astrobee F (Sounding Rocket) Flight Performance Predictions," *Journal of Spacecraft and Rockets*, Vol. 24, No. 1, January–February 1987, pp. 5–6.

4–3. *Orbital Flight Handbook*, NASA SP33, 1963, Part 1: Basic Techniques and Data. Part 2: Mission Sequencing Problems. Part 3: Requirements.

4-4. V. A. Chobotov (Ed) *Orbital Mechanics*, 3rd ed., Educational Series, AIAA, Reston, VA., 2002; and T. Logsdon, *Orbital Mechanics and Application*, John Wiley & Sons, New York, October 1997.

4-5. J. W. Cornelisse, H. F. R. Schöyer, and K. F. Wakker, *Rocket Propulsion and Space Flight Dynamics*, Pitman Publishing, London, 1979.

4-6. J. P. Vinti, G. J. Der, and L. Bonavito, *Orbits and Celestial Mechanics*, Vol. 177 of Progress in Aeronautics and Astronautics Series, AIAA, Reston, VA, 1998, 409 pages.

4-7. W. Hohmann, *Die Erreichbarkeit der Himmelskörper* (Accessibility of Celestial Bodies), Oldenburg, Munich, 1925.

4-8. W. J. Larson and J. R. Wertz, *Space Mission Analysis and Design*, 3rd ed., published jointly by Microcosm, Inc. and Kluwer Academic Press, 1999.

4-9. J. J. Pocha, *An Introduction to Mission Design for Geostationary Satellites*, Kluwer Academic Publishers, Hingham, MA, 1987, 222 pages.

4-10. M. H. Kaplan, *Orbital Spacecraft Dynamics and Control*, John Wiley & Sons, New York, 1976.

4-11. R. W. Humble, G. N. Henry, and W. J. Larson, *Space Propulsion Analysis and Design*, McGraw-Hill, New York, 1995, 748 pages.

4-12. J. P. Vinti, G. J. Der, and L. Bonavito, *Orbit and Celestial Mechanics*, Vol. 177 of Progress in Astronautics and Aeronautics Series, AIAA, Reston, VA, 1998, 409 pages.

4-13. C-C. G. Chao, *Applied Orbit Perturbations and Maintenance*, Aerospace Press, 2005, 264 pages.

4-14. "Spacecraft Aerodynamic Torques," *NASA SP 8058*, January 1971 (N 71-25935).

4-15. "Spacecraft Radiation Torques," *NASA SP 8027*, October 1969 (N 71-24312).

4-16. "Spacecraft Gravitational Torques," *NASA SP 8024*, May 1964 (N 70-23418).

4-17. "Spacecraft Magnetic Torques," *NASA SP 8018*, March 1969 (N 69-30339).

第5章 化学火箭推进剂性能分析

本章将介绍化学火箭推进系统中最有用的气体参数的理论、性能和描述，同时要确定相关的化学基础、基本分析方法和关键方程。虽然没有向实际推进系统提供完整和复杂的分析结果，但确实列出了所需详细分析的参考文献。参考文献包括几种常见液体推进剂组合和固体推进剂的计算结果表，以及一些废气成分。此外，还描述了各种关键参数如何影响性能和废气成分。

第3章已建立了简化的一维性能关系式。要利用这些关系式，需要知道发动机热燃气组分和推进剂燃烧产物的物性，如燃烧温度 T_1、平均分子质量 $\mathfrak{M}$、比热比或焓变 $h_1 - h_2$。本章讨论了一些在给定推进组分、燃烧室压力、喷管形状和喷管出口压力下确定这些热化学性质的理论方法，由此可以确定性能参数，如化学火箭发动机的理论比冲或排气速度。

通过计算得到气体温度、压力和气体成分（如是还原性还是氧化性成分）后，就可以计算气体的其他性质。有了这些知识，就可以作更深入的分析和灵活地选择燃烧室和喷管的结构材料。传热分析要知道气体混合物的比热容、热导率和比热比，计算得到的排气成分是估算对环境的影响的基础（见第21章讨论的有毒气体在发射场附近可能的散布范围），此外排气参数还是排气羽流（见第20章）或喷管外火焰分析的基础。

由于数字计算机的发展，人们可以求解涉及质量守恒、能量守恒或热力学和化学平衡的多组分复杂体系的方程组。本章将介绍这种理论分析的基本方法，使读者了解目前使用的一些计算机程序的热力学和化学基础，不介绍具体的计算机分析程序。但是，哪些物理现象或化学反应能够或不能够用计算机分析进行合适的模拟是要讨论的。

对于一般的化学和热力学基础知识和原理，可参见参考文献 5-1～5-5、5-16；如果要详细了解各种反应物和燃烧产物的特性，可参见参考文献 5-6～5-15。

所有这些理论分析都只是实际火箭发动机燃烧和喷管流动现象的某种近似，它们均需要做一些简化假设，随着更多现象的被理解，数学模拟的分析方法和计算机程序变得越来越真实（但也更复杂）。3.1节中对理想火箭发动机所作的11个假设在这里也同样适用，但是只针对准一维流动。然而，一些较复杂的分析方法可以去掉一个或多个假设。整个分析通常可分为两个相对独立的计算过程。

（1）燃烧过程是第一部分。它发生在室压基本恒定（等压）的燃烧室中，生成的气体遵循道尔顿定律。化学反应或燃烧的速率非常高。假定燃烧室容积足够大，气体在燃烧室内的停留时间足够长，燃烧室内达到化学平衡。

（2）喷管气体膨胀过程构成了计算的第二部分。经完全反应的、平衡的气体燃烧产物进入喷管，在喷管内经历绝热膨胀。在喷管可逆（等熵）膨胀过程中熵为常数，但在实际喷管流动中熵稍有增加。

化学反应主要发生在液体火箭发动机燃烧室内或固体火箭发动机的药柱空腔内（通常在燃烧表面附近短距离范围内）。第9章和第14章将进一步分析这些燃烧室中的燃烧过程。然而，随着气体的膨胀，喷管内也会出现一些化学反应，因此喷管内燃烧产物的组分会发生变化。如本章所介绍的喷管外的排气羽流中可能还会发生进一步的化学反应，将在第20章讨论。本章介绍的许多热化学基本分析方法同样也可应用于排气羽流。

从式（2-6）和式（3-33）中，我们了解到 $c = g_0$ 和 $I_s = C_F c^*$ 代表火箭的性能。如第2章和第3章所述，推力系数主要取决于喷管气体膨胀过程，而特征速度几乎完全取决于燃烧的影响。在本章中，将重点关注构成 c^* 的关键参数。

5.1 背景和基础

一种或多种燃料与一种或多种氧化剂的化学反应或燃烧的原理构成了化学火箭发动机燃烧的基础，这种反应中释放的热量将推进剂转化成高温的气态产物，这些产物随后在喷管中膨胀以产生推力。

化学反应物或推进剂在初始状态时可以是液体或固体，有时也可以是气态的（如在发动机的冷却套中加热的氢气）。反应产物通常是气态的，但是对于一些推进剂的一种或多种燃烧产物可保持固相或液相。例如，含铝（Al）固体推进剂在燃烧室反应气体中含有液态氧化铝，而在温度较低的喷管排气中包含固态的氧化铝颗粒。因此，对于某些化学组分，分析方法必须考虑三种物态，并且要考虑相变引起的能量变化。如果排气中固体或液体的含量很少，则理想气体假设引起的误差很小。

要计算推进剂的性能，就必须精确了解推进剂的化学成分及其相对比例。对于液体推进剂，是指燃气和燃料的混合比和主要的杂质；对于胶体或浆状液体推进剂，还包括悬浮或溶解的固体物质；对于固体推进剂，是指推进剂所有的组分、它们的比例以及物态（某些成分如增塑剂可能是液态）。

道尔顿定律适用于燃烧产生的气体。它表述为：在平衡状态和各气体组分温度相同的情况下，气体混合物的压力为各气体组分的分压之和。用下标"a""b""c"等表示各气体组分，有

$$P = P_a + P_b + P_c + \cdots \tag{5-1}$$
$$T = T_a = T_b = T_c = \cdots \tag{5-2}$$

理想气体状态方程 $PV = RT$ 对于高温气体是非常适用的。对于第 j 种化学物质，V_j 为比体积（或单位质量气体混合物的容积），R_j 为该气体物质的气体常数，由通用气体常数 R'（8 314.3 J/(kg·mol·K)）除以气体混合物的等效平均分子质量 $\mathfrak{M}$（经常错误地称为分子重量）得到。利用道尔顿定律，式（5-1）可重新写为

$$P = R_a T/V_a + R_b T/V_b + R_c T/V_c + \cdots \equiv R'T/(\mathfrak{M} V_{\text{mix}}) \tag{5-3}$$

在气体混合物中，气体组分的容积比例可以根据摩尔浓度或摩尔分数 n_j 确定，n_j 表示为每千克混合物中特定组分 j 的千克·摩尔数（kg·mol）。如果 n 为每千克均匀气体混合物中总的 kg·mol，则摩尔分数为

$$X_j = \frac{n_j}{n}, \quad n = \sum_{j=1}^{m} n_j \tag{5-4}$$

式中：n_j 为每千克混合物中组分 j 的千克·摩尔数；m 为平衡燃烧气体产物中存在的气体组分数目，于是气体混合物的等效平均分子质量为

$$\mathfrak{M} = \frac{\sum_{j=1}^{m} n_j M_j}{\sum_{j=1}^{m} n_j} \tag{5-5}$$

式（5-5）中的组分有 n 种，其中只有 m 种为气体，则凝相组分数为 $n-m$。气体混合物定压下的摩尔比热容 C_p 可根据各种气体的摩尔分数 n_j 及摩尔比定压热容确定，即

$$(C_p)_{\text{mix}} = \frac{\sum_{j=1}^{m} n_j (C_p)_j}{\sum_{j=1}^{m} n_j} \tag{5-6}$$

混合物的比热比 k 也可用类似方法，即由下式确定：

$$k_{\text{mix}} = \frac{(C_p)_{\text{mix}}}{(C_p)_{\text{mix}} - R'} \tag{5-7}$$

当化学反应完全结束后，所有反应物均耗尽转变为燃烧产物，则反应物处于化学当量比。例如，考虑以下反应式：

$$H_2(g) + \frac{1}{2} O_2(g) \rightarrow H_2O(g) \tag{5-8}$$

火箭推进系统中氧化剂和燃料的比例通常不是化学当量混合比，而是富燃状态，因为这可以使较轻的分子（如 H_2）有些不参加反应，以降低燃烧产物的平均分子量，从而提高比冲（见式（3-16））。对于采用 H_2 和 O_2 推进剂的火箭发动机，高性能发动机的混合物最佳质量比一般为 4.5~6.0，而不是 8.0 的化学当量的值。

式（5-8）是一个可逆化学反应，给水加能量，反应可以逆向进行产生 H_2 和 O_2。反应式（5-8）的箭头要反过来。用（s）表示的固体推进剂分解为反应产物气体就像用（l）表示的液体推进剂燃烧产生气体一样均涉及不可逆化学反应。但是，燃烧产物气体之间的反应通常是可逆的。

可逆化学反应中存在化学平衡，此时产物的生成速率正好等于由产物生成反应物的逆向反应速率。一旦达到这种平衡，浓度就不会再发生变化。在式（5-8）中，三种气体可同时存在，其相对比例取决于压力、温度和初始混合物。

生成热 $\Delta_f H^0$ 是 1 mol 化合物在 1 bar（1 bar = 100 000 Pa）压力、298.15 K（或 25 ℃）温度下从其构成的原子或元素等温形成时所释放（或吸收）的能量或焓变。式 $\Delta_f H^0$ 中的符号 Δ 意味着它是能量的变化值，下标 "f" 指生成物，上标 "0" 意味着各产物或反应物均处于其热力学标准状态和基准压力温度条件下。根据惯例，气态元素（如 H_2、O_2、Ar、Xe 等）在其标准温度压力条件下的生成热设为零。表 5-1 给出了几种组分的 $\Delta_f H^0$ 和其他特性的典型值，当生成产物过程中要吸热时，则 $\Delta_f H^0$ 为负。早期分析中曾采用了其他标准温度值（如 273.15 K）和稍高一些的标准基准压力（1 atm）。

表 5-1 一些物质在 298.15 K (25 ℃) 和 0.1 MPa (1 bar) 下的化学热力学性质

物质	状态*	摩尔质量/$(g \cdot mol^{-1})$	$\Delta_f H^0 / (kJ \cdot mol^{-1})$	$\Delta_f G^0 / (kJ \cdot mol^{-1})$	$S^0/(J \cdot mol^{-1} \cdot K^{-1})$	$C_p/(kJ \cdot mol^{-1} \cdot K^{-1})$
Al (晶体)	s	29.981 5	0	0	28.275	24.204
Al_2O_3	l	101.961 2	-1 620.567	-1 532.025	67.298	79.015
C (石墨)	g	12.011	0	0	5.740	8.517
CH_4	g	16.047 6	-74.873	-50.768	186.251	35.639
CO	g	28.010 6	-110.527	-137.163	197.653	29.142
CO_2	g	44.010	-393.522	-394.389	213.795	37.129
H_2	g	2.015 83	0	0	130.680	28.836
HCl	g	36.461 0	-92.312	95.300	186.901	39.136
HF	g	20.006 3	-272.546	-274.646	172.780	29.138
H_2O	l	18.015 28	-285.830	-237.141	69.950	75.351
H_2O	g	18.015 28	241.826	-228.582	188.834	33.590
N_2H_4	l	32.045 1	50.626	149.440	121.544	98.840
N_2H_4	g	32.045 1	95.353	159.232	238.719	50.813
NH_4ClO_4	s	117.485	-295.767	-88.607	184.180	128.072
ClF_5	g	130.445 0	-238.488	-146.725	310.739	97.165
ClF_3	g	92.442	-158.866	-118.877	281.600	63.845
N_2O_4	g	92.011	-19.564	97.521	209.198	142.509
N_2O_4	g	92.011	9.079	97.787	304.376	77.256
NO_2	g	92.011	33.095	51.258	240.034	36.974
HNO_3	g	63.012 8	-134.306	-73.941	266.400	53.326
N_2	g	28.013 4	0	0	191.609	29.125
O_2	g	31.998 8	0	0	205.147	29.376
NH_3	g	17.030 5	-45.898	-16.367	192.774	35.652

*s 表示固态，l 表示液态，g 表示气态。有些物质对液态和气态分别列出，其差别在于蒸发或凝结。摩尔质量也可用 $g/(g \cdot mol)$ 或 $kg/(kg \cdot mol)$ 表示，C_p 也可用 $J/(g \cdot mol \cdot K)$ 或 $kJ/(kg \cdot mol \cdot K)$ 表示。

资料来源：参考文献 5-8 和 5-9。

反应热 $\Delta_r H^0$ 是产物在标准条件下（1 bar，25 ℃）从其反应物生成时所释放或吸收的能量。反应热既可以是负的，也可以是正的，取决于反应是放热的还是吸热的。在其他温度或压力条件下的反应热必须根据焓变作修正。当一种组分从一种物态变为另一种物态时（如液体成气体或反过来），它可能失去或得到能量。大多数火箭发动机中的反应热数据是用于定压燃烧过程的。通常，反应热可以根据产物和反应物的生成热的和确定，即

$$\Delta_r H^0 = \sum \left[n_j (\Delta_f H^0)_j \right]_{\text{products}} - \sum \left[n_j (\Delta_f H^0)_j \right]_{\text{reactants}} \tag{5-9}$$

式中：n_j 为各特定组分 j 的摩尔分数。

在典型的火箭发动机推进剂中，同时进行的化学反应有很多，式（5-9）给出了所有这些同时进行的反应的反应热。关于生成热和反应热的数据，可参见参考文献 5-7 ~ 5-13、5-15。

用于表示稳定平衡状态的充分必要条件的各种热力学准则最早是由 J·W·吉布斯（Gibbs）在 20 世纪初提出的，它们基于最小自由能原理。吉布斯自由能 G（经常称为化学潜能）是一种很容易导出的函数或化学物质状态特性，它用于描述物质的热力学势，与内能 U、压力 P、摩尔容积 V、焓 h、温度 T 和熵 S 直接相关。某单一组分 j 的自由能定义为 G_j，它可根据特定的热力学状态确定，既可针对气体混合物，也可针对单一气体组分：

$$G_j = U_j + P_j V_j - T_j S_j = h_j - T_j S_j \tag{5-10}$$

现已获得大多数火箭推进剂的自由能数据，并整理为温度的函数形式。自由能可以根据压力进行修正，其单位为 J/(kg·mol)。多组分混合物的自由能为

$$G = \sum_{j=1}^{m} n_j G_j \tag{5-11}$$

对于理想气体，自由能是温度和压力的函数，它是物质的一个特性，就像焓或密度一样，表征某一个气体状态只需要两个这样的独立参数。自由能可以看作化学物质参与化学（或物理）变化的倾向或驱动力，它虽然不能直接测量，但是化学势的差可以测量。当反应物的化学势高于可能的产物的化学势时，则化学反应发生，且化学成分会变化。对于等温等压下的反应，自由能的变化 ΔG 为产物的化学势减去反应物的化学势：

$$\Delta G = \sum_{j=1}^{m} \left[n_j (\Delta_f G^0)_j \right]_{\text{produces}} - \sum_{j=1}^{r} \left[n_j (\Delta_f G^0)_j \right]_{\text{reactants}} \tag{5-12}$$

式中：m 为燃烧产物中的气体组分数目；r 为反应物中的气体组分数目；ΔG 为能对"开式"系统"自由"做功的最大能量，开式系统为有质量进入和离开的系统。

在平衡状态，自由能达到最小值。在自由能最小时，混合物各分数的微小变化几乎对 ΔG 没有影响，产物和反应物的自由能基本上相等，即

$$d\Delta G / dn = 0 \tag{5-13}$$

且摩尔浓度 n 与 ΔG 的关系曲线也达到最小值。

若反应推进剂为液体或固体物质，改变其物态，将其蒸发或分解成其他气体组分均需要能量。这部分能量需从可用于将气体从基准温度加热到燃烧温度的热量或能量中扣掉。因此，液体和固体组分的 ΔH^0 和 ΔG^0 与其气态组分的值是不同的。标准的生成自由能 $\Delta_f G^0$ 为一个自由能增量，它与在基准状态下从元素形成化合物或组分的反应有关。表 5-2 给了一氧化碳的反应热 $\Delta_f H^0$ 和 $\Delta_f G^0$，以及其他物性在各种温度下的值。其他组分类似的数据可以

参见参考文献 5-7 和 5-13。熵也是物质的一个热力学性质，它是一个相对量，即它只有变化量。在等熵喷管流动分析中，假设熵保持不变，熵的变化定义为

$$dS = \frac{dU}{T} + \frac{pdV}{T} = C_p \frac{dT}{T} - R \frac{dp}{p} \tag{5-14}$$

其相应积分为

$$S - S_0 = C_p \ln \frac{T}{T_0} - R \ln \frac{p}{p_0} \tag{5-15}$$

式中：下标"0"表示参考状态。

在等熵过程中，熵为常数。混合物的熵为

$$S = \sum_{j=1}^{m} S_j n_j \tag{5-16}$$

式中：熵 S 的单位为 $J/(kg \cdot mol \cdot K)$。

各气体组分的熵为

$$S_j = (S_T^0)_j - R \ln \frac{n_j}{n} - R \ln p \tag{5-17}$$

对于固体和液体组分，式（5-17）中最后两项为零；$(S_T^0)_j$ 指在温度 T 下标准状态的熵值。熵的典型值列于表 5-1 和表 5-2 中。

表 5-2 作为理想气体的一氧化碳在不同温度下的热化学数据

温度/K	$C_p/$ $(J \cdot mol^{-1} \cdot K^{-1})$	$S^0/$ $(J \cdot mol^{-1} \cdot K^{-1})$	$[H^0 - H^0(T)]/$ $(kJ \cdot mol^{-1})$	$\Delta_f H^0/$ $(kJ \cdot mol^{-1})$	$\Delta_f H^0/$ $(kJ \cdot mol^{-1})$
0	0	0	-8.671	-113.805	-113.805
298.15	29.142	197.653	0	110.527	-137.163
500	29.794	212.983 1	5.931	-110.003	-155.414
1 000	33.183	234.538	21.690	-111.983	-200.275
1 500	35.217	248.426	38.850	-115.229	-243.740
2 000	36.250	258.714	56.744	-118.896	-286.034
2 500	36.838	266.854	74.985	-122.994	-327.356
3 000	37.217	273.605	93.504	-127.457	-367.816
3 500	37.493	279.364	112.185	-132.313	-407.497
4 000	37.715	284.386	130.989	-137.537	-446.457

资料来源：参考文献 5-8 和 5-9。

5.2 燃烧室或发动机状态分析

本节的目的是确定理论燃烧温度以及反应物的理论成分，由此可确定燃气物性（C_p、k、ρ 或其他）。在做这种分析之前，我们必须知道或者设定一些基本数据，如推进剂及其成分、预定室压或所有可能的燃烧产物。虽然燃烧过程实际上包含了一系列几乎同时发生的化

学反应,且包括化合物分裂成中间产物和其后的最终产物的过程,但分析只关心燃烧前后的初始和最终状态。本章将介绍分析燃烧室状态的几种方法,下面首先给出一些关键术语的定义,并解释一些概念和原理。

第一个原理:能量守恒。燃烧产生的热量等于所产生的燃气温度绝热升高到其最终燃烧温度所需的热量。燃烧反应热 $\Delta_r H$ 应等于燃气的焓变 ΔH,能量守恒可以视为两步过程。化学反应在基准温度下瞬时、等温地完成,然后所产生的能量将气体从基准温度加热到最终燃烧温度。式(5-9)的反应热为

$$\Delta_r H = \sum_{j=1}^{m} n_j \int_{T_{ref}}^{T_1} C_{pj} dT = \sum n_j \Delta h_j \Big|_{T_{ref}}^{T_1} \tag{5-18}$$

式中:Δh 为各组分的焓增乘以其摩尔分数;C_p 为摩尔比定压热容。

第二个原理:质量守恒。化学反应前反应物中存在的任何原子组分的质量应等于产物中同一组分的质量。这可以用式(5-8)表示的一般反应来说明。此例中反应物不在化学当量比状态。

氢与氧燃烧可形成6种产物:水、氢、氧、氢氧基、原子氧和原子氢,此例中反应物和产物均为气态。理论上还有两种附加产物:臭氧(O_3)和过氧化氢(H_2O_2)。但是,它们是不稳定的物质,在高温下不易存在,因此可以忽略。质量守恒在化学反应中可表示为

$$aH_2 + bO_2 \rightarrow n_{H_2O}H_2O + n_{H_2}H_2 + n_{O_2}O_2 + n_H H + n_{OH}OH \tag{5-19}$$

式中:"→"左边和右边分别表示反应前和反应后的状态。由于两边都有 H_2 和 O_2,这意味着这些组分没有完全耗尽,有一部分没有反应,即 n_{H_2} 和 n_{O_2}。

在特定的温度和压力下达到化学平衡时,右边的摩尔浓度将保持固定。这里 a、b、n_{H_2O}、n_{H_2}、n_{O_2}、n_O、n_H 和 n_{OH} 是这些物质在反应前后各自的摩尔分数或摩尔量,它们可表示为每千克推进剂中反应物或产物中的千克·摩尔数。初始系数 a 和 b 通常是已知的。各元素在每千克混合物中的千克·摩尔数可以根据该氧化剂和燃料的初始混合物确定。对于上面的氢-氧关系式,质量守恒为

$$\begin{cases} 2a = 2n_{H_2O} + 2n_{H_2} + n_H + n_{OH} & (H_2) \\ 2b = n_{H_2O} + 2n_{O_2} + n_O + n_{OH} & (O_2) \end{cases} \tag{5-20}$$

除能量守恒公式外,式(5-20)的质量守恒给出了该反应的另外两个公式(两个原子组分各一个)。这里有6个未知的产物百分比和1个未知的燃烧温度或平衡温度,但是3个公式只能提供3个未知数的解,如燃烧温度和两个组分的摩尔分数。若已知(假设)初始质量混合比 b/a 是富燃的,则燃烧温度较低,剩余的 O_2 和离解产物(O、H 和 OH)的百分比将是很低的,可以忽略。因此 n_O、n_H、n_{OH} 和 n_{O_2} 可设为零。求解时需要知道各组分的焓变,这方面的信息可以从现成的表格,如表5-2所列或参考文献5-8和5-9中获得。

在更一般的形式中,任何特定元素的质量在反应前后必须相同,每千克反应物和产物中特定元素的千克·摩尔数应相等,或其差值为零。对于任意一种原子组分,如式(5-20)中的 H 或 O,有

$$\left[\sum_{j=1}^{m} a_{ij} n_j\right]_{products} - \left[\sum_{j=1}^{r} a_{ij} n_j\right]_{reactants} = 0 \tag{5-21}$$

式中：原子系数 a_{ij} 为每千克·摩尔数的组分 j 中 i 种元素的千克数，m 和 r 的定义同前。

通过式（5-5）和式（5-19）可得产物的平均分子质量为

$$\mathfrak{M} = \frac{2n_{H_2} + 32n_{O_2} + 18n_{H_2O} + 16n_{O_2} + n_H + 17n_{OH}}{n_{H_2} + n_{O_2} + n_{H_2O} + n_{O_2} + n_H + n_{OH}} \tag{5-22}$$

目前，热化学分析普遍采用参考文献 5-13 所用的方法。它利用了最小吉布斯自由能及质量守恒和能量守恒公式。如式（5-12）所解释的，平衡时吉布斯自由能函数的变化为零（$\Delta G = 0$）：气态推进剂的化学式必须等于气态反应产物的化学式，即式（5-12），故

$$\Delta G = \sum [n_j(\Delta G_j)]_{produces} - \sum [n_j(\Delta G_j)]_{reactants} = 0$$

为了便于求解该公式，常采用一个拉格朗日乘数或反应进度系数，求解气体组分、温度和气体性质的另一种方法是使用能量守恒（见式（5-18））和几个质量平衡（见式（5-21））与某些平衡常数的关系（见参考文献 5-16）。

设定燃烧室压力并建立能量守恒、质量守恒和化学平衡关系后，求解所有方程的一种方法是先估计一个燃烧温度，随后求解各个 n_j 值。然后反应热 $\Delta_r H^0$ 与燃气从基准温度加热到燃烧温度所吸收的热量 $H_T^0 - H_0^0$ 之间必须达到平衡。若它们没有平衡，则选择另一个燃烧温度值，直至收敛和能量守恒为止。

能量释放效率（有时称为燃烧效率）可以定义为单位推进剂混合物的实际焓变与将推进剂从初始状态转变为在燃烧室温度和压力下的产物所需的理论焓变之比。如果能测得推进剂初始状态和燃气的实际组分和温度，就可以计算实际焓变。但是燃烧温度和燃气组分难以通过试验精准测量，因此能计算燃烧效率的情况实际上很少。液体火箭发动机推力室的燃烧效率取决于喷射和混合的方法，并且随燃烧温度的提高而提高。对于固体推进剂，燃烧效率是药柱设计、推进剂以及几种固体成分混合程度的函数。设计良好的火箭推进系统的实测燃烧效率为 94%~99%，这样高的效率值表示燃烧基本上是完全的，即使有未反应的推进剂，其量也是非常少的，确实达到了化学平衡。

固体推进剂或含某些添加剂的液体推进剂的排气中的化合物或组分的数目有 40 种或者更多。必须考虑的几乎同时发生的化学反应的数目很容易超过 150 种。所幸的是许多化学组分的含量极少，通常可以忽略。

例 5-1 双组元推进剂系统中，过氧化氢既可用作单组元推进剂，也可用作氧化剂（见第 7 章）。对于火箭应用，使用的浓度为 70%~98%，即高过氧化物（HTP）。对于单组分应用，根据初始混合温度 298.15 K（标准条件）计算绝热火焰或分解温度作为含水量的函数。

解 在本应用中，1 kg 过氧化氢在通过催化剂时分离并释放能量，这只会在没有任何传热损失的情况下增加推进剂温度。但是，需要一些这样的热量蒸发稀释水。由质量守恒方程所示，在 2 mol 液态水中加入 2 mol H_2O_2，产生 $n+2$ 摩尔水蒸气加 1 mol O_2。由于反应完成，因此不需要平衡常数，即

$$2H_2O_2(l) + nH_2O(l) \rightarrow (n+2)H_2O(g) + O_2(g) \tag{5-23}$$

式中：符号（l）和（g）分别指液态和气态。各组分的标准状态 $\Delta_f H^0$ 和摩尔比定压热容 C_p 的生成热如表 5-3 所示。对于这些计算，可以忽略混合热。

表 5-3 式 (5-23) 各组分的性能参数值

物质	$\Delta_f H^0/(kJ \cdot kJ^{-1} \cdot mol^{-1})$	$C_p/(J \cdot kg^{-1} \cdot mol^{-1} \cdot K^{-1})$	$\mathfrak{M}/(kg \cdot kg^{-1} \cdot mol^{-1})$
H_2O_2 (l)	-187.69		34.015
H_2O (l)	-285.83		18.015
H_2O (g)	-241.83	0.033 59	18.015
O_2 (g)	0	0.029 38	31.999

对于 2 mol H_2O_2 的分解的能量平衡方程式 (5-9) 变为

$$\Delta_r H^0 = [n\Delta_f H^0]_{H_2O} - [n\Delta_f H^0]_{H_2O_2}$$
$$= 2 \times (-241.83) - 2 \times (-187.69)$$
$$= -108.28(kJ)$$

该反应是放热的，但是如上所述，这些能量中的一些用于蒸发稀释液态水，即 285.83 - 241.83 = 44.0 [kJ/(kg·mol)]（在标准条件下）。净可用热量释放因此变为 (108.28 - 44.0n) kJ。为了计算热力学温度，假设在恒定压力下的理想气体加热方程式 (5-18)（摩尔比定压热容的值见表 5-1，并视为常数）：

$$\int (n_{H_2O} C_{pH_2O} + n_{O_2} C_{pO_2}) dT = [(2+n)C_{pH_2O} + C_{pO_2}]\Delta T = 108.28 - 44.0n$$

根据原始混合物中稀释水的质量分数 z 给出结果会更方便，并且需要插入分子量（见表 5-1）：

$$z = m_{H_2O}/(m_{H_2O_2} + m_{H_2O}) = n\mathfrak{M}_{H_2O}/(\mathfrak{M}_{H_2O_2} + \mathfrak{M}_{H_2O})$$
$$= 18.015n/(2 \times 34.015 + 18.015n)$$

首先求解 n，$n = 3.78z/(1-z)$，并将其替换为温度关系；然后根据质量分数 z 绘制得到的值（热力学温度 T_{ad}）（图 5-1），初始温度为

$$T_{ad} = 298.15 + \frac{108.28 - 44 \times z/(1-z)}{0.033\,59 \times [2 + 3.78z/(1-z)] + 0.028\,38}$$

图 5-1 还显示了 c^*（其中 $T_1 = T_{ad}$）、$\mathfrak{M}$ 和 k 的值，它们是根据式 (3-32)、式 (5-5) 和式 (5-7) 计算的。

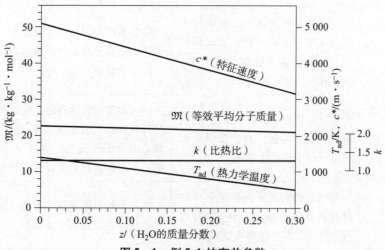

图 5-1 例 5.1 的有关参数

5.3 喷嘴膨胀过程分析

现有多种喷管流动分析方法，它们对化学平衡、喷管膨胀、颗粒和能量损失采取了不同的假设。表5-4概述了其中一些方法的要点。

表5-4　火箭发动机喷管热化学过程分析的典型步骤和方法

步骤	过程	方法/提示/假设
喷管进口条件	与燃烧室出口条件相同；需要知道 T_1、p_1、v_1、H、c^*、ρ_1等	对于简单的分析，假设流动是均匀混合和稳定的
喷管膨胀	绝热过程，流动加速，热能转变为动能，温度和压力显著下降。有几种不同的分析方法，考虑了不同的特定效应。可以使用一维、二维或三维流动模型	（1）最简单的方法为无黏等熵膨胀流动； （2）包含内部弱激波，不再是真正的等熵过程； （3）若存在固体颗粒，它们将产生阻力、热滞后以及较热的排气。多数假设颗粒尺寸和表面光学特性均匀。流动不再是等熵过程； （4）包括黏性边界层效应和非均匀速度分布
	上面（2）、（3）和（4）项对喷管出口状态的影响常用简单的单一修正系数与一维分析来修正。采用有限元分析的计算流体力学程序已用于二维和三维喷管流动	
喷管膨胀过程的化学平衡	由于 T 和 p 迅速降低，平衡组分发生变化，不同于燃烧室的气体组分。右边一栏列出的四种过程可逐步进行更实际的模拟，但需要更复杂的技术	（1）冻结流、气体组分不变，通常性能偏低； （2）平衡流或组分瞬间变化，性能通常稍微高估； （3）采用有限反应速率分析，对若干化学反应计算达到平衡的时间，一些速率常数还不是很清楚，分析比较复杂； （4）对边界层和无黏主流采用不同的平衡分析方法，气体温度、组分和速度分布不均匀
喷管内释热	平衡组分的变化引起离解分子复合（如 $H+H=H_2$）和放热反应，造成膨胀气体的内部加热。颗粒释放热量给气体	喷管超声速段释热将增加出口速度；喷管超声速流动部分的加热能增加出口温度，但降低了出口马赫数
喷管形状和尺寸	可以是锥形、钟形或其他型面。钟形的损失稍低。对扩张损失和速度分布不均匀作修正	必须知道或假设特定的喷管构型。用特征线法计算钟形喷管型面。采用式（3-34）计算锥形喷管扩张损失。多数分析是一维或二维的。不对称非圆形喷管可能需要三维分析
气体性质	在喷管和燃烧室内应用气体特性控制方程。由于气体在膨胀过程中降温，某些组分可能凝结	采用理想气体定律或采用真实气体性质（若某些气体组分接近于凝结）

续表

步骤	过程	方法/提示/假设
喷管出口状态	取决于上面的对化学平衡、喷管膨胀和喷管形状/型面所做的假设。假设无气流分离,求解喷管出口平面的速度与压力分布。若截面上压力分布不均匀,则会产生横向流	需要知道喷管面积比或喷管压比。对于准一维和均匀的喷管流动,参见式(3-25)和式(3-26)。若出口截面的 v_2 不为常数,则需确定 v_2 和 p_2 的等效平均值。然后计算 T、ρ 等的分布。对于不均匀的速度分布,求解需要采用迭代法。能计算喷管内任何位置的气体状态(T、ρ 等)
计算比冲	可以计算各种高度、压比、混合比、喷管面积比下的比冲	根据式(2-6)和式(2-13)可计算 v_2、p_2 和 p_3 的平均值

燃气进入喷管后将经历绝热的可逆膨胀过程,伴随有温度和压力的下降,同时热能变为动能。用于分析膨胀过程的方法越来越复杂。对于一维冻结流动这种简单的情况,整个喷管中气体的状态是由系统的熵决定的,假设熵在压力降低到喷管出口平面的值的过程中保持不变。第3章列出的理想火箭发动机的假设在这里都适用。此外,在简单情况中还忽略了摩擦、扩张角、热交换、激波或非平衡的影响,但它们在更精确的解中都考虑进去了。此外还假设凝结物(液体或固体)的容积为零,并与流动气体之间保持动力学和热的平衡。这意味着固体颗粒或液滴的尺寸非常小,运动速度与气流相同,其温度与喷管各处的气体相同。

喷管内气流膨胀过程的化学平衡可以按以下途径分析:

(1)整个喷管内气体组分不变,没有化学反应和相变,喷管出口处产物的组分与燃烧室相同。这种结果称为冻结发动机性能。这种方法通常比较简单,但性能一般低估了 1%~4%。

(2)在喷管膨胀过程中,随着压力和温度的连续变化,所有组分之间均随时保持化学平衡。这样,燃烧产物的组分是变化的,所有排气组分之间存在化学反应,气相和凝结相之间存在瞬间相变或平衡。这样计算的结果称为平衡性能,气体组分质量百分数在燃烧室和喷管出口处是不同的。采用这种方法通常性能值(如 c^* 或 I_s)高估了 1%~4%。这种分析比较复杂。

(3)化学反应不是瞬间发生的。尽管反应很迅速,但它们也需要一定的时间。特定反应的反应速率可以计算。反应速率常与温度、偏离平衡摩尔组分的程度以及化合物或反应的性质有关。对于这种平衡分析,T、c^* 或 I_s 值通常介于冻结平衡和化学平衡之间。由于缺乏同时发生的多个化学反应的反应速率的合适数据,这种方法几乎从未用过。

对于轴对称喷管,可以使用一维和二维分析。最简单的喷管流动分析是一维的,这意味着轴对称喷管任何横截面上各处的速度、温度或压力均是相等的。对于初步计算,这通常已令人满意。在二维分析中,速度、温度、旋转体形状的喷管(如矩形、斜切的或椭圆形的)需要作三维分析。

如果喷管气流中存在固体颗粒或液滴，而且颗粒平均直径大于 0.1 μm，则将存在热滞后和速度滞后。固体颗粒或液滴不会像气体那样膨胀，温降取决于对流或辐射散失的能量，而其速度取决于作用在颗粒上的阻力。直径较大的液滴或颗粒的加速没有像小颗粒那么快，其流动速度低于邻近的加速流动的气体。此外，颗粒温度高于气体，它对气体传递热量。尽管这些颗粒的动量构成了排气动量的一部分，但它们的效率不如全气态排气。对于排气中含铝颗粒的复合固体推进剂，由颗粒引起的损失一般为1%~3%。两相或三相流分析需要知道非气相物质的知识或做出有关的假设，包括尺寸（直径）、尺寸分布、形状（通常假设为球形）、表面光学特性（用于确定辐射能量的反射/吸收或散射）以及它们的凝结或冻结温度。这些参数中有些不是很清楚。3.5节阐述了带颗粒流动的性能计算。

紧贴喷管壁面的黏性边界层的速度比无黏自由流低得多。由于黏性阻力引起的壁面附近气流的减速实际上使动能转变为热能，因此边界层内某些部分的温度可能比当地自由流的静温要高。图3-15所示为二维边界的简图。由于湍流，大直径喷管中这种边界层会比较厚。边界层还与喷管内轴向压力梯度、喷管形状（特别是喉部区的形状）、表面粗糙度或对喷管壁的传热有关。目前，带不稳定流动的边界层理论分析只是近似的，但随着我们对该现象的认识和计算流体动力学（CFD）方法的发展，预计今后会有改进。边界层产生的总效应是不均匀的速度和温度分布，黏性层内的不可逆摩擦过程以及熵增和排气动能稍有降低（通常小于5%），贴近喷管面的缓慢流动层处于层流和亚声速状态。

在很高的燃烧温度下，一小部分燃气分子会发生离解（分裂为更简单的组分）。在这种离解过程中，一些能量被吸收。当能量在复合期间（在喷管中较低压力和温度处）释放时，降低了喷管出口处的排气动能。这将在5.4节进一步讨论。

对于只产生气态产物的推进剂，喷管内会释放出额外的能量，它主要来自原子和自由基组分的复合，这些组分随喷管膨胀过程中温度的下降而变为不稳定的。有些推进剂产物组分会随喷管膨胀过程中温度的降低而凝结。如果凝结的释热量很大，则冻结流和平衡流的性能差别会很大。

在最简单的方法中，出口温度 T_2 根据认为熵为常数的等熵过程（冻结流）确定。喷管出口处的熵与燃烧室中的熵相同，由此可确定出口处的温度和气体状态，根据相应的焓变就可得到排气速度和比冲。对于喷管流动过程不等熵，膨胀过程只是部分可逆的。对此分析，必须考虑由摩擦、激波、湍流等引起的损失。这样得到的喷管出口平均温度稍微高一些，比冲有轻微的损失。表5-4给出了可用于分析喷管过程的一组步骤。

当燃烧室（或药孔面积）与喉部面积之间的收缩比很小时（$A_p/A_t \leq 3$），燃烧室内燃气的加速会引起喷管进口处有效室压下降。这种燃烧室压力损失使 c 和 I_s 值轻微降低。参考文献5-14论述了这种燃烧室构型的分析，表3-2给出了一些简要数据。

5.4 计算机辅助分析

本章所讨论的方法目前都是用计算机程序进行计算的。大多数分析基于最小自由能法，这是一种比平衡常数法更简单的方法，平衡常数法是很多年前使用的方法。一旦确定了 n_j 和 T_1 的值，就可以计算气体的分子量（见式（5-5））、平衡摩尔比定压热容 C_p（见式

(5-6)）和比热比 k（见式（5-7））。于是这就表明了燃烧室内的热力学状态。有了这些数据，就可以计算 c^*、R 和其他燃烧参数。通过喷管膨胀过程的计算机模拟得到性能（I_s、c 或者 A_2/A_t）和喷管中的气体状态，通常程序中还包括第 3 章提到的一些修正。现有一维、二维和三维流动模型的计算程序。

更复杂的解决方案可能包括对流速很高的燃烧室状态进行补充分析（见参考文献 5-14）、边界层分析、传热分析或喷管任意横截面上流动特性不均匀的二维轴对称流动。通常被忽略的随时间变化的化学反应可以通过估计反应发生的时间速率分析，参考文献 5-3 对此做了叙述。

一个常用的计算机程序实例是 NASA Lewis 实验室开发的基于化学平衡组分的程序，参考文献 5-13 第 1 卷和第 2 卷对此做了介绍。该程序的主要假设是一维形式的连续方程、能量方程和动量方程，燃烧室前端流动速度为零，喷管内的膨胀为等熵，采用理想气体定律以及燃烧室内化学平衡。该程序还可以选择使用冻结流和细长燃烧室（对于液体推进剂燃烧）或小横截面积的药孔（对固体推进剂装药）等，后两种情况下燃烧室流动速度很高，引起额外的压力损失和轻微的性能损失。NASA 的 CEA 代码已成为商用产品的一部分，代码名为 Cequel™，它还扩展了代码的原始功能。

美国用于分析收敛扩张喷管流的其他相对常见的计算机代码如下：

（1）ODE（一维平衡代码），具有瞬时化学反应（平衡移动）并包括所有气体成分。

（2）ODK（一维动力学代码），其结合了流动方向上温度依赖性组分变化的有限化学反应速率，并且在任何喷管部分具有均匀的流动性质。它在更复杂的代码中用作模块，但没有考虑颗粒相。

（3）TDK（二维动力学代码），它包含有限动力学化学反应速率和流动性质的径向变化。它没有考虑颗粒相。

（4）VIPERP（两相流的黏性相互作用性能评估程序），用于内部两相喷管流动的抛物面 Navier-Stokes 程序代码，具有湍流和非平衡反应气体。它可以与嵌入的固体颗粒一起使用，但需要关于固体量、粒度分布或它们的形状的数据（或假设）（见本书第 7 版中的 503~505 页）。

有关这些计算机代码的更多信息可以从相应的政府办公室或私人公司（实际为其客户运行必要的代码）获得。许多更复杂的代码是推进组织专有的或以其他方式限制而不是公开的。

5.5　热化学计算结果

参考文献中提供了广泛的计算机生成结果，此处仅显示了一些样本，以说明关键参数变化的典型效果。一般来说，当反应产物的平均分子量较小时（通常意味着富氢）或当可用化学能（反应热）大时，可以获得高比冲量或高 c^* 值（见式（3-16）和式（3-32））。

表 5-5 给出了参考文献 5-13 中液氧、液氢推力室的计算结果。喷管流动采用了平衡流假设。细长燃烧室的横截面积仅略大于喉部区域。燃烧室内压降较大（约 126 psi）是由于加速气体需要能量，参见 3.3 节和表 3-2。

表 5-5　液氧和液氢火箭发动机在四种不同喷嘴膨胀的参数计算值

喷注面室压 773.3 psi 或 53.317 bar；$c^* = 2\,332.1\,\text{m/s}$；喷管流为平衡流，混合比 $O_2/H_2 = 5.551$；燃烧室收缩比 $A_1/A_t = 1.580$。

位置	喷柱面	燃烧室末端	喉部	出口 I	出口 II	出口 III	出口 IV
参数							
$P_{\text{inj}}/\text{psi}$	1.00	1.195	1.886	10.000	10.000	282.15	709.71
T/K	3 389	3 346	3 184	2 569	1 786	1 468	1 219
$\mathcal{M}/(\text{kg}\cdot\text{kg}^{-1}\cdot\text{mol}^{-1})$ （等效平均分子质量）	12.7	12.7	12.8	13.1	13.2	13.2	13.2
k（比热比）	1.14	1.14	1.15	1.17	1.22	1.24	1.26
$C_p/(\text{kJ}\cdot\text{kg}^{-1}\cdot\text{K}^{-1})$	8.284	8 250	7 530	4.986	3.457	3.224	3.042
Ma（马赫数）	0.00	0.413	1.000	2.105	3.289	3.848	4.379
A_2/A_t	1.580[a]	1.580[a]	1.000	2.227	11.52	25.00	50.00
$c/(\text{m}\cdot\text{s}^{-1})$	NA	NA	2 879[b]	3 485	4 150	4 348	4 487
$v_2^c/(\text{m}\cdot\text{s}^{-1})$	NA	NA	1 537[b]	2 922	3 859	4 124	4 309
气体混合物摩尔参数							
H	0.033 90	0.033 36	0.027 47	0.008 93	0.000 24	0.000 02	0.000 00
HO_2	0.000 02	0.000 01	0.000 01	0	0	0	0
H_2	0.294 10	0.293 84	0.293 58	0.296 59	0.300 37	0.300 50	0.300 52
H_2O	0.636 43	0.638 58	0.653 37	0.685 92	0.699 35	0.699 48	0.699 48
H_2O_2	0.000 01	0.000 01	0	0	0	0	0
O	0.002 4	0.002 04	0.001 30	0.000 09	0	0	0
OH	0.031 62	0.030 45	0.023 14	0.004 77	0.000 04	0	0
O_2	0.001 79	0.001 72	0.001 13	0.000 09	0	0	0

[a] 燃烧室收缩比为 A_1/A_t；

[b] 若在喉部切断；

[c] 为真空等效排气速度；

v_2 为最佳喷管膨胀条件下的喷管出口速度；

NA 指无数据。

上述计算的比冲量值将高于发动机实际试车所获得的值。实践中发现试验值一般比本章方法计算得到的值低3%~12%。考虑第3章中解释的喷管低效率，该偏差（1%~4%）是由燃烧效率低下造成的。

火箭推进系统计算机程序的许多输入数据（如本章中使用的各种推进剂组分的物理和化学特性）都是基于超过25年的试验。其中一些是新修订的数值，但认为差异相对较小。

图5-2~图5-7表示液体推进剂组合液氧/RP-1（火箭推进剂1）的计算结果。这些数据来自参考文献5-7和5-8。RP-1是一种类似于煤油的窄馏分烃类燃料，类似于煤油，平均每摩尔碳含有1.953 g原子氢，因此，它的定义式为$CH_{1.953}$。计算的燃烧室压力为1 000 psi。大多数曲线对应大气压，即1 atm或14.696 psi下最佳面积比及有限范围的氧化剂-燃料混合比。

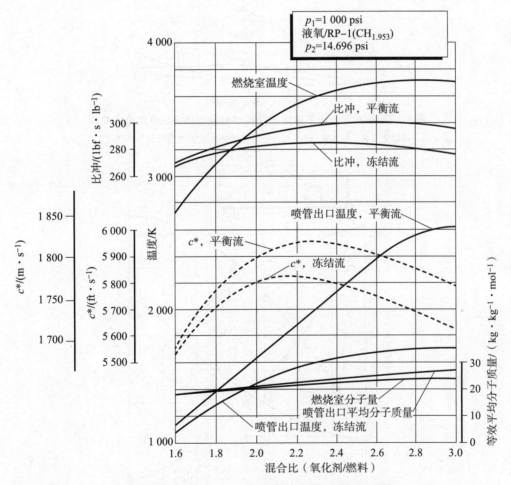

图5-2 不同混合比下液氧和烃类燃料的性能计算

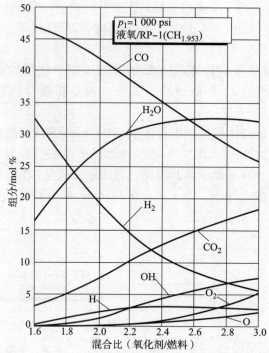

图 5-3　不同混合比下液氧和烃类燃料的燃烧室燃气组分计算值
（腐蚀性气体，如 O_2、O 或 OH 会引起燃烧室和喷管室壁材料的氧化）

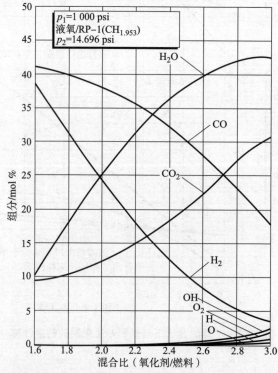

图 5-4　平衡流条件下计算得到的喷管出口气体组成成分与混合比的关系
（仅在较高的温度或较高的混合比下燃气才会分解成 O、OH 或 H 和自由的 O_2）

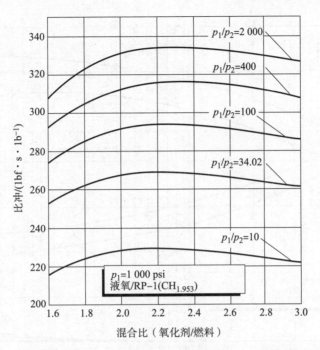

图 5-5 理论比冲随混合比和压比的变化（冻结流）

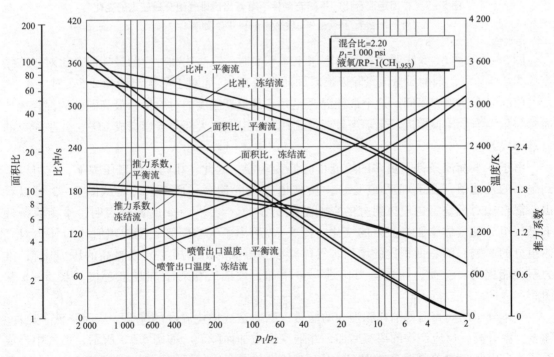

图 5-6 混合比为 2.20 的液氧-烃推进剂的参数计算值随减压比的变化
（增加压比可通过增加室压、降低喷管出口压力（面积比和高度提高）或采用两者来实现）

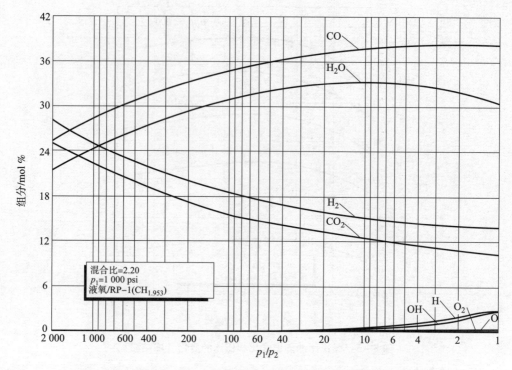

图 5 - 7　在固定混合比、平衡流条件下喷管出口排气组分随压比的变化

(对于冻结流，排气组分与燃烧室组分相同，如图 5 - 2 所示)

图 5 - 2 和图 5 - 5 表明，在气体膨胀至海平面时，最高比冲对应的最佳混合比对于冻结流约为 2.3（氧化剂的质量流量除以燃料的质量流量），而对于平衡流约为 2.5。对应于 c^* 最大值的混合比稍有不同。这个最佳混合比并不是最高温度的对应值，最高温度的混合比值通常与化学当量比很接近。化学当量混合比在 3.0 以上，大部分碳燃烧成 CO_2，几乎所有的氢都形成 H_2O。

由于在平衡流条件下更多的焓能可转换为动能，因此在相同的出口压力下，它可以得到更高的性能值（更高的 I_s 或 c^*），喷管出口温度较高（图 5 - 2）。从图 5 - 3 可以看出，混合比对燃烧室内气体组分的影响是很明显的。与图 5 - 4 的比较表明，平衡流条件下燃气组分随气体膨胀有显著的变化。图 5 - 7 给出了气体膨胀程度或喷管出口压力对气体组分的影响。随着面积比的增加，气体膨胀到更低的出口压力（或更高的压力比），推力室性能提高。然而，随着压力比进一步增加，性能的相对增加越来越慢（图 5 - 6 和图 5 - 7）。

气体分子的离解需要消耗相当大的能量，因此造成燃烧温度的降低，从而降低了比冲。随着室温升高，反应产物的离解增加，并随室压增加而降低。如图 5 - 3 所示，燃气中形成原子或自由基，如单原子 O 或 H 和 OH，在较高的混合比和很高的燃烧温度下还有一些未反应的 O_2。随着气体温度在喷管膨胀过程中的降低，离解的物质倾向于形成分子并将热量释放到流动的气体中。从图 5 - 4 可以看出，只有在高混合比下，喷管出口才有离解组分存在，且其百分数很小。（平衡流条件下的出口温度见图 5 - 2）。超声速流中的热量释放实际上使马赫数降低。

几种不同的液体和固体推进剂组合的热化学计算结果，如表5-6和表5-7所列。对于液体推进剂组合，所列出的混合比是最佳的，其性能是最大值。对于固体推进剂，由于一些实际考虑因素（如推进剂物理性质），推进剂装药的成分并不总能根据最佳性能进行比例混合（黏结剂不足）。因此，表5-7中列出的固体推进剂的值部分对应于具有较好的物性和内弹道特性的实际配方。

表5-6 液体火箭推进剂组合的理论性能

氧化剂	燃料	混合比		平均相对密度	燃烧温度/K	c^*/(m·s^{-1})	$\mathfrak{M}$/(kg·kg^{-1}·mol^{-1})	I_s/s		k
		质量	容积					平衡	冻结	
氧	甲烷	3.20	1.19	0.81	3 526	1 835	20.3		296	1.20
		3.00	1.11	0.80	3 526	1 853		311		
	肼	0.74	0.66	1.06	3 285	1 871	18.3		301	1.25
		0.90	0.80	1.07	3 404	1 892	19.3	313		
	氢	3.40	0.21	0.26	2 959	2 428	8.9		386	1.26
		4.02	0.25	0.28	2 999	2 432	10.0	389.5		
氟	RP-1	2.24	1.59	1.01	3 571	1 774	21.9	300	285.4	1.24
		2.56	1.82	1.02	3 677	1 800	23.3			
	UDMH	1.39	0.96	0.96	3 542	1 835	19.8		295	1.25
		1.65	1.14	098	3 594	1 864	21.3	310		
	肼	1.83	1.22	1.29	4 553	2 128	18.5	334		1.33
		2.30	1.54	1.31	4 713	2 208	19.4		365	
	氢	4.54	0.21	0.33	3 080	2 534	8.9		389	1.33
		7.60	0.35	0.45	3 900	2 549	11.8	410		
四氧化二氮	肼	1.08	0.75	1.20	3 258	1 765	19.5		283	1.26
		1.34	0.93	1.22	3 152	1 782	20.9	292		
	50% UDMH -50% 肼	1.62	1.01	1.18	3 242	1 652	21.0		278	1.24
		2.00	1.24	1.21	3 372	1 711	22.6	289		
	RP-1	3.4	1.05	1.23	3 290		24.1		297	1.23
	MMH	2.15	1.30	1.20	3 396	1 747	22.3	289		
		1.65	1.00	1.16	3 200	1 591	21.7		278	1.23

续表

氧化剂	燃料	混合比		平均相对密度	燃烧温度/K	$c^*/$ (m·s^{-1})	$\mathcal{M}/$(kg·kg^{-1}·mol^{-1})	$I_s/$s		k
		质量	容积					平衡	冻结	
红烟硝酸	RP-1	4.1	2.12	1.35	3 175	1 594	24.6	258		1.22
		4.8	2.48	1.33	3 230	1 609	25.8	269		
	50%UDMH -50%肼	1.73	1.00	1.23	2 997	1 682	20.6	272		1.22
		2.20	1.26	1.27	3 172	1 701	22.4	279		
过氧化氢 (90%)	RP-1	7.0	4.01	1.29	2 760		21.7	297		1.19

注：燃烧室压力为 1 000 psi（6 895 kN/m²）；喷管出口压力为 14.7 psi（1 atm）；最佳膨胀。
理想气体绝热燃烧，等熵膨胀。
对于在 1 atm 压力下沸点低于 20 ℃ 的氧化剂或燃料，采用沸点时的比重①。
混合比为近似对应于最大 I_s 的值。

表 5-7 典型固体火箭推进剂配方的理论性能

氧化剂	燃料	$\rho/$ (g·cm^{-3})	$T_1/$K	$c^*/$ (m·s^{-1})[b]	$\mathcal{M}/$(kg·kg^{-1}·mol^{-1})	$I_s/$s[b]	k
硝酸铵	11%的黏结剂与7%的添加剂	1.51	1 282	1 209	20.1	192	1.26
过氧酸铵 78%~66%	18%的有机聚合物黏结剂和4%~20%的铝粉	1.69	2 816	1 590	25.0	262	1.21
过氧酸铵 84%~68%	12%的聚合物黏结剂和4%~20%的铝粉	1.74	3 371	1 577	29.3	266	1.17

[a] 固体推进剂的平均比重，参见参考文献 12-1。
[b] I_s 和 c^* 的计算条件：燃烧室压力 1 000 psi；喷管出口压力 14.7 psi；最佳喷管膨胀比、冻结流。

对于一种特定固体推进剂，表 5-8~表 5-10 列出了从参考文献 5-13 获得的计算结果。这种特定的推进剂由 60% 的高氯酸铵（NH_4ClO_4）、20% 的纯铝粉和 20% 的有机聚合物（化学组分为 $C_{3.1}ON_{0.84}H_{5.8}$）组成。表 5-8 给出了一些性能参数随燃烧室压力（膨胀到出口大气压）的变化，所列出的面积比为平衡流条件下该膨胀的最佳值。出口焓值、出口熵值、推力系数和比冲量也根据平衡流条件得出，特征速度 c^* 和燃烧室分子量仅与燃烧室状态有关。表 5-9 给出了气体组分随燃烧室压力的变化，此时一些燃烧产物处于液相，如 Al_2O_3。表 5-10 给出了在一定的燃烧室压力和平衡流条件下，喷管出口特性和气体组分随出口压力或压比的变化。表 5-10 还给出了气体在喷管膨胀过程中的组分变化，以及燃烧室内存在的几种组分是如何在喷管出口消失的。这三个表格给出了通过计算机得到的理论计算

---

① 在 SI 单位中用密度不用比重，比重也称为比重比和相对密度。——译者

结果。由于反应物和产物的一些热力学性质的原因，这 5 条曲线图不能保证有很高的精度。在对该固体推进剂的化学组分的分析中，除了考虑主要燃烧产物组分外，还考虑了约 76 种次要的反应产物，包括 CN、CH、CCl、Cl、NO 等。它们的摩尔分数计算值很小，因此可以忽略不计，在表 5 – 9 或 5 – 10 中没有列出。

表 5 – 8　含铝过氯酸铵推进剂的性能计算值随燃烧室压力的变化（膨胀到海平面压力（1 atm），平衡流）

室压/psi	1 500	1 000	750	500	200
室压/atm（或压比 p_1/p_2）	102.07	68.046	51.034	34.023	13.609
燃烧室温度/K	3 346.9	3 322.7	3 304.2	3 276.6	3 207.7
喷管出口温度/K	2 007.7	2 135.6	2 226.8	2 327.0	2 433.6
燃烧室焓/(cal·g^{-1})	-572.7	-572.17	-572.17	-572.17	-572.17
出口焓/(cal·g^{-1})	-1 382.19	-1 325.15	-1 283.42	-1 912.8	-1 071.2
熵/(cal/(g·K))	2.182 6	2.210 1	2.229 7	2.257 4	2.30
燃烧室分子质量/(kg·mol^{-1})	29.303	29.215	29.149	29.050	28.908
出口分子质量/(kg·mol^{-1})	29.879	29.853	29.820	29.763	29.668
出口马赫数 Ma	3.20	3.00	2.86	2.89	2.32
燃烧室比热比 k	1.136 9	1.135 1	1.133 7	1.131 8	1.127 2
真空比冲/s	287.4	290.1	274.6	265.7	242.4
海平面比冲/s	265.5	256.0	248.6	237.3	208.4
特征速度 c^*/(m·s^{-1})	1 532	1 529	1 527	1 525	1 517
喷管面积比[a]A_2/A_t	14.297	10.541	8.507	8.531	6.300
推力系数 C_F	1.700	1.641	1.596	1.597	1.529

[a] 最佳膨胀条件。
来源：参考文献 5 – 13。

表 5 – 9　固体推进剂燃烧室燃气组分的摩尔分数随燃烧室压力的变化

压力/psi	1 500	1 000	750	500	200
压力/atm（或压比）	102.07	68.046	51.034	34.023	13.609
组分					
Al	0.000 07	0.000 09	0.000 10	0.000 12	0.000 18
AlCl	0.004 54	0.004 99	0.005 30	0.005 72	0.006 55
$AlCl_2$	0.001 81	0.001 67	0.001 57	0.001 42	0.001 12
$AlCl_3$	0.000 29	0.000 23	0.000 19	0.000 15	0.000 09
AlH	0.000 02	0.000 02	0.000 02	0.000 02	0.000 02
AlO	0.000 07	0.000 09	0.000 11	0.000 13	0.000 19
AlOCl	0.000 86	0.000 95	0.001 02	0.001 12	0.001 32
AlOH	0.000 29	0.000 32	0.000 34	0.000 36	0.000 41
AlO_2H	0.000 24	0.000 26	0.000 28	0.000 31	0.000 36

续表

压力/psi	1 500	1 000	750	500	200
压力/atm（或压比）	102.07	68.046	51.034	34.023	13.609
组分					
Al_2O	0.000 03	0.000 04	0.000 04	0.000 05	0.000 06
Al_2O_3（固态）	0.000 00	0.000 00	0.000 00	0.000 00	0.000 00
Al_2O_3（液态）	0.094 25	0.093 78	0.093 43	0.092 93	0.091 78
CO	0.224 34	0.223 74	0.223 28	0.222 59	0.220 85
COCl	0.000 01	0.000 01	0.000 01	0.000 01	0.000 00
CO_2	0.007 85	0.007 90	0.007 93	0.007 99	0.008 10
Cl	0.005 41	0.006 20	0.006 81	0.007 72	0.010 02
Cl_2	0.000 01	0.000 01	0.000 01	0.000 01	0.000 01
H	0.021 79	0.025 25	0.027 76	0.031 57	0.041 25
HCl	0.120 21	0.119 00	0.118 08	0.006 68	0.113 21
HCN	0.000 03	0.000 02	0.000 01	0.000 01	0.000 01
HCO	0.000 03	0.000 02	0.000 02	0.000 02	0.000 01
H_2	0.325 99	0.323 80	0.322 15	0.319 68	0.313 62
H_2O	0.089 60	0.089 73	0.089 16	0.088 86	0.087 87
NH_2	0.000 01	0.000 01	0.000 01	0.000 00	0.000 00
NH_3	0.000 04	0.000 03	0.000 02	0.000 01	0.000 01
NO	0.000 19	0.000 21	0.000 23	0.000 25	0.000 30
N_2	0.099 10	0.098 86	0.098 67	0.098 39	0.097 67
O	0.000 10	0.000 14	0.000 16	0.000 21	0.000 36
OH	0.002 62	0.002 97	0.003 24	0.003 64	0.004 58
O_2	0.000 01	0.000 01	0.000 02	0.000 02	0.000 04

来源：参考文献 5-13。

表 5-10　含铝过氯酸铵推进剂在 p_1 = 1 800 psi 的热力学性质和出口气体组分的计算值随出口压力的变化（平衡流，最佳膨胀）

参数	燃烧室	喉部			喷管出口		
压力/atm	102.07	58.860	2.000	1.000	0.510 3	0.255 2	0.127 6
压力/MPa	10.556	5.964	0.206 4	0.103 2	0.052 7	0.026 4	0.013 2
喷管面积比	>0.2	1.000	3.471	14.297	23.972	41.111	70.888
温度/K	3 346.9	3 147.3	2 228.5	2 007.7	1 806.9	1 616.4	1 443.21
燃烧室压力与当地压力之比	1.000	1.734 1	51.034	102.07	200.00	400.00	800.00

续表

参数	燃烧室	喉部			喷管出口		
平均分子质量/ (kg·mol^{-1})	29.303	29.453	29.843	29.879	29.894	29.899	29.900
组分							
Al	0.000 07	0.000 03	0.000 00	0.000 00	0.000 00	0.000 00	0.000 00
AlCl	0.004 54	0.002 84	0.000 14	0.000 08	0.000 00	0.000 00	0.000 00
AlCl$_2$	0.001 81	0.001 20	0.000 02	0.000 00	0.000 00	0.000 00	0.000 00
AlCl$_3$	0.000 29	0.000 23	0.000 02	0.000 00	0.000 00	0.000 00	0.000 00
AlOCl	0.000 86	0.000 55	0.000 01	0.000 00	0.000 00	0.000 00	0.000 00
AlOH	0.000 29	0.000 16	0.000 00	0.000 00	0.000 00	0.000 00	0.000 00
AlO$_2$H	0.000 24	0.000 13	0.000 00	0.000 00	0.000 00	0.000 00	0.000 00
Al$_2$O	0.000 03	0.000 01	0.000 00	0.000 00	0.000 00	0.000 00	0.000 00
Al$_2$O$_3$(固态)	0.000 00	0.000 00	0.099 55	0.099 69	0.099 74	0.099 76	0.099 76
Al$_2$O$_3$(液态)	0.094 25	0.096 08	0.000 00	0.000 00	0.000 00	0.000 00	0.000 00
CO	0.224 34	0.005 11	0.225 53	0.224 16	0.220 08	0.218 24	0.216 71
CO$_2$	0.007 85	0.007 87	0.009 94	0.011 26	0.011 20	0.015 48	0.018 85
Cl	0.005 41	0.004 41	0.000 74	0.000 28	0.000 00	0.000 02	0.000 00
H	0.021 97	0.017 22	0.002 58	0.000 95	0.000 30	0.000 07	0.000 01
HCl	0.120 21	0.125 05	0.136 35	0.137 07	0.137 34	0.137 43	0.137 46
H$_2$	0.325 99	0.330 67	0.344 03	0.346 30	0.348 42	0.352 88	0.354 42
H$_2$O	0.089 60	0.087 04	0.080 91	0.079 67	0.077 96	0.075 51	0.072 14
NO	0.000 19	0.000 11	0.000 01	0.000 00	0.000 00	0.000 00	0.000 00
N$_2$	0.099 10	0.099 50	0.100 48	0.100 59	0.100 63	0.100 64	0.100 65
O	0.000 10	0.000 05	0.000 00	0.000 00	0.000 00	0.000 00	0.000 00
OH	0.002 62	0.001 72	0.000 09	0.000 05	0.000 02	0.000 00	0.000 00

来源：参考文献 5-13。

这些计算结果可用于估算特定燃烧室压力和喷管出口压力的性能（I_s、c^*、C_F、ε 等），而气体组分（如前面的图和表中所示）有助于更详细地估算其他设计参数，例如，用于传热分析的对流特性，推力室内外火焰的辐射特性以及气体的声学特性。有关固液混合推进剂的性能计算数据在第 16 章中进行了简要介绍。

本章中的热化学分析也可以应用于燃气发生器。计算结果（如气体温度 T_1、摩尔比定压热容 C_p、比热比 k 或气体组分）用于估计涡轮入口条件或涡轮功率。在燃气发生器或者分级燃烧循环发动机（见 6.6 节）的预燃室中，燃气温度要足够低，以避免损坏涡轮叶片。通常，燃烧产物的温度为 800~1 200 K，低于推力室中的气体温度（2 900~3 600 K）。表 5-11 中列出了室压为 1 000 psi 的实例。一些气态物质将不存在（如原子氧或羟基）。通常需要使用真实的气体性质,因为有些气体在这样的温度下不再具有理想气体的性质。

表 5-11 高燃液体推进剂燃气发生器的典型燃气特性

推进剂	T_1/K	k	气体常数 R/ (ft·lbf·lbm^{-1}·°R^{-1})	氧化剂与 燃料之比	摩尔比定压热容 C_p/ (kcal·kg^{-1}·K^{-1})
液氢/液氧	900	1.370	421	0.919	1.99
	1 050	1.357	375	1.065	1.85
	1 200	1.338	347	1.208	1.78
液氧/煤油	900	1.101	4.5	0.322	0.639
	1 050	1.127	5.3	0.423	0.654
	1 200	1.148	64.0	0.516	0.662
四氧化二氮/二甲基肼	1 050	1.420	87.8	0.126	0.386
	1 200	1.420	99.9	0.274	0.434

- **符号**

　　* 此表不包括化学元素、化合物或数学运算符

a/b	千克原子数
A_t	喉部面积,m^2
A_p	通气面积,m^2
c^*	特征速度,m/s
c_p	比定压热容,J/(kg·K)
C_p	气体混合物的定压摩尔比热容(摩尔比定压热容),J/(kg·mol·K)
g_0	海平面重力加速度,9.806 6 m/s^2
G	推进剂燃气混合物的吉布斯自由能的变化,J/kg
$\Delta_f G^0$	在 298.15 K 和 1 bar 下生成自由能的变化
G_j	特定组分 j 的自由能,J/kg
ΔH	总焓变化,J/kg 或 J/(kg·mol)
ΔH_j	特定组分 j 的焓变,J/kg
$\Delta_r H^0$	在 298.15 K 和 1 bar 的基准条件下的反应热,J/kg
$\Delta_f H^0$	在 298.15 K 和 1 bar 的基准条件下的生成热,J/kg
h_j	特定组分的焓,J/kg 或 J/(kg·mol)
I_s	比冲,s
k	比热比
ℓ	混合物中给定化学物质的总数
m	气体组分数目
$\dot{m}$	质量流率,kg/s

$\mathfrak{M}$	气体混合物的等效平均分子质量，kg/mol 或 kg/(kg·mol)
n	气体混合物中的组分总数或摩尔数，(kg·mol)/kg
n_j	组分 j 的摩尔分数或容积分数，(kg·mol)/kg 或 mol
p	气体混合物的压力，N/m² (MPa)
r	反应物的总数
R	气体常数，J/(kg·K)
R'	通用气体常数，8 314.3 J/(kg·mol·K)
S	熵，J/(kg·mol·K)
T	热力学温度，K
T_{ad}	绝热温度，K
U	内能，J/(kg·mol)
v	气体速度，m/s
V	比容，m³/kg
X_j	组分 j 的摩尔分数

■ 希腊字母

ρ	密度，kg/m³

■ 下标

a, b	反应物组分 A 或 B 的摩尔分数
c, d	产物组分 C 或 D 的摩尔分数
i	特定推进剂的原子组分
j	反应物或产物的组分
mix	气体混合物
ref	基准状态（也用上标"0"）
1	燃烧室
2	喷管出口
3	外界大气

习　题

1. 解释在氧化剂与燃料的特定流动混合比下特定脉冲的最大值的物理和/或化学原因。
2. 解释在表 5-9 中，单原子氢和单原子氧的相对比例随着不同的室压和出口压力而显著变化。

3. 本章包含几个液氧和 RP-1 烃燃料性能图表。如果错误地使新装的低温氧化剂含有至少 15% 的液氮，请讨论在性能值测试结果中应该预期的一般趋势，可能是室内和喷嘴条件下的废气成分，并找到新的最佳混合物比。

4. 理想气体的混合物由 3 kg 一氧化碳和 1.5 kg 氮气组成，压力为 0.1 MPa，温度为 298.15 K。使用表 5-1，查找：

（1）混合物的等效平均分子质量；（2）气体常数；（3）比热比；（4）分压；（5）密度。

答案：（1）28 kg/(kg·mol)；（2）297 J/(kg·K)；（3）1.40；（4）0.066 6 MPa 和 0.033 3 MPa；（5）1.13 kg/m^3。

5. 使用表 5-2 中的信息，绘制一氧化碳的比热容作为温度的函数。注意这条曲线的趋势，这是其他双原子气体的典型温度特性。

答案：3 500 K 时 $R = 1.28$，2 000 K 时 $R = 1.30$，500 K 时 $R = 1.39$。

6. 修改并制表 5-6 中的两个条目，以便在空间真空中操作，即氧气/氢气和四氧化氮/肼。假设表中的数据代表设计条件。

7. 已经用称为硝基甲烷（CH_3NO_2）的液体单组元推进剂进行了各种试验，其可以分解成气态反应产物。使用水-气平衡条件确定 T、$\mathfrak{M}$、k、c^*、C_F 和 I_s 的值。假设没有解离，也没有 O_2。

答案：2 470 K，20.3 kg/(kg·mol)，1.25，1 527 m/s，1.57，244 s。

8. 本章中的数字显示了用 RP-1 燃烧液氧的几个参数和气体成分，RP-1 是一种煤油型材料。对于 2.0 的混合比，使用给定的组合物来验证腔室中的等效平均分子质量和图 5-2 中的比冲量（喷嘴中的冷冻平衡流量）。

参 考 文 献

5-1. F. Van Zeggeren and S. H. Storey, *The Computation of Chemical Equilibria*, Cambridge University Press, Cambridge, England, 1970.

5-2. S. S. Penner, *Thermodynamics for Scientists and Engineers*, Addison-Wesley, Reading, MA, 1968.

5-3. S. I. Sandler, *Chemical and Engineering Thermodynamics*, John Wiley & Sons, New York, 1999.

5-4. R. H. Dittman and M. W. Zemansky, *Heat and Thermodynamics*, 7th ed., McGraw-Hill, New York, 1996.

5-5. K. Denbigh, *The Principles of Chemical Equilibrium*, 4th ed., Cambridge University Press, Cambridge, England, 1981.

5-6. K. K. Kuo, *Principles of Combustion*, 2nd ed., John Wiley & Sons, Hoboken, NJ, 2005.

5-7. *JANAF Thermochemical Tables*, Dow Chemical Company, Midland, MI, Series A (June 1963) through Series E (January 1967).

5-8. M. W. Chase, C. A. Davies, J. R. Downey, D. J. Frurip, R. A. McDonald, and A. N. Syverud, *JANAF Thermochemical Tables*, 3rd ed., Part I, *Journal of Physical and Chemical Reference Data*, Vol. 14, Supplement 1, American Chemical Society, American Institute of Physics, and National Bureau of Standards, 1985.

5-9. D. D. Wagman et al., "The NBS Tables of Chemical Thermodynamic Properties," *Journal of Physical and Chemical Reference Data*, Vol. 11, Supplement 2, American Chemical Society, American Institute of Physics, and National Bureau of Standards, 1982.

5–10. J. B. Pedley, R. D. Naylor, and S. P. Kirby, *Thermochemical Data of Organic Compounds*, 2nd ed., Chapman & Hall, London, 1986, xii + 792 pages; ISBN: 9780412271007.

5–11. B. J. McBride, S. Gordon, and M. Reno, "Thermodynamic Data for Fifty Reference Elements," *NASA Technical Paper 3287*, January 1993. Also NASA/TP-3287/REV1; NASA NTRS Doc. ID 20010021116; http://hdl.handle.net/2060/20010021116.

5–12. B. J. McBride and S. Gordon, "Computer Program for Calculating and Fitting Thermodynamic Functions," *NASA Reference Publication 1271*, November 1992; http://hdl.handle.net/2060/19930003779; http://hdl.handle.net/2060/19880011868.

5–13. S. Gordon and B. J. McBride, "Computer Program for Calculation of Complex Chemical Equilibrium Compositions and Applications, Vol. 1: Analysis" (October 1994), http://hdl.handle.net/2060/19950013764; and "Vol. 2: User Manual and Program Description" (June 1996), *NASA Reference Publication 1311*.

5–14. S. Gordon and B. J. McBride, "Finite Area Combustor Theoretical Rocket Performance," *NASA TM* 100785, April 1988; http://hdl.handle.net/2060/19880011868.

5–15. D. R. Stull, E. F. Westrum, and G. C. Sinke, "The Chemical Thermodynamics of Organic Compounds," John Wiley & Sons, New York, 1969, xvii + 865 pages; ISBN: 9780471834908.

5–16. P. G. Hill and C. R. Peterson, "Mechanics and Thermodynamics of Propulsion," 2nd ed., Addison-Wesley/Prentice Hall, Reading, MA, 1992, xi + 754 pages; ISBN: 9780201146592.

第6章　液体推进剂火箭发动机基础

本章概述液体火箭发动机的基础知识，介绍识别液体火箭发动机的类型、关键部件、不同的推进剂和贮箱配置，还讨论了两种类型的推进剂供给系统、发动机循环、推进剂贮箱、增压子系统、发动机控制、阀门、管道和结构。第7章更详细地介绍了液体推进剂，第8章描述推力室（包括喷管）、小推进器以及传热，第9章介绍燃烧过程，第10章介绍涡轮泵，第11章介绍发动机设计、发动机控制、推进剂预算、发动机系统调整以及系统集成和发动机优化。

一般情况下，液体火箭推进系统由一个火箭发动机和一套贮箱（储存和供应推进剂）组成，它们拥有所有产生推力所必需的硬件和推进剂（见参考文献6-1）。该火箭发动机由一个或多个推力室、用于从贮箱向推力室供应推进剂的供给机构、为供给机构提供能量的动力源、用于在压力下传输液体推进剂的合适管路或管道、用于传递推力的结构，以及控制装置（包括阀）用于起动和停止，有时还用于改变推进剂流量，从而改变推力。液体推进剂被高压气体从贮箱中挤出，或者被泵输送到推进器中。图6-1展示了航天飞机主发动机（SSME），已于2011年退役。在撰写本书时，与SSME发动机基本相同的RS-25发动机正在开发（见参考文献6-2和6-3），用于NASA的空间发射系统（SLS）任务的初始飞行。RS-25发动机有更大的推力（512 000 lbf），但也只是SSME中简化了的且不可重复使用的型号。除了两个主要的高压、高速泵外，它还有两个低增压涡轮螺旋桨泵（见10.5节）。大型推进剂贮箱分别由小流量的气化氧和气化氢增压。罐体增压在6.5节中讨论。

在某些应用中，火箭发动机还包括推力矢量控制系统（用于改变推力矢量方向，见18章）、随机变量推力特性（见8.5节）、发动机状态监测和发动机健康监测子系统（见11.4节）和各种仪表/测量设备（见第21章）。本章讨论了液体推进剂贮箱和气体增压贮箱的子系统，并在本书中被认为是火箭推进系统的一部分[①]。

任何推进系统的设计都是为满足特定的任务需求而量身定做的，参见第19章。这些要求通常是根据其应用情况提出的，如防空导弹或空间运载火箭的第二级、飞行速度增加、飞行路径和飞行机动、发射地点、最低寿命（储存或在轨）或运载飞行器数目。此类要求通常还包括发动机惰性质量、成本或安全规定方面的限制。第19章给出了其他的标准、约束条件和选择过程。

[①] 推进系统的设计、开发、制造和运行的责任通常由火箭发动机组织和飞行器组织共同承担。然而，无论是在文献中还是在实际的行业实践中，对组件或子系统的责任分配都不是严格或一致的。例如，一些飞行器设计/开发组织已经把贮箱和发动机结构的部分，设计成他们飞行器的一部分。在各种情况下，贮箱增压系统被认为是发动机、推进系统或飞行器的一部分。对于某些反作用控制系统，飞行器开发人员通常承担推进系统的责任，只从火箭发动机公司获得小型推进器和小型推进剂阀门。在一些项目中，如维和导弹第四阶段，火箭发动机开发人员不仅开发了发动机，而且还开发了运载火箭的推进贮箱和增压系统。

第6章 液体推进剂火箭发动机基础

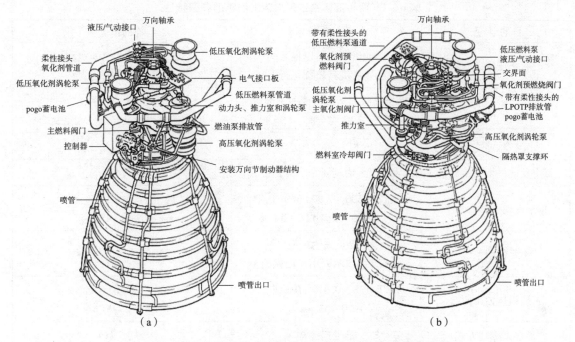

图6-1 两个载人变推力可重复使用的航天飞机主发动机视图

（现在这个发动机经过改良，命名为RS-25，将支持NASA的空间发射系统初始任务。它使用液态氧和液态氢作为推进剂，其真空推力为512 000 lbf。由Aerojet Rocketdyne和NASA提供）

根据任务要求及其定义，可以推导出对推进系统和发动机的要求，包括推力-时间曲线、最小比冲、推力室数量、总冲量、重启次数（如果有的话）、可以使用的推进剂、发动机质量或尺寸的限制。针对某一特定任务，可以对某些发动机参数，如推力、燃烧室压力、混合比、发动机质量或喷管出口面积比进行分析优化。其他发动机参数可以根据研究设计的经验来选择，包括供给系统、发动机部件的布置、发动机循环、推力调节和推力矢量控制的替代方法。为了选择指定任务的设计系统方案，可以比较两个或多个初步方案来设计。

表1-3、表11-2和表11-3给出了所选火箭发动机的典型数据。许多不同类型的火箭发动机已经被研究、制造和应用，推力大小从小于0.01 lb到超过175万lb（0.044 N～7.7 MN），这些不同类型液体火箭发动机，可单次启动，也可多次启动（一些小型推进器有超过150 000次的重复起动），有推力调节（称为节流）或无推力调节，一次使用或可重复使用，作为单个发动机，或多个发动机集群。

液体火箭发动机分类的一种方法见表6-1，共有两种：一种是用于增加有效载荷并显著增加速度；另一种是用于轨道调整和姿态控制的辅助推进。液体火箭发动机系统还有另外几种分类方式。它们可以是可重复使用的（如航天飞机主发动机或用于战斗机快速上升或机动的火箭发动机）或仅适用于单次飞行（作为消耗性运载火箭的发动机），并且可以是可重启的（如反作用控制发动机）或单次发射（如空间运载火箭助推器），也可以根据其推进剂、应用或阶段（如上级或增压级）、推力水平以及供给系统类型（挤压式或压式）进行分类。

表6-1 两种液体推进剂火箭发动机的典型特性

目的/特点	主推进	辅助推进
任务	推动运载火箭以显著的速度沿其轨迹飞行	姿态控制，小空间机动，弹道修正，轨道维护
应用	助推器级和运载火箭的上面级，大型导弹	航天器、卫星、反弹道导弹的最高级、太空交会
总冲	高	低
每个发动机推力室数量	通常1个，有时4个、3个或2个	2~24个
每个发动机推力水平	高；4 500~7 900 000 N 或 1 000~1 770 000 lbf	低；0.001~4 500 N，有些达到1 000 lbf
主要供给系统	主要是涡轮泵型，小推力偶尔采用挤压供给	高压气挤压供给系统
贮箱压力范围	0.138~0.379 MPa 或 20~55 psi	0.689~17.23 MPa 或 100~2 500 psi
最常见冷却方式	推进剂冷却	辐射冷却
推进剂	低温可储存液体	可储存液体，单组元推进剂或高压冷气
燃烧室压力	2.4~21 MPa 或 350~3 600 psi	0.14~2.10 MPa 或 20~400 psi
单次任务期间启动次数	通常不重启；有时1次，但在某些情况下4次	对于一些太空任务几千次起动
点火累计时间	几分钟	几小时
最短点火时间	通常5~40 s	0.02 s（典型脉冲小推进器）
达到最大推力消耗时间	几秒	0.004~0.080 s
空间寿命	小时，天或月	15年或更长

推力室或推进器包括燃烧装置。在该装置中，调节液体推进剂流量、注入、雾化、混合，然后燃烧，产生高温产物，这些反应产物又被加速和喷射，输出推力。推力室有三个主要部件：喷注器、燃烧室和喷管。在再冷却推力室中，其中一种推进剂（通常是燃料）通过冷却套或一种特殊的冷却装置进行循环，以吸收高温燃气传递给壁面的热量（图8-2和图8-9）。还有非冷却或吸热的推力室，例如使用烧蚀材料的推力室。推力室在第8章讨论。

液体推进剂火箭发动机的供给系统有两种：一种是用泵将推进剂从运载火箭的贮箱中抽出，另一种是用高压气体将推进剂从贮箱中挤出。这些将在6.3节、6.4节和6.6节中进一步讨论。

固体推进剂在第12~15章中有介绍。表19-1~表19-4比较了液体火箭发动机和固体火箭发动机的优缺点。固液混合推进将在第16章讨论。

6.1 推进剂的类型

推进剂是火箭发动机的工质，构成了化学变化和热力学变化的流体。液体推进剂包括所有以液体形式储存的各种推进剂，主要有以下几种（见第7章）。

（1）氧化剂（液氧、硝酸、四氧化二氮等）。
（2）燃料（煤油、酒精、液氢等）。
（3）能自我分解的化合物（或氧化剂和燃料成分的混合物），如联氨。
（4）上述任何一种，但有胶凝剂（这些胶凝剂尚未获准生产）。

双组元推进剂由两种液体推进剂、氧化剂和燃料组成。它们是最常见的类型，应分别存储，在燃烧室中混合（见下面混合比的定义）。自燃双组元推进剂组合物，在氧化剂与液体燃料接触时自燃。非自燃双组元推进剂组合需要外部能量点燃推进剂（如放电产生的热量），这样的发动机需要点火系统。

单组元推进剂在同一种液体物质中包含氧化剂和可燃物。它可能是几种化合物的混合物，也可能是同质材料，如过氧化氢或联氨。单组元燃料在常温储存条件下是稳定的，但在室内加热或催化时分解并产生高温燃气。

冷气推进剂（如氮、氩或气态氦）在环境温度下储存，但压力相对较高；它的性能相对较低，但系统简单，通常非常可靠。它们已经被用于滚转控制和姿态控制。

低温推进剂是一种低于环境温度的液化气体，如液氧（-183 ℃）或液氢（-253 ℃）。这种类型的推进剂需要增加贮箱排气和减少汽化损失的装置。

可储存推进剂（如硝酸或汽油）在环境温度和中等压力下为液体，可长期存放在密封的容器中。可储存的推进剂在空间环境中保持液态，它们的储存能力取决于特定的贮箱设计、热条件和贮箱压力。氨就是其中的一个例子。

凝胶推进剂是带有凝胶添加剂的触变性液体。它在储藏时表现为果冻或厚漆（不会轻易溢出或泄漏），但可以在压力下流动并燃烧，因此在某些方面更安全。凝胶推进剂已经在一些试验火箭发动机中使用，但是到目前为止，凝胶推进剂还没有生产（见本书第8版）。

混合推进剂通常有液体氧化剂和固体燃料，这些将在第16章中讨论。

对于双组元推进剂，推进剂混合比表示参与流动混合并在燃烧室内反应产生燃气的氧化剂和燃料比率。混合比 r 定义为氧化剂质量流量 $\dot{m}_0$ 与燃料质量流量 $\dot{m}_f$ 的比值：

$$r = \dot{m}_0 / \dot{m}_f \tag{6-1}$$

如第5章所述，这种混合比会影响燃烧产物的组成和温度。通常混合比选择的值可以产生最大比冲（或者比值 $T_1/\mathfrak{M}$，其中 T_1 是燃烧的温度，$\mathfrak{M}$ 是燃气的平均分子质量，见式（3-16）和图3-2。对于给定的推力 F 和给定有效排气速度 c，总推进剂流量 $\dot{m}$，见式（2-6），即 $\dot{m} = F/c$，$\dot{m}$、$\dot{m}_0$、$\dot{m}_f$、r 之间的实际关系如下：

$$\dot{m} = \dot{m}_0 + \dot{m}_f \tag{6-2}$$

$$\dot{m}_0 = r\dot{m}/(r+1) \tag{6-3}$$

$$\dot{m}_f = \dot{m}/(r+1) \tag{6-4}$$

当 w 和 $\dot{w}$（重量和重量流量）代替 m 和 $\dot{m}$（质量和质量流量）时，上述四个方程通常是有效的。对于具体的混合比例，表5-6给出了若干不同推进剂组合的计算性能值。第7

章介绍了几种常见的液体推进剂的物理性质和安全性问题。

例 6-1 液氧液氢火箭推力室产生 10 000 psi 推力，在燃烧室推力为 1 000 lbf，混合比为 3.40，燃气的平均分子质量 $\mathfrak{M}$ 为 8.90 lbm/mol，燃烧温度 T_1 为 4 380 °F，比热比为 1.26。确定在 $p_3 = p_2 = 1.58$ psi 高度最佳工作的喷管喉部面积、喷管出口面积、推进剂海平面质量流量和体积流量以及工作 2.5 min 所需的总推进剂要求。对于这个问题，假设实际的比冲是理论的 97%，而推力系数 C 是理想值的 98%。

解 喷管的排气速度由式 (3-16) 确定，但在英制工程单位中引入修正系数 g_0，则

$$c = v_2 = \sqrt{\frac{2g_0 k}{k-1} \frac{R'T_1}{m}\left[1-\left(\frac{p_2}{p_1}\right)^{\frac{(k-1)}{k}}\right]}$$

$$= \sqrt{\frac{2 \times 32.2 \times 1.26}{0.26} \frac{1\,544 \times 4\,840}{8.9}(1-0.001\,58^{0.206})} = 13\,890 \text{ (ft/s)}$$

理论比冲是 c/g_0，或者在最优膨胀情况下为 v_2/g_0 或 $13\,890/32.2 = 431$ (s)。实际的比冲就变成了 $431 \times 0.97 = 418$ (s)。理论或理想推力系数从式 (3-30) 或图 3-5 中 $p_2 = p_3$ 和压力比 $p_1/p_2 = 633$，$C_F = 1.76$ 可以得到。实际推力系数略小，约为理论值的 98%，所以 $C_F = 1.72$。需要的喉部面积可由式 (3-31) 计算，即

$$A_t = F/(C_F p_1) = 10\,000/(1.72 \times 1\,000) = 5.80 \text{ (in}^2\text{)} \text{ （直径为 2.71 in）}$$

由式 (3-25) 或图 3-4 可得最优面积比为 42。出口区域为 $5.80 \times 24 = 244$ (in²)（直径为 17.6 in）。在海平面，液氧的密度是 71.1 lbf/ft²，液氢的密度为 4.4 lbf/ft³（见表 7-1 或图 7-1）。推进剂的质量流量由式 (2-5)、式 (6-3) 和式 (6-4) 计算，即

$$\dot{w} = F/I_s = 10\,000/418 = 24.0 \text{ (lbf/s)}$$
$$\dot{w}_0 = \dot{w}r/(r+1) = 24.0 \times 3.40/4.40 = 18.55 \text{ (lbf/s)}$$
$$\dot{w}_f = \dot{w}/(r+1) = 24/4.40 = 5.45 \text{ (lbf/s)}$$

体积流量由其液体质量密度（或特定比重）和计算出的海平面的质量流量决定：

$$\dot{V}_0 = \dot{w}_0/\rho_0 = 18.55/71.1 = 0.261 \text{ (ft}^3/\text{s)}$$
$$\dot{V}_f = \dot{w}_f/\rho_f = 5.45/4.4 = 1.24 \text{ (ft}^3/\text{s)}$$

对于 150 s 的运行（任意地允许起动和停止两个瞬态相同，额外增加 2 s 和不可用的剩余推进剂），所需推进剂的重量和体积如下：

$$w_0 = 18.55 \times 152 = 2\,820 \text{ (lbf)} \quad O_2$$
$$w_f = 5.45 \times 152 = 828 \text{ (lbf)} \quad H_2$$
$$V_0 = 0.261 \times 152 = 39.7 \text{ (ft}^3\text{)} \quad O_2$$
$$V_f = 1.24 \times 152 = 188.5 \text{ (ft}^3\text{)} \quad H_2$$

注意：由于燃料密度低，氢气的体积流量和贮箱容积几乎是氧化剂的 5 倍，氢气的特点在于它的液态密度极低。

6.2 推进剂贮箱

在液体双组元火箭发动机系统中，推进剂是氧化剂和燃料，并且分开储存。对于单组元火箭发动机系统，根据定义可知，只有一个推进剂贮箱。通常只有一个或者多个高压辅助气

瓶，用于增压推进剂贮箱压力。然而，正如6.5节中讨论的，也通过发动机加热气体，增加贮箱压力，避免对额外的质量和高压气体贮箱的需求。贮箱有多种布置方式，贮箱设计、形状和位置可以通过重心位置的变化进行某种控制。典型的布置方式如图6-2所示（金属膜片贮箱的概念稍后展示在图6-4中）。由于推进剂贮箱必须飞行，它们的质量不容忽视，并且贮箱材料要求能够承受很高的压力。常见的贮箱材料有铝、不锈钢、钛、合金钢和纤维增强塑料（含有金属薄内衬，防止通过纤维增强墙体的孔隙泄漏）（见参考文献6-1中的第8章）。

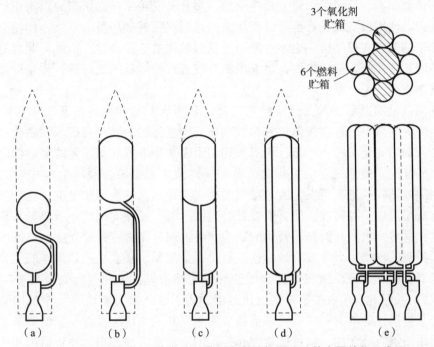

图6-2　液体推进剂火箭发动机典型大型涡轮泵式贮箱布置简化示意图
(a) 球形贮箱；(b) 串联贮箱，外部管道；(c) 共底串联贮箱内部管道；(d) 同轴贮箱；(e) 多贮箱

　　密封贮箱中推进剂上方的任何气体容积称为空隙，用于液体推进剂的热膨胀和初始状态液体推进剂的溶解，或者对于一些推进剂，在储存期间会产生缓慢的化学反应，生成气体产物。根据储存温度、范围、推进剂的热膨胀系数以及具体应用，空隙通常为贮箱体积的3%~10%。一旦加载，随着储存的推进剂的体积温度和密度变化，空隙容积（如果不漏气，还有压力）将发生变化。

　　贮箱或推进剂管道系统的排出效率是可排出或可用于推进的推进剂的量除以推进剂初始时刻的总量，通常为97.0%~99.7%。此处损失包括火箭工作后残留在贮箱中无法使用的推进剂，以及残留在管道、配件、过滤器和阀门的凹槽或角落中，或湿润壁面、表面张力保留部分，或者仪器阀门残留部分的推进剂。这种残留的推进剂不能用于燃烧，必须作为惰性质量处理，导致飞行器质量比略有下降。在贮箱和管道系统的设计中，尽量使这种残余推进剂最小化。

　　推进剂贮箱（以及气体增压贮箱）的最佳形状是球形的，因为对于给定的容积，球形贮箱质量最低。小型贮箱经常用于发动机系统反作用控制，可以与其他部件一起装备。然而，较大的球形贮箱用于主推进系统，不能充满飞行器的可用空间。因此，较大的贮箱往往与飞行器机身或机翼做成一体。其大多数是圆柱形，末端为半椭圆形，但也有不规则形状。贮箱增压的详细讨论参见6.5节。

低温推进剂贮箱壁面温度远低于环境温度。这导致暴露在贮箱周围空气中的水分凝结，并且在发射期间和发射前也会产生冰，增加了飞行器的惰性质量。此外，由于在初始飞行中冰块抖落或破裂，可能损坏飞行器。一个值得注意的事例是，航天飞机低温贮箱的冰块撞击了轨道飞行器。

为了延长储存期，低温贮箱通常是绝热的；多孔外部绝缘层必须密封以防止绝缘体内凝结的水分流失。使用液态氢，甚至可以液化或固化燃料箱外部环境的空气。即使有最好的绝热和低热导率的贮箱支撑结构，也不可能防止低温液体的连续蒸发。因此，此推进剂储存在飞行器上不能超过几天。对于需要在填充后储存或长时间运行的飞行器，尽量选择合适的可储存的推进剂组合。

在将任何低温推进剂装入飞行器贮箱之前，必须从贮箱和推进剂通道中移除或抽出空气，以避免现有的湿空气形成固体空气颗粒和冰。这些冻结的颗粒会堵塞喷注孔，导致阀门冻结关闭，或阀门完全关闭。贮箱、管道和阀门也需要冷冻或冷却，才能容纳低温液体而不会产生过多的气泡。通常在发动机起动前让初始少量的低温液体吸收温度相对高的硬件热量。在初始冷却期间推进剂蒸发，通过适当的排气阀排出，不能用于推进。

当含有低温液体的贮箱或任何管道被长时间密封时，硬件周围的环境热量和环境温度导致液体蒸发，这将大大提高贮箱或管道的压力，可能超过密封容器的强度。自增压控制很难实现。不受控制的自增压会导致故障，这一般是大量泄漏，甚至是贮箱爆炸的主要因素。因此，所有低温贮箱和管道系统在发射台倒计时期间都通风，并配压力安全装置（如爆破隔膜或减压阀），并且允许蒸发的推进剂逸出容器。为了在空间（或地面）中长期储存低温推进剂，需要某种形式的动力制冷系统来重新浓缩蒸气并最小化蒸发损失。低温推进剂贮箱通常在发射前重新填充或加注，以替代蒸发和排走的冷却推进剂。当这种容器被加压时，在发射之前，沸点稍微升高，低温液体能够更好地吸收在火箭发射几分钟内传递给它的任何热量。

在液体推进系统中有几种类型的贮箱，除了少数例外，下面列出了相关的压力值。

（1）对于挤压式供应系统，推进剂贮箱平均压力通常为1.3~9.0 MPa或200~1 800 lbf/in^2。这样的贮箱壁厚，重量大。

（2）对于高压储存气体（用于挤出推进剂），气瓶压力需要高得多，通常为6.9~69.0 MPa或1 000~10 000 lbf/in^2。这些气瓶通常是球形的，具有最小惰性质量。几个小型球形气瓶可以连接在一起。在一些飞行器中，较小的高压气瓶可放置在液体推进剂贮箱内。

（3）对于涡轮泵供给系统，有必要对推进剂贮箱稍微加压（以防止泵气蚀，见10.3节和10.4节），平均压力为0.07~0.34 MPa或10~50 lbf/in^2。低压使得贮箱壁薄，因此涡轮泵供给系统具有相对较低的惰性贮箱质量。

在飞行过程中，液体推进剂贮箱在侧向加速度、零重力或负重力条件下很难清空推进剂。因此，需要特殊设备和特殊类型的贮箱在这些条件下运行。下面说明了一些问题必须解决的原因。

在飞行过程中飞行器的振动和侧向加速度可能会引起储存液体的晃动，非常类似于正在晃动的一杯水。例如，在防空导弹中，侧向加速度可能很大，可能会引起严重晃动，典型的晃动分析可参见参考文献6-4和6-5。当贮箱部分空余时，晃动会打开贮箱的出口，使气泡进入推进剂贮箱的排放管路。这些气泡可能会引起推力室中的主要燃烧问题，因此必须避免气泡的吸入或液体贮箱出口被打开。晃动也会导致飞行器重心的不规则移动，从而更难控制飞行。

旋涡也会使得气体进入贮箱出口管道，这种现象类似于被清空的浴缸中的科里奥利力效应，并且在战斗中飞行器急转或旋转得到增强。一系列内部挡板可以用来减小具有侧向加速度的贮箱中液体的晃动和涡流的大小。下面描述的膜片挤压机理可以防止气体在多向主旋转（离心）加速下进入推进剂管道。旋涡和晃动也可以大大增加不可用或残留的推进剂，从而降低飞行器性能。

在无重力的空间环境中，储存的液体将漂浮在部分排空的贮箱中，并不总是覆盖贮箱出口，因此会使得气体进入贮箱出口或排放管，图6-3显示气泡没有特定的方向。目前，已经开发了各种装置来解决这个问题，即膜片挤压装置和表面张力装置。膜片挤压液箱设计可以包括可移动活塞、可充气柔性气囊或可移动柔性金属薄隔膜。表面张力装置（如200目筛网）依靠表面张力保持出口被液体覆盖，参见参考文献6-5。或者，可以在零重力空间环境（使用辅助推进器）中施加小的加速度，以便使液体推进剂在罐贮箱中固定方向。

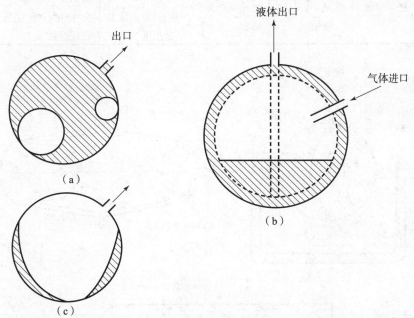

图6-3 在零重力环境中，膨胀气泡可随机漂浮，需要表面张力装置来保持液体覆盖贮箱出口
(a) 贮箱出口；(b) 筛网式表面张力推进剂管理装置在上升加速过程中
显示的一种特殊液体分布；(c) 失重条件下不同空余容积润湿液体的典型液-气界面形状

在挤压式供应系统的推进剂贮箱中成功地运用了几种基本类型的正排装置，在表6-2中进行了比较，如图6-4所示。这些装置机械地与推进剂贮箱中液体推进剂中的增压气体分离。分离是有效的，原因如下：

(1) 防止挤压气体溶解在推进剂中和与推进剂蒸气混合。任何溶解的挤压气体稀释推进剂，会降低其密度及其比冲，并降低挤压效率。

表 6-2　航天器肼贮箱推进剂正排方法比较

选择标准	单弹性隔膜（半球形）	充气双弹性球囊（球形）	可折叠金属隔膜（半球形或圆柱形）	活塞或波纹管	滚动膜片	表面张力筛网
应用历史	广泛	广泛	有限	高加速度飞行器，广泛	中等	广泛
重量（归一化）	1.0	1.1	1.15	1.2	1.0	0.9
推进效率	极好	很好	好	极好	很好	好
最大侧向加速度	低	低	中等	高	中等	最低
控制重心	匮乏	有限	好	极好	好	较差
长服务寿命	极好	极好	极好	很好	好	极好
飞行前检查	泄漏测试	泄漏测试	泄漏测试	泄漏测试	泄漏测试	无
缺点	化学变质	化学变质；仅适用几种贮箱形状	高压降；仅适用某种贮箱形状；重	潜在密封失败；活塞密封的公差非常关键；重	焊缝检查困难；黏结剂（黏结墙）会恶化；波纹管有较高的误差	低加速限制

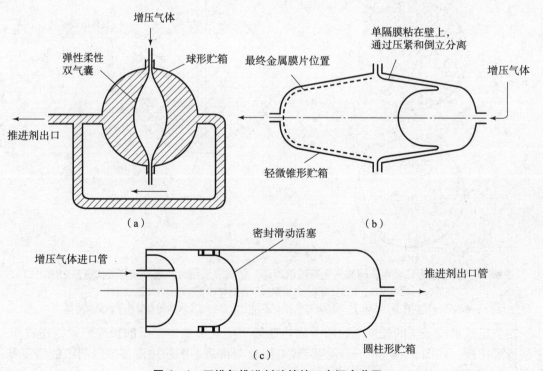

图 6-4　正排气推进剂贮箱的三个概念草图
（a）可充气双气囊；（b）滚动、剥离膜片；（c）滑动活塞
（随着环境温度的变化，推进剂体积扩大或收缩，活塞或膜片也将略微移动，并且损耗容积在储存期间也将改变）

（2）允许将中等温度的反应性气体（如由气体发生器产生的）用于挤压，从而减少挤压气体系统的质量和体积。机械分离阻止热气体和推进剂之间的化学反应，防止任何气体溶解在推进剂中，推进剂蒸气扩散到（未加热）压力管路中并冻结，并减少向液体的传热。

（3）在某些情况下，含有有毒液体推进剂贮箱的损耗必须在不溢出任何有毒液体推进剂或其蒸气的情况下排走。例如，在维修可重复使用的火箭时，需要在不排放或溢出任何潜在危险物质的情况下释放贮箱压力。

活塞排出装置能够精确控制重心（CG），在发动机运行期间随时知道其位置。尤其是在高侧加速度的火箭中，这很重要。例如，防空导弹或空间防御拦截导弹，推力矢量需要经过飞行器重心，如果重心未知，飞行器上便会受到不可预测的转动力矩。同时，活塞还可以防止晃动和涡流。

表面张力装置利用毛细管引力将液体推进剂供给到贮箱出口。这些装置（图6-3）通常由非常细的不锈钢丝编织成筛网（300目网格），制成隧道或其他形状（见参考文献6-5）。这些筛网位于贮箱出口附近，在一些贮箱中，管状通道将贮箱容积连接到出口管槽的各个部分。这些装置在相对较低的加速度环境中工作最好，其中表面张力可以克服惯性力。

表面张力筛网、挡板、集水池和捕捉器的组合称为推进剂管理装置，虽然没有详细展示，但它们包含在图6-3和图6-14中的推进剂贮箱内。

在失重飞行期间，由于较大的推力突然加速，这些力可以通过液体的强烈晃动或部分空贮箱中液体位置突然变化施加在贮箱上，从而施加在飞行器上。产生的力将取决于贮箱的几何形状、挡板、损耗容积和推进剂初始位置，以及加速度的大小和方向。这种力可能很大，将会导致贮箱破损失效。

6.3 推进剂供给系统

1. 推进剂供给系统的功能

推进剂供给系统具有两个主要功能：①提高推进剂的压力；②以设计的质量流率向一个或多个推力室供给推进剂。这些功能的能量可以来自高压气体或者离心泵，或者二者的组合。特定供给系统及其部件的选择主要取决于火箭的应用、持续时间、推力室的数量或类型、以往经验、任务和设计简单、易于制造、低成本和惰性质量最小。图6-5显示了几种重要的供给系统分类，在本书的其他部分中更详细地讨论了其中一部分类型。所有的供给系统均由管道、一系列阀门、用于填充以及除去（排出和冲洗）液体推进剂的工质、过滤器和控制装置组成，以起动、停止、调节流量和工作（见参考文献6-1）。

通常，当飞行器的总冲或推进剂质量相对较低、腔室压力相对较低、发动机推重比低（通常小于0.6）以及存在可重复的短脉冲推力脉冲时，气体压力供给系统相比于涡轮泵系统性能更优越。在这里，通常厚壁的推进剂贮箱和挤压气体构成发动机系统的主要惰性质量。在涡轮泵供料系统中，推进剂贮箱压力要低得多（1/40～1/10），因此飞行器的贮箱质量要低得多（同样条件下）。涡轮泵系统在飞行器总冲相对较大、腔室压力较高、需求速度较高时通常具有较好的性能。

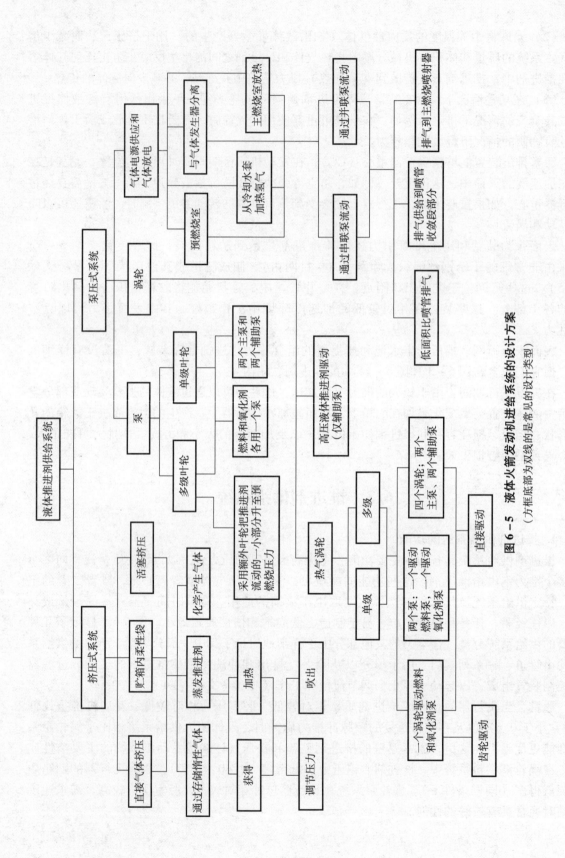

图 6-5 液体火箭发动机进给系统的设计方案
（方框底部为双线的是常见的设计类型）

2. 推进剂供给系统的局部压力与流动

液体火箭发动机中描述的任何供给系统的关键参数包括流量大小（包括子系统和推力室流道中的氧化剂流量和燃料流量）和局部压力（挤压气体子系统）。带有挤压式供应系统的相对简单的火箭发动机的流程图，如图 1-3 所示，气流分成两个分支，推进剂分流通向每个推力室的管道。最高压力存在于高压气体供给贮箱中，首先压力沿着挤压气体子系统（管道、阀门、调节器）下降；然后随着液体推进剂流入推力室，在液体推进剂流动子系统（更多的管道、阀门、过滤器、喷注器或冷却套）中进一步下降，最后推进剂在推力室压力下燃烧。参见第 3 章的内容，气体压力总是在喷管出口处达到最小值。当已知足够的关于所有部件及其流动通道的信息时，可以预测相关的压降和流量分布。如果这种分析能够由先前相关试验或先前已证实的火箭发动机飞行的数据来验证，那么它将具有更高的置信因子。大多数火箭发动机设计机构已经开发出用于估算发动机不同部位的压力和流量的软件。

了解局部流动和局部压力非常重要，原因如下：

（1）这些信息可用于应力分析，有时也用于相关部件和子系统的热分析。

（2）它们用于火箭发动机校准，以便使发动机以预定的混合比、室压或推力运行（这些指标可通过使用控制装置或简单的孔调节压力来完成）。校准还需要流量和压力的适当平衡。对于具有一个或多个涡轮泵的供给系统，如图 1-4 所示，当推进剂流过泵时，还需考虑压力的上升。此外，当存在其他燃烧装置（气体发生器或预燃器）时，含有涡轮泵的供给系统的分析和校准将变得更加复杂。在 11.5 节中给出了发动机系统校准的更详细的讨论。

（3）在发动机地面试验（或实际飞行操作）期间测量实际流量和关键的局部压力，随后与预测值进行比较，能够认识到实践和理论之间的差异。这些差异可能是导致不恰当设计或制造出现故障的线索，并且这些问题都可能得到解决。如果能将实际值与实时分析相比较，也可以避免一些试验测试硬件毁坏的事故。这也可以是实时发动机安全监测系统的基础，这在 11.5 节和 21.3 节中讨论。

有时分析是在严格的瞬态条件下进行，如起动或关闭，或推力变化（节流）期间。瞬态分析也必须提供推进剂温度不同情况下空推进剂流道填充、水击、阀反应时间等信息。

6.4 气压供给系统

对液体推进剂挤压并使其流出各自贮箱的最简单和最常见的方法之一是使用高压气体。带有挤压气体供给系统的火箭发动机是非常可靠的。其他详细介绍参见参考文献 6-1、6-6 和 6-7，带有气体挤压系统的火箭发动机是第一个测试并飞行的（1926 年）。目前，仍有两种常见的挤压式供给系统经常被采用。

第一种是在气体供给管路中使用气体压力调节器，发动机在贮箱压力基本恒定和推力几乎恒定的情况下工作。如图 1-3 所示，系统由高压气体气瓶、气体启动阀、气体压力调节器、推进剂气瓶、推进剂阀和供给管线组成。除此之外，如填充物和排出装置、单向阀、过滤器、用于从挤压气体中分离液体的柔性弹性囊，以及压力传感器或压力计，也经常采用。在所有的贮箱填充满后，远程驱动图 1-3 中的高压气体阀，使气体通过压力调节器恒定地进入推进剂贮箱。单向阀防止氧化剂与燃料混合，特别是当设备不处于直立位置时。推进剂通过打开合适的阀门供给推力室。当推进剂完全消耗时，挤压气体也可以用来清除和清洁管路和阀门中残留的液体推进剂。系统中任何变化,如几个阀门组合成一体或消除和增加某些部件,取决于应用需求。如果一个设备需要重复工作,如空间机动火箭,则它可能还包括几个额外特征(如推力调节装置和贮箱液位计),这些不会在消耗性的单发装置中出现,其可能没有贮箱排水装置。

第二种常见的气压式供给系统称为排出挤压式供给系统,如图6-6所示(见参考文献6-7和6-8)。

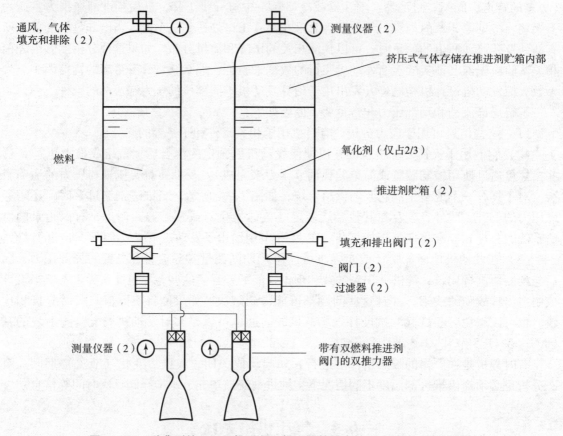

图6-6 一种典型的双组元推进剂双推进器的排出挤压式供给系统示意图

这种系统的推进剂贮箱较大,因为它们不仅储存推进剂,而且还储存处于推进剂贮箱最大初始压力下的挤压气体。没有单独的高压气体贮箱和压力调节器,推进剂贮箱中的气体通过膨胀挤出推进剂。排出系统比调节压力系统轻,但是气体温度、压力和由此产生的推力都随着推进剂的消耗而平稳地降低。这两种常见供给系统的比较如表6-3所示。

表6-3 两种气体挤压式供给系统对比

类型	气体压力调节器	排出挤压式供给系统
压力/推力	基本保持不变[a]	随着推进剂消耗而减少
气体存储	独立高压贮箱	气体存储在推进剂贮箱内,消耗大量容积(30%~60%)

续表

类型	气体压力调节器	排出挤压式供给系统
需求部件	调节器、过滤器、气阀和贮箱	更大，更重的推进剂贮箱
优点	几乎恒定的压力供给提供基本恒定的推进剂流量和近似恒定的推力，I_s 和 r；混合比更易控制	系统更简单，气体需求少，更少的惰性质量，没有高压气体贮箱
缺点	较复杂，调节器引入小压降；高压下储存气体通常需要一段很长时间；需要更多的挤压气体	随着燃烧的持续，推力降低；不精确的混合比控制，残留推进剂略高；推力器必须在大范围的推力值和适度的混合比范围内工作并保持稳定；推进剂高压存储；燃烧时间结束时比冲略低

[a] 参见6.9节阀门和压力调节器。

参考文献 6-1、6-6、6-7 和 6-8 中评估了不同的双组元挤压概念。表 6-4 列出了为满足特定设计目标的各种选定特点，其中许多特点也适用于泵给系统，这将在6.6节中讨论。单个发动机供给系统有一些特点，但是表 6-4 中并未列出所有特点。由于单组元推进剂只含一种推进剂，因此单组元气压供给系统比较简单，管道、阀门和贮箱的数量得到减少。

表 6-4 液体推进剂供给系统的典型特征

增强安全性
单向阀防止推进剂回流到贮箱中和流道内推进剂任意混合。 挤压气体应该具有惰性、清洁、不溶于推进剂的特性。 爆破隔膜或隔离阀用于隔离贮箱中的推进剂，并有利于防止储存期间推进剂泄漏到推力室或其他推进剂贮箱中。 隔离阀关闭系统中泄漏或故障部分。 嗅探装置用于检测某些飞行器内部或地面试验区的危险蒸气泄漏。 防止异常情况发生或持续并安全关闭发动机的特性，如减压阀或减压爆破隔膜（以防止油箱过压），或在燃烧不稳定的情况下关闭操作的振动监视器
提供控制
阀门用来控制挤压和推力室（起动/停止/节流）的流量。 用于测量温度、压力、阀门位置、推力等的传感器，以及用于监视/分析/记录系统状态的计算机。将测量值与分析估计值进行比较，发出命令信号，并且如果测量信号超出预定限度则进行校正。 载人飞行器需要系统状态显示和命令信号撤销。 故障检测、识别和自动修复，如发生火灾、泄漏或停止推进器的情况下关闭隔间中的隔离阀。控制推力（节流阀）以适应设计的推力-时间飞行曲线

提高可靠性和寿命
最少数量的部件/子部件。 过滤器可以捕捉推进剂管路中的灰尘，这些灰尘可妨碍阀门关闭，或者可能堵塞小的注射器孔，或者可能导致轴承磨损。 重复的关键部件，如冗余小推进器、调节器或单向阀。如果检测到故障，则通常关闭故障组件并激活冗余备用组件。 防止水分或低熔点推进剂冻结的加热器。长储存寿命使用很少或没有化学变质，与壁材料、阀门、管道、垫圈、增压气体等无反应的推进剂。 在任务及其工作周期内操作，包括长期储存
如果需要，提供可重用性
提供清洗、清洁、冲洗、干燥供给系统和补充推进剂以及挤压气体的装置。 在下一次操作之前检查关键部件功能的装置。 运行之后，功能允许检查发动机校准和泄漏测试。 访问检查设备和内部表面或部件的可视化检查，以发现损坏或失效。寻找喷管喉部内壁和涡轮叶片根部的裂纹
利用启用有效的推进剂
排量效率高与残留最少，不可用的推进剂。 最低可能的环境温度变化或匹配推进剂性能随温度变化，以便使混合比变化和残余推进剂最小。 另外，测量贮箱中剩余的推进剂（使用特殊的量规），并自动调整混合比（节流），使得残留推进剂最少。 尽量减少管道和阀门中不能轻易排出或冲洗的凹槽

具有复杂气压式供给系统的多推力液体推进剂火箭发动机的一个例子是"信使号"行星空间探测器（用于地球表面测距、空间环境勘探），参见参考文献6-9和6-10。该发动机于2004年8月3日发射，在2011年3月13日环绕水星进入轨道之前，曾两次飞越金星，三次飞越水星。这个任务在2015年4月结束，当时探测器消耗完用于保持天线指向地球的姿态控制系统的燃料。如图6-7所示，所选数据列在表6-5中（见参考文献6-9和6-10）。图6-7中主双组元推进器被识别为LVA（大速度调节），标称推力为145 lbf；它提供了飞行路径变化的推力；四个较大的单组元推进器（标称推力为5 lbf），提供俯仰和偏航控制；12个较小的单组元推进剂推进器中的4个在LVA工作期间提供滚转控制（理论上每个推力1 lbf）。有需求时，12个小推进器都用于控制飞行器姿态。从图4-15中可以看出，系统至少需要12个小型推力器来实现飞行器绕三个相互垂直的轴转动所需要的纯扭矩。对于非常精确的旋转定向，"信使号"空间探测器还具有反作用轮系统（见第4.5节中的反作用控制系统）。如图6-7中虚线所示，有4个模块，每个模块具有一个MR-106E推进器和一个MR-111C推进器，它们都指向与LVA（也称为"莱罗斯岛"1B）相同的轴向方向。

第6章 液体推进剂火箭发动机基础

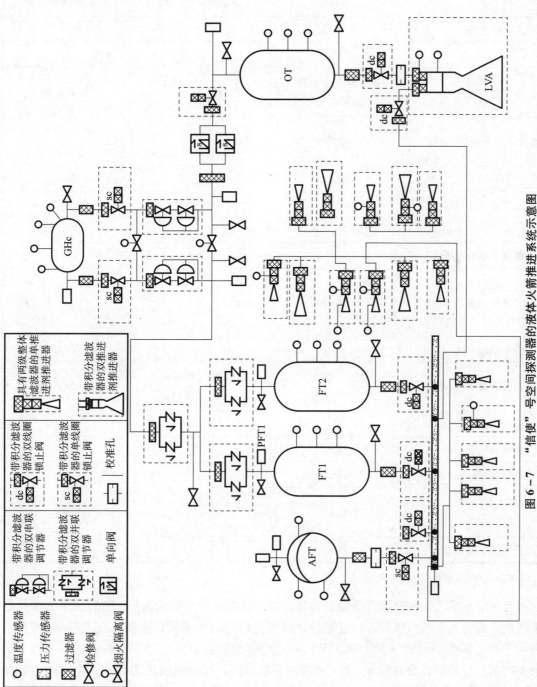

图6-7 "信使"号空间探测器的液体火箭推进系统示意图
（显示了所设计的部件冗余，以提高发动机系统在空间长时间使用的可靠性。图中一些缩写在正文中有定义。由Aerojet Rocketdyne和NASA提供）

161

表 6 – 5　"信使号"空间探测器气体挤压式推进系统的数据选择

名称	LRESO – 1B 主推力室	MR – 106E 姿态控制推力器	MR – 111C 姿态控制推力器
推进剂	肼/N_2O_4	肼	肼
单元数量	1	4	12
推力燃烧室冷却	燃料填充冷却和辐射冷却	辐射冷却	辐射冷却
推力（每个喷管）/lbf	145	6.9~2.6，正常 5	1.2~0.3，正常 1.0
供给压力/psi	300~218	350~100	450~50
燃烧室压力/psi	125	180~65	200~35
真空比冲/(lbf·s·lbm^{-1})	318	235~229	229~215
喷管面喉比	150∶1	60∶1	74∶1
混合比（氧化剂流量/燃料流量质量比）	0.85±0.02	无	无
最小燃烧时间/s	无	0.016	0.015
最大燃烧时间/s	2 520（单次）20 500（累积）	2 000（单次）4 670（累积）	5 000（单次）
累积起动次数/次	70	>1 000	>1 500
氧化剂质量/lbm	510		
燃料质量/lbm	805		
挤压气体（氦气）质量/lbm	5.4		
推进系统干质量/lbm	180		

注：数据来自参考文献 6 – 9 和 6 – 10。

所有单组元推进剂推进器都是辐射冷却，并以稳态或脉冲模式运行，并且大多数都具有用于防止泄漏的冗余阀门座和入口过滤器，以便使阀门座隔离颗粒。图 6 – 7 所示的推进系统展示了两个肼类燃料箱（FT1 和 FT2）、一个氧化剂箱（OT）、一个高压氦（GHe）箱、冗余单向阀、过滤器、闭锁阀①、烟火隔离阀、检修阀、冗余温度传感器和冗余压力传感器（冗余是指如果一个传感器故障，它的读数可以忽略，以提高可靠性）。还有一个小型、球

---

① "闭锁阀"只需要打开和关闭电源。它的阀座在其他任何时间"锁定"或锁定在开启或关闭位置，并且阀门不需要动力来维持它的位置。

形、膜片挤压辅助燃料箱（AFT），其具有分离氦气和推进剂的柔性隔膜，用来在无重力空间环境中起动4个小型单组元推进器（沿平行于LVA推进器的方向点火）。它们的加速将使得三个主贮箱中的液体定向并且利用推进剂覆盖各自的贮箱出口。这种方式也避免了氦气从贮箱进入推进器的问题。众所周知，向工作中的推进器供应气泡可能导致发动机不受控制并产生不规律的推力，而在双组元推进剂中，气泡也可能引发破坏性的燃烧不稳定，因此必须避免向推进器无意地提供气体。在轴向机动期间，辅助油箱从主油箱中重新填充推进剂，使得在下一次机动之前能够提供可用的推进剂。

图6-7中没有展示出电气子系统（加热器、开关、阀门位置指示器和控制器等）。所有部件和推进剂管线上都设有电加热器，这些部件和推进剂管线暴露在肼中，以防止在空间环境中结冰。对肼蒸气可能溢出的位置也进行了加热。至少250 °F的催化剂床温度可使催化剂反应更快并延长催化剂床寿命。

"信使号"空间探测器的一些机动需要轴向推力，这比LVA推进器（标称推力145 lbf）提供的推力低。可以通过在同一模块中操作4个MR-106E推进器（标称推力每个5 lbf，总共20 lbf）和4个MR-111C推进器（标称推力每个1 lbf）实现俯仰和偏航控制。"信使号"空间探测器火箭发动机为每个推进剂配备了串联冗余气体压力调节器，并且大部分时间使用早期的恒流气体压力供给系统；然而，对于部分操作，它在排出挤压模式下运行。小辅助燃料箱在飞行过程中可以从主燃料箱中充填肼。

推进器脉冲在小型单组元装置中很常见。短推力时间（通常为15~100 ms）之后是无推力时间（通常为15~300 ms），并且可以经常重复。一种理想的简单推力曲线在习题6-3中给出。脉冲推力的一个优点是易于通过改变脉冲的数目来改变总脉冲以适应特定的飞行机动，或者可以改变脉冲持续时间与脉冲间隔时间，脉冲阀也比节流阀便宜。与具有相同峰值推力的连续非脉冲运行相比，脉冲运行比冲减小，并且需要更多的推进剂并延长操作运行持续时间。一簇推进器（如图6-7中的4个MR-106L推进器）也可以是"非脉冲"工作状态以平衡航天器。在这种情况下，推力最低的推进器（或对航天器位置影响最小的推进器）将在稳态下点火，而其他推进器将在不同时间段内关闭，以便将航天器引导到指令方向。

分隔推进剂金属贮箱装有防晃动、防涡流挡板、凹槽和表面张力推进剂保持装置，使得推进剂能够独立于推进剂载荷、方向或加速环境（有时零重力）输送。每个贮箱中的量规可以测定剩余推进剂的量，也可指示泄漏。每个推进剂阀门执行器上安装嗅线以感知泄漏。在推进剂阀门、某些管路和喷注器处提供低温推进剂电加热器，以防止燃料冻结或水分冻结。

一些压力供应系统可以在工厂预填充可储存的推进剂和增压剂，并随时储存以便操作。与固体推进剂相比，这些预包装的液体推进剂挤压式供应系统在长期储存、随机重新起动以及更好地抵抗运输振动或冲击方面具有很大优势。

火箭推进系统中的推力是推进剂流量的函数，在挤压气体供给系统中，推进剂流量大小由气体压力调节器控制。这种供给系统中的推进剂混合比是液体推进剂管路、冷却套和喷注器液压阻力的函数，通常通过可变节流器或固定孔来调节混合比。对于推力和混合比调整的进一步讨论，参见11.5节、11.6节和例11-2。

6.5 贮箱增压

如前所述，设置供给系统的目的是在压力作用下将推进剂从推进剂贮箱挤压到推力室。贮箱挤压系统是推进剂供给系统的一部分，参见参考文献6-1、6-6、6-7和6-10。如6.3节所述，推进剂供给系统有两种类型：①在挤压式气体供应系统中，相对高压的气体把推进剂从贮箱中挤出；②在泵给系统中（见6.6节），用于输送推进剂的主要能量来自一个或多个泵。它要求利用贮箱内较低的气体压力将推进剂输送到泵入口，并且有助于避免泵气蚀。贮箱挤压系统中有几种挤压气体的来源。

（1）在环境温度下储存的高压惰性气体最常见，典型的气体是氦气、氮气和空气。表6-3展示了调节压力系统（图1-3）和排出系统（图6-6）的比较。这一部分内容在本节中将进一步讨论。当气体膨胀时，它们的温度下降。

（2）加热的高压惰性气体（通常为200~800 °F或93~427 ℃）减少了所需气体的量，从而减少了加压系统的惰性质量。例如，由热交换器加热的气体，该热交换器热源来自气体发生器或涡轮机的热排气，或者气体贮箱内的电加热器。

（3）使用液体双组元推进剂或单组元推进剂作为低密度推进剂进行化学反应产生的气体，其混合比例或组成都可能产生"热气体"，可以用于非冷却硬件。"暖气"（400~1 600 °F或204~871 ℃）将这种气体与主燃烧室内的热气体（4 000~6 000 °F或2 204~3 319 ℃）区分开来。化学产生的热气体通常导致贮箱挤压系统比加热惰性气体系统轻，特别是对于高总冲推进器。这些气体也可以来自两个独立贮箱挤压的小型气体发生器，一个产生对燃料箱挤压的富燃料体，另一个将富氧挤压气体送入氧化剂罐。1952年，这种方案首次使用在美国的BOMARC火箭发动机上；1961年，在苏联的RD—253发动机上使用。另一种常见的暖气方案是通过发动机的气体发生器或预燃器放出少量的热气。如果气体是富燃的，那么它只能用于挤压燃料箱，并且可能需要冷却。化学反应气体温度一般为1 200~1 700 °F或649~921 ℃，在大多数合金涡轮机和钢贮箱允许的气体温度范围内。催化分解肼产物已成功挤压液体肼贮箱。对于铝推进剂贮箱，经常需要进一步冷却热气体。许多铝合金熔点为1 100 °F（593 ℃）左右，这种气体冷却通过使用具有一种推进剂的热交换器来完成。固体推进剂气体发生器已用于液体火箭发动机的试验，但是迄今为止尚未使用在飞行器的生产中。苏联开发的一个智能的系统使用两个火箭发动机同时运行在同一个飞行器上：第一台较大的发动机从富含氧化剂的预燃器放出气体，以加压普通氧化剂气瓶；第二台发动机供给4个较小的铰链安装的游标推力室，此推力室用于姿态控制和产生额外的推力。它们的富燃气体发生器排放气体，用于普通燃料箱增压（见参考文献6-11）。

（4）一小部分低温液体推进剂，通常是液氢或液氧的蒸发流，通过从推力室冷却套或从涡轮废气（带有热交换器）中吸收热量，然后利用一部分或全部蒸发流进行贮箱加压。为了达到所需的贮箱压力和质量流量，可能需要孔或压力调节器。这个方案应用于航天飞机主发动机（现在的RS-25发动机）的燃料箱中，用于对气体加压的分接管柱，如图6-11所示，在燃料增压泵的涡轮排气歧管处。氧气气瓶被汽化的液态氧加压，氧气从主氧泵排放侧抽出并在主氧泵涡轮周围的热交换器中加热，如图6-11所示。

(5)一些国家已经尝试将一小股自燃燃料直接喷注到主氧化剂箱中,将一小股自燃氧化剂喷注到燃料箱中,但成效有限,它实际上是另一种形式的化学气体生成。

(6)低温推进剂的自挤压是可行的,但很难控制。

为了设计或分析任何挤压系统,必须掌握关于贮箱和发动机的相关信息。包括基本的发动机参数,如推进剂流量、推力、持续时间、脉冲宽度、推进剂贮箱容积、体积分数、储存温度、推进剂挤压气体特性、推进剂箱压力、气体箱压力或不可利用的推进剂残余量。对于许多项目,可能需要标称值、最大值和最小值。

6.5.1 影响挤压气体质量的因素

贮箱挤压系统分析和设计中的一个关键任务是确定所需的挤压气体质量。许多不同的因素影响这个质量,其中一些可能是非常复杂的(见参考文献6-1)。可以使用简化的假设来估计气体质量,但是基于实际测试结果或来自类似已证实的挤压系统的数据通常更准确。以下介绍一些应该考虑的影响因素。

(1)推进剂在挤压气体与液体推进剂之间的界面蒸发是一个关键现象。蒸发的推进剂会稀释气体并改变其膨胀性能。这种变化取决于气体和液体之间的温差、晃动、推进剂的蒸气压力、湍流和局部气体撞击速度。此外,在贮箱壁和挡板上高于液面部分上的任何推进剂膜也将蒸发。"暖气"(如从气体发生器排出的气体)将加热液体推进剂的顶层,并增快推进剂的蒸发,降低其局部密度。因为低温推进剂的缘故,气体总是比液体更热,随着气体的冷却,更多的液体被蒸发。

(2)飞行器外部表面暴露于大气中,推进剂贮箱壁的温度受到飞行过程中可能变化的空气动力加热的影响。这样的加热可以增加气体温度和液体推进剂温度,增快液体蒸发。

(3)气体在液体中的溶解度受温度和压力的影响。例如,由于氮气可溶于液氧,因此需要大约4倍的氮气来对液氧加压,这稀释了氧气并导致小的性能损失。氦气是一种优选的挤压气体,因为它在液态氧中最难溶解。

(4)某些气态物质的凝结可以稀释推进剂。暖气体中的水蒸气就是一个例子,它会在暴露的湿润的推进剂贮箱内壁上发生冷凝,需要更多的增压气体。

(5)在运行过程中气体温度可能变化。正在进行绝热膨胀的压缩气体可能引起显著的气体冷却;氦气记录了低至160~200 K(−228~−100 ℉)的温度。冷气体会吸收来自推进剂和发动机硬件的热量。膨胀过程的特殊性质很大程度上取决于火箭的运行时间。对于只运行几分钟的大型液体推进剂火箭发动机,膨胀过程将接近绝热,这意味着从硬件到气体的传热很少。对于在轨道上停留数年、推力器只是偶尔工作且工作周期短的卫星,热量将从飞行器硬件传递到气体,膨胀将接近等温(温度没有变化)。

(6)某些种类的挤压气体与液体推进剂发生了化学反应,有些反应可以产生热量或增加压力。惰性气体(如氦)与推进剂不发生化学反应。

(7)进入气体的湍流、冲击和不规则的流动分布将增加液体和气体之间的传热。温度差的存在,可以引起顶部液体层的附加加热或冷却。

(8)剧烈晃动可迅速改变气体温度。在"波马克"导弹的一些试验飞行中,侧向加速度会引起晃动,从而引起"暖气"贮箱挤压气体的突然冷却,导致贮箱内压力和推进剂流量的突然降低（见参考文献 6-4 和 6-5）。

（9）在许多火箭发动机中，一部分挤压气体并不只是用于贮箱挤压，例如阀门或控制器的驱动。所需的量一旦确定，必须添加到所需的总气体质量。

6.5.2 压缩气体质量的简化分析

这部分主要介绍使用压缩气体的挤压系统，该压缩气体最初在环境温度下储存在单独的气瓶中。它是上文讨论的第一类挤压系统，可能是最常见的类型。当贮箱有一定的绝缘性，火箭发动机运行时间相对较短（1~2 min）时，贮箱内膨胀过程接近绝热（系统硬件没有传热，贮箱内的气体膨胀使气体温度明显降低，并改变了气体密度）。另一个极端是等温膨胀。这是一个相当慢的过程，需要更长的时间来进行温度平衡，如在多年的轨道维护中进行许多短期操作。我们可以认为这是理想气体，故理想气体方程是适用的（见第 3 章和第 5 章）。此外，假设液体推进剂没有蒸发（只适用于推进剂低蒸气压）、惰性气体加压不溶于液体推进剂且不发生推进剂的晃动或涡流。

在下面的公式中，下标"0"表示燃料箱内的初始状态，下标"g"表示燃料箱内的最终气体状态，下标"p"表示推进剂贮箱内的气体状态。在实际中 $p_g \geqslant p_p$，由于阀门、管道和调节阀的压力下降，最终压力可能会有所不同。相关方程包括质量连续性方程和理想气体状态方程，即

$$m_0 = m_g + m_p, \quad pV = mRT \tag{6-5}$$

式中：V 为气体体积（m^3 或 ft^3）。

若推进剂置换过程的终点是等温的（一个相对缓慢的过程），那么前后的温度将是相同的（从环境中吸收热量）。将理想气体状态方程代入质量平衡方程，在 t_0 平衡后可解出 V_0：

$$\frac{p_0 V_0}{RT_0} = \frac{p_g V_0}{RT_0} + \frac{p_p V_p}{RT_0} \quad \text{或} \quad V_0 = \frac{p_p}{p_0 - p_g} V_p \tag{6-6}$$

由式（6-5），可以得到总气体质量：

$$m_0 = \frac{p_0}{RT_0} \frac{p_p}{p_0 - p_g} V_p = \frac{p_p V_p}{RT_0} \left(\frac{1}{1 - p_g/p_0} \right) \quad (\text{等温方程}) \tag{6-7}$$

在真正的挤压过程中，最终条件应该介于等温过程和绝热过程之间。在热力学中，可逆绝热过程是等熵过程，可以说是理想气体的可逆"多向膨胀"，在这里，可以讨论理想气体的多方指数（1.0~k）。例 6-2 提供了一组贮箱容积和总质量的估算，其中使用氦气或氮气作为挤压气体。

例 6-2 当用 250 kg 的 90% 过氧化氢对推进剂贮箱挤压时，通过估计所需的质量和体积，将氦气与氮气进行比较。挤压贮箱的初始气体压力 $p_0 = 14$ MPa，所需推进剂最终贮箱压力 $p_p = 3.40$ MPa。该液体推进剂的密度为 1 388 kg/m³，环境温度为 298 K。假设 $p_g \approx p_p$，并且具有理想的流动条件，这样就可以用众所周知的公式表示等熵和等温膨胀。

解 由于 90% 过氧化氢推进剂的蒸气压较低，蒸发的液体推进剂可以忽略不计，不蒸发的假设也适用。需要置换的推进剂体积为 250/1 388 = 0.180（m³）。

扩展可能是多向性的，但我们只估计两个相关的极限。在上面的假设下，完全等温的情况在式（6-7）中变成简单的 pV = 常数，等熵的情况从热力学上可知 pV^k = 常数，k 为气体

比热比。对于氦气 $R = 2\,079$ J/(kg·K)，$k = 1.68$；对于氮 $R = 296.7$ J/(kg·K)，$k = 1.40$。试求贮箱容积。

等温情况：

$$p_0 V_0 = p_p (V_0 + 0.180) \text{ 或 } V_0 = \frac{0.180 p_p}{p_0 - p_p} = 0.057\,7 \text{ （m}^3\text{）}$$

在等温的情况下，氦气和氮气的储存贮箱容积都是一样的。在可逆绝热过程中（等熵情况见式 (3-7)），有

$$p_0 V_0^k = p_p (V_0 + 0.180)^k \text{ 或 } \frac{V_0 + 0.180}{V_0} = (4.118)^{1/k}$$

等熵情况：

$$\text{氦气} \quad 1.334 V_0 = 0.180 \text{ 或 } V_0 = 0.135 \text{ m}^3$$
$$\text{氮气} \quad 1.748 V_0 = 0.180 \text{ 或 } V_0 = 0.103 \text{ m}^3$$

这里，理想的氮气罐体积要小一些。

从理想气体方程计算得到的质量如下：

$$\text{氦气} \quad m_0 = \frac{p_0 V_0}{R T_0} = \frac{14 \times 10^6 V_0}{2\,079 \times 298} = 3.05 \text{ （kg）（等熵情况和 1.30 kg 等温情况）}$$

$$\text{氮气} \quad m_0 = \frac{p_0 V_0}{R T_0} = \frac{14 \times 10^6 V_0}{296.7 \times 298} = 16.35 \text{ （kg）（等熵情况和 9.16 kg 等温情况）}$$

对于氦气和氮气，理想的绝热过程需要比完全等温过程更大的质量和体积，但前者的速度要快得多。由于所陈述的假设，我们只得到理论的（最小）质量估计，但仍然比较有效。很明显，氮气的体积优势被分子质量差异造成的质量劣势所抵消；氮气的质量大约是氦气的 7 倍，因此更受欢迎。氮气也容易在强绝热膨胀下凝结，而氦气则不然。

6.6 泵压式供应系统及发动机循环

图 1-4 简要画出了一种涡轮泵火箭发动机的主要组件。这种发动机通过单独的泵提高推进剂的压力，而泵是通过一个或多个涡轮机驱动的。这些涡轮的功率来自高焓燃气的膨胀。

图 10-1、图 10-2、图 10-3 为涡轮泵发动机的示例，在第 10 章将专门讨论这个主题。涡轮泵是一种高精度、精确平衡的高转速（r/min）旋转机械。它通常由一个或两个离心泵和一个涡轮机组成，其高速、高负荷轴承用于支承安装在轴上的泵叶轮和涡轮盘。它用于防止推进剂泄漏的轴封，并且还可以预防两种推进剂在涡轮泵内相互混合。一些涡轮泵还具有齿轮传动装置，其允许泵或涡轮机以不同的轴速度旋转，通常这种方式更有效。第 10 章介绍了涡轮泵及其主要部件的设计，关键部件的几种布置以及备用配置。起动涡轮泵供应系统通常比挤压式供应系统花费更长时间，因为旋转部件（泵、涡轮机）需要一些时间来加速到操作轴速度，在 7.1 节和 11.4 节讨论了起动进程。

对于运载火箭主推级和上面级主推进系统、远程导弹、飞机助推发动机来说，采用涡轮泵发动机更为合适。在这些推力大、工作时间长的应用场景中，涡轮泵发动机一般比其他类型发动机更轻。火箭发动机的硬件惰性质量（不包括贮箱）基本上与时间无关。

如第10章所述，设计师可以根据涡轮泵供应系统特点，为任何特定应用场景选择最合适的方案。

总之，当发动机具有相对较高的总冲时，通常优选涡轮泵供给系统，该系统意味着高推力或非常长的累积点火持续时间。挤压式供应系统最适用于总冲相对较低的火箭发动机，即低推力或多次起动。

发动机循环方式：具有涡轮泵供应系统的所有液体推进剂火箭发动机都以下几种发动机循环方式之一运行。图6-8示意了三种最常见的循环方式，参考文献6-12描述了这三个循环和其他发动机循环方式之间的区别，其中一些尚未拥有，有些还没有建成。

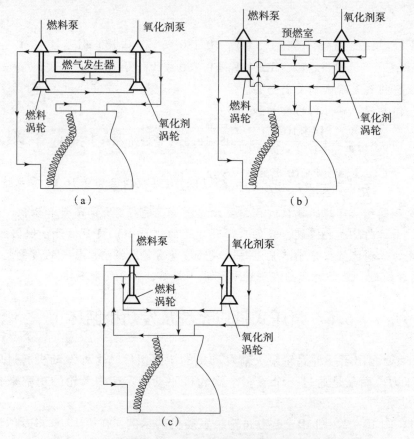

图6-8 三种液体火箭发动机涡轮泵供应系统循环方式简图
（螺旋线表示用于吸热的轴对称冷却夹套）
（a）燃气发生器循环；（b）分级燃烧循环；（c）膨胀循环

泵压式发动机的发动机循环包括：①推进剂在发动机主要组件中的具体流动路径；②一个或多个涡轮机热气供应方法；③涡轮机排气处理方法。循环方式有开式循环和闭式循环两种。开式循环是指涡轮工作流经涡轮喷管膨胀后排到发动机外，如图6-8所示（见表6-6），或者排到远离喷管喉部的喷管扩张段某处，如图1-4和图6-9（a）、（b）所示。在闭式循环或抽气循环中，所有涡轮工作流体均注入发动机燃烧室，以最大限度地利用其剩余能量。闭式循环中涡轮排气的膨胀比为主推力室喷管的压比，故其性能稍高于开式循环，在开式循环中排气膨胀的压比相对较小。

表 6-6 三种不同发动机循环的定性特征

发动机循环	燃气发生器循环	膨胀循环	分级燃烧循环
发动机比冲（基数为燃气发生器循环）/%	设定为 100	102~106	102~108
涡轮机流量（占推进剂总流量百分数）/%	1.5~1.7	燃料流的 75~96 或总流量的 12~20	60~80
涡轮机内的典型压降（占室压百分数）/%	50~90	5~30	60~100
推进剂类型	所有类型	用于冷却的低温燃料	所有类型
泵排出压力（占室压百分数）/%	135~180	150~200	170~250
涡轮机排气	通过单独的喷嘴排出发动机或注入主喷管出口段	供给主推力室喷注器	供给主推力室喷注器
发动机相对惯性质量	相对较低	较高	最高
推力控制类型	调节气体发生器中的流量或混合比	调节绕过涡轮机周围的燃料流量	调节预燃室混合比及推进剂流量
供给系统最大压力	相对较低	较高	最高
首次地面测试	戈达德，美国，1934 年	洛克达因公司，1960 年	反应推进剂研究所[a]，俄罗斯，1958 年
首次飞行	Hellmuth Walter 公司 德国，1939 年	洛克达因公司，1963 年	科罗廖夫设计局，1961 年

[a] 俄罗斯科学研究所（反应推进资源研究所）。

表 6-6 列出了常见的三种循环的关键参数并描述了它们之间的差异。在图 6-8 所示的各种循环中，燃料和氧化剂采用独立的涡轮泵。实际上燃料泵和氧化泵采用同一涡轮泵驱动也是可行的，有时还能减少硬件质量、体积和成本。"最佳"的循环方式需在任务、现有发动机适应性、具体飞行器的评价准则的基础上作出选择。各种应用、发动机循环或优化目标（如最大射程、最低成本或最大有效载荷）都存在一个最佳室压和最佳混合比。

燃气发生器循环是最常用的，与其他发动机循环相比，其火箭发动机相对简单，压力通常较低，且具有发动机惯性质量少和成本低的特点。使得该型发动机的比冲要比膨胀循环或分级燃烧循环低几个百分点，但这种性能表现足以满足许多太空飞行和军事任务需求。

在气体发生器循环中，涡轮机入口气体来自单独的气体发生器，其推进剂可以由两个单独的加压推进剂贮箱供应，也可以从主推进剂供给系统中抽出。早期有些发动机利用独立的单元推进剂产生燃气，德国的V-2导弹发动机采用了过氧化氢，它通过催化剂分解。一般来说，涡轮机废气通过一个或两个独立的非冷却管道或小面积比喷管（在相对较低的比冲下）排出，如图1-4画出的系统及Vulcain发动机与RS-68发动机（图6-9（a）、（b）和表11-2）。此外，涡轮排气也可以通过喷管扩张段的开口注入主气流，如图6-8所示的气体发生器发动机循环，这种情况下该排气对喷管出口附近的室壁起到了高温保护作用。两种排气方式都产生了一个额外的小推力，燃气发生器的混合比通常是富燃的（某些发动机中为富氧），这样气体温度就不会太高（一般为90~1 350 K），以允许使用未经冷却的涡轮叶片和喷管出口段。

图6-9（a）、（b）所示的液氧/液氢RS-68火箭发动机采用了简单的燃气发生器循环，参见参考文献6-13、6-14及6-15。美国"德尔塔"Ⅳ重型运载火箭上使用了3台RS-68火箭发动机，一台用于推进剂火箭第一级或中间级；另外两台用于推进两个带式外侧平台，如图1-12所示。发动机数据参见图6-9（a）和表11-2。对于燃气发生器循环发动机，推力室本身的比冲总是略高于（2%~4%）发动机比冲，这种差异是因为小型涡轮机排气流具有非常低的比冲，使得推力室本身的推力总是略低于发动机推力。该发动机由氦气（来自地面贮罐）经由气体发生器泵和涡轮机起动。氦气流可以清除发动机通道内所有初始空气，防止空气或湿气冻结。每台发动机都有两个独立的涡轮泵（见第10章），用于提高压力并控制进入推力室推进剂的流量（见第8章）。在RS-68火箭发动机流动图中未展示：①推力矢量控制组件，该组件用于改变角度推力方向，如喷油嘴顶部的万向节安装块和两个液压执行器（见第18章）；②点火系统（见8.6节）；③电气子系统（电线、传感器和开关）；④提供高压液压油的独立电源。该加压液压流体（通过两个作动器）激励发动机的角运动和滚动控制喷管（其使用来自燃气涡轮机的废气），还可对4个主阀进行操作和节流，高压推进剂管道和排气管道中的柔性接头都需要允许发动机的角运动和热量增长。在涡轮泵的旋转密封件和主阀的阀杆处通常存在主动泄漏的推进剂，图6-9示出了用于安全排放这些泄漏的排放口；这些小泄漏允许密封件冷却和润滑。流动图中所示的热交换器使一小部分液态氧气汽化，用于在低罐压力工况下对液氧罐加压。在氢气罐压力减小之后，其压力由推力室冷却夹管出口处的小气态氢气流进行加压。推力室喷管出口部分气体为非冷却，其内部内衬了一种高温烧蚀材料；燃烧室和喷管喉部由冷却套中的液态氢再生冷却（见第8章中的传热部分）。在起动之前，通过周期性地将低温推进剂下排到主推进剂阀门，使得发动机液体推进剂通道处于非常低的温度。这种剧烈的冷却进程和发动机中推进剂的装载及加压同时进行。在上升期间火箭需要降低加速度并避免在某些高度上的高气动力压力，RS-68火箭发动机的推力可以节流至最大值的60%（见参考文献6-11和6-12）。

RS-68火箭发动机最近被一款简化版（RS-68A）所取代，简化版的推力及燃烧室压力稍高一些，它的参数为：推力797 000 lbf（真空）和702 000 lbf（海平面），混合比5.97，燃烧室压力1 557 psi，比冲411 s（真空）和362 s（海平面），喷管出口面积比21.5，发动机重量14 770 lbf。

膨胀循环或分级燃烧循环都是闭式循环，它们所提供的任何微小改进都使得飞行任务的

第6章 液体推进剂火箭发动机基础

有效载荷在任务速度上有很大的不同。或者，它们适用于更小的飞行器，然而这些发动机通常更复杂且更昂贵。

图6-10所示为膨胀循环流动简图。该循环冷却剂优选低温氢燃料，再流动通过冷却夹套将其蒸发、加热，吸收能量后供给低压比的涡轮。一部分冷却剂（5%~15%）绕过涡轮（图6-10）后进入涡轮排气，然后所有冷却剂被送至喷注器或注入发动机燃烧室。膨胀循环的优点是比冲高、无燃气发生器以及发动机质量相对较小。在膨胀循环中，推进剂全部在燃烧室内完全燃烧并通过发动机排气管高效膨胀后排出。

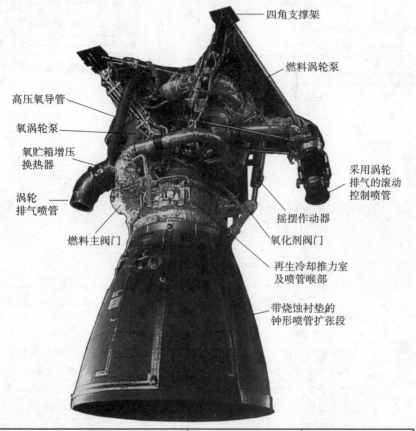

参数	推力室	发动机
海平面最大比冲/s	363	357
真空最大比冲/s	415	409
海平面推力/lbf	640 700	656 000
真空推力/lbf	732 400	751 000
混合比	6.74	6.00

（a）采用燃气发生器循环的 RS-68 火箭发动机简图
（发动机参数见表11-2。由 Aerojet Rocketdyne 提供）

图6-9 RS-68 火箭发动机结构简图和流动图

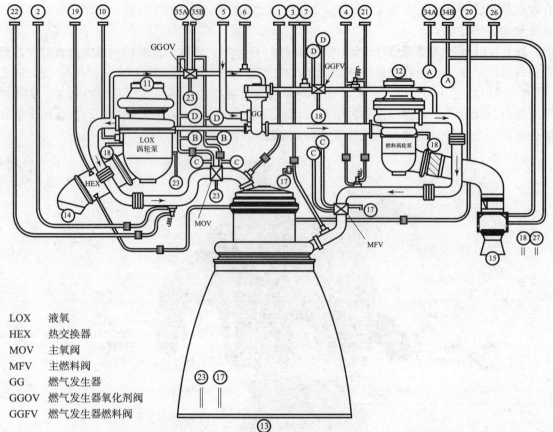

LOX	液氧
HEX	热交换器
MOV	主氧阀
MFV	主燃料阀
GG	燃气发生器
GGOV	燃气发生器氧化剂阀
GGFV	燃气发生器燃料阀

编号说明			
1	氧化剂帽盖清洗	21	燃油排放气动控制阀
2	氧化剂排放	17	燃料排放组件1
3	燃料系统清洗	18	燃料排放组件2
4	燃料排放	23	氧化剂排放组件
5	旋转启动氢气供应	26	CBC 液压泵涡轮机排气入口
6	气体发生器氧化剂清洗	27	CBC 液压泵涡轮机排气出口
7	气体发生器燃料清洗	22	氧化剂排放气动控制阀
10	液氧涡轮泵密封清洗	34A	TVC1/转动/液压供给
11	氧化剂泵入口法兰	34B	TVC1/转动/液压返回
12	燃料泵入口法兰	35A	TVC2/发动机液压供给阀
13	主发动机排气	35B	TVC2/发动机液压返回阀
14	氧化剂涡轮排气	A	转到1号TVC作动器
15	转动控制-燃料涡轮排气	B	转到2号TVC作动器
19	氧化剂罐加压装置	C	转进/出 MVF 和 MOV
20	燃料罐加压装置	D	转进/出 GGFV 和 GGOV

(b) RS-68 火箭发动机流动图

(图中标注了以下主要部件：阀门、推进剂供给管、涡轮机排气通道、小尺寸排气管、清洗组件、液压控制以及用于起动涡轮机氦气管道，零件序号在页面右侧进行描述，部分管路尺寸未进行标注。由 Aerojet Rocketdyne 提供)

图 6-9 RS-68 火箭发动机结构简图和流动图（续）

第6章 液体推进剂火箭发动机基础

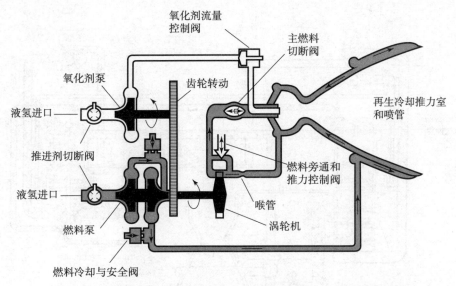

图6-10　膨胀循环案例：RL10B-2 上面级火箭发动机简要流程图
（由 Aerojet Rocketdyne 提供）

这种循环方式已用于 RL10 氢氧发动机，该发动机已有多个不同的型号并成功参加了多种运载火箭上面级的飞行。表6-6、表8-1、表11-2 和6.8 节以及参考文献6-16 给出了 RL10 发动机的相关数据。图8-17 给出了该发动机的最新改进型，含一种可伸展喷管扩张段的 RL10B-2。涡轮驱动一个单级液氧泵（齿轮箱传动）和一个两级液氢泵。用于发动机工作前硬件降温的低温推进剂是通过降温阀进入的。图6-10 中未画出冷却剂排放管路，但是它可以在图8-17 中找到。推力调节是通过控制进入涡轮的氢气流量实现的，室压通过涡轮进口处的旁通管及其控制阀保持恒定。起动时使用氢气作为动力，它在电磁阀的控制下驱动几个比较大的阀门。

在分级燃烧循环中，冷却剂通过冷却夹套的流动路径与膨胀循环是一样的。在这种循环方式中，全部燃料和部分氧化剂在一个高压预燃室（燃气发生器）内燃烧，为涡轮提供高焓燃气。然后将涡轮排气全部注入主燃烧室并与剩余部分氧化剂燃烧。这种循环的工作室压很高，从而可减小推力室尺寸。由于预燃室和涡轮引起的额外压降导致燃料泵与氧化剂泵的出口压力均要高于开式循环，故需要更重、更复杂的泵、涡轮和管路系统。与其他循环相比，涡轮流量较大，压降较小。分级燃烧循环的比冲最高，但发动机更加复杂和笨重。如图6-1 和图6-11 所示，航天飞机主发动机采用了一种变型的分级燃烧循环，称为 RS-25 火箭发动机，该发动机实际上使用了两个独立的预燃室，各自直接安装在独立的主涡轮泵前。此外，还有两个低速、低功率涡轮泵，用于为主泵提供氧化剂和燃料，但其涡轮不是由燃气驱动的，其中一个由高压液氧驱动，另一个由氢蒸气驱动。

俄罗斯拥有10 余种不同的分级燃烧循环火箭发动机，所有火箭发动机都使用富氧预燃室。日本和中国也拥有自己的富氧设计方案，在航天飞机主发动机（或 RD-25 火箭发动机）同样发现了美国这种具有富氧预燃室循环的版本。如果发动机的富氧气体部分发生泄漏，则泄漏的气体不会被空气点燃，这与任何富燃气体泄漏不同，富燃气体很容易被空气点燃而导致发动机爆裂。与泵功率相关的富氧系统存在一些缺点，因为在预燃室或涡轮入口处

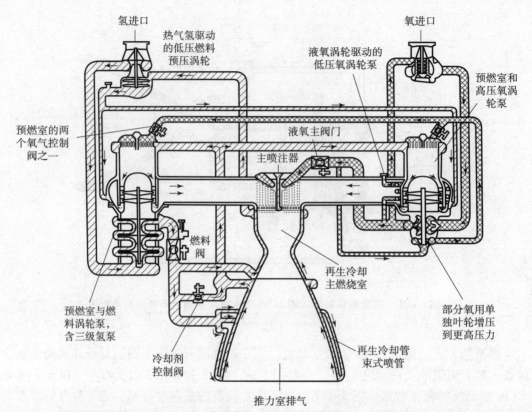

图 6 – 11　使用液氧液氢推进剂的航天飞机主发动机及 RS – 25 火箭发动机的分级燃烧循环流动简要示意图
（由 Aerojet Rocketdyne 和 NASA 提供）

比在富燃系统中需要处理更多的氧化剂压力和更高的泵功率，其中所有燃料被泵送到更高的压力（在较大的氧化剂流量和较高的压力下，泵的效率确实会提高）。在图 6 – 11 中可以看到富燃分级燃烧循环（RS – 25 发动机），其简化图如图 6 – 8 所示；图 6 – 13 展示了一个富氧循环（RD – 191 发动机）。

俄罗斯的 RD – 191 液体推进剂火箭发动机（由动力机械科研生产联合体研发和制造）是分级燃烧循环的另一个例子（见参考文献 6 – 11、6 – 18）。其中 1 台、3 台或 5 台发动机用来为不同尺寸的俄罗斯新型运载火箭"安加拉"及系列型号的第一级和带式发动机提供动力。由图 6 – 12、图 6 – 13 所示并参见表 6 – 7 及参考文献 6 – 11、6 – 17 可知，该发动机是 RD – 170 火箭发动机（带有四个推力室，已停产）和 RD – 180 火箭发动机（两个推力室，用于"宇宙神"Ⅴ运载火箭上）的单推力室衍生品。它有一个富氧的预燃室、一个双轴万向装置、一个与前代基本相同的推力室、一个二级涡轮、一个氧化剂泵、一个燃料泵和为高压燃烧室供气的第二个燃料泵。功率更大的主涡轮泵有一个液氧泵和两个燃料（煤油）泵，其中一个较小的是冲洗泵（小流量第二级 – 更高的排放压力）。两个低速增压涡轮泵（一个用于液氧，另一个用于煤油）略微提高推进剂压力，以避免主泵叶轮产生空穴现象。参见 10.5 节，一部分热涡轮机废气被用于热交换器中加热和膨胀氦气，该氦气用于对飞行器中的推进剂罐加压。图 6 – 13 中未画出一部分（来自泵排出口）高压燃料排气，该高压燃料气用于驱动安装在万向装置的两个液压制动器，以进行推力矢量控制。在 10.8 节中，讨论了来自预燃室的富含燃料和富含氧化剂的气体。

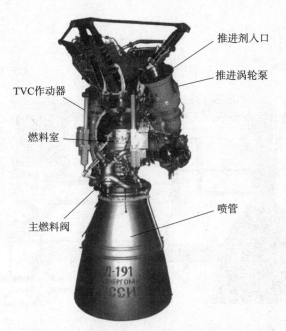

图 6-12　俄罗斯 RD-191 液体火箭发动机

(它是一台相对新型采用分级燃烧循环的发动机。来源：动力机械科研生产联合体，希姆基，俄罗斯)

表 6-7　RD-191 火箭发动机的选定性能和操作特性

每个发动机的推力室数量/个	1
推力（海平面和真空）/kN	1 921 和 2 084
比冲（海平面和真空）/s	310.8 和 337.9
混合比[a]（氧气/煤油流量）	2.63（1±7%）
室压（在喷注器表面）/MPa	25.813
发动机干质量/kg	2 200
发动机质量（含推进剂）/kg	2 430
推力室内部直径/mm	380
喉部直径/mm	235.5
喷嘴出口面积比	36.87
发动机最大高度和直径/mm	3 780，1 930
工作时间（标称值）/s	250
节流范围/%	100~70
万向接头角（典型）/(°)	3.5

[a] 液氧/俄罗斯煤油（类似于 RP-1 火箭发动机）；
来源：动力机械科研生产联合体，希姆基，俄罗斯。

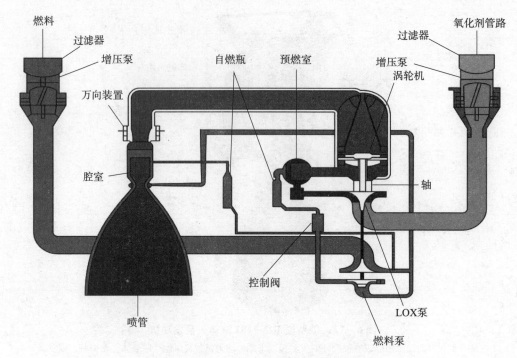

图 6-13　RD-191 火箭发动机流动简图
（推力室的剖视图如图 8-11 所示，喷注器的剖视图如图 8-4/12 所示。来源：动力机械科研生产联合体，希姆基，俄罗斯）

6.7　用于机动、轨道修正或姿态控制的火箭发动机

这些发动机通常有一小组小型推力器，这些推力器安装在飞行器的各个位置上，共用一个挤压式供应系统，如图 1-3、图 4-14 和图 6-14 所示。与大推力主推进系统或增压推进系统相比，它们称为反作用控制系统、辅助火箭发动机或姿态控制系统。大多数具有多个小型推力器，产生低推力，采用可储存液体推进剂，要求脉冲重复性高、在轨寿命长或推进剂加注到飞行贮箱后能长期储存。小推进器的典型推力水平为 0.1～1 000 lbf（0.445～4 448.2 N）。图 4-14 表明，要产生飞行器三轴纯力矩，需要 12 个推力器，若不需要三自由度转动或力矩可以与一些平移机动相组合，则所需的推力器个数可减少。这些辅助火箭发动机常用于航天器或导弹的精确飞行弹道控制、轨道修正或姿态控制，参考文献 6-1 和 6-17 提供了有关这些军事演习和小推进器历史的信息。图 6-14 给出了一末期控制火箭发动机的简化流动系统图，该发动机中较大的一个推力室用于改变速度矢量，其他 8 个小型推力器用于姿态控制。

4.5 节描述了通常由这些带多个推力室的小型辅助液体火箭发动机执行的各种空间轨道修正机动和卫星位置保持机动。表 6-8 列出了带小型推力器火箭发动机的典型应用。

表 6-8 小型推力器的典型应用

飞行路径（或轨道）修正或改变：
轻微的飞行速度调整；   空间站位置保持（校正偏离的轨道）或轨道维护；   小型卫星轨道喷射；   卫星脱轨机动；   终端拦截阶段的转移和其他操控；   一些战术导弹飞行路径控制
姿态控制
卫星、空间运载火箭的各个阶段、空间站、导弹；   单个装有万向接头大火箭发动机的滚转控制；   指向/定向天线、太阳能电池、镜子、望远镜等
其他
修正主要的大推力室的位置偏差；   弹头的速度调整（后增压控制系统），用于精确定位；   在主发动机无重力空间起动之前将液体推进剂装进燃料罐；   两个空间飞行器彼此对接/交会；   飞轮去饱和

姿态控制（运载器的或某一级的）在主推进系统工作时和辅助推进系统工作时均可以执行。例如，把卫星的望远镜指向特定方向或在飞行器转弯机动时把主推力室转到所需的方向。

实现精确的速度修正或精确姿态的最好方法是采用纯调制，即以脉冲模式起动某些推力室（例如，重复地进行 0.020 s 的工作，每次停顿 0.020~1.000 s）。制导系统确定将要执行的机动，飞行器控制系统给具体推力器发出指令信号，提供执行该机动所需的脉冲数。小型液体火箭发动机系统是唯一具有这种脉冲工作能力的。一些推力器的脉冲试验次数超过 100 万次。在脉冲时间特别短时，比冲要降低 5%~25%，因为在推力建立期间和推力衰减期的压力和性能较低，且瞬变过程的时间占了脉冲总时间的绝大部分。

反弹道导弹飞行器通常有机动能力很强的上面级。它们在击中目标前的最后的逼近机动时需要相当大的侧向力（200~6 000 N）。在概念上，该制导系统与图 6-14 系统类似，不同之处在于大推力室需与飞行器轴线垂直。图 12-27 及图 12-28 示出了一个用于末期机动的类似系统，但其使用了固体推进剂。

如图 6-14 所示，航天飞机利用 38 个不同的推力器组装成的 4 个舱室执行反作用控制，其中包含一些重复（备份或冗余）的推力器。这些推力器用于各种机动，如空间轨道修正、位置保持、为再入或肉眼观测而调整航天飞机位置。这些可多次起动的小型火箭发动机同时也可用于空间交会机动与对接机动（一航天器缓慢接近另一航天器，然后与之锁定，在对接机动期间不产生过大的撞击力）。这种操作需要由一组火箭发动机提供旋转机动和平移机动。

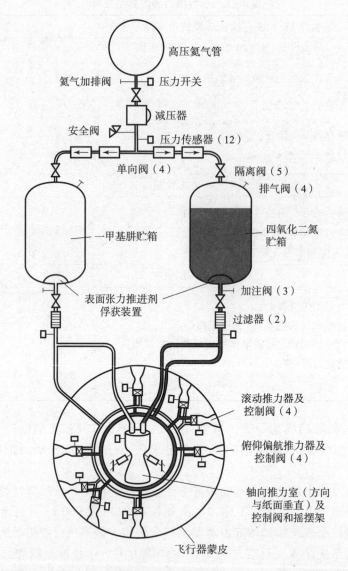

图 6-14　用于 Peacekeeper 弹道导弹第四级的氦气增压、双组元火箭发动机系统简要流动图

（该发动机为多个弹头提供末速度（方向及大小）。它有 1 台用于弹道平移机动的较大的摇摆推力室和 8 台用于三轴姿态控制的有斜切喷管的小型推力器。由 USAF 提供）

纯力矩在航天器上的应用可分为两类：质量排出型（火箭发动机）和非质量排出型。非质量排出型包括动量储存（飞轮）、重力梯度、太阳辐射和磁场系统。有些空间卫星同时装有质量排出型和非质量排出型的力矩施加装置。反作用轮或飞轮（一种动量储存装置）特别适合高精度的飞行器姿态控制，其姿态控制偏差低于 $0.01°$。飞行器姿态稳定度高于 10^{-5}（°）$/s$，耗能相对较小。飞行器的角动量通过加速（或减速）飞轮而改变。当然，当飞轮转速达到最大（或最小）允许值时，不能再让电动机继续施加力矩了，飞轮必须减速（或加速）以降低（或增加）其动量，在完成这种任务的同时，通常也使用小型姿态控制火箭发动机，发动机为飞行器施加一个反方向的力矩。这个过程称为"飞轮去饱和"。

用于辅助火箭发动机的推进剂可分为三类：冷气喷射（也称为惰性气体喷射）、温气或热气喷射以及化学燃烧火箭发动机，如双组元液体火箭发动机。冷气系统的比冲一般为 50~120 s，温气系统的比冲为 105~250 s。温气系统可使用惰性气体（带电加热器）、催化分解或分解的单元推进剂。双组元推进剂姿态控制推力室的比冲可达 220~325 s，推力为 5~4 000 N。大推力用于大型航天器。所有辅助火箭发动机基本上都采用挤压式供应系统，多个推力器或装有快响应、正向关闭式精密阀门的推力室。许多系统使用小型、无冷却的金属超声速排气喷管，这些喷管布置在航天器的外围。冷气喷射一般用于推力小（10 N 以下）、总冲低（4 000 N·s 以下）的场合。它们曾用于很小的卫星，通常只用于滚动控制（见参考文献 6-17 及 7.6 节）。

小型液体单元和双组元推进剂火箭发动机装置常用作辅助火箭发动机系统，其推力水平通常高于 1 N，总冲在 3 000 N·s 以上。肼是辅助控制火箭发动机中常见的单组元推进剂。如图 6-7 所示，在 6.3 节讨论的"信使号"探测器推进系统使用单组元推进剂推进器。四氧化二氮和一甲基肼是常用的双组元推进剂组合。第 7 章有以上三类推进剂的数据，第 8 章将展示小型辅助火箭发动机。

对应不同的应用场景，要确定哪种类型或组合是最佳的，必须对具体任务需求进行分析。

6.8 发动机系列

发动机系列是由已经发展多年的一系列相关火箭发动机组成的，它们来自同一个火箭发动机机构，每个发动机都是根据特定任务量身定制的。同一组内发动机非常相似，通常使用相同的发动机设计方案、推进剂类型以及同类型或稍加改进的组件。当现有成熟液体推进剂火箭发动机可以改装或升级（或降级）到新应用场景时，新型改装发动机可以共享前期经过验证的硬件、测试数据、有资质供应商、技术和制造人员及早期发动机的适配软件。

Aerojet Rocketdyne 研发的 RL10 系列上面级火箭发动机就是一个例子，这一系列历时 55 余年（见表 6-9），这些数据参见参考文献 6-16。每个发动机都有一个特定的应用场景，并且是由早期型号修改或升级得来的。从一个发动机型号到下一个发动机型号，主要变化的部分包括：通过使用更高的燃烧室压力、改进的喷注器设计和更大的喷管出口面积比，实现发动机推力增加和性能提高（稍微更高的比冲）。它们都使用 LOX/LH2 推进剂，具有同样的基本发动机方案、膨胀循环，同样的用于燃烧室和喷管喉部的管状冷却夹套方法，相同的通用齿轮涡轮泵装置，通常相同或相似的阀门以及通过绕过涡轮机的氢气来控制功率级。在涡轮泵中，燃料泵和涡轮机位于同一高速轴上，LOX 泵通过齿轮传动系统以较低的速度有效地驱动。所有发动机均采用万向节安装（最大偏向 4°），且大多数具有空间重启功能。图 8-17 展示了 RL10B-2 发动机的可伸展喷管。在 RL10A-3-3A 发动机推力室中，一个高传导性环银钎焊在喷管喉部，从而实现更高的腔室压力。在某些型号中，冷却管夹用银钎焊是兼容的。图 6-10 所示为 RL10 发动机膨胀循环流动图。

表 6-9 RL10 发动机系列[a]

发动机型号	认证年份/年	运载器	压强/psi	推力/lbf	混合比	重量/lbf	比冲（真空）/s	喷管面积比	每级发动机数	评价
RL10A-1	1961	"宇宙神"	300	15 000	5.0:1	300	424	40.0:1	2	未进入太空，两次发射，一次助推器故障
RL10A-3C	1962	"宇宙神"	292	15 000	5.0:1	292	427	40.0:1	2	早期的"半人马座"火箭发射任务，改良的喷射器
RL10A-3S	1962	"土星"Ⅳ	292	15 000	5.0:1	296	427	40.0:1	6	"土星"Ⅳ火箭上面级，电磁阀分离液氧
RL10A-3-1	1964	"宇宙神"	292	15 000	5.0:1	291	433	40.0:1	2	改进了喷射器结构，用早期探测任务
RL10A-3-3	1966	"宇宙神"和"泰坦"	396	15 000	5.0:1	282	442.4	57.0:1	2	采用新的燃烧室/喷管和涡轮泵。用在"宇宙神"和"泰坦-半人马座"火箭。用于"测量者""水手""先驱者""太阳""维京""旅行者"号等任务
RL10A-3-3A	1981	"宇宙神""泰坦"和航天飞机	475	16 500	5.0:1	310	444.4	61.0:1	2	对发动机进行了改进，移除了增压泵，降低了推进剂入口压力。燃烧室内嵌入银质喷喉

续表

发动机型号	认证年份/年	运载器	压强/psi	推力/lbf	混合比	重量/lbf	比冲(真空)/s	喷管面积比	每级发动机数	评价
RL10A-3-3B	1986	航天飞机和"半人马座"	425	15 000	6.0:1	310	436	61.0:1	2	改进用于适应 AF 型号的航天飞机/"半人马座"火箭长时间停留工况。混合比增大到6.0,未正式飞行过
RL10A-4	1991	"宇宙神"	570	20 800	5.5:1	370	448.9	84.0:1	2	新型推力室不含银质喷喉,使用涡轮泵增加推力和室压,采用可伸展的辐射冷却铌喷管
RL10A-4-1	1994	"宇宙神"	610	22 300	5.5:1	370	450.5	84.0:1	1或2	改进喷射器
RL10A-4-1A	1999	"泰坦-半人马座"	580	20 500	5.0:1	321	444.4	61.0:1	2	RL10A-4-1 发动机的衍生品,性能参数降级版,无可伸展喷管
RL10A-4-2	2001	"宇宙神"	610	22 300	5.5:1	370	450.5	84.0:1	1或2	双火花塞和点火器流动路径修改。可以使用固定或平移伸展喷管
RL10A-5	1993	DC-X	470	13 400	6.0:1	316	365.1	13.0:1	4	修改燃烧室以适应海平面操作,修改控件确保1～3次的节流。三角快帆试验机
RL10B-2	1998	"德尔塔"Ⅲ和"德尔塔"Ⅳ	633	24 750	5.88:1	664	465.5	385.0:1	1	新型燃烧室喷管及高面积比的可伸缩复合喷管

[a] 截至2013年7月,已有826台RL10发动机进行点火,385台在空间运行;由Aerojet Rocketdyne 提供。

值得注意的是，我们观察到推力或比冲随时间和型号改变而变化。目前，表6-9中列出的RL10B-2发动机比冲是所有液体火箭发动机中最高的，RL10A-4发动机是首款应用可伸缩喷管出口段的液体火箭发动机。

总之，与全新的发动机相比，采用基于前期成熟发动机系列改装发动机的主要好处是节省成本（设计成本、研发成本、更少新加工件、更少测试、认证和工序），更快地获得高可靠性发动机及更短的研究进度时间表。继承早期经过验证的类似发动机允许调用较旧的发动机或零件资料、训练有素的设计人员、有资质的分包商及更高的可靠性，然而通常也不总是使用相同的调试材料、制造和测试设备。继承设计无形的益处是给飞行器研究者或者主研单位或计划使用发动机的用户更多的自信。一款全新的发动机或许可以达到更好的性能或更低的发动机惰性质量及其他改进，但它将更昂贵，研制周期更长并需要花更多的时间来达到同等高的可靠性。

6.9　阀门和管路

阀门控制液体和气体的流动，管路把这些流体输往要去的组件。它们是火箭发动机的重要组成部分。阀门有很多类型，所有阀门都必须可靠、轻质、密封并能承受强烈的振动和很强的噪声。表6-10给出了几种主要的火箭发动机阀门，任何发动机都只使用表中的一部分阀门。

表6-10　液体火箭发动机使用的阀门分类[a]

（1）流体：燃料；氧化剂；高压冷气；涡轮燃气
（2）应用或用途：主推进剂控制；推力室阀（双阀或单阀座）；抽气；排泄；加注；旁通；初级流动；操控阀；安全阀；机外排放阀；减压器；燃气发生器控制；序列控制；起动前推进剂或高压气体的隔离
（3）作动方式：自动操作（电磁螺线管、操纵阀、解扣机构、电爆管等）；手动操作；由空气、气体推进剂或液压流体的压力操作（如单向阀、贮箱排气阀、减压器、安全阀），有/无位置反馈、旋转或线性作动器
（4）流量大小决定了阀门的尺寸
（5）工作占空特性：单次或多次脉冲工作；可重复用于下次飞行；长寿命或短寿命
（6）阀门类型：常开；常闭；常半开；双向；有/无位置反馈的三向阀；弹簧作用的球阀、闸阀、碟阀
（7）温度和压力分类：高压、低压、真空；高温、低温、深冷流体
（8）检测、维护或拆装整阀或其密封件的可达性或不可达性

[a] 此表既不全面也不完整。

阀门的设计和制造技术在很大程度上依赖经验。单靠一章很难完整地描述阀门的设计和操作。参考文献6-1和6-2描述了特定的阀门、管路和连接件的设计。一些具体设计细节如公差、阀座材料或起动延时常常是研制的难点。对于许多阀门来说，阀门的任何泄漏或失效都将导致发动机本身的失效。所有阀门在装机前都要对两种品质进行测试：测试阀座和密封处的泄漏；测试功能或性能的可靠性。

用在大推力发动机上的推进剂阀门的流量相对较大，压力较高。因此，阀门动作所需的力较大。由操纵阀控制的液压或气动压力用于操作较大的阀门，这些操纵阀门则由电磁螺线管或机械联动驱动。从本质上讲这是一种动力放大方法。

挤压式供应系统通常用的两种阀门是隔离阀（关闭后隔离或切断推进系统的一部分）和锁阀，它们在阀芯运动（开启或关闭）的短暂时间内需要动力，但在锁住或扣到位后不再需要动力。

一种既简单又轻的阀门是破裂膜片，它实际上是一个用于封闭管路的用某种材料制成的圆形薄片，它设计为在受到预定压差时破裂。破裂膜片是正向密封的，能防漏，但它只能用一次。德国的 Wasserfall 防空导弹使用了四个膜片，其中两个用于高压气路，另外两个用于推进剂管路。

图 6-15 所示为一大型液压主阀。它是一常闭、旋转作动、低温、高压、大流量、可重复使用的球阀，可连续节流。它通过一个液压活塞和一个曲柄（未画出）控制开启速度，并有位置反馈和防冻措施。

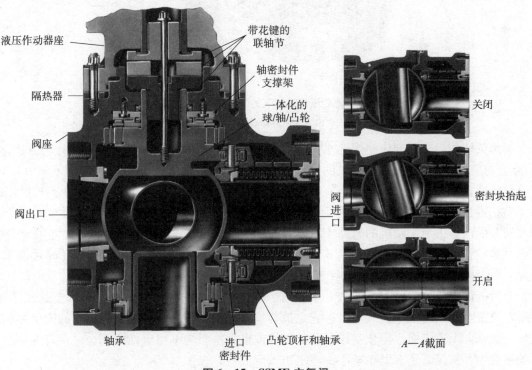

图 6-15 SSME 主氧阀

（它是火箭发动机用的高压大型阀中典型的低压降球阀。球及其一体化轴通过两个轴承旋转。通过波纹管弹簧把机加工塑料环压紧在球入口侧实现密封。当球在最开始的几度内转动时，轴上的两个凸轮把密封件提起，使其与球之间产生一个很小的距离。球是由精密的液压作动器（未画出）通过隔离转动的。由 Aerojet Rocketdyne 提供）

减压器是一种广泛用于调节气体压力的特殊阀门。通常其出口压力通过连续调节气体的流动而调节到预定的标准压力值，其作动机构为活塞、柔性膜片或电磁器件。减压器如图 1-3 和图 6-14 所示。

火箭发动机中的各种流体均通过管路或管道输送，这些管路通常用金属制造，通过紧固件或焊接相连。它们的设计方案必须能承受热膨胀，并尽量减小振动的影响。对于摇摆推力室，管路必须有一定的柔性，以使推力轴线可有小角度（一般为 $\pm 3° \sim \pm 10°$）的转动。这种柔性通过软管接头或让管路偏斜（当管路中有两个或多个直角弯头时）而实现。如图 6-1 和图 6-16 所示，许多液体火箭发动机中的高压推进剂输送管同时有柔性接头和直角弯头。该柔性接头采用柔性波纹管密封，采用通用的机械连接器，连接器上有两组轴承，用于承受高压施加的分离载荷。

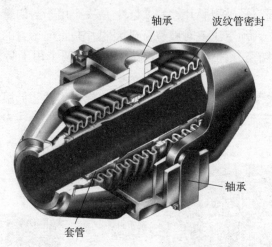

图 6-16　用于涡轮高压高温排气的带外部万向环的柔性高压接头
（由 Aerojet Rocketdyne 提供）

突然关闭阀门会引起管路中的水击，导致发生无法预料的压力上升，压力上升会对液路系统组件造成破坏。通过水击现象的分析可确定大致的最高压力（见参考文献 6-19）。由于管路的摩擦和分叉，该最高压力有所降低。当初始高压推进剂流进空管时也会产生水击。为了防止推进剂中产生气泡（气泡会给燃烧带来问题），空管在真空环境下排出空气。

所有的液体火箭发动机的管路中都安装有一个或多个过滤器。这是必要的，它用于防止污垢、颗粒物或碎片（如破裂膜片产生的小碎片）进入精密的阀门和减压器（碎片会引起故障），或堵塞喷注小孔（会引起燃气温度不均匀，进而导致推力室失效）。

有时液体推进剂管路中会安装一个或两个收敛扩张型的文氏管，它的喉部能达到声速。当所在位置喉部压力低于蒸气压时，它也被称作气蚀管。其优点是能保持恒定的流量并能阻止压力扰动向上游传播，防止室压振荡的传播或推力室燃烧不稳定性的耦合。在有多排推力室的系统中，文氏管还有助于减小一些水击效应。

6.10　发动机支撑结构

大多数大型火箭发动机都有自己的安装结构或支持结构，主要组件都安装在其上面，它同时也把推力传递给飞行器。已经使用的有焊接管路结构或金属板/钣金组件。在某些大型发动机中，推力室也作为结构件使用，涡轮泵、控制箱或摇摆作动器安装在上面。

除了推力载荷外，发动机结构还必须承受由飞行器机动引起的力（某些情况下侧向加速度可达 $10g_0$）、振动力、推力矢量控制时的作动力以及在崎岖不平的道路上运输时受到的力。

在有多个推力室的小推力发动机中，通常没有单独的发动机安装结构，主要组件安装在飞行器的各个不同位置，通过管路、电缆连接，各组件通常直接安装在飞行器或航天器的结构上。

■ 符号

c	有效排气速度，m/s（ft/s）
c_v，c_p	比定容热容或比定压热容，J/(kg·K)
C_F	推力系数
F	推力，N（lbf）
g_0	海平面重力加速度，9.806 6 m/s²
I_s	比冲，s
m	推进剂质量，kg（lbf）
k	比热比
p	压强，N/m²（psi）
Δp	压降，N/m²（psi）
$\dot{m}$	质量流率，kg/s（lbm/s）
r	混合比（氧化剂与燃料质量流量之比）
R	气体常数，J/(kg·K)
T	热力学温度，K
$\dot{V}$	体积流率，m³/s（ft³/s）
V	体积，m³（ft³）
w	推进剂总重，N（lbf）
$\dot{w}$	重量流率，N/s（lbf/s）

■ 下标

f	燃料
0	初始状态或稳态
g	气罐
o	氧化剂
p	推进剂罐或熄火

习 题

1. 在具有燃气发生器发动机循环的系统中，如果提高推力室工作压力，则泵必须做更多的功。这需要增加涡轮机燃气流量，当气流排出后，发动机比冲几乎没增加。如果燃烧室压力提高得太多，则由于经过涡轮排出的推进剂流量占总流量的比例增大、涡轮泵质量的增加而引起的性能降低将超过提高燃烧室压力、增大推力室喷管面积比所获得的比冲增量。请详细写出确定获得最高海平面性能的燃烧室最佳压力的方法，发动机的工作原理基本上与图1-4所示相同。

2. 一个涡轮泵火箭发动机系统的发动机性能如表6-11所示，试确定推力室性能参数I_s、r、F（见11.2节）。

表6-11 发动机性能参数

推进剂	液氧/煤油
发动机系统比冲（稳态）	272 s
发动机系统混合比	2.52
发动机系统额定推力	40 000 N
挤压氧化剂贮箱的氧化剂蒸气流量	氧化剂总流量的0.003%
经过涡轮的推进剂流量	总推进剂流量的2.1%
燃气发生器混合比	0.23
涡轮机排气比冲	85 s

3. 对一台脉冲式发动机，假设其室压简化曲线如图6-17所示：0.005 s的抛物线上升，一段短时间的稳态全室压，0.007 s的抛物线衰减。试绘制下列比值随工作时间t（t = 0.013~0.200 s）的变化曲线。

(1) 平均压力与理想稳态压力之比；(2) 平均比冲与理想稳态比冲之比；(3) 平均推力与理想稳态推力之比。

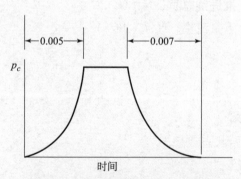

图6-17 脉冲式发动机室压简化曲线

4. 试比较总冲为100 lbf·s，采用不同气体推进剂的脉冲推进系统的容积和近似重量（见表6-12），各个系统均采用单个球形气瓶（0 ℃，3 500 psi）。提供一套重量为3.2lbf的带有管路、阀门、小推力喷管和控制组件的推进系统，气体推进剂分别为氢气、氮气和氩气（见表7-3）。

5. 试比较几个潜在应用于滚转控制的系统，该滚转控制应用需要4个1 blf推力的推力器，且在几天时间内都累计工作2 min（气体温度恒定）。

表 6-12 习题 4 的参数

加压氦气	70 ℉，温度
加压氦气	70 ℉，环境温度
加压氦气	70 ℉，环境温度
加压氦气	电加热 300 ℉

各加压气体储存压力为 5 000 psi 的单个纤维增强复合材料球形气瓶内，使用抗拉强度为 150 000 psi，密度为 0.050 lbm/in^3，内部厚为 0.012 in 的防漏铝内衬。忽略管路、阀门和推力器内的气体容积，假设这些硬件的总质量为 1.3 lbm。利用表 7-3 估算气瓶容积和系统的总重，并讨论各个系统的相对优点。

6. 一个含肼的推进剂罐，由于长时间储存，推进剂及罐将会与环境达到热平衡。在环境温度 20 ℃，内部压力 1.2 atm，液体容积占 87%，加压氦气容积占 13% 的工况下，假设推进剂没有蒸发，气体既没溶解在液体中也没在罐中运动。根据图 7-1、图 7-2 和表 7-1 中肼的物性参数，分别计算在 4 ℃ 及 40 ℃ 极端储存温度条件下气体的体积分数及压力是多少。

7. 一个液氢/液氧推力室拥有常双组元推进剂流率（347 kg/s）及混合比（6.0），它在全推力工况下能刚好运转 2 min。运载器燃料箱中的推进剂最初在推进剂沸点以下排放到大气中并假设在起动时具有相同的初温。使用表 7-1 中的推进剂数据，在假设没有损耗的条件下，计算用于产生额定持续时间推力所需的组分及数量：

(1) 燃料质量；(2) 氧化剂质量；(3) 实际使用液氢的体积；(4) 假设额外燃料质量占 4%（用于不可用的推进剂残留物、蒸发、硬件冷却或起动前排气，或在起动和关闭期间无效消耗的推进剂）和 10% 的空余量（燃料箱内液体上方的富余空间），燃料箱的容积（假设其他损失忽略不计）。

答案：(1) 5 941 kg；(2) 35 691 kg；(3) 83.83 m^3；(4) 95.6 m^3。

8. 试绘制 4 个推进剂贮箱的草图，贮箱用于全推力工作 80 s 的单万向节安装 RD-253 发动机（见表 11-3）和使用相同推进剂的辅助发动机系统。辅助系统配有相同的推进剂独立挤压式供应系统及两个万向节安装的小推力室，单台推力为 150 kg，每台推力室的工作占空特性为 12%（实际脉冲点火时间为名义工作时间的 12%），总飞行时间为 1 h。有关推进剂的性能参数，参见表 7-1。给出（对推进剂数量有影响的）推进剂预算、发动机或飞行器设计所采用的假设。

9. 表 11-3 表明 RD-120 火箭发动机性能以 85% 全推力状态工作，混合比变化为 ±10%。假设不可用残余推进剂为 1%，考虑操作因素、加注误差、性能偏差和意外因素引起的余量为 1.27%（燃料）和 1.15%（氧化剂）。

试计算：

(1) 某次飞行中，平均推力为额定推力的 98.0%，混合比偏差为 2.00%（富氧）。工作结束后残余的燃料和氧化剂占其加注量的百分比。

(2) 若想在后 20% 工作时间内以富燃混合比工作（以耗尽所有预定的飞行用推进剂），这段时间需要的混合比。

(3) 在可能的最坏情况下，即最大推力调节量和极端混合比偏差下（±3.00%，但工作时间为额定时间），贮箱中可能的最大剩余燃料或氧化剂。

参考文献

6–1. D. K. Huzel and D. H. Huang, *Design of Liquid Propellant Rocket Engines*, rev. ed., AIAA, Reston, VA, 1992.

6–2. Personal communication with J. S. Kincaid of Aerojet-Rocketdyne, 2013–2015.

6–3. "NASA Conducts First Test Fire of Shuttle-Era Engine for SLS," *Space News*, Vol. 26, No. 2, 2015, pp. 14.

6–4. J. J. Pocha, "Propellant Slosh in Spacecraft and How to Live with It," *Aerospace Dynamics*, Vol. 20, Autumn 1986, pp. 26–31; B. Morton, M. Elgersma, and R. Playter, "Analysis of Booster Vehicle Slosh Stability During Ascent to Orbit," AIAA Paper 90–1876, July 1990.

6–5. J. R. Rollins, R. K. Grove, and D. R. Walling, Jr. "Design and Qualification of a Surface Tension Propellant Tank for an Advanced Spacecraft," AIAA Paper 88–2848, 24th Joint Propulsion Conference, 1988.

6–6. *Design Guide for Pressurized Gas Systems,* Vols. I and II, prepared by IIT Research Institute, NASA Contract NAS7-388, March 1966.

6–7. H. C. Hearn, "Evaluation of Bipropellant Pressurization Concepts for Spacecraft," *Journal of Spacecraft and Rockets*, Vol. 19, July 1982, pp. 320–325.

6–8. H. C. Hearn, "Design and Development of a Large Bipropellant Blowdown Propulsion System," *Journal of Propulsion and Power*, Vol. 11, No. 5, September–October 1995, pp. 986–991; G. F. Pasley, "Prediction of Tank Pressure History in a Blowdown Propellant Feed System," *Journal of Spacecraft and Rockets*, Vol. 9, No. 6 (1972), pp. 473-475, doi: 10.2514/3.61718.

6–9. Personal communication with O. Morgan of Aerojet-Rocketdyne, Redmond, WA, and indirectly with C. Engelbrecht of Johns Hopkins University's Applied Physics Laboratory, Laurel, MD; K. Dommer of Aerojet Rocketdyne, Sacramento, CA, 2014, 2015.

6–10. K. Dommer and S. Wiley, "System Engineering in the Development of the MESSENGER Propulsion System"; AIAA 2006-5216; 42nd AIAA/ASME/SAE/ASEE Joint Propulsion Conference & Exhibit, Sacramento, CA, July 9–12, 2006.

6–11. Personal communications with J. H. Morehart, The Aerospace Corp., 2000–2015.

6–12. D. Manski, C. Goertz, H. D. Sassnick, J. R. Hulka, B. D. Goracke, and D. J. H. Levack, "Cycles for Earth to Orbit Propulsion," *Journal of Propulsion and Power, AIAA,* Vol. 14, No. 5, Sept.–Oct. 1998, pp. 588–604.

6–13. Personal communications with J. S. Kincaid (2012 to 2015), D. Adamski (2014), and R. Berenson (2015), RS-68 and other liquid propellant rocket engine facts.

6–14. B. K. Wood, "Propulsion for the 21st Century", AIAA Paper 2002-4324, July 2002.

6–15. D. Conley, N. Y. Lee, P. L. Portanova and B. K. Wood, "Evolved Expendable Launch Vehicle System: RS-68 Main Engine Development," Paper IAC-02.S.1.01, 53rd International Astronautical Congress, Oct. 10–19, 2002, Houston, Texas.

6–16. Personal communication with C. Cooley and P. Mills, Aerojet Rocketdyne, 2002–2015.

6–17. G. P. Sutton, "History of Small Liquid Propellant Thrusters," presented at 52nd JANNAF Propulsion Meeting, Las Vegas, NV, May 12, 2004; published by Chemical Propulsion Information Analysis Center, Columbia, MD.

6–18. "RD-191 Engine Scheme," data sheet published by NPO Energomash (undated).

6–19. R. P. Prickett, E. Mayer, and J. Hermel, "Waterhammer in Spacecraft Propellant Feed Systems," *Journal of Propulsion and Power*, Vol. 8, No. 3, May–June 1992, pp. 592–597, doi: 10.2514/3.23519; G. P. Sutton, Section 4.6, "Small Attitude Control and Trajectory Corrections," *History of Liquid Propellant Rocket Engines,* AIAA, 2006.

第7章 液体推进剂

6.1节已经对液体推进剂进行了分类，本章将对一些常用液体推进剂的物性、性能、危害和其余特性进行讨论。这些特性会影响发动机的设计、试验设施、推进剂的储存和处理。目前，常使用三种双组元液体推进剂组合：① 低温氧-氢推进剂系统，用于运载火箭上面级和某些主推级，它是无毒推进剂组合中比冲最高的，因此最适用于任务速度高的飞行器；② 液氧-烃推进剂组合，用于运载火箭的主推级（和少数第二级），由于其平均密度较高，可使主推级结构相对第一种推进剂组合更紧凑，在历史上先于第一种被研制，并最初用于弹道导弹；③ 几种可储存推进剂组合，用于弹道导弹第一级和第二级大型火箭发动机以及几乎所有的使用双组元推进剂的辅助或反作用控制（该术语将在下面解释）小推力火箭发动机。它们可长期储存，几乎能随时准备发射，不存在低温推进剂的发射准备时间长和处理复杂等问题。本章将对上述推进剂系统逐一介绍。目前，中国与俄罗斯的弹道导弹与辅助发动机主要使用四氧化二氮-偏二甲肼（UDMH）作为燃料。美国最初在"大力神Ⅱ号"和"大力神Ⅲ号"导弹上使用了四氧化二氮以及由50% UDMH 和50%肼组成的燃料混合物。对于许多卫星和上面级使用的辅助发动机，美国使用了四氧化二氮与一甲基肼（MMH）双组元推进剂。此外，国际空间站以及许多美国卫星在低推力辅助发动机上已采用单组元推进剂，如过氧化氢和肼等。

过去30年都没有新的液体推进剂用于作战火箭飞行器。有一些新的推进剂（如羟基硝酸铵）被合成制造，进行地面测试和飞行试验，但是仍未进入火箭发动机应用领域。1942—1975年，许多推进剂成功地用于飞行器中，包括氨（X-15试验研究飞机）、乙醇（德国V-2或美国"红石"导弹）和苯胺（WAC Corporal）。但是它们都各有一些缺点，目前已不再使用。液态氟和含氟化学品具有优异的性能，但因其毒性极强，也不再作为推进剂使用。

表5-5和参考文献7-1中给出了多种推进剂的各性能等级，一些液体推进剂的重要物性参数如表7-1所示。比重和蒸气压力如图7-1和图7-2所示。比重定义为在标准条件下（273 K 和 1.0 atm），给定液体的密度与水的密度之比。

表7-1 一些常用液体推进剂的物性参数

推进剂	液氧	一氧化二氮	四氧化二氮	硝酸[a] （99%纯度）	RP-1，RP-2
分子式	O_2	N_2O	N_2O_4	HNO_3	烃 $CH_{1.97}$
相对分子质量	31.988	44.013	92.016	63.016	≈175
熔点或冰点/K	54.8	182.29	261.95	231.6	225
沸点/K	90.2	184.67	294.3	355.7	460~540

续表

推进剂	液氧	一氧化二氮	四氧化二氮	硝酸[a]（99%纯度）	RP-1，RP-2
蒸发潜热/$(\text{KJ}\cdot\text{kg}^{-1})$	213	374.3（1 atm）	413[b]	480	246[b]
比热容/$(\text{kcal}\cdot\text{kg}^{-1}\cdot\text{K}^{-1})$	0.4（65 K）	0.209	0.374（290 K） 0.447（360 K）	0.042（311 K） 0.163（373 K）	0.48+（298 K）
比重[c]	1.14（90.4 K） 1.23（77.6 K）	1.23[b]	1.38（293 K） 1.447（322 K）	1.549（273.15 K） 1.476（313.15 K）	0.58（422 K） 0.807（289 K）
黏度/(cP^{d})	0.87（53.7 K） 0.19（90.4 K）	0.014 6（300 K）	0.47（293 K） 0.33（315 K）	1.45（273 K）	0.75（289 K） 0.21（366 K）
蒸气压/MPa	0.005 2（88.7 K）	5.025（293 K）	0.101 4（293 K） 0.201 3（328 K）	0.002 7（273.15 K） 0.605（343 K）	0.002（344 K） 0.023（422 K）

	液氢 para-H_2	甲烷 CH_4	一甲基肼 CH_3NHNH_2	肼 N_2H_4	偏二甲肼 $(CH_3)_2NNH_2$	水 H_2O
	2.016	16.04	46.072	32.045	60.099	18.02
	14.0	90.67	220.7	275.16	216	273.15
	20.27	111.7	360.8	387.46	335.5	373.15
	446	510[b]	808	1 219[b]	543	2 253[b]
	2.34[b]（20.27 K）	0.835[b]	0.700（298 K） 0.735（393 K）	0.736（293 K） 0.758（383 K）	0.704（298 K） 0.715（340 K）	1.008（273.15 K）
	0.071（20.4 K） 0.076（14 K）	0.424（111.5 K）	0.870 2（298 K） 0.857（311 K）	1.003 7（298 K） 0.952（350 K）	0.786 1（298 K） 0.784（244 K）	1.002（373.15 K） 1.00（293.4 K）
	0.024（14.3 K） 0.013（20.4 K）	0.12（111.6 K） 0.22（90.5 K）	0.775（298 K） 0.40（344 K）	0.97（298 K） 0.913（330 K）	0.492（298 K） 0.48（300 K）	0.284（373.15 K） 1.000（277 K）
	0.202 6（23 K） 0.87（30 K）	0.033（100 K） 0.101（111.7 K）	0.001 9（298 K） 0.638（428 K）	0.001 9（298 K） 0.016（340 K）	0.023 3（298 K） 0.109 3（339 K）	0.006 89（312 K） 0.034 47（345 K）

[a] 含5%~20% NO_2 的红烟硝酸（RFNA）的平均相对分子质量约为60，其密度和蒸气压略高于纯硝酸。
[b] 处于沸点时的数据。
[c] 比重参考基准：$10^3\ \text{kg}/\text{m}^3$ 或 62.42 lbm/ft^3。
[d] 1 cP = 10^{-3} Pa·s。

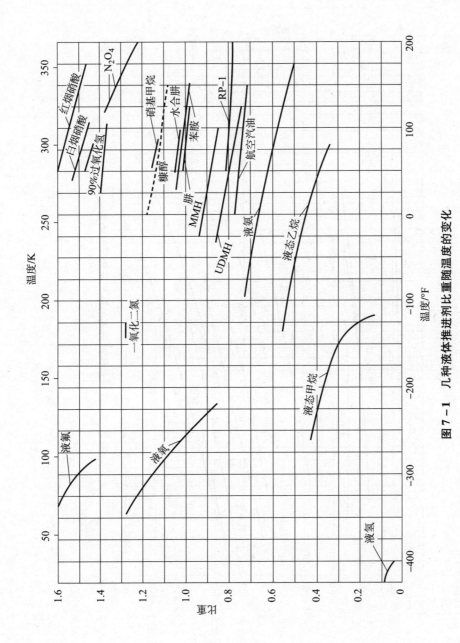

图 7-1 几种液体推进剂比重随温度的变化

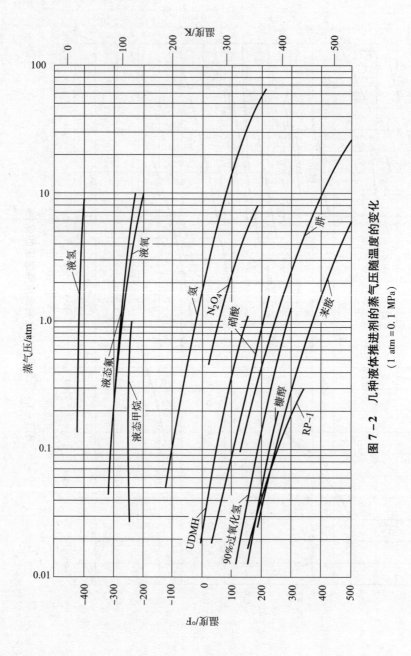

图 7-2 几种液体推进剂的蒸气压随温度的变化
(1 atm = 0.1 MPa)

绿色推进剂（见参考文献 7-2）指的是环保的液体推进剂，对人员、设备或周围环境不造成损害。一支很好的绿色推进剂是液氧-液氢推进剂组合，其没有毒性和腐蚀性，不会分解和爆炸。

7.1 推进剂物性

区别液体推进剂（未反应的液体燃料和氧化剂）和热燃气混合物（由燃烧室反应所产生）这两者的特性和物性是非常重要的。液体推进剂的化学性质与混合比决定了这两者的物性和特性。但是，实际的推进剂无法在各方面均具备很好的物性，因此选择推进剂组合时要权衡如下所述的各种因素。

7.1.1 经济因素

可大量供应、价格低廉是选择推进剂时要考虑的重要因素。对于军事应用，则必须考虑生产、供应的后勤工作和其余可能的军事用途。生产工艺应简单，所需要的化工设备应常规，原材料应能充分供应。通常，使用有毒或低温推进剂的成本要比使用可储存、无毒推进剂的更昂贵，因为有毒或低温推进剂的操作环节、安全措施和设计要求多，检测程序较长，通常需要经验更丰富的工作人员操作。

7.1.2 推进剂性能

推进剂的性能可以根据以下参数进行比较：比冲、等效排气速度、特征排气速度、推进剂比耗量、理论排气速度或其余发动机参数。这些参数已在第 3、5 和 6 章中给出解释。比冲和排气速度是压力比、比热比、燃烧温度、混合比和等效平均分子质量的函数。各种推进剂组合的性能参数值可以精确计算，表 5-5 列出了其中一部分。对于给定的应用，发动机性能常用飞行性能参数来表示（见第 4 章）。在这种情况下，平均推进剂密度、比冲和发动机质量比的计算通常要更复杂。

为了达到高性能，通常希望推进剂混合物的单位质量化学能较高，这样能达到较高的燃烧温度。同时还希望推进剂组合的燃气产物的分子量较低，可通过采用含氢量高的燃料来实现，若反应过程中所产生的氢原子不与氧原子结合，则可以使分子量较低。因此，正如第 5 章所述，许多双组元推进剂的最佳混合比不一定是化学当量比（在该混合比下燃料完全氧化并达到最高火焰温度），而通常是燃料富余的混合比，其燃烧产物中包含很大一部分低分子量产物。

当相对较小的金属燃料颗粒（如铝和铍）悬浮在液体燃料中时，理论上比冲可增加 9%~18%。潜在比冲最高的化学推进剂组合是有毒的液氟氧化剂与添加了有毒铍固体颗粒的氢燃料，其比冲在 1 000 psi 室压膨胀到海平面大气压的情况下为 480 s 左右，真空比冲在喷管面积比等于 50 时为 565 s。但是，到目前为止还没有研究出这些推进剂的储存方法，也没有研制出实用的火箭发动机。

凝胶推进剂是含有使其触变的添加剂的材料。在进行测试时，它们具有如同浓漆或胶状物一般的稠度，但当施加足够的压力或剪应力时，它们会液化并流过管道、阀门、泵和喷注器。尽管对凝胶推进剂进行了大量的研究和开发工作，并且其具有更好的安全性和环保性，但是迄今为止，它们还没有被用于任何火箭发动机的生产。凝胶推进剂已在本书的第 6 版、第 7 版和第 8 版中介绍过。

7.1.3 一般的物理危害

下面叙述推进剂的几种危害，但并不是每种推进剂都具有这些危害性。各种特定推进剂的危害是不同的，在使用这些推进剂之前必须进行详细了解。不安全的操作和不安全的设计所造成的后果对于各种推进剂通常也各不相同。

1. 腐蚀

对于某些推进剂，如四氧化二氮、硝酸、一氧化氮和过氧化氢，必须采用特殊材料制成的容器和管路。如果推进剂被腐蚀产物所污染，其理化特性可能发生很大改变并使其不再适用于火箭发动机。对于反应产物有可能损坏飞行器的结构、零件，或影响试验设施、发射场附近建筑的应用，气相反应产物的腐蚀性需要重点考虑。

2. 爆炸危险性

随着时间的推移，一些推进剂（如过氧化氢和硝基甲烷）在一定的杂质污染、温度和冲击条件下有爆炸的可能性。当液体氧化剂（如液氧）和燃料混合在一起时，就会引起爆炸。这种混合曾造成异常的、个别的飞行器发射或运输事故（见参考文献 7-3 和 7-4）。

3. 着火危险性

许多氧化剂将与多种有机化合物反应。硝酸、四氧化二氮、氟和过氧化氢与许多有机物相遇会自燃。大多数燃料在暴露于空气中和受热时很容易着火。还有一些房屋灰尘、油漆或烟雾颗粒会氧化，氧气本身不会导致火灾，但会大幅度增强已经发生了的火灾。

4. 意外泄漏

发动机操作时的意外事故以及在道路上运输推进剂等危险品时发生的交通事故有可能引起泄漏，产生意外火灾，或使人员健康受损。美国运输部对危险品运输的标志和装载具有相关安全规定，同时对紧急处理条例也有规定（见参考文献 7-5）。

5. 健康危害性

许多推进剂对人体健康都存在一定的危害性，有毒的未燃烧化学物质或有毒的排气物质以各种方式影响人体，由此引起的病症因推进剂种类而异。硝酸会造成皮肤严重烧伤和组织破坏。皮肤与苯胺或肼接触会引起恶心和其他有害健康的效应。肼、单甲基肼、偏二甲肼和水合肼是众所周知的致癌物质。许多推进剂蒸气即使在浓度很低时也会引起眼睛发炎，人员在无意中摄入推进剂也会严重损害健康。

最常见的损害健康的事件是吸入一些有毒排气或推进剂蒸气。暴露在浓度超标的推进剂蒸气中，会导致严重的健康受损。美国职业安全和健康管理局（OSHA）已经规定了大多数推进剂化学品允许暴露的浓度极限与阈值，后文会提及这些阈值。参考文献 7-3 和 7-6 给出了更多关于毒性效应的信息。

6. 有毒推进剂

对于有毒推进剂，必须用特殊、严格的安全规定和程序对推进剂进行处理、转移、道路运输并检查装载推进剂的火箭发动机（如从太空任务返回后清除残余物）。仪器可用于检测液体或水中的有毒物质。为了保护人员，需要提供带有氧气供应的防毒面具、特殊手套和鞋靴、密封通信设备、医疗用品和定期体检。对于意外泄漏，应具备能用化学品对泄漏进行稀释的设备，以及能中和毒性、解毒的化学药品。与无毒推进剂相比，使用有毒推进剂的操作需要更加训练有素的工人。有毒推进剂的安全性将在第 20 章和第 21 章中进一步讨论。

7. 材料相容性

许多液体推进剂只能与少量材料（如金属与非金属）相容。曾发生过因火箭发动机部件使用了不相容的材料而引起的不幸事故。视具体组件和载荷条件而定，这些结构材料必须能承受高应力、腐蚀、高温和磨损。7.2 节将提到几种特殊的材料限制，某些材料会催化储存的过氧化氢使其分解成水和氧气，造成难以长期储存，在封闭情况下还会引起容器爆炸。许多结构材料在接触冷的低温推进剂时会增大自身脆性。

7.1.4 理想物理性能

1. 低冰点

这可使发动机在寒冷环境中运行。添加少量冰点抑制剂有助于降低某些液体推进剂的冰点，否则这些液体推进剂可能会在环境储存条件下固化。

2. 高比重

为了在给定的飞行器贮箱空间内装填更多的推进剂，要求推进剂具有较高的密度。这样可减少飞行器的结构尺寸，从而降低飞行器的质量和气动阻力。因此，比重对所有火箭动力飞行器或地球大气层内飞行的导弹的最大飞行速度和射程都有重要影响，如第 4 章所述。不同推进剂的比重如图 7 - 1 所示。储存推进剂时环境温度的变化会导致贮箱内液面的变化。

对于任何给定的混合比 r，推进剂组合的平均比重 δ_{av} 都可以根据燃料比重 δ_f 和氧化剂比重 δ_0 确定，即

$$\delta_{av} = \frac{\delta_0 \delta_f (1+r)}{r\delta_f + \delta_0} \quad (7-1)$$

平均比重定义为燃料和氧化剂的质量除以它们的容积之和，这里混合比定义为氧化剂质量流量除以燃料质量流量。

表 5 - 5 列出了各种推进剂组合的 δ_{av} 值。在推进剂中加入重的物质（溶液或胶体悬浮液）可提高 δ_{av} 值。对于平均密度 ρ_{av}，可以用同样形式的公式写出它与燃料密度 ρ_f 和氧化剂密度 ρ_0 的关系：

$$\rho_{av} = \frac{\rho_0 \rho_f (1+r)}{r\rho_f + \rho_0} \quad (7-2)$$

在 SI 单位制中，比重的数值与密度（单位为 g/cm^3 或 kg/L）相同。在有些性能比较中，采用了密度比冲 I_d 这个参数，密度比冲定义为平均比重 δ_{av} 与比冲 I_s 的积：

$$I_d = \delta_{av} I_s \quad (7-3)$$

当系统其余参数保持不变时，增加推进剂密度，就能相应增加质量流量和推进剂的总质量。如图 7 - 1 所示，将液氧温度从 -250 °F 降低到 -280 °F 会使其比重提高约 8%，导致系统的质量流量和总质量增加大约同样的幅度，这些变化将使腔室压力、总冲和推力增加，而且比冲的变化小于 1%。因此，在最低温度下，使用液体推进剂能够提高设备多方面的性能。在陆基系统中，液氧的冷却可以通过在发射前用液氮热交换器来实现。使用氧气以外的推进剂，会使性能的提高量相对减少。

3. 稳定性

化学稳定性好意味着液体推进剂在工作或储存期间甚至在温度升高期间都不会分解。许多推进剂能做到长期（15 年以上）储存不变质，不分解，不易与大气反应。好的液体推进剂还应该在与管道、贮箱壁、阀座和密封材料接触时（即使在较高的环境温度下）不会发生化学变质。还希望推进剂没有明显的吸湿性，有少量杂质时不会产生不良效应。当液体流经高温冷却夹套通道时不应有化学变质。某些烃类燃料（如烯烃）会分解并在冷却通道高温内表面形成含碳的沉积物。这些沉积物可能很坚固，它会降低热流、提高局部金属的温度，从而降低金属的强度，并使之破坏。在洁净贮箱中储存的高浓度过氧化氢的年分解率约为 1%。绝热贮箱中的低温推进剂（储存在飞行器中）每天蒸发 1%~20%。

4. 传热特性

对用于冷却推力室的推进剂，希望其比热高、导热系数高、沸点高以及分解温度高（见 8.5 节）。

5. 泵的抽吸特性

较低的推进剂蒸气压不仅使得推进剂更容易处理，而且还使输送推进剂的泵的设计更有效。低蒸气压降低了气蚀的可能性，如第 10 章所述。若推进剂黏度过高，泵的输送和发动机系统的调整会变得困难。蒸气压高的推进剂，如液氧、液态氢和其他液化气体，需要有特殊的设计措施、独特的处理技术和特殊的低温材料。

6. 温度变化关系

液体推进剂的物性随温度的变化应该尽可能小。例如，蒸气压和密度（热膨胀系数）随温度变化很大或黏度随温度的变化过高会使火箭发动机流动系统很难精确调整，且难以预测其在合理工作温度范围内的性能。当液体推进剂储存在飞行器中时，如果其中一种推进剂经历了比另一种更大的温度变化，可能会引起混合比和比冲的显著变化，并且可能会使不必要的推进剂残留物显著增加。

7.1.5 点火、燃烧和火焰特性

如果推进剂组合能自动着火，就不再需要点火系统，这意味着氧化剂和燃料一接触就会引发燃烧。能自动着火的推进剂通常称为自燃推进剂。虽然点火系统并不复杂，但依然希望可以将其消除，这样能简化推进系统。为了减少起动过程中潜在的爆炸危险，所有的火箭推进剂都应该易于点火，并且具有较短的点火延迟期，以消除潜在的爆炸危险性。起动和点火问题将在 8.6 节做进一步讨论。

非自燃推进剂必须通过外部装置加热才能着火。点火器是实现燃烧室加压，并将推进剂混合物加热到稳定流动燃烧状态的装置。需点火器提供的、激活推进剂的能量应较小，以便可以使用低功率、轻重量的点火系统。随着温度的升高，所需的能量也逐渐减少。在低温环境下，点火过程会相对缓慢，一般为 $0.05 \sim 0.02$ s。

某些推进剂组合的燃烧非常平稳，没有振荡。其他推进剂组合则没有表现出这种燃烧稳定性，因此不太适用。燃烧稳定性将在第 9 章中讨论。

许多应用中不希望有烟雾形成，因其可能会沉积在周围的设备和部件上。在某些军事应用中，也不希望有烟和明亮的排气火焰产生，因其易于被探测。在一些应用中，气体排放物的凝结组分会导致航天器窗口或光学透镜的表面污染，火焰中自由电子的存在可能会导致无

线电信号的衰减。有关排气羽流的信息，可参见第20章。

7.1.6 推进剂物性的变化和规范

推进剂物性和品质不能发生变化，否则会影响发动机的性能和燃烧。不同时间、不同厂家所生产的同一种推进剂必须具有一致的成分、物性和储存特性。因此，推进剂的购买必须严格遵守技术规范。规范中规定了成分、杂质最高含量、包装方法和相容材料、物性公差（如密度、沸点、冰点、黏度和蒸气压）、品质控制要求、容器的清洗程序、文件检验、实验室分析方法或测试结果文件，必须对推进剂成分和杂质进行仔细的化学分析。参考文献7-7中描述了其中一些分析方法。

7.1.7 添加剂

使用添加剂可以改善和调整推进剂的物性。例如，可通过添加一种活性成分，使非自燃燃料变成自燃燃料。为了降低高浓度过氧化氢的敏感性和自分解特性，可用水将其稀释至含水量为3%~15%的状态。为了增加密度或减轻某些燃烧不稳定性，可将一些固体重物质的细粉悬浮在推进剂中。

7.2 液体氧化剂

能产生最高比冲且密度最大的已知高能氧化剂是液态氟。它已经在几个完整的试验火箭发动机中进行了测试，但是由于其极端的危险性而被放弃。目前，已经合成许多不同类型的新型可储存低温液体氧化剂，并在小推力室中进行了试验，包括液氧和液态氟的混合物、二氟化氧（OF_2）、三氟化氯（ClF_3）和五氟化氯（ClF_5）。但这些氧化剂因其过强的毒性和腐蚀性，至今仍未被使用。下面列出了几种常用的氧化剂。

7.2.1 液氧

液氧（O_2）（LOX）列于表7-1中，它广泛用作氧化剂，与大多数碳氢化合物燃料一起以明亮的白-黄色火焰燃烧。它已经与酒精、煤油型喷气燃料、汽油和氢气结合使用。如表5-5所示，可达到的性能相对较高，因此LOX是大型火箭发动机中理想的推进剂。采用液氧的导弹和空间运载火箭有：①与喷气燃料组合使用的"宇宙神"、"雷神"、"丘比特"、"大力神"Ⅰ和"土星"导弹的运载火箭主发动机；②与氢组合使用的有航天飞机和"半人马座"运载火箭上面级；③与酒精组合使用的有德国V-2和"红石"动力装置。图1-12、图1-13和图6-1给出了使用LOX的发动机装置。图5-2~图5-7给出了液氧和煤油类燃料组合的理论性能数据。

尽管液氧通常不会与有机物发生自燃，但是当氧气和有机物的混合物在封闭条件下突然增压时，可能发生燃烧或爆炸。冲击试验表明，液氧与大量工业油或有机物混合在一起后可能发生爆炸。液氧支持并促进了其余物质的燃烧。在所接触的材料干净的情况下，液氧的储存和处理是安全的。液氧是无腐蚀、无毒的液体，不会使洁净容器壁变质。若与人的皮肤长时间接触，低温推进剂会严重灼伤皮肤。由于液氧蒸发很快，它不容易长期储存。如果要大量使用液氧，则常常在使用地点附近生产。液氧可以用多种方法生产，如在液化空气中将液氮沸腾逸出就能得到液氧。

为了减少液氧的蒸发损失,储存液氧的管道、贮箱、阀门等全部要进行隔热。需要保持几个小时的加满液氧状态的火箭推进系统和液氧储存系统都必须良好隔热,以防止从周围吸收热量。所有液氧贮箱和管路都必须装有外部排泄装置,以排出冷凝在壁面的水。

例 7-1 若在发动机起动前很长时间把液氧增压到 8.0 atm,试近似估算液氧的温度和容积变化。假设贮箱充填 60%,而蒸发的氧被冷却、冷凝(保持质量恒定)。

解 利用表 7-1 和图 7-1、图 7-2,蒸气压从 1.0 atm (0.1 MPa) 上升到 8 atm (0.8 MPa),则平衡温度从 1.0 atm 下的 90 K 沸点上升到 133 K 左右。相应的比重分别为 1.14 和 0.88。容积变化 1.14/0.88 = 1.29 倍。

实际泵压式供给系统的贮箱压力较低(一般为 2~4 atm),蒸发的氧通过排出,可对液体表面起到冷却作用。所以上文计算的数值过大(选择 8 atm 是为了更清楚地表明其影响)。增压后的低温推进剂贮箱长期存放时会受热,在最后一部分推进剂排出时加热最显著。温度提高、蒸气压提高和密度降低会引起混合比、所需贮箱容积和泵抽吸条件的变化(见 10.5 节)。因此,低温推进剂贮箱必须隔热(尽量减少传热和密度变化),而且只在发动机起动前不久开始增压,以使推进剂维持在尽可能低的温度。

7.2.2 过氧化氢

火箭发动机用的过氧化氢(H_2O_2)是 70%~98% 的高浓度过氧化氢,其余主要是水。工业过氧化氢的浓度为 30% 左右。在 1938—1965 年,高浓度过氧化氢曾用于燃气发生器和火箭发动机(X-1 和 X-15 试验研究飞机)。在燃烧室中,该种推进剂按以下化学反应式分解,生成过热蒸气和氧气:

$$H_2O_2 \longrightarrow H_2O + 0.5O_2 + 热量$$

分解是在催化剂作用下发生的,催化剂有各种液体高锰酸盐、固体二氧化锰、铂和氧化铁。实际上大多数杂质均能起催化作用。作为单组元推进剂时,90% 过氧化氢的理论比冲为 154 s。作为双组元推进剂时,H_2O_2 与肼接触能自燃,与煤油能很好地燃烧。

高浓度过氧化氢与人体皮肤接触会引起严重的灼伤,与木材、油料和许多其他有机物接触会起火,引起火灾。在过去,使用过氧化氢作为氧化剂的火箭发动机曾用于飞机助推器(德国 Me163 和美国 F104)和导弹(英国的"黑骑士")。过氧化氢已有很长时间不再使用了,部分原因是长期储存的稳定性问题。然而,由于过氧化氢的稳定性现已得到一些改进,而且它产生的排气无毒,因此现在科学家又重新对这种高密度氧化剂产生了兴趣。

7.2.3 硝酸

1940—1965 年,曾有多种硝酸(HNO_3)混合物用作氧化剂的案例,但是目前美国已不再使用。最常用的红烟硝酸(RFNA)是由浓硝酸和溶于其中的 5%~27% 二氧化氮组成的,蒸发的红棕色烟雾极其难闻,并且有毒。与浓硝酸相比(也称白烟硝酸),RFNA 能量较高,储存相对稳定,对许多贮箱材料的腐蚀性较小。

硝酸有强烈的腐蚀性,只有某些类型的不锈钢、金和少数其他材料可作为满意的储存容器或管道材料。加入少量氟离子(HF 少于 1%)可以抑制硝酸的活性,会在壁面上形成一层氟化物,并能大大降低硝酸对许多金属的腐蚀,这种抑制剂称为抑制性红烟硝酸(IRFNA)。但是,即使加入了抑制剂,硝酸仍然会与很多材料发生反应并形成一些可溶解与不可溶解的硝酸盐,这会改变硝酸的氧化性能并可能导致阀门的堵塞。

硝酸可与汽油、各种胺、肼、二甲基以及酒精组合使用。它与肼、糠醇、苯胺和其他胺能自燃。硝酸的比重为 1.5~1.6,视氮氧化合物、水和杂质的百分含量而定。因为密度高,飞行器结构可以设计得更加紧凑。

当发生泄漏事故时,硝酸漏液应该用水稀释或用化学碱活剂进行处理。生石灰和碱金属氢氧化物以及碳酸盐是常用的中和剂。但是,中和得到的硝酸盐仍是氧化剂,因此还得作相应的处理。

硝酸或红烟硝酸蒸气的 OSHA 8 h 人员暴露极限或工作阈值为 2×10^{-6}(百万分数或 5 mg/m³ 左右),短期暴露极限为 10×10^{-6}。液体滴在皮肤上会引起灼伤和不易痊愈的溃疡。

7.2.4 四氧化二氮

四氧化二氮(N_2O_4)(NTO)在化学工业中被广泛认可,而在火箭工业上一直称为四氧化氮或 NTO,这也是本书所使用的名称。NTO 是一种黄褐色的高密度液体(比重为 1.44)。NTO 与肼、单甲基肼(MMH)和偏二甲肼(UDMH)放置在一起时会发生自燃。它是美国目前最常用的可储存氧化剂,但它的液态温度范围很窄,容易结冰或蒸发。纯四氧化二氮只有中等程度的腐蚀性,但当吸湿后或与水混合时会形成强酸。它极容易从空气中吸收水汽,可以在由相容材料制成的密封容器中无限期地储存。NTO 能与许多常用材料自燃,如纸、皮革和木材等。其烟雾呈红褐色,有剧毒。由于它的蒸气压高,因此必须保存在相对较重的贮箱中。加入少量氮氧化物或 NO 可以降低 NTO 的冰点,但缺点是提高了蒸气压。这种 NO 和 NTO 的混合物称为混合氮氧化物(MON),其 NO 含量从 2% 到 30% 有不同等级。

NTO 为可储存氧化剂,"大力神"导弹采用了 NTO 氧化剂和肼与偏二甲肼组成的混合燃料。航天飞机轨道机动系统和反作用控制系统及许多航天器推进系统采用了 NTO 和单甲基肼燃料。在许多应用中必须采取措施,以防止这种推进剂冻结。OSHA 8 h 人员暴露极限为 5×10^{-6} 或 9 mg/m³。

7.2.5 一氧化二氮

一氧化二氮(N_2O)也称为笑气,常作为医用麻醉剂(见参考文献 7-9、7-10)。N_2O 与上述的四种氧化剂相比,它的氧化性相对较弱,在环境温度下不可燃,但可在高温下燃烧。参考文献 7-10 和 7-11 详细讨论了它的操作与安全性。N_2O 与 NTO 相比,它的毒性要小得多,8 h 暴露极限的严重程度低 20 倍。各种催化剂会导致 N_2O 分解为氧气和氮气。许多材料和杂质与 N_2O 不相容。其低温液体温度范围非常窄,沸点和冰点见表 7-1,液态 N_2O 的温度远没有液氧那么低。尽管难以控制,但这种氧化剂可自我加压,避免了分离氮气加压系统的需要。

过去 14 年来,N_2O 在太空飞行中得到许多应用。最近的一个飞行应用是将液态 N_2O 和 HTPB(端羟基聚丁二烯)作为固体燃料,用于亚轨道载人航天飞机的混合火箭推进系统(见参考文献 7-12),这部分内容将在第 16 章中进行讨论。在双组元推进剂组合中,N_2O 作为有机液体燃料与加入了催化剂的气态单组分推进剂的氧化剂进行了测试。

7.2.6 氧化剂清洗过程

用于火箭发动机液体氧化系统的所有新制造部件（管道、贮箱、阀门、泵、密封件、喷注器等）的内表面通常采用特殊的清洁工艺，用于去除有机物质或其他杂质，这些物质与氧化物、气体和压力有关。这种清洁包括去除碳、塑料、粉末、油和切屑等。每种特定氧化剂的清洁过程可能不同，包括刮除可见沉积物，连续多次冲洗，然后用热空气进行干燥。在组件进行"氧气清洁"之后，通常被密封保存以避免在操作之前的任何污染。

7.3 液体燃料

目前，已经提出、研究和试验了各种化学品，试图用作火箭发动机燃料。但只有少数被实际火箭发动机采用。除了下面列出的液体燃料以外，还有许多化学品曾在试验火箭发动机、早期的试验设计方案和一些早期的发动机产品上使用过，包括苯胺、糠醇、二甲苯胺、汽油、水合肼、硼氢化物、甲醇和乙醇、氨以及它们与一种或多种其他燃料的混合物。

7.3.1 烃类燃料

石油衍生物中有大量不同类型的烃类化合物，其中大多数可用作火箭发动机燃料。最常用的是那些已用于其他用途和其他发动机的产品，如汽油、煤油、柴油和涡喷发动机燃料。它们的物性和化学成分随着精炼出这些燃料的原油类型、生产化工过程以及在制造中控制精度的不同而有很大变化。表7-2列出了烃类燃料的典型物性参数值。

表7-2 某些从石油制成的烃类燃料的典型物性参数

参数	喷气燃料	煤油	航空汽油 100/130	RP-1	RP-2
比重（289 K）	0.780	0.810	0.730	0.800~0.815	0.800~0.815
冰点/K	213（最高值）	230	213	225	225
黏度/cP (289 K)	1.4	1.6	0.5	0.75 (289 K)	0.75 (289 K)
闪点/K (TCC)	269	331	244	333	333
ASTM 蒸馏温度/K					
蒸发 10%	347	—	337	458~483	458~483
蒸发 50%	444	—	363	—	—
蒸发 90%	511	—	391	—	—
Reid 蒸气压/psi	2~3	<1	7	—	—
比热容/(cal·kg^{-1}·K^{-1})	0.5	0.49	0.53	0.5	0.5
平均分子质量/(g·mol^{-1})	130	175	90	—	—

[a] 1 cP = 10^{-3} Pa·s。

一般来说，这些石油燃料燃烧时形成黄白色的明亮发光火焰，并具有良好的性能。它们相对容易处理，而且价格低廉，供应量大。有一种经特殊精炼的，特别适合用作火箭发动机推进剂的石油产品命名为 RP-1，它基本上是一种与煤油类似的、密度和蒸气压范围较窄的饱和与不饱和烃类混合物。有些烃类燃料会在冷却通道内壁面形成积炭，它阻碍传热，使壁面温度升高。参考文献 7-13 指出，这种积炭的生成取决于冷却夹套内燃料的温度、特定的种类、传热以及室壁材料。RP-1 中烯烃和芳香烃的含量较低，而烯烃和芳香烃会引起燃料冷却通道内壁积炭。"宇宙神"、"雷神"、"德尔塔"、"大力神"Ⅰ和"土星"导弹的运载火箭发动机采用了 RP-1 与液氧（见参考文献 7-14 和图 5-1～图 5-6）。

甲烷（CH_4）是一种低温烃类燃料，是天然气的主要成分。液态甲烷含量丰富，密度相对较高，且价格较低。与石油精炼得到的烃类燃料相比，甲烷物性的重复性很高。CH_4-LOX 双组元推进剂，相较于 LOX-H_2 双组元推进剂会产生更低的特征速度 c^* 和比冲 I_s，但是与 LOX-煤油与 LOX-RP-1 比较，则产生更高的特征速度 c^* 和比冲 I_s，如表 5-5 所示。许多国家的火箭推进机构一直在进行对试验液体推进剂推力室和装载有 CH_4-LOX 的小型反作用控制推进器的开发和地面测试。由于液态甲烷的密度约为液态氢的 6 倍，因此甲烷燃料箱可以更小，成本也更低。CH_4-LOX 是用于未来火箭发动机的双组元推进剂燃料，用于大型多级太空运载火箭，以及有人和无人火星飞行任务。美国预计将有三次火星飞行任务，因此正在开发一种新的大型氧气-甲烷发动机，虽然这些调查目前正在进行，但截至 2015 年还没有任何飞行计划。

7.3.2 液氢

如表 5-5 所示，液氢（H_2）与液氟或液氧燃烧时性能很高。液氢还是非常好的再生冷却剂。它与氧燃烧生成无色的火焰，但能看见羽流中的激波。在所有已知的燃料中，液氢最轻、温度最低，其比重为 0.07，沸点为 20 K 左右。由于燃料密度较低，因此需要体积较大的燃料贮箱，导致飞行器体积很大。极低的温度使得选择合适的贮箱和管道材料很困难，因为许多金属在低温下会变脆。

由于液氢温度很低，贮箱和管路必须很好地隔热，以尽量减少液氢的蒸发、湿气和空气在贮箱外壁的凝结以及随后液态或固态空气的形成。除使用隔热材料外，还常使用真空夹套。所有常见的液体和气体在液氢中都要固化，这些固体颗粒会堵塞孔和阀门。因此，在引入推进剂之前，必须吹除所有管道和贮箱中的空气和湿气（用氦气吹除或抽真空）。液氢和固态氧或固态空气的混合物会发生爆炸。

液氢有两种组分，即正氢和仲氢，它们的区别在于其原子核的自旋状态。随着氢的液化，正氢和仲氢的相对平衡组成发生变化。从一种组分转变为另一种组分时有能量转换。液氢是由气态氢通过逐次压缩、冷却和膨胀过程而制得的。

氢气与空气的混合物在很宽的混合比范围内都是很容易着火和爆炸的。为了避免这种危险，常有意将泄漏的氢气（贮箱排气管）在空气中点火烧掉。液氢与液氧组合用于"半人马座"火箭上面级、航天飞机主发动机以及日本、俄罗斯、欧洲国家、印度和中国研制的一些上面级发动机。

氢气与氧气燃烧产生的排气无毒，且比冲高，这种推进剂组合已成功用于运载火箭，这是因为比冲小幅度地增加就会大幅提高载荷能力。但氢的低密度造成飞行器体积很大、阻力相对较高。提高氢密度的一种方法是使用液氢和悬浮小颗粒固态氧的过冷混合物，其密度比液体大。已经开展过有关这种"氢浆"的研究工作，难点是均匀混合物的产生和维持，迄今为止还未用于飞行器。

一些研究表明，与液氧燃烧时，在运载火箭第一级发动机采用烃类燃料（如甲烷和RP-1）会取得更好的效果，因为推进剂平均密度高，可使飞行器体积较小，阻力较低，从而弥补了比冲低的缺点。还有一些新的设想，例如，在主推火箭发动机开始时用烃燃料工作，然后在高空飞行时转换为氢燃料工作，然而使用两种燃料（如甲烷（或烃类燃料）和氢）的发动机还未发展成熟，也没有用于飞行过。

7.3.3 肼

参考文献7-15中详细论述了肼（N_2H_4）这种推进剂，它既可用作双组元推进剂的燃料，也可用作单组元推进剂。肼及其相关的液体有机化合物—甲基肼（MMH）和偏二甲肼（UDMH）有类似的物理和热化学特性。肼是有毒的无色液体，其冰点较高（275.16 K）。肼的点火延迟期较短，会与硝酸和四氧化二氮自燃。

肼蒸气会与空气形成爆炸性混合物。肼溅在物体或纤维织物表面会与空气自燃。纯无水肼是一种稳定的液体，可以安全地加热到416 K以上。曾有肼在密封贮箱内储存了15年以上。肼在有杂质或温度较高的情况下会分解，并释放出能量。在有压力冲击时，即使温度低至367 K时也会分解。在某些条件下这种分解会变成激烈的爆炸，这曾给试验喷注器和推力室的冷却通道带来许多问题。摄取肼、吸入蒸气或长时间的皮肤接触会损害人体。OSHA人员8 h暴露极限为0.01 ppm① 或0.013 mg/m³。此外，肼是众所周知的致癌物。

肼能与很多材料反应，必须谨慎处理，避免在储存时与会使其分解的材料接触（见参考文献7-15和7-16）。贮箱、管路或阀门必须进行清洗，不得有杂质。与肼相容的材料有不锈钢（303、304、321和347）、镍、1100/3003系列铝材。要避免使用铁、铜及其合金（如黄铜或青铜）、蒙乃尔合金、镁、锌和某些流明合金。

肼不能安全用于双组元推力室的冷却套中，因为它会在超过某一温度时发生爆炸。这种情况会在传热异常高时或冷却液停止流动时推力终止后立即发生，且内壁对肼的热浸泡会使肼过热，可能导致肼的分解。目前，含肼的双组元推力室通常采用辐射冷却（使用钼金属）和烧蚀冷却，因为内部推力室绝缘层会腐蚀和氧化。辐射冷却和烧蚀冷却将在第8章中讨论，参考文献7-2中描述了替代肼的绿色推进剂的最新研究进展。

7.3.4 偏二甲肼

偏二甲肼[$(CH_3)_2NNH_2$]（UDMH）是肼的一种衍生物，常用来代替肼或与肼混合使用，因为UDMH是一种更稳定的液体，特别是在温度较高的情况下。此外，UDMH与肼相比，其冰点较低（215.9 K），沸点较高（335.5 K）。UDMH与氧化剂燃烧产生的I_s值略低于纯肼。UDMH常混合30%~50%的肼使用。这种50%混合物的燃料用于"大力神"导弹和运载火箭以及航天器发动机，此外还用于登月下降发动机和上升发动机。俄罗斯和中国的火箭发动机也采用了UDMH。

---

① 1 ppm = 1 mg/m³

冻结并不影响 UDMH、MMH 或肼的性质，但 50% UDMH 和 50% 肼混合物冻结时会明显分层。若在空间飞行器上发生冻结，则为了重新形成混肼必须进行特殊的再混合操作。UDMH 蒸气的 OSHA 8 h 人员暴露极限为 0.5×10^{-6}，而且 UDMH 是致癌的。

7.3.5 一甲基肼

一甲基肼（CH_3NHNH_2）广泛用作航天器火箭发动机燃料，特别是小推力姿态控制发动机，通常与 N_2O_4 氧化剂一起使用。CH_3NHNH_2 的抗冲击特性、传热特性以及液态温度范围比纯肼更好。CH_3NHNH_2 与肼一样，其蒸气在空气中易燃，海平面大气压和环境温度下其容积可燃极限为 2.5% ~ 98%。与肼相容的材料与 MMH 也相容，它与可储存氧化剂组合产生的比冲一般比肼低 1% ~ 2%。

MMH 和 UDMH 都能溶于许多烃类燃料，但肼不能。在肼中加入少量（3% ~ 15%）的 MMH 对肼的爆炸性分解有显著的抑制作用。在受到相同强度的压力冲击时，MMH 在 491K 分解，而肼在 369 K 爆炸。MMH 是一种致癌物，OSHA 8 h 人员暴露极限为 0.01×10^{-6}。吸入人体时 MMH 的毒性最高，UDMH 最低。

7.4 液体单组元推进剂

单组元推进剂的供给和控制系统相对简单，因此这种推进剂对某些应用具有很大的吸引力。目前，肼作为单组元推进剂广泛用于卫星和其他航天器控制用的小推力姿态和轨道控制火箭发动机中，此外还可用于燃气发生器中。对其他单组元推进剂（氧化乙烯或硝基甲烷）做过试验，但现在已不再使用。1945—1965 年，高浓度过氧化氢（通常为 90%）被美国、英国和德国用于推进剂气体发生器，目前仍在俄罗斯和其他地方使用（见 7.2 节和例 5 - 1）。目前，作为肼的替代品，绿色单组元烷基羟胺硝酸铵二硝酸酯水溶液正在开发中。

单组元推进剂的分解可以通过热（电加热或火焰加热）或催化材料实现。单组元推进剂必须具有化学稳定性和热稳定性，以确保有一定的液态储存特性；同时，为获得良好的燃烧特性，它必须易于分解和反应。

7.4.1 单元肼

肼不仅是一种优良的可储存燃料，而且还是一种极好的单组元推进剂（通过合适的固体或液体催化剂分解）。为了快速起动，这种催化剂经常需要预热。在室温下，铱是一种有效的催化剂。在高温（约 450 K）下，许多其他材料能使肼分解，包括铁、镍和钴（见参考文献 7 - 15）。在不同的催化剂和不同的反应容积下，分解反应产生的产物不同，燃气的组分和温度也不相同。肼作为单组元推进剂，既可用于燃气发生器，也可用于空间姿态控制发动机。图 8 - 14 描述了单组元推进剂发动机的结构，典型的设计参数如图 7 - 3 和表 7 - 1 所示。

肼的催化分解可以简单描述为两个过程，这种简化方案忽略了其余步骤和中间产物。第一步，肼（N_2H_4）分解成氨气（NH_3）和氮气（N_2），该反应是强烈放热的；第二步，氨气进一步分解成氮气和氢气，该反应是吸热反应。这些简化的反应步骤可写为

$$3N_2H_4 \longrightarrow 4(1-x)NH_3 + (1+2x)N_2 + 6xH_2 \tag{7-4}$$

式中：x 为氨的离解度，与催化剂类型、尺寸和形状以及室压和推进剂在催化剂内的停留时

间相关。

图 7-3 显示了单元肼发动机推进剂的几个理论参数和离解度 x 的关系，其值为在室压 1 000 psi、喷管面积比为 50 的理想推力室的高空性能。当氨的离解度较低时，可获得最高比冲。

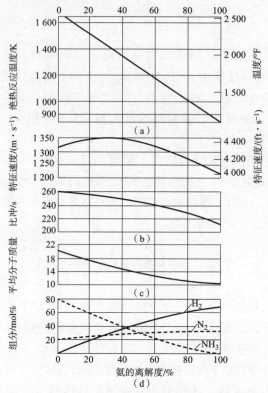

图 7-3 催化反应器出口处肼分解参数与氨离解度的关系
(经许可摘自参考文献 7-15)

多年来已开展了许多研究来寻找单元肼推进剂的替代品，原因是单元肼有毒，冰点相对较高（275 K），并且需要对与其接触的部件进行加热。但是，目前仍然没有找到一种能完全令人满意的推进剂。一种可能的候选者是由溶解在少量水中的固体 ADN（ammonium dinitramine）制成的单组元推进剂（标识为 LMP-1035），该推进剂用于俄罗斯在 2010 年 6 月 15 日发射的欧洲卫星 PRISMA 上。这种新单组元推进剂的密度高于肼，无毒，液体温度范围合适，但是性能较低，而且仅当 LMP-1035 的催化剂预热到 533 K 时，它才会分解，这需要额外的隔热，并且这种加热会缩短催化剂寿命。另一种可能的替代品是硝酸羟铵（hydroxyl ammonium nitrate，HAN），与 AND 推进剂一样，目前均处于研究中。人们也在寻找其余的单元肼替代物。

7.5 气体推进剂

冷气推进剂已成功地用于反作用控制系统（RCS）超过 70 年。这种发动机系统很简单，它由一个或多个高压气瓶、多个简单金属喷管（通常是铝或塑料的）、喷管上的电控阀门、减压器以及排气组件组成。如果气瓶压力高，则气瓶尺寸就小。压力一般为 300~1 000 MPa。若充填的气体质量不变，则球形气瓶的质量基本上与压力无关。

表 7-3 列出了典型的冷气推进剂及其特性。航天器 RCS 中已使用的冷气有氮、氩、干燥空气和氦。使用高压氢气或氦气作为冷气推进剂，则比冲要高得多，但这些气体的密度很低，需要的储存容积很大，高压气瓶很重。多数应用中，重量增加的缺点超过了性能高带来的优点。有少数应用中用电或化学方法加热气体，这样在采用较小气瓶的情况下提高了比冲，但更复杂（见第 17 章）。

表 7-3 辅助推进系统所用气体推进剂的性质

推进剂	相对分子质量	密度[a]/(lbm·ft^{-3})	k	理论比冲[b]/s
氢	2.0	1.77	1.4	284
氦	4.0	3.54	1.67	179
甲烷	16.0	14.1	1.3	114
氮	28.0	24.7	1.4	76
空气	28.9	25.5	1.4	74
氩	39.9	35.3	1.67	57
氪	83.8	74.1	1.63	50

[a] 5 000 psi、20 ℃ 条件下。
[b] 喷管面积比为 50、初始温度为 20 ℃ 条件下的真空比冲。

气体推进剂、气瓶和 RCS 设计的选择取决于许多因素，例如气瓶的体积和质量、最大推力和总冲、气体密度、所需的机动飞行、工作占空特性和工作寿命。冷气系统一般用于总冲为 22 200 N·s 左右的任务，更高的总冲值则需要使用液体推进剂。

如果工作时间很短（只有几分钟，同时主发动机正在工作），气体膨胀将是绝热的，通常作为等熵过程来处理。随着气体的消耗，气体温度将下降（压力和比冲也下降）。对于长期的间歇性工作（在空间数月或数年），航天器上的热量将传递给气体，气瓶温度基本上保持常数，膨胀过程接近等温。

8.3 节叙述了冷气系统的优点和缺点。

7.6 安全性和环保问题

为了将化学性能活跃的推进剂物质的固有危险性和潜在破坏性降到最低，必须非常认真地对待可能的风险和危险性（见参考文献 7-5、7-17 和 7-18），包括 7.1 节提到的毒性、爆炸性、着火或泄漏危险性等。操作人员、装配工、机修工、检验员或工程师在搬运或使用特定的推进剂之前必须接受特定推进剂的安全培训，了解其特性、安全处理或运输的方法、对设备或环境的潜在破坏性以及在发生事故时减小后果的措施等。他们还必须了解推进剂与皮肤接触、被吸收或吞服情况下对人体健康的危害和急救方法，以及安保设备的使用方法。安保设备有防护服、有毒蒸气探测器、遥控装置、报警信号或应急水龙头。与高毒物质打交道的工作人员必须定期作健康检查。此外，火箭发动机需要考虑安全性设计，使泄漏、意外溢出、意外起火或其他可能的不安全状态发生的可能性降到最低。大多数发动机研制单位有一名以上的安全性专家，负责检查试验计划、加工操作、设计、工艺过程或安保设备的安全性。凭借适当的培训、设备、预防措施以及安全性设计特点，所有推进剂都可以安全处理。

如果出现违反安全性的行为，或者发现操作、设计、工艺过程或操作规程不够安全，则应针对特定的项目或问题作充分的调查，研究并明确影响安全性的原因，采取合适的补救措施并尽快落实。

排入环境的有毒气体以及风引起的毒气弥散会使操作人员和附近居民区的人员暴露在有毒环境中，这将在20.2节讨论。有毒液体的排放或溢出会污染地下蓄水层和地表水，其蒸气会污染空气。目前政府有关部门已对排放气体和液体的类型和指标进行了管理和监控。这些排放物必须进行控制，违者要加以处罚。申请排放许可证的过程是冗长而烦琐的。

提高事故安全性（爆炸、火灾、泄漏等）的一种方法是使用凝胶推进剂。凝胶推进剂是含有使其触变的添加剂的材料，静止时具有如同浓漆或胶状物一般的稠度，但是当施加足够的压力或剪应力时，它们会液化并流过管道、阀门、泵和喷注器，目前已经对几种不同的胶凝剂进行了广泛的研究（见参考文献7-19或本书第8版的7.5节），但还没有使用凝胶推进剂的发动机。

■ 符号

I_d	密度比冲，s
I_s	比冲，s
k	比热比
m_f/m_0	最终质量与初始质量之比
r	混合比（氧化剂质量流量与燃料质量流量之比）

■ 希腊字母

δ_{av}	混合物平均比重
δ_f	燃料比重
δ_0	氧化剂比重
$\rho_{av}, \rho_f, \rho_0$	密度，kg/m³

习 题

1. 画出液氧/RP-1推进剂组合的密度比冲（平均比重和比冲的积）随混合比的变化曲线，并解释曲线的含义。利用图5-1的理论比冲值和图7-1或表7-1的比重。

答案：在$r=2.0$时，$I_s=290$，$I_d=303$，$\delta_{av}=1.01$。

2. 列表比较液氧和硝酸氧化剂的相对优点。

3. 推导平均比重公式（7-1）。

4. 一台火箭发动机采用液氧和RP-1作为推进剂，其设计混合比为2.40。供应系统中所用的泵基本上是等容积流量的。RP-1烃类燃料的额定温度为298 K，变化范围为±25 K。液氧额定温度为其沸点（90 K），贮箱增压后温度会最多上升30 K。试问在不良温度条件下极端混合比为多少？若该发动机额定流量为100 kg/s，工作时间为100 s，试问当一种推进剂组元安全耗尽后残余推进剂最大质量是多少？密度变化利用图7-1曲线自行估算。对于混合比变化不大的情况，假设比冲为常数，蒸气压的变化对泵的流动没有影响，发动机无法自动控制混合比。

5. 习题4中，由火箭发动机推进的飞行器级的设计质量比 m_f/m_0 为 0.5［见式（4-6）］。试问：推进剂温度的最坏情况对质量比和理想无重力真空速度的影响是多大？

6. （1）当飞行器环境温度为 50～150 °F 时，四氧化二氮贮箱气垫容积的近似百分数应是多少？

（2）在 150 °F 时贮箱最高压力是多少？

（3）在（2）中应考虑哪些因素？

答案：（1）15%～17%，变化是因为贮箱内温度分布不均匀；（2）6～7 atm；（3）蒸气压、氧化剂中一氧化氮的含量、与壁面材料的化学反应、会引起大量不溶解气体产物的杂质。

7. 一个绝热、垂直、带放气口的长液氧贮箱要在海平面发射台放置一段时间。液体表面处于大气压下，高度离位于贮箱底部的封闭出口 10.2 m。假设允许液氧在罐内循环和整个罐壁没有热传递到罐中，试问贮箱出口处氧的温度、压力和密度为多少？

参考文献

7-1. S. F. Sarner, *Propellant Chemistry*, Reinhold, New York, 1966.

7-2. C. H. McLean et al., "Green Propellant Infusion Mission Program Overview, Status, and Flight Operations," AIAA Paper 2015-3751, Orlando, FL, 2015; R. L. Sackheim and R. K. Masse, "Green Propulsion Advancement—Challenging the Propulsion Maturity of Monopropellant Hydrazine," AIAA Paper 2013-3988, July 2013; K. Anflo and R. Moellerberg, "Flight Demonstration of a New Thruster and Green Propellant Technology on the PRISMA Satellite," *Acta Astronautica,* Vol. 65, 1238–1249, Nov. 2009.

7-3. Chemical Rocket Propellant Hazards, Vol. 1, *General Safety Engineering Design Criteria*, Chemical Propulsion Information Agency (CPIA) Publication 194, Oct. 1971; http://handle.dtic.mil/100.2/AD0889763.

7-4. L. C. Sutherland, "Scaling Law for Estimating Liquid Propellant Explosive Yields, *Journal of Spacecraft and Rockets,* Mar.–Apr. 1978, pp. 124–125; doi: 10.2514/3.28002.

7-5. *NIOSH Pocket Guide to Chemical Hazards*, DHHS (NIOSH) Publication No. 2005-149, Department of Health and Human Services, Washington DC, 454 pages, Sept. 2005; http://www.cdc.gov/niosh/docs/2005-149/pdfs/2005-149.pdf.

7-6. 2014 *Threshold Limit Values for Chemical Substances and Physical Agents and Biological Exposure Indices*, American Conference of Government Industrial Hygienists, Cincinnati, OH, 2013, ACGIH Publication #0113, ISBN: 978-1-607260-59-2 (revised periodically).

7-7. H. E. Malone, *The Analysis of Rocket Propellants*, Academic Press, New York, 1976.

7-8. M. C. Ventura, "Long Term Storability of Hydrogen Peroxide," AIAA Paper 2005-4551, Jul. 2005; A. Pasini et al., "Testing and Characterization of a Hydrogen Peroxide Monopropellant Thruster," *Journal of Propulsion and Power*, Vol. 24, No. 3, May–June 2008.

7-9. "Nitrous Oxide Summary Properties," M4 Liquid Propellant Manual, Chemical Propulsion Information Analysis Center, Columbia, MD, November 2009.

7-10. F. Mackline, C. Grainger, M. Veno, and S. Benson, "New Applications for Hybrid Propulsion," AIAA Paper 2003-5202, 20-23 July 2003.

7-11. R. Haudy, "Nitrous Oxide/Hydrocarbon Fuel Advanced Chemical Propulsion: DARPA Contract Overview," Qualis Corporation, Huntsville AL, 2001.

7-12. Yen-Sen Chen, A. Lau, T. H. Ch, and S.S. Wu, "N_2O-HTPB Hybrid Rocket Combustion Modeling with Mixing Enhancement Designs," AIAA Paper 2013-3645, 14-17 July, 2013.

7–13. K. Liang, B. Yang, and Z. Zhang, "Investigation of Heat Transfer and Coking Characteristics of Hydrocarbon Fuels," *Journal of Propulsion and Power*, Vol. 14, No. 5, Sept.–Oct. 1998; doi: 10.2514/2.5342.

7–14. *Detail Specification—Propellant Rocket Grade Kerosene*, Department of Defense, Washington DC, MIL-DTL-25576D, 20 May 2005.

7–15. E. W. Schmidt, *Hydrazine and Its Derivatives, Preparation, Properties, Applications*, 2nd ed., John Wiley & Sons, New York, 2001.

7–16. O. M. Morgan and D. S. Meinhardt, "Monopropellant Selection Criteria—Hydrazine and other Options," AIAA Paper 99-2595, June 1999; doi: 10.2514/6.1999-2595.

7–17. J. A. Hannum, Hazards of Chemical Rockets and Propellants, Vol. I, *Safety, Health and the Environment*, AD-A160951, and Vol. III, *Liquid Propellants*, Chemical Propulsion Information Analysis Center, AD-A158115, CPIA Publication 394, 1984.

7–18. Emergency Response Guidebook, U.S. Dept. of Transportation, Pipeline and Hazardous Materials Safety Administration, Emergency Response Guidebook 2012, 392 pages. http://phmsa.dot.gov/staticfiles/PHMSA/DownloadableFiles/Files/Hazmat/ERG2012.pdf.

7–19. K. Madlener, et al., "Characterization of Various Properties of Gel Fuels with Regard to Propulsion Application," AIAA Paper 2008-4870, Jul. 2008; J. von Kampen, F. Alberio, and H. K. Ciezki, "Spray and Combustion Characteristics of Aluminized Gelled Fuels with an Impinging Jet Injector," *Aerospace Science and Technology*, Vol. 11, No. 1, Jan. 2007, pp. 77–83.

第 8 章 推 力 室

推力室是液体火箭发动机的基本组件。本章将介绍化学火箭的推力室及其相关组件,包括点火器和散热装置。定量的液体推进剂将在推力室中发生喷注、雾化、蒸发、混合,并通过燃烧生成高温燃气,随后加速至超声速状态,高速喷射而出(见参考文献 6-1、6-2 和 8-1)。推力室(图 8-1 和图 8-2)由一个或多个喷注器、燃烧室、超声速喷管以及各种安装组件组成,上述所有组件均必须承受极端的燃烧条件与各种状态的力,同时还包括施加在飞行器上的推力。当采用非自燃推进剂时,推力室需包括点火系统。某些推力室还包含了一体化安装的推进剂阀门与推力矢量控制装置,这将在第 18 章详细叙述。表 8-1 列出了 5 种不同的推力室数据,这些推力室采用了不同种类的推进剂、冷却方法、喷注器、供给系统、推力量级以及喷管尺寸。此外,还列出了一些发动机参数,表 8-1 中所涉及的各个术语将在后面详细解释。

第 3 章阐述了推力室的基本设计参数(如推力、流量、燃烧室压强和喉部面积);第 3 章和第 5 章对推力室的性能(比冲、燃烧温度)作了基本分析;第 9 章将介绍非定常燃烧现象。

虽然本书中采用了推力室这一术语(一般指推力大于 1 000 lbf 的火箭发动机),但有些文献会使用其他术语,如推力筒、推力元件或火箭燃烧器。对于小推力装置(如姿态控制发动机)和电推进系统,还常使用推进器这一术语。

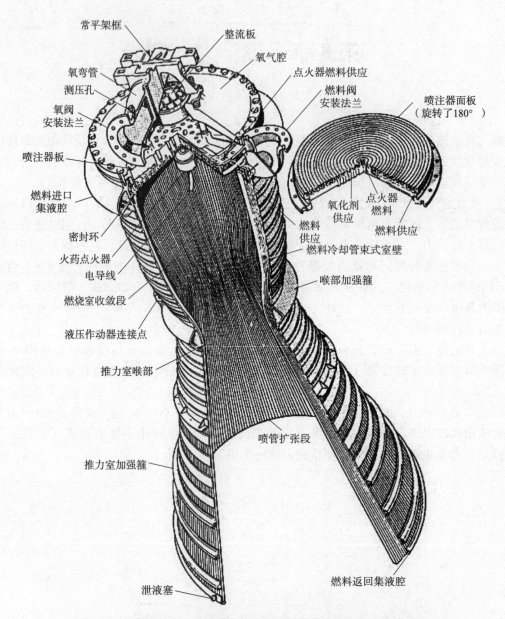

图 8-1　早期的使用煤油燃料和液氧的再生冷却管束式推力室结构

（最初用于"雷神"导弹。喷管喉部内径约 15 in，海平面推力最初为 120 000 lbf，可通过增大流量和室压改进结构件，使推力逐渐升高至 135 000 lbf、150 000 lbf，最大至 165 000 lbf。锥形喷管出口段由钟形喷管代替，图 8-9 展示了燃料在进入喷注器前向下流过各冷却套管并通过相邻管返回的流动过程。图 8-5 展示了类似的喷注器流动通道。由洛克达因公司实验室开发并授权给英国罗尔斯·罗伊斯）

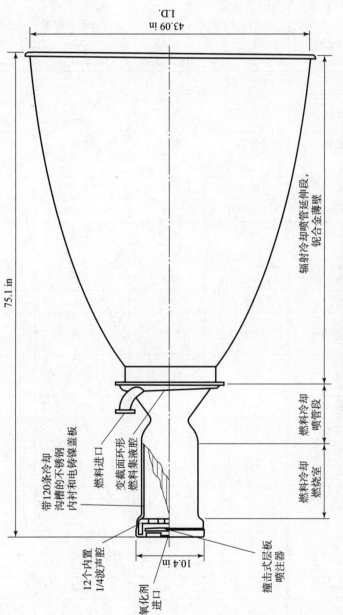

图 8-2 航天飞机轨道器所用的两个轨道机动发动机动力室之一的半剖简图

（每个推力室产生 26 689 N 的真空推力，最低真空比冲为 310 s。推力室采用额定混合比为 1.65 的四氧化二氮和单甲基肼推进剂，额定室压为 128 psi。推力室设计任务次数为 100 次，使用寿命 10 年，至少可启动 500 次。该发动机为最终轨道捕获、轨道圆化、轨道转移、交会和离轨机动提供推力，喷管面积比为 55∶1。由 Aerojet 洛克达因公司实验室提供）

表 8–1 推力室特性

性能	发动机代号				
	RL 10B-2	LE-7（日本）	RCS	RS-27	AJ-10-1181
应用	"德尔塔"Ⅲ与Ⅳ上面级发动机	H-Ⅱ运载火箭助推器	姿态控制	"德尔塔"Ⅱ太空发射助推器	"德尔塔"Ⅱ二级发动机
研制单位	Aerojet Rocketdyne	三菱重工	Aerojet Rocketdyne	Aerojet Rocketdyne	Aerojet Rocketdyne
推力室					
燃料	液氢	液氢	MMH	RP-19（煤油）	50% N_2H_4 / 50% UDMH
氧化剂	液氧	液氧	N_2O_4	液氧	N_2O_4
推力室推力					
海平面/lbf	海平面不工作	190 440	12	164 700	NA
真空/lbf	24 750	242 500	18	207 000	9 850
推力室混合比	5.88	6.0	2.0	2.35	1.90
推力室比冲					
海平面/s	NA	349.9	200	NA	257
真空/s	465.5	445.6	290	294	320
特征速度 c^*/(ft·s^{-1})	7 578	5 594.8	5 180	5 540	5 606
推力室推进剂流量/(lb·s^{-1})	53.2	346.9	0.062	640	30.63
喷注器端室压/psi	640	—	70	576	125
喷管端总压/psi	NA	1 917	68	534	—
推力室海平面重量/lbf	<150	1 560	7	730	137
万向架海平面重量/lbf	<10	57.3	NA	70	23
推力室直径/in	—	15.75	1.09	21	11.7
喷管喉部直径/in	5.2	9.25	0.427	16.2	7.5
喷管出口直径/in	88	68.28	3.018	45.8	60
喷管出口面积比	285:1	54:1	50:1	8:1	65:1
燃烧室收缩比	—	2.87	6:1	1.67:1	2.54:1
燃烧室特征长度 L^*/in	—	30.7	18	38.7	30.5
推力室总长度/in	90	14.8	11.0	86.15	18.7

续表

性能	发动机代号				
	RL 10B-2	LE-7（日本）	RCS	RS-27	AJ-10-1181
燃料冷却夹套和汇流管容积/ft³		3.5		2.5	
喷管延伸段	碳-碳	无	无	无	无
累计工作时间/s	>360[a]	>145[a]	>140[a]	>120[a]	>150
重复起动能力	有	无	有	无	有
冷却系统	不锈钢管，双向流再生冷却	不锈钢管，燃料再生冷却	铌辐射冷却	不锈钢管，单向流再生冷却	烧蚀层；部分烧蚀
冷却管直径/通道宽度/in	NA	0.05（通道）	NA	0.45	烧蚀材料：二氧化硅酚醛树脂
冷却管数目	NA	288	0	292	0
冷却夹套压降/psi	253	540	NA	100	NA
喷注器类型及不稳定燃烧抑制装置	同心环离心式喷嘴，有声腔	同轴直流式单元，有隔板和声腔	钻孔单元	平板钻孔环单元，有隔板	莲蓬头外圆，三击/双击单元，双调谐声腔
喷注器压降-氧化剂/psi	100	704	50	156	40
喷注器压降-燃料/psi	54	154	50	140	40
氧化剂喷孔数目	216	452（同轴）	1	1 145	1 050
燃料喷孔数目	216	452（同轴）	1	1 530	1 230
发动机供应系统	泵压式膨胀循环	泵压式	气瓶挤压式	泵压式燃气发生器循环	气瓶挤压式
发动机海平面推力/lbf	NA	190 400	12	165 000	NA
发动机真空推力/lbf	24 750	242 500	18	207 700	9 850
发动机海平面比冲/s	NA	349.9	200	253	320
发动机真空比冲/s	465.5	445.6	290	288	320
发动机混合比（O/F）	5.88	6.0	2.0	2.27	1.90

[a] 仅受推进剂量限制。

资料来源：所列公司和NASA。

8.1 喷注器

喷注器的功能类似于内燃机的化油器。其将液体推进剂引入燃烧室内，控制其流量，并使液体破碎成小液滴（该过程通常称为雾化）。推进剂由喷注器分配、混合，最终使燃料和氧化剂混合物达到所需的混合比。推进剂的质量流量与组分沿燃料室横截面均匀分布。

推进剂注入燃烧室可通过两种常见的设计方法实现。旧方法是在推进剂射流流经的喷注器表面上布置喷孔结构。该方法在美国开发的各大、小型推力室的火箭喷注器中得到应用。图 8-3 展示了几种不同的多孔布置。第二种方法是在喷注器表面嵌入独立的圆柱形喷注元件，同时加以固定（点焊、铜焊或钎焊）。喷注元件可将锥形推进剂喷雾输送至燃烧室。图 8-4 展示了上面所述的几种喷注元件，其中锥形的推进剂喷雾将从喷注元件的凹槽或空心圆柱内边缘释放。该类喷注器已广泛应用于液氧（LOX）/液氢（LH_2）推力室中，包括航天飞机推力室，同时还在俄罗斯研发的多数推力室中优先使用。此外，还有同时使用喷射与喷雾的喷注元件的设计，以及其他的组合类型。图 8-1 和图 8-5 展示了典型的喷注器喷孔排列布局。

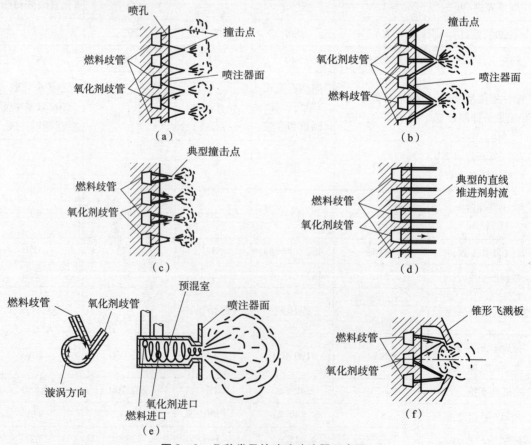

图 8-3 几种常见的喷孔喷注器示意图

（a）双股互击式；（b）三股互击式；（c）自击式；（d）淋浴头式；（e）预混合型；（f）飞溅板式
（目前预混型推力室（图中未展示点火器）已应用于几类大型的 LOX/LH_2 推力室中。参见参考文献 8-1）

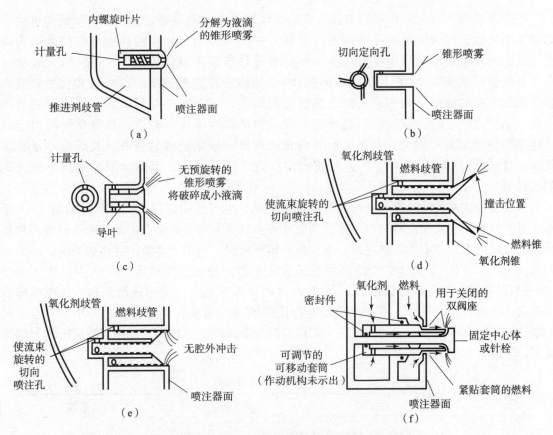

图 8-4　几种常见喷注元件的横截面示意图

(a) 带有螺旋插入件的单组元推进剂喷雾元件；(b) 切向喷注的单组元喷注元件；(c) 具有用于固定位置的针栓的单组元喷注元件；(d) 外部燃烧的同轴双组元喷注元件；(e) 内部燃烧的同轴双组元喷注元件；(f) 带可移动套筒（节流）和双面阀（用于关闭）的同轴双组元喷注元件

（这些喷注器元件可在燃烧室中设计为突出状，形成阻止燃烧不稳定性的屏障。参见参考文献 8-1）

图 8-5　早期直径为 10 in 的 90°双股自击式（燃料对燃料、氧化剂对氧化剂）沉头孔喷注器

（最早使用的通用电气的概念。大孔为燃料歧管进口。预先钻孔的喷注器环交替钎焊在环形燃料歧管（或沟槽）和一类似的相邻氧化剂歧管（或沟槽）上。图 8-1 展示了类似但更大的喷注器截面）

喷注器表面的喷孔排列布局与其内部的集液环或入口通道密切相关。这些通道可将推进剂从喷注器进口分配至喷孔（或喷注元件）中。大型的复杂集液环构型可使通道内流速变低，并使流量沿燃烧室良好分布。小的集液环容积可减轻喷注器重量，增大起动速度，并减少"滴流"（主阀门关闭后的流量）。通道中推进剂速度的提高通常会导致通向各个相同喷孔的流量不均匀，从而造成推进剂的不均匀分布，并且增大燃气成分的局部变化。当推力终止时，滴流会引起补燃，即一种低效的不规则燃烧，其可在阀门关闭后产生小部分"后效"推力。对于飞行器终止速度要求非常精确的任务，其后效冲量必须很小，且具有较好的重复性，因此常将阀门内置于喷注器中，以最大限度地减小推进剂的通过量。

双股撞击式多孔喷注器通常使用氧-烃推进剂，也可使用储存式推进剂，如图8-3所示。对于双股互击式喷注器构型，推进剂流经许多独立的喷孔喷射而出，从而使燃料与氧化剂流束彼此撞击。撞击后的推进剂形成较薄的扇形液膜，有助于将液体雾化成液滴，并分布均匀。表8-2列出了具体的喷注器喷孔的流量系数。撞击式喷注器也可采用自击式构型（如燃料对燃料、氧化剂对氧化剂），此时两股液体流束通过撞击形成液膜扇，从而破碎成液滴状。当燃料孔的尺寸（更严格地说应为体积流量）与氧化剂尺寸相差较小，且点火延迟期足够长，在形成喷雾扇的情况下，采用双股互击式喷注器较好。在体积流量不均匀的情况下，三击式构型通常更有效。

表8-2 喷注器流量系数

喷孔类型	示意图	直径/mm	流量系数
锐边孔		2.5以上	0.61
		2.5以下	0.65左右
进口有侧圆的短管（$L/D > 3.0$）		1.00	0.88
		1.57	0.90
		1.00（$L/D \approx 1.0$）	0.70
锥形进口短管		0.50	0.7
		1.00	0.82
		1.57	0.76
		2.54	0.84~0.80
		3.18	0.84~0.78
螺旋效应短管		1.0~6.4	0.2~0.55

续表

喷孔类型	示意图	直径/mm	流量系数
锐边锥		1.00	0.70~0.69
		1.57	0.72

非撞击式或莲蓬头式喷注器产生的推进剂流束通常垂直于喷注器表面喷射,不发生撞击。推进剂依靠湍流和扩散实现混合。第二次世界大战期间德国 V-2 导弹的火箭发动机就采用这种类型的喷注器。由于其需要较大的燃烧室容积才能进行有效燃烧,目前已经不再使用。

液膜式或喷雾式喷注器可产生圆柱形、锥形或其他形状的喷雾液膜,这些喷雾膜通常相交,从而促进混合与雾化效果,如图 8-4 所示。雾化后形成的液体随后蒸发。由喷注元件产生的液滴通常比从孔中撞击产生的液滴的尺寸分布更均匀。通过改变喷注元件的内部尺寸(如改变尺寸大小或切向进给孔的数量,内部圆柱的长度/突出程度以及内部螺旋肋的角度)可以改变锥形液膜的角度、燃料与氧化剂喷注液膜的撞击位置,同时还可以影响混合比、燃烧效率和燃烧稳定性。通过改变液膜宽度(由可轴向移动的套筒完成),可在较大范围内对推进剂进行节流,并且不会过度降低喷注器压降。这种变面积同心管式喷注器在混合比与性能影响很小的情况下能有 10~1 的流量调节范围,其已被应用于阿波罗登月舱下降段发动机中。

在大多数火箭发动机设计中,同轴空心套管式喷注器结构已被广泛应用于液氧和气态氢喷注器,如图 8-4 (d)、(e) 所示。这类喷注器仅在液氢汽化时才具有较好的效果。氢气以高速流动(通常为 330 m/s 或 1 000 ft/s),而液态氧的流速要慢得多(通常小于33 m/s或100 ft/s),二者的速度差会引起剪切作用,这有助于液氧流束分解破碎成小液滴。喷注器表面上有许多这样的同轴管式元件。在俄罗斯和德国,此类喷注器元件已经在可储存推进剂中得到应用。

最早制造喷孔的方法是在仔细钻孔后对孔的进口作圆角或倒角。目前仍普遍采用这种方法,尽管如今可以用高强度且高速的激光进行钻孔,产生更高精度的喷注器孔(见参考文献 8-2)。由于传统的加工技术很难使加工孔准确对准(用于良好的撞击)且无法避免毛刺和表面不平整,如今开发出一种能避免上述问题且能够对小型喷孔大批量精确加工的方法:采用多层蚀刻的薄板(常常称为层板),重叠并焊接在一起,形成如图 8-6 所示的整体结构。每一块板或金属薄片上的光刻图案不仅提供了喷注器面上的小喷孔,而且还可用作喷注器内部的推进剂分配流动通道,有时还形成喷注器内部的细网过滤器。层板既可以平行于喷注器表面叠放,也可以垂直于喷注器表面。加工后的喷注器称为层板喷注器,这类喷注器是 Aerojet 洛克达因公司实验室的专利。

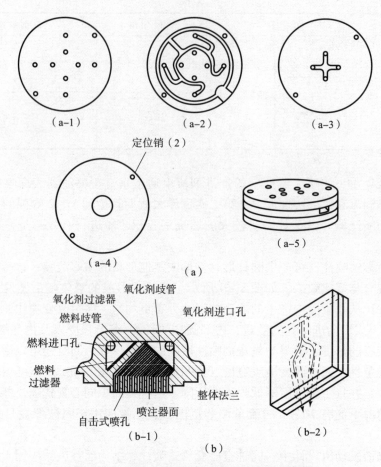

图 8-6 采用层板焊接技术的两类喷注器简图

(a-1) 带斜喷孔的面板（激光钻孔）；(a-2) 带蚀刻冷却通道的燃料分配板；(a-3) 氧化剂分配歧板；(a-4) 带氧化剂进口的盖板；(a-5) 叠在一起的四块板（厚度放大）；(a) 有四对双股互击液体流束的小推力喷注器，板与喷注器面平行；(b-1) 蚀刻板横截面；(b-2) 一种自由式喷孔和供应通道集合设计的放大图 (b) 具有 144 个孔的自由式喷注器，板垂直于喷注器面（由 Aerojet 洛克达因公司实验室提供）

8.1.1 喷注器流动特性

图 8-3 和图 8-4 展示了由于各种喷注器构型之间的差别所引起的液体流动-压强关系、起动特性、雾化效果、对自激振荡的阻尼以及燃烧效率的显著不同。

喷注器流动液压特性可以精确计算，同时可按所需的喷注压强、喷注速度、流量和混合比设计喷孔。对于给定的推力 F 和等效排气速度 c^*，推进剂总质量流量 $\dot{m}$ 可根据式 (2-6) 导出的 $\dot{m} = F/c^*$ 求得。式 (6-1) ~ 式 (6-4) 给出了混合比、氧化剂流量与燃料流量 $\dot{m}$ 之间的关系。对于不可压缩流体通过喷孔的流动，体积流量 Q 和质量流量由下式给出：

$$Q = C_d A \sqrt{2\Delta p/\rho} \tag{8-1}$$

$$\dot{m} = Q\rho = C_d A \sqrt{2\rho\Delta p} \tag{8-2}$$

式中：C_d 为量纲为 1 的流量系数；ρ 为推进剂质量密度；A 为孔口的横截面积；Δp 为喷注器元件上的压降。这些关系式是通用的，且可以应用于任何推进剂供给系统、喷注器或整个液体流动系统的任意截面中。

在给定压降的情况下，喷孔决定了火箭发动机的推进剂流量和混合比。根据式（6-1）和式（8-2）可知混合比为

$$r = \dot{m}_o / \dot{m}_f = [(C_d)_o / (C_d)_f](A_o / A_f)\sqrt{(\rho_o / \rho_f)(\Delta p_o / \Delta p_f)} \tag{8-3}$$

上述公式中各参数的选择应遵循在总流量略有变化的情况下也可获得正确的设计混合比。孔尺寸的选择应遵循其流量系数在很大的雷诺数范围内保持恒定且比率$(C_d)_o / (C_d)_f$也基本保持不变。对于给定的喷注器，在小流量或小推力时（如起动过程）混合比通常很难保持不变。

喷注器的品质可通过进行冷流试验来检验，其中参加反应的推进剂由惰性模拟液代替。通常用水来测定在不同流量下通过燃料侧或氧化剂侧的压降，从而能够根据实际推进剂和流量系数确定压降。通过利用特定装置与非混合惰性液体可以确定燃烧室横截面上冷流的局部混合比分布。模拟液的密度和黏性应与相应的实际推进剂性质大致相同。由于这些冷流测试通常无法模拟蒸气压力，因此新的喷注器通常都要用实际推进剂做热试车试验。

实际混合比可以根据冷流试验数据、测得的孔面积以及按模拟液和推进剂密度比的平方根修正的流量系数来计算。当向燃料侧和氧化剂侧交替地通入相同压强的水时，$\Delta p_f = \Delta p_o$，$\rho_f = \rho_o$，此时推进剂与水的混合比为

$$r = [(C_d)_o / (C_d)_f](A_o / A_f) \tag{8-4}$$

推进剂雾化（同时伴有蒸发、部分燃烧和混合）的机理很难分析，因此喷注器性能必须通过火箭发动机推力室热试车来评定。根据下式可知喷注速度为

$$v = Q / A = C_d A \sqrt{2\Delta p / \rho} \tag{8-5}$$

表 8-2 给出了各种喷孔的流量系数。当喷注压降给定时，喷注速度在流量系数等于 1 时达到最大值。喷孔进口平滑圆整、表面光洁时，流量系数相对较高，在设计时这种进口也最为常用。倒角、孔入口半径或孔边缘毛刺的微小差异可能导致流量系数和射流形式的显著变化，而这又会反过来影响雾化的小液滴、局部混合比和当地的热导率质量与分布状况。喷孔的不规范制造可能导致推力室或喷注器的局部烧坏。

当氧化剂和燃料射流相撞时，其合成动量可基于动量守恒原理计算得到。图 8-7 展示了一对撞击射流，其中 γ_o 定义为燃烧室轴线与氧化剂射流之间的夹角，γ_f 定义为燃烧室轴线与燃料射流之间的夹角，δ 定义为燃烧室轴线与合成射流之间的夹角。若两股射流撞击前后的总轴向动量相等，则

$$\tan\delta = \frac{\dot{m}_o v_o \sin\gamma_o - \dot{m}_f v_f \sin\gamma_f}{\dot{m}_o v_o \cos\gamma_o + \dot{m}_f v_f \cos\gamma_f} \tag{8-6}$$

通常当撞击射流的合成动量接近燃烧室轴向时，可获得较好的性能。在这种情况下，$\delta = 0$，$\tan\delta = 0$，轴向射流动量的角度关系为

$$\dot{m}_o v_o \sin\gamma_o = \dot{m}_f v_f \sin\gamma_f \tag{8-7}$$

根据这些公式可确定 γ_f、γ_o 和 δ 之间的关系。喷注器的分析实例参见 8.8 节。

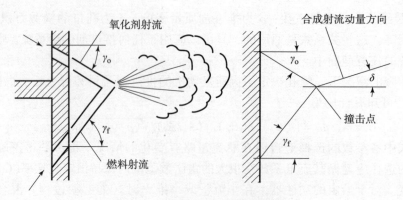

图 8-7 双股撞击射流的角度关系

8.1.2 影响喷注器特性的因素

能够将喷注器设计参数与火箭发动机性能和燃烧现象联系起来的完整理论迄今还未建立起来，因此液体火箭发动机喷注器的设计和研制方法很大程度上是经验性的。部分分析（见参考文献 8-3）可对于理解实际现象、指导喷注器的开发方向提供帮助。现有数据揭示了影响喷注器性能和工作特性的几个重要因素，这里简要列举了其中部分因素。相撞推进剂分别为液体和气体（如 LOX/汽化液体氢气 LH_2）的喷注器与推进剂均为液体（如四氧化二氮和肼）的喷注器不同，单组元推进剂的喷注器需要将推进剂注入催化剂中，其喷注器也是不同的，参见 8.3 节。

1. 推进剂组合

特定的燃料和氧化剂组合将对相对化学活性、蒸发的难易程度、蒸发速率、液滴形成、点火温度、高温燃气的扩散、挥发性以及表面张力等特性产生影响。通常，自燃推进剂的喷注器设计要求与点燃推进剂所需的设计要求存在略微不同。能够对某种推进剂有效工作的喷注器不一定适用于其他的推进剂组合。

2. 喷孔布局与孔口尺寸

就喷注器中的单个喷孔而言，以下各参数似乎均存在一个最佳性能或传热条件：喷孔尺寸、撞击角度、合成动量角、撞击点距喷注器表面的距离、喷注器单位表面上的喷孔数目、单个喷孔的流量以及喷孔在喷注器上的分布。这些参数主要通过试验确定，或者根据早期成功设计的类似喷注器的经验确定。

3. 瞬态条件

为达到较好的瞬变工作过程，在起动和关机时可能需要特殊措施（如临时堵塞喷孔、精准的阀门时序、喷孔中插入纸杯以防止推进剂进入另一推进剂的歧管内（如德国 A-4 或德国 V-2 推力室）、惰性气体清理、采用止回阀等）。

4. 液压特性

喷孔的类型和通过喷孔的压降决定了喷注速度。为使供给系统的重量和泵功最小化，提高整个火箭发动机的效率，通常希望压降较低。但实际上常采用较高的喷注压降，以提高火箭发动机对燃烧不稳定性的抵抗力与液体雾化的程度，从而改善发动机性能。参考文献 8-4 对雾化和燃烧建模进行了讨论。

5. 传热

喷注器会影响火箭发动机推力室中的传热速率。当喷注分布形式使得在燃烧室壁面附近形成富燃或富氧混合物时,传热速率会降低。一般来说,喷注器性能越好,喷注器表面向燃烧室和喷管壁面的传热速率就越快(见8.5节)。

6. 结构设计

喷注器承受来自燃烧室和推进剂歧管的高压负荷。在瞬变过程(起动或关机)中,高压会偶尔导致内部的瞬态结构应力超过稳态工况下的应力。目前,喷注器表面大多是平的,必须采用合适的结构进行加固,且不能阻碍现有的歧管通道流动。这些结构必须有足够的弹性,足以承受高温燃气的加热或低温推进剂冷却所造成的喷注器面热变形。喷注器设计还需保证燃料和氧化剂歧管之间可靠密封(内部泄漏可能会导致歧管爆炸或内部着火),即使发生热变形,也不允许燃烧室和推进剂进料管之间或喷注器之间发生泄漏。如图6-1和图8-1所示,在大型万向节式安装的推力室中,喷注器通常还承受主推力载荷,且万向支架通常与喷注器直接连接。

7. 燃烧稳定性

喷孔、喷注形式、撞击形式、孔的分布、喷雾分布以及压降均对燃烧稳定性有强烈的影响。有些类型的喷注器有很强的抗压强扰动能力。如9.3节中所述,推力室的振荡阻尼通过试验确定。通常在喷注器上直接设计特定的防振装置,如隔板或共振腔。

8.2 燃烧室和喷管

燃烧室是推力室中进行推进剂燃烧的部件。由于燃烧温度远高于大多数室壁材料的熔点,因此必须对壁面加以冷却(本章后面将要介绍),或者使发动机在壁面关键区域的温度过热前就停止工作。若传热速率过高,以至于壁面局部温度高于其工作极限时,推力室将损坏。本章后文将对推力室的传热进行介绍。8.9节将给出推力室的分析实例与相应的参考文献,图8-3介绍了某类推力室的设计开发与研制过程。

8.2.1 燃烧室的容积与形状

在燃烧室容积一定的情况下,球形燃烧室的内部表面积最小,且其单位体积内的惰性质量最低,尽管该类燃烧室制造成本较高,但人们仍然曾尝试研制过几种球形燃烧室。目前普遍采用喷注器面平坦的圆柱形燃烧室(或略有锥角的锥形截头锥体),并在另一端与收敛扩张喷管组合。燃烧室容积定义为从喷注器面至喷管喉部截面的容积,包括圆柱形燃烧室和喷管收敛段。忽略拐角半径的影响,圆柱形燃烧室的容积为

$$V_c = A_1 L_1 + A_1 L_c (1 + \sqrt{A_t/A_1} + A_t/A_1) \tag{8-8}$$

式中:L_1 为圆柱段长度;A_t/A_1 为燃烧室收缩比的倒数;L_c 为喷管收敛段长度。

与高温燃气接触并产生传热的表面包括喷注器面、圆柱形燃烧室内表面以及喷管收敛段的内表面。在考虑以下因素后,就可以进行燃烧室容积和形状的设计。

(1)燃烧室容积必须足够大,以便使推进剂充分雾化、混合、蒸发并完全燃烧。对于不同的推进剂,燃烧室容积随推进剂蒸发和活化所需的延迟时间以及燃烧反应速率变化。若燃烧室容积太小,则燃烧不完全,且发动机性能变差。只有当燃烧室压强较高,或采用高活

性推进剂并对喷注器的混合进行改善后，才可采用容积较小的燃烧室。

(2) 燃烧室直径和容积会影响冷却要求。燃烧室容积和直径越大，气流速度越慢，壁面传热速率越低，传热面积越大，且壁面也越厚。反之，若容积和横截面较小，则内壁表面积和惰性质量较小，但燃烧室气流速度和传热速率将增大。因此对于一定的推力室要求，燃烧室容积和直径均存在一个使室壁吸收的总热量达到最小的最佳值。当冷却剂的可用量受限（如高混合比的氧-烃）或者冷却剂允许的最高温度受限（如用肼冷却要考虑安全性）时，燃烧室直径和容积的选择很重要。通过采用富燃混合比或增加液膜冷却的方法，可以进一步降低总传热量（将在下面介绍）。

(3) 应尽量使所有组件的惰性质量最小。质量不但取决于推力室的壁面组成，还与燃烧室尺寸、室压、喷管面积比以及冷却方法有关。

(4) 从制造方面考虑，最好采用形状简单的推力室（如带双锥弓形喷管的圆柱形燃烧室）、低成本的材料以及标准化的制造工艺。

(5) 在部分应用中，燃烧室和喷管的长度直接影响飞行器的总长度。直径大、长度短的燃烧室或喷管能够缩短飞行器长度，并降低飞行器的结构质量。

(6) 在燃烧室内燃烧产物所需的气体压降应尽量减小。喷管进口处的任何压强损失都会使排气速度降低，从而使飞行器性能下降。当燃烧室面积小于3倍的喉部面积时，这种损失将会十分显著。

(7) 在推力相同的条件下，随着燃烧室工作压强的增加，燃烧室容积和喷管喉部面积将减小。这意味着燃烧室和喷管的长度（在相同的喷管面积比下）也将随室压的增大而减小。此外，虽然燃烧室性能会略有提高，但热导率会随着燃烧室压强大幅上升。

上述部分考虑因素之间互相存在矛盾。例如，无法同时兼顾燃烧室的大容积（以达到完全燃烧）与轻质量。因此，人们通常根据用途来选择其折中方案，从而满足大多数考虑因素，并且通过试验进行验证。设计师通常会选择收缩的燃烧室几何形状来替代直圆柱形，此时喷注器面将略大于喷管入口面的尺寸。

燃烧室特征长度定义为容积相同时，不具有喷管收敛段的等效直管（直径为喉部直径）的长度：

$$L^* \approx V_c/A_t \qquad (8-9)$$

式中：L^* 为燃烧室特征长度；A_t 为喷管喉部面积；V_c 为燃烧室容积。

燃烧室包括喉部以内的全部空间。对于双组元推进剂，L^* 的典型值为 0.8~3.0 m；对于单组元推进剂，L^* 的典型值更高。由于该参数不考虑除喉部面积外的任何变量，因此它只对特定的推进剂组合与较窄范围内的混合比和室压有用。目前，燃烧室的容积和形状通常根据先前已经设计成熟的类似推力室的数据确定，其中推进剂必须相同。

推进剂燃气停留时间 t_s 表示每个流体微团在燃烧室内停留时间的平均值，其定义为

$$t_s = V_c/(\dot{m}V_1) \qquad (8-10)$$

式中：$\dot{m}$ 为推进剂质量流量；V_1 为平均比容（燃烧室内单位质量推进剂燃气的容积）；V_c 为燃烧室容积。

最小停留时间决定了燃烧容积的大小，此时燃烧基本完全，可达到良好的性能状态。停留时间包括推进剂蒸发、活化和完全燃烧所需的时间。不同推进剂在不同的储存温度下其停留时间也会有所不同，需要经试验测定。对于不同类型、不同尺寸以及采用不同推进剂的推

力室来说，停留时间为 0.001～0.040 s。

大多数喷管的尺寸和构型可根据第 3 章介绍的分析方法确定。超声速喷管的收敛段需要比扩张段承受更高的内部燃气压强，因此收敛段的壁面设计与圆柱形燃烧室壁面类似，其轮廓的设计并不需要过于精细，因为实际中很少产生分离损失。多数推力室的喷管扩张段采用了截短钟形的形状。目前，面积比高达 400 的喷管已经成功研制，并投入使用。

第 3 章已经指出，采用较大的喷管出口面积比可使比冲得到显著的改善，特别是在高空工作时，这种改善尤为明显。然而，喷管较大时其长度也相应增加，额外的喷管质量与飞行器质量缺陷使这类喷管不被人们采用。这个缺陷可通过多级喷管解决，多级喷管在运载火箭上升期间以环件的形式存储在发动机周围的空间内，其在运载火箭前一级分离之后、发动机点火之前在空间中自动进行组装。这种可延伸喷管的概念约在 35 年前就已成功应用于固体推进剂火箭发动机中。使用可延伸喷管的液体火箭发动机的首次飞行在 1998 年，该发动机作为 Aerojet Rocketdyne RL 10 上面级发动机的改进型，其飞行性能见表 8-1，具体如图 8-17 所示，其碳-碳可延伸喷管锥段将在本章材料和制造部分中叙述。

具有中心体结构的特殊型推力室（如图 3-11 所示的气动喷管或膨胀偏转喷管）已经研发成功，并经过地面测试，但目前尚未在实际生产中应用。因此，本版删除了对这类问题的讨论。若读者对全高度均可提供最佳膨胀的先进喷管感兴趣，可参考本书的第 7 版和第 8 版，其中详细地对气动推力室进行了介绍。

8.2.2 传热分布

燃烧产生的热量将传递给暴露于高温燃气的所有内部构件表面，即喷注器面、燃烧室壁面和喷管的壁面。传热速率或传热强度（单位壁面面积的传热）在发动机内是变化的，图 8-8 展示了传热速率的典型分布。燃烧室内只有 0.5%～5% 的燃气能量以热量的形式传递给燃烧室壁面，例如，推力为 44 820 N 或 10 000 lbf 的典型火箭发动机对壁面的传热损失大概在 0.75～3.50 MW，具体视状态和设计而定，详细介绍参见 8.5 节。

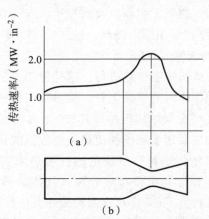

图 8-8 液体火箭发动机推力室与固体火箭发动机的典型传热率轴向分布
（a）轴向距离；（b）推力室型面
（传热峰值始终位于喷管喉部或其上游位置，最低值位于喷管出口附近）

火箭发动机推力室中，燃气以热传导方式传递给室壁的热量几乎可以忽略不计，大部分热量通过对流传热方式传递，还有部分热量（通常为 5%～35%）以热辐射方式传递。

在恒定的燃烧室压强下，随着推力量级的上升，燃烧室壁表面积的增速比容积的增速慢。因此，由容积-表面积关系可知，大尺寸燃烧室的冷却较为容易，而小尺寸推力室的冷却关键在于其室壁材料或冷却剂的吸热能力。

燃烧室压强越高，飞行器的性能越好（I_s越高），但这也将引起传热的增加。因此对于液体和固体火箭发动机来说，实际的燃烧室压强最大值将对燃烧室的设计或材料选择产生限制。

化学火箭发动机的热导率小到 50 W/cm^2 以下，大到 16 kW/cm^2 以上。较高的热导率出现在大型双组元推力室和高压固体火箭发动机的喷管喉部区域处。较低的热导率则对应于燃气发生器、喷管出口截面或低室压的小推力室处。

8.2.3 推力室冷却

冷却的主要目的是防止燃烧室和喷管壁面过热，以致其无法继续承受所施加的载荷或应力（载荷和应力见8.3节），造成燃烧室或喷管破坏。大多数室壁材料的强度随温度增加而变弱。若进一步加热，室壁材料最终将失效，甚至烧穿熔化。因此必须对燃烧室进行冷却，以使壁面温度降低至可接受的程度。

目前常用的冷却方法基本上有两种。

第一种是稳态法，此时燃烧室的传热速率和室温均处于热平衡状态。这种方法包括再生冷却和辐射冷却，其持续时间只受冷却剂的供应量限制。

再生冷却通过在推力室周围放置的冷却套管实现冷却。液体推进剂的组元之一（通常为燃料）在其进入喷注器之前需在冷却套管内循环流动，以实现冷却。这种冷却方法主要用于中等至大推力的双组元推力室，当室压与传热速率较高时，其效果较好。此外，大多数喷注器也采用再生冷却法。

在辐射冷却中，燃烧室或喷管采用高温材料制造的单层壁面，如铌、碳-碳或铼。当内部达到热平衡时，壁面发出红白光，同时将热量辐射至外界环境或真空中。辐射冷却应用于单、双组元推力室，单、双组元燃气发生器以及面积比在6~10以上的喷管扩张段（图8-2）中，少数小型双组元推力室也采用辐射冷却。这种冷却方案适用于燃烧室压强较低（小于250 psi）及传热速率适中的条件。

第二种冷却方法依靠瞬态或非稳态传热进行，这种冷却方法又称热沉冷却。此时推力室未达到热平衡状态，且温度随工作时间持续上升。推力室工作的最大持续时间由部件的吸热能力决定，该时间相对较短（全金属结构仅持续几秒）。火箭发动机必须在壁面达到其临界失效温度前停止燃烧。该方法主要用于室压和传热速率较低的情况。推力室的热沉冷却也可以通过对由烧蚀材料（如纤维增强塑料）制成的内衬吸热来实现。烧蚀材料的燃烧、蒸发或侵蚀十分缓慢，其累积的工作时间可持续数分钟，且该材料广泛应用于固体火箭发动机中，第15章将对其作进一步讨论。下节将对这两种冷却方法作详细分析。

气膜冷却和特殊绝热层冷却作为辅助方法，偶尔与上述两种冷却方法配合使用。其作用是增强局部的冷却能力。本章将对上述方法作进一步叙述。

冷却有助于缓解室壁材料的氧化并降低壁面腐蚀速率。燃气与壁面材料之间的化学氧化反应速率会随壁面温度的上升而显著增加。这种氧化问题不仅可通过限制壁面温度来缓解，还可通过调节液体推进剂的混合比，使燃气中侵蚀性气体（如氧气或羟基）的百分数相对降低以及在室壁材料上涂特定的抗氧化涂层（如在铼金属内壁上涂铱）来缓解。

1. 稳态传热冷却

带有冷却功能的推力室必须具备能够冷却与燃气接触的全部金属部件（如燃烧室壁、喷管壁和喷注器面）的装置。冷却剂在内部冷却通道、冷却套管和冷却螺管中循环流动。冷却套管由独立的内外壁或成型的相邻管组件组成（图8-1和图8-9）。其中内壁构成了燃气边界，内外壁之间的空间构成了冷却剂通道。喷管喉部通常是传热强度最大的区域，故也是最难冷却的区域。因此，在设计冷却套管时，常通过限制冷却通道的截面积来增大喷管喉部的冷却剂流速，从而使未经吸热的冷却剂在喷管或喷管附近进入冷却套管中。在推力室设计中，冷却剂流速及其沿壁面的变化取决于传热因素，冷却通道的设计选择则取决于压强损失、应力状况、使用寿命和制造等因素。尽管轴流式冷却套管或管束式室壁的水力摩擦损失较小，但实际上这两类冷却方法仅适用于冷却剂流量较大（约为9 kg/s）的情况。对于冷却剂流量和推力均较小的装置，内外壁之间的冷却套管宽度或套管管径的设计公差过小，使尺寸公差无法满足要求。因此，大多数小型推力室使用辐射冷却或烧蚀材料冷却。

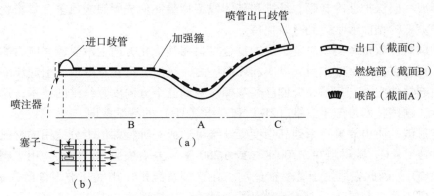

图8-9 管束式冷却套管简图

（a）冷却套管示意图；（b）无歧管的俯视图

（套管按燃烧室和喷管型面成型，采用液压成型的变截面设计，使喉部和出口处的管数相同。冷却剂通过进口歧管相间地进入各冷却管，并沿轴向流至喷管出口歧管内，然后经相邻管轴向回流至喷注器）

再生冷却中，冷却剂吸收的热量并不会浪费，这些热量用于增大喷注前推进剂的初始能量，从而使排气速度略微提高（提高0.1%~1.5%）。该方法因为与蒸气再生器相似，故称为再生冷却。管束式燃烧室和喷管的设计结合了壁面薄（有利于降低热应力和壁面温度）、结构温度低以及质量轻等优点。管道通常通过液压装置制成特殊的形状和型面（图8-1和图8-9），然后用钎焊、熔焊或软焊连接在一起（见参考文献8-5）。为了产生用于承受燃气压强载荷的环向张力，推力室外部采用高强度带或钢丝进行加固。图8-9展示了用于上、下流动的交替管道。部分推力室的燃料进口歧管装配在喷管喉部的下游位置，因此冷却剂从歧管中来回流入喷管出口区域，但仅单方向（向上）流入喉部和燃烧室区域。

辐射冷却是稳态冷却的另一种方法。这种冷却方法简单可靠，广泛应用于上面列出的低传热率场合。8.4节将对辐射冷却做进一步讨论。为了使热量能够大量辐射出去，通常直接将喷管和燃烧室的外表面置于飞行器外部。在辐射冷却中，炽热且发光的燃烧室或喷管作为强度很大的辐射体，可能会导致相邻飞行器或发动机组件的不期望加热。因此，许多发动机采用隔热设备（图8-13）或简单的外部辐射屏蔽装置来降低这种热效应。然而，在这种情况下，燃烧室或喷管的实际壁面温度要高于没有安装隔热或辐射屏蔽时的壁温。

2. 瞬态传热冷却

非稳态传热的推力室基本上可分为两类：一类是简单型全金属推力室（如钢、铜、不锈钢等金属），这类推力室的室壁足够厚，可吸收大量热能，通常应用于新型喷注器或新型推进剂的短期试验、燃烧稳定性的评定以及工作时间极短的火箭推进式导弹（如反坦克武器）中；另一类是其内壁涂有有机材料的推力室。这种冷却方法通常称为烧蚀冷却或热沉冷却。由于吸热反应（使基质材料分解或蒸馏为更小的化合物与气体）、有机材料的热解及局部熔化的同时存在，有机材料层的内表面将逐渐内移。烧蚀材料通常由一系列高强度定向纤维（如玻璃、Kevlar纤维或碳纤维）组成，其中以有机黏合材料（如塑料、环氧树脂或酚醛树脂）作为承载纤维的基质。如图15-11所示，黏结剂分解产生的气体从基质中渗出，在内壁面形成一层保护性冷却膜。纤维和基体残留物最终形成硬黑炭或多孔焦炭状物质，这种物质可使室壁的型面形状得到有效保持。

纤维的取向、数量和类型决定了烧蚀复合材料在其优化方向上承受较大应力的能力。例如，内部压强会在推力室壁中引起纵向和环向应力，热应力会在室壁内侧引起压缩应力，在室壁外侧引起拉伸应力。目前，人们已经掌握沿两到三个方向安置纤维的技术，这将使纤维呈各向异性。这些技术可产生二维（2D）和三维（3D）的纤维取向。

在无定形碳基质中放置一系列高强度碳纤维可形成一种特殊但十分适用的材料，它通常记为碳-碳或C-C。碳材料在3700 K（或6200 °F）左右失去承载能力。由于碳容易氧化形成CO或CO_2，因此它适用于富燃推进剂。在这种情况下，排气几乎不含游离氧或羟基。这种材料已用于喷管喉衬。表15-5列出了一种C-C的性质，图8-17展示了由C-C制成的喷管延伸部件（见参考文献8-6）。

烧蚀冷却最早应用于固体火箭发动机中，且目前仍然广泛使用。这种冷却方法同样成功地用于液体推进剂推力室，尤其是在低室压状态下（此时气体静温相对较低）。各种推力室的喷管延伸段也采用了烧蚀冷却，如图6-9（a）中的RS-68发动机，该发动机可运行数分钟。该方法还用于低室压下的推力室和喷管内衬，如图6-14所示的Peacekeeper第四级发动机的轴向万向推进器。大量采取烧蚀冷却的小型推进器（推力低于100 lbf）在20世纪50年代/60年代的"阿波罗"计划中以及姿态控制和小型演习中被广泛应用。但这类发动机如今已不被使用，因为其质量相对较大，且侵蚀颗粒、液滴或排气羽流会沉积或凝结在航天器的光学表面（如镜子、太阳能电池或窗户）上。

对喷管扩张段的下游部分使用不同的冷却方法是很有必要的，因为该位置的单位面积传热速率远低于燃烧室或喷管收敛段，尤其是对于大面积比喷管而言。若燃烧室和喷管收敛段以及喉部区域（面积比最大为5~10）采用再生冷却，而喷管扩张段采用辐射冷却（或烧蚀冷却），则能够使发动机的惰性质量减小、性能增加且成本降低（见图8-2和参考文献8-6）。

3. 气膜冷却

气膜冷却是稳态冷却或瞬态冷却法的辅助冷却方法，可应用于整个推力室，也可仅仅用于喷管喉部（该区域传热量最大）。气膜冷却将温度较低的液体薄膜覆盖在暴露于燃气中的内壁面上，防止其过热，从而起到保护作用。图 8-10 展示了采用气膜冷却的推力室，少量燃料或惰性液体以较低的速度沿着壁面上的多个小孔喷射而出，形成一层温度相对较低的保护气膜（或冷边界层），用注入槽代替多孔可以使保护层更加均匀。对于液体火箭发动机，燃料也可通过喷注器外缘的额外喷孔注入，从而达到降低燃烧室周边推进剂混合物的燃烧温度的效果。这种方法不同于气膜冷却或蒸发冷却，因为燃料并不通过喷注器注入，而通过燃烧室或喷管的内壁面进入推力室。

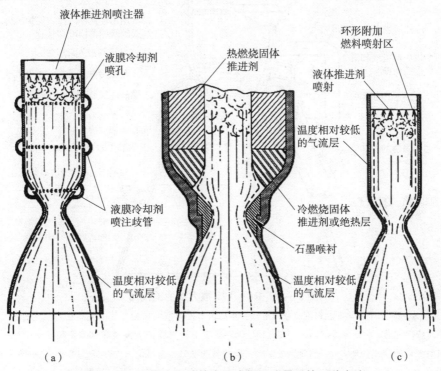

图 8-10 在推力室喷管中形成低温边界层的三种方法

如图 8-11 所示的 RD-191 推力室具有用于薄膜注入的狭槽。大部分燃料冷却剂用于冷却喉部和喷管收敛段，因为此处的传热最为剧烈。另一部分燃料冷却剂（10%～15%）则用于冷却喷管扩张段。喷管回流与来自喉部的主流一起通过冷却夹套的外部管道进入冷却夹套的推力室部分，随后再进入喷注器。小部分气体直接进入前两个薄膜冷却槽中，第三个薄膜冷却槽则由计量孔和独立的小歧管进行气膜供应。自燃起动推进剂药塞（三乙基铝/硼烷的混合物）通过喷注器附近的独立小歧管以四股射流的形式进入推力室。

薄膜冷却（不和其他冷却方法结合使用时）可以有效地防止燃烧室和喷管材料过热。最早由罗伯特·H·戈达德在 20 世纪 20 年代研发的推力室就采用薄膜冷却。由于当时薄膜冷却剂未能有效燃烧，因此比冲损失高达 5%～17%。目前，薄膜冷却仅少量采用（冷却 1%～6% 的燃料），只作为其他冷却方法的局部补充，此时性能损失仅为 0.5%～2%。在固体火箭发动机中，薄膜冷却可以通过在喷管上游嵌入一圈低温燃烧的推进剂实现（未应用于生产），或通过在壁面安装绝热材料（材料的烧蚀和碳化所释放的较冷气体将进入边界层）实现。

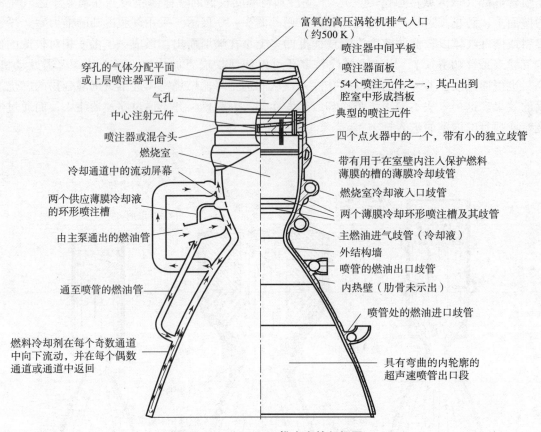

图 8-11 RD-191 推力室的剖视图

（左侧展示了冷却剂燃料的流量图解，右侧展示了推力室的结构，其中包括壁面、歧管和三个薄膜冷却槽。大部分冷却燃料（在其初始储存温度下）首先流入围绕喉部喷管区域（此处传热最大）的冷却夹套部分，然后流过冷却夹套的其他部分，最后流入喷注器。喷注器如图 9-6 所示（见参考文献 9-22）。该推力室由 NPO Energomash, Khimki, Russia 研发）

涡轮排气（400～800 ℃或 752～1 972 °F）已经成功用作大型液体火箭发动机中非冷却喷管出口段的气膜冷却剂。燃烧室和喷管内壁处的任何气体层温度若低于可能出现的最大值，均会导致比冲降低。因此，应尽量把低温层的厚度和相对质量流量降低至能够使冷却仍然有效的实际最小值。

发汗冷却或蒸发冷却是一种特殊类型的膜冷却，它使用多孔室壁材料，使得冷却剂可以通过孔隙均匀分布在壁面上。使用氢燃料的"土星 5 号"登月运载火箭的 5 个上面级发动机（J-2）上已成功采用这种技术来冷却喷注器表面。由于孔隙变化的多孔材料很难制造，因此发汗冷却目前还没有大规模应用在燃烧室或喷管中。

4. 绝热

在理论上，在燃烧室燃气侧安装良好的绝热层能有效地降低室壁传热率和壁面温度。然而，使用已知的绝热材料（如耐火氧化物或碳化陶瓷）时并没有起到上述作用。它们会在承受室壁和涂层材料之间的不均匀热膨胀的过程中发生破裂或剥落。任何表面上的锐边（如绝热层的裂纹或剥落片）都会引起局部温度的骤升（达到滞止温度），从而可能导致局部壁面的破坏。石棉是良好的绝热体,几十年前就已被采用,但由于其具有致癌性,目前已不再使用。铼和其他材料涂层的开发工作仍在继续。绝热层和隔热罩已成功应用在辐射冷却式推力室的外部,以减少从推力室壁到附近敏感设备或结构的传热。

对于烃类燃料,燃烧区域中可能会形成较小的碳颗粒或炭黑,这会导致燃烧室或喷管壁燃气侧形成碳沉积物薄层。较薄的、中等黏性的碳沉积物可以作为绝热层,但这种沉积物层很难形成。更为常见的是生成坚硬的块状沉积物,它会引起局部剥落,从而形成锐利的边缘。任何锐利的边缘都会导致当地燃气温度上升到接近滞止状态,从而引起热金属面壁的强度损失。因此,大多数设计师喜欢通过采用膜冷却、提高冷却夹套(特别是在喷管喉部区域)中的冷却剂流动速度或采用能减少黏性碳沉积物形成的喷注法来避免这种沉积。

8.2.4 冷却通道的液压损失

冷却旋管或冷却夹套的设计应确保冷却液能够吸收由发动机内壁传递的所有热量,同时又能尽量减小冷却剂的压降。

提高冷却剂压降能提高冷却夹套内冷却剂的速度,从而使冷却效果更好,但这会使供给系统更为庞大,从而造成发动机质量和飞行器总结构质量的增加。许多液体火箭发动机的冷却剂流速在燃烧室中为 $3 \sim 10$ m/s,即 $10 \sim 33$ ft/s;在喷管喉部为 $6 \sim 24$ m/s,即 $20 \sim 80$ ft/s。

冷却通道可按液压管路考虑,其摩擦损失可按相应理论计算。对于直管有

$$\Delta p/\rho = \frac{1}{2}fv^2(L/D) \qquad (8-11)$$

式中:Δp 为摩擦压强损失;ρ 为冷却剂密度;L 为冷却剂通道长度;D 为当量直径;v 为冷却通道内的平均速度;f 为摩擦损失系数。

若采用英制工程单位,式(8-11)右边应除以海平面重力加速度 g_0(32.174 ft/s^2)。摩擦损失系数是雷诺数的函数,其值为 $0.02 \sim 0.05$。摩擦损失系数可在液压管道的参数表中查到。通常冷却夹套中的典型压强损失为燃烧室压强的 $5\% \sim 25\%$。

冷却夹套内的大部分压降发生在流动方向或流动通道截面发生变化的部位,如突扩或突缩处。这种情况造成的损失有时比速度头 $v^2/2$ 还大。这种液压状态出现在推力室歧管的进口和出口、喷注器通道、阀门和膨胀接头处。

推力室冷却通道内的压强损失可以通过理论计算,但是一般通过测量得到。首先通过冷流试验(用不燃烧的惰性流体代替推进剂,如水)测量;然后针对实际推进剂的不同物理性质和热试验状态修正测量值。温度的升高将改变推进剂的密度和黏度,在某些设计中它还会对冷却通道横截面产生影响。

8.2.5 推力室室壁载荷和应力

在发动机工程设计阶段,所有推进组件都要进行载荷和应力分析。其目的是使推进系统设计者和飞行器使用者确认以下条件:①不同工况下各组件的强度均满足要求,即能够承受全部载荷,从而实现其预期功能;②已明确潜在的故障,并进行了相应的修正;③所有组件的质量已降低到其实际最小值。本节将集中讨论推力室室壁的载荷和应力,这里的高热流和

大热应力使应力分析非常复杂。关于安全系数和应力分析的一些资料也适用于包括固体火箭发动机和电推进器在内的所有推进系统。

与民用机械相比，火箭推进系统的安全系数（真实裕度未知）相对较小，前者的安全系数可能要比后者大 2~6 倍。各火箭发动机组件一般需要考虑以下几种载荷条件。

（1）最大预期工作载荷是在所有可能的工况或瞬变状态下的最大工作载荷。这方面的实例包括由设计或制造过程中的公差（如贮箱压强调节器的设定公差）引起的略高于额定室压的燃烧室工作压强，或点火冲击可能带来的瞬时过压。

（2）设计极限载荷通常设定为最大预期工作载荷的 1.20 倍，以提供安全裕度。若材料成分和性质存在显著差异，或应力分析和载荷预测方法的不确定性较大，则应选择较大的系数。

（3）破坏载荷可采用屈服载荷、极限载荷或疲劳极限载荷中的最低值。屈服载荷将引起永久性的变形，一般取为设计极限载荷的 1.10 倍。疲劳极限可根据疲劳或蠕变条件（如脉冲工况）确定。极限载荷产生的应力等于材料的极限强度，此时材料显著的拉伸和面积缩小会导致结构破坏，它一般规定为设计极限载荷的 1.50 倍。

（4）验证试验载荷是在研制和检验制造品质时施加在发动机或其组件上的载荷。它通常与设计极限载荷相等，但前提是这种载荷条件可以在实验室中模拟。推力室和其他热应力很高、载荷难以模拟的组件则采用实际热试车来做这种验证，其载荷往往接近设计极限载荷（如高于额定室压的压强或使燃气温度更高的混合比）。

火箭发动机工作期间，所有推力室室壁都要承受燃烧室压强、飞行加速度（轴向和横向）、振动以及热应力产生的径向和轴向载荷。它们还必须承受瞬时的点火压强波动或冲击，这通常是由燃烧室内推进剂积存过多引起的。这种波动可能会超过额定室压。此外，推力室室壁还要传递推力载荷和其他外力，在某些应用条件下还有推力矢量控制装置（见第 18 章）施加的力矩。推力室壁面还必须能承受"热冲击"，即起动时的初始热应力。由于壁面在起动时处于环境温度，它们初始时的加热速率比达到工作温度后要高。在每种发动机设计方案中，这些载荷几乎都是不同的。因此在确定室壁强度时，每个部件都要分别考虑。如上所述，通常我们只对最为关键的室壁区域（如喷管喉部及其附近区域和燃烧室的关键位置，有时也包括喷管出口）作传热分析。室壁内外温差引起的热应力往往是最严重的应力，而传热或壁面温度分布的变化将会影响室壁应力。做这些分析时，必须建立专门的失效准则（如壁面温度极限、屈服应力和冷却剂最高温度等）。

燃烧室壁内外温差使室壁内表面产生压缩应力，外表面产生拉伸应力。对于与半径相比厚度很薄的简单圆柱形室壁，应力 s 可按下式计算：

$$s = 2\lambda E \Delta T/(1-\nu) \tag{8-12}$$

式中：λ 为室壁材料的热膨胀系数；E 为室壁材料的弹性模量；ΔT 为室壁内外温差；ν 为室壁材料的泊松比。

式（8-12）只适用于弹性形变。温度应力经常会超过屈服点，室壁材料的弹性模量、泊松比和热膨胀系数也随温度变化而变化。壁面相对较厚的推力室和喷管处的屈服效应表现为每次工作后喷管喉部直径的逐渐少量缩小（每次热试验后约减小 0.05%）以及连续运行后燃烧室和喉部内壁表面逐渐形成的裂纹。这些现象限制了推力室的使用寿命、起动次数和温度循环次数（见 8.7 节和参考文献 8-7、8-8）。

在选择推力室室壁材料的工作应力时，必须考虑壁面强度随温度的变化以及整个室壁厚度上的温度应力。室壁内外温差一般为 50~550 K，有时也采用平均温度估算材料的性能。起动期间产生的热应力最为严重，因为此时高温燃气会对初始时处于环境温度的部件造成热冲击。这些瞬变的温度梯度会造成严重的热变形和局部屈服。

图 8-12 所示为相对较厚的内壁中由压强载荷和温度梯度引起的典型稳态应力分布情况。图中内壁表面承受着冷却夹套中的高液压引起的压缩压强差和较大的温度梯度。在大型火箭发动机推力室（如"红石"导弹和德国 V-2 导弹所用的）中，钢材料喷管的壁厚可达 7 mm，其内外温差很容易超过几百度。这样大的温度梯度使温度较高的室壁内表面的膨胀大于冷却剂侧壁面的膨胀，因此在内表面产生很高的压缩热应力，冷却剂侧表面产生很高的拉伸热应力。这种厚室壁中由压强造成的应力通常比热应力小。厚内壁中的合成应力分布（图 8-12 应力图中阴影部分所示）表明，高温燃气侧 1/3 室壁的应力已超过材料的屈服点。由于弹性模量和屈服点随温度升高而降低，所以室壁屈服部分的应力分布不是线性的。实际上，该内壁部分对承受载荷的外壁部分起到了隔热罩的作用。

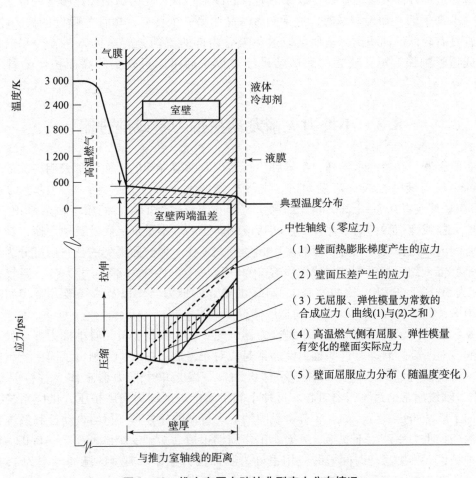

图 8-12　推力室厚内壁的典型应力分布情况

因为高温内壁和温度较低的外壁的膨胀不同，为防止产生严重的温度应力，推力室必须安装有轴向膨胀接头。这对较大的双层壁推力室而言尤为重要。德国 V-2 导弹的推力室在导弹发射时的轴向膨胀超过 5 mm，径向膨胀超过 4 mm。

管束式推力室室壁的冷却管受到几种不同的应力条件。每根冷却管上只有与高温燃气接触的那部分才会承受较高的热应力和热变形（图 8-15）。冷却管必须能承受内部的冷却剂压强，吸收单侧的热应力，并能承受燃烧室内的燃气压强。冷却管的最高温度出现在与热燃气接触部分的外表面中心。由于温度梯度小，此处的热应力相对较低。铜合金管材料的导热系数较高，其管壁相对较薄（0.5~2.0 mm）。冷却剂压强对冷却管造成的载荷相对较高，特别是当推力室在高压下工作时。内部冷却剂的压强倾向于使管道分离。燃烧室燃气压强载荷通常由装在管束式夹套组件外部的加强箍承受（图 8-1 和图 8-9）。管道之间的连接必须是气密的，这可通过软焊、熔焊或钎焊来实现。

当高面积比喷管在海平面或低海拔下工作时，由于喷管出口附近的压强实际上低于外界大气压强，故喷管的外部结构承受压缩应力。这会导致喷管出口壁面的变形和颤振（喷管出口形状在现有的圆形和略椭圆形之间），甚至会造成喷管故障。因此，高面积比的喷管通常在出口附近的外面安装加强环，以保持喷管的圆形形状。在为高面积比喷管的推力室进行低海拔（或海平面）研发测试时，通常的做法是用另一个具有"短管"喷管的推力室替代，这种喷管具有较低的面积比，从而可以避免喷管内部的流动分离（见 3.3 节）和出口壁面的振荡或喷管颤振。短管喷管的测试结果经过校正后可以反映实际高面积比喷管的飞行状态。

8.3 小推力火箭发动机推力室或推进器

许多航天器、某些战术导弹、反导弹飞行器以及弹道导弹的上面级常采用特殊的、多个推力器的小推力液体二级火箭发动机。视飞行器的大小和任务而定，它们的推力通常为 0.5~10 000 N 或者 0.1~2 200 lbf。如 4.5 节和 6.7 节提到的，它们用于轨道修正、姿控、对接、航天器或弹道导弹的末速控制、转弯或侧向运动、推进剂沉底及其他用途，其在大部分工作时间内以工作时间相对较短的多次起动方式工作。如前面提到的，它们可分为热气推力器（高性能双组元推进剂的燃烧温度在 2 600 K 以上，比冲为 200~325 s）、温气推力器（如温度为 500~1 600 K，比冲为 180~245s 的单元肼推力器）以及冷气推力器（如温度为 200~320 K，低比冲（40~120 s）的高压储存氮气）。

图 8-13 画出了典型的双组元小型推力器，图 8-14 画出了单元肼小推力器。如 4.5 节所解释的，对于姿控转动，这些推力室通常是成对布置的。图 4-14 画出了同一控制信号同时驱动一对发动机的两个阀门。对于平移机动，一般是单个推力器工作（往往是脉冲方式），推力轴线通常通过飞行器重心。这种小的空间推进系统均采用挤压式供应系统，其中一些采用了膜片挤压装置，如 6.2 节所说明的。飞行器的任务和飞行器自动控制系统常需要由成对的姿控推力室产生不规则、频繁、工作周期很短（短到一个脉冲 0.01~0.02 s）的脉冲。这种频繁、推力工作时间短的应用也称为脉冲推力工作。典型的脉冲频率为 150~500 次/min，所产生的加速度取决于推力和推力器在飞行器上的位置，它可以是轴向的，也可以与飞行速度矢量成某一个角度。

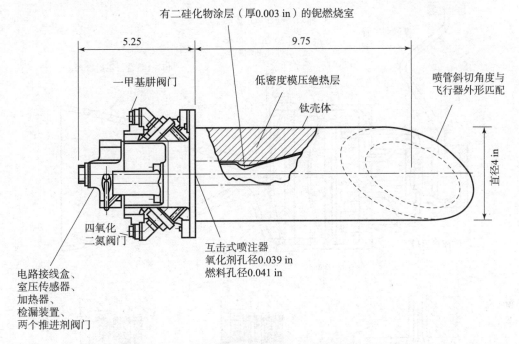

图 8-13 带隔热层的辐射冷却小型推力器

（该推力器是航天飞机反作用控制系统常用推进器之一，它用于轨道稳定和定向、交会或对接机动位置保持、离轨或再入。为与飞行器外形匹配，喷管采用了斜切口。既可脉冲工作（点火时间在 0.08～0.32 s，最小间歇时间为 0.08 s），也可稳态工作（0.32～125 s），验证工作寿命为 23 h，起动 30 万次以上。由洛克达因公司提供）

对于任何给定的推进器，可以通过以下方式改变节流大小：①改变脉冲间隔的时间（单位时间累积总脉冲数减少）；②对于给定的动作限制其总脉冲数；③通过减少脉冲持续时间改变节流大小。随着脉冲工作时间的减小，飞行器性能会降低，因为在推力建立和衰减期间推进剂没有有效利用，此时它是低于额定室压下工作，且喷管膨胀特性不在最佳状态。当脉冲工作时间变得很短时，比冲将有损失。在 3.5 节已指出，稳态工作的火箭发动机的实际比冲不超过理论比冲的 92%。在脉冲时间很短时（0.01 s），该比值可能性低于 50%，当脉宽为 0.10 s 时为 75%～88%。此外，短脉冲提供的冲量的重复性没有长脉冲的好。预热单组元推进剂催化床可以延长使用寿命而几乎不会降低性能（如在脉冲宽度内升高压力）。

减小短脉冲的冲量变化、提高有效实际比冲的一种方法是尽量减小控制阀和燃烧室之间的液体推进剂通道容积。因此，如图 8-13 和图 8-16 所示，脉冲姿控推力室的推进剂流动控制阀常作为推力室-喷注器组件的一部分而整体设计。已经使用了专门的防漏电动快速动作阀门，其开关响应时间为 2～25 ms。小推进器的寿命也受到和之前所提的大型冷推力器相同的条件限制。不管怎样，其寿命也会受到利用多个推进器进行反作用控制的推进系统中其他组件失败的影响。每个系统部件的寿命（如推进剂阀门、气体加压阀门、压力开关或测量仪器）一定要大于整体组装的寿命。任何火箭推进系统的整体寿命都可以通过冗余（如在故障初期起动备用的推进器）或 5～10 倍循环或起动次数的额外测试来达到任务要求。阀门必须能可靠工作 40 000～80 000 次，同时具有稳定的特性。因此常要求做相等次数的耐久验证试验。

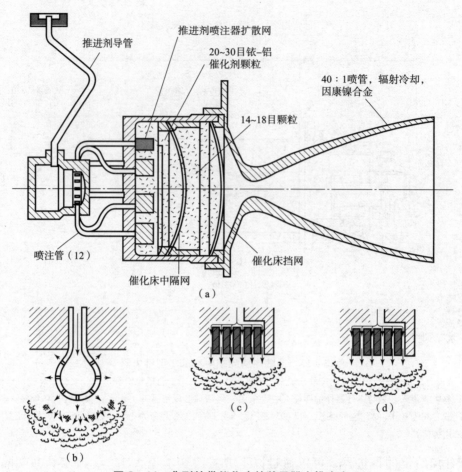

图 8-14 典型的带催化床的单元肼小推力室
(a) 推力室结构；(b) 淋浴头；(c) 多孔板；(d) 蚀刻微孔
（该图示出了不同的喷射方法）

当要求高性能时，应采用 N_2O_4/一甲基肼这样的可储存液体双组元推进剂。有些推力室结构采用了烧蚀材料，如"双子星座"飞船指令舱发动机。航天飞机小推力室采用了辐射冷却的耐热金属，如图 8-13 所示（另一个辐射冷却推力室如图 8-16 中所示）。铼和在碳基体上编织高强度碳纤维材料也已应用于辐射冷却的双组元推力室。

当系统简单性比较重要、适中的性能可以接受时，可采用单元肼推力室。它们具有无毒、清澈、干净的排气羽流。实际上所有单元肼姿控发动机都采用铱和钴作为催化剂，并将其精细地覆盖在直径为 1.5~3.0 mm 的多孔陶瓷（氧化铝）球基体上。图 8-14 画出了一典型的姿控发动机催化床设计，该发动机可同时满足脉冲和稳态两种工作状态。每个喷孔上都盖着一块伸入催化床的圆柱形筛网，该筛网用于分配肼推进剂。图 8-14 还画出了已成功研制的其他几种类型的肼喷注器。催化床有多种布置方案，其中一些使用了弹簧预紧以保持催化剂球紧密充填。单元肼推力器装置的推力范围为 0.2~2 500 N，但是绝大多数催化单元肼的推进器推力是很小的，推力水平低于 22 N（5 lbf）。由于设计方法是经验性的，所以各种推力的设计方案都需要反复试验。图 7-3 所示的氨离解度可通过催化床及其分解室的设计来控制。

在设计使肼分解的催化床时，涉及力学、热学和化学的问题，其中催化剂损耗和催化剂中毒较为重要。催化剂损耗或催化材料的物理损耗是由于球体运动和摩擦产生的细粉末所造成的损失。由于热膨胀和瞬时过压尖峰,催化剂球体会被压碎。如第7章提到的,由于工业肼中存在的微量杂质(如苯胺、一甲基肼、硫、锌、钠、铁等)引起的催化剂中毒会使催化剂活性降低。这些杂质中有些是肼带来的,有些是在推进剂储存、增压和航天器推进剂管道配制过程中带入的。高纯级肼中苯胺含量低于0.003%,碳质材料含量低于0.005%,它不会污染催化剂。不管什么原因,催化剂的退化都会产生点火延迟、过压和压力峰,使比冲降低,并使姿控发动机脉冲冲量的重复性变差。

通常使用的推进器模块包含两个或多个小推进器子组件。这些可以是小型或中型太空舱的多推力控制系统的一部分,也可以是多级飞船的一部分。图4-14显示了四个模块的示意图,每个模块有四个推进器。推进器模块可以节省大量的组装时间。

图17-4和图17-6画出了一种化学单组元推进剂和电推进的组合方案。用电加热催化反应产生的气体可使高空比冲从240 s提高到约290 s或300 s。这种组合辅助推力器已成功地应用于各种卫星,它尤其适用于电能富余、需要大量短脉冲的航天器。

冷气推进器使用储存的高压惰性气体作为推进剂,该推进剂及其性能已在7.5节提及,其推进剂和比冲已列于表7-3中。冷气推进器采用挤压式供应系统,用于脉冲工作,适用于推力小、总冲低的场合。推进器、阀门和管路可采用铝或塑料。空中发射的"飞马座"(Pegasus)运载火箭将它们用于滚动控制。冷气系统的优点:①非常可靠,经验证的在轨工作时间在15年以上;②系统简单,成本较低;③组分无毒;④不会对航天器敏感表面(如镜面)造成沉积或污染;⑤相对安全;⑥允许随意脉冲工作。缺点有:①由于推进剂质量分数差(0.02~0.19),发动机系统相对较重;②与单组元或双组元推进剂系统相比,比冲和飞行器速度增量很低;③体积相对较大。

8.4 材料和制造

燃烧室和喉部区域(这是关键位置)内壁材料的选择受推进剂组合产生的热燃气、最高壁温、传热和工作占空特性的影响。许多材料都被拿来试验过,表8-3列出了一些用于不同推力量级和推进剂的典型材料。对于高性能、高传热率的再生冷却推力室,采用高导热系数的材料和薄壁结构能减小热应力。铜和一些铜合金是优良的导热体,它在富燃无腐蚀性气体混合物(如混合比低于6.0的氧和氢燃烧产生的气体)中不会氧化。因此,内壁通常用铜合金(加入少量锆、银或硅)制造,铜合金的导热性虽然不如纯(无氧)铜,但其高温强度较好。

表8-3 一些典型的液体推进剂推力室材料

应用	推进剂	组件	冷却方法	典型材料
有冷却的高压双组元TC(主级或上面级)	氢-氧	C, N, E	F	铜合金
		I	F	蒸发冷却多孔不锈钢面板,结构采用不锈钢
		可选的E	R	碳-碳复合材料或铌
		可选的E	T	钢壳体,带烧蚀内衬

续表

应用	推进剂	组件	冷却方法	典型材料
有冷却的高压双组元 TC（主级或上面级）	氧-烃类材料或可储存推进剂[a]	C, N, E, I	F	不锈钢，带管束式或铣槽冷却通道
		可选的 E	R	碳碳复合材料或铌
		可选的 E	T	钢壳体，带烧蚀内衬
试验性 TC（工作时间很短，只有数秒）	所有类型	C, N, E	U	低碳钢
		C, N, E	R	碳碳复合材料、铼、铌
			T	钢壳体，带烧蚀内衬
		I	F	不锈钢、钛
小型单组元 TC	肼	C, N, E	R	因康镍、合金钢
		I	F	不锈钢
冷气 TC	高压空气，氮气	C, N, E, I	U	铝、钢或塑料

[a] HNO_3 和 N_2O_4 氧化剂，N_2H_4 或 UDMH 燃料（见第 7 章）。TC 为推力室，C 为室壁，N 为喷管收敛段和喉部区室壁，E 为喷管扩张段出口处室壁，I 为喷注器面，F 为燃料冷却（再生式），R 为辐射冷却，U 为不冷却，T 为瞬态传热或热沉方法（烧蚀材料）。

  图 8-15 展现了 5 个冷却套管结构的部分截面图。所有都包含了弯曲或双弯曲的部件，同时精确度能满足紧密的连接和固定。结构中包含一个中等薄的金属波纹板，这种结构在俄罗斯被广泛应用。在熔炉中，金属板在外部压力下焊接在一起。该结构被用于推力室中传热强度中低等的区域。铣槽设计通常可以耐受预期的最高传热强度。图 8-5（b）中的一个制造技术是在高导热性材料（如铜合金）的内壁面上，用铣床铣出近似矩形的槽或者冷却通道。这些冷却通道的宽度和深度随着内壁面位置的不同发生变化。然后，在这些槽中填满石蜡，采用电解电镀的方法把镍合金镀在外表面上，从而形成封闭的冷却通道。这里的一个独特的替代方案是使用热等静压（HIP）将内部的槽形及弯曲的衬管喉管与外柱体结合在一起。图 8-5（c）显示了一种管状结构。在美国，该结构已经被广泛地应用于更大推力室的中高温传热。尽管在图 6-1 和图 8-1 中推力室的冷却通道看不清楚，但是根据其原理可知冷却剂通过在管束中流动来冷却壁面。图 8-9 显示了一根单独的管道，这些管道按推力室轮廓（带喷管）成型。横截面由圆管形几乎被改变为长方形。这些成型的管子在熔炉中被焊接在一起，外部的结构外壳或焊接带组装焊接在一起。图 8-5（d）波纹外壁构型可能是最简单的，而且通常是最轻的冷却套装置，它已经用于一些导热适中的区域。图 8-5（d）底部的外壳表示的是一个由不锈钢制成的焊接结构。它的最大允许壁温高于铜焊结构，在欧洲已用于设计和建造喷管。

  冷却通道的深度和宽度随室剖面位置和局部推力室及喷管直径而变化。喷喉区是传热最高的区域，因此它的冷却速度最高，总冷却通道最小。通常，一个推力室设计有两到三种不同的冷却套方案。典型的情况是，喷管喉部通常采用铣槽结构的冷却通道，燃烧室和喷管扩张段采用其他形状的冷却通道。

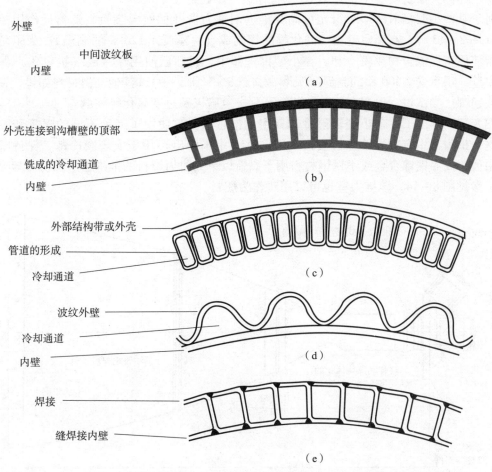

图 8-15 在再生冷却推力室中，通过几个不同冷却方案的冷却套部分的截面示意图
（a）中间波纹钎焊板形成冷却通道；（b）铣成的通道设计；
（c）管状冷却夹套；（d）波纹外壁；（e）焊接形成的 z 形通道
（经参考文献 8-1 许可使用）

再生冷却推力室的失效模式主要是燃气侧壁面鼓起和裂纹开裂。热试车时热表面的变形会超过当地屈服点，这样就会造成局部永久压缩变形。随着工作后的冷却和每次连续点火的进行，将出现更多的屈服和进一步的塑性变形，直至形成裂纹。再继续热试车，裂纹变得越来越深，直至冷却推进剂泄漏且推力室破坏。金属推力室的使用寿命为出现这种破坏之前的最大工作次数（有时用累计工作时间表示）。预测室壁的破坏并不简单，对此参考文献 8-7 和 8-8 有更详细的解释。一个具有再生冷却的大型推力室的寿命通常是 6~10 次起动。对于没有冷却套（如辐射冷却）的小型推进器在数千次脉冲或起动后，其寿命将会受到烧蚀或侵蚀的限制。使用寿命还受限于软性组件的储存寿命（O 形圈、垫片、阀芯润滑剂）、小型推力器的脉冲次数，以及阀座的疲劳强度。因此，存在一个使推力室能安全工作的极限点火次数，该次数限制了其使用寿命（见 8.7 节）。

对于辐射冷却，几种不同的碳材料已应用于还原性富燃燃气环境。它们的使用壁温可高达 3 300 K。在其他气体混合物中，它们在高温下变红或发白时会氧化。碳材料和烧蚀材料广泛用于固体火箭发动机中，在第 15 章将作进一步讨论。

对于某些小型辐射冷却双组元可储存推进剂推力器（如航天飞机轨道器反作用控制推力器（图 8-13）），高温室壁由二硅化物的铌制成（可承受 1 120 K 的高温）。为了防止破坏，常使用富燃混合物或膜冷却。在小型推进器中，目前已使用铱涂层（抗氧化）保护的铼制室壁，可承受 2 300 K 的高温（见参考文献 8-1 和 8-9）。其他高温材料如钨、钼、氧化铝或钽都已尝试过，但存在制造工艺、开裂、氢脆以及过度氧化等问题。

图 8-16 画出了一个小型辐射冷却双组元推进器。它使用了三种不同的喷管和腔室材料。这个推力器中有额外的燃料喷孔（图 8-16 中未画出）用于实现膜冷却，保持壁温低于极限值。高温铜镍合金或不锈钢材料用于制造以单元肼为燃料的推进器的辐射冷却喷嘴和室壁，参见图 8-14，该推力室也可以用肼作为燃料。

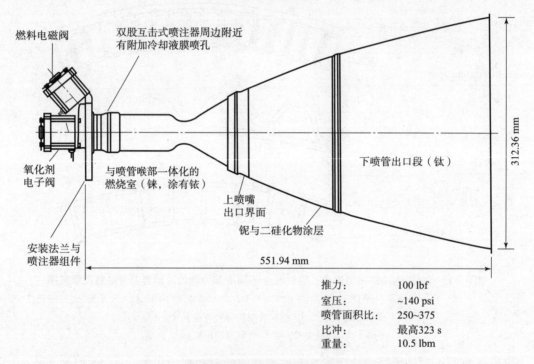

图 8-16　辐射冷却反作用控制的 R-40-15 推力器

（采用四氧化二氢和一甲基肼推进剂。为得到良好的真空性能，采用了大面积比喷管。喷管可用三种不同的材料，各有不同的最高温度（Re 4 000 °F，Nb 3 500 °F，Ti 1 300 °F）。由 Aerojet 洛克达因公司实验室提供）

大尺寸的碳-碳材料迄今为止还无法制造，这是用碳酚硅布树脂浸渍增强材料制造固体火箭发动机中较大的喷管段和一体化喷管出口锥的理由之一。随着加工设备和工艺的进步，较大的 C-C 纤维构件现已有可能制造并用于飞行。最近飞行的一台上面级发动机采用了直径 2.3 m，厚度 2.3~3.0 mm 的三段式可延伸 C-C 喷管出口锥。该发动机推力室连同可移动喷管延伸段如图 8-17 所示，其参数列于表 8-1 中，参考文献 8-6 叙述了它的试验情况。RL-10B-2 推力器已经成功飞行很多次。

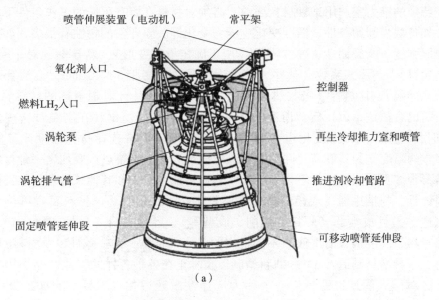

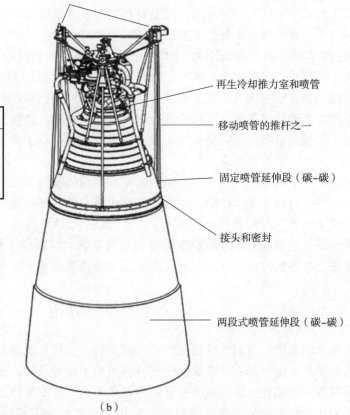

喷管延伸段参数
高度：2.5 m（全部三段）
最大直径：2.1 m
材料厚度：2.3~3.0 mm
质量：9.2 kg

图 8-17 有可延伸喷管锥（或裙）的 RL-10B-2 火箭发动机推力室
（a）处于伸展位置的喷管延伸段半截面图；（b）在部署位置的喷嘴扩展
（该延伸段在"德尔塔"Ⅲ运载火箭上升段收缩在发动机周围，当运载火箭在高空与上面级分离之后、发动机点火前用机电装置放下到位）

在为特定的推力室选用某种材料之前，必须对材料在所有可能的工作条件下的性质进行评估，比如负载、起始条件、温度变化、压力变化等。要评估的物性有很多，如拉伸和压缩强度、屈服强度、断裂韧性、弹性模量（用于确定承载变形）、热导率（对于稳态传热量，其值越高越好）、热膨胀系数（某些大型推力室受热后膨胀 3~10 mm，会给管道连接和支撑结构带来问题）、比热容（吸收热能的能力）、反射率（针对辐射热的转移）、密度（烧蚀材料所需的容积比钢大）等。所有这些性质均随温度而变化（在高温时这些性质是不同的），有时材料成分的微小变化也会对它们造成影响。通常选择材料强度比室温强度降低 60%~75% 的温度作为其最高允许壁温，该温度远远低于其熔点。要列出一种材料的所有关键性质需要很多页，因此这里不列出，通常它们可从制造方和其他来源获得。其他重要的性质有耐腐蚀性、与推进剂（或燃气）几乎不发生化学反应、烧蚀材料具有可再生的分解或蒸发、制造容易且成本低（焊接、切削、成型等）、各种材料（包括金属、有机物、密封件、隔热材料、润滑剂、清洗液）不同批次的成分（杂质）的一致性以及材料的易得性。

最近，一种增材制造（AM）的新型制造技术正在各种各样的工业产品中用于制造某些关键部件。对于火箭推进系统，一个称为选择性激光熔化（SLM）的加工方法在 Aerojet Rocketdyne 的研究下取得很大进展。在这里，第一层被选定的金属粉末沉积在了预选确定的二维模式的水平平床上，平床由耐高温材料制成。在氩气环境中，这些粉末被激光精确加热熔化。这个过程可能会重复很多次，在正凝固的这一层上又会供给一个新的金属粉末层，直到预定的物体或部件被制造出来。SLM 工艺使用精密的数控程序控制机床的三维运动，以及激光束的位置、定时和功率水平，同时在所需位置上供给金属粉末。在火箭推进系统中，与目前的制造方法相比，只有某些关键的 SLM 部件上能体现显著的技术或经济优势；这些部件取决于部件几何形状、所选择的金属粉末、床材料，特别是所需的相同部件的数量。特殊的加工机械设备费用也会提高加工成本。洛克希德、马丁公司使用电子束焊机将钛金属丝加工成了大型火箭推进剂罐。

NASA 于 2013 年将一种由 AM 制造的试验性液体推进剂火箭发动机喷注器在推力室成功点火。此外，目前正在生产的小型推进器和火箭发动机部件是用 AM 制造的（截至 2015 年，还没有用 AM 加工过的部件升空进行过飞行试验）。AM 部件的优点包括高品质、高强度、轻质量和更低的制造成本（取决于部件的几何形状、材料成本和可互换零件的数量），这项技术正在世界各地的各个行业中开发应用（见参考文献 8-10 和 8-11）。

8.5 传热分析

实际火箭发动机研制不仅要对传热进行分析，而且几乎总是要通过试验确保热传递在所有正常和意外工况下都满足要求。传热计算可用于指导设计、试验和故障分析。采用再生冷却或辐射冷却的那些火箭发动机装置能达到热平衡，可使用稳态传热关系式。瞬态传热条件不仅要应用于所有火箭推进系统的推力上升（起动）和关机阶段，而且要应用于冷却技术不会达到平衡（如用烧蚀材料）的情况。

复杂的传热有限元分析（FEA）程序至少已出现 30 年，有几种 FEA 计算机程序已用于分析推力室的稳态和瞬态传热，能考虑不同的推力室形状或各种性质随温度变化的材料。这种功能强大的分析方法的详细叙述已超出本书的范围，可参见参考文献 8-12、8-13 和

8-14。美国国家航空航天局用先进的诊断工具建造并测试了缩比模型,以确定新设计中的热传输速率。多数火箭发动机研制单位都自行开发了用于求解传热问题的计算机程序。本节下面给出一些基本关系式,它们是 FEA 程序的基础。通过这些关系式可了解传热现象及其基本原理。

8.5.1 稳态传热一般关系式

对于热传导,有以下一般关系式:

$$\frac{Q}{A} = -\kappa \frac{dT}{dL} \approx -\kappa \frac{\Delta T}{t_w} \tag{8-13}$$

式中:Q 为通过表面 A 的单位时间传热量;dT/dL 为表面 A 上通过厚度 L 的温度梯度;κ 为热导率,其含义为单位面积、单位时间和单位壁厚上产生 1 ℃ 温差的传热量,负号表示温度随厚度增加而降低。

在采用液体推进剂冷却的火箭发动机中,推力室壁面的稳态传热可看作一系列热阻型传热问题,在室壁内侧壁面的附面层气膜上存在较大的温度梯度,在固体室壁内部存在温度梯度,以及在冷却通道内部冷却剂上有第三种温度梯度。这是流体边界层上对流和室壁传导的组合传热问题,它基本上是一个与壁面传导有关的传热传质问题。图 8-18 所示为其示意图。

式 (8-14) 为典型的稳态对流热交换关系式。再生冷却推力室稳态传热的一般公式如下(见图 8-18):

$$q = h(T_g - T_1) = Q/A \tag{8-14}$$

$$q = \frac{T_g - T_1}{1/h_g + t_w/\kappa + 1/h_1} \tag{8-15}$$

$$q = h_g(T_g - T_{wg}) \tag{8-16}$$

$$q = (\kappa/t_w)(T_{wg} - T_{wl}) \tag{8-17}$$

$$q = h_1(T_{wl} - T_1) \tag{8-18}$$

式中:q 为单位时间单位面积的传热量;T_g 为燃气热力学温度;T_1 为液体冷却剂的热力学温度;T_{wl} 为液侧热力学壁温;T_{wg} 为气侧热力学壁温;h 为膜的总传热系数;h_g 为气膜传热系数;h_1 为冷却液膜传热系数;t_w 为室壁厚度;κ 为室壁材料的热导率。

材料的强度和热特性是温度的函数。这些公式可采用任何一组相互一致的单位。这些简单关系式假设热流是径向的。简单的准一维理论还常假设热导率和膜传热系数采用平均值,不是温度或压力的函数。若要分析轴向传热,则需采用二维或三维有限元模型。轴向传热通常出现在喷管喉部壁面区,来自喷管高温喉衬的一部分热量传递给喉衬上游和下游的室壁。

由于膜传热系数、燃气和冷却液体的温度、壁厚和表面积通常随燃烧室轴向距离 L 而变化(假设轴向传热对称),对整个燃烧室和喷管内表面(圆形)面积 A 上的局部传热进行积分,可得单位时间的总传热量:

$$Q = \int q dA = \pi \int D q dL \tag{8-19}$$

因为单位面积 q 和直径 D 的热传递率都是推力室长度 L 的复杂函数,通常应将燃烧室分成长度有限的若干段对公式进行求解。这里在喷注器表面的 L 视为 0。假设 q 由式 (8-13) ~ 式 (8-19) 确定,在每个元素段上保持不变,可得到近似解。

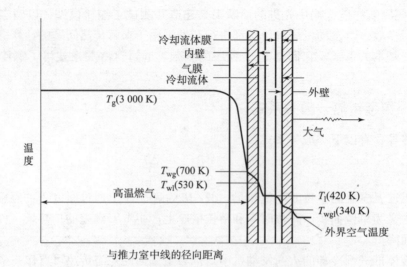

图 8-18　有冷却的火箭推力室中的温度梯度
（标出的温度为典型值）

控制通过火箭发动机室壁的传热量的重要因素是由燃烧产物和冷却剂分别在室壁两侧建立的流体膜的边界。气膜传热系数很大程度上决定了传热速率的大小，而液膜传热系数很大程度上决定了壁温。由于复杂的几何形状、不均匀的速度分布、粗糙的表面、边界层特性以及燃烧振荡，式（8-16）和式（8-18）中的膜传热系数很难确定。

传统的传热理论通常使用几个量纲为1的参数（见参考文献8-12、8-13和8-14）。

在湍流流动中对流热传递的构想很大程度上是经验性的，并且圆形管内加热的首选关系为

$$\frac{h_g D}{\kappa} = 0.023 \left(\frac{D v \rho}{\mu}\right)^{0.8} \left(\frac{\mu c_p}{\kappa}\right)^{0.4} \quad (8-20)$$

式中：h_g 为气膜传热系数；D 为燃烧室或喷管的直径；v 为气体当地平均速度计算值；κ 为气体的热导率；μ 为气体的绝对黏度；c_p 为气体的比定压热容；ρ 为气体密度。

在式（8-20）中，量 $h_g D/\kappa$ 为努赛尔数（Nu），量 $D v \rho/\mu$ 为雷诺数（Re），量 $\mu c_p/\kappa$ 为普朗特数（Pr）（通常作为流体属性的列表）。气膜传热系数 h_g 可根据下式确定：

$$h_g = 0.023 \frac{(\rho v)^{0.8}}{D^{0.2}} Pr^{0.4} \kappa/\mu^{0.8} \quad (8-21)$$

式中：ρv 为当地质量流量，常数 0.023 是无量纲的。

边界层温度梯度影响各种不同的推进剂燃烧，且燃烧现象与推进剂特性相关。传统理论方法使用式（8-20）或者式（8-21）描述在相对较长的加热圆形管中的稳态流。在其中可以得到完全发展流动的速度剖面分布。热量通常都从四面八方导入管道（360°）。然而在推力室里，冷却剂通道中的热流只能从通道的一边进入。当室长相对较短时，可能不会形成平衡流剖面。燃烧室的实际流量是非常紊乱的蒸发液滴，因此通常都不平衡。综合所有这些因素，式（8-20）和式（8-21）完全可以看作一个很好的近似。用实际数据验证系数的方程往往更可靠，在设计中也很有用。Bartz（见参考文献8-14）对理论和试验之间的一致性作了综述，提出了一个半经验修正系数（见参考文献8-12），即

$$h_g = \frac{0.026}{D^{0.2}} \left(\frac{c_p \mu^{0.2}}{Pr^{0.6}} \right) (\rho v)^{0.8} \left(\frac{\rho_{am}}{\rho'} \right) \left(\frac{\mu_{am}}{\mu_0} \right)^{0.2} \qquad (8-22)$$

式中:下标"0"指滞止或燃烧温度下的物性;下标"am"指在当地自由流静温和壁温的算术平均温度下的物性;ρ'为自由流当地气体密度。

此外,当其他各项采用相应的量纲时,经验常数 0.026 是无量纲的。气体速度 v 为相对应于密度 ρ' 的当地自由流速度。由于密度的 0.8 次幂近似正比于压力、气膜传热系数近似正比于热流,因此传热速率近似随室压线性增加。这些半经验的传热公式已经被进一步的修正和验证,并且使用常用的推进剂在有限的室压范围内用特定的喷注器做了验证,这种分析通常是针对特定设计机构的。

若内壁很薄,并采用高导热系数材料,则内壁温差和最高温度将减小。壁厚由强度和热应力决定,有些设计中小至 0.025 in。改变膜系数的影响可参考例 8-1。

表面粗糙度会对膜传热系数产生很大影响,因此也会对热流产生很大影响。测量数据已表明,表面粗糙度会使热流增加,最高可达 2 倍。若在冷却通道中设计障碍,使其产生湍流,则可能增加更高的倍数。气侧壁面较大的粗糙度将使气体局部接近滞止温度。然而,冷却液体侧壁面的粗糙度将增强湍流,提高冷却剂吸收的热量,从而降低了壁温。

例 8-1 试探讨膜传热系数的变化对传热和壁温的影响。数据如表 8-4 所列。改变 h_g(h_l 不变),然后改变 h_l(h_g 不变),确定传热速率、液侧和气侧壁温的变化。

表 8-4 例 8-1 数据

壁厚	0.445 mm
壁材料	低碳钢
平均热导率	43.23 W/[(m²·K)/m]
平均燃气温度	3 033 K 或 2 760 ℃
平均液体温度	311.1 K 或 37.8 ℃
气膜传热系数	147 W/(m²·℃)
液膜传热系数	205 900 W/(m²·℃)

解 根据式(8-13)~式(8-18),解出 q、T_{wg} 和 T_{wl}。答案列于表 8-5 中。由答案可知,气膜传热系数的变化对传热速率有显著的影响,但对壁温影响较小。液膜传热系数的影响恰好相反,h_l 的变化对 q 影响很小,对壁温则影响很大。

表 8-5 膜传热系数的变化

膜传热系数变化率/%		传热速率变化量/%	壁温/K	
气膜	液膜		气侧 T_{wg}	液侧 T_{wl}
50	100	50	324.4	321.1
100	100	100	337.2	330.5
200	100	198	362.8	349.4
400	100	389	415.6	386.1
100	50	99	356.1	349.4

续表

膜传热系数变化率/%		传热速率	壁温/K	
气膜	液膜	变化量/%	气侧 T_{wg}	液侧 T_{wl}
100	25	98	393.3	386.7
100	12.5	95	460.0	397.8
100	6.25	91	596.7	590.5

图 8-19 显示一个铣削冷却套设计的热流方向、温度分布和最大壁温的位置。这个设计表现在图 8-15（c）中。内壁一般是很薄的，所以壁的温差很小，从而热应力也很小。

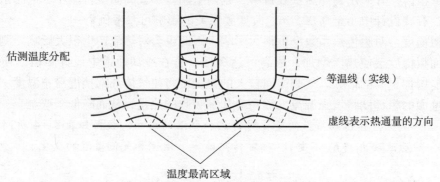

图 8-19　一种铣槽冷却夹套在两个冷却通道内的传热进行的二维分析
（没有显示通道的外壁和上部）

8.5.2　瞬态传热分析

不冷却（高熔点）的金属推力室是最容易分析的，因为材料不产生化学变化或相变。这种情况下达不到热平衡。不冷却的室壁类似于热海绵，它从高温燃气吸收热量。在试验数据的帮助下，确定了一些典型的系数，在某些情况下可以预测不冷却室壁的瞬态加热过程。

热量从热燃气传递给室壁，工作期间室壁温度梯度是变化的。在这种瞬态加热期间，高温室壁向周围环境传递的热量以及通过金属部件传导给结构的热量很小，可以忽略。随着燃烧时间的延长，室壁各处的温度不断上升。发动机工作结束后，壁温趋于均衡。当金属壁内的轴向传热可以被忽略时，任何壁截面的热平衡都可以用非定常导热方程表示（见参考文献 8-12）：

$$\frac{\partial}{\partial x}\left(\kappa \frac{\partial T}{\partial x}\right) = \rho \bar{c} \frac{\partial T}{\partial t} \tag{8-23}$$

式中：T 为厚度坐标 x 和时间 t 的函数；热导率 κ 可能取决于壁材及其温度；ρ 为壁材密度；$\bar{c}$ 为平均比热容。

图 8-20 给出了一个典型的温度-时间-位置关系。图中 $T=21\ ℃$ 的较低的水平线表示发动机工作前室壁的初始平衡状态，各条曲线表示燃烧开始后各个时刻的室壁温度分布。$T=357\ ℃$ 线表示关机一段时间后室壁的平衡温度。

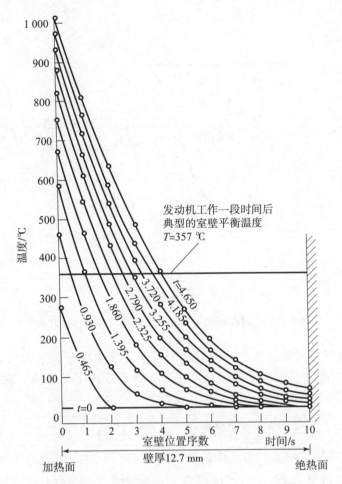

图 8-20 典型的不冷却金属推力室室壁温度分布与加热时间的关系

8.5.3 向冷却夹套液体的稳态传热

再生冷却用于这样的火箭发动机，即一种推进剂组元在喷注并在燃烧室燃烧之前先通过围绕推力室的冷却通道流动。这实际上是强迫对流换热。术语再生在这里也许不是非常合适，它与蒸汽轮机行业中的意义几乎没有什么关系。这里只是想表明这样的事实，即由冷却剂吸收的热量没有浪费掉，而是提高了推进剂在进入喷注器前的初始温度和能量水平。这种液体推进剂内能的增加在计算时可以作为推进剂焓值修正来处理（见第5章）。无论如何，这对火箭发动机性能的影响通常是很小的。对于某些推进剂，若预热升温 100~200℃，则比冲可增加1%。对于氢冷推力室和小型燃烧室，其室壁面积/燃烧室容积之比相对较大，再生冷却剂的温升较高，所得到的比冲增量有时大于1%。

在高热流火箭发动机强迫对流中，液膜的特性是控制壁温的关键（见表8-4及参考文献8-12、8-16）。如图8-21所示，到喷管出口为止，至少存在四种不同的液膜类型。单位壁面上传热速率 q 是液侧壁温 T_{wl} 和液体温度 T_i 之差的函数。

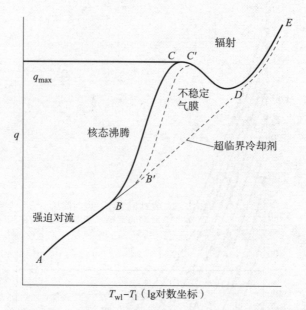

图 8-21 高温壁面与液压液体之间的各种传热状态

（1）在低热流下为正常的强迫对流区域形成了可预测特征的液体边界层，如图 8-21 中区域 $A-B$ 所示。此时壁温通常低于液体在冷却夹套压力下的沸点。在稳态传热分析中，液膜换热系数可以用常用的公式近似计算（见参考文献 8-11～8-14）：

$$h_1 = 0.023 \bar{c} \frac{\dot{m}}{A} \left(\frac{Dv\rho}{\mu}\right)^{-0.2} \left(\frac{\mu \bar{c}}{\kappa}\right)^{-2/3} \quad (8-24)$$

式中：$\dot{m}$ 为流体的质量流量；$\bar{c}$ 为流体的平均比热容；A 为冷却套流体横截面积；D 为冷却剂通道横截面的当量直径*；v 为流体速度；ρ 为冷却剂密度；μ 为绝对黏度；κ 为热导率。

许多液冷火箭发动机工作在这种传热状态。表 8-5 和表 7-1 给出了一些推进剂的物理特性。

（2）当壁温 T_{wl} 超过液体沸点 10～50 K 时，壁面上开始形成小气泡。这些与核类似的小气泡造成局部湍流，然后从壁面脱离，并在较冷的液体中消失。这种现象称为核态沸腾。由气泡诱发的湍流改变了液膜的特性，并因一些推进剂的蒸发而强化。如图 8-21 中曲线 $B-C$ 段陡斜线所示，传热速率增加，但膜的温差并未成比例增加。若流体压力上升，则沸点也上升，核态沸腾区将右移到 $B'-C'$。这种沸腾状态下的传热速率大大高于式（8-24）的计算值。这种现象常在喷管喉部冷却区局部出现，最大可承受传热率（点 C）在图 8-21 和表 8-6 中表示为 q_{max}，并且似乎是冷却液性质、溶解气体、压力和流动速度的函数。由表 8-6 可知，肼是良好的吸热剂，而煤油较差（低 q_{max} 和低临界压力）。

---

* 液体火箭发动机推力室的沟槽式、管束式或其他形式的冷却剂通道的截面积通常比较复杂。液膜传热计算所需的当量直径通常定义为冷却剂通道液压半径的4倍，液压半径为横截面流动面积除以湿周。

表 8-6 一些液体推进剂的传热特性

液体冷却剂	沸腾特性		临界温度/K	临界压力/MPa	核态沸腾特性			
	压力/MPa	沸点/K			温度/K	压力/MPa	速度/(m·s^{-1})	q_{max}/(MW·m^{-2})
肼	0.101	387	652	14.7	322.2	4.13	10	22.1
	0.689	455					20	29.4
	3.45	540			405.6	4.13	10	14.2
	6.89	588					20	21.2
煤油	0.101	490	678	2.0	297.2	0.689	1	2.4
	0.689	603					8.5	6.4
	1.38	651			297.2	1.38	1	2.3
	1.38	651					8.5	6.2
四氧化二氮	0.101	294	431	10.1	288.9	4.13	20	11.4
	0.689	342			322.2			9.3
	4.13	394			366.7			6.2
偏二甲肼	0.101	336	522	6.06	300	2.07	10	4.9
	1.01	400					20	7.2
	3.45	489			300	5.52	10	4.7

（3）随着传热进一步增强，气泡形成速率和气泡尺寸变得很大，以致气泡来不及从室壁迅速脱离。这种状态（图 8-21 中的 $C-D$）的特征是形成了不稳定的气膜，它难以在试验中再现。当沿高温壁面形成大部分或完全由气体构成的膜时，该膜就起到了绝热层的作用，引起热流降低，通常会造成壁温迅速增加（常导致室壁材料烧穿或熔化）。

（4）随着膜温差的进一步增加，壁温将上升到辐射成为主要的传热方式的数值。火箭冷却套管设计师对 $D-E$ 区是不感兴趣的。

冷却也可以采用高于流体临界点的冷却剂（如氢）。这种情况下没有核态沸腾，传热速率随温差而增加，如图 8-21 中的超临界线（虚线）所示。液氢是优良的冷却剂，具有较高的比热，且无残留物（见参考文献 8-16）。

液体中的化学变化会严重影响高温室壁向液体的传热。但是大部分冷却剂都不会达到其沸点。燃料的裂解及同时产生的不溶解气体趋于降低最大热流，因此使破坏发生得更快。烃类燃料冷却剂（甲烷、喷气燃料）会裂解并形成固态黏稠的碳沉积在冷却通道里面，阻碍传热。影响冷却剂稳态传热的其他因素有气体向室壁的辐射、冷却剂通道的弯曲、不良焊接或制造以及湍流或燃烧不稳定性引起的流动振荡。某些推进剂（如肼）在温度高到一定程度后会在冷却通道中自发分解和爆炸。

为了使冷却剂实现良好的吸热能力，选择压力和冷却剂流速时应使冷却剂出现局部沸腾而其总体温度未达到沸腾状态。高温燃气传给高温壁面的总热量（见式（8-14））必须在冷却剂温升允许范围内，即

$$qA = Q = \dot{m}\bar{c}(T_1 - T_2) \tag{8-25}$$

式中：$\dot{m}$ 为冷却剂质量流量；$\bar{c}$ 为液体平均比热容；T_1 为冷却剂进入冷却夹套时的初始温度；T_2 为其最终温度；Q 为单位时间的吸热率；q 为单位传热面积的单位时间吸热率；A 为传热面积。T_2 应低于冷却夹套压力下的沸点。

8.5.4 辐射

辐射热发射是由气体、液体或固体根据其较高的温度并消耗内能而发出的电磁辐射。它主要在红外线中，覆盖的波长范围为 10 000 ~ 0.000 1 μm，其中在较高温度下包括 0.39 ~ 0.78 μm 的可见光范围。辐射传热在周围环境相对较冷的真空中（没有被介质吸收）是最有效的。

由辐射机理传送的热量主要取决于辐射体的温度及其表面状态。热力学第二定律可以证明，辐射能量 E 为热力学温度 4 次方的函数：

$$E = f\varepsilon\sigma AT^4 \tag{8-26}$$

物体辐射的能量 E 是发射率 ε（它与表面状态和材料性质有关，量纲为1）、斯特潘-玻耳兹曼常数 σ（$5.67 \times 10^{-8} \mathrm{W/(m^2 \cdot K^4)}$）、表面积 A、热力学温度 T 和角系数 f（取决于相邻部件的布置和形状）的函数。在低温下（800 K 以下），辐射传热只占火箭发动机总传热量的很小一部分，通常可以忽略。

火箭发动机中存在以下辐射：

（1）高温燃气向燃烧室内壁、固体推进剂药柱、固液混合推进剂药柱或喷管的辐射。

（2）高温部件（包括辐射冷却燃烧室、喷管或电推进的电极）外表面同环境或空间的辐射。

（3）喷管出口下游高温羽流的辐射，参见第 20 章。

火箭发动机燃气的温度在 1 900 ~ 3 900 K。燃气辐射占了室壁传热量的 3% ~ 40%，视反应气体的组分、燃烧室尺寸和形状及温度而定。它可能占总传热量的很大一部分。例如，第 12 章将讨论的，固体推进剂发动机药柱表面的辐射加热对燃烧速率是很关键的。室壁对辐射的吸收基本上遵循与式（8-26）相同的定律。金属表面和型管反射了大部分辐射能（低发射率），而烧蚀材料和固体推进剂吸收了大部分入射辐射（吸收率≈发射率）。因此，燃烧室内壁的强反射表面有助于降低辐射吸收，减少壁面温升。在参考文献 8-17 中讨论了对流和辐射传热量。

火箭发动机燃烧室中只有部分高温燃气是强烈的辐射源。现已发现分子结构对称的气体（如氢、氧和氮）在辐射传热的重要谱段中没有表现出较强的辐射频带。此外，它们不吸收太多辐射，在传热过程中不提供很大的能量。然而，极性气体（如水蒸气、一氧化碳、二氧化碳、氯化氢、烃、氨、氮氧化物以及乙醇）具有较强的红外发射频带（这些分子的能量辐射与其转动能级及原子间振动能级的量子变化有关）。一般来说，所有气体的辐射强度均随其容积、分压和绝对温度的 4 次方而增加。对于小型推力室和低室压的情况，气体辐射通常可以被忽略。

若高温燃气中有固体小颗粒或液滴，则辐射传热会显著增加 2 ~ 10 倍。颗粒大大增加了辐射能量，例如，20.1 节将说明的以及例子中引用的一些含有小固体碳颗粒和许多细铝粉的有机液体燃料反应气体。当燃烧形成氧化铝后，燃烧热和燃烧温度提高（提高了传热率），比冲略有提高（改善了性能）。视气体的当地温度而定，氧化物的形式可能是液滴

(在燃烧室中），也可能是固体颗粒（在喷管扩张段中）。此外，这些颗粒与室壁的撞击将使传热率进一步提高，特别是在喷管喉部和紧靠喷管喉部的上游室壁处。颗粒撞击还会造成不必要的壁面侵蚀和磨损。

8.6 起动和点火

推力室的起动过程必须加以控制，以使推进剂及时、均匀地点燃，这样可以使流量和推力平稳而迅速地达到其额定值（见参考文献 6-1、8-18、8-19）。注意，任何推进剂初始流量总是要小于全流量，起动混合比通常与工作混合比不同。低初始流量可以防止强水击，降低初始放热，并且对非自燃推进剂来说，可以防止过量的未点燃的液体推进剂在燃烧室内积存。

起动时喷注速度较低，在温度较低的燃烧室中推进剂的初始蒸发、雾化和混合不是很完全，并存在局部的偏混合比区。对于低温推进剂，燃烧室初始温度可能低于外界温度。因此，最佳起动混合比仅仅是某混合比范围的其中一个值，在这个混合比范围内都应容易点火。混合比接近化学当量值时，单位质量推进剂的释热量达到最高，从而比其他混合比更快地使燃烧室及其燃气达到平衡。然而，工作混合比通常是富燃的，这是按最佳比冲选择的。参考文献 8-18 给出了一种模拟低温推进剂点火的方法。

理论上，推力室起动延迟期由以下时间增量组成：

（1）推进剂阀门完全打开所需的时间（一般为 0.002~1.000 s，取决于阀门类型、尺寸及上游压力）。

（2）填充阀座和喷注器表面之间的液体通道体积（管道、流道、喷注器内部供应孔和空腔）所需的时间。

（3）形成液体推进剂离散射流、初始雾化成小液滴以及这些液滴混合所需的时间。采用低温推进剂，初始燃料通常是气态的，所以这个时间会有所不同。

（4）在环境初始温度和当前自燃推进剂混合比的条件下，燃料（液滴或蒸气）在接触氧化剂（液滴或蒸气）后几毫秒内开始燃烧。这个时间在较低的环境温度和非设计混合比的情况下会延长。

（5）对于非自燃推进剂组合，在燃烧开始前，点火系统必须使混合推进剂达到点火温度。这种点火装置通常在推进剂进入燃烧室之前，在推进剂阀门打开之前起动。在更大的推力室中，推进剂接触到点火剂之前，点火剂的工作时间可以是 1 s 或多秒（当点火剂不能操作发动机控制装置时，可以用来阻止推进剂阀门的开启）。

（6）液滴蒸发和着火所需的时间（试验表明这个时间很短，为 0.02~0.05 s，但这取决于推进剂和可获得的热量）。

（7）一旦燃烧室某处着火，火焰传播或加热已进入燃烧室的混合好的推进剂，使其蒸发并升温到点火温度所需的时间。

（8）将燃烧室的温度和压力提高到燃烧能自身维持的程度所需的时间。直到那个时候，该系统达到了完全工作状态。

上述延迟时间有重叠，其中一些可同时发生。大喷注器或大直径燃烧室的延迟时间较长。小推力室通常能在几毫秒内快速起动，而较大的发动机则需要 1 s，有时需要 5 s 才能达到最大推力。

在推力室起动时，一种推进剂组元总是比另一种组元提前很短时间到达燃烧室，要使燃料和氧化剂供给系统完全同步地将推进剂注入所有喷孔几乎是不可能的。通常有意让一种推进剂组元首先到达燃烧室使点火更可靠。例如，对于富燃起动混合物，燃料先被注入。参考文献 8-19 叙述了如何控制推进剂提前进入。

影响起动流量、推进剂提前或滞后以及上文提到的某些延迟时间的其他因素有喷注体液体的供应压力（如减压器压力）、推进剂温度（有些可能接近其沸点）以及混合在部分初始推进剂中的不溶解气体（气泡）的含量。

推进剂阀门（及其与喷注面之间的流动通道）常按一定的工作顺序设计，从而确保一种推进剂组元提前进入燃烧室，并且控制流量上升和混合比建立过程。通常阀门先部分打开，以免危险的未燃推进剂混合物在燃烧室内积存。一旦产生燃烧，阀门就完全打开且推力室组件到达满流。一开始的低流量燃烧阶段称为初级工况，11.4 节中介绍了起动控制。

在控制器接收到点火成功的信号之前，不会对采用非自燃推进剂的大型推力室开启全流量。通常利用可见光检测（光电管）、热检测（高温计）、熔断丝或压力检测，把点火或初始燃烧的确认引入发动机控制中。若起动控制设计得不合理，未燃推进剂会在燃烧室内积存，一旦点火则可能引起爆炸，有时会严重损坏火箭发动机。起动控制和发动机校准将在 11.4 节和 11.5 节中讨论。

非自燃推进剂在开始燃烧之前需要通过吸收能量而激活。这部分能量由点火系统提供。一旦点火，火焰是自保持的。点火器必须安装在喷注器附近，从而使得初始流量较小的起动混合物在点火器工作时适时出现，同时又不妨碍稳态燃烧过程。目前至少有 5 种不同类型的点火系统被广泛采用。

火花塞点火已成功地用于液氧-汽油和氢-氧推力室，特别是在飞行期间要多次起动的推力室。火花塞常安装在喷注器内。RS-25 发动机（航空喷气公司设计的航天飞机主发动机）在主燃烧室和预燃器中使用了多余的增强火花点火器。

电热丝点火已经实现，但用于液体推进剂有时不如火花塞可靠。

火药点火使用燃烧时间为数秒的固体推进剂插管或药柱。固体推进剂装药用电点火，燃烧后在燃烧室内产生高温火焰。几乎所有的固体火箭发动机和许多液体火箭发动机推力室都用这种点火方式。点火器既可以直接安装在喷注器或推力室上（见图 8-1），也可以通过喷管从外面伸到燃烧室内。这种点火方法只能使用一次，再次使用时必须更换装药。

在预燃室（也称为预混料室）点火中，一小燃烧室紧靠主燃烧室安装，通过一小孔与主燃烧室相通，这与某些内燃机用的预燃室类似，如图 8-3 所示。少量燃料和氧化剂喷入预燃室并点火，燃烧的混合物像火炬一样进入主燃烧室，将喷入主燃烧室的大流量主推进剂点燃。这种点火方式可以重复起动变推力发动机，并已成功地用于液氧-汽油和氢-氧推力室。

在辅助流体点火这种方法中，除正规的燃料或氧化剂外，在起动的短时间内还将某种液体或气体喷入燃烧室。这种流体是自燃的，即它能与燃料或氧化剂发生自燃。例如，硝酸和某些有机燃料可以在火箭发动机开始工作时引入少量的肼和苯胺来引发燃烧。把能用空气点燃的液体（二乙基锌或三乙基铝）预装在燃烧管路中，可实现自燃点火。在一些美国和俄罗斯的火箭发动机中，三乙基铝和三乙基硼烷的混合物已成功用于液氧和 RP-1（煤油）点火。图 6-13 所示的 RD-191 和图 11-2 所示的 RD-170 为两种俄罗斯火箭发动机的流程图，图中画出了预装有自燃液体的几个圆柱形容器（起动燃料箱或安瓿），各与高压燃料供应管路相连，这种自燃液体（初始燃料）注入推力室和预燃室后点火燃烧。

在有多台发动机或推力室的飞行器中，要求两个或多个发动机同时起动，但要使起动完全同步通常是很难的。一般把各推力室的通道或集液腔的容积及其相应的阀门设计为相同的。供入每个推力室的推进剂初始温度和初始推进剂进入燃烧室的提前时间必须加以控制。例如，当用两个小推力器产生飞行器滚动力矩时就需要这种控制。这也是大型运载火箭发动机在确保所有推力室都已起动和工作后才从发射架上释放的原因之一。

在储存或地面试验期间，通常使用喷管喉塞或圆形喷嘴出口盖。这样可以防止灰尘、湿气和小型生物（如蚂蚁、老鼠）进入腔室或喷注器。这些单元通常在推力室运行前手动移除，或者可能在起动时被上升的推力室压力自动弹出。

8.7　推力室的使用寿命

推力室的使用寿命定义为推力室可以安全而不存在失败风险地进行起动或全推力工作的次数。下面介绍与寿命相关的有两类情况。

第一类，在飞行任务中，推力室可以在两次飞行之间被修复，因为有机会在下次飞行之前进行检查，并且如果需要的话还可以进行维护和修理。大型可回收推力室的典型是洛克达因的航天飞机主发动机（Space Shuttle Main Engine，SSME）和目前 Space X 的 Falcon 9 号飞行器的 Merlin 发动机。NASA 希望 SSME 能设计可以飞行 100 次的推力室，但是由于与推力室寿命无关的因素，它们只能飞 5~20 次。

在可恢复的单元中有几个限制推力室寿命的因素。推力室的内壁由于燃气（O、O_2、H_2O 等）的逐渐氧化而退化，尽管这些物质仅少量存在，而且通常来自靠近喉部的裂缝。此外，当处于较冷环境温度的内壁受热时，它们会向各个方向略微膨胀。然而，由于它们的结构，这些内壁被较冷的外壁限制了自由膨胀（图 8-9 和图 8-15）。内壁在较高温度下具有较低的屈服应力，受压时内壁的屈服会使温度较高一侧轻微收缩。推力室停止工作后，因为冷却内壁也会（轻微）收缩，但是它不会回到原来的大小，因此在压力下一定会屈服。这些效应会在内壁内部形成小的表面裂纹。随着每一次新的起动和关闭，这种裂缝会加深，并变得越来越多。最终，损坏的内壁不能承受室内压力载荷，推力室将失效。大多数推力室内壁较薄，采用高导电型材料，以减少热应力，延长寿命。

第二类，涉及小型脉冲多推进器，这类推进器通常应用于不可恢复但需要长时间执行任务的反作用控制系统中，比如长期的轨道维护或深空飞行。在多年任务期间，起动或脉冲的累计数量可能达到 1 000~50 000 次。在开发过程中，推进器通常在真空室中进行数十万次的耐久性测试。小型推进器的使用寿命受限于反作用控制系统中阀门和其他结构的疲劳失效，以及暴露在推进剂气体中的壁面的氧化和侵蚀。许多小型推进器已经进行了寿命测试，包括在单组元推进剂和双组元推进剂装置中的辐射冷却单元和烧蚀内衬单元（见参考文献 8-8 和 8-20）。对于小型单组元推进器，推力室的寿命通常受磨损和催化剂中毒的限制。

8.8 随机变化的推力

只有部分应用需要随机变化的发动机推力,例如火箭下降到另一个行星或月球或反弹道导弹的上面级。液体火箭发动机的优点之一是它们可以通过设计实现飞行期间在很大范围内的节流(即随机地改变其推力)。存在几种实现节流的方法(所有方法都涉及推力室,因此该部分放置在此处)。一个早期方案是在同一发动机上使用多个发动机或多个推力室,然后停止其中一个或多个的操作。目前,历史悠久的 Reaction Motors 6000C-4 发动机有四个推力室,它们可以单独打开或关闭,从而产生推力的阶跃变化。

目前,我们区分两种操作模式,但两者都依赖于减少推进剂流量。一种模式是适度节流,通常在 2%~3% 的推力范围内,这通常可以通过改进的推进剂阀来实现,而不会对发动机的设计进行显著改变。在一种应用中,推力在助推器的上升过程中被节流,以防止过大的空气动力压力或系统过热。另一种模式通常称为深度节流,对于特定发动机,推力在 6%~30% 变化。例如,它适用于具有受控减速的行星着陆火箭发动机。为了实现这种深度节流,发动机需要一些特殊功能,其中一些在下面提到。

推力主要与推进剂质量流量成正比(式(2-13)),因此减小推进剂流量将减小推力。通过同时关闭主燃料和氧化剂阀门(匹配流量特性)或通过液压匹配的燃料和氧化剂泵减慢涡轮泵的转速(通过减少流向涡轮机的气体流量),可以实现适度的节流。在较低的流量下,喷注器上的压降和喷注速度将减小,推进剂的雾化和混合将不太有效,燃烧将不太完全,并且室压将降低。根据具体的发动机设计,这些可能将较低推力水平下的比冲减小 1.5%~9.0%。这种改变推力的方法用于航天运载火箭的助推发动机。

随着更深的节流,氧化剂和燃料流动趋于振荡并且通常不再保持原始混合比,推进剂喷注流或喷雾及其冲击位置将漂移,并且它们的流动可能变得不稳定。为了防止这些情况的发生,发动机需要具有一些特殊功能,例如,在第一次登月火箭中使用的发动机——由 Northrop Grumman 公司的前身开发的一种发动机,在 20 世纪 60 年代末和 20 世纪 70 年代飞行,以 10:1 的倍数节流。每个推进剂流量控制阀都包括一个带有可移动的锥形销的空化文氏管,它允许推力室阀门的文氏管喉部的流动面积发生变化。这确保了在所有推力水平下预先确定的稳定减少的推进剂流量,并保持恒定的混合比。此外,推进剂的注入是通过带有两个环形槽的轴针式喷注器完成的,这些槽的宽度可以通过一个内置的执行器来减小。图 8-3(f)显示了这种特性。它允许液体推进剂的高喷注速度,提供良好的雾化和充分的燃烧,在低推力下具有相对小的性能损失。喷枪地地导弹的持续发动机获得了最高的推力变化范围(327~1.0)。它有两个同心推力室,小推力室位于较大推力室的内部。该发动机由 Rocketdyne(目前是 Aerojet Rocketdyne)开发,于 20 世纪 60 年代末首飞,在 20 世纪 70 年代部署至 1990 年。低推力下的比冲较差(损失超过 15%),参见参考文献 8-1。

实现可变推力的另一种方法是改变喷管喉部面积(见式(3-31))。该方案需要在主喷管喉部区域中安装一个可移动的锥形针栓。轴针必须由耐热材料制成或必须重新冷却,其位置通常是液压控制的。这将使该装置的室压在所有推力水平下保持基本恒定,现已建立并试验了几种具有随机可变喷管喉区的试验液体火箭发动机和固体火箭发动机。据作者所知,还没有一个飞行过。

对于脉冲小型反作用控制推力器，通常可用脉冲工作来降低平均推力。这可通过控制循环或脉冲次数（各脉冲的短期工作时间和短期间歇时间均固定）、调制各脉冲的工作时间（脉冲之间有短的间歇）或延长脉冲间歇时间来实现。

8.9 推力室设计分析举例

本实例表明推力室如何受工程大系统需求和任务参数的强烈影响。例如，在第11章的设计一节和第19章的推进系统选择所作的概述及讨论，各发动机都要经历一系列的合理性和需求论证，从而确定其关键参数和设计方案。本实例将叙述如何根据飞行器和发动机技术要求得到推力室参数。工程大系统的需求与任务、目的、环境、轨道、重复使用性、可靠性有关，并与发动机最大质量或最大轮廓尺寸等约束有关。本节将列出部分要求。本节将表明如何通过理论与经验的结合初步选定设计参数。不同的设计团队所选择的参数会有所不同。

例 8-2 这里将应用背景确定为现有多级运载火箭的新的上面级，它将载荷送入深空。这意味着要连续点火（无须重复起动或重复使用）、在真空工作（喷管面积比较大）、中等加速度（不超过 $5g_0$）、低成本、适度高的性能（比冲）以及取决于载荷、飞行轨道和加速度限制的推力值。该上面级的任务速度增量为 3 400 m/s，发动机与上面级相连，该上面级最终与载荷级脱离。载荷级（3 500 kg）包括 1 500 kg 的有效载荷（科学仪器、电源、通信和飞行控制设备）及 2 000 kg 的自身推进系统（含推进剂，用于变轨、位置保持、姿控或应急机动）。几何约束有两个：飞行器外径为 2.0 m，考虑到结构、导管、某些设备、隔热层、总装件及附件，实际有效直径只有 1.90 m。此外，规定上面级长度最大为 4.5 m，这将影响推力室长度。现将主要技术参数归纳在表 8-7 中。

表 8-7 例 8-2 的主要技术参数

用途	现有多级运载火箭的最末上面级
有效载荷	3 500 kg
速度增量 Δu 需求	无重力真空 3 400 m/s
级最大直径	1.90 m
级最大长度	4.50 m
最大加速度	$5g_0$

8.9.1 基本参数的确定

在设计过程一开始应选定以下发动机设计参数或方案：推进剂组合；燃烧室压力；喷管面积比；供应系统，采用泵还是高压气瓶；推力量级。

从性能上看，最好的推进剂组合是液氧与液氢。但是，这种双组元推进剂的平均比重很低（0.36），所以上面级没有足够的可用体积储存足够的推进剂，以达到所需的系统速度增量 Δu（新的上面级的容积和横截面被限制）。现有运载火箭的下面几级采用液氧与 RP-1 燃料（煤油），平均比重为 1.014 左右，发射台已有加注设施。由于这些因素，推进剂组合选择液氧和 RP-1。根据图 5-1 可知，理论比冲为 280～300 s，数值取决于混合比以及喷管流动膨胀是采用冻结流还是平衡流计算。图 5-1 还表明特征速度 c^* 在混合比为 2.30 左右达到最大值,这是富燃混合物,因此我们选择这个混合比。其燃烧温度低于更高的混合比,故推力室易于冷却。后面将看到,冷却可能存在一些问题。根据一般经验,I_s 选择冻结流和平衡流的中间值(约40%),即在 1 000 psi 或 6.895 MPa 的标准室压、喷管膨胀到海平面压力的情况下为 292 s。根据图 5-1 和表 5-5 可得平均分子质量为 23 kg/(kg·mol),比热比 k 约为 1.24。后面将把标准状态的 I_s 值修正到推力室实际真空比冲值。

下面选择燃烧室压力、喷管面积比和供给系统方案。从历史上看,这种推进剂组合经验充足,其室压为 100~3 400 psi,喷管面积比最高约60,燃气发生器循环和分级燃烧循环均有采用,这证明这种推进剂是可行的。决策时的考虑因素如下:

(1)较高的室压可使推力室较小,在同样的喷管出口压力下可使喷管锥较短,喷管出口直径较小。推力室若足够小,则可在其周围设置环形贮箱,这样能缩短级的长度。这不仅节省了飞行器空间,而且还降低了飞行器和发动机的质量。图 8-22 画出了在三种燃烧室压力和两种喷管面积比(ε 为 100 和 300)下推力室的相对尺寸。喷管长度和出口直径不得超过技术要求的限制,这就排除了室压为 100 psi 的情况。图中所示的尺寸在本节后面计算。

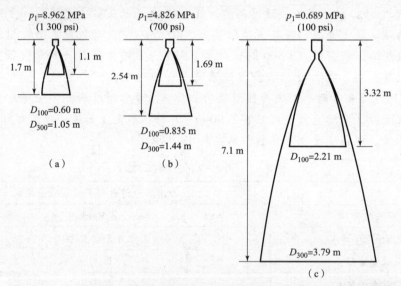

图 8-22 三种室压、两种喷管面积比(100 和 300)下推力室尺寸的比较

(2)根据式(8-20)和式(8-22),传热速率几乎正比于气体密度,而气体密度又正比于室压。以前一些推力室曾出现过固体碳层或沉积问题,要么在冷却夹套内(使壁温升高),要么在燃烧室内壁上(固体会脱落并引起室壁烧穿),因此室压低一点好。

(3)无论是静密封还是动密封,防漏密封都随室压的提高而越来越困难,这随后将引起所有输送压力都需要增加。

(4)采用高压气体供给系统是可行的,但是其容器和发动机的质量只有在燃烧室压力很低(小于或等于 100 psi)时才是合适的。推进剂贮箱和挤压气瓶变得很重,推力室将很大,超出前面提到的尺寸约束。因此,不能采用这种供给系统或很低的室压。

(5)若采用泵压式供给系统,泵的驱动功率与室压 p_1 成正比。在燃气发生器循环中,这意味着性能随 p_1 的上升而稍有降低。对于分级燃烧循环,这意味着很高的压力,特别是高压高温燃气柔性导管,以及更复杂、更重、成本更高的发动机。因此选择燃气发生器循环和足够低的室压(图1-4),并使推力室(及其他部件)恰好能满足几何约束,并具有合理的发动机质量和传热率。

根据上述理由,选择室压为700 psi 或 4.825 MPa、面积比为100。若作进一步分析,则可更精确地选择 p_1,它可能稍微低些或高些。接下来利用推力系数比将比冲修正到使用条件下的值。可使用式(3-30),也可通过图3-6和图3-7对 $k = 1.24$ 做内插。参考条件或标准条件(图3-5)下的压比 p_1/p_3 为 1 000/14.7 = 68,相应的面积比为8左右,此时 $(C_F)_{standard} = 1.58$。在实际高空工作时,压比接近无限大,而喷管面积比为100,通过对 $k = 1.24$ 作内插可确定推力系数,得 $(C_F)_{vacuum} \approx 1.90$。因此对于室压为700 psi、喷管面积比为100的推力室,新的理论比冲为 292 × (1.90/1.58) = 351.1(s)。为了修正损失(扩张损失、边界层损失、不完全燃烧损失、膜冷却损失等),采用0.96的修正系数,得推力室比冲为337.1 s。由于发动机采用燃气发生器,这将进一步降低发动机比冲,取系数为0.98,得 $(I_s)_{engine} = 330.3$ s,即等效排气速度为 3 237 m/s。

8.9.2 级的质量和推力

下面将计算级的质量。假设部件(贮箱、燃气发生器、涡轮泵等)质量约占推进剂质量的7%,该值相对现有发动机是偏保守的。在正式的发动机设计中,当获得质量分配估算值后要对该比例作验证或修正。根据式(4-7)可得

$$e^{\Delta u/v} = \frac{m_0}{m_f} \text{ 或 } e^{3\,400/3\,237} = \frac{m_p + 0.07 m_p + 3\,500}{0.07 m_p + 3\,500}$$

解得 $m_p = 7\,483$ kg。于是求得级的最终质量和初始质量分别为 4 023 kg 和 11 510 kg。剩余推进剂在这里可以忽略不计。

最大推力受最大加速度为 $5g_0$ 的限制,它为 $F_{max} = m_0 a = 11\,510 \times 5 \times 9.81 = 564\,400$(N)。该推力值的推力室相对较大、较重。若选择较小的推力(延长工作时间),则可以大大减轻质量。由于同样的推力室还要用于加速度略小于 $1.0g_0$ 的其他任务,故推力选为 50 000 N 或 11 240 lbf(见表8-8)。级的最大加速度出现在临关机前,$a = F/m_f = 50\,000/4\,023 = 12.4$(m/s²),约为重力加速度的1.26倍。这符合推力和加速度的要求。

表8-8 发动机主要技术参数

推进剂	液氧和煤油(RP-1)
混合比(O/F)	2.30(发动机)
推力	50 000 N 或 11 240 lbf
燃烧室压力	700 psi 或 4.826 MPa
喷管面积比	100
比冲(发动机)	330.3 s
比冲(推力室)	337.1 s
发动机循环方式	燃气发生器循环
可用推进剂量	7 483 kg
喷嘴出口排气速度	3 237 m/s 或 10 613 ft/s

8.9.3 推进剂流量和推力室尺寸

根据式（2-6），可求得推进剂质量流量为

$$\dot{m} = F/c = 50\ 000/3\ 237 = 15.446 (\text{kg/s})$$

在知道了总流量和总混合比后，就可根据式（6-3）和式（6-4）确定发动机、燃气发生器和推力室的燃料流量$\dot{m}_f$和氧化剂流量$\dot{m}_o$：

$$\begin{cases} \dot{m}_f = \dot{m}/(r+1) = 15.446/(2.3+1) = 4.680(\text{kg/s}) \\ \dot{m}_o = \dot{m}r/(r+1) = (15.446 \times 2.30)/3.30 = 10.765(\text{kg/s}) \end{cases}$$

燃气发生器流量$\dot{m}_{gg}$约占总流量的2.0%，其混合比为富燃的0.055，燃气温度约为890 K，则

$$(\dot{m}_f)_{gg} = 0.292\ 8\ \text{kg/s}, (\dot{m}_o)_{gg} = 0.016\ 1\ \text{kg/s}$$

进入推力室的流量等于总流量减去燃气发生器的流量，近似等于总流量的98.0%或15.137 kg/s，则

$$(\dot{m}_f)_{tc} = 4.387\ \text{kg/s}, (\dot{m}_o)_{tc} = 10.749\ \text{kg/s}$$

工作时间为总有效推进剂量除以质量流量：

$$t_b = m_p/\dot{m}_p = 7\ 483/15.446 = 484.5(\text{s})(\text{或者 8 min 多一点})$$

根据式（3-31）可确定喷管喉部面积（注意，这个计算不代表任何瞬态条件）：

$$A_t = F/(p_1 C_F) = 50\ 000/(4.826 \times 106 \times 1.90) = 0.005\ 453(\text{m}^2)(54.53\ \text{cm}^2)$$

喷管喉部直径为$D_t = 8.326$ cm，根据面积比100，得喷管出口内径为$D_2 = \sqrt{100} \times D_t = 83.26$ cm。截短钟形喷管（见3.4节）的长度为15°锥形喷管的80%，但性能与15°锥形喷管相同。喷管的长度（从喉部到出口）可以通过精确制图确定，也可计算得到$L = (D_2 - D_t)/(2\tan 15°) = 139.8$ cm。对于80%截短钟形喷管，其长度为111.8 cm左右。截短钟形喷管的型面可以用抛物线来近似代替（抛物线公式为$y^2 = 2ax$）。根据与图3-13所采用的类似的分析方法求得扩张段拐点的最大角度为$\theta_i = 34°$，喷管出口张角$\theta_e = 7°$。近似的喷管型面由最大张角为34°、半径为$0.4r_t$的较短的一段（图3-13中点T和I之间）和I、E两点已知的一段抛物线组成。根据张角（34°和7°）和y坐标$[y_e = r_2, y_i = r_t + 0.382r_t(1 - \cos\theta_i)]$就可通过几何分析确定抛物线。在进行详细设计时，建议用特征线法确定更精确的型面。

为减少燃烧室内的压力损失，燃烧室直径应为喷管喉部直径的2倍左右（$D_c = 16.64$ cm）。根据小型燃烧室的近似长度和1.1 m左右的特征长度L^*，确定燃烧室长度（含喷管收敛段）为29.9 cm左右。推力室的总长度（169 cm）为喷管长度（111.8 cm）、燃烧室长度（29.9 cm）、喷注器厚度（约为8 cm）、安装在上面的阀门（估计为10 cm）、结构以及可能有的万向接头的长度之和。图8-22（a）基本接近这个数据。

现在已得到级质量、推进剂流量、喷管和燃烧室的构型。由于本例主要针对推力室，因此发动机其他组件的参数只给出直接与推力室或其参数有关的数据。

下面检验飞行器是否有足够的空间（直径为1.90 m，长度为4.50 m），用于扩大喷管面积比，从而提高性能。首先要计算推进剂贮箱占了多大容积以及留给推力室的容积有多大。这种分析通常是由贮箱设计师来做的。根据式（7-1），推进剂混合物的平均密度确定为

1 014 kg/m³，可用总推进剂质量为 7 483 kg。利用表 7-1 中的密度值，求得燃料和氧化剂容积分别为 2.8 m³ 和 4.6 m³。根据 1.90 m 的直径、燃料贮箱接近球形、氧化剂贮箱为椭球头圆柱形、6% 的气垫以及 2% 的残余推进剂量这些条件，作图后表明贮箱总长度约 3.6 m，而空间限制为 4.5 m。这样给推力室留的长度为 0.9 m，这个长度是不够的。因此，需要采取更紧凑的贮箱布局，如采用双贮箱共底结构，或在发动机周围安装环形贮箱。本实例的目的不在于设计贮箱，但结论影响了推力室。由于飞行器可用空间的限制，不建议将推力室设计得过大。

上面的贮箱设计过程表明了飞行器参数对推力室设计的影响。假设贮箱难以设计或贮箱太重，则推力室方案可以考虑以下方案中的一种：①进一步提高室压（使推力室和喷管更小，但也更重）；②降低发动机推力（使发动机更小、更轻）；③上面级推力室喷管分两段，当飞行器下一级用完、抛掉后将延伸段展开（见图 8-17），这种方案比较复杂且稍重一些；④发动机采用多推力室（发动机将变重，但较短）。这里，我们不考虑这些方案或其他更多的方案。

8.9.4 传热

计算推力室传热和冷却参数的专用计算机程序取决于具体工程师和发动机研制单位的基础和经验。典型的计算机程序通常把推力室和喷管内壁表面沿轴向分成很多段。在初步分析时，通常只对关键部位（如喉部，有时还有燃烧室）的传热进行计算。

根据图 5-1、式（3-12）或式（3-22），可以确定燃烧室、喷管喉部区和扩张段某处的燃气温度如下：$T_1 = 3\,600$ K，$T_t = 3\,214$ K，$T_e = 1\,430$ K（喷管扩张段面积比为 6 处）。从燃烧室一直到面积比为 6 的喷管扩张段用燃料冷却。对于这种推进剂组合和较高的壁温，不锈钢已成功用作内壁材料。

应当注意的是，面积比在 6 以上的喷管内自由流气体温度相对较低。这部分喷管扩张段可采用不冷却的高温材料。面积比为 6~25 的喷管段易采用辐射冷却（如采用有防氧化涂层的铌材料或在无孔碳基体上缠绕碳纤维）。对于最末的喷管出口段（温度更低），建议采用如不锈钢或钛这样的低成本材料。由于工作时间较长，排气中含侵蚀性成分，因此不宜采用烧蚀材料。图 5-2 和图 5-3 中的气体组分表明燃气中有一些自由氧和氢氧基。

现在已确定推力室关键组件可能采用的材料。面积比在 6 以上的辐射冷却喷管出口段最好的冷却方法是把它伸到飞行器外，这样热量将自由辐射到空间。实现这点的一种方法是抛掉喷管末端周围的飞行器结构。

如图 8-8 所示，最高传热速率出现在喷管喉部区。现有很多传热分析程序可用于计算传热速率。若没有合适的计算机程序，可采用式（8-14）~式（8-18）和 RP-1 在高温下的物性（比热容、热导率和密度）作近似的稳态传热分析。此外，需要确定式（8-22）和式（8-24）中的膜传热系数。本实例不这样做，部分原因是物性表数据将占据大量篇幅，而结果未必可靠。根据以前采用相同推进剂的推力室数据，喷管喉部区的传热速率约为 1.63×10^7 W/m²。

RP-1 燃料是一种特殊的冷却剂，它没有明确的沸点。其组分是不稳定的，与原油和精炼过程有关（它在某个温度范围内逐渐蒸馏或蒸发）。温度很高的壁面会引起 RP-1 局部分解为富碳物质，以及部分蒸发或汽化。当其与温度较低的冷却剂混合时，只要小蒸气泡重新凝结，就会出现稳态传热状态。当传热速率高到一定程度时，这些气泡将不凝结，也可能包含不凝结的气体，液流中将包含大量气泡，流动变得不稳定，引起局部过热。较高的冷却通道流速（在喉部区大于 10 m/s）、通道中的湍流有助于气泡重新凝结。因此，确定冷却剂流速在喉部为 15 m/s，在燃烧室为 7 m/s，冷却喷管出口段为 3 m/s。

冷却夹套的材料选择不锈钢，以抵抗高速、腐蚀性燃气（含自由氧和氢氧基）的氧化和侵蚀。燃料冷却将确保不锈钢的温度大大低于 1 050 K（1 430 °F）左右的软化温度。

冷却夹套的结构既可采用管束式（图 8-1 和图 8-9），也可采用沟槽式（图 8-15 和图 8-23）。管道或冷却通道的横截面积在喉部区为最小，向两边逐渐扩大，在燃烧室和喷管扩张段最大约为喉部的两倍。高温燃气侧的壁厚应尽量小，以减小室壁温差（可降低热应力和壁温），减小材料因热变形和压力载荷引起的屈服。图 8-12 展示出了这种特性，但它针对厚壁。在选择壁厚时，实际上还要考虑工艺性、飞行前的热试次数、压力载荷下的变形、温度梯度和尺寸公差等因素。最终确定冷却夹套喉部区壁厚为 0.5 mm，冷却剂流速为 15 m/s，燃烧室和喷管冷却段流速为 7 m/s。推力室选择铣槽结构，不采用管束式。

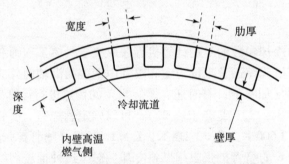

图 8-23 铣槽通道和电铸外壁的冷却夹套截面

铣槽的数目、横截面以及壁厚的选择与冷却剂的质量流量、压力、室壁应力、室壁材料以及通道形状有关。图 8-23 和表 8-9 给出了在各种通道数目下不同位置处的通道宽度和深度。由于燃气发生器需要一部分燃料流量（0.293 kg/s），燃料冷却剂流量约为 4.387 kg/s。对于该流量和喉部区 15 m/s 的冷却剂流速，所有通道的总横截面积约为 3.62 cm²。燃烧室和喷管区的冷却剂流速较低，通道的总流动面积较大。冷却通道的变量有通道数目、热壁厚度、通道间肋的厚度、冷却剂流速、燃气温度以及在推力室型面上的位置。通道或管道的数目将决定横截面的形状（可从狭长形一直到接近正方形）。图 8-9 展示了三种不同位置推力室的管道形状，表 8-9 给出了通道数目或通道尺寸和形状变化的影响。当通道形状（沿夹套轴向变化）大体上接近方形时，冷却夹套的质量达到最小，摩擦损失较低。经分析，确定通道数目为 150，这样横截面比较有利，尺寸较为合理，容易制造，冷却效果良好，室壁热应力也比较低。

在管道或通道外面必须捆绑加强箍，以承受工作时的气体内压、冷却剂压力（该压力趋于使高温室壁变圆）以及起动瞬时或管路液压产生的各种脉动压力。假设脉动压力比室压高 50%，安全系数为 1.3，钢的强度为 120 000 psi。燃烧室内径为 16.7 cm（6.57 in），室壁和通道厚度为 0.3 cm，压力为 700 pis 或 4.826 MPa。若每 3.0 in 的燃烧室长度加一条加强箍，则该加强箍的横截面积为

$$A = pDL/(2\sigma) = [700 \times 1.5 \times 1.3 \times (6.57 + 0.3) \times 3]/(2 \times 120\,000) = 0.117\,(\text{in}^2)$$

表 8 – 9 冷却燃料流量为 4.387 kg/s 的各种铣槽通道构型

喉部区			燃烧室段		
壁厚	0.05 cm		壁厚	0.06 cm	
肋厚	0.08 cm		肋厚	0.08 cm	
总流量	3.653 cm^2		总流量	7.827 cm^2	
流速	15 m/s		流速	7 m/s	
通道数目	通道宽度/cm	通道深度/cm	通道数目	通道宽度/cm	通道深度/cm
80	0.257	0.177	100	0.456	0.171
100	0.193	0.189	120	0.367	0.179
120	0.145	0.210	140	0.303	0.184
140	0.113	0.231	150	0.277	0.188
150	0.100	0.243	160	0.255	0.192
160	0.092	0.247	180	0.218	0.196
180	0.070	0.289			

若箍的宽度为 1.0 in，则其厚度为 0.11 in；若宽度为 3 in，则厚度为 0.037 in。已经发现大的喷管出口段有颤振或周期性变形，因此在出口附近需要一些加强环。

燃料的吸热能力（见式（8 – 25））近似等于 $c_p \dot{m}_f \Delta T = 0.5 \times 4.81 \times 200 = 278\,000$（J/s）。最大的 ΔT 根据燃料温度保持在大大低于其化学分解点来确定。这个计算的吸热量小于高温燃气的传热量，因此必须降低燃烧室和喷管壁面附近的气体温度或增加吸热量。这两个要求可以通过以下三种方法来实现：①把冷却液膜喷入燃烧室内喷管入口处；②修改喷注形式，形成一层较厚、温度较低、富燃的内部边界层；③允许喉部区出现核态沸腾。这里对这三种方法不再进行分析。现选择第二种方法用于辅助冷却，因为它容易设计和制造，可参考以往的成功经验和大量数据。但是，它会引起少量的性能损失（比冲最高损失约1%），发动机的真空比冲变为 327 s。

8.9.5 喷注器设计

喷注器型式可采用图 8 – 3 和图 8 – 4 中的任何一种。对于这种推进剂组合，美国采用了双击式（自击和互击）和三击式喷管，俄罗斯采用了多个中空套筒式喷管，其外环流体为旋流流动。根据类似设计方法的良好经验和可靠的燃烧稳定性，这里选取双股自击式喷管（图8 – 3），喷注器设计与图 8 – 5 类似。液流撞击后形成推进剂液扇，然后破碎成液滴。氧化剂和燃料液扇沿径向交替分布（也可以采用类似于图 8 – 6 的层板方法）。

喷注器压降通常取为室压的 15% ~ 25%，部分原因是提高喷注速度，这有助于雾化和液滴破碎，从而使燃烧更完全（性能更好）、更稳定。这里喷注器压降取为室压的 20%，即 140 psi 或 0.965 MPa。喷注器通道内有少量压力损失，喷注速度可根据式（8 – 1）和式（8 – 5）求得。式中的面积 A 是喷注器面上一种推进剂组元所有喷孔的面积之和。

如表 8 – 2 所示，对于圆角和流线型进口的喷孔，流量系数为 0.80。求解燃料和氧化剂的总喷孔面积，得燃料为 1.98 cm^2，氧化剂为 4.098 cm^2。对于这种尺寸的喷注器，典型的孔径为 0.5~2.5 mm。这里燃料孔径采用 1.5 mm（90%燃料流量），氧化剂孔径为 2.00 mm，这样得到 65 对氧化剂孔和 50 对燃料孔。若燃料孔径取得再小一点，则可以与 65 对氧化剂孔数目一致。这些双击喷孔按与图 8-5 类似的同心形式在喷注器面上排列。采用较小和较多的燃料和氧化剂孔或许能稍微提高性能。此外，在喷注器面周缘设置附加的燃料孔，用于形成低温边界层，降低传热率。这些孔将利用 10% 的燃料流量，孔径取为 0.5 mm，孔数约 100。为了产生良好的液扇，双击式喷管采用相等的 25°左右的倾角（图 8-7）。

8.9.6 点火

在采用火药（固体推进剂）点火器时，为了提供良好点火所需要的推力室压力和温度，火药必须具有足够的能量和足够长的工作时间。其直径要小，以便通过喉部插入，即最大直径为 8.0 cm，长度为 10~15 cm。实际的点火器很可能比这个小。

8.9.7 布局图、质量、流量和压降

现在已得到所选定的推力室的主要设计参数，可开始画初步的布局图或 CAD（计算机辅助设计）图。在开始之前，需要对燃料和氧化剂的集液腔、阀门的安装方式和位置、喷管储存堵盖、推力架以及可能有的作动器和常平架（若任务需要有常平架的话）进行分析和计算。描制详细布局图或 CAD 图（本分析中没有示出）可得到更精确的布局，更精确地确定推力室质量及有无推进剂时的重心。

对于应力分析，需要计算流动通道、喷注器、冷却夹套和阀门内的气体压力和液体压力（或压降），由此可确定各种壁厚和组件的质量。材料性质可能需要通过文献或试验得到。实际上其中一些分析和设计可能会改变本例中前面选择或计算的一些数据，有些计算参数可能需要重新分析和修改。在设计发动机、贮箱或与飞行器的接口时，推力室设计的进一步更改可能变得很明显。为了制订合理的生产计划、安排进度和估算成本，必须确定制造和试验的方法、工艺和工装夹具以及试验的次数和类型，并决定投产的推力室台数。

■ 符号

A	面积，m^2（ft^2）
c_p	比定压热容，$J/(kg \cdot K)$ [$Btu/(lbm \cdot °R)$]
$\bar{c}$	液体的平均比热容，$J/(kg \cdot K)$ [$Btu/(lbm \cdot °R)$]
C_d	流量系数
C_F	推力系数
D	直径，m（ft）
E	弹性模量，N/m^2（lbf/in^2）；或辐射能量，W
f	摩擦损失系数或辐射角系数
g_0	海平面重力加速度，$9.806\ m/s^2$（$32.17\ ft/s^2$）
h	膜传热系数，$W/(m^2 \cdot K)$ [$Btu/(ft^2 \cdot R)$]
I_s	比冲，s
k	比热比

L		长度，m（ft）
L^*		燃烧室特征长度，m（ft）
m		质量，kg
$\dot{m}$		质量流量，kg/s（lb/s）
p		压力，N/m² 或 Pa（lbf/in²）
Pr		普朗特数（$c_p\mu/k$）
q		单位面积的传热速率或热流，J/(m²·s)［Btu/(ft²·s)］
Q		体积流量，m³/s（ft³/s）；或热流速率，J/s
Re		雷诺数（$Dv\rho/\mu$）
r		流量混合比（氧化剂/燃料）；或半径，m（ft）
s		应力，N/m²（lbf/in²）
t		时间，s；或厚度，m（in）
t_s		停留时间，s
t_w		壁厚度，m（in）
T		热力学温度，K（°R）
Δu		飞行器速度增量，m/s（ft/s）
v		速度，m/s（ft/s）
V_1		比容，m³/kg（ft³/lb）
V_c		燃烧室容积（至喉部），m³（ft³）
x, y		以 a 为常数的抛物线的坐标

■ 希腊字母

γ_o		燃烧室轴线和氧化剂液流之间的夹角
γ_f		燃烧室轴线和燃料液流之间的夹角
δ		燃烧室轴线和合成液流之间的夹角
ε		喷管面积比（A_2/A_t）或辐射体的辐射率，量纲为1
θ		角度
κ		热导率，J/［(m²·s·K)/m］(Btu/［(in²·s²·°R)/in］)
λ		热膨胀系数，m/(m·K)［in/(in·°R)］
μ		气体绝对黏度，kg/(m·s)［lbf/(ft²·s)］
ν		泊松比
ρ		密度，kg/m³（lbf/ft³）
σ		斯忒藩–玻耳兹曼常数，［5.67×10^{-8} W/(m²·K⁴)］；也表示应力，N/m²（lbf/in²）

■ 下标

am	算术平均
c	推力室或燃烧室
f	燃料或最终状态
g	气体
gg	燃气发生器
inj	喷注器
l	液体
o	氧化剂
t	喉部
tc	推力室
w	室壁
wg	气侧壁面
wl	液侧壁面
0	初始条件
1	进口或燃烧室状态
2	喷管出口状态
3	大气或外界条件

习 题

1. 在一个内壁表面积为 0.200 m^2 的推力室内，若冷却剂为液氢，夹套内冷却剂温度不得超过 145 K，则推力室内表面每秒能吸收多少热量？冷却剂流量为 2 kg/s，试计算单位面积每秒的平均传热速率？（利用表 7-1 和表 8-10 的数据）。

表 8-10 习题 1 的技术参数

沸点附近的蒸发潜热	446 kJ/kg
热导率（21 K 的气体）	0.013 W/(m·K)
热导率（194.75 K 的气体）	0.128 W/(m·K)
热导率（273.15 K 的气体）	0.165 W/(m·K)

2. 某钢制推力室在静态试验时用水冷却，技术参数见表 8-11。

表 8-11 习题 2 的技术参数

平均水温	100 ℉
水的热导率	1.07×10^{-4} Btu/[(s·ft^2·℉)/ft]
气体温度	4 500 ℉
水的比重	1.00

续表

水的黏度	2.5×10^{-5} (lbf·s)/ft²
水的比热容	1.3 Btu/(lb·°F)
冷却通道尺寸	0.25 in × 0.5 in
通道水流量	0.585 lb/s
内壁厚度	0.125 in
吸热率	1.3 Btu/(in²·s)
室壁材料热导率	26 Btu/[(hr·ft²·°F)/ft]

试求：（1）冷却剂的膜传热系数；（2）冷却剂侧壁温；（3）燃气侧壁温。

3. 在题 2 中试求将燃气侧壁温降低 100 °F 所需的水流量。冷却剂流速增加的百分数为多少？假设水的各种性质和平均温度不变。

4. 试计算液体冷却火箭推力室采用绝热层后壁温和传热率减少的绝对值和相对值，技术参数见表 8-12。

表 8-12 习题 4 的技术参数

管壁厚度	0.381 mm
燃气温度	2 760 K
气侧壁温	1 260 K
传热速率	15 MW/(m²·s)
液膜传热系数	23 kW/(m²·K)
室壁材料	AISI 型 302 不锈钢

气侧壁面涂有 0.2 mm 厚的绝热涂层，涂料主要由氧化镁颗粒组成。这种氧化镁涂层的平均电导率为 2.59 W/[(m²·K)/m]。不锈钢的平均热导率为 140 Btu/[(hr·ft²·°F)/in]，比重为 7.98。

5. 一小推力器特性如表 8-13 所示，试求氧化剂和燃料的喷孔数目及其角度。作一幅简图表示出孔的对称分布形式和喷注器的流动通道。为了保护室壁，最外面的孔应全部为燃料孔。

表 8-13 习题 5 的技术参数

推进剂	四氧化二氮和一甲基肼
喷孔直径	0.063 in（氧化剂），0.030 in（燃气）
喷孔形式	双股互击式
推力室类型	有碳-碳喷管烧蚀喉衬
比重	1.446（氧化剂），0.876（燃料）
撞击点	离喷射面的距离为 0.25 in
合成动量方向	平行于推力室轴线
$r = 1.65$（富燃）	$(I_s)_{actual} = 251$ s

续表

推进剂	四氧化二氮和一甲基肼
$F = 300$ lbf	$t_b = 25$ s（燃烧时间）
$p_1 = 250$ psi	$A_1/A_t = 3.0$
$(\Delta p)_{inj} = 50.0$ psi	$(C_d)_o = (C_d)_f = 0.86$

6. 一台大的、不冷却的、无绝缘层的低碳钢推力室的喉部在试验时烧坏，室壁（厚0.375 in）熔化，并有若干孔。试验工程师称传热率估计约 15 Btu/in²，燃烧室经返修后将用于下次试验。某人建议：为延长热试车时间，下次试验时用一组水管向喷管喉部区外壁喷大量的水。钢的熔点约为 2 550 ℉。因为有可能产生混合比的局部变化和不良的撞击，预计燃气中有一些局部富氧区，会使钢迅速氧化，因此决定最大允许内壁温度为 2 150 ℉。除钢的密度（0.284 lbf/in³）已知外，还已知钢的以下数据（温度范围从环境温度到 2 150 ℉）：比热容为 0.143 Btu/(lb·℉)，热导率为 260 Btu/[（hr·ft²·℉）/in]。试确定下一次试验时在喷水和不喷水的情况下推力室不破坏的大致工作时间，并验证水的液膜传热系数的假设值。若喷水是可行的（至少能使燃烧时间延长 10% 以上），试设计最有效的喷水方式。

7. 一双层室壁冷却夹套火箭推力室组件的技术参数如表 8-14 所示。

表 8-14 习题 7 的技术参数

额定室压	210 psi
额定冷却夹套压力	290 psi
燃烧室直径	16.5 in
喷管喉部直径	5.0 in
喷管喉部气体压力	112 psi
喉部区平均内壁温度	1 100 ℉
燃烧室平均内壁温度	800 ℉
燃烧室和喷管出口处冷却通道高度	0.375 in
喷管喉部冷却通道高度	0.250 in
喷管出口气体压力	14.7 psi
喷管出口直径	10 in
室壁材料	1 020 碳钢
内壁厚度	0.08 in
屈服强度安全系数	2.5
冷却流体	RP-1
钢的平均热导率	250 Btu/[（hr·ft²·℉）/in]

其他参数可视需要假设。计算燃烧室、喉部和喷管出口处的外径和内、外壁的厚度。

8. 现有喷注器的技术参数如表 8-15 所示，试计算使用酒精和液氧推进剂的多孔式双股互击喷注器的喷孔尺寸和角度。假设合成动量方向为轴向，液氧和酒精射流的夹角 $(\gamma_o + \gamma_f) = 60°$。

表 8–15 习题 8 的技术参数

$(C_d)_o$	0.87	室压	300 psi
$(C_d)_f$	0.91	燃料压力	400 psi
ρ_o	71 lb/ft³	氧压力	380 psi
ρ_f	51 lb/ft³	射流对数	4
r	1.20	推力	250 lbf
实际比冲	218 s		

答案：0.019 7 in；0.021 4 in；32.3°；27.7°。

9. 表 11–3 表明 RD–120 火箭发动机可以在 85% 全推力、混合比变化 ±10.0% 下工作。在一次特定的静态试验中，平均推力保持在额定推力的 96%，平均混合比偏富燃 2.0%。假设残余推进剂为 1.0%，忽略其他推进剂余量。试计算在推力室终止时剩余的燃料和氧化剂占加注量的百分数。若要在最后 20.0% 的试验时间内修正混合比并耗尽所有可用推进剂，计算最后这段时间的混合比和推进剂流量。

10. 试按比例作出在 8.9 节分析的推力室的简图。各种尺寸应接近，但无须很精确。冷却夹套和喷注器单独作图。编写类似表 8–1 的所有主要特性数据表，包括燃气发生器流量和主要材料。8.9 节未提到的主要数据可做估算或假设。

参 考 文 献

8–1. G. P. Sutton, *History of Liquid Propellant Rocket Engines*, AIAA, Reston, VA, 2006.

8–2. M. M. Mielke et al., "Applications of Ultrafast Lasers in Microfabrication," *Journal of Laser Micro/Nanoengineering*, Vol. 28, No.2, Aug. 2013, pp. 115–123. doi: 102961/jlmn2013.02.0001.

8–3. V. Yang, M. Habiballah, J. Hulka, and M. Popp, (Eds.), *Liquid Rocket Thrust Chambers: Aspects of Modeling, Analysis, and Design*, Progress in Astronautics and Aeronautics (Series), Vol. 200, AIAA, Reston, VA, 2004.

8–4. K. W. Brinckman et al., "Impinging Fuel Injector Atomization and Combustion Modelling," AIAA Paper 2015-3763, Orlando, FL, 2015.

8–5. R. D. McKown, "Brazing the SSME," *Threshold, an Engineering Journal of Power Technology*, No. 1, Rocketdyne Division of Rockwell International (now Aerojet-Rocketdyne.), Canoga Park, CA, Mar. 1987, pp. 8–13.

8–6. R. A. Ellis, J. C. Lee, F. M. Payne, M. Lacoste, A. Lacombe, and P. Joyes, "Testing of the RL 10B-2 Carbon-Carbon Nozzle Extension," AIAA Conference Paper 98-3363, Jul. 1998.

8–7. M. Niino, A. Kumakawa, T. Hirano, K. Sumiyashi, and R. Watanabe, "Life Prediction of CIP Formed Thrust Chambers," *Acta Astronautica*, Vol. 13, Nos. 6–7, 1986, pp. 363–369 (fatigue life prediction).

8–8. J. S. Porowski, W. J. O'Donnell, M. L. Badlani, B. Kasraie, and H. J. Kasper, "Simplified Design and Life Predictions of Rocket Thrust Chambers," *Journal of Spacecraft and Rockets*, Vol. 22, No. 2, Mar.–Apr. 1985, pp. 181–187.

8–9. A. J. Fortini and R. H. Tuffias, "Advanced Materials for Chemical Propulsion: Oxide-Iridium/Rhenium Combustion Chambers," AIAA Paper 99-2894, Jun. 1999.

8–10. U. Gotzig et al., "Development and Test of a 3D Printed Hydrogen Peroxide Fight Control Thruster," AIAA Paper 2015-4161, Orlando FL, 2015; H. Kenjon, "TRUST: 3-D Manufacturing's Holy Grail," *Aerospace America*, Vol. 53, No. 7, Jul.–Aug. 2015, pp. 42–45.

8–11. Personal information from J. D. Haynes, Additive Manufacturing Program Manager, Aerojet Rocketdyne, 2015.

8–12. F. P. Incropera, D. P. DeWitt, T. L. Bergman, and A. S. Lavine, *Introduction to Heat Transfer*, 5th ed., John Wiley & Sons, Hoboken, NJ, 2006.

8–13. A. A. Samarskii and P. N. Vabishchevich, *Computational Heat Transfer,* Vol. 1. *Mathematical Modeling,* and Vol. 2. *The Finite Difference Methodology*. John Wiley & Sons, New York, 1995, 1996.

8–14. R. W. Lewis, Perumal Nithiarasu, and Kankanhalli Seetharamu, *Fundamentals of the Finite Element Method for Heat and Fluid Flow*. John Wiley & Sons, Hoboken, NJ, 2004.

8–15. D. R. Bartz, "Survey of Relationships between Theory and Experiment for Convective Heat Transfer in Rocket Combustion Gases," in *Advances in Rocket Propulsion*, S. S. Penner (Ed.), AGARD, Technivision Services, Manchester, England, 1968.

8–16. J. M. Fowler and C. F. Warner, "Measurements of the Heat-Transfer Coefficients for Hydrogen Flowing in a Heated Tube," *American Rocket Society Journal*, Vol. 30, No. 3, March 1960, pp. 266–267.

8–17. B. Betti et al., "Convective and Radiative Contributions to Wall Heat Transfer in Liquid Rocket Engine Thrust Chambers," AIAA Paper 2015-3757, Orlando, FL, 2015.

8–18. P. A. Baudart, V. Duthoit, T. Delaporte, and E. Znaty, "Numerical Modeling of the HM 7 B Main Chamber Ignition," AIAA Paper 89-2397, 1989.

8–19. A. R. Casillas, J. Eninger, G. Josephs, J. Kenney, and M. Trinidad, "Control of Propellant Lead/Lag to the LEA in the AXAF Propulsion System," AIAA Paper 98-3204 Jul. 1998.

8–20. C. Gafto and B. Nakazro, "Life Test Results of a MONARCH5 1 lbf Monopropellant Thruster with the Haraeus Catalyst," AIAA Paper 2014-3795, 2014.

第 9 章 液体推进剂燃烧及其稳定性

本章主要是关于双组元液体推进剂推力室中存在的复杂燃烧现象的内容。概括地说，本章将会结合几种类型的不稳定燃烧现象及其产生的不良后果，来介绍其燃烧特征和相应的分析方法，并讨论如何避免这些影响的半经验解决措施。我们的目标是使发动机能够在极高的燃烧效率下工作，同时防止会带来破坏性影响的不稳定燃烧现象发生。推力室需要能够在比较宽的工作条件下稳定燃烧。有关这个问题的解决方法可以参见参考文献 9-1～9-7。

在设计良好的推力室中液体推进剂燃烧效率是很高的。其燃烧效率通常为 95.0%～99.5%，相比之下，涡轮喷气发动机或锅炉的燃烧效率为 50%～97%。之所以会有这么高的燃烧效率，是因为燃料和氧化剂充分混合（得益于良好的射流分布、均匀的雾化以及湍流气体的扩散）使得燃烧温度很高，从而使得反应速率变得非常高。效率的损失则是由于混合比不均匀导致的燃烧不完全或者混合不充分。对于非常小的双组元推进剂推力室或小型燃气发生器来说，其燃烧效率也可能远低于 95%，因为喷注器缺少足够的喷孔或喷射元件来提供充分的混合。

9.1 燃烧过程

对理解燃烧过程来说，将燃烧室分成一系列独立的区域是有帮助的，如图 9-1 所示。图中使用一个平板喷注器，喷注面上有很多细小的喷孔，液体燃料和氧化剂从中射出，形成一股股离散的推进剂射流、液膜或细小喷雾。这些独立区域轴向上的相对厚度、特征和转换很大程度上受具体的推进剂组合、工作条件（压力、混合比等）、喷注器设计、燃烧室形状的影响。图 9-1 所示的各区域之间的交界面并不是齐平的面，面表面的流动也不是稳定的。实际情况中，它们是存在着起伏变化并可能发生移动的不规则表面，其局部速度会有变化，形状上会有临时的鼓包，局部辐射强度可能会增强，温度也在不断变化。表 9-1 中列出了燃烧室内发生的所有主要的相互作用的物理和化学过程，表 9-1 基于参考文献 9-1、9-2 和 9-7 中的表格和数据修正而来。

燃烧状态很大程度上由推进剂的喷注情况决定。对于自燃推进剂组合来说，当燃料液滴与氧化剂液滴相互撞击时，液相中的初始化学反应开始发生。试验表明，这种接触可以产生局部微型爆炸，其具有足够的能量释放，使燃料和氧化剂的薄层在液滴的接触面上瞬间蒸发，紧接着是蒸气化学反应，液滴被吹散和分裂。这种微型爆炸过程已经记录下来（见参考文献 9-8 和 9-9）。相比之下，氢等低温燃料是来自冷却了的推力室，但喷注器喷注的氢是气态的并且温度相对较高（60～240 K）。此时，没有需要蒸发的氢液滴存在。

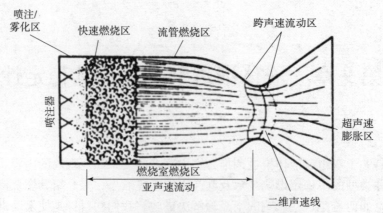

图 9-1 对燃烧室区域进行划分便于分析

(由 Y. M. Timnat, Advanced Chemical Rocket Propulsion, Academic Press, New York, 1987 年改进而来)

表 9-1 液体推进剂燃烧过程中的物理和化学过程

喷射	雾化	蒸发	混合和化学反应	燃烧室内膨胀
液体射流或喷雾以相对低的速度进入燃烧室；有时也会喷射气体推进剂（如氢气）；液体部分蒸发；射流或喷雾与高温高压气体的相互作用	射流或液膜的相互撞击和破裂；形成液扇或喷雾锥；形成液滴；液滴二次破裂；液相混合，一些液相间化学反应发生；射流、液扇及雾化液膜在破碎期间变得不稳定时，产生振荡；蒸发开始，一些蒸气反应出现	液滴汽化、扩散；局部化学反应进一步释放热量；气体速度低，部分横流产生；热反应区的热量通过辐射和湍流气体的回流传导吸收；加速到更高速度；蒸发率受湍流、压力、温度振荡以及声波影响	湍流混合（三维）；复杂化学反应，释放大量热量；湍流与液滴和化学反应相互作用；温度升高从而降低密度并增加流量；局部混合比，反应速率或流动速度在燃烧室内是不均匀的，并且随时间快速变化；产生一些切向和径向流动，大部分位于喷注器附近	化学动力学作用下达到最终的燃烧温度和反应平衡的气体组分；燃烧室内燃气加速到更高速度；气体动力学产生湍流并增加了气体轴向速度；边界层形成；横向流很小的高速流线型轴向流；流向喷管；热传导到壁面

燃烧过程通常被作为一种稳定的流动来进行分析，但实际上并非如此。当对燃烧室内任何一个位置进行观察时，可以发现其实质上是伴随着压力、流量、温度、密度、混合比以及辐射的湍流流动。表 9-1 中列出的一些过程会按照顺序发生，但是另外一些也可能同时发生。并非列出的所有过程都会发生在每种推进剂中。大多数燃烧也会产生大量的噪声。

9.1.1 喷注/雾化区

通常来说，会有两种不同的液体被喷注：可储存的双组元推进剂，或者是液态氧-烃组合推进剂，它们通过孔或槽以通常 7~60 m/s 或 20~200 in/s 的速度注入。喷注器设计对燃烧行为有很大影响，一些看似微小的设计变化可能对不稳定燃烧产生重大影响。喷注孔的图案、尺寸、数量、分布和类型会影响燃烧特性，此外压降、进气歧管几何形状以及喷注孔壁处的表面粗糙度也会影响燃烧特性。通过相互的撞击（或者在表面的撞击）、撞击锥形喷雾板、液体射流或喷雾固有的不稳定燃烧，以及它们与气体在不同速度和温度下的相互作用，即使单独的射流以及液膜破碎成液滴。在图 9-1 最上游的区域，注入的液体雾化，产生大量小液滴（见参考文献 9-2、9-6~9-9）。热量通过高温快速燃烧区的辐射和喷注雾化区中温气体的对流传递给液滴。当液滴蒸发后，产生局部的富燃或富氧区域。这个最上游的区域是非均相的，其中包含液体和推进剂蒸气以及一些高温燃气。由于液体离散分布在各处，因此燃料和氧化剂的质量流量、混合比、液滴的尺寸和扩散以及气相介质的特性在各个方向的梯度都很大。虽然在该区域开始发生化学反应，但热释放率相对较低，液体和气体的温度还是比较低，部分原因是液滴附近的蒸发造成了燃烧速率不高的富燃和富氧区域。来自燃烧区的一些高温气体从快速燃烧区回流，产生喷注器表面的横向局部气流。这些高温气体通常以不稳定的涡流或湍流模式流动，在初始蒸发速率中起着重要作用。

如果其中的一种推进剂是气态的，那么推进剂的喷射、雾化和蒸发过程都会发生变化。例如，在推力室或预燃室中使用液态氢和液态氧时，液态氢已经提前汽化了。这样的氢气不含液滴，并且通常以比液体推进剂更高的注入速度（高于 120 m/s）注入。这会在液体射流上造成剪切力，加快液滴的形成和汽化过程。对于气态氢和液态氧推进剂来说，其最佳喷注器设计方案与可储存推进剂通常选用的独立液体射流方案有很大区别，如第 8 章所述。

9.1.2 快速燃烧区

在这个区域中，随着温度的不断升高，快速而剧烈的化学反应出现，所有剩余液滴都在对流加热下蒸发，富燃和富氧气团相互混合。这种混合是通过气流中的局部三维湍流扩散实现的。

在该区域中，推进剂化学物质快速地进一步分解为中间产物及更小、更简单的化学产物，燃料成分快速氧化。释热速率大大增加，导致气体混合物的比容和局部轴向速度增加 100 倍以上。加热气体的这种快速膨胀还会产生一系列小型局部横向气流，甚至一些从热的高燃烧率位置到较冷的低燃烧率位置的局部临时回流。这一区域的上游部分仍然可能存在不能跟随气流运动的液滴，它们对于横向的流动有着较大的惯性，因此，富燃或富氧区将保持上游喷注区喷注时的分布状态。即使气体穿过该区域时燃烧室截面上的气体组分和混合比分布会变得更加均匀，但是混合物虽然可能会接近但不可能实现绝对均匀。反应产物气体在加速过程中会受到进一步的热释放，其横向速度与不断增加的轴向速度相比越来越小。我们对这一过程的理解借助了高速摄影作为辅助手段，参见参考文献 9-8。

9.1.3 流管燃烧区

在这个区域中，氧化反应以较低的速率继续进行，并继续释放一些热量。反应会继续进行是因为混合物趋向于达到一种平衡的组分。轴向速度很高（200~600 m/s），而横向流速相对较小。流线形成，并且在其边界上存在相对较小的湍流混合。就局部而言，流速和压力会有一些波动。流线型的无黏流和趋于平衡的化学反应不仅在燃烧室其余部分继续，同时还延伸进入喷管中。

与前面两个区域相比，燃气在该区域的滞留时间较少。总的来说，推进剂在燃烧室内的滞留时间是比较短的，通常小于 10 ms。与涡轮喷气发动机相比，液体火箭发动机内部的燃烧速率非常快（体积热释放约为 370 MJ/($m^3 \cdot s$)）。这是由于燃烧室中较高的温度加大了化学反应速率，其随温度呈指数增加。

9.2 分析与模拟

为了便于分析燃烧过程及其不稳定燃烧，可以将声学特性分为线性和非线性两部分。在过去的 55 年中，为了了解液体推进剂燃烧装置内的燃烧过程并预测燃烧振荡的频率，已经开展了大量线性分析的数值模拟工作。非线性特性是研究诸如为什么扰动会突然将明显稳定的燃烧变为不稳定等问题。其尚未得到很好的理解，也未能较好地模拟。为了求解，相关的数学描述需要很多简化和假设（见参考文献 9-2~9-5、9-7、9-11 和 9-12）。对于某些单独的现象，如推进剂液滴在气相环境中的蒸发（见参考文献 9-1 和 9-10）与燃烧，以及在放热下的稳态流动，已经有了比较完善的模型；一些相关的程序还考虑了湍流和液膜的冷却效应。第 5 章中提到的热化学平衡原理在这里也适用。

在建立分析模型时，以下现象通常被忽略或进行大量简化：横向流动、不对称梯度、流动不稳定燃烧（如局部的温度、速度或气体组分随时间的变化）、偏离设计状态下混合比的局部热化学反应和不同反应速率下的局部热化学反应、声场对蒸发的增强（见参考文献 9-9）、喷雾液滴分布在空间和尺寸上的不确定性以及液滴受到的阻力。这些仿真程序得到的结果能针对特定的设计方案提供有价值的参考信息，在解释实际试验的结果时也能提供指导帮助。但是，还不足以只凭借数值计算的结果来决定设计方案、选择具体的喷注器类型或是预测不稳定燃烧现象是否发生。

正如前面所说的，喷注器设计对于燃烧有着很大的影响。以下是一些会对燃烧特性产生影响的喷注参数：喷注器喷雾或射流的样式及其碰撞方式、喷孔的尺寸和排布方式、燃烧室/喷注器的几何外形、射流或液膜的角度以及液体喷注的压降等。其他一些有影响的是：受压气体饱和度、液滴蒸发、混合比的分布、喷注器附近的压力及温度梯度、推进剂初始温度等。目前，想要同时分析所有这些影响因素需要先进的计算方法。

计算流体力学（CFD）技术可以对相互关联的流体力学和热力学现象进行最全面的描述。它能给出所有参数随时间的变化，甚至能描述一些非线性效应。CFD 方法通过对复杂几何外形流场内的大量离散点信息进行跟踪，来解释气体组分、热力学状态、平衡反应、相变、黏性流或无黏流、一维/二维/三维流动、稳态或瞬态条件等包含变化。CFD 已经应用在喷注器及燃烧室的共振腔中，也被用在涡轮机的燃气流动中。

9.3 燃烧不稳定性

若火箭的燃烧过程没有得到很好的控制，就可能出现不稳定燃烧，并可能在很短时间内造成很大的振动力（可能破坏发动机部件）或引起很大的热传递（可能烧毁推力室部件）。工程上的目标是必须通过适当的设计来防止这种具有破坏性的不稳定燃烧出现，使发动机的工作保持稳定（见参考文献 9-3、9-5 以及 9-11~9-13）。目前，在理解与避免燃烧不稳定方面已经取得较大进展。从 1975 年起，几乎没有任何推力室遭受到具有破坏性程度的不稳定燃烧。

参考文献 9-2~9-5 以及 9-7 中介绍了美国在研制过程中遇到的推力室内燃烧不稳定性现象的分析。在参考文献 9-4 和 9-13 中展示了俄罗斯在研制过程中的对应信息。虽然在具体的假设、分析和测试上存在一些差异，但美、俄的基本方法实质上是相似的。选择任意一个新的或改进过的推力室或火箭发动机来进行测试证明燃烧不稳定性不会发生。混合燃料推进系统和固体火箭发动机的燃烧稳定性将分别在第 16 章与第 14 章进行讨论。

表 9-2 列出了液体火箭推力室中会出现的由燃烧引起的主要振荡类型（见参考文献 9-2 和 9-9）。不可否认，液体火箭推力室内的燃烧不可能永远稳定，因为压力、温度和速度的微小波动总会存在。当这些波动与推进剂供给系统的固有频率（无论有没有飞行器结构）或与推力室声学频率相互作用时，会产生很大的周期性叠加振荡。在通常的火箭推进系统应用中，认为在发动机工作期间压力波动不超过燃烧室平均压力 ±5% 的状态是发动机的稳定燃烧状态。在燃烧室壁面测量时，出现间隔完全随机且有很大的压力波动的燃烧为粗暴燃烧。不稳定燃烧（或称为燃烧不稳定性）则呈现出以一定间隔出现的有序振荡，其压力峰值可能保持，可能不断增长，也可能衰减。这些周期性的压力峰集中了相当大的振荡能量，在随机噪声背景中利用高频压力测量可以很容易地识别出来（图 9-2）。

表 9-2 燃烧不稳定性的主要类型

类型及其描述	频率范围/Hz	影响因素
低频，称为喘振或供应系统不稳定燃烧	10~400	与推进剂供应系统（甚至整个飞行器）与燃烧室间压力的相互作用有关
中频，称为声学不稳定燃烧[a]、蜂音或熵波	400~1 000	与推进系统结构及喷注器进气歧管的机械振动、流动的涡流、燃料/氧化剂混合比的波动、推进剂供应系统的谐振有关
高频，称为尖叫、啸叫	1 000 以上	和燃烧过程中各种力（压力波）及燃烧室声学谐振特性有关

[a] 使用声学一词是因为谐振频率与燃烧室尺寸及燃气声速有关。

第一种类型是喘振，即表 9-2 中列出的第一种燃烧不稳定性现象，喘振主要由供给系统和飞行器结构的弹性本质或作用在飞行器上的推力引起。发动机或推力室组件在试车台及飞行期间都可能发生喘振，特别是室压较低（100~500 psi）的发动机。这种现象可能是由推进剂泵的气蚀、推进剂夹气、贮箱挤压控制的波动以及发动机支架和推进剂管道的振动引起的。发动机供给系统的谐振（如管道的振动引起的周期性的流动波动）或结构与供给系统频率的耦合也可能会引起喘振。

当飞行器结构与供给系统中液体推进剂的固有频率相同时，则会发生受迫耦合，振荡不仅会维持下去，而且会强烈放大。通常 10~50 Hz 的推进剂流量扰动会引起低频轴向燃烧不稳定性，导致飞行器产生轴向振荡的模态。pogo 不稳定燃烧是指飞行器的长供给管道的不稳定燃烧，因为它和 pogo 弹跳杆的运动相似。pogo 不稳定燃烧会在如运载火箭或弹道导弹等大型飞行器的推进剂供给管道中发生，参见参考文献 9-14 和 9-15。

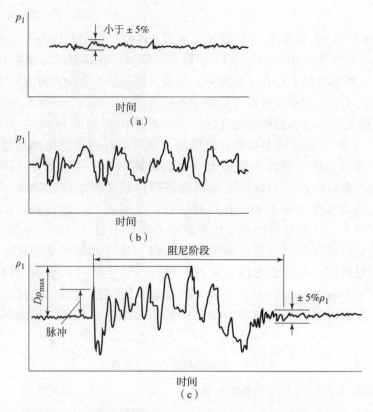

图9-2 不同类型燃烧的典型燃烧室压强 p_1 随时间振荡曲线
（a）稳定燃烧；（b）粗暴燃烧（c）稳定性评定试验

与在之后进行"修正"相比，最好像过去针对大型飞行器的火箭发动机那样，在飞行器设计初期就采取措施避免发生令人讨厌的发动机-飞行器耦合振荡。现有的振荡分析方法可用于理解飞行器主要组件（包括推进剂贮箱、贮箱挤压系统、推进剂流动管道、发动机和飞行器的主结构）的振动模态和阻尼趋势。图9-3所示为一典型的两级飞行器简化的弹簧-质量模型，由图可知分析这类问题的复杂性。幸运的是，火箭组件的大多数振动特性可以通过在主要部件或小组件内加入阻尼得到基本的控制。消除pogo不稳定燃烧的技术包括在流体流动的管道内使用能量吸收装置、多孔贮箱衬垫、特殊的贮箱支架及合理设计发动机、级间结构设计以及有效的支架结构等。

部分充气的pogo蓄压器是一种很有效的阻尼装置，它连在推进剂供给主管路上。航天飞机主发动机（SSME）的氧化剂供给主管路上使用了这种蓄压器，它位于氧化剂挤压泵和主氧化剂泵之间（图6-1和图6-11）。

除了管道的弯曲、连接器、波纹管或细长贮箱，推进剂的动态特性也会影响pogo型振荡，参考文献9-16进行了验证。随着推进剂的消耗，飞行器上剩余推进剂量的变化，pogo频率也会发生变化。

第二种类型是蜂音，中频不稳定燃烧，其振荡压力扰动很少超过燃烧室平均压力的5%，伴随的振动能量一般不大。虽然蜂音的发生可能会引起高频不稳定燃烧，但它通常带来的是扰人的噪声，而不是破坏性的影响。其特征在于燃烧过程与推进剂流动系统中一部分

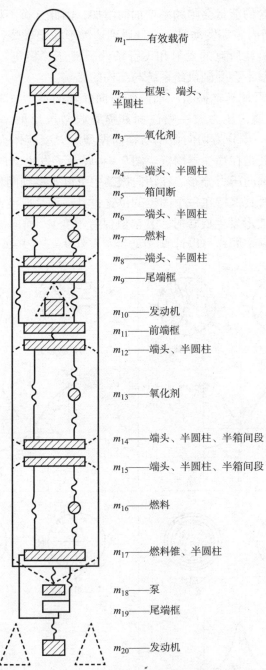

图 9-3 用于分析垂直方向上的 pogo 振动的典型两级飞行器弹簧-质量模型
（阴影区域代表质量，摆线代表弹簧）

的流动之间产生耦合，蜂音的产生通常是来自燃烧过程本身。燃烧室与推进剂流动系统的关键部分之间的声学谐振（有时起源于泵）推动了这一现象。与大发动机相比，这种类型的振荡在中型发动机（推力为 2 000～250 000 N）中更为常见。

第三种类型是尖叫或啸叫，它有着很高的频率（4～20 kHz），是研制新发动机过程中最复杂也最常发生的一种。许多液体火箭发动机和固体火箭发动机在研制阶段都会遇到高频不稳定燃烧。由于振荡包含的能量会随频率增加而增加，因此这类不稳定燃烧的破坏性是最强的，能在不到 1 s 的时间内破坏发动机。一旦遇到这种不稳定燃烧，所采取的任何措施或改进方法都不能保证发动机在所有的发射和飞行条件下都是"稳定"的。它可视为一种仅与燃烧室有关的现象，一般不会受到供给系统与结构的影响。

高频不稳定燃烧有两种基本振型：轴向和横向。轴向振型（有时也称为风琴管振型）沿燃烧室的轴向平面传播，压力波在喷注面和喷管收敛段反射。横向振型沿与燃烧室轴线垂直的面传播，可进一步分为切向振型与径向振型。大型液体火箭发动机主要发生横向振型的不稳定燃烧，尤其是在喷注器附近。图 9-4 展示了发生横向振型不稳定燃烧的柱型燃烧室横截面上不同时刻的压力分布。在切向振荡中可以观察到两种波形：一种是驻波，因为当压力幅值发生波动时其保持在一个固定的位置；另一种是旋波或切向行波，它与整个系统的旋转相互关联（当波形发生旋转时，其幅值保持不变）。横向振型与轴向振型构成的组合振型也可能发生，其频率同样可以计算（见参考文献 9-2～9-6）。

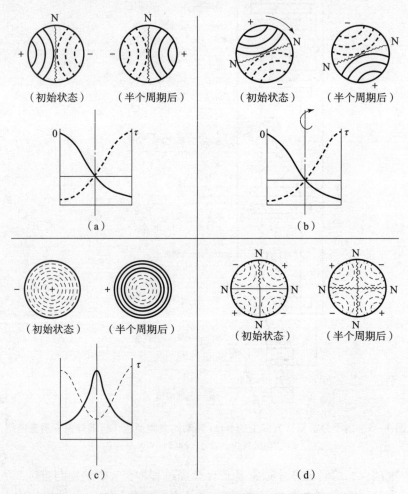

图 9-4　某柱型燃烧室两个时间间隔横向压力振荡波形简图
（a）一阶切向驻波；（b）一阶切向旋波；（c）一阶径向驻波；（d）二阶切向驻波
（实线表示压力比正常工作状态的压力大，虚线表示压力比正常工作状态小。N-N 连线表示这些波动模态的节点）

啸叫的能量主要来自于声学激发引起的液滴蒸发及混合作用、局部的爆震、受燃速影响的声能变化等。因此，在声学特性合适时，高频燃烧不稳定性一旦被激发，会很快自激增长到极具破坏性的振型。接下来不可避免的，任何明显的边界层都可能消失，传热速率可能会增加一个数量级，导致金属熔化、壁面烧穿，整个过程有时甚至不到 1 s。由此可见，切向振型可能是最具破坏性的，当发生时传热速率通常会增加 2~10 倍，瞬时压力峰值也能达到稳态工作压力的 2 倍。

能够引起高频并伴随着压力波的不稳定燃烧的一种激发源是称为爆音的火箭燃烧现象。爆音是自燃推进剂火箭发动机稳态工作期间发生的一种随机的高幅压力扰动。这种爆音有着爆震波的一些特征。压力上升时间只有几毫秒，并且波前后的压力比可高达 7:1。

有些燃烧不稳定是来源于涡轮泵的液流脉动。诱导轮或主泵叶轮前缘不规则的气蚀会造成液体流动的不稳定（见参考文献 9-16）。因此，当叶轮的尾迹边缘穿过泵涡壳的肋片或静叶时，液流中总会产生一个向下游喷注器传播的小压力扰动。如果这两种类型的压力波动与腔室中燃烧引起的振荡的固有频率一致，就会极大地放大这两种类型的压力波动。此外，液体推进剂的供给系统也会在一定条件下产生振荡（见参考文献 9-17）。有关液氧/甲烷推力室在地面试验中的稳定性研究，可参见参考文献 9-18 和 9-19。

可以通过波长 l 与每个周期前进的距离，结合声速 a（见式（3-10））计算燃气的固有频率。频率（或每秒周期数）为

$$频率 = a/l = (1/l)\sqrt{kTR'/\mathfrak{M}} \qquad (9-1)$$

式中：k 为比热比；R' 为通用气体常数；$\mathfrak{M}$ 为高温燃气的平均分子质量；T 为局部气体的平均热力学温度。波长 l 与振型有关，如图 9-4 所示。燃烧室越小，频率越高。

表 9-3 列出了法国 Vulcain HM 60 火箭发动机某个型号的推力室的振荡频率计算值。该发动机使用液氧和液氢推进剂，真空推力为 1 008 kN，额定室压为 10 MPa，额定混合比为 5.6（见参考文献 9-20）。表 9-3 中的数据以环境条件下的声学测量值为基础（对适当的声速相关性进行了修正）。由于该燃烧室为浅锥形，没有明显的喷管收敛段，因此纯轴向振型较弱。事实上，并没有监测到纯轴向振型。

表 9-3 Vulcain HM 60 推力室额定工况下燃气声学频率计算值

振型[a]	(L, T, R)	频率/Hz	振型[a]	(L, T, R)	频率/Hz
T1	(0, 1, 0)	2 424	L1T3	(1, 3, 0)	6 303
L1T1	(1, 1, 0)	3 579	T4	(0, 4, 0)	6 719
T2	(0, 2, 0)	3 856	L2R1	(2, 0, 1)	7 088
R1	(0, 0, 1)	4 849	T5	(0, 5, 0)	8 035
L1T2	(1, 2, 0)	4 987	T2R1	(0, 2, 1)	8 335
T3	(0, 3, 0)	5 264	R2	(0, 0, 2)	8 774
L1R1	(1, 0, 1)	5 934			

[a] 振型记为 L（轴向）、T（切向）、R（径向），数字指一阶、二阶或三阶固有频率。
来源：经 AIAA 许可引自参考文献 9-20。

图9-5所示为一组测量频率-压力-振幅的时间序列图，数据为Vulcain HM 60发动机在偏离额定工况下推力室静态试车时最初8 s内的测量值。可以看到，在最初几秒内有低频的喘振现象（最高达到500 Hz）；高频压力传感器安装在喷注器液氧集液腔结构处，监测到的1 500 Hz左右的振荡是由这一结构的固有谐振频率引起的。在500~600 Hz观察到的持续振荡可能是供给系统的谐振。图9-5所示的液体发动机的频率-压力-振幅曲线与图14-6展示的固体发动机的曲线非常相似。

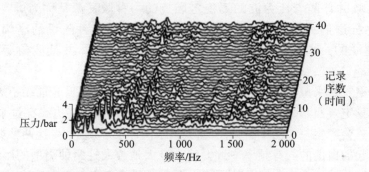

图9-5 Vulcain HM 60推力室起动阶段（最初8 s）的一组（40条）叠加幅频图（每0.2 s测一条曲线）

（静态热试车的室压为109 bar，推进剂混合比为6.6，经许可引自参考文献9-20）

参考文献9-17报告了液氧/甲烷推力室燃烧稳定性（推力为5 000 lbf）的研究；参考文献9-18中介绍了关于横向燃烧不稳定性的分析；参考文献9-19中使用特定的分析模型来模拟液体火箭发动机中的燃烧不稳定性。

9.3.1 评定技术

评定技术主要是用来测试和说明发动机系统的燃烧过程在被施加干扰后，其迅速恢复到额定工作状态或稳定燃烧状态的能力。目前，已经有一些半经验的设备用来在发动机试车时对火箭推力室的燃烧施加干扰，从而评估发动机对不稳定燃烧的抵抗能力（见参考文献9-6及9-21），包括：①在燃烧室内设置非定向"爆炸弹"；②利用"脉冲枪"沿燃烧室侧壁制造定向（径向或切向）的爆炸脉冲；③通过燃烧室侧壁向燃烧室内引入定向惰性气体。这类试验通常采用重型厚壁的推力室样机来进行，因为与飞行用的轻量发动机相比，这类样机成本更低且不易被破坏。还有一些比较重要的技术应用的范围较小（特别是对小型发动机而言），包括：①较短时间的"偏混合比"工作；②在推进剂管道中加入一团惰性气体；③通过在工作开始时引入一部分未反应的推进剂来人为制造"硬起动"。

所有这些技术都是在假设燃烧能够恢复到稳态的条件下，在燃烧室引入激波或者用其他手段干扰燃烧过程，从而为测量从超过预定压强的扰动恢复所需要的时间来提供条件。所选的炸药类型、药量、炸药安装位置和方向以及脉冲持续时间对激发的不稳定燃烧的量级和振型是很重要的。图9-2的底部曲线描绘了燃烧室"被炸"后恢复到稳态工作的过程。恢复稳定所需的时间和所用药量或扰动压力大小可以用来评定发动机对这种不稳定燃烧的阻尼能力。参考文献9-21为如何判断并用试验进行验证，以求规避燃烧不稳定性提供了指导。

上面所提到的非定向爆炸弹法和爆炸脉冲枪法是使用最普遍的两种技术。虽然使用脉冲枪需要对燃烧室进行改造，但这种方法能控制方向，而这一点对于切向振型的高频不稳定燃烧非常重要。同时它能在一个燃烧室中安装多个脉冲枪，因此可以在一次试验中同时对多个扰动点进行观测。这些脉冲枪可以依次发射，从而给燃烧室内引入连续的压力扰动（间隔约 150 ms），每次扰动的强度可不断增强。对于小型的推进器来说，通过在侧壁或是燃料供给管中加入气泡来激发燃烧振荡的方法是有效的。

9.3.2 不稳定燃烧的控制

控制（或是真正完全地消除）不稳定燃烧是火箭发动机设计及研制阶段的一项重要任务。设计师通常要依靠先前类似发动机的设计经验以及对新的试验发动机进行的试验，同时也需要利用一些分析工具。完成的设计需要通过实际试验来证明在很宽范围的瞬态及稳态工况下都没有不稳定燃烧发生。有些试验可以在具有类似喷注器的缩比推力室内进行，但大多数试验还是必须在全尺寸发动机或推力室中进行。

对于表 9-2 中所描述的三种类型的振荡来说，控制它们的不稳定燃烧有着各不相同的设计特点。通常可以通过消除推进剂供给系统中的谐振，及其与飞行器弹性机构及其组件的耦合，来避免发生喘振。增加喷注压降、在推进剂供给管道中人为添加阻尼装置等方法已经成功得到应用。喘振与声学不稳定特性有时与某一特定的、可自由振动的供给系统组件的固有频率有关，如会产生振动的一圈管道或其振荡会引起起伏效应的波纹管。

在推进剂组合通常在新发动机设计早期已经选定的情况下，设计师可以通过以下方法改变燃烧反馈（抑制激励机理）：①改变喷注器的具体设计（如改变喷注器喷孔构型、尺寸或增加喷射压降）；②增大燃烧室内的声学阻尼。这两种方法中，近年来更多选择第②种，因为它的效果更好，并且对它的理解也更为深入。这就促使了喷注面隔板、离散声能吸收腔和燃烧室声衬的应用，以及其他通过不断试验得来的喷注器设计的改进。

自 20 世纪 60 年代以来，喷注面隔板（图 9-6）已经作为一种振荡的抑制措施在中型及大型火箭发动机中得到广泛的应用。隔板设计基于以下假设：最严重的不稳定振荡及其激励源都位于或接近燃烧室一段的喷注器雾化区。隔板最大限度地减小了燃烧室内气体动力的所有耦合与强化，特别是针对横向振荡。显然，隔板必须有足够的强度，能很好地承受燃烧的高温（通常通过内部的推进剂冷却），且为了有效而必须伸入燃烧室内足够深，又不能太深以免形成具有自身声学特性的独立的小燃烧室。与图 9-6 相同的喷注器已用于俄罗斯的几种发动机中。它具有 9 组圆形喷注器元件，燃烧室工作压强在 3 500 psi 以上，并且相对于增压发动机有极高的面积比（真空比冲大于 330 s）。除了挡板的样式以外，图 9-6 还展示了燃烧不稳定性的其他硬件方面的补救措施，例如，用大型富氧气腔来减少供给系统的不稳定性，采用在不同的燃烧位置有不同混合比的燃料进气歧管设计，从而最大限度地减少了高频不稳定燃烧的出现。参考文献 9-6 的 8.4 节提供了关于这些喷注器元件（参考文献 9-6 中图 8.4-20）及其喷注面（参考文献 9-6 中图 8.4-19）的更详细的信息。

如上所述，所有燃烧过程都会产生大量的噪声，大型推力室和大尺寸羽流产生噪声甚至达到声学上有害的程度。强噪声也可能引起不稳定燃烧，其确切机理仍有争议（见参考文献 9-1）。

火箭发动机基础

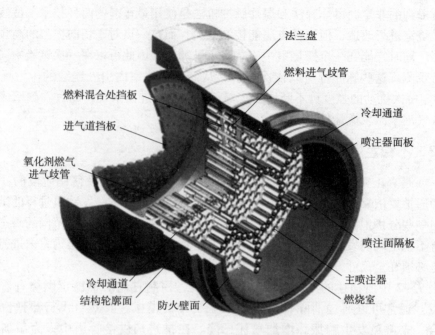

图 9-6 俄罗斯 Energomash RD-170 喷注器组件的等距截面图
（与 RD-191 喷注器组件基本相同，它具有 271 个喷注器元件，其中 54 个凸出到燃烧室内，形成了 7 个喷注面隔板。它是用隔板来控制径向和切向燃烧不稳定燃烧的一个很好的例子。经 NASA 授权引自参考文献 9-22）

  推力室中还有各种能量吸收或振动阻尼装置（尽管燃烧室中的壁面摩擦阻尼被认为相对不重要）。喷管是轴向振型的振荡的主要阻尼因素；波在喷管收敛段入口处的反射与在理想封闭端的明显不同。影响横向平面内波的传播的主要阻尼来自燃烧本身。从液体变为燃气所经历的巨大的容积变化和施加给颗粒（固体或液体）的动量一起构成了从燃烧吸收能量的阻尼机制。遗憾的是，燃烧过程本身产生的压力振荡能量远远大于其内在的阻尼机制所能吸收的能量。

  应用声学吸收器时，通常是在喷注器附近的燃烧室壁面（或者壁面内部）设置离散的空腔，参见参考文献 9-2 和 9-23。这些声腔的作用都相当于一组亥姆霍兹共振器（具有小通道入口的封闭空腔），从振荡系统吸收能量，否则这些能量将会维持压力的振荡。图 9-7 画出了离散声腔（不连续的声槽）在喷注器"角落"或周边处的应用。放在角落处通常最有利于加工，同时燃烧室所有的简谐振动振型（包括轴向、切向、径向及组合振型）在那里都是压力波腹位置。在那里速度振荡也是最小的，这对声腔吸收效果有利。因此，在角落处布置声学吸收器，可以最有效地抑制横向不稳定模态。图 9-7 同时也画出了亥姆霍兹共振器及其简要的工作原理。对一个共振器单元而言，孔内的气体质量和腔内的气体容积构成了一个类似弹簧-质量系统的振荡系统（见参考文献 9-18 及 9-23）。

  把设计成类似亥姆霍兹共振器的声能吸收空腔设置在喷注面上或喷注面附近可获得较高的吸收带宽以及每次循环的吸收能量。这种共振器每次循环消耗两次能量，因为射流在流入和流出时都会形成。现代的设计更多地会采用声学吸收器而不是隔板。图 8-2 所示的火箭发动机在靠近喷注器的燃烧室壁内设置了声腔。

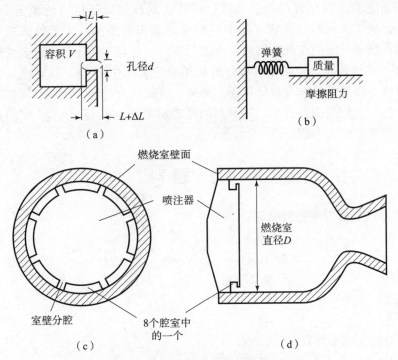

图 9 – 7　在喷注器周边的声能吸收器腔室简化图
(a) 亥姆霍兹共振器；(b) 声控的力学模拟；(c)；(d)
（该推力室的声腔是个槽（形状为一段段圆弧）而不是小孔。推力室冷却通道、
喷注器孔及腔室内的供应通道等细节未画出）

简化的亥姆霍兹共振器的谐振频率 f 可用下式计算：

$$f = \frac{a}{2\pi}\sqrt{\frac{A}{V(L+\Delta L)}} \tag{9-2}$$

式中：a 为当地声速；A 为小孔面积（$A = (\pi/4)d^2$）；ΔL 采用在 $(0.05 \sim 0.90)L$ 的经验系数考虑气体质量的额外振荡的影响，它随 L/d 的值以及小孔的边缘条件（锐边、倒圆、倒角）而变化。推力室中的谐振器被调谐或设计为对预定的频率起最大阻尼的状态。

喷注器几何形状轻微改动就可能使不稳定的燃烧变得稳定，反之亦然。因此，新的喷注器设计一般选用之前已经经过验证的、稳定的、使用相同推进剂的喷注器设计方案和几何外形。举例来说，当气态氢温度相对较高，喷注速度为液氧的 10 倍以上时，气态氢和液氧使用独立的同轴喷注器单元构型（图 8-4（d））相对更加稳定。

除了挡板和谐振腔之外，还有其他针对燃烧引起的振动的抑制措施。包括：增大喷注器压降或提高喷注速度，避免发动机某些关键结构部件的谐振，改变重点喷注器的尺寸，调整推进剂等。参考文献 9-2 和 9-6 介绍了另外几种方法，如冷却火焰支架，调整喷注器元件的重要尺寸，改变喷注器元件的数量及其在燃烧室截面上的分布，使喷注器表面附近的混合比不均匀，添加会被消耗的临时挡板（只在开始阶段有效）等。反应流中的小固体颗粒也会在喷管的振荡流动中加入阻尼。

总体来说，设计师需要做以下工作：①使用过去成功的发动机的数据和模拟程序确定关键设计参数和特征，预估可能发生的谐振；②设计供给系统和结构时回避这些已经被确认的谐振；③采用能使推进剂良好混合、弥散，并对扰动有很强抵抗力的稳定的喷注器方案；④有必要的话，采用调谐阻尼装置（如声腔）来克服声学振荡。为了验证某一个推力室是否稳定，必须在全部可能的工况范围内对其进行测试，并且不能出现不稳定燃烧。需要利用11.1 节中介绍的推进剂预测方法来开展分析（见参考文献 9-24），从而确定可能的推进剂最高及最低温度、燃烧室最大及最低压强、最高和最低混合比等。这些极限值就构成了这些试验中试验条件的变化范围。目前，随着对问题理解的深入，与 30~50 年前相比，验证稳定性所需的试验次数已大大减少。

习 题

1. 某液体推进剂推力室参数如下：

燃烧室压强	68 MPa
燃烧室形状	柱形
燃烧室内径	0.270 m
燃烧室长度	0.500 m
喷管收敛角	45°
喉部直径及壁面曲率半径	0.050 m
喷注面形状	平面
燃烧室燃气平均温度	2 800 K
燃烧室燃气平均分子质量	20 kg/(kg·mol)
比热比	1.20

假设燃气组分和温度在燃烧室圆柱段均匀分布。试求近似的一阶轴向、一阶径向和一阶切向谐振频率，并给出其他所需的假设。

2. 讨论习题 1 中的三个频率如何随燃烧温度、燃烧室压强、燃烧室长度、燃烧室直径和喉部直径的变化而变化。

3. 讨论为什么发生不稳定燃烧时传热速率会增加。

4. 列出为验证一台新型挤压式双组元液体火箭发动机的稳定性而进行的一系列试验步骤，并说明你的假设。

5. 计算与图 9-7 类似的 9 个一组的声腔的谐振频率。燃烧室直径 $D = 0.20$ m，槽宽度为 1.0 mm，声腔宽度和高度均为 20.0 mm，隔离各声腔的壁厚为 10.0 mm，并假设 $L = 4.0$ mm，$\Delta L = 3.0$ mm，$a = 1\ 050$ m/s。

参考文献

9-1. K. K. Kuo, *Principles of Combustion*, 2nd ed., John Wiley & Sons, Hoboken, NJ, 2005.

9-2. V. Yang and W. Anderson (Eds.), *Liquid Rocket Engine Combustion Instability*, Vol. 169 of *Progress in Astronautics and Aeronautics*, AIAA, 1995, in particular Chapter 1, F.E.C. Culick and V. Yang, "Overview of Combustion Instabilities in Liquid Propellant Rocket Engines."

9-3. M. S. Natanzon and F. E. C. Culick, *Combustion Instability, Progress in Astronautics and Aeronautics*, Vol. 222, AIAA, Reston, VA, 2008.

9-4. W. Sirigano, A. Merzhanov, and L. De Luca, *Advances in Combustion Science: In Honor of Ya. B. Zel'dovich*, Progress in Astronautics and Aeronautics Series, V-173, American Institute of Aeronautics and Astronautics, 1997.

9-5. D. T. Harrje (Ed.), "*Liquid Propellant Rocket Combustion Instability,*" NASA SP-194, U.S. Government Printing Office, No. 3300–0450, 1972; NASA NTRS Doc. ID 19720026079; http://hdl.handle.net/2060/19720026079.

9-6. G. P. Sutton, *History of Liquid Propellant Rocket Engines*, AIAA, 2006, Chapter 4.10, "Combustion and Vibrations," and Chapter 8.4, "NPO Energomash."

9-7. V. Yang, M. Habiballah, J. Hulka and M. Popp (Eds.), *Liquid Rocket Thrust Chambers: Aspects of Modeling, Analysis and Design, Progress in Astronautics and Aeronautics (server)*, Vol. 200, American Institute of Aeronautics and Astronautics, Reston, VA, 2004; K. Kobayashi et al., "Studies on Injection-Coupled Instability for Liquid Propellant Rocket Engines," AIAA Paper 2015-3843, Orlando, FL, 2015.

9-8. B. R. Lawver, "Photographic Observations of Reactive Stream Impingement," *Journal of Spacecraft and Rockets*, Vol. 17, No. 2, Mar.—Apr. 1980, pp. 134–139.

9-9. M. Tanaka W. Daimon and I. Kimura, "Explosion Phenomena from Contact of Hypergolic Liquids," *Journal of Propulsion and Power*, Vol. 1, No. 4, 1985, pp. 314–316; doi: 10.2514/3.22801; B. R. Lawver, "Photographic Observations of Reactive Stream Impingement," *Journal of Spacecraft and Rockets*, Vol. 17, No. 2, Mar.–Apr. 1980, pp. 134–139; doi: 10.2514/3.57719.

9-10. R. I. Sujith, G. A. Waldherr, J. I. Jagoda, and B. T. Zinn, "Experimental Investigation of the Evaporation of Droplets in Axial Acoustic Fields," *Journal of Propulsion and Power*, Vol. 16, No. 2, Mar.–Apr. 2000, pp. 278–285; doi: 10.2514/2.5566.

9-11. P. Y. Liang, R. J. Jensen, and Y. M. Chang, "Numerical Analysis of the SSME Preburner Injector Atomization and Combustion Process," *Journal of Propulsion and Power*, Vol. 3, No. 6, Nov.–Dec. 1987, pp. 508–513; doi: 10.2514/3.23018.

9-12. M. Habiballah, D. Lourme, and F. Pit, "PHEDRE—Numerical Model for Combustion Stability Studies Applied to the Ariane Viking Engine," *Journal of Propulsion and Power*, Vol. 7, No. 3, May–Jun. 1991, pp. 322–329; doi: 10.2514/3.23330.

9-13. M. L. Dranovsky (author), V. Yang, F. E. C. Culick, and D. G. Talley (Eds.), *Combustion Instability in Liquid Rocket Engines, Testing and Development; Practices in Russia, Progress in Astronautics and Aeronautics*, Vol. 221, AIAA, Reston, VA, 2007.

9-14. B. W. Oppenheim and S. Rubin, "Advanced Pogo Analysis for Liquid Rockets," *Journal of Spacecraft and Rockets*, Vol. 30, No. 3, May–Jun. 1993, pp. 360–373; doi: 10.2514/3.25524.

9-15. K. W. Dotson, S. Rubin, and B. M. Sako, "Mission Specific Pogo Stability Analysis with Correlated Pump Parameters," *Journal of Propulsion and Power*, Vol. 21, No. 4. Jul.–Aug. 2005, pp. 619–626; doi: 10.2514/1.9440.

9-16. T. Shimura and K. Kamijo, "Dynamic Response of the LE-5 Rocket Engine Liquid Oxygen Pump," *Journal of Spacecraft and Rockets*, Vol. 22, No. 7, Mar.–Apr. 1985, pp. 195–200; doi: 10.2514/3.25731.

9-17. J. C. Melcher and R. L. Morehead, "Combustion Stability Characteristics of the Project Morpheus Liquid-Oxygen/Liquid-Methane Main Engine," AIAA Paper 2014-3681, July 2014.

9-18. K. Shipley and W. Anderson, "A Computational Study of Transverse Combustion Instability Mechanism," AIAA Paper 2014-3679, Cleveland, OH, Jul. 2014.

9-19. J. Pieringer, T. Settelmayer, and J. Fassel, "Simulation of Combustion Instabilities in Liquid Rocket Engines with Acoustic Perturbation Equations," *Journal of Propulsion and Power*, Vol. 25, No. 5, 2009, pp. 1020–1031.

9-20. E. Kirner, W. Oechslein, D. Thelemann, and D. Wolf, "Development Status of the Vulcain (HM 60) Thrust Chamber," AIAA Paper 90-2255, Jul. 1990.

9-21. *Guidelines for Combustion Stability Specifications and Verification Procedures for Liquid Propellant Rocket Engines,*" CPIA Publication 655, Chemical Propulsion Information Agency, John Hopkins University, Jan. 1997.

9-22. V. Yang, D. D. Ku, M. L. R. Walker, and L. T. Williams, Daniel Guggenheim School of Aerospace Engineering, Georgia Institute of Technology, "Liquid Oxygen (LOX)/Kerosene Rocket Engine with Oxidizer –Rich Preburner, Staged Combustion Cycles", for NASA Marshall Apace Flight Center/Jacobs Technology, December 10, 2013.

9-23. T. L. Acker and C. E. Mitchell, "Combustion Zone–Acoustic Cavity Interactions in Rocket Combustors," *Journal of Propulsion and Power*, Vol. 10, No 2, Mar.–Apr. 1994, pp. 235–243; doi: 10.2514/3.23734.

9-24. J. Garford, B. Barrewitz, S. Rari, and R. Frederic, "An Analytical Investigation Characterizing the Application of Single Frequency/Acoustic Modulation for High Frequency Instability Suppression," AIAA Paper 2014–3679, Cleveland, OH, July 2014.

第10章 涡轮泵及其气体供给

10.1 概述

涡轮泵（TP）通常是由驱动一个或两个离心泵的燃气轮机组成的高精度、高速旋转机械。它用于把推进剂由贮箱泵出并增压输送到相应的管路系统中。这些推进剂加压之后会被送至一个或多个推力室，并在推力室中燃烧形成高温气体。涡轮泵是所有具有泵压式供应系统的大型液体火箭发动机的关键部件。本章主要讨论几种常见类型的涡轮泵和涡轮泵的主要组件及其主要的设计要点，并概述了一种设计方法。

一个设计合理的涡轮泵必须以预设的输出压力和混合比提供预期的推进剂流量，同时必须具有较高的可靠性（如在火箭飞行期间不会发生故障或失效），并且以最高的实际能量效率运行。此外，涡轮泵不应引起任何显著的振动（无论是在发动机中还是在整个火箭中），也不应受到外部振动而影响工作性能，涡轮泵应在所有运行条件下（包括不同的推进剂初始温度，一定范围内的环境温度，起动和停止瞬间，存在飞行方向和其他方向过载的情况等）正常工作运行，并具有最小泵重。由于气蚀产生的气泡降低了推进剂的实际稳态质量流量，并可能导致不稳定燃烧，所以泵在工作过程中不发生气蚀是非常重要的。气蚀现象将在10.5节中进一步讨论。涡轮泵的轴承和密封件需要充分冷却（通过涡轮泵部件内的小型二次流）以防止其过热和故障。由于涡轮泵内的密封件和二级流动通道不允许出现意外泄漏，因此涡轮泵内部的双组元推进剂之间、涡轮机级（气体侧）或泵级（液体侧）之间，推进剂与高温气体之间，推进剂或高温气体与外界大气之间都不能发生泄漏。

如10.3节所述，涡轮泵构型的选择取决于推进剂组合、所需的流量和泵排出压力、发动机循环、有效的泵吸入压力、要生产和交付使用的数量以及其他因素。可用的耐热材料和其用作涡轮叶片时的最高工作温度或轴承的最大负载会限制任何设计方案的确定。涡轮泵在火箭发动机内的最佳安放位置是综合多个设计约束因素之后的折中。例如，其入口和出口法兰的布置应尽量减少管道和推进剂滞留，应设有能够对可重复使用发动机上的轴承和涡轮叶片进行目视检查的观察孔，配件应允许一定的热膨胀而不会产生过高应力，并且每个设计方案都应确保涡轮泵组件数量最少——以上都将影响设计布局的选择。参考文献10-1～10-5给出了有关涡轮泵选择和设计的更多信息。

10.2 典型涡轮泵简介

典型的涡轮泵如图10-1～图10-3和图6-9（a）所示，主要关键部件已在图中标注出。图中所示的大部分部件（专业术语）将在本章相关段落加以说明。涡轮泵也可被视为发动机的组件，如图 6-1、图 6-10、图 6-11 和图 8-17 所示。图 10-4 给出了几种常用涡轮泵类型中涡轮泵关键部件（涡轮和泵）的各种布局方式。该图包括不同数量的泵和涡轮、涡轮泵轴上部件不同的布局方式、是否含有齿轮箱，以及是否含有增压泵等不同情况。这些将在本章后面进行讨论。图 10-1 和图 10-2 展示的是涡轮泵试验样机，它们清晰明了地标注了关键组件（见参考文献 10-6）。图 10-1 所示为一个单级推进剂泵，它在主叶轮前有一个螺旋式轴流诱导轮，且由单级轴流式涡轮驱动。驱动涡轮的高温燃气由独立的燃气发生器（或预燃室）产生，控制其富燃混合比使燃气温度为 900～1 200 K，在此较低的温度下，涡轮的硬件（叶片、喷嘴、集液腔或涡轮盘）在无须强迫冷却的情况下仍具有足够的强度。气体在一组环形分布的收敛-扩张超声速涡轮喷嘴内膨胀（加速），这些喷嘴通常浇铸在涡轮进口壳体内。加速的气体接着进入一组旋转的叶片，这些叶片安装在旋转叶轮或涡轮盘上。气流的切向能量传递给了叶片，气体通过这些叶片后基本上去除了切向速度。从叶片出口排出的气体速度相对较低，其方向基本平行于轴。涡轮通过由两个（试验性的）静压轴承支承的轴驱动泵。推进剂经过诱导轮进入泵，诱导轮为一个特殊的螺旋叶轮，推进剂通过诱导轮后压力稍有增加（是总压升的 5%～10%）。这个压力也就刚刚够使推进剂无气蚀地流入主泵叶轮。由泵叶轮提供的大部分流动动能在扩压器和/或泵的涡壳内转变为液体静压力（由于扩压器的导流片是倾斜的，所以看起来不是很清楚）。两个液体静压轴承沿径向支承着轴，由于所有轴承和轴的密封件在转动时都会产生热量，因此它们通过小流量的推进剂流冷却和润滑。这些推进剂从泵出口通过钻孔通道供应。靠近泵的那个轴承是比较冷

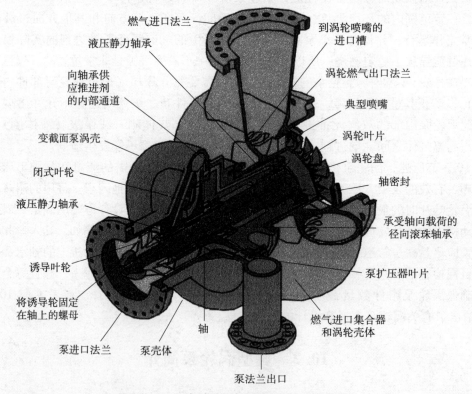

图 10-1 一台试验涡轮泵演示样机的剖视图

（它由同轴的单级液氧泵叶轮、诱导轮和单级涡轮（一排叶片）组成，由 Aerojet Rocketdyne 提供）

的,另一个轴承则比较热,因为它靠近热涡轮。径向滚珠轴承要承受带盖叶轮、诱导轮以及涡轮叶片或涡轮盘周围的不平衡流体动压产生的轴向静载荷。

图 10-2(见参考文献 10-6 和 10-7)所示为一种(试验中的)高速、紧凑、轻质的液氢涡轮泵。其计划用于一上面级氢-氧火箭发动机,将提供约 50 000 lbf(22.4 kN)推力。独特的整体式钛合金转子(额定转速为 166 700 r/min)包含两组机械加工的泵叶片、一个机械加工的诱导叶轮、一组机械加工径向流涡流叶片以及径向和轴向静压支承面。一小股氢渗透流用于润滑静压轴承表面,铸造泵壳室级间有内部交叉通道。其独特的径向入流涡轮(直径 3.2 in)的功率约为 5 900 hp①,效率为 78%。氢泵叶轮直径只有 3 in,在燃料流量为 16 lbm/s 时出口压力约为 4 500 psi,效率为 67%。为了保证工作时不会产生气蚀,需要较高的进口压力,约为 100 psi。涡轮泵可以在 50% 左右的流量(在 36% 的出口压力和 58% 的额定转速)下工作。与常规涡轮泵相比,组成此涡轮泵的零件数目大大减少,从而提高了其固有可靠性。

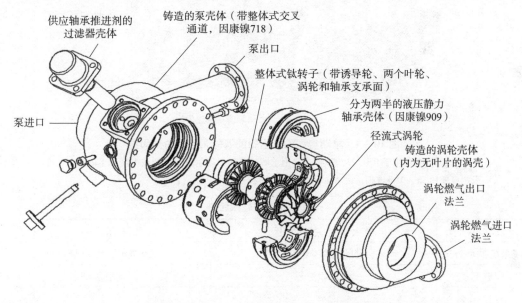

图 10-2 一种先进的高速两级试验液氢燃料泵(由径向涡轮驱动的)分解图
(经 Aerojet Rocketdyne 许可,改编自参考文献 10-7)

图 10-3 中带齿轮的涡轮泵具有较高的涡轮效率和泵效率,因为两级涡轮的转速高于泵轴的转速,且涡轮比单轴涡轮泵小。辅助动力组件(如液压泵)只在早期有所应用。从图 10-3 中可以看到涡轮轴上精密的滚珠轴承和密封件,但无法看到泵的轴承和密封件。

表 10-1 列出了两种大型液氧/液氢火箭发动机中相对较大的几组涡轮泵的参数,由表可见,主液氧泵为单级叶轮,而主液氢泵为多级串联的双叶轮或三叶轮。航天飞机主发动机(SSME)在其主泵和两个增压泵上都有轴流诱导轮叶轮,这些叠加在一起可以提高流向各自主离心泵流体的入口压强,增压泵的参数也在表 10-1 中列出。日本 LE-7 发动机进给系统并未使用增压泵,它的特点是诱导轮在主叶轮前面,两种涡轮泵的涡轮叶片形状是冲击式涡轮与反力式涡轮外形的组合。这些专业术语将在本章后面说明。

---

① 1 hp(英马力)= 745.7 W。——译者

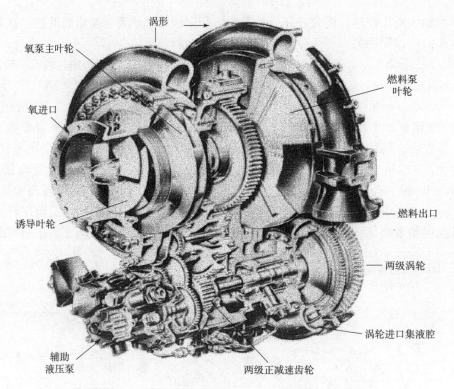

图 10-3　早期典型的带齿轮的涡轮泵组件的剖面图

（该涡轮泵与用于 RS-27 发动机（"德尔塔" Ⅰ 和 "德尔塔" Ⅱ 运载火箭）上的相似，都采用液氧和 RP-1 推进剂。由 Aerojet Rocketdyne 提供）

表 10-1　涡轮泵特性

发动机	航天飞机主发动机[a]				LE-7[b]		
供应系统循环方式	改进的分级燃烧循环				改进的分级燃烧循环		
推进剂	液氧和液氢				液氧和液氢		
泵							
名称[c]	LPOTP[c]	LPOTP	HPOTP[c]	HPFTP[c]	HPFTP	HPOTP	
类型	轴流	轴流	双进口		径向流	径向流	径向流
叶轮级数	—	—	$1+1^d$		3	2	$1+1^d$
辅助或诱导轮数目	1	1	—		1	1	1
流量/(kg·s⁻¹)	425	70.4	509	50.9	70.4	35.7	211.5	46.7[d]
入口压力/MPa	0.6	0.9	2.70	NA	1.63	0.343	0.736	18.2[d]
出口压力/MPa	2.89	2.09	27.8	47.8[d]	41.0	26.5	18.2	26.7[d]
泵效率/%	68	75	72	75	75	69.9	75.6	78.4[d]
涡轮							
级数	1		2		3	2	
类型	水力 LOX 驱动		反击式		反击式	反击式	反击式

续表

			涡轮			
流量/(kg·s^{-1})			27.7	66.8	33.1	15.4
入口温度/K	105.5	264	756	1 000	871	863
入口压力/MPa	26.2	29.0	32.9	32.9	20.5	19.6
压比	NA	1.29	1.54	1.50	143	1.37
涡轮效率/%	69	60	74	79	73.2	48.1
涡轮转速/(r·min^{-1})	5 020	15 670	22 300	34 270	41 600	18 300
涡轮功率/kW	1 120	2 290	15 650	40 300	25 350	7 012
混合比（O/F）	只有 LOX	只有 H$_2$	~0.62	~0.88	~0.7	~0.7

a Aerojet Rocketdyne 提供的在飞行功率水平为设计推力的 104.5% 时的数据。
b 三菱重工提供的数据。
c LPOTP—低压氧化剂涡轮泵；HPFTP—高压燃料涡轮泵。
d 流入预燃室或燃气发生器的液氧的增压叶轮。

新西兰一家较小的公司最近开发了一种新型的用直流电动机驱动的推进剂泵，该技术简化了泵的驱动，避免了产生高温燃气的燃气发生器或预燃室的使用。因为它采用电池驱动，所以它可能仅限于应用在低功率泵。该发动机使用液体 RP-1（煤油）和液氧作为推进剂，并且发动机是自增压式的（无罐增压系统）。截至 2015 年，使用电泵驱动的液体火箭发动机尚未完全研制成功。9 个单独具有 600 lbf 推力，真空比冲为 327 s 的发动机计划用于两级卫星着陆器的下面级（见《新西兰先驱报》，2015 年 10 月 9 日）。

10.3 涡轮泵布局的选取

从特性、性能和构型等方面完成一个全新的涡轮泵构建是一个复杂而棘手的选择过程。首先，它取决于具体飞行用途所确定的发动机要求（推力、推进剂组合、混合比、燃烧室压力、工作时间、低成本、预定计划等）；然后，对这些发动机的主要标准进行评估、分析和择优。此外，选择也取决于发动机循环方式（见 6.6 节和图 6-8）、推进剂物理性质（如蒸气压、密度、黏度）、推进剂流量和泵出口压力（是燃烧室压力加上阀门、冷却夹套、喷注器和管路的压降）、最小的实际涡轮泵惯性质量、部件可靠性（不允许飞行故障）、有效的吸入压力、推进剂和硬件最高和最低的初始工作温度，以及装配时组件的布局。它也受涡轮泵的尺寸、入口和出口法兰相对于推力室入口和吸气管出口的位置、涡轮气体的最大入口温度（取决于涡轮材料）、在其寿命期间的热起动次数、旋转组件的临界转速以及设计的简洁性（如部件的数量最少）的影响。如果重复使用是发动机的要求，则必须考虑额外的因素，如容易接触到轴承、密封件或涡轮叶片以便检查磨损或裂纹。考虑发动机节流时，涡轮泵必须在轴转速范围内高效运行，也有其他的涡轮泵选择标准，参考文献 10-1 ~ 10-3 和 10-5 中解释了一些初步选择和设计标准，参考文献 10-8 和 10-9 介绍了关于泵的基本概念。

轴转速与叶轮直径或涡轮轴尺寸有关，从而与涡轮泵的质量有关。在不同的直径和转速下，泵叶轮叶片的叶尖速度或平均直径下涡轮叶片的速度实际上可以是相同的。众所周知，涡轮轴的转速越高，相应的轴直径应当越小，此准则下设计的涡轮泵通常具有最小的涡轮泵惯性质量。这常与其他设计准则相冲突（如避免气蚀），这一问题随着叶轮速度的增加将愈发困难。在本节后面部分将进一步讨论这些问题。

将涡轮泵的所有关键部件按照设计要求选择合适的装配布局是重要的设计准则。图10-4展示了几种常见的布局，两个最常见的是同轴的一个涡轮和两个推进剂泵（图10-4（a）、（b））；另一种布局是两个较小的单独的涡轮泵：一个涡轮驱动氧化剂泵，另一个涡轮驱动燃料泵（图10-4（e））。在图10-4（a）中，从燃料泵入口穿入的轴将影响到燃料泵的吸入压力。在图10-4（b）中，涡轮需要额外的密封件。虽然这里没有讨论，但轴承和密封件的位置和选择也影响涡轮泵的布局。

离心泵在所有已生产的涡轮泵中都有应用，这些离心泵基本上是恒定体积流量机械（见参考文献10-3~10-5、10-8和10-9）。如果发动机推进剂的密度相似（约40%），例如，二氧化氮（NTO）和偏二甲肼（UDMH）或液氧（LOX）和煤油，并且氧化剂和燃料的体积流量也相似，那么两种泵可以使用相同类型的叶轮（在同一轴上以相同的转速运行）。当推进剂密度相差很大时（如液氧和液氢），使用单个轴并不有效。此时，通常采用两个单独的涡轮泵——燃料泵转速较高，氧化泵转速较低，从而获得良好的泵性能，如图10-4（e）所示。

在发动机内安置一个比较大的涡轮泵有时是比较困难的。双涡轮泵的结构布局通常更容易集成到发动机组件中，此时两个泵都能够以相对较高的效率运行，每个涡轮泵都将有更少的密封件，并且由于轴较短，它们较相同刚度的轴质量更轻。

图10-4（g）显示了两个互相内联的轴，它们之间存在机械耦合（见参考文献10-10）。在此布局中，燃料泵和涡轮在一个轴上，氧化剂泵在另一个轴上。两个轴通过柔性联轴器连接，这允许相当大的同轴度误差，故涡轮泵的制造和装配公差也更大。第一个双轴内联涡轮泵采用六针/套筒式挠性联轴器，该涡轮泵应用于德国V-2导弹的火箭发动机上（1938年）。俄罗斯开发了一种弯曲的锯齿形套筒作为联轴器，它更小、更轻。参考文献10-1和10-4中展示了这两个涡轮泵的剖面图。美国没有开发两个内联轴型的涡轮泵。与大直径单轴相比，双轴系统上较小轴承跨度可以降低轴径、泵和泵壳体的直径和质量，同时降低了转子的惯性，提高轴转速。涡轮泵设计目标实现的关键包括选择足够高的轴速度（这可以减小涡轮泵的尺寸和质量，且不易受到过度气蚀的影响）、足够低的泵吸入压力（这使得推进剂贮箱质量最轻且不会加重泵气蚀），并且选择在所有工作条件下都能坚固而有效地防止危险的气蚀的水平叶轮结构。

图10-4（d）、（f）展示了带有齿轮箱的涡轮泵，齿轮箱将涡轮功率传递给泵（见参考文献10-11）。它的目的是使涡轮具有比泵更高的工作转速，以获得更高的效率，从而减少驱动涡轮泵所需的燃气发生器的推进剂量。涡轮泵中的齿轮箱在美国的广泛应用始于20世纪50年代初，目前仍有一种在使用。在图10-4（e）中，涡轮以较高的转速运行，两个泵各自以较低但不同的转速运行。在图10-4（f）中，燃料是液氢，燃料泵和涡轮在同一个轴上以较高的转速运行，液氧泵通过齿轮传动减速至较低的转速。

图10-4（c）、（h）显示了两种除两个主涡轮泵之外还使用增压泵的涡轮泵的布局，参

见参考文献10-12。此布局的目的是进一步降低涡轮泵的贮箱压力和死重,从而提高涡轮泵的性能。典型的增压涡轮泵可使推进剂的压力上升约10%,而相应的主泵提供剩下的90%。增压泵通常使用轴流叶轮,少数泵允许在叶轮前缘处存在一定气蚀时运行。使用增压泵时,可以将主泵入口处的压力增加足够高以防止发生气蚀。增压泵的低转速要求其有相对较大的直径,在一些液体火箭发动机中,增压泵可以比主泵大。由于增压泵的压力很低,因此增压泵壁很薄,增压泵的惯性质量较低。大多数增压涡轮泵的涡轮由气体膨胀驱动,但是一些涡轮由主泵排出的高压液体推进剂驱动。目前,世界上采用增压泵的火箭发动机数量较少,可能只有十几个。增压泵为发动机的主泵提供较低的吸入压力和良好的抗气蚀性能,但这些发动机结构更复杂,成本更高。

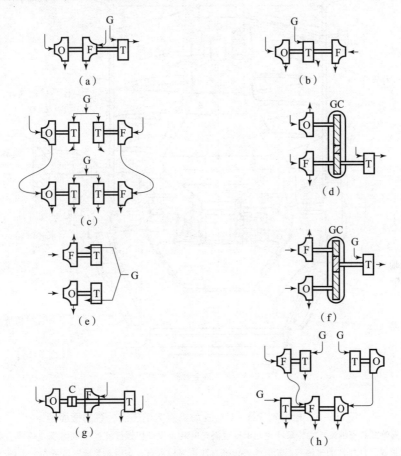

图10-4 几种不同涡轮泵部件布局的简化图

(a) 与涡轮同轴的两泵,轴从燃料泵进口穿过;(b) 涡轮居中直接驱动两泵,轴穿过涡轮出口集合器;(c) 两个主泵,两个增压泵,各有其燃气涡轮;(d) 高转速的涡轮和燃料泵,通过齿轮箱使氧化剂泵的转速降低;(e) 各带一泵的双涡轮,燃气并联流过两个涡轮(另一种方案为燃气串联先后流过两个涡轮);(f) 带齿轮箱,涡轮转速可以提高,两个泵转速不同;(g) 由柔性联轴器相连的两个内联的轴;(h) 两个主泵,两个增压泵,各有其涡轮

(F为燃料泵,O为氧化剂泵,T为涡轮,G为高温燃气,C为联轴器,GC为齿轮箱,经许可引自参考文献10-1)

图 10-5 所示为用于分级燃烧循环液体火箭发动机的典型增压涡轮泵，它为俄罗斯的 RD-180 发动机的主氧泵提供了足够高的入口压力，以防止主氧泵叶片发生气蚀。RD-180 发动机的额定推力为 933 klbf（真空）或 861 klbf（海平面），在额定混合比为 2.72，燃烧室压强为 3 868 psi 时，其比冲为 337.8 s（真空）或 311.3 s（海平面）。此发动机用于"阿特拉斯"V 空间运载火箭的第一级。

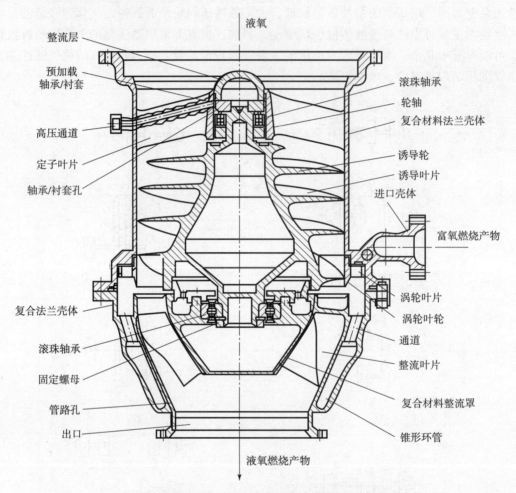

图 10-5 俄罗斯 RD-180 发动机液氧增压涡轮泵的截面图

(该涡轮泵具有轴流式螺旋泵叶轮和单排短涡轮叶片。发动机预燃室产生的富氧气体混合物（558 K）驱动涡轮，所排放的气体与涡轮泵组件内的加压液氧流混合。该涡轮泵液氧流量为 917 kg/s，输送混合比约为 52，压力为 12 bar 的混合流。来自 NPO Energomash，希姆基，俄罗斯人）

当轴在轴承处或靠近轴承时发生偏转，轴承和密封件将会超载甚至失效（即使偏转小到 0.001 in 也可能使某些涡轮泵失效），参见参考文献 10-13 和 10-14。为了使轴挠度最小化，轴必须有足够的刚度（对于给定的侧向载荷挠度较小），即增大轴的直径和质量。旋转组件（涡轮、泵、密封件、轴承）必须保持平衡，因为不平衡会导致使轴偏转的侧负载（这在高转速时十分重要）。在装配过程中通常需要精确的静态和动态平衡，以避免轴承过载。旋转组件的工作转速不能与它们的共振或临界转速相同，因为此时的轴偏转变得非常高，并且轴承、密封件甚至轴都会失效。通常，共振或临界转速远高于工作转速，这将在

10-7节中进行讨论。在一些涡轮泵中，工作转速高于临界转速。此时，轴在起动和关闭过程中必须瞬时跨过临界速度。

通常，在涡轮泵中有几个次级流动通道。轴承、旋转轴密封件或叶轮磨损环通常都用小流量推进剂冷却或润滑。小推进剂流在此过程中被加热，然后返回泵的入口或直接排出。为了引导这些小的冷却和润滑流，需要在涡轮泵部件中设置一组小的外部管或内部通道。由于有许多密封件和轴承，用于冷却的推进剂流的分配系统可能是复杂的。一些管路必须节流到期望的小流量，并且必须避免不同推进剂的混合。图6-9（b）中的RS-68发动机的流程图显示了将冷却流/润滑流直接排出的管路。当轴承或密封件靠近涡轮时，它们将进一步升温（需要更多的冷却剂），而当泵输送低温推进剂时，邻近的部件将变得非常冷。这些轴承或密封件的间隙必须设计且需保证在轴承或密封件正常工作的情况下，预期的间隙是合理的。

推进剂在输送过程中不希望产生气泡。它们可能产生于泵中的大流量气蚀（见参考文献10-4和10-9），低压吸入管路的泄漏或在起动前或起动时，推进剂管路的不当起动或填充。气泡降低了推进剂的有效密度，这又降低了质量流和混合比，并可能使推力水平略低于额定值。如果预期的混合比是富燃的，而产生气泡减少燃料流量，那么新的混合比将接近于化学计量比。这会产生温度更高的气体，并可能导致冷却套的迅速失效。气泡的另一个主要问题是它很容易导致燃烧的不稳定性（见第9章），这常常导致推力室失效。

涡轮泵转动件及其壳体的轴向力需要达到平衡，以防止某些部件超载（见参考文献10-1和10-15）导致轴向液压过大（在垂直于轴的表面上）。受力不平衡导致转动件有较小的轴向运动（通常只有1 in的几千分之一），这经常导致静止件和转动件间的强烈摩擦。这些压力是由通过泵的流体（增加其压力）和通过动涡轮叶片组和固定涡轮叶片组的涡轮气体（降低其压力）以及通过径向放置磨损环和/或密封件的涡轮气体而产生的。一些涡轮泵有内置平衡活塞，而另一些涡轮泵使用叶轮或涡轮盘背面的流体压力来制造有效的平衡活塞。这些活塞上的压力由轻微的轴向位移控制，轴向位移会改变活塞边缘的间隙。在瞬态（起动、停止、推力变化）工作过程中，由于内部流动的压力分布变化而产生不平衡期，但它们通常持续时间较短。然而，在短暂的不平衡期间，在旋转和静止的零件表面间垂直于轴的方向存在明显的摩擦或轴向接触。如果这种摩擦接触持续存在，常常会使涡轮泵受到一些累积损伤。

10.4 流量、轴转速、功率和压力平衡

涡轮泵的设计需要仔细考虑推进剂流量、轴速度、主泵与涡轮的功率以及管路中推进剂流的压力分布之间的平衡。通过涡轮泵流程图（图1-4），可以很清楚地看到轴速度、扭矩和功率之间的关系。对于具有两个泵和一个齿轮箱的涡轮泵，轴速度之间的关系可以写为

$$N_t = a_o N_o = a_f N_f \tag{10-1}$$

式中：N为轴转速；下标"t""f""o"分别代表涡轮、燃料泵和氧化剂泵；a_o和a_f为氧化剂和燃料泵的齿轮比（当没有齿轮时，a_o和a_f均为1.0）。

对于类似于图10-4（a）、（b）的涡轮泵，有

$$N_t = N_o = N_f, \quad L_t = L_o + L_f + L_b \tag{10-2}$$

式中：L_b为克服轴承、密封件和/或辅助装置中的摩擦的扭矩。

对于所有的涡轮泵，如图 10-4（a）、（b）所示，涡轮的功率 P_t 等于所有泵功率之和再加上所有功率损失。功率平衡也可以表示为扭矩 L 和转速 N 的乘积：

$$P_t = \sum P_p + P_b \tag{10-3}$$

$$P_t = L_t N_t = L_f N_f + L_o N_o + P_b \tag{10-4}$$

式中：P_b 为克服所有轴承和密封件中摩擦的功率。

在一些涡轮泵结构中，P_b 还包括齿轮箱和辅助装置（如润滑齿轮的油泵）功率损失。轴承、密封件和辅助装置的使用功率 P_b 通常很小。

对于图 10-4（e）中两个分立的涡轮泵方案，每个涡轮泵都将产生内部损失。此种结构中，转速 N 和功率 P 甚至扭矩 L 都必须单独平衡：

$$(N_t)_o = (N_p)_o, (N_t)_f = (N_p)_f \tag{10-5}$$

$$(P_t)_o = (P_p)_o + (P_b)_o, (P_t)_f = (P_p)_f + (P_b)_f \tag{10-6}$$

式中：下标"t"和"p"分别代表涡轮和泵。

在燃料泵出口处一点上的燃料管路的压力平衡方程（氧化剂管路压力平衡方程与之类似）可以写为

$$(p_f)_d = (p_f)_s + (\Delta p_f)_{pump} \tag{10-7}$$

$$= (\Delta p)_{主要燃料系统} + p_1$$

$$= (\Delta p)_{燃气发电燃料系统} + p_{gg}$$

式中：燃料泵出口压力 $(p_f)_d$ 等于燃料泵吸入压力 $(\Delta p_p)_s$ 加上通过泵时的压升 $(\Delta p)_{pump}$。

燃料泵出口压力等于由泵下游和喷嘴上游的高压主燃料流动系统中的所有压降修正的燃烧室压力 p_1。这通常包括冷却套、喷嘴、管道和打开的燃料阀中的压力损失。因此，泵的出口压力还等于由燃料泵出口和燃气发生器燃烧室之间的所有压力损失修正的燃气发生器燃烧压力 p_{gg}。氧化剂系统压力平衡与之相似。

第四种平衡方程不同于其他三种（流量、压力和功率平衡），它的目的是防止某些高压轴向液压负载或轴向气体压力负载对涡轮泵部件内部造成损坏（见参考文献 10-1、10-4 和 10-15）。这些轴向内载荷（叶轮或涡轮盘上的侧向力）可能相对较高，特别是在大型涡轮泵中。虽然某些滚珠轴承除了通常的径向载荷外还能够承受相当大的轴向载荷，但是转动件的轴向运动受设计的限制是微不足道的。用滚珠轴承控制轴向力的方法在许多涡轮泵中使用，但是滚珠轴承所承受的最大轴向载荷通常有限。因此，滚珠轴承主要用于小直径或低压的涡轮泵中。如前所述，大型涡轮泵内转动件及其大型固定壳体部件的轴向流体压力平衡可通过平衡活塞实现。

旋转机械的一个特征现象是在一个固定套筒轴承的小间隙的约束下，转轴中心有相对位移和非常小的运动（称为涡动）。参考文献 10-16 描述了轴的中心这种运动与轴自身的旋转运动同步（单位时间内转速相同）的现象。

上述方程适用于稳态工作条件。瞬态和其他动态条件下的情况也十分重要，且已经使用计算机分析了许多情况。如参考文献 10-7 所说明的，已经对包括起动、停止和推力变化瞬时等多种动态情况进行了测试分析。例如，起动瞬态条件包括贮箱增压、适当的阀门顺序和开启控制，液体推进剂在管路、泵或歧管内的充填或高压气体在涡轮及其歧管内的填充，推力室和燃气发生器内的点火和/或推力增加。但是，这里不再详细讨论这些瞬态条件下的情况，是因为这些动态工况十分复杂，它与燃烧反应有关，因此难以分析。通常，针对特定的某些发动机,每个主要的火箭推进机构都开发了一些方法来分析这些瞬态工况。对于有高压气体供给系统的发动机,必须进行类似的,但是更简单的流量和压降瞬态分析。

10.5 泵

10.5.1 分类和概述

通常认为离心泵最适合用于中大型火箭发动机中的推进剂输送。在大流量和高压条件下,就质量和所需空间而言,离心泵既高效又经济。

图10-6所示为离心泵的示意图。流体进入叶轮(实质上是一个螺旋形弯曲叶片在壳体内旋转的转子)后,在叶轮通道内加速,离开叶轮边缘后高速进入涡壳或收集器以及其后的扩压器(图中并未显示),在那里动能(速度)转变为势能(压力)。在某些泵中,弯曲的扩压器导流片出现在收集器或涡壳的上游(图10-1)。为得到较高的效率和足够的强度,叶轮叶片、扩压器导流片和涡壳通道的三维流动设计可以用计算机程序来完成。密封件或磨损环表面上的转动件和静止件之间保持严密间隙,以使叶轮高压侧(出口)和低压侧(抽吸口)之间的内部泄漏或环流保持在最小限度。利用轴封防止沿轴壁产生的外漏或使其降到最小。单级泵(只有一个叶轮)能提供给液体的压升受其最高应力限制,因此高泵压头①(如液氢泵)就需要多级泵。参考文献10-2、10-5、10-8、10-9和10-17介绍了各种泵的资料。泵的内部任何时候都存在自由流动通道,且不会主动切断它。泵的特性即压升、流量和效率与泵转速、叶轮、叶片形状以及壳体构型有关。图10-7画出了一组典型离心泵的曲线。压头-流量曲线的负斜率表明泵具有稳定性。参考文献10-7描述了一小涡轮泵的研制和一高速螺旋形第一级叶轮(称为诱导轮)的试验。

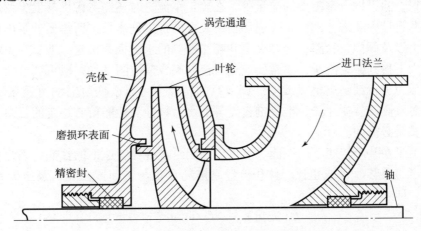

图10-6 典型离心泵的半剖面简图

如图10-1、图10-3和图10-6所示,带盖叶轮在叶片顶部有一罩或盖(形状为旋转

---

① 泵压头指泵出口压头和抽吸压头之差,单位为 m 或 ft。压头是与底部压力相等的液柱高度。从 lb/in^2 换算成英尺压头的公式为 $(X)_{psi} = 144(X)/$密度(lb/ft^3)。将压力 $Pa(N/m^2)$ 换算为液柱高度(m)必须除以密度(kg/m³)和 g_0(9.806 m/s²)。

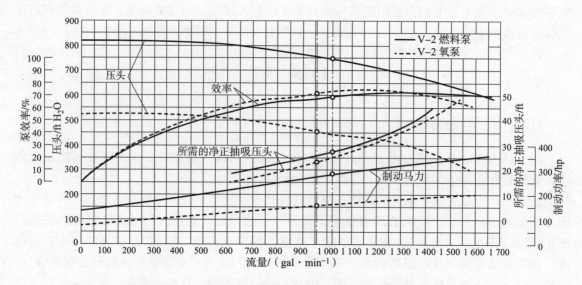

图 10-7 德国 V-2 火箭发动机离心泵的水试性能曲线
（推进剂为 75% 稀释乙醇和液氧）

曲面）。这种类型的叶轮通常应力较高，围绕叶轮的泄漏较低。如图 10-2 中的涡轮叶片所示，在无盖叶轮或涡轮中，叶片上无覆盖物。

10.5.2 泵参数

本节简要叙述稳态流动条件下火箭推进剂离心泵设计必须考虑的一些重要参数和特点。

在给定推力、有效排气速度、推进剂密度以及混合比的情况下，通过发动机设计可确定所需的泵流量。除了推力室需要的流量外，在确定泵流量时还需考虑燃气发生器的推进剂消耗量，在某些设计中还需考虑涡轮旁通和辅助装置的推进剂流量。所需要的泵出口压力可根据燃烧室压力以及阀门、管路、冷却夹套和喷注器等的水力损失确定（见式（10-7））。为了在额定压力下得到额定流量，通常要通过对控制阀或节流圈增加一段可调节的压降，以对所需的供应压力进行精确调整或改变。调节泵的转速也可以改变所需的可调压降。如 11.5 节所述，为对泵阀门、喷注器、推进剂密度等的水力特性和性能留有一定的公差，压头和流量的这种调整是必需的。

如果知道泵在某个转速下的性能，就可以预测泵在各种转速下的性能。因为对于给定的泵，流体速度与泵转速 N 成正比，体积流量或排量 Q 也与转速成正比，泵压头 H 与转速的平方成正比，即

$$Q(流量) \sim N(\mathrm{r/min} \text{ 或 } \mathrm{r/s})$$
$$H(泵压头) \sim N^2$$
$$P(泵功率) \sim N^3 \tag{10-8}$$

从以上关系式可以推导出比转速的参数 N_s，它是对泵的参数作量纲分析后推导出来的无量纲数（见参考文献 10-8）：

$$N_s = N\sqrt{Q_e}/(g_0 \Delta H_e)^{3/4} \tag{10-9}$$

以上公式可采用任何一组一致的单位，例如，N 采用 r/s，Q 采用 $\mathrm{m^3/s}$，$g_0 = 9.8 \mathrm{\ m/s^2}$，

H 采用 m。下标"e"指最高效率的状态。在美国的习惯用法中,比转速通常会去掉 g_0,N 的单位用 r/min,而 Q 的单位用 USgal/min 或 ft³/s。美国现有的多数泵的数据采用了这些单位。这样导致 N 的值不同,因此需对式(10-9)的形式作修改,这时 N_s 是有量纲的,即

$$N_s = 21.2 N \sqrt{Q_e} / (\Delta H_e)^{3/4} \qquad (10-10)$$

当 N 采用 r/min、Q 采用 ft³/s、H 采用 ft 作为单位时,要乘以系数 21.2。在任何比转速范围内都存在一个效率最高的泵的形状和叶轮形状,如表 10-2 所示。由于密度低,采用轴流装置抽吸氢是最有效的。

表 10-2 泵的类型简要示意图以及 N_s 和效率范围

项目	叶轮类型				
	径流式	法兰西式	混流式	近轴流式	轴流式
基本形状（半剖图）					
比转速 N_s					
美国通用单位	500~1 000	1 000~2 000	2 000~3 000	3 000~6 000	8 000 以上
SI 单位	0.2~0.3	0.4	0.6~0.8	1.0~2.0	2.5 以上
效率/%	50~80	60~90	70~92	76~88	75~82

注：改编自参考文献 10-8。

离心泵的叶尖速度受设计和材料强度的限制,最高为 200~450 m/s 或 600~1 475 ft/s。钛合金（密度比钢低）机加工无盖叶轮的叶尖速度现已超过 2 150 ft/s,并已用于图 10-2 所示的泵中。铸造叶轮的极限值比机械加工叶轮低,该最大叶尖速度决定了单级叶轮能得到的最大压头。叶轮的叶尖速度 u 是轴转速（单位为 r/s）和叶轮半径的积,它与泵压头的关系为

$$u = \psi \sqrt{2 g_0 \Delta H} \qquad (10-11)$$

式中:ψ 为速度修正系数,对于不同的设计,取值为 0.90~1.10。对于多数泵,$\psi = 1.0$。

根据连续方程,体积流量 Q 决定了叶轮的进口和出口面积。从连续方程得到的直径应与表 10-2 中特定比转速下的形状图一致。不可压流体的连续方程为

$$Q = A_1 v_1 = A_2 v_2 \qquad (10-12)$$

式中:下标"1"和"2"指叶轮进口和出口截面;截面 A 取垂直于各自的流动速度的截面的面积;进口速度 v_1 通常为 2~6 m/s 或 6.5~20 ft/s,出口速度 v_2 为 3~15 m/s 或 10~47 ft/s。对于可压缩流体（如液氢）,密度 ρ 随压力而变化。此时根据质量流量 $\dot{m}$,连续方程为

$$\dot{m} = A_1 v_1 \rho_1 = A_2 v_2 \rho_2 \qquad (10-13)$$

此时由泵产生的压头还与密度变化有关。泵的输出功率由体积流量 $Q(\text{m}^3/\text{s})$ 乘泵的压

升（出口压力减去入口压力，单位为 N/m^2）得到。

泵的性能受气蚀的限制。气蚀是当流体流动通道内某处的静压小于流体当地（局部）蒸气压强时出现的一种现象。对气蚀的讨论可参见参考文献 10-1 ~ 10-5、10-8、10-9 和 10-17。当液体的当地（局部）蒸气压强超过当地（局部）绝对压强时，该位置会形成蒸气泡，且在低压区蒸气泡的形成会引起气蚀。当蒸气泡到达高压区时（即流体静压高于蒸气压）这些气泡消失。在离心泵中，气蚀最可能发生在进口处泵叶轮叶片前缘的后面，因为这里绝对压力最低。蒸气的过度形成会引起泵排出流量的减少和波动，降低推力，并使燃烧变得不稳定。

当气泡沿泵叶轮表面从低压区（在叶片前缘，气泡生成的地方）移动到下游高压区后就消失。气泡的突然消失产生的局部高压脉冲，可能在金属叶轮表面产生过大的应力和腐蚀。在大多数发动机应用中，这种气蚀侵蚀没有水泵或化学泵那么严重，因为累积时间相对较短，而且叶轮上金属侵蚀面通常不是很广。但是它一直是一些试验设备传送泵的关注点，而且也有观点认为过量气泡是燃烧震荡的原因（见第 9 章）。

所需要的抽吸压头 $(H_s)_R$ 是泵进口处压头的极限值（高于当地（局部）蒸气压），该值低于进口压头时叶轮可能会发生气蚀。它与泵和叶轮的设计有关，其值随流量而增加，这在图 10-7 中可以看出。为了避免气蚀，泵所需的高于蒸气压的抽吸压头 $(H_s)_R$ 必须总是低于由泵上游管路至泵进口提供的可获得的或净正抽吸压头 $(H_s)_A$，即 $(H_s)_R \leq (H_s)_A$。所需要的高于蒸气压的抽吸压头可以根据抽吸比转速 S 和最大效率下的体积流量 Q_e 求得：

$$S = 21.2 N \sqrt{Q_e} / (H_s)_R^{3/4} \tag{10-14}$$

抽吸比转速 S 取决于设计质量和比转速 N_s，如表 10-2 所示。若采用英制单位（ft-lbf 系列），抽吸比转速 S 的值为 5 000 ~ 60 000。抽吸特性差的泵该值在 5 000 左右，设计得好的、没有气蚀的泵该值为 10 000 ~ 25 000，而对于产生有限的、可控的局部气蚀的泵，该值在 40 000 以上。在式（10-14）中，所需要的抽吸压头 $(H_s)_R$ 通常定义为：在泵试验中，随着抽吸侧压力的不断降低，泵出口压头降低 2% 时的临界抽吸压头。经过近几十年的研制，现在涡轮泵叶轮的设计可以在发生更大气蚀的情况下（高于通常认为的 2% 压头损失）成功地工作。诱导轮现已设计成能在其叶片前缘附近产生大量气泡的情况下稳定地工作，但这些气泡在叶片尾迹末端消失。现在诱导轮的 S 值可在 80 000 以上。参考文献 10-8 对叶轮叶片设计进行了讨论。

在泵抽吸法兰处可获得的压头称为净正抽吸压头或高于蒸气压的可用压头 $(H_s)_A$，它是一绝对压头值，可根据贮箱压力（贮箱液面以上的气体绝对压力）、泵进口以上的推进剂液柱高度、贮箱和泵之间管路的摩擦损失以及流体蒸气压等计算。当飞行中的飞行器有加速度时，必须对由加速度产生的压头加以修正。图 10-8 中定义了各种压头。净正抽吸压头 $(H_s)_A$ 通常缩写为 NPSH，是用于抑制泵进口处气蚀的最大可用压头：

$$(H_s)_A = H_{tank} + H_{elevaton} - H_{friction} - H_{vapor} \tag{10-15}$$

如果泵需要更多的压头，推进剂可能需要用外部装置来增压，如串联另一个泵（称为增压泵），或用气体增压推进剂贮箱。后一种方法要求较厚的贮箱壁，因此贮箱较重，并需要较大的气体增压系统。例如，德国 V-2 导弹的氧贮箱增压到 2.3 atm，部分原因是为了避免泵气蚀。对于给定的 $(H_s)_A$ 值，蒸气压较高的推进剂需要较高的贮箱压力和较重的贮箱质量。对于给定的可用抽吸压头 $(H_s)_A$，要求抽吸压力较低的泵在设计时通常可以采用高

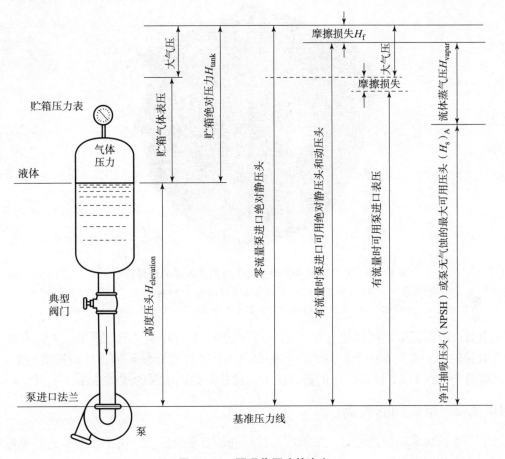

图 10-8　泵吸收压头的定义

转速、小直径，因此泵的质量较小。人们总是希望 $(H_s)_R$ 值小一些，因为这样就可以降低贮箱增压要求，从而减少贮箱死重。如果叶轮和流体通道设计得较好、轴转速 N 较低，则 $(H_s)_R$ 值将比较小。然而很低的转速需要泵采用很大的直径，这样泵就太重。选择用于发动机的离心泵的趋势是选择一最高转速，同时其 $(H_s)_R$ 值较低，不需要过高的贮箱增压或不会带来其他设计复杂因素，因此泵就可以设计得比较轻。这样就将重点放在了具有良好抽吸特性的泵上。

曾经有一些小推力、小流量的试验发动机采用过正排泵，如隔膜泵、活塞泵或旋转位移泵（齿轮泵和叶片泵）。在 N_s 值较低时，这些泵有更好的效率，但它们的排出压力随冲程波动，且噪声较大。

在最小贮箱压力下得到轻质涡轮泵的一种方法是采用诱导轮，它是一种特殊的泵叶轮，通常与主叶轮在同一轴上，以相同的转速转动。它的压升较低，因此具有较高的比转速。诱导轮的叶轮紧靠主叶轮的上游。诱导轮基本上是一具有螺旋形叶轮的轴流泵，很多是在轻微气蚀下工作。诱导轮提供的压升（一般为泵总压头的2%~10%）必须大到足以抑制主泵叶轮的气蚀，这样就可以使主泵较小、较轻且转速较高。图 10-2、图 10-9 和参考文献10-18 画出了诱导轮，参考文献10-19 叙述了其中一个诱导轮的试验。目前，大多数涡轮泵都在泵叶轮前装有诱导轮。

图 10-9　航天飞机主发动机低压燃料涡轮泵的诱导轮叶轮

(该叶轮的直径约 10 in,氢额定流量 148.6 lbm/s,抽吸压力 30 psi,在 15 765 r/min 下出口压力为 280 psi,效率为 77%,当用水试验时抽吸比转速为 39 000,由 Aerojet Rocketdyne 提供)

几个双入口涡轮泵使用叶轮,在图 10-1、图 10-3 中并未显示,图 10-4 是有两个入口(在涡壳的每一侧上有一个)的泵、叶轮和壳体。这种设计使泵的进口面积增加了一倍,进口速度减小到约 1/2,提高了泵的进口压力,这些都提高了泵的抗气蚀性。

10.5.3　推进剂的影响

对于同样的功率和质量流量,泵的压头与推进剂密度成反比。由于泵基本上是等容积流量装置,推进剂密度越高,所需的压头和功率就越小,从而泵组件可做得较小。

因为许多推进剂处理起来是危险的,故必须采用特殊措施以防止轴密封处泄漏。对于自燃推进剂,泄漏可引起泵舱内起火甚至爆炸。通常采用多道密封,再加上排放措施,排放措施可以安全地除去或处理掉穿过第一道密封的推进剂。此外,还在密封处采用了惰性气体除去危险的推进剂蒸气。腐蚀性推进剂的密封对密封材料和设计提出了非常苛刻的要求。对于低温推进剂,泵的轴承通常用推进剂润滑,因为一般润滑油在泵结构件的低温下要冻结。

离心泵应在最高的泵效率下工作。该效率随着流量的增加而提高,在很大的流量($0.05 \text{ m}^3/\text{s}$ 以上)、比转速在 2 500 以上时达到最大值(约 90%)(见参考文献 10-1 和 10-8)。大多数推进剂泵的效率为 30% ~ 70%。泵的效率由于壳体和叶轮的粗糙表面,密封件、轴承和填料箱所消耗的功率,以及磨损环的过度泄漏和液压设计不良而降低。泵的效率 η_P 定义为流体功率除以泵轴功率 P_P,即

$$\eta_P = \rho Q \Delta H / P_P \tag{10-16}$$

若 P_P 的单位用 hp(马力)、压头 H 的单位用 ft、体积流量 Q 的单位用 ft^3/s,则必须乘以修正系数 550 ft - lbf/hp。若要确定水试所需的泵功率,则必须对使用推进剂时的泵功率乘以密度比。

例 10-1　试确定一台液氧泵的转速和叶轮的总体尺寸,已知出口压力为 1 000 psi,抽吸压力为 14.7 psi,推进剂流量为 500 lbm/s。氧贮箱增压到 35 psi。忽略抽吸管道的摩擦和

由加速度和推进剂消耗引起的抽吸压头的变化。贮箱初始液面在泵抽吸进口以上15 ft，如图10-8所示。

解 液氧沸点密度为71.2 lbm/ft³（见表7-1）。由此得容积流量Q为500/71.2 = 7.022(ft³/s)。液氧蒸气压为1 atm = 14.7 psi = 29.8 ft。贮箱的抽吸压头为35×144/71.2 = 70.8(ft)。泵抽吸压头为$(H_s)_A$ = 70.8 + 29.8 = 100.6(ft)，根据式（10-15），高于蒸气压的可用抽吸压头为$(H_s)_A$ = 70.8 + 15.0 - 0 - 29.8 = 56.0(ft)。出口压头为1 000×144/71.2 = 2 022(ft)。由泵提供的压头则为出口压头减去抽吸压头2 022 - 100.6 = 1 921(ft)。

为了有一定的气蚀安全裕度，所需的抽吸压头取为可用抽吸压头的80%，$(H_s)_R$ = 0.8×100.6 = 80.48(ft)。假设抽吸比转速为15 000（如果没有试验数据，这是一个比较合理的值）。根据式（10-14），求解转速N：

$$S = 21.2N\sqrt{Q}/(H_s)_R^{3/4} = 21.2N\sqrt{7.022}/80.48^{0.75} = 15\ 000$$

求解得N = 7 174 r/min 或 7 751.7 r/s。

由式（10-14）求得比转速为

$$S = 21.2N\sqrt{Q}/H^{3/4} = 21.2\times 7\ 147\sqrt{7.022}/1\ 921^{0.75} = 1\ 388$$

根据表10-2，该N_s值的叶轮形状为法兰西型。叶轮出口直径D_2可根据式（10-11）和式（10-12）的叶尖速度计算：

$$u = \psi\sqrt{2g_0\Delta H} = 1.0\sqrt{2\times 32.2\times 1\ 921} = 352(\text{ft/s})$$

假设泵效率为η = 88%，典型法兰西叶轮，则

$$D_2 = 2u/N_\eta = 2\times 352/751.5\times 0.88 = 1.064(\text{ft}) = 12.77(\text{in})$$

假设进口速度为典型的15 ft/s、横截面积为5.10 in²（直径为2.549 in），叶轮进口直径D_1可根据式（10-12）计算：

$$A = Q/v_1 = 7.022/15 = 0.468(\text{ft}^2) = 67.41(\text{in}^2)$$

泵入口流道面积为67.41 in²，需要增加轴截面积5.10 in²以获得泵入口直径：

$$A_1 = \frac{1}{4}\pi D_1^2 = 67.41 + 5.10 = 72.51(\text{in}^2)$$

$$D_1 = 9.61(\text{in})(\text{内部流道直径})$$

这些数据足以画出叶轮的初步草图。

10.6 涡 轮

涡轮必须提供足够的轴功率用于在所需的转速和扭矩下驱动推进剂泵（有时还包括辅助装置）。涡轮的能量来自通过固定喷嘴和旋转叶片后气体工质的膨胀。叶片安装在与轴相连的轮盘上。气体通过倾斜的喷嘴膨胀后速度大大提高，方向转为接近切向，然后流经形状特殊的叶片，在叶片上气体动能转变为作用在每个叶片上的切向力。这些力使涡轮盘旋转（参见参考文献10-1～10-5、10-20和10-21）。

10.6.1 分类和概述

大多数涡轮在涡轮盘的周缘上装有叶片，气流沿轴向，类似于表10-2所列的轴流式泵

的方案和图 10-1 所示的单级涡轮。此外，也有少数如图 10-2 所示的径向流涡轮（特别是在高转速下）。一般来说，用于驱动火箭发动机泵的轴流式涡轮有两类：冲击式涡轮和反力式涡轮，如图 10-10 所示。在冲击式涡轮中，工质的焓在第一组涡轮固定喷嘴中转变为动能，而不是在旋转叶片元件中转变。高速气体吹到（与切线方向成小角度）旋转叶片上，高动能气流的动量转化为安装在涡轮盘上的旋转叶片的冲量，从而使叶片转动。在速度分级冲击式涡轮中，有一组固定叶片，它改变从第一组旋转叶片出来的气流的方向，并引导气流进入第二组旋转叶片，在这里工质进一步将能量传递给涡轮盘。在压力分级冲击式涡轮中，各组固定叶片内都有气体膨胀过程。在反力式涡轮中，气体膨胀过程大致在旋转和固定叶片单元之间均匀分配。由于燃气发生器循环中涡轮工质的膨胀具有很高的压降，故大推力发动机倾向于采用简单的、重量较轻的一级或两级冲击式涡轮。许多火箭发动机的涡轮既不是纯冲击式也不是纯反力式，而往往接近于具有一组较小的反力式转动叶片的冲击式涡轮。在一些涡轮中，旋转叶片机械固定在旋转涡轮盘上。其他涡轮使用单片高强度合金，叶片直接在涡轮盘上被械加工出来——这种类型称为"整体式轮盘"。RS-68 火箭发动机就采用了这种叶盘。

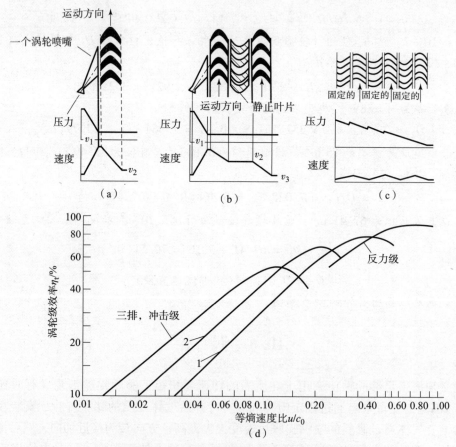

图 10-10 冲击式和反力式涡轮的俯视图、压力和速度分布以及效率曲线

（a）单级单排冲击式涡轮；（b）单级双排速度分级冲击式涡轮；
（c）三级反力式涡轮，反力度约 50%；（d）效率曲线

（速度比为旋转叶片的节线速度 u 除以根据焓降计算的气体理论喷射速度 c_0。经许可引自参考文献 10-3 和 10-19）。

在某些循环中,涡轮排气通过排气管出口处的超声速喷管(图1-14)排出。高的涡轮出口压力使喷嘴喉部达到临界流动条件(特别在高空时),因此使涡轮出口压力和涡轮功率保持恒定,不随高度而变化。此外,涡轮排气给发动机提供了一个小的附加推力(见第3章)。

10.6.2 涡轮性能和设计考虑

结合式(3-1)和式(3-7),可得到涡轮提供的功率:

$$P_t = \eta_t \dot{m}_t \Delta h \tag{10-17}$$

$$P_t = \eta_t \dot{m}_t c_p T_1 [1 - (p_2/p_1)^{(k-1)/k}] \tag{10-18}$$

涡轮提供的功率 P_t 正比于涡轮效率 η_t 和通过涡轮的质量流率 $\dot{m}$ 以及单位流量的可用焓降 Δh。该公式中的单位必须一致(1 Btu = 778 ft·lbf = 1 055 J)。该焓降为比定压热容 c_p、喷管进口温度 T_1、涡轮压比以及涡轮气体比热比 k 的函数。对于燃气发生器循环,涡轮进出口压降相对较高,但涡轮流量较小(一般为推进剂总流量的2%~5%)。对于分级燃烧循环,该压降要低得多,而涡轮流量则要大得多。

大型高燃烧室压强的液体火箭发动机的涡轮功率可超过250 000 hp,而小发动机的涡轮功率可能在35 kW或50 hp左右。

根据式(10-3),涡轮提供的功率 P_t 必须等于推进剂泵、安装在涡轮泵上的辅助装置(如液压泵、发电机、转速表等)所需的功率和液压摩擦、轴承、齿轮、密封件以及磨损环的功率损失。通常这些损失很小,一般可以忽略。在6.6节中讨论了涡轮气体流量对火箭发动机系统比冲的影响。对于燃气发生器循环,火箭发动机设计师感兴趣的是提高涡轮效率和涡轮进口温度 T_1 以降低涡轮工质流量,也即减少驱动涡轮所需的推进剂量,从而提高燃气发生器循环发动机的总有效比冲。对气体流动特性和涡轮叶片形状作三维计算机分析后已得到高效率的叶片设计。

目前,更好的涡轮叶片材料(如单向结晶的单晶体)和特殊合金可允许涡轮进口温度提高到1 400 K(或约2 050 °F),甚至高达1 600 K(或2 420 °F)。提高温度或气体焓值能降低所需的涡轮流量。如采用特殊合金钢材料,从可靠性、气体温度变化(不均匀性)和成本考虑,实际涡轮进口温度维持在比较保守的值,如1 150~1 250 °F或900~950 K。图10-10给出了特定型号的火箭发动机涡轮泵的涡轮级效率。设计良好,采用高强度高温材料的叶片的最大速度一般为400~700 m/s或1 300~2 300 ft/s。提高叶片速度通常可以提高效率。为了得到较高的效率,涡轮叶片和喷嘴型面必须具有光滑的表面。此外,要求涡轮叶尖处的间隙尽量小,以减少叶片周围的泄漏。

不同机构对涡轮效率的定义是不同的。定义涡轮效率 η_t 的一种方法是将涡轮输出功率 LN(扭矩 L 和轴转速 N)除以理想等熵焓降(注意实际压降和实际 Δh_s 通常高于理想值):

$$\eta_t = L_t N_t / \dot{m} \Delta h \tag{10-19}$$

式中:Δh 为通过涡轮喷嘴和涡轮斗或叶片(转动和静止)的单位气体质量流量 $\dot{m}$ 等熵气体膨胀焓降。

焓降通常基于均匀流过截面的均匀的气体,没有泄漏或只在叶片周围有微量泄漏的理想气体状态方程,以及精确的叶片轮廓。即使在涡轮叶片尖端的小间隙也可能造成大量损失,特别是在小涡轮直径和小叶片高度时。一些机构在定义理想功率时也包括了一些不可避免的损失。

只有当涡轮泵设计具有高效的涡轮叶片外形并允许高的叶片速度时,才能实现适当的涡轮效率。通过控制通过阀或孔进入涡轮进口的气流和气体温度,可以调节输入涡轮的功率。

10.7 涡轮泵初步设计方法

本节介绍涡轮泵分析和选择关键涡轮泵特征的一种方法,并给出用于初步设计的一些关键参数的估计。对于主要的火箭发动机部件,主要准则(高性能或高效率、最小质量、高可靠性和低成本)必须针对各飞行器任务进行权衡和择优。例如,高效率和小质量通常导致设计裕度较低,从而可靠性也降低。提高轴转速可以减小涡轮泵质量,但这样更容易产生气蚀,因此需要更高的贮箱压力,从而增加了飞行器贮箱重量(这些通常超过涡轮泵节约的重量)。

发动机需求给出了涡轮泵的初步基本设计的目标,即推进剂流量、泵出口压力(必须等于燃烧室压力加上管路、阀门、冷却夹套和喷注器的压降)、所需的最佳发动机循环(图6-8)、起动延迟期以及是否需要多次起动或变推力。此外,需知道推进剂的物性(密度、蒸气压、黏性或沸点)。参考文献10-2和10-3介绍了一些设计准则,参考文献10-4~10-8介绍了涡轮和泵的基本术语。

一般来说,首先要对泵进行初步分析。为避免过度气蚀,泵的一个关键参数即最大泵轴转速受到限制。该转速是能使涡轮泵质量达到最轻而泵内不会产生过度气蚀的最大转速。如果在主叶轮的前缘处产生过度气蚀,则流动会产生不稳定,导致推力降低,并可能引起燃烧不稳定性。飞行器内发动机(泵入口)能用于抑制气蚀的压力(推进剂贮箱内气体压力加上液柱静压)必须大于叶轮叶片的气蚀压力极限。这样就可以确定转速,接着就可确定大致的泵效率、叶尖速度(通常受叶轮材料强度的限制)、泵的级数和/或叶轮的主要尺寸。

涡轮功率传递(给一个或多个推进剂泵)的设计方案或几何布局有好多种,需要对其进行初步选择,部分设计方案在图10-4中简要画出。如果泵的最佳转速和涡轮的最佳转速(通常转速较高)之间不匹配,为了减轻死重、减少涡轮燃气质量,可在它们的轴之间设置齿轮变速箱(图6-10、图10-4(d)和图10-4(f))。在过去的30多年中,设计师更喜欢采用直接驱动的方式,虽然要牺牲效率和增加驱动涡轮的推进剂量,但避免了复杂的齿轮箱(图6-11、图10-1、图10-2和图10-4(e))。

因为涡轮输出功率基本上必须等于泵所需的功率,这样就可估算出涡轮的主要参数。如果泵是直接驱动的(没有齿轮箱),则泵转速和涡轮转速相同。根据涡轮驱动气体的物性(温度、比热容等)、涡轮材料的强度极限以及可能的压降,可以确定叶片的基本尺寸(节距线速度、涡轮喷嘴出口速度、叶片排(级)数、涡轮类型或涡轮效率)。涡轮泵主要部件的特定布局或形状与它们的方案选择过程有关。大多数推进剂泵有一个单级主叶轮。低密度的液氢通常需要两级或三级泵。通常一些设计极限值需要经过一次或多次迭代才能得到。主要涡轮泵部件的布局(图10-4)还要看轴承在轴上的位置。例如,通常不会将轴承放在叶轮进口的前面,因为这将引起湍流、使流动分布产生畸变、提高抽吸压力要求,并更容易产生气蚀。此外,位置紧靠涡轮的轴承将承受高温,从而影响推进剂润滑,因此可能需要对轴承进行更强的冷却。

采用增压泵可以降低贮箱压力，从而降低飞行器的死重，同时为主泵入口提供足够的抽吸压力（见参考文献 10-12）。航天飞机主发动机和俄罗斯 RD-170 发动机均采用了增压泵，如图 6-11 和图 11-2 所示。某些增压泵用增压涡轮驱动，该涡轮使用一股从主泵出口边引出的小流量高压液体推进剂。从涡轮排出的液体与增压泵出口处的主推进剂流混合。

质量对于所有飞行装置都是非常重要的，因此要选择能使涡轮、泵、燃气发生器、阀门、贮箱以及燃气发生器推进剂的总质量最小的供应系统。在涡轮泵设计中还要考虑热应力、热膨胀或收缩引起的翘曲、轴向载荷、合适的间隙（以防止内摩擦，同时尽量减小泄漏）、轴承的对准、转动部件的动平衡措施、在弹性飞行器结构上的安装而不会引发外力，以及避免液体或气路管道内产生过高的压力载荷。

任何转动部件的临界转速在数值上等于其不旋转时的固有振动频率，但支承在与其轴承中心相同的两个位置的刀刃上。在临界转速和负载下，轴的挠度将增大，任何轴承上的小的轴斜率变化（如 0.001~0.003 in）都可能导致轴承失效。某些类型的轴封也有可能会失效。涡轮泵的转动部件包括轴、涡轮驱动器的叶片、泵叶轮以及部分轴承和密封件。一个涡轮泵的工作轴转速绝不能达到临界值，否则它将失效。因此涡轮泵工作转速一般要低于临界转速，但也有例外，工作转速高于临界转速的情况发生在起动或停止瞬间。

设计者可以通过采用大直径的刚性轴、刚性轴承以及刚性轴承支架、缩短两个轴承之间的距离、减小轴的伸出量甚至使其不超过轴承来调整临界转速——以上这些都将增加临界轴转速。提高的临界转速将提高泵的运行转速，这将使涡轮泵更小、更轻。此外，关键部件（如管道部件、喷注器头腔或推力结构）的固有共振频率不能与临界转速一致，因为这将导致部件的高应力和流动干扰。关键部件的临界转速和共振频率通常可以通过分析确定，并且可以通过质量和刚度（弹簧力）的变化来改变设计。

参考文献 10-16 中介绍了各种内部振动问题的解决方法，如轴承的涡动和叶片振动，而泵中推进剂流动的动力学可参见参考文献 10-15。当泵叶片尖端通过泵涡壳的固定舌部时，在液体中就会产生压力波，这种波的频率是泵叶片数量和叶尖速度的乘积。涡轮泵的外部振动，如推力室产生的振动（见第 9 章）不应影响涡轮泵的工作。

大多数现有涡轮泵中的轴承是特殊合金制成的高精度的滚珠轴承（见参考文献 10-13），少部分是具有较高的径向承载能力的滚柱轴承。某些滚珠轴承可以同时承受径向和轴向载荷。早期滚珠和滚柱轴承有可靠工作的最大载荷和最大转速。在一些涡轮泵设计中，轴承载荷和速度（以及最小涡轮泵尺寸）的限制由轴转速而不是泵的气蚀极限决定。各种类型的轴承和密封件已经在夹具或涡轮泵中进行测试。它们包括静压（精密套筒式）轴承、箔片轴承和磁悬浮轴承（见参考文献 10-13）。截至目前，这些都还没有真正应用于涡轮泵中。可用的静态和动态密封的种类相对较多，并且密封件的选择受设计者偏好的影响极大（见参考文献 10-14）。

如果涡轮泵用于可重复使用火箭发动机，则它会成为一个更复杂的系统。例如，它要有在任务或飞行后便于进行检查和自动状态评估的措施，例如，用内窥镜通过检查孔进行的轴承的检查、高应力部件（涡轮叶片转子或高压高温燃气歧管）裂纹的检查和轴转矩的测量（检测有没有卡住或翘曲）。

涡轮泵结构的材料种类有所增加。例如，对于高速、高负载的滚珠轴承，新型滚珠材料（氮化硅）已经成功地应用。比较常见的材料（如不锈钢），已部分被镍基合金等高温合金所取代。粉末冶金技术已经应用于泵叶轮和涡轮部件制造中，参见参考文献 10 - 22。虽然它们的强度并不比锻造或铸造材料好，但是它们具有更光滑的表面（较低的摩擦），均匀的物理性能，并且可以制造成更复杂的形状（见参考文献 10 - 22）。

火箭发动机涡轮没有预热时间。高温燃气突然以全流量进入造成严重的热冲击和热变形，并增加了运动和固定金属部件之间发生摩擦的机会。涡轮叶片最严重的应力往往是热应力，热应力在发动机起动初期当叶片前缘很热时其他部分仍然很冷时产生。

对于小推力发动机，轴转速可能很高，如在 100 000 r/min 以上。此外，涡轮叶片虽然可以变得很短，但摩擦和其他损失同样会高得可怕。为了得到合理的叶片高度，可以采用部分进气的涡轮设计，堵住或去掉部分涡轮的喷嘴。

10.8 燃气发生器和预燃室

燃气发生器和预燃室的目的是提供驱动涡轮泵涡轮的高温气体（通常为 600 ~ 20 000 ℉ 或 315 ~ 1 200 ℃）。燃气发生器用于在燃气发生器循环的液体火箭发动机，预燃室专用于较高燃烧压力下在分级燃烧循环的液体火箭发动机。表 10 - 3 详细说明了这两种装置之间的区别，表 6 - 6 和图 6 - 8 显示了发动机循环（见参考文献 10 - 1 ~ 10 - 5）。上述的气体温度考虑到了包括未冷却入口和出口管道、未冷却叶片和涡轮喷嘴的未冷却的涡轮。

表 10 - 3 燃气发生器和预燃室的关键特性比较

参数	燃气发生器	预燃室
发动机循环	燃气发生器循环	分级燃烧循环
燃烧室压力	常等于或低于推力室压力	比推力室压力高 30% ~ 90%
质量流量占总推进剂流量的比例/%	1 ~ 7	45 ~ 90
冷却情况	通常未冷却	通常未冷却，但是可以部分冷却
惯性质量	相对较小	大
尺寸	相对较小	可以大
高温涡轮废气排放	直接排放至大气环境中	从主推室进入喷射器

每个燃气发生器和燃烧装置都包括一个燃烧室、一个喷射器和通向涡轮的管路或管道（见参考文献 10 - 6）。它们都有单独的专用推进剂控制阀。高温的气体以亚声速从燃气发生器或预燃室通过管道或歧管流入涡轮中的多个喷嘴，然后超声速地流过一排（或几排）涡轮叶片并给推进剂泵工作提供动力。对燃气发生器或预燃室的要求包括在期望质量流量、压力和设计温度下输送高温气体，以及在通往涡轮的流动路径上具有基本均匀的气体温度，不存在温度突变。燃气发生器或预燃室中的燃烧不稳定问题极为罕见。

典型的燃气发生器流量相对较小，其通常只是发动机总推进剂流量的 2% ~ 3%。如果燃气发生器中的气体是富氧或富燃的，它在泵功率或涡轮泵设计上几乎没有差别。大部分的燃气发生器都在富燃状态下工作。

对于具有富氧气体预燃室的分级燃烧火箭发动机，只有少量燃料流的氧化剂流供应至预燃室。预燃室中的气体压力基本上高于推力发动机的燃烧室压力。预燃室气体流过驱动推进剂泵的涡轮，然后涡轮排气流到推力室喷注器。对于含有液氧/RP-1 推进剂组合的富氧预燃室，典型的氧燃混合比为 54:1。氧化剂泵的功率需要比没有预燃室的发动机大得多，从而导致更大和更重（但也许更有效）的泵。在流向预燃室的燃料流量较小的情况下可以利用单独的反冲泵或燃料泵上的额外的低流量级。大多数分级燃烧循环发动机与富氧的预燃室气体一起燃烧。

对于富燃料的预燃室，所有的燃料都进入预燃室，只需要很小的氧化剂流量。与没有预燃室的发动机相比，预燃室在更高的推进剂压力下运行，这将导致推力室更重。对于液氧/RP-1 火箭发动机，预燃室中的混合比通常为氧燃比，为 3:1。

在基于地面的测试设备中，任何意外的富燃的高温气体泄漏或溢出都可能会在环境空气中点燃，从而导致火灾，而富氧的高温气体泄漏则不会导致火灾。然而，后一种气体具有很强的腐蚀性，可以与它们接触的所有表面（氧化金属表面、氧化橡胶垫片等的有机材料引起火灾）发生反应。

燃气发生器如图 1-4 所示，为发动机的一个部件（见参考文献 10-4）。预燃器如图 6-1、图 6-11 和图 11-2 所示。提供给燃气发生器或预燃器的推进剂通常从发动机主泵中来。当起动发动机时，涡轮需要在推进剂以全工作压力供应到推力室之前提高到额定转速。这种燃气发生器的起动也需要使用固体推进剂起动筒（仅运行几秒钟）或由高压冷气加压的一组小型辅助推进剂贮箱（也仅运行很短的持续时间）或通过让发动机使用由现有贮箱和系统管路中的液体压头增压——通常称为"贮箱压头"起动（这需要更多的时间起动）实现"自引导"起动。发动机起动和贮箱增压的讨论可以在 6.5 节中找到，推力室起动见 8.6 节。

过去，单组元推进剂燃气发生器通常使用 80% 或 90% 的过氧化氢（H_2O_2）或肼（N_2H_4）来提供高温的气体，通常是通过在固体催化剂床上进行催化裂解。这需要一个更简单的燃气发生器系统（只有一个贮箱和一组而不是两个阀门），没有混合比调节，并且具有可预测的、完全可重复，没有潜在的温度突变的均匀加热的高温气体温度。主要缺点是提供第三种推进剂的复杂性、推进剂的潜在危险性、较低的性能、使气体达到预定温度所需要的功率和推进剂质量更高。

■符 号

a	齿轮传动比
A	面积，$m^2(ft^2)$
c_p	比定压热容，$J/(kg \cdot K)$ [$Btu/(lb \cdot °R)$]
c_o	理想气体喷嘴出口速度，m/s
D	直径，m(ft)
g_0	海平面重力加速度，$g_0 = 9.806\ m/s^2(32.17\ ft/s^2)$
H	压头，m(ft)
$(H_s)_A$	高于蒸气压的可用压头，通常称为净正抽吸压头，m(ft)
$(H_s)_R$	高于蒸气压所需泵的抽吸压头，m(ft)
k	比热比
L	扭矩，$N \cdot m(ft \cdot lbf)$

$\dot{m}$	质量流量，kg/s(lbm/s)
N	轴转速，r/min(r/s)
N_s	泵比转速
p	压力，N/m² (lbf/in²)
P	功率，W(hp)
P_b	辅助装置、轴承、摩擦密封件、摩擦力的功率
Q	体积流量，m³/s(ft³/s)
S	泵的抽吸比转速
T	热力学温度，K(°R)
u	叶轮叶尖速度或叶片平均速度，m/s(ft/s)
v	液体流速，m/s(ft/s)

■ 希腊字母

η	效率
ρ	密度，kg/m³ (lb/ft³)
ψ	速度校正因子

■ 下标

e	最大效率状态
f	燃料
o	氧化剂
p	泵
t	涡轮
0	初始状态
1	泵或涡轮入口，或燃烧室状态
2	泵或涡轮出口，或燃烧室状态

习 题

1. 具有两个涡轮泵的火箭推进系统以 555 psi 的泵排出压力、25 psi 的吸入压力、10.2 lbm/s 的流量、3 860 r/min 和 68 °F 的燃料温度输送燃料，即偏二甲肼（UDMH）。使用表 7-1 和图 7-1 中物性参数和表 10-2 中偏二甲肼的效率，进行如下计算：

（1）这些额定条件下燃料泵的功率。

（2）如果燃料流量减少到额定值的 70%，那么近似的功率水平、排放压力和轴转速是多少？假设氧化剂泵和流至涡轮的气体流量也减少到额定值的 70%，但气体温度不变。

（3）如果推进剂的预期温度在 -40~120 °F 之间变化，定性地描述这种变化将如何影响燃料泵的功率水平、轴转速和排出压力。

2. 4 台 SSME 泵的比转速是多少（使用表 10-1 中的数据）？

3. 如果涡轮入口压强为 30 atm，温度为 658 K，出口压强为 1.4 atm，质量流量为

1.23 kg/s，涡轮效率为37%，涡轮气体含64%（重量）的 H_2O 和36%（重量）的 O_2，计算涡轮输出功率。

4. 试比较采用水、汽油、酒精、液氧和稀硝酸的泵的出口表压和所需的功率。上述介质的比重分别为 1.00、0.720、0.810、1.14 和 1.37。泵流量为 100 gal/min，压头为 1 000 ft，泵效率取为 84%。

答案：433 psi、312 psi、350 psi、494 psi 和 594 psi；30.0 hp、21.6 hp、24.3 hp、34.2 hp 和 41.1 hp。

5. 一液体火箭发动机数据如下：

推力	40 200 lbf
推力室比冲	210.2 s
燃料	汽油（比重 0.74）
氧化剂	红烟硝酸（比重 1.57）
推力室混合比	3.25
涡轮效率	58%
所需泵功率	580 hp
安装在涡轮泵齿轮箱上的辅助装置的功率	50 hp
燃气发生器混合比	0.39
涡轮排气压力	37 psi
涡轮排气喷管面积比	1.4
单位质量涡轮气体可用于转变的焓	180 Btu/lbm
涡轮排气比热比	1.3

试求发动机系统混合比和系统比冲。

答案：3.07 和 208 s。

参考文献

10-1. G. P. Sutton, "Turbopumps, a Historical Perspective," AIAA Paper 2006-7531, Jul. 2006.

10-2. D. K. Huzel and D. H. Huang, "Design of Turbopump Feed Systems," Chapter 6 in *Design of Liquid Propellant Rocket Engines*, rev. ed., Vol. 147, *Progress in Astronautics and Aeronautics*, AIAA, Reston, VA, 1992.

10-3. M. L. Strangeland, "Turbopumps for Liquid Rocket Engines," *Threshold, an Engineering Journal for Power Technology*, No. 3, Rocketdyne Propulsion and Power, Summer 1988, pp. 34–42.

10-4. G. P. Sutton, "Turbopumps," Chapter 4.4, and "Gas Generators, Preburners and Tank Pressurization," Chapter 4.5, in *History of Liquid Propellant Rocket Engines*, AIAA, Reston, VA, 2006.

10-5. "Turbopump Systems for Liquid Rocket Engines," NASA Space Vehicle Design Monograph, NASA SP-8107, Aug. 1974.

10-6. Personal communications with personnel from Pratt & Whitney Rocketdyne, Northrop Grumman, and The Aerospace Corporation, 2006 to 2008.

10-7. A. Minick and S. Peery, "Design and Development of an Advanced Liquid Hydrogen Turbopump," AIAA Paper 98-3681, Jul. 1998, and G. Crease, R. Lyda, J. Park, and A. Minick, "Design and Test Results of an Advanced Liquid Hydrogen Pump," AIAA Paper 99–2190, 1999.

10-8. I. J. Karassik, W. C. Krutzsch, W. H. Frazer, and J. P. Messina (Eds.), *Pump Handbook*, McGraw-Hill, New York, 1976 (water hammer and pumps); I. J. Karassik, Chapter 14-2 in *Marks' Standard Handbook for Mechanical Engineers,* 10th Ed., McGraw-Hill, New York, 1978.

10-9. C. E. Brennan, *Hydrodynamics of Pumps*, Concepts ETI, Inc. and Oxford University Press, Oxford, England, 1994.

10-10. "Liquid Rocket Engines Turbopump Shafts and Couplings," NASA Space Vehicle Design Monograph, NASA SP-8101, Sept. 1972.

10-11. "Liquid Rocket Engines Turbopumps Gears," NASA Space Vehicle Design Monograph, NASA SP-8100, Mar. 1974.

10-12. Y. V. Demyanenko, A. I. Dimitrenko, and I. I. Kalatin, "Experience of Developing Propulsion Rocket Engine Feed Systems Using Boost Turbopump Units," AIAA Paper 2003-5072, 2003.

10-13. "Liquid Rocket Engine Turbopump Bearings," NASA Space Vehicle Design Monograph, NASA SP-8048, Mar. 1971.

10-14. Liquid Rocket Engine Turbopump Rotating Shaft Seals. NASA SP-8121, Feb. 1978.

10-15. J. Kurokawa, K. Kamijo, and T. Shimura, "Axial Thrust Analysis on LOX-Pump," AIAA Paper 91-2410, June 1991.

10-16. M. C. Ek, "Solving Synchronous Whirl in High Pressure Turbine Machinery of the Space Shuttle Main Engine," *Journal of Spacecraft and Rockets*, Vol. 17, No. 3, May–Jun. 1980, pp. 208–218.

10-17. R. S. Ruggeri and R. D. Moore, "Method for Prediction of Pump Cavitation Performance for Various Liquids, Liquid Temperatures, and Rotating Speeds," NASA TN D5292, Jun. 1969.

10-18. "Liquid Rocket Engine Turbopump Inducers," NASA Space Vehicle Design Monograph, NASA SP-8052, May 1971.

10-19. T. Shimura and K. Kamijo, "Dynamic Response of the LE-5 Rocket Engine Oxygen Pump," *Journal of Spacecraft and Rockets*, Vol. 22, No. 2, Mar.–Apr., 1985.

10-20. "Liquid Rocket Engine Turbines," NASA Space Vehicle Design Criteria Monograph, NASA SP-8110, Jan. 1974.

10-21. S. Andersson and S. Trollheden, "Aerodynamic Design and Development of a Two-Stage Supersonic Turbine for Rocket Engines," AIAA Paper 99–2192, 1999.

10-22. D. Guichard and A. DuTetre, "Powder Metallurgy Applied to Impellers of Vinci Turbopump," International Symposium for Space Transportation of the XXI Century, in CD ROM of the symposium, May 2003.

第11章 发动机系统、控制与总装

在本章中，我们将讨论推进剂预算、复杂火箭推进系统的性能、挤压或泵压供给系统的液体推进剂火箭发动机的设计、发动机控制、校准、系统集成与系统优化。一些内容也适用于固体推进剂火箭发动机和混合火箭推进系统。

11.1 推进剂预算

在所有的液体火箭发动机中，加入的推进剂总量总会大于完成预期任务所需的预期量。额外的推进剂是为了完成提供推力以外的其他目的（如阀门驱动这样的辅助功能），补偿发动机在结构上、飞行过程中等的不确定性以及微小变化（如在气流中产生的微小尺寸偏差）引起的额外推进剂损耗。下面列出的11项推进剂的预计表示要计算的发动机中使用的所有不同种类推进剂的总和，这11个项目还定义了必须被加载的推进剂总量，并旨在尽量减少额外的推进剂量。

（1）为达到特定应用和特定飞行器或者某一级所需的飞行器速度增量而需要的足够的可用推进剂。额定速度增量通常是采用基于式（4-19）、式（4-20）和式（4-35）的迭代计算进行系统分析和任务优化后确定的。若同一架飞行器有多种飞行轨道或任务，则应选择飞行轨道中最不利的和总冲要求最高的任务。这种完成任务所需的推进剂是加注到飞行器贮箱中的总推进剂量的最大部分。

（2）在采用燃气发生器循环的涡轮泵系统中，总推进剂量中的一小部分在独立的燃气发生器中燃烧，它的火焰温度比推力室低，工作混合比和推力室不同，这使得从贮箱中流出的推进剂总混合比稍有变化（见式（11-3）和式（11-5））。

（3）在带有推力矢量控制系统（TVC）的火箭推进系统中，例如摆动推力室或摆动喷管的火箭推进系统，推力矢量有若干度的转动。轴向推力有轻微的降低，故减少了第（1）项中提到的飞行器速度增量。弥补这个小的速度降低量所需的额外推进剂可根据任务需求和TVC工作占空特性确定。额外所需推进剂占总推进剂的0.1%~4.0%。推力矢量控制系统将在第18章中介绍。

（4）在一些装有低温推进剂的发动机中，小部分推进剂被加热、蒸发，用于增加低温推进剂贮箱的压力。如图1-4所示，来自泵出口的一小股液氧通过换热器被加热，进而提高氧贮箱的压力。这个方法适用于多个航天器的氢氧外贮箱。

（5）提供轨道修正、位置保持、机动飞行或姿态控制的辅助火箭发动机通常有一系列小型可重启的推力器（见第4章）。若这些辅助推力器所用的推进剂也来自大发动机的供应系统和贮箱，它们就必须包括在推进剂预算中，具体预算要视任务和推进系统方案而定。这种辅助推进系统可能要消耗可用推进剂中相当大的一部分。

（6）残留在贮箱壁上或者残留在阀门、管道、喷注器或冷却通道的推进剂均无法用于产生推力。这些推进剂占总加载推进剂量的0.5%~2.0%。所有未使用的残留推进剂增加了推力终止时的飞行器质量，并略微降低了飞行器的最终速度。

（7）由于贮箱容积、推进剂密度或贮箱液位的变化，存在着加注误差。这通常占推进剂总量的0.25%~0.75%。这在一定程度上取决于加注推进剂时的质量测量方法（飞行器称重、流量计、液位计等）的精度。

（8）发动机性能偏差是由各种发动机相互之间的硬件制造差异（如冷却夹套、喷注器和阀门压力损失的轻微差异或泵特性的轻微差异）引起的。这些差异引起燃烧特性、混合比或比冲的轻微变化。如果混合比有轻微的变化，两种液体推进剂之一将完全耗尽；另一种推进剂组元将残留在贮箱中，称为不可用推进剂。如果必须满足最小总冲要求，则必须储存额外的推进剂，以补偿这种混合比的变化。这个量最高可达到推进剂一种组元的2.0%。

（9）操作因素可能导致附加的推进剂需求，例如，把多余的推进剂加注到贮箱，或者不正确地调整调节器或控制阀，还可能包括飞行加速度偏离额定值造成的影响。对于经过仔细调整和试验的发动机，这种因素可控制得很小，通常为0.1%~1.0%。

（10）在使用低温推进剂时，必须包括蒸发和冷却余量。这是蒸发掉的（在飞行器等待发射时排放到外面）或者通到发动机内用于冷却发动机的额外的推进剂量。普遍将新的低温推进剂送入贮箱中替代蒸发掉的推进剂，这个过程称为"补加"，此过程在发射前就已经进行了。若在补加和发射之间有着明显的时间延迟，额外的低温推进剂将会蒸发，因此在发射时贮箱中推进剂的精确数量常常存在着一些不确定性。

（11）最后需要考虑总的意外因素或不可知因素，以允许不可预见的推进剂需求或者对上述各项的不合适或者不可靠的估计的产生，或者还可能包括飞行器阻力的不确定性、制导或控制系统的变化、风或泄漏的修正量。

上述各项中只有某些项目的推进剂产生轴向推力（第（1）、（2）项，有时还有第（3）、（5）项），但在确定推进剂总质量和容积时，所有项目都必须被考虑。

表11-1列出了航天器挤压式发动机系统的推进剂量预算实例。其中，大部分推进剂消耗于产生轴向推力的主推力室中，第二大量的推进剂被送至一组小型推进器，用于姿态控制。对于飞行任务更加苛刻，或者发动机性能比较低的飞行器，就需要更多的额外推进剂来完成飞行任务。相反，当发动机性能优于标称值，或者任务能够以更少的总冲量完成（或以较少或更低的轨道运行）时，发动机将消耗更少的推进剂，且剩余推进剂大于预算量。

表11-1 采用单组元挤压式供应系统的航天器推进系统推进剂预算实例

预算项目	典型值
主推力室（增加飞行器或某一级的速度）	85%~96%（根据任务分析和系统工程分析确定）
飞行控制功能（用于反作用控制推进器，获得飞行稳定性）	2%~10%（根据控制需求确定）
残余推进剂（残留在阀门、管路、贮箱等内的推进剂）	总需要量的0.5%~2.0%

续表

预算项目	典型值
加注误差	大于总需要量的 0.5%
性能偏差余量	总需要量的 0.1%~1.0%
工况偏差余量	总需要量的 0.1%~1.0%
任务余量（最上面两项的余量）	项目 1 和 2 的 1%~5%
意外情况余量	总需要量的 1%~5%

来源：工程预算。

11.2 整个或多个火箭推进系统的性能

下面的简化关系式补充了式（2-23）和式（2-25），它们给出了整个火箭发动机系统的总比冲、推进剂总流量和总混合比与相应的组件性能的关系。它们适用于同时工作的一台或多台推力室、辅助装置、燃气发生器、涡轮和推进剂蒸发增压系统组成的发动机系统。

比冲 I_s、推进剂流量 $\dot{w}$ 或 $\dot{m}$、混合比 r 可参照式（2-5）和式（6-1）。总推力 F_{oa} 为所有推力室的推力和涡轮排气产生的推力之和，总流量 $\dot{m}$ 为它们的流量之和，在 2.5 节中已有提及。下标"oa""o""f"分别表示整个发动机系统、氧化剂和燃料。

比冲、推进剂流量和混合比定义如下：

$$(I_s)_{oa} = \frac{\sum F_{oa}}{\dot{w}} = \frac{\sum F_{oa}}{g_0 \sum \dot{m}} \tag{11-1}$$

$$\dot{w}_{oa} = \sum \dot{w} \text{ 或 } \dot{m}_{oa} = \sum \dot{m} \tag{11-2}$$

$$r_{oa} \approx \frac{\sum \dot{w}_o}{\sum \dot{w}_f} = \frac{\sum \dot{m}_o}{\sum \dot{m}_f} \tag{11-3}$$

当飞行器推进系统中有多台火箭发动机同时工作时，总的性能也可用以上公式确定。此外这些公式也应用于多台固体推进剂火箭发动机以及液体火箭发动机与固体助推发动机组合的情况，如图 1-12~图 1-14 所示。在式（2-23）、式（11-1）与式（11-4）中，所有喷管和排气射流必须指向同一方向（这里表示向量）。

例 11-1 对于一类似于图 1-4 所示的带燃气发生器的发动机系统，试建立一组公式表示：①总的发动机性能；②从贮箱流出的推进剂的总混合比。采用以下下标："c"为推力室；"gg"为燃气发生器；"tp"为贮箱增压。对于额定燃烧时间 t，1% 的残余推进剂和 6% 的总安全系数，试给出在恒定推进剂流量下所需的燃料量和氧化剂量的公式（忽略关机和起动瞬变过程、推力矢量控制和蒸发损失）。

解 只有氧化剂贮箱通过蒸发推进剂来增压。虽然该增压推进剂在确定总混合比时必须考虑，但是由于其留存在飞行器内不排出箭体之外，在确定总比冲时不应考虑，则

$$(I_s)_{oa} \approx \frac{F_c + F_{gg}}{(\dot{m}_c + \dot{m}_{gg})g_0} \tag{11-4}$$

$$\begin{cases} r_{oa} \approx \dfrac{(\dot{m}_o)_c + (\dot{m}_o)_{gg} + (\dot{m}_o)_{tp}}{(\dot{m}_f)_c + (\dot{m}_f)_{gg}} \\ m_f = [(\dot{m}_f)_c + (\dot{m}_f)_{gg}]t(1.00 + 0.01 + 0.06) \\ m_o = [(\dot{m}_o)_c + (\dot{m}_o)_{tp} + (\dot{m}_o)_{gg}]t(1.00 + 0.01 + 0.06) \end{cases} \quad (11-5)$$

对于这种燃气发生器循环，发动机混合比 r_{oa} 和推力室混合比 $r_c = (m_o)_c/(m_f)_c$ 不同。同样，发动机总比冲略低于推力室比冲。但是，对于膨胀循环或分级燃烧循环，只要没有用于贮箱增压的推进剂蒸发，这两个混合比和比冲就是相同的（6.6节介绍了发动机循环）。

发动机总比冲受喷管面积比和燃烧室压力的影响，受发动机循环和混合比的影响程度较小。表11-2列出了10种液氧-液氢火箭发动机，它们是各国不同单位设计的，表中数据表明了比冲对这些参数的敏感性。参考文献11-1～11-3给出了其中一些发动机的更多数据。

表 11-2　10 种液氧-液氢火箭发动机

发动机名称、循环方式、制造国或制造商（鉴定年份）	飞行器	真空推力/kN	真空比冲/s	室压/bar	混合比	喷管面积比	发动机干质量/kg
SSME，分级燃烧，喷气发动机，洛克达因（1998/2010年）	航天飞机（三机工作）	2 183	452.5	196	6.0	68.8	3 400
RS-68，燃气发生器，喷气发动机，洛克达因（2000年）	"德尔塔"	3 313	415	97.2	6.0	21.5	6 800
LE-5A，膨胀，MHI，日本（1991年）	HII	121.5	452	37.2	5.0	130	255
LE-7，分级燃烧，MHI，日本（1992年）	HII	1 080	445.6	122	6.0	52	1 720
Vulcain，燃气发生器，SEP及其他欧洲公司	"阿里安"5	1 120	433	112	5.35	45	1 585
HM7，燃气发生器，SEP，法国	"阿里安"1，2，3，4	62.7	444.2	36.2	5.1	45	155
RL 10-A3 喷气发动机，洛克达因（1965年）	各种上面级	73.4	444.4	32.75	5.0	61	132
RL 10-B2 喷气发动机，洛克达因（1998年）		110	466.5	44.12	6.0	375	275
YF 73 中国（1981年）	"长征"	44.147	420	26.28	5.0	40	236
YF 75，双管工作，中国（1991年）	"长征"	78.45	440	36.7	5.0	80	550

11.3　发动机设计

发动机初步设计和最终设计所采用的途径、方法和资源通常因设计单位、发动机类型不同而不同，此外还要看发动机的新颖程度。

(1) 针对给定的用途，包含新的主要组件和一些新颖设计方案的全新发动机设计将是最佳的发动机设计，但这通常是成本最高、研制周期最长的。其中一项主要的研制费通常用于组件和多台发动机的充分试验（在各种环境和性能极限条件下），以为初始飞行和初始投产建立具有足够置信度的可靠性数据。目前，由于技术发展水平已相对比较成熟，完全新颖的发动机的设计和研制并不是经常有的。

(2) 采用已有发动机验证过的主要组件或经一些修改的关键组件来设计新发动机，这是目前通用的途径。这种发动机设计要求其工作范围在已有的或轻微修改过的组件的性能范围之内。用于验证其可靠性的试验要相对少得多。

(3) 已有的、经验证的发动机的提高或改进型。这条途径与第 (2) 条非常类似。当要求针对给定任务设计定型的发动机具有更大的有效载荷（实际上意味着更大的推力）或更长的工作时间（更大的总冲）时就需要用这种途径。提高已有发动机的性能往往意味着需要更多的推进剂（更大的贮箱）、更大的推进剂流量和更高的室压与供应压力以及更大的供应系统功率。通常发动机干质量要增加（壁厚更大）。

下面简单叙述典型的发动机设计过程，在第 19 章以及参考文献 11-4 和 11-5 中也描述了这样的设计过程。但是，从不同的角度来看，首先必须确定新发动机的基本功能和需求。这些需求通常根据飞行器的任务和技术要求导出，由用户和飞行器设计师确定，同时常常请一位或多位发动机设计师参与。发动机需求包括了一些关键参数，如推力水平、所需的推力-时间变化、多次起动或脉冲工作、飞行高度历程、环境条件、发动机在飞行内的位置以及对经费、发动机包络尺寸、试验位置或进度等的限制或约束。如果已有的经验证的发动机能适应这些要求，那么随后的设计过程将比全新发动机的设计要简单，而且两者之间有很大不同。

通常要先对发动机做出一些初步决策，如推进剂、混合比或高温组件的冷却方法。这些决策往往基于任务需求、用户的习惯、过去的经验、一些分析以及主要决策者的判断。此外，选择决策还包括发动机的循环方式，供应系统供应一台、两台还是多台推力室，辅助推力器的冗余和点火系统的类型等。

在设计过程中，需要使用系统工程或者其他适当的分析方法，以及与客户、主要供应商、飞行器设计者的良好协调。在准备一个有意义的发动机设计目标之前，所有的初步设计都必须完成（见参考文献 11-5～11-7）。其中一个需要在设计早期决定的是供应系统的选择，如选用挤压式气体供应系统还是泵供应系统。

挤压式供应系统（图 1-3）为总冲低的飞行器提供了更好的性能（推力小于 4.5 kN 或 1 000 lbf，持续约 2 min），泵供应系统为高推力飞行器提供了更好的性能（如高于 50 000 lbf 或约 222 kN），并且提供了超过几分钟的长持续时间。对于总冲不高不低的飞行器，可以选择两种方式中的任意一种。这个选择不仅仅基于简单的总冲标准。如果挤压式供应系统的腔室压力相对较高（如 2.4～3.5 MPa 或者 350～500 psi，有时会更大），那么推力室的空载重量也会很大，但是推力室将很小。通常可以放置在大多数可用的发动机舱室中，这是由于推进剂罐和挤压式气罐必须处于相对较高的压力中，其重量较重。对于相对较低的燃烧室压力而言（0.689～1.379 MPa 或者 100～200 psi），贮箱压力较低，壁厚较薄，除非具有较低的喷管出口面积比（这意味着较低的性能），否则推力室尺寸将相对较大，并且通常会超过发动机的极限尺寸。压力反馈系统和相对较低的腔室压力更适用于反应控制系统。挤压式供应系统相对简单，非常可靠，且允许快速起动和快送充气。由于其可靠性较高，NASA 会选择在某些空间应用中使用挤压式供应系统。例如,"阿波罗"飞船服务模块发动机(21 900 lbf 推力),即使相对泵供应系统而言,挤压式供应系统有较大的重量损失和稍差的飞行器性能。此外,还要决定是使用带有气压调节器的增压系统,还是选择一个放气系统(见表 6-3 和 6.4 节)。

对于涡轮泵式液体火箭发动机,推进器贮箱和发动机的整体干质量相对较轻,通常飞行器在较大的总冲应用中会表现好一些。这些发动机通常工作在高压下(3.5~24.1 MPa,或 500~3 500 psi),并且推力室会更小和更短,可以减少飞行器结构质量,这适度地改善了飞行器的性能。较高的比冲量会稍稍减少任务所需的推进剂质量。与具有挤压式供应系统的发动机相比,更少的干质量(更薄的壁厚)和更少的推进剂量使得飞行器本身可以更小、更轻,成本更低,并具有较优越的性能。有着 TP 系统的发动机要更加复杂,发动机本身通常更重,成本更高,然而推进器和气箱将更轻,其节省的质量可以弥补发动机带来的重量增量。此外,还需要更多的测试去验证泵供应发动机的可靠性。在较高的燃烧室压力下,TP 发动机的换热更高,冷却更难,但是在早期的高压火箭发动机中已经成功解决了许多高传热情况,并且许多 TP 大型火箭发动机已经实现了高可靠性。对于可重启的发动机,复杂性也会更高,在这几个发动机循环中必须选择一个。

在这个阶段进行多方案折中研究是必需的。对于已有发动机的改进,这些参数是完全确定的,需要进行的折中研究或分析很少。下面,进行压力平衡、泵和涡轮之间的功率分配、燃气发生器流量、推进剂流量和余量或最大冷却能力的初步分析,对关键组件(如贮箱、推力室、涡轮泵、供应和增压系统、推力矢量控制和支承结构等)进行初步的图样设计和质量估算,通常还要研究各种组件布局方案,以得到最紧凑的构型。这时往往还要对燃烧稳定性、关键组件的应力、水击、发动机在某些非设计状态下的性能、安全性、试验要求、经费和进度等进行初步分析。制造、发射场勤务、材料、应力分析或安全性等领域的专家的参与对于选择合适的发动机和主要设计特征是很重要的。通常要对选定的发动机设计方案、新特性或关键特性的合理性进行设计评审。

缩比组件或全尺寸组件、相关发动机或试验发动机的试验结果对发动机设计过程有很大的影响。在研制过程后期,需要对新组件和新发动机进行试验,以验证发动机的主要设计决策的合理性。

发动机的干质量和其他质量特性(重心或惯量矩)是飞行器设计师或用户感兴趣的关键参数。在初步设计阶段就需要这些参数,在最终设计阶段需要更详细的数据。发动机质量通常通过把各组件或子系统的质量相加而确定,各组件可通过称重或通过计算体积和已知或假设的密度来估算。有时初步估算可基于相似部件或组件的已知数据。

发动机初步性能估计往往根据以前类似发动机的数据进行。如果得不到这些数据,则可通过合适的修正系数(见第 3 章)计算 F、I_s 或其他的理论性能值(见第 2、3、5 章);当然,静态试验测量数据要比估算值好。最终的性能数据通过飞行试验或高空模拟试验获得,这种情况下气流和高空效应会与飞行器或羽流相互作用。

如果初步设计不能满足发动机的技术要求,则需要改变最初的发动机决策。如果还不够,有时还要改变任务需求本身。各组件、压力平衡等要进行重新分析,其结果将改变发动机的构型、干质量和性能。反复迭代这个过程,直到得到满足要求的合适的发动机为止。初步设计工作结束后要给出发动机的初步布局图、初步干质量估算、发动机性能估计值、经费估算以及初步的进度安排。这些初步的设计数据构成了承担最终详细设计、研制、试验以及交付发动机而向用户提交建议书的基础。

为选择满足要求的发动机最佳参数,需要进行优化研究。其中一些是在确定合适的发动机之前进行的,一些则在确定之后进行。11.6 节将对此做进一步的叙述。需要优化的参数有燃烧室压力、喷管面积比、推力、混合比或由同一涡轮泵供应的大型推力室的数目。优化研究的结果得到了最佳参数,采用这些参数将进一步改进(通常改进量较小)飞行器性能、推进剂分数、发动机容积或成本。

当发动机建议书顺利通过飞行器设计师的评估、用户批准并注资后,发动机的最终设计就可以展开。一些分析、设计布局和估算需要再次进行,但是要更加详细,要编写规范和制造文件、选择供货商、制造工装夹具。一些关键参数的选择(特别是一些与技术风险有关的参数)需进行确认。再次通过设计评审后,按研制工作计划生产关键组件和发动机样机,并进行地面试验。通过可靠性验证后,一到两套发动机将安装在飞行器上进行飞行试验。对于那些要制造大量飞行器的研制项目,发动机按所需数量进行生产。

表 11-3 列出了苏联设计的三种不同的分级燃烧循环发动机的一些主要特性,其推力和推进剂各不相同(见参考文献 11-6)。该表给出了影响飞行器性能和构型的发动机主要参数(燃烧室压力、推力、比冲、重量、推进剂组合、喷管面积比、尺寸等)。表中还给出了从属参数,它们是发动机的内部参数,但对组件设计和发动机优化很重要。图 11-1 所示为有四个推力室(及其推力矢量作动器)的 RD-170 发动机,四个推力室的推进剂由位于中央的单台大型涡轮泵(257 000 hp,图中未示出)供应,该图还示出两个富氧预燃室之一。图 11-2 画出了 RD-170 火箭发动机的简化流向图,图中有大型涡轮泵的主要部件,两个富氧预燃器和两个增压器,其中一台由富氧涡轮排气抽气驱动的涡轮驱动(气体与液氧混合时凝结),另一台由高压液体燃料的液体涡轮驱动。在美国 Atlas V 空间运载火箭的第一阶段,使用了 RD-170 的一个版本,这个版本之后称为 RD-180,具有两个推力室。单推力室的 RD-191 将在第 6、8、9 章中讨论。

表 11-3 苏联三种大型分级燃烧循环液体火箭发动机的数据

发动机名称	RD-120	RD-170	RD-253
用途(发动机数目)	"天顶号"第二级(1)	"能源号"助推器(4) "天顶号"第一级(1)	"质子号"助推器(1)
氧化剂	液氧	液氧	N_2O_4
燃料	煤油	煤油	UDMH
涡轮泵(TP)数量和类型	1 个主 TP、2 个增压 TP	1 个主 TP、2 个增压 TP	1 个 TP
推力控制/%	有	有	±5
混合比控制/%	±10	±7	±12
推力调节(全流量百分比)/%	85	40	无
发动机真空推力/kgf	85 000	806 000	167 000
发动机海平面推力/kgf		740 000	150 000
真空比冲/s	350	337	316

续表

发动机名称	RD-120		RD-170		RD-253	
海平面比冲/s	—		309		285	
推进剂流量/(kg·s^{-1})	242.9		2 393		528	
混合比 O/F	2.6		2.63		2.67	
长度/mm	3 872		4 000		2 720	
直径/mm	1 954		3 780		1 500	
发动机干质量/kg	1 125		9 500		1 080	
发动机湿质量/kg	1 285		10 500		1 260	
推力室特性						
燃烧室直径/mm	320		380		430	
燃烧室特征长度/mm	1 274		1 079.9		999.7	
燃烧室收缩比	1.74		1.61		1.54	
喉部直径/mm	183.5		235.5		279.7	
喷管出口直径/mm	1 895		1 430		1 431	
喷管面积比	106.7		36.9		26.2	
推力室长度/mm	2 992		2 261		2 235	
额定燃烧温度/K	3 670		3 676		3 010	
额定室压/(kgf·cm^{-2})	166		250		150	
喷管出口压力/(kgf·cm^{-2})	0.13		0.73		0.7	
真空推力系数	1.95		1.86		1.83	
海平面推力系数	—		1.71		1.65	
摆动角度/(°)	固定		8		固定	
喷注器类型	富氧预燃室高温燃气+燃料					
涡轮泵特性[b]						
输送液体	氧化剂	燃料	氧化剂	燃料	氧化剂	燃料
泵出口压力/(kgf·cm^{-2})	347	358	614	516	282	251
流量/(kg·s^{-1})	173	73	1 792	732	384	144
叶轮直径/mm	216	235	409	405	229	288
级数	1	1	1	1+1[a]	1	1+1[a]
泵效率/%	66	65	74	74	68	69
泵轴功率/hp	11 210	6 145	175 600	77 760	16 150	8 850
泵所需 NPSH/m	37	23	260	118	45	38
轴转速/(r·min^{-1})	19 230		13 850		13 855	
泵叶轮类型	径向流		径向流		径向流	
涡轮功率/hp	17 588		257 360		25 490	
主涡轮进口压力/(kgf·cm^{-2})	324		519		239	
压比	1.76		1.94		1.42	

续表

涡轮泵特性[b]			
涡轮进口温度/K	735	772	783
涡轮效率/%	72	79	74
涡轮级数	1	1	1
预燃室特性			
流量/(kg·s^{-1})	177	836	403.5
O/F 混合比	53.8	54.3	21.5
室压/(kgf·cm^{-2})	325	546	243
预燃室数量	1	2	1

[a] 流入预燃室的燃料流经一小型两级泵;
[b] 在分级燃烧室中,推力室的推力、推进剂流量和混合比与整个发动机的相同。
(莫斯科的 NPO Energomash 提供)

图 11-1 转运车上的 RD-170 火箭发动机外形

(该发动机可一次性使用,也可重复使用(最多 10 次飞行)。它已用于"天顶号""联盟号"助推器以及"能源号"运载火箭,管子结构支撑了四个铰接的推力室及其控制作动器。它是目前使用的推力最大的液体火箭发动机。莫斯科的 NPO Energomash 提供,见参考文献 11-6)

火箭发动机基础

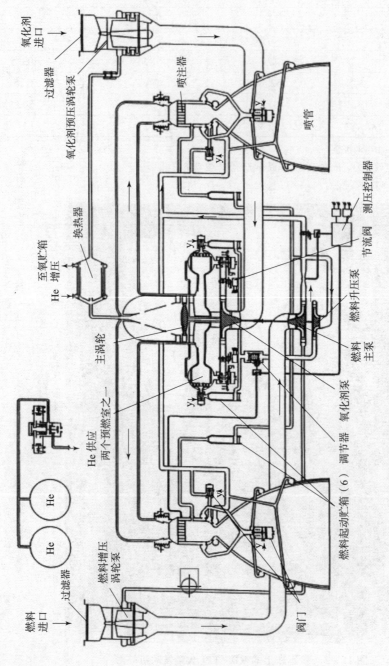

图 11-2 RD-170 高压火箭发动机简化流向图

(单轴大型涡轮泵有一个单级反力式涡轮,两个燃料泵和一个带诱导轮的单级氧泵。全部氧化剂和小部分流量的燃料供应到两个富氧预燃室。该图只示出四个推力室中的两个,两个增压泵用于防止主泵气蚀。He 增压子系统(仅部分示出)为各种制动器和控制阀控制阀供应高压 He,用符号 y 表示。通过把自燃燃料喷射到两个预燃室和四个推力室来实现点火。莫斯科的 NPO Energomash 提供,见参考文献 11-6)

当前大部分发动机设计、初步设计和设计优化可通过计算机程序来完成，包括有限元分析、应力和传热计算、重量和质量特性、各种结构的应力和应变分析、水击、发动机性能分析、供应系统分析（流量、压力和功率平衡）、气体增压、燃烧振荡和各种排气羽流效应评估等（参考文献 11-4 和 11-5）。一些用户还要求在发动机交付前向他们提供某些分析报告（如安全性、静态试验性能分析等）。

许多计算机程序是由特定设计单位开发、专门用于某一类用途（如星际航行、空战、远程弹道导弹或地球轨道上升段）的，此外许多程序专门用于特定的发动机循环。例如，有一个发动机平衡程序，用于计算燃料、氧化剂和增压气体流动系统的压降平衡。类似的还有用于计算泵和涡轮功率、转速和扭矩的平衡（参见10.4节）的程序、比较不同涡轮泵构型的程序（参见10.3节）。某些平衡程序还能近似计算发动机、贮箱、涡轮驱动流体的质量。有了计算机程序，就可以对各种压力和压降、混合比、推力、推力室数目、总速度增量在飞行器各级之间的分配、恒推力（或推进剂流量）和变推力（节流）或脉冲（间隙）推力之间的折中进行反复迭代。

11.4　发动机控制

所有液体火箭发动机都具有完成以下全部任务或其中某些任务的控制功能（见参考文献 11-7、11-8、11-9）。

（1）发动机起动。

（2）发动机关机。

（3）小推力再起动（若需要的话）。

（4）按程序工作（预定的恒定或随机变化的推力、预设的推进剂混合比和流量，如 6.9 节最后一段所讨论的，进气道中的声波流动可以实现推进剂的恒定流动）。

（5）安全装置检测系统，以防止飞行器或发动机的故障或危险状态。

（6）推进剂加注。

（7）工作结束后排出剩余推进剂。

（8）对于低温推进剂，管路、泵、冷却夹套、喷注器和阀门必须在发动机起动前用流经它们的冷推进剂冷却到低温流体的温度，这种冷却用的推进剂不用于产生推力，其定期流动时间必须加以控制。

（9）飞行前后在不点火的条件下检测关键部件或一组部件的功能。

（10）对可回收和重复使用的火箭发动机，还要具有机内自检特性，以在飞行中和地面上进行连续检查，并能在发射终止后、没有任何地面勤务的情况下几分钟内就使发动机重新回到待飞状态。

这些控制要素的复杂性和发动机系统的复杂性在很大程度上取决于飞行器的任务。一般来说，一次性使用的（一次发射）、出厂前已加注推进剂的、工作在特定环境条件下的发动机，要比重复使用的、具有机内自检特性的、以及用于载人飞行器上的发动机更加简单。由于液体推进剂的特性，大多数控制作动功能都是通过阀门、调节器、压力开关和流量控制器实现的。现在大型发动机已普遍采用专用计算机进行自动控制。流动控制装置（阀门）已经在 6.9 节中介绍了，其他的控制装置在本节介绍。

安全性控制用于保障在故障情况下人员与设备的安全。例如，控制系统通常是这样设计的：火箭发动机若发生供电故障，则触发安全关机（所有电动阀门自动回复到常位），未反应推进剂不会发生混合或爆炸。另一个实例是电联锁装置，它禁止推进剂主阀门在点火器正常工作前打开。

检测控制用于在火箭发动机不进行点火工作的情况下对关键控制组件的工作进行模拟。例如，许多火箭发动机都具有允许主阀门在系统没有推进剂或压力的情况下作动的措施。

11.4.1 发动机起动和推力上升的控制

在火箭发动机起动和关机过程中，由于各推进剂组元进入燃烧室的时间差异和燃料与氧化剂通道的流阻不同，混合比可能会显著地偏离规定的设计值。在该过渡阶段，火箭发动机的室压和混合比有可能达到会产生不稳定燃烧的参数范围之内。时序、阀门工作顺序以及瞬变特性对火箭发动机的起动和关机是非常关键的。好的控制系统设计必须能避免不良的瞬变过程出现。为获得可靠、重复性好的火箭发动机性能，必须对推进剂流量、压力和混合比进行严格的控制。推力室的起动和点火已经在8.6节中介绍过了。

幸运的是，大多数火箭发动机工作时的推进剂消耗率和混合比近乎恒定，这就简化了工作控制的问题。液体推进剂在没有自动控制装置时也能实现稳定的流动，因为液体流动系统一般来说是趋于固有稳定的。这意味着液流系统对推进剂流动中的任何扰动（流量突然增加或减少）的反应是趋于降低扰动的影响。因此，系统自身就具有恢复稳定的性质。但是，在某些情况下系统及其组件的自振频率也可能使系统失稳。

挤压式供应系统的起动延迟期通常很小。在发动机起动之前，增压系统必须工作，贮箱气垫必须增压。起动延迟期包括系统吹除（若需要的话）、阀门打开、引发燃烧以及流量和室压上升到额定值的时间。泵压式发动机系统起动时间一般比较长。除了上述挤压式系统的起动步骤外，还有燃气发生器或预燃室起动、把涡轮泵带到能维持燃烧并达到全流量所需的时间。如果推进剂是非自燃的，则还有点火器工作所需的时间和确认工作正常所需的反馈时间，所有这些过程都需要控制。表11-4叙述了这些典型步骤，但并不是所有发动机都包含这些步骤。

表11-4 典型的大型涡轮泵压式供应系统液体火箭发动机起动和关机过程主要步骤

起动之前
检测某些组件的功能（无推进剂流动），如推力矢量控制或阀门的作动器。
确定贮箱和管路干净，贮箱加注推进剂。
排放推进剂以消除气包。
当采用能与空气反应的推进剂时（如氢气会将空气冻结、小的固态空气结晶会堵塞喷射孔、固态空气与液氢会形成爆炸混合物），必须用惰性的干气体（如氦气）吹除管路系统（包括喷注器、阀门和冷却夹套），以除去空气和水蒸气团。在多数情况下需要连续吹除多次。
对于低温推进剂管路系统，需要冷却到低温推进剂的温度以防止产生蒸气包。这通过在临起动前发动机系统（阀门、泵、管路、喷注器等）重复排放低温推进剂来实现。排出的冷气体使空气中的湿气凝结成液滴，看上去好像发动机排出浓厚的波浪形云状物。
对贮箱进行再次加注或"补加"，以替补蒸发掉的或已用于冷却发动机的低温推进剂。
临起动前对飞行器推进剂贮箱增压

续表

起动：初级工况
起动发出起动电信号，通常由飞行器控制装置或试验操作员发出。 对于非自燃推进剂，起动燃气发生器或预燃室和主燃烧室的点火系统；在推进剂流入燃烧室之前必须收到点火器正在燃烧的信号。 初始工况：打开阀门（在某些情况下阀门只部分开启或只打开旁通路），使燃料和氧化剂在初始的低流量下进入高压管、冷却夹套、喷注器集液腔和燃烧室。阀门开启速率和顺序对一种推进剂能否提前进入可能是很关键的。推进剂开始燃烧，涡轮轴开始转动。 使用发动机自动控制，进行检测（如转速、点火器功能、供应压力），在进入下一步前确保工作正常。 在带齿轮箱的系统中，齿轮润滑剂和冷却剂流体开始流动。 为了安全，一种推进剂组元必须先到达燃烧室
起动：过渡到全流量/全推力
涡轮泵功率和转速增加。 推进剂流量和推力增加，直至达到额定值。可以采用控制手段来防止瞬变阶段混合比或参数的上升速率超出极限值。 主阀门完全打开，达到全室压和全推力。 对于通过把蒸发用推进剂送入贮箱来增压推进剂的发动机系统，这种加热推进剂开始流动。 控制推力、混合比或其他参数的系统开始作用
关机
发出关机信号关闭主要阀门。 主要阀门按预定顺序关闭，例如，控制燃气发生器或预燃室的阀门首先关闭，推进剂贮箱停止增压。 随着驱动涡轮的气体的供应减少，泵逐渐减速，各推进剂的压力和流量迅速减少，直至停止。随着流体压力的减小，主阀门关闭（通常通过弹簧力关闭），贮箱增压可能也停止。在某些发动机中，管路或冷却夹套内残留的推进剂可能通过蒸发或气体吹除清除掉

挤压式供应的小推力器的起动是非常快的，包括小阀门打开、推进剂流入燃烧室并点火以及高压燃气充满小燃烧室的时间，起动时间最短可达 3～15 ms。在带有挤压式供应系统的发动机中，由于初始室压低，压力差高得多（$p_{tank} - p_1$），因此推进剂的初始流量通常比全推力的额定流量大得多。高流量可能导致推进剂在腔室中积累，并在初始室压增高的情况下可能导致所谓的"硬起动"。在某些情况下，这种"硬起动"会损坏腔室，解决此问题的一种方案是慢慢打开主推进剂阀，或者在其中建立节流结构。

对于泵压式系统和大推力发动机，从起动信号发出到满室压的时间比较长，为 1～5 s。这是因为泵的转子惯性较大，点火器火焰要加热的推进剂的质量相对较大，需充填的推进剂管路容积较大，并且需要发生的过程或步骤较多。

大型泵压式火箭发动机至少有四种起动方法。

（1）用固体火药起动器或起动药包燃烧产生的气体挤压燃气发生器或预燃室，从而驱动涡轮工作。"大力神"Ⅲ自燃推进剂火箭发动机（第一级和第二级）和 H-1 发动机（非自燃的）都使用了这种方法。在 H-1 发动机中起动火药的火焰还用于点燃燃气发生器中的液体推进剂。通常这是最快的起动方法，但无法进行重复起动。

（2）SSME 上使用了贮箱压头起动的方法。这种方法起动较慢，不需要起动药包，发动机可重复起动。来自飞行器贮箱的液柱压头（通常对垂直发射的大型运载火箭而言）加上贮箱压力造成了一个小的推进剂初始流量，随着涡轮的运转，室压缓慢建立，一两秒钟后发动机流量完成"自引导"，随后压力上升到额定值。

（3）利用一个小型辅助挤压式推进剂供应系统将一定质量的初始燃料和氧化剂（基本上是全压力）输送到推力室和燃气发生器中。"德尔塔"Ⅱ运载火箭第一级的 RS-27 发动机使用了这种方法。

（4）转动件起动方法，采用独立气瓶中的纯净高压气体来驱动涡轮（通常低于额定转速），直到发动机能提供足够的高温燃气来驱动涡轮。由于高压气瓶很重，冷气和热气的衔接增加了复杂性，因而这种方法目前很少采用。在增压发动机中，气瓶可以是地面设备的一部分。该方法在 RS-68 发动机上使用过，其高压氦瓶是发射过程中地面设备的一部分。

11.4.2　样机的起动和关机顺序

这是目前在 RS-25 火箭发动机中使用的起动瞬变过程和关机特性的一个实例，也在 SSME 中使用（现已退役）。这两个都是为"贮箱起动"而设计的复杂分析燃烧循环发动机，它展示了电子控制器的高速功能。图 6-11 中的流程图和图 6-1 的发动机视图标出了下面要提到的关键组件的位置，图 11-3 给出了瞬变过程中发生的事件和顺序。本小节下面介绍基于波音公司 Aerojet Rocketdyn 提供的信息。

对于贮箱压头起动，起动涡轮旋转的初始能量完全来自贮箱内推进剂的初始压力（燃料和氧化剂）和重力（液柱压头）。在由四个涡轮泵、两个预燃室和一个主燃烧室（MCC）组成的分级燃烧循环发动机上用贮箱压头起动，会导致起动程序非常复杂，但该起动程序也被证实是稳健、可靠的。起动之前，涡轮泵和导管（与主推进剂阀门相连）用液氢和液氧（LOX）预冷到低温推进剂温度，以确保液体推进剂泵的正常运转。在发动机起动指令发出后，燃料主阀门（MFV）首先打开，对 MFV 以下部分进行预冷，并使燃料先进入发动机。在起动最初 2 s 这个关键阶段，主要事件的顺序由三个氧化剂阀门决定。燃料预燃室的氧化剂阀门（FPOV）打开至 56% 工况，为燃料预燃室（FPB）点火提供 LOX，从而为高压燃料涡轮泵（HPFTP）的涡轮提供初始扭矩。初始已进行预冷的系统下游的传热会引起燃料系统的振荡（FSO），进而会导致流量下降。这些燃料流量的下降会引起 FPB 和氧化剂预燃室（OFB）在点火时产生破坏性的温度尖峰，其频率为 2 Hz，直至氢的压力高于临界压力。接着氧化剂预燃室氧化剂阀（OPOV）和氧化剂主阀（MOV）打开，为 OPB 和 MCC 点火提供液氧。

下一个关键步骤是 FPB 的充填，即用液体推进剂填满喷注器上游的氧化剂管路系统，充填后燃烧增强、功率提高，该步骤发生在起动后 1.4 s 左右。高压燃料涡轮泵（HPFTP）的转速在起动后 1.24 s 左右自动进行检测，以确保在下一个关键步骤（MCC 充填，由 MOV 控制）前其转速足够高，充填和阀门时序是很关键的。需要说明的是，某些步骤可能会出问题。在 MCC 充填时，燃料泵/涡轮的背压会急剧上升。如果此时通过燃料泵的流量不够大（转速不够高），则在流体升压过程中传给流体的热量可将其汽化，导致发动机产生不良的流动；随后导致高混合比与高燃气温度，并可能导致热气系统烧毁。如果 MCC 充填太早或 HPFTP 转速异常低，则会发生上述情况；如果 MCC 充填太迟，则由于 FPB 充填后背压很

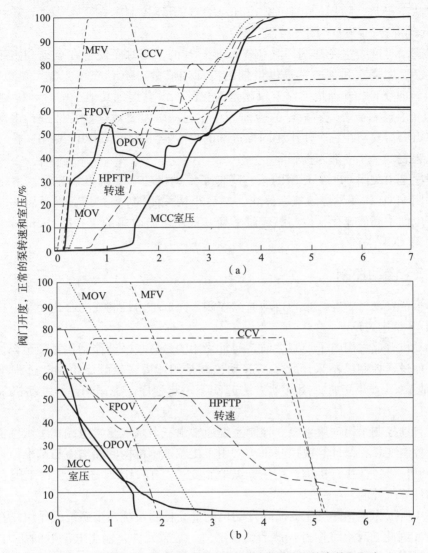

图 11-3 RS-25 发动机或者 SSME 起动和关机的事件和顺序

(a) 发动机起动后的时间/s; (b) 发动机关机后的时间/s

(这种特定的起动程序完成后燃烧室压力为 2 760 psi（图中归一化为 100%），高压燃料涡轮泵转速为 33 160 r/min（100%），海平面推力为 380 000 lbf（图中为 100%）。图中的关机发生在发动机调节到 67% 功率水平或真空推力为 312 559 lbf 时（图中示出 67% MCC 室压）。由 Aerojet Rocketdyne 提供）

低，HPFTP 可能加速太快而超过其安全转速。MCC 充填通常在 1.5 s 时发生，OPB 最后充填，因为它控制着 LOX 的流量和燃料的提前进入，系统需要有正常的燃料泵流量以免发动机因混合比过高而烧毁。OPOV 在起动初期提供一个最小的流量，使氧化剂在起动后 1.6 s 左右最后充填。此外，FSO 影响 OPB 中的温度峰值，因此在 MCC 充填（该充填会使燃料压力上升到燃料系统的临界值以上）前必须将其与 MCC 充填错开。起动后 2 s 时，推进剂阀门时序设置应能使发动机提供 25% 的额定功率水平（RPL）。在起动过程的前 2.4 s，发动机处于开环工作模式，但采用了基于 MCC 压力的 OPOV 比例控制。此后再进行一些检测，以确保发动机状态正常，随后使用 MCC 室压/OPOV 闭环控制，在 2.4 s 时上升到主级。在 3.6 s 时，起动混合比/FPOV 闭环控制。

发动机起动时推力室冷却阀门（CCV）是打开的，其时序使得在点火和主级工作时为喷管冷却夹套、燃烧室和预燃室提供最佳的冷却剂流量。MCC 充填完成、热负荷增加后，CCV 将流量转向喷管冷却通道。以上叙述是简化的，没有提到其他一些自动检测，如 MMC 或 FPB 的点火、燃料或燃烧室减压的验证等，在起动阶段要对这些特性进行多次检测与反馈。火花塞点火器安装在三个使用相同推进剂的喷注器（MMC、FPB、OPB）内。这些问题在上面和流程表 11-4 中都未提到。

关机程序是由关闭 OPOV 开始的，它降低了发动机功率（降低氧流量、室压和推力），接着很快关闭 FPOV，使燃烧缺氧、停止。然后很快关闭 MOV。MFV 仍开启一段较短的时间，然后开度向中间值变化，以与氧流量平衡（阀门下游收集的氧）。当大部分氧蒸发或排空后，MPV 和 CCV 关闭。

11.4.3 自动控制

在液体火箭发动机中经常采用自动监测控制来完成推力控制或混合比控制。推力矢量的控制将在第 18 章中讨论。

在主发动机普遍采用电子控制之前，通常采用的是氦气气动控制。氦气至今仍用于作动大型阀门，但逻辑控制已不采用它了。起动控制是用压力多级顺序控制，过程中检测压力（和少数其他量），如果正常，用气动方法起动下一步程序。美国 H-1 发动机采用了这种方法。

大多数自动控制采用伺服系统。控制系统通常由三个基本要素组成：①敏感机构，用于检测或测量控制变量；②计算或控制机构，用于比较敏感机构的输出值与基准值，并对执行机构发出控制信号；③执行机构，用于操纵控制变量。第 21 章将进一步讨论能自动记录数据和分析的计算机控制。

图 11-4 所示为某燃气发生器循环发动机的推力控制系统，该系统的作用是在飞行时将燃烧室压力（因此同时也将推力）调节到预定值。敏感元件是输出电信号的压力测量装置，自动控制装置将该传感器的输出信号与参考传感器的信号或计算机电压进行比较，计算出误差信号。该误差信号经放大、调制后发送给节流阀门的作动器。通过控制进入燃气发生器的推进剂流量，就可以调节燃气发生器的压力，从而改变了泵的转速和主推进剂流量，因此也间接调节了推力室室压和推力。这些量一直是变化的，直到误差信号接近零为止。图中的系统是大大简化了的，只是为了举例说明而已，实际系统可能要集成到其他自动控制系统中去。在该图中，燃气发生器的混合比通过针栓形的燃料和氧化剂阀来控制，这两个阀门相互连接，由单个作动器控制。

在图 6-10 中画出的膨胀循环中，推力通过保持所需的室压和用可变旁通控制进入涡轮的氢气流量来调节。通过该旁通的流量很小（一般为气体流量的 5%），它通过一个控制阀的运动进行控制。

在推进剂控制系统中，混合比是变化的，以确保燃料和氧化剂贮箱同时完全排空。系统不应该保留有过多的参与推进剂，它会增加飞行器惰性质量，进而降低飞行器质量比和飞行性能（见第 4 章），这是不利的。例如，氧化剂流量可能因其密度稍大于正常值或喷注器压

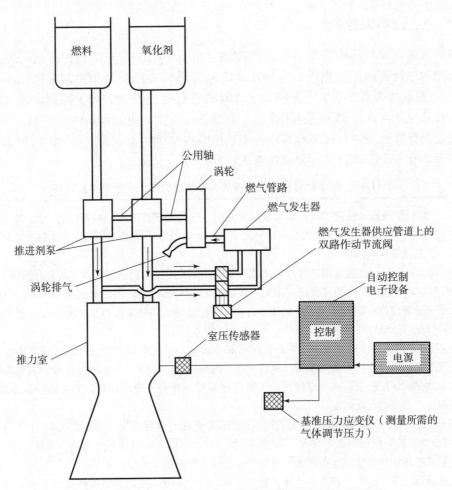

图 11-4 伺服机构型液体火箭发动机室压自动控制系统简图
(该发动机包括泵压式供应系统、燃气发生器以及贮箱压头自引导启动系统)

降稍低于正常值而稍大于额定值。如果不加以控制,在氧化剂排空的时刻燃料就会有剩余。但是,控制系统可以使发动机在一段时间内以比正常值稍微富燃的推进剂混合比工作,以补偿误差,保证两个推进剂贮箱几乎同时排空。这种控制系统要求在飞行时能够精确测量两个推进剂贮箱内的剩余推进剂量。

自动控制系统中三个主要组件都有多种类型。①典型的敏感装置有测量燃烧室压力、推进剂压力、泵转速、贮箱液面或推进剂流量的装置;②执行机构可以调节推进剂流量,或者控制旁通机构以及燃气发生器的出口流量;③对于控制器,则有许多运行机构,如直接电动装置、模拟或数字电子计算机、液压或气动装置以及机械装置等;④作动器可以由电动机、液压、气动或机械驱动。其中液压作动器能提供很大的作动力和很快的响应。特定控制系统中具体的组件类型、能源的性质、控制逻辑、系统的类型和操纵机构与具体用途和要求有关。参考文献 11-4、11-8、11-9 对控制做了进一步讨论。

在必须精确控制飞行器最终速度的应用中,关机瞬变过程施加给飞行器冲量的变化量很可能超过要求的速度公差。因此,在这些应用中必须严格控制推力衰减曲线。这可以通过自动控制发动机工作时序、主推进剂阀门的关闭速率以及控制阀门与喷注器的相对位置来实现。

11.4.4 计算机控制

早期的火箭发动机采用简单的定时器控制，后来采用压力分级程序将指令发送给发动机、作动阀门以及其他工作组件。有些发动机也采用气动控制器来控制起动和关机。最近35年来，大型液体火箭发动机已采用数字计算机进行运行控制。除了控制发动机的起动和关机外，计算机还可以做很多其他工作，并有助于提高发动机的可靠性。表11-5列出了现代发动机控制计算机在一台或多台发动机中承担的典型功能，该表主要针对大型泵压式发动机，没有考虑有多个小推力器的姿态控制火箭发动机。

表11-5 数字计算机在监控液体火箭发动机工作方面的典型功能

> （1）以一定频率通过大量传感器采集信号（如室压、气体和硬件温度、贮箱压力、阀门状态等），如1次/s、10次/s、100次/s或1000次/s。对于缓变参数（如控制盒的温度）每1 s或每5 s采样一次也许足够了，但室压要高频采样。
> （2）记录所有信号，包括收到的信号和计算机产生并作为指令或信息发送出去的所有信号。
> （3）控制发动机起动的步骤和程序。图11-3和表11-4列出了必须采取的典型步骤，但没有列出用于确认指令步骤已执行的测量参数。例如，若点火器已起动，则根据适当位置的温度传感器或辐射传感器的信号变化可以证明点火确实已发生。
> （4）控制发动机关机。对于表11-4最下面那部分或图11-3中列出的每一步，往往需要探测压力或其他参数的变化以证明指令关机步骤已执行。当探测到某些故障时，控制器发出紧急关机指令，以在发动机发生意外破坏前安全关机。这种紧急关机程序必须迅速而安全地执行，它可能与正常关机不同，并且必须避免产生新的危险状态。
> （5）限制全推力工作时间。例如，飞行器达到所需任务飞行速度后马上开始关机。
> （6）安全性监控。检测燃烧不稳定、预燃室和燃气发生器或涡轮泵轴承的过热、涡轮泵的剧烈振动、涡轮泵的超速或其他知道会迅速造成组件发生严重故障并很快引起发动机破坏的参数。通常能显示这种故障的传感器信号不止一个。若有多个传感器在检测，则计算机可能识别出那些飞行中可以纠正的故障（程序预先编入计算机），然后控制计算机自动发出指令实施纠正或安全关机。
> （7）在发动机工作前、工作中和工作后根据关键传感器的信号分析性能偏差，确定探测量是否在预定范围外。若合理可行、不止一个传感器表明数据可能超出范围、可以预计故障原因和预设纠正方法（预编程的），则计算机可以自动起动纠正动作。第（6）项和第（7）项的一部分被称作为发动机安全监测系统，在11.5节讨论。
> （8）控制推进剂贮箱增压。在发动机工作时和再次起动前的滑行段，贮箱压力值必须在允许范围内。探测贮箱安全阀的动作可确认贮箱过压。然后计算机自动发出指令关闭或降低增压剂的流量。
> （9）对推力和推进剂的使用进行自动闭环控制（前面已经介绍过）。
> （10）将信号传送到飞行器遥测系统，遥测系统紧接着将这些信号发送到地面站，这样就提供了有关发动机状态的信息，这对于试飞和首飞尤其重要。
> （11）计算机和软件的自检

控制计算机的设计超出了本书的范围。一般来说必须仔细考虑发动机所有可能的要求、所有必须监控的功能、所有可能发生的故障模式及其纠正或改善步骤、所有测量参数及其量程、控制方法（如开环、闭环或多回路控制，自适应或自查（专家系统）控制）、系统体系结构、软件方法、与飞行器上其他计算机或地面计算机的相互关联和任务分工，以及工作过程和运行状况的验证方法。为了方便，最好拥有可以进行一些更改（在发动机研制过程或出现故障的情况下是必需的）以及允许多变量同时控制的软件。最近35年来，控制计算机的功能在不断增加，同时其尺寸和质量也有明显的减小。

控制计算机通常装在防水、抗冲击的黑匣子内，而黑匣子安装在发动机上。从黑匣子引出防火和防水的电缆导线，连接到所有的仪器、传感器、阀门位置显示器、转速计、加速度计、作动器和其他发动机组件以及电源、飞行器控制器上，此外还用分叉脐带电缆与地面设备相连。参考文献11-9介绍了航天飞机主发动机的控制机构。

11.5 发动机系统调整

虽然发动机是为提供特定性能 F、I_s、$\dot{m}$、r 而设计的，但一台全新的发动机并不总是能够精确地在这些额定参数下运行。发动机系统调整的任务就是通过对发动机系统的精确调校，使之能够在额定工况下工作。如果性能与额定值的偏离大于百分之几，飞行器可能完不成预定飞行过程。造成这些偏差的原因有多种。硬件上不可避免的尺寸公差会引起流量-压力特性或喷注器的射流冲击（影响燃烧效率）偏离额定设计值。即便是混合比的微小变化也会引起不可用剩余影响推进剂明显增加。此外，推进剂成分或储存温度（它影响密度和黏性）的微小变化也会引起偏差。调节器设定值的公差或飞行加速度的变化（影响静压头）是另一些引起偏差的因素。发动机调整是调节某些内部参数、使发动机性能处于允许公差带内的过程，参见参考文献11-4和11-5。

液压和气动组件（阀门、管路、伸缩接头）可以很方便地在冷流台上做液流试验，实现对压降和密度（有时还有黏性）的修正，确定它们在额定流量下的压降。在高温下工作的组件（推力室、涡轮、预燃室等）必须进行热试，而低温组件（泵、某些阀门）往往必须在低温推进剂温度下进行试验。把经过修正的、在所需质量流量下的各组件的压降值相加，就可以估算发动机的特性。此外，额定流量比 $\dot{m}_o / \dot{m}_f$ 必须等于所需的混合比 r，下面的例题将对该问题进行说明。对发动机进行调节的手段有：用合理安装节流圈来增加压降，改变阀门状态或者改变减压器的设定。

在大多数挤压式供应系统中，来自高压气瓶的增压气体通过减压器同时挤压各贮箱中的燃料和氧化剂。下面给出挤压式供应系统的氧化剂和燃料（下标为"o"和"f"）在额定流量下的压降公式，即

$$p_{gas} - (\Delta p_{gas})_f = p_1 + \Delta p_f + (\Delta p_{inf})_f + (\Delta p_j)_f + \frac{1}{2}\rho_f v_f^2 + La\rho_f \quad (11-6)$$

$$p_{gas} - (\Delta p_{gas})_o = p_1 + \Delta p_o + (\Delta p_{inj})_o + \frac{1}{2}\rho_o v_o^2 + La\rho_o \quad (11-7)$$

推进剂贮箱气压为调节后的压力 p_{gas} 减去气体管路压力损失 Δp_{gas}。液体静压头 $La\rho$（L 为推力室以上的液面高度，a 为飞行加速度，ρ 为推进剂密度）加上气体压力必须等于燃烧室压力 p_1 加上液体管路或闸门的 Δp、喷注器的 Δp_{inj}、冷却夹套 Δp_j 和动压头 $\frac{1}{2}\rho v^2$。若所需的液体压力（见式（11-6）和式（11-7）的等号右侧）不等于额定推进剂流量（等式左侧）下推进剂贮箱中的气压，则必须添加一个额外的压降（校正用的节流圈）。好的设计要为此提供一定裕度的额外压降。

精确控制发动机性能参数的方法有两种：一种采用带反馈的控制系统、节流阀和数字计算机进行实时控制；另一种依靠发动机系统初始静态校准。一般情况下推荐采用后一种方法，其方法简便可行，精度较高。

压力平衡是提供给发动机（由泵、静压头和/或增压气瓶）的可用压力与压降加室压的平衡过程。为了对发动机进行校准，必须进行这种平衡，使发动机在设定的流量和混合比下工作。图11-5画出了挤压式双组元发动机中推进剂系统两个分支之一的压力平衡曲线，还给出了压降（喷注器、冷却通道、增压气体通道、阀门、推进剂输送管路等的）、燃烧室压力与推进剂流量的关系，数据采用真实组件压降测量值（或计算值）并对不同流量进行修正后得到。通常画出压头损失与容积流量之间的关系曲线，以免流体密度成为特定挤压压力的显变量。燃料压力平衡和氧化剂压力平衡中所用的挤压压力是相同的，该挤压压力也可以调节。燃料和氧化剂系统都必须进行这种流量、压头，在12.5节的脚注中给出了压头的定义的平衡，因为它们的流量之比决定了实际混合比，它们的流量之和决定了推力。在要求的流量下可用压力和要求的贮箱压力之间的平衡是通过在管路上增加校正节流圈来实现的，如图11-5所示，图中未画出由液面高度提供的静压头，因为该值在许多运载火箭中都很小。但是，对于很大的加速度和高密度推进剂，静压头可能会显著增加可用压头。

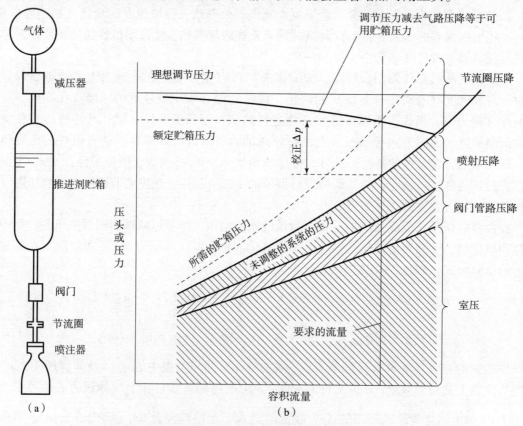

图11-5 典型双组元气体挤压式供应系统中燃料或氧化剂系统简图和平衡曲线
(a) 供应系统简图；(b) 平衡曲线

（此图也适用于单组元推进剂供应系统，但单组元系统没有校正节流圈，它是用设定合适的挤压压力来校准的。液压损失包括液体管道和冷却套中发生的摩擦）

对于泵压式双组元发动机系统，图 11-6 画出了其中一路推进剂系统的平衡图。泵的转速是一附加变量。通常因为泵的校准曲线（流量压头—功率关系）在没有足够精确的试验数据的情况下难以估算，也无法用简单解析关系来近似计算导致涡轮泵系统的校准程序相对复杂一些，流入燃气发生器或预燃室的推进剂流量也需要校准。在这种情况下，涡轮轴的扭矩必须等于泵需要的扭矩加上轴承、密封件或间隙引起的扭矩损失。因此除了压力和各推进剂流量必须匹配外，功率也必须达到平衡。由于这些参数是相互关联的，故调整工作有时并不简单。许多火箭发动机研制单位都开发了用于这种平衡工作的计算机程序。

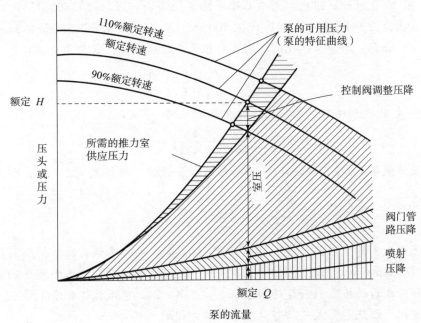

图 11-6　泵压式火箭发动机中一种推进剂在不同流量下的
可用压力和要求的供应压力之间的简化平衡图

（液柱压力使燃烧室压力增加）

例 11-2　一类似于图 1-3 和图 11-5 的挤压式液体火箭发动机系统的组件数据和设计要求如下：燃料为 75% 乙醇，氧化剂为液氧，要求的混合比为 1.3，要求的海平面推力为 5 000 lbf。这种推进剂燃气的 k 为 1.22。乙醇燃料的沸点温度为 70 °F，液态氧的沸点为 90 K 或 162 °R。假设它们在过程中不变化。喷嘴喉部出口面积比为 4。假设标称室压为 300 psi，但是需要时可以更正。

组件测试数据：在额定推进剂流量下，包括压力调节器在内的气体系统，压力损失在操作持续时间内平均为 8.0 psi。在 0.963 lbm/s 的水流中燃料阀和燃料管路的损失为 9.15 psi。在 1.28 lbm/s 的液态氧流量下氧化剂阀门和管路损失为 14.2 psi。在 0.961 lbm/s 的水流量下燃料冷却夹套压力损失为 52 psi。在氧化剂流量为 1.40 lbm/s 且推力室无燃料或燃烧的工作状态下，氧化剂喷射器的压降为 35.0 psi。在推力室工作状态中，当燃料流量为 1.02 lbm/s 时，喷油器压降为 40.0 psi，但是没有燃烧。多次海平面推力室试验的平均结果：推力为 541 lbf，混合比为 1.29，比冲为 222 s，室压为 328 psi。试确定海平面调节器的设置和校准孔的尺寸和位置，以达到 500 lbf 的推力。

解 首先必须确定为达到要求的推力室状态必须做的修正量。推力室试验数据必须针对混合比、推力和比冲的偏差进行调整。比冲随混合比的变化根据试验数据或（在相对的基础上）根据与图 5-1 的理论基础类似的理论计算来确定。由于在所要求的混合比 1.3 下的 I_s 值与实际试验条件（$r=1.29$）下的 I_s 值的偏差在 0.08% 内，这里忽略 I_s 上的混合比修正。

下一步对室压作比冲修正。比冲基本上与推力系数成正比，可根据式（3-30）确定。对于 $k=1.22$，当压力比 $p_1/p_3 = 328/14.7 = 22.2$ 和 $300/14.7 = 20.4$ 时将推力系数 C_F 的计算值分别为 1.420 和 1.405。在该计算中 P_2 必须根据等熵条件按照给定的喷管面积比确定，如图 3-6 或图 3-7 所示。因此，海平面比冲修正值为 $I_s = 222 \times (1.405/1.420) = 223(s)$。为了使推力从试验值 541 lbf 修正到设计值 500 lbf，主压必须从 328 psi 降低到一个较低的值。根据式（3-31），即 $F = C_F A_t p_1$，室压与推力参数成反比，与推力成正比，则

$$\frac{p_1}{p_1'} = \left(\frac{F_1}{F_1'}\right)\left(\frac{C_F'}{C_F}\right) \tag{11-8}$$

式中：上撇号（'）是指组件试验状态，p_1 的理论值为

$$p_1 = 328 \times \left(\frac{500}{541}\right)\left(\frac{1.420}{1.425}\right) = 304(\text{psi})$$

原来假设的值是 1.3%（300 psi），足够接近初步设计。根据式（2-5），要求的总推进剂流量为

$$\dot{w} = F/I_s = \frac{500}{220} = 2.26(\text{lbf/s})$$

在混合比为 1.3 时，根据式（6-3）和式（6-4）可求得要求的燃料和氧化剂流量分别为 $\dot{w}_f = 0.975$ lbf/s 和 $\dot{w}_o = 1.267$ lbf/s。下面，根据式（8-2）把各个组件的压降按照要求的流量值和修改后的推进剂密度进行修正，式（8-2）适用于所有流体设备。忽略流量配置系数的变化，该流量公式可以写成以下比较方便的形式：

$$\dot{w}/\dot{w}' = \sqrt{\rho/\rho'}\sqrt{\Delta p/\Delta p'}$$

对于喷油器，有

$$(\Delta p_f)_{\text{inj}} = 40.0 \times \left(\frac{0.975}{1.02}\right)^2 \cdot \left(\frac{1.00}{0.85}\right) = 42.5(\text{psi})$$

根据该公式以及氧的比重 1.14（由图 7-1 得到）、稀释乙醇的比重 0.85 和水的比重 1.0，可以得到流动条件修正后的新压降，这些数据列在表 11-6 中（流量单位为 lb/s，压力单位为 lb/in²）。

表 11-6 题 11-2 所得数据

组件	组件试验数据			设计状态		
	流体	$\dot{w}/(\text{lbf} \cdot \text{s}^{-1})$	Δp/psi	流体	$\dot{w}/(\text{lbf} \cdot \text{s}^{-1})$	Δp/psi
燃料喷注器	燃料	10.2	48.3	燃料	9.9	45.3
氧化剂喷注器	氧	14.0	90.0	氧	12.8	75.0
燃料冷却夹套	水	9.61	52.0	燃料	9.9	64.9
燃料阀门、管路	水	9.63	9.15	燃料	9.9	11.4
氧化剂阀门、管路	氧	12.8	14.2	氧	12.8	14.2

加上液体管路压降、腔室压力和所需的柱罐压力,获得罐压力为

$$(p_o)_{tank} = 30.9 + 304 - 2 + 13.7 = 346.6(\text{psi})$$
$$(\Delta p_f)_{inj} = 42.8 + 304 - 0.92 + 11 + 42.4 = 399.9(\text{psi})$$

为了使贮箱压力相等,使用了一个减压器,故氧路系统必须引入额外的压力损失。利用节流圈来校正这种简单的挤压式液体推进剂系统,节流圈必须安装在氧化剂贮箱和推力室之间的推进剂管路上。考虑到减压器的工作需要,需再增加 10 psi,那么节流圈压降将为 $\Delta p = 399.9 - 346.6 = 52.7$(psi)。减压器设定值应调节到流动条件下的下游压力为恒定的 427.6 psi。孔的面积可以根据式(8-2)求得(假设锐边孔的 $C_d = 0.60$),但英制单位需用 g_0 修正:

$$A = \frac{m}{C_d\sqrt{2g\rho\Delta p}} = \frac{12.8 \times 144}{0.60\sqrt{2 \times 32.2 \times 1.14 \times 62.4 \times 42.4 \times 144}} = 0.581(\text{in}^2)$$

为帮助发动机调整,可将一组平衡公式编成计算机程序。程序里还可包括一些系统动态模拟,它能对发动机起动瞬变性能进行调整和调节。目前,针对火箭发动机性能(如推力、混合比或比冲)公差要求越来越严格的趋势,与此相应测量、调整和调节的公差也比 50 年前要严格得多。

11.5.1 火箭发动机健康监测系统

火箭发动机健康监测系统(HMS)也称为状态监测系统,是一个复杂的发动机控制系统。状态监测系统大约是在 30 年前使用传统的测量仪器时使用的。目前,有几个变体或不同类型的状态监测系统,参考文献 11-4、11-10 和 11-11 展示了不同的健康监测系统。

HMS 通过实时测量和记录如室压、泵速或涡轮气体入口温度等关键发动机参数,来监测液体推进剂发动机工作时的性能。它们也可用于发动机的校准,在这里,计算机将实际测量并校正的数据与预期设计条件下发动机运行中的预期名义数据进行比较(通过分析获得,或从现有的发动机获得满意的结果)。计算机将分析结果,并指示输出所需动作,例如改变校准孔、修整叶轮或调节阀门。由测试技术人员或工厂确定状态监测系统做出的补救措施。这种校准可以在研究、开发或者生产发动机的地面测试期间完成。

HMS 在地面开发测试中也得到广泛使用。在地面开发测试中,HMS 通过监测和测量不同的参数,可以检测出许多潜在故障隐患或即将发生的初始故障。这里,HMS 计算机可以在实际故障发生之前快速采取补救措施。这节省了大量的研发资源。此外,可以将首要功能和测试台故障补救功能组合。HMS 应用程序的描述可以参见 21.3 节。

HMS 第三种应用场景是在运载火箭起飞时。HMS 监测助推发动机起动过程的健康状况(通过实时检查关键发动机参数并比对设计值),并对发动机在完全起动处于发射台上临近发射之前是否健康或是否存在故障先兆作出诊断。这不仅为助推发动机,也为运载火箭提供了安全保障。健康监测只在起动过程的几秒钟之内,完成各种阀门位置、TP 轴速度、泵吸入压力、气体发生器或预燃器的气体温度推力室压力等数据的收集。如果 HMS 确定液体推进剂火箭发动机是健康的,便向箭载飞行计算机或地面发射计算机发出信号,火箭将被允许发射。如果 HMS 检测到发动机中的一个潜在故障或故障先兆(这在许多发动机达到全工况推力之前就可以检测到),则 HMS 向运载火箭发送不发射的信号,并在即将发生任何故障和

重大损坏之前，起动位于发射台上的所有助推发动机的安全关闭程序。图 11-3 中的 RS-25/SSME 发动机起动程序表明，起动后需要约 3 s 达到全推力的 50%，约 4.4 s 才能达到全推力，所以 HMS 有充足的反应时间。

每个测量参数的标称期望值通常是基于发动机在起动期间的瞬态行为的分析，并且由来自先前类似的火箭发动机测量出的实际数据验证和修正。对于每个标称的预期值，都有一个上限和一个下限，通俗地称为"红线极限"。如果实际测量值落在两条极限线之间，则发动机状态是健康的。如果它越过一条界限，就是发动机状态异常的征兆。一个单独的超越红线测量值不一定是因为故障，因为测量仪器或其信号处理也可能有误差，不能仅仅依靠单个指标来进行故障判断。如果存在潜在的故障征兆，HMS 必须对征兆进行验证。通常，当有着失败的可能性时，将不止一个仪器接收到超红线的数据。例如，如果在起动期间的任何特定时间，燃油泵排放管线远低于其预期压力或流量值，则可能表示燃油供应不足，或燃油可能比预期的温度高，或者泵速低，或推进剂可能存在泄漏。这些可以通过测量泵的吸入压力，测量泵的温度、轴转速或发动机舱中的燃料传感器来验证。通过三个这样的超限读数和潜在故障的严重程度评估，HMS 将自动确定一个将可能发生的故障，然后将立即向箭载计算机或和地面控制计算机发送即将发生的发动机故障（这将导致运载火箭发射过程中止）的信号。同时使所有发射发动机安全关机。

在火箭发射后，HMS 将继续监测和记录发动机的性能和参数，但通常不在飞行过程中起动补救措施（如改变气体温度或改变推力水平）。然而，对于多个同时工作的发动机，可以关闭其中一个发动机，然后通过延长其他发动机的工作时间来提供所需的总冲量，完成飞行任务。箭载飞行控制器必须具备设定以较低推力更长时间飞行的能力，以便采用不同的飞行路径完成飞行任务。历史上就曾出现过一组五个发动机中的一个发动机停机，依靠其余四个发动机圆满完成飞行任务的先例。

11.6 系统集成和发动机优化

火箭发动机是飞行器的一部分，必须与飞行器其他分系统相互关联并集成在一起。发动机与飞行器结构、电源系统、飞行控制系统（起动或推力矢量控制指令）和地面系统（检测或推进剂加注）之间存在接口（导线或管路的连接）。此外，发动机的热辐射、噪声和振动等也对飞行器组件构成了限制。

集成意味着发动机和飞行器彼此是协调的，接口设计是合理的，与其他分系统没有功能上的冲突和不必要的重复。为了系统能高效、可靠地工作并降低研制生产成本，发动机必须与其他分系统协调一致，参见参考文献 11-7。第 19 章将叙述火箭推进系统的选择过程，其中有接口和飞行器集成的讨论。第 19 章中这方面的叙述是新增加的，它适用于几种不同的火箭推进系统。但本节内容只涉及液体火箭发动机。

由于推进系统通常构成了飞行器质量的主要部分，它的结构（包括贮箱）通常是飞行器的主要结构件，不仅要承受推力，还要承受飞行器的各种载荷，如气动力、惯性力或振动。在设计阶段为确定最佳的布局，必须对多种容器（燃料、氧化剂贮箱以及增压气瓶等）、不同的贮箱压力和不同的结构连接方案进行评估。

第11章 发动机系统、控制与总装

飞行器的热特性受热源（高温羽流、发动机高温组件或气动加热）和热吸收（液体推进剂通常是热沉）以及向环境的散热等因素的影响很大。许多飞行器组件的容许工作温度范围很窄，在进行组件的热设计时应仔细评估火箭发动机工作期间、工作后和工作前的热平衡问题。

优化设计是为发动机优化各参数或选择其最佳值，如飞行器性能、推力、起动次数、发动机舱几何形状。这些研究工作通常是由飞行器设计师在发动机设计师配合下完成的。发动机设计师（与飞行器设计师一起）完成发动机参数如燃烧室压力（或推力）、混合比（影响推进剂平均密度和比冲）、推力室数目、喷管面积比或发动机容积等的优化研究。通过改变一个或多个上述参数，通常可以提高飞行器性能（0.1%~5.0%）、可靠性或者降低成本。根据任务或用途的不同，优化研究的目的是使一个或多个飞行器参数达到最大值，如射程、飞行器速度增量、有效载荷、圆轨道高度、推进剂质量分数，或者降低成本。例如，氢氧发动机在混合比为3.6左右时比冲最高，但大多数发动机的工作混合比为5~6，因为这样推进剂总容积较小，可以降低推进剂贮箱和涡轮泵的质量（提高飞行器速度增量）和减小飞行器阻力（增加净推力）。最佳喷管面积比的选择方式已在第3章中提到，它与飞行弹道的高度－时间历程有关。比冲的增长伴随着喷管长度和重量的增加，两者的影响是相反的。通过弹道分析，通常还可以针对特定应用优化最佳推力－时间曲线。

■ 符号

a		加速度，$m/s^2(ft/s^2)$
A		面积，$m^2(ft^2)$
C_F		推力系数［见式（3-30）］
C_d		孔口流量系数
F		推力，$N(lbf)$
g_0		海平面重力加速度，$g_0 = 9.80665\ m/s^2(32.174\ ft/s^2)$
H		压头，$m(ft)$
I_s		比冲，$s[(lbf \cdot s)/lbf]$
k		比热比
L		长度，$m(ft)$
$\dot{m}$		质量流量，kg/s
p		压力，$N/m^2(lbf/ft^2)$
Q		体积流量，$m^3/s\ (ft^3/s)$
r		混合比（氧化剂与燃料流量之比）
t		时间，s
T		绝热温度，$K(°R)$
v		流体或液体速度，$m/s(ft/s)$
$\dot{w}$		重量流量，$kgm/s^3(lbf/s^3)$

■ 希腊字母

ζ_d		流量修正系数

ζ_v 速度修正系数
ρ 密度，kg/m^3（lb/ft^3）

■ 下标

c	燃烧室
f	燃料
gas	有关推进剂贮箱压力
gg	燃气发生器
inj	喷嘴
o	氧化剂
oa	发动机全系统
P	泵
T	涡轮
t_p	贮箱增压
0	初始状态
1	进口
2	出口

习 题

1. 计算对工作时间为 25 s、推力为 4 500 N 的 N_2O_4 – MMH 推力室的挤压供应系统需要的氮气质量和容积（ζ_v = 0.92，从 1 000 psi 或者 6 894 N/m^2，膨胀到 1 atm 的理论 I_s 为 285 s）。燃烧室压力为 20 atm（绝压），混合比为 1.65，推进剂贮箱压力为 30 atm，气瓶压力为 150 atm。考虑 3% 的推进剂剩余量和 50% 的剩余气量，以允许一些氮气溶解于推进剂。氮气减压器要求气瓶压力不低于 29 atm。

2. 在燃气发生器发动机循环上运行的火箭发动机具有以下试验数据。发动机推力：100 100 N；发动机特征比冲：250.0 s；燃气发生器流量：总推进剂流量的 3.00%；涡轮排气流过低面积比喷嘴的比冲：100.2 s。试确定单推力室的特征冲量和推力。

答案：254.6 s 和 98 899 N。

3. 这个问题涉及各种潜在的推进剂损失/利用，11.1 节确定了其中的大部分。该发动机具有单个 TP 的进给系统、单个固定推力室（没有辅助小推进器，没有推力矢量控制）、可储存的推进剂、起动前泵的良好工况以及气体发生器发动机循环。

准备一个推进剂使用/损失类别清单。如果发动机使用低温推进剂（30~35 ℃）或在冷空间环境中使用 –25 ℃ 推进剂，那么这些类别中，哪个将有更多的推进剂或更少的推进剂？给出简单的原因，如"较高的蒸气压力将更容易导致泵的气蚀"。

4. 如果发动机（在 20 ℃ 校准）在较高温度或较低温度下供应推进剂，那么推力和总推进剂流量会发生什么变化？

参考文献

11-1. P. Brossel, S. Eury, P. Signol, H. Laporte, and J. B. Micewicz, "Development Status of the Vulcain Engine," AIAA Paper 95-2539, 1995.

11-2. R. Iffly, "Performance Model of the Vulcain Ariane 5 Main Engine," AIAA Paper 1996–2609, 1996; J.-F. Delange et al., "VINCI®, the European Reference for Ariane 6 Upper Stage Cryogenic Propulsive System," AIAA Paper 2015-4063, Orlando FL, 2015.

11-3. G. Mingchu and L. Guoqui, "The Oxygen/Hydrogen Engine for Long March Vehicle," AIAA Paper 95-2838, 1995.

11-4. D. K. Huzel, and D. H. Huang, Chapter 7, "Design of Rocket Engine Controls and Condition Monitoring Systems," and Chapter 9, "Engine System Design Integration," of *Modern Engineering Design of Liquid Propellant Rocket Engines*, rev. ed., Vol. 147 of *Progress in Astronautics and Aeronautics* (Series), AIAA, Reston, VA, 1992.

11-5. R. W. Humble, G. N. Henry, and W. J. Larson, Chapter 5, "Liquid Rocket Propulsion Systems," in *Space Propulsion Analysis and Design*, McGraw-Hill, New York, 1995.

11-6. Copied from Eighth Edition of this book.

11-7. P. Fortescue, J. Stark, and G. Swinerd, *Spacecraft System Engineering*, 3rd ed., John Wiley & Sons, Chichester, England, 2003, reprinted 2005.

11-8. A. D'Souza, *Design of Control Systems*, Prentice Hall, New York, 1988.

11-9. R. M. Mattox and J. B. White, "Space Shuttle Main Engine Controller," NASA Technical Paper 1932, 1981.

11-10. H. Zhang, J. Wu, M. Huang, H. Zhu, and Q. Chen, "Liquid Rocket Engine Health Monitoring Techniques," *Journal of Propulsion and Power*, Vol. 14, No. 5, Sept.–Oct. 1988, pp. 657–663.

11-11. A. Ray, X. Dai, M-K. Wu, M. Carpino, and C. F. Lorenzo, "Damage-Mitigating Control of a Reusable Rocket Engine," *Journal of Propulsion and Power*, Vol. 10, No. 2, Mar.–Apr. 1994, pp. 225–234.

第12章　固体推进剂火箭发动机基础

本章是介绍固体推进剂火箭发动机四章（第12、13、14、15章）中的第一章，在语言的表达上，相对于液体火箭发动机（liquid propellant rocket engine）用"engine"的表述方式，在提到固体火箭发动机（solid propellant rocket mote）时，学界更倾向用"motor"一词。本章讨论了燃速、发动机性能、药柱形状和结构分析。在固体推进剂火箭发动机中，推进剂直接储存在燃烧室内，有时在燃烧室内密封储存很长时间（5~20年）。发动机有多种不同的类型和尺寸。推力在2 N~12 MN（$0.4~3\times10^6$ lbf）之间变化，在历史上，固体推进剂火箭发动机基本没有活动部件。目前，多数情况下仍然如此，但某些发动机设计为了实现推力矢量而采用了可动喷管和作动器（使推力相对发动机轴线改变）。与液体火箭相比，固体火箭相对简单，易于使用（它们参与构成了大多数飞行器的主体结构），维护工作少，但是在使用前无法全面检查，飞行中推力也不能任意改变。

在下面关于固体火箭发动机的各章中不讲述推力矢量控制、排气羽流和试验。它们是作为液体发动机和固体发动机的共同部分在第18、第20和第21章分别讲述的。第19章比较了固体和液体推进剂火箭的优缺点。其中第2~5章是这四章的基础。

图1-5和图12-1描述了比较简单的固体推进剂火箭发动机的主要构造和特点。装药是指固体推进剂的实体，通常占发动机总质量的82%~94%。装药设计和应力分析在本章的后面部分描述，推进剂在第13章讲述。固体火箭发动机通常需要一个电激励的点火器才能点火开始燃烧。推进剂药柱在其所有暴露的内表面上开始燃烧。第14章讨论了固体推进剂的燃烧和点火。在图12-1中，药柱构造有中心圆柱形腔，具有8个锥形槽，形成八角星形横截面，典型的星形横截面如图12-16所示。大多数药柱都具有凹槽、孔或其他改变初始燃烧表面的几何特征，因此确定了初始质量流速和初始推力。高温燃烧气体沿着腔内的穿孔或端口朝向喷管方向流动。发动机壳体由金属（如钢、铝或钛）或复合纤维增强塑料材料制成。壳体的任何内表面直接暴露于气体中，因此必须具有热保护或热绝缘层，以防止壳体在承受过载压力和其他载荷时过热。

发动机喷管能够在一个预先设计的具有先收敛后扩张结构的通道内有效地加速从燃烧室产生的高温气体（见第3章）。喷管由耐高温材料制成（通常为石墨和能吸收热量的耐烧蚀材料），以承受高温和烧蚀环境。大多数固体火箭如同该例子一样有一个简单的固定喷管，但是有些喷管可以稍稍旋转来控制推力的方向，使飞行器转向。移动塞式变喉面喷管（也称为针栓式喷管）技术已经有了长远的进展，但由于结构过于复杂而限制了其应用。第15章讲述了喷管、壳体、绝热层、衬层和固体推进剂火箭发动机设计。

发动机的推力是通过推力传递结构固定在飞行器上。如图12-1所示，在发动机壳体上有推力裙（带有法兰），使它固定在飞行器上。如上所述，由于没有主动冷却，固体火箭发

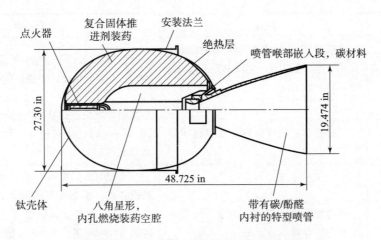

图 12 - 1 STAR™ 27 火箭发动机的横截面

（该发动机用于轨道和卫星控制。在设计高度推力为 6 000 lbf，燃烧时间为 34.4 s，初始重量为 796 lbm。更多的数据见表 12 - 3。由 Orbital ATK 提供）

动机必须设计成能够在飞行过程中承受瞬态热负荷而不失效。

固体推进剂火箭的应用参见表 1 - 3 ~ 表 1 - 5 和表 12 - 1，每个例子都有其任务要求以及相应的推进要求。图 12 - 1 ~ 图 12 - 4 说明了表 12 - 1 中所列的几个主要的火箭发动机类型的典型设计，即大的助推器或者二级发动机，空间用发动机和战术导弹发动机。关于它们的构造和设计可以参见参考文献 12 - 1。图 12 - 2 所示的"德尔塔"V 捆绑式固体火箭带式助推器（SRB）代表了 Aerojet Rocketdyne 设计的现代大型固体助推器。根据有效载荷，可以有 5 个这样的助推器按图 4 - 15 所示的方式安装，这是一种并联式结构。在图 1 - 13 中可以看到几个固体助推器对"德尔塔"V 进行加速。在这种发动机中，药柱设计是后端开槽的管槽形结构；药型示意图如图 12 - 16（e）所示。"德尔塔"V 所使用的推进剂为含铝粉的端羟基聚丁二烯（HTPB）/高氯酸铵（AP）（见第 13 章），"德尔塔"V 的发动机外壳结构是一个大型轻质碳纤维复合材料结构，与航天飞机的固体火箭发动机（SRM）（图 15 - 2）不同，它不是分段结构。该发动机有机械分离装置，在装药燃尽后将其与空间运载火箭分离。使用基于三元乙丙橡胶（Ethylene Propylene Diene Monomer，EPDM，见 13.6 节）的耐侵蚀内部绝热材料，三元乙丙橡胶是一种低密度橡胶类材料。与其他固体发动机一样，在燃烧过程中会喷出一些惰性材料（非推进剂）。例如，小的磨损的绝热层颗粒、喷管内衬和喉衬，它们在推进剂燃烧过程中已经分解、侵蚀、烧焦、汽化，这些可以达到推进剂质量的 1%。在航天飞机固体火箭发动机中，推进剂质量分数（见式（4 - 4））为 88.2%。

表 12 - 1 固体火箭发动机的主要应用类型

类型	应用	典型特征
大型助推器和二级发动机	航天运载火箭；远程弹道导弹的基础级（图 12 - 2 和图 15 - 2）	大的直径（超过 48 in）；$L/D = 2 \sim 7$；燃烧时间 $t = 60 \sim 120$ s；低高度应用，喷管面积比小（6 ~ 16）

续表

类型	应用	典型特征
高空发动机	多级弹道导弹上面级；空间运载火箭；空间机动。（图 12-1、图 12-3）	高性能推进剂；大的喷管面积比（20～200）；$L/D = 1～2$；燃烧时间 $t = 40～120$ s
战术导弹	高加速度：短程轰炸，反坦克导弹	发射管发射，$L/D = 4～13$；燃烧时间很短（0.25～1 s）；小直径（2.75～18 in）；有些是自旋稳定
	中等加速度：空地、地空、近程地地和空空导弹	小直径（5～18 in）；$L/D = 5～10$；通常有鳍或者翼；推力在发射时大，随后减小（推力维持）；许多有长尾管（图 12-4）；宽的环境温度限制：有时最低温度为 -65～160 ℉；通常有较高的加速度；少烟或者无烟推进剂
弹道导弹防御	防御远程和中程弹道导弹，两级或者三级	助推火箭和小型上面机动级，带有多个姿态控制喷管和一个或者多个转移喷管
燃气发生器	飞行员紧急逃生；从潜艇发射管或者陆上移动发射管推出导弹；短期能量提供；喷气发动机起动；军火发散；火箭涡轮泵起动；汽车安全气囊	比较低的气体温度（小于 1 300 ℃）；各不相同的结构，设计和推进剂；目的是产生高压、高能气体，而不是产生推力
固体增程炮弹	增加弹射的射程	在运输中承受非常高的加速度（小于 $20\,000g_0$）

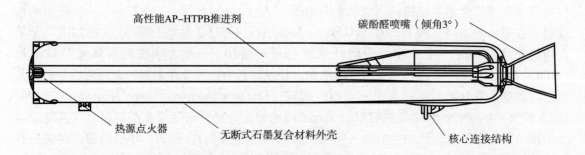

推力为 287 346 lbf（73 ℉真空平均推力）
推力为 374 730 lbf（73 ℉真空最大推力）
比冲为 279.3 s（真空平均值）
燃烧时间为 89.43 s
点火时喷管膨胀比为 16.1，燃烧时为 11.1
燃烧室温度为 6 319 °R（1 000 psi）

推进剂的质量为 93 656 lbm，消耗的惰性物质的质量为 942 lbm
长度为 62 ft
直径为 62 in
环境温度范围为 20～120 ℉
推进剂为 AP(68%)/Al(19%)/HTPB(13%)
绝热材料为三元乙丙橡胶聚合物（内部，抗烧蚀）

图 12-2 "德尔塔" V 固体火箭助推器（SRB）横截面图

（该发动机具有大型整体碳复合材料外壳和其他代表现代固体助推器的新颖功能。药柱有锥形后槽。由 Aerojet Rocketdyne 提供）

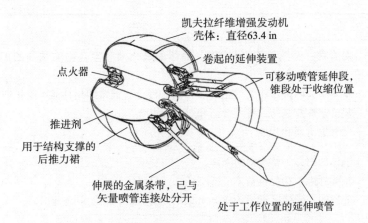

图 12-3 惯性上面级（IUS）火箭发动机结构

（带有可延伸的出锥（ECC）。用于推进运载器的上面级或者飞船，装药简单（内孔燃烧）。带有 ECC 和推力矢量控制，推进剂质量系数为 0.916。发射时，当下面两级工作时，两个锥形的可延伸的喷管部分收在比较小的里面的喷管段的周围。在空间中，每个可延伸部分通过三个相同的、轻的、电驱动的作动器伸展到它的工作位置。喷管面积比从 49.3 增大到 181，这使比冲增加了约 14 s。该发动机的性能（不带有 ECC）见表 12-3，图 18-5 显示了一个类似的发动机。由 United Technologies Corp. 提供）

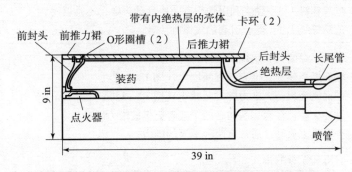

图 12-4 典型的战术导弹发动机的简化截面图

（由于长尾管使装药接近飞行器的质心，所以质心的变化很小。喷管在导弹的后部。围绕长尾管的空间通常安装导航、控制和其他的非推进装置。装药是独立的（图 12-14），它在后部的罩子装配前安装）

固体火箭发动机的分类有多种方式。表 12-2 列举了一些并附有一些说明。表 12-3 列出了三种特定的火箭发动机的特征，从这些数据可以对某些关键参数的值的范围有一定的了解。表 12-3 列出了推力和燃烧室压力的最大值用于确定结构上的载荷、平均值用于性能分析。这些发动机如图 12-1、图 18-5 和图 18-9 所示。

表 12-2 固体火箭发动机的分类

分类原则	分类
应用	见表 12-1
直径/长度	0.005~6.6 m 或者 0.2~260 in；0.025~45 m 或者 1~1 800 in

续表

分类原则	分类
推进剂	复合药：金属粉末（燃料），晶体的氧化剂和聚合物黏结剂的多相的（物理的）混合； 双基药：两种炸药的均相（胶体的）混合（通常硝化甘油在硝化纤维素中）； 复合改性双基药：将复合药和双基药组合； 燃气发生器和其他
壳体设计	整体的钢：一整块钢的壳体； 整体纤维：在塑料基体上缠绕纤维（高强度纤维）； 分段的：壳体（通常为钢）和装药是分开的，在发射场地组装
装药结构	柱状：圆柱形，通常是空心的； 端面燃烧：实心的圆柱形装药； 其他结构：如图 12-16 和图 12-17 所示
装药安装	贴壁浇铸：在装药和壳体之间或者装药和绝热层、壳体之间进行黏结；推进剂直接注入壳体； 自由装填：装药在发动机壳体外成型，然后装配进壳体
爆炸危险性	危险等级 1.3：燃烧和爆炸引起灾难性的失败，不是爆燃； 危险等级 1.1：爆燃引起的灾难性失败
推力形式	等面燃烧装药：燃烧期间推力基本保持恒定（图 12-15）； 增面燃烧装药：推力随时间增大（图 12-15）； 减面燃烧装药：推力随时间减小（图 12-15）； 脉冲火箭：在燃烧期间有两个或者更多的推力脉冲； 分段推力火箭：通常有两种不同的推力
毒性	有毒和无毒的排气

表 12-3 导弹和航天飞机火箭发动机的特征

特征参数	"民兵"导弹一级发动机[a]	Orbus-6 上面级发动机[b]	STAR™ 27 远地点发动机[a]
发动机性能（70°F，海平面）			
最大推力/lbf	201 500	23 800	6 404（真空）
燃烧时间[c] 平均推力/lbf	194 600	17 175	6 010（真空）
工作时间[c] 平均推力/lbf	176 600	17 180	5 177（真空）
最大燃烧室压力/psi	850	839	569
燃烧时间平均燃烧室压力/psi[c]	780	611	552
工作时间平均燃烧室压力/psi[c]	720	604	502

续表

特征参数	"民兵"导弹一级发动机[a]	Orbus-6 上面级发动机[b]	STAR™ 27 远地点发动机[a]
发动机性能（70 ℉，海平面）			
燃烧时间/工作时间/s[c]	52.6/61.3	101.0/103.5	34.35/36.93
点火延迟时间/s	0.130		0.076
总冲/(lbf·s)	10 830 000	1 738 000	213 894
燃烧时间总冲/(lbf·s)	10 240 000	1 737 000	
设计高度总冲/(lbf·s)	254	289.6（真空）	290.8（真空）
温度限制范围/℉	60~80	45~82	20~100
推进剂			
组分 NH_4ClO_4/%	70	68	72
组分 铝粉/%	16	18	16
组分 黏结剂和其他/%	14	14	12
密度/(lb·in^{-3})	0.063 6	0.063 5	0.064 1
1 000 psi 下的燃速/(in·s^{-1})	0.349	0.276	0.280
燃速指数	0.21	0.3~0.45	0.28
压力的温度系数/(%℉)	0.102	0.09	0.10
绝热火焰温度/℉	5 790	6 150	5 909
特征排气速度/(ft·s^{-1})	5 180	5 200	5 180
推进剂装药			
类型	六角星形	中心孔	八角星形
推进剂体积/in^3	709 400	94 490	11 480
肉厚/in	17.36	24.2	8.17
肉厚分数/%	53.3	77.7	60
残药分数/%	5.9	0	2.6
平均燃烧面积/in^2	38 500	3 905	1 378
体积装填系数/%	88.7	92.4	
点火器			
类型	热源	热源	热源
烟火装置的个数	2	两个通过隔板的起爆药	2
最小点火电流/A	4.9	NA	5.0

续表

特征参数	"民兵"导弹一级发动机[a]	Orbus-6 上面级发动机[b]	STAR™ 27 远地点发动机[a]
质量/lbm			
总重	50 550	6 515	796.3
总干质量	4 719	513	60.6
燃尽质量	4 264	478	53.4
推进剂	45 831	6 000	735.7
内绝热层	634	141	12.6
外绝热层	309	0	0
衬层	150	包含在绝热层中	0.4
点火器	26	21	2.9（空的）
喷管	887	143	20.4
推力矢量装置	包含在喷管中	49.4	0
壳体	2 557	200	23.6
其他杂项	156	4	0.7
推进剂质量分数	0.912	0.921	0.924
尺寸			
总长度/in	294.87	72.4	48.725
外部直径/in	65.609	63.3	27.3
壳体			
材料	Ladish D6AC 钢	凯夫拉纤维/环氧树脂	6Al-4V 钛
标称厚度/in	0.148	0.35	0.035
最小极限强度/psi	225 000	—	165 000
最小屈服强度/psi	195 000	—	155 000
水压试验压力/psi	940	≈1 030	725
水压屈服压力/psi	985	NA	—
最小爆破压力/psi	—	1 225	76.7
典型爆破压力/psi	—	>1 350	—
衬层			
材料	聚合物	HTPB 系统	TL-H-304
绝热层			
类型	烃-石棉	硅填充 EPDM	NA
密度/(lb·in^{-3})	0.039 4	0.044	

续表

特征参数	"民兵"导弹一级发动机[a]	Orbus-6 上面级发动机[b]	STAR™ 27 远地点发动机[a]
喷管			
数量和类型	4，可移动	1，柔性	固定的，特型
膨胀面积比	10:1	47.3:1	48.8:45.94
喉部面积/in^2	164.2	4.207	5.900
扩张半角/(°)	11.4	初始 27.4，末尾 17.2	初始 18.9，末尾 15.5
喉衬材料	锻造的钨	三维碳-碳[d]	三维碳-碳[d]
外壳材料	AlSi 4130 钢	NA	NA
出口锥材料	NA	二维碳-碳[d]	碳-酚醛

[a] 感谢 Cordant 公司，Thiokol Propulsion 部门。
[b] 感谢 United Technologies 公司，Chemical Systems；还有一种形式的 Orbus 6-E（图 11-3），带有延伸可调喷管；其比冲为 303.8 s，总质量为 6 604 lb，燃尽质量为 567 lb。
[c] 图 11-13 定义的燃烧时间和工作时间。
NA：没有应用或不适合。

绝大多数固体火箭发动机都是一次性使用的。当所有的推进剂燃烧完，任务结束以后，发动机中剩下的部件，即喷管、壳体和推力矢量控制装置都无法再用。在极少数的应用中，如航天飞机的固体助推器，可以回收，清洗翻新进行再次装药；重复使用的要求使设计更加复杂，但是如果部件可以经常重复使用，就会节省很大的费用。与液体火箭发动机不同，固体推进剂火箭发动机和它的关键部件不能进行测试，因此，必须在确保结构完整性和生产质量的前提下，在所有固体发动机的范围内进行分析以推断单个发动机的可靠性。

在过去的 10 年中，美国的固体火箭推进剂技术相对成熟。工艺设备和操作规程大多是 20 世纪 70 年代开发设计的（见参考文献 12-2）。用于发动机壳体和喷管的结构材料得到极大改进（见参考文献 12-3），但高能推进剂已接近其能量极限。与液体推进剂发动机相比，应用更多的还是固体推进剂火箭发动机（目前，全世界超过 100 万，主要是战术军事应用，而全世界只有几千个液体火箭发动机）。

12.1 基本关系和推进剂燃速

火箭发动机的工作和设计依赖于推进剂的燃烧特性，包括燃速、燃面和装药几何形状。描述这些的应用科学分支是内弹道学；装药几何形状的作用在 12.3 节中论述。

推进剂装药的燃面基本上是沿着与表面垂直的方向退移的。退移的速率就是燃速 r，常用的单位为 cm/s、mm/s 或者 in/s。在图 12-5 中，通过画出相等的时间间隔的连续燃面，可以看到装药几何形状的变化。图 12-5 所示为二维装药，中心圆柱带有 5 个槽。成功的火箭发动机设计和发展，在很大程度上取决于对所选推进剂在所有发动机工作条件和设计约束条件下燃速特性的理解。燃速是推进剂组分的函数。对于复合推进剂，可以通过改变推进剂的特征来提高燃速，通常称为燃速调节剂（占推进剂总质量的0.1%~3.0%）。

图 12-5 连续的燃面曲线示意图

（等时间间隔，显示了内孔的增长，每条燃面曲线的长度基本相等（±15%），这表明燃烧面积大致为常数）

通过以下措施提高推进剂的燃速：
(1) 添加燃速催化剂，或者增加催化剂的百分含量。
(2) 减小氧化剂颗粒尺寸。
(3) 增加氧化剂的百分含量。
(4) 增加黏结剂或者增塑剂的燃烧热。
(5) 在推进剂中埋入金属丝或者金属纤维。

除了推进剂配方因素外，还可以通过以下方法改变燃速：
(1) 提高燃烧室压强。
(2) 提高固体推进剂燃烧前的初温。
(3) 提高燃气温度。
(4) 增大与燃面平行的气体流速。
(5) 发动机的运动（加速和旋转产生的装药应力）。

上述影响因素将在本章讨论。关于燃速受到多种参数影响机理的解释在固体推进剂的燃烧过程中已得到大量的试验验证，这些将在第14章描述。燃速和燃烧过程的分析模型在初步设计和扩充实际的试验数据时很有用。对于新研或者改进推进剂的详细设计和评估，必须通过一系列试验得到。燃速数据通常由三种方法得到，即使用下面的设备进行试验。
(1) 标准的管状燃烧器，常称为克劳福德燃烧器。
(2) 小型的弹道测定发动机。
(3) 装有测量装置的全尺寸发动机。

管状燃烧器是一种小型的压力容器（通常都开窗口）。在管状燃烧器中，推进剂药条从一端点火向另一端燃烧。在药条的外面进行包覆，这样它只在暴露的横截面燃烧。工作压强由向容器中加入惰性气体来模拟。燃速可以从预先埋入导线的电信号测量，或者通过超声波，或者利用光学方法测量。由管状燃烧器测得的燃速通常比发动机试验的结果要低（4%~12%），这是因为它没有真正的模拟燃烧室的热环境。同样，因为缩比的缘故，由小型弹道评定发动机测量的燃速也略低于全尺寸发动机的结果。针对每种推进剂和装药形式，三种燃速测量方法之间的关系由经验测定。管状燃烧器的数据在筛选推进剂配方时非常有用，并且条件容易控制。不同条件下的全尺寸发动机试验数据是燃速性能的最终证明。显然，必须深入研究管状燃烧器和其他全尺寸发动机的替代物，以使分析尽量接近实际的变化情况。

在发展新的或者是改进固体推进剂的过程中，必须进行大量的试验或者特性化。这包括不同温度、压强、纯度和其他条件下的燃速测量（用几种不同的方法）。另外，还要求对物理、化学和制造性能、可燃性、老化、对不同能量输入或者刺激（如振动、摩擦、点火）的敏感性、吸湿、同其他材料（衬层、绝缘层、壳体）的相容性以及其他特性进行测量。这是一个长期的、昂贵的、危险的、不断大量试验、采样和分析的工程。

在固体发动机中，推进剂燃速是多个参数的函数。在任意时刻，发动机中燃气的质量流量为（稳定燃烧）

$$\dot{m} = A_b r \rho_b \tag{12-1}$$

式中：A_b 为推进剂装药的燃烧面积；r 为燃速；ρ_b 为发动机工作前的固体推进剂密度。

有效推进剂燃烧的总质量 m 可以通过积分式（12-1）得到，即

$$m = \int \dot{m} dt = \rho_b \int A_b r dt \tag{12-2}$$

式中：A_b 和 r 随着时间和压强变化。装药也可以设计为 A_b 保持基本恒定（±15% 以内）。

12.1.1 质量流量关系

最基本的关系是质量守恒原理，即单位时间从燃烧表面放出的气体推进剂质量必须等于燃烧室中单位时间内气体质量容积的变化（由于药柱腔体积的增加）与通过喷管流出的质量的总和，即

$$A_b r \rho_b = d(\rho_1 V_1)/dt + A_t p_1/c^* \tag{12-3}$$

式中：ρ_b 为固体推进剂密度；ρ_1 为腔室热气密度；并且其中以导数形式 V_1 表示增加腔室气体腔体积的速率；A_t 为喷管喉部面积；p_1 为燃烧室压强；c^* 为特征速度（与 T_1 成正比）；k 为燃烧气体的比热比（见式（3-32））。

式（12-3）等号左边代表气体产生率；右边的第一项表示燃烧室容积中燃气的容积变化率。根据式（3-24）和式（3-32），知道最后一项表示通过喷管推进剂流量。式（12-3）在瞬态条件的数值解中最有用，例如，在起动或关闭期间。虽然在起动期间药柱腔中的热气体的变化率总是很重要，但它很少包括在初步设计中。

装药燃面 A_b 是装药设计的函数，其大小不会随时间发生大幅改变（相关设计方法见12.5 节）。对于初步性能计算，喷管喉部面积 A_t 通常在整个燃烧持续时间内为常数（式（3-24）、式（3-32）、式（12-3）或式（12-4））。但是，为了在发动机热试期间进行准确的性能预测，当推进剂燃烧时有必要考虑喷管材料的氧化、烧蚀和剥落等导致的喷管喉部面积增加。如 15.2 节所述，这种喷管的变化通常较小（0.05%~5%）。随着燃烧过程的进行，喉部区域扩大将导致燃烧室压力、燃速和推力等的降低。

燃烧室气体空腔容积 V_1 将随着燃烧时间而增加。但是与流经喷管的气体相比，填充该部分空腔所需要的推进剂量相对较少（当燃烧过程中推进剂汽化时，质量单位的体积变化

约为 1 000∶1)。因此，除了非常短的操作持续时间之外，通常可以忽略 $\mathrm{d}(\rho_1 V_1)/\mathrm{d}t$ 项。然后，产生了稳定燃烧中压力的常用关系：

$$p_1 = K p_b r c^*, \quad K \approx A_b/A_t \qquad (12-4)$$

式中：K 是一个重要的新的无量纲发动机参数，表示燃烧面积与喷管喉部面积之比，其值远大于 1。对于稳定流动和稳定燃烧，K（或 A_b）的值必须保持基本恒定。当燃烧过程中发生明显的磨损或腐蚀时，列出的 K 值必须解释为"初始面积比"。式（12-4）本身并不能正确表示 r 对 T_b 和 p_1 的影响，因此 12.2 节将介绍燃速与压强经验关系的经验公式。

12.1.2 燃速与压强的关系

燃速的经典关系的经验公式在数据外推和理解燃速现象方面具有很大的作用。在初步设计时可以集中精力去关注影响燃速的主要因素。解析模型和相关的辅助研究在预示应用于新发动机的新型推进剂燃速时已经具有足够的精度。除非另外说明，燃速是指在温度为 70°F 或者 294 K（点火前）时，在燃烧室压力（室压）为 1 000 psi 或者 6.895 MPa 下的燃速。

对于多数推进剂来说，燃速可以近似地表示为燃烧室压强的函数，至少在一定的室压范围内是这样。图 12-6 是描述这个函数的对数坐标图。对于多数已定型批量应用的推进剂，该经验公式为

$$r = a p_1^n \qquad (12-5)$$

式中：r 为燃速（cm/s 或 in/s）；p_1 为室压（MPa 或 psi）；a 为受药柱环境温度 T_b 影响的经验常数。其单位根据式（12-5）确定。

燃速指数 n（有时称为燃烧指数），不依赖于装药初始温度并且描述了燃烧室压力对燃速的影响。对于稳定燃烧 $n < 1.0$（见参考文献 12-4），否则当 $n > 1.0$ 时，任何的压力扰动将在燃烧室中放大。式（12-5）适用于所有常用的双基、复合或复合双基推进剂，其中几种推进剂将在第 13 章中介绍。环境温度的改变不会改变燃烧过程中释放的化学能，它只是改变能量释放过程中的反应速度。

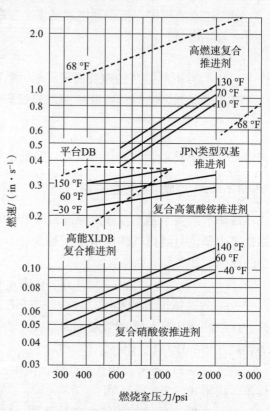

图 12-6 几种典型的固体火箭推进剂的燃速—室压曲线

（有些是在三种不同的温度下的。一种特殊的双基稳定推进剂在一个相当宽的压力范围内呈现出恒定的燃速）

图 12-6 中的曲线是计算值，在对数坐标系中为直线。然而，许多实际的燃速曲线都有些偏离并且实际的数据在曲线的某些部分还会轻微弯曲，如图 12-7 所示。对于特殊的推进剂和比较宽的温度、压力范围，燃速会有 3~4 倍的变化。在所有的推进剂范围内，燃速的变化范围为 0.05~75 mm/s 或 0.02~3 in/s，很难达到较高的燃速值。为了达到这

样的速率，需要非常小尺寸的高氯酸铵（AP）、燃烧速率催化剂、添加剂或嵌入金属线的组合。

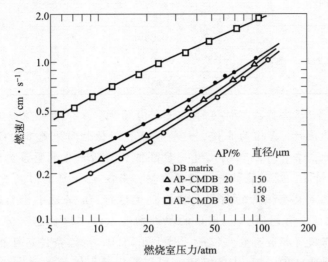

图 12-7 双基（DB）推进剂、三种复合改进双基（CMDB）推进剂的燃速特性

（三种 CMDB 中高氯酸铵（AP）颗粒（159 μm）的含量是增加的。当 AP 颗粒的尺寸减小或者 AP 的含量增加时，观察到燃速的增加。经 AIAA 许可从参考文献 12-4 的第 1 章转载）

将式（12-5）代入式（12-4）和式（12-1）中，可以将 K 和生成的质量流量表示为

$$K = p_1^{(1-n)}/(p_b a c^*) \tag{12-6}$$

$$\dot{m} = A_b p_b a p_1^n \tag{12-7}$$

例 12-1 证明 $n > 1.0$ 对于稳态条件下的推进剂操作是无法实现的。使用式（12-3）（忽略腔体储气项）和式（12-5）分析当 p_1 波动 ±0.1 时质量流量会发生什么变化。取 $n = 0.5$ 的一种推进剂和 $n = 1.5$ 的另一种推进剂（假设的），均在标准压力 $p_1 = 7.00$ MPa 下运行。假设（小）压力变化作为唯一的自变量。

解 通过喷管的推进剂流量与 p_1 成比例（见式（3-32）），而根据式（12-5）热气体质量的产生与 p_1^n 成正比，因此随着压力的变化，这些流量会不均匀地变化。将符号"Δ"定义为流过喷管的质量与推进剂燃烧产生的质量之间的差值：

$$\Delta \equiv \frac{p_1 A_t}{c^*} - A_b p_b a p_1^n = (A_t/c^*)(p_1 - Kc^* p_b a p_1^n)$$

或

$$\left(\frac{c^*}{A_t}\right)\Delta = (p_1 - b_1 p_1^n), \quad b_1 \equiv Kc^* p_b a$$

式中：常数 b_1 是从标准压力中查到的；其中 $\Delta = 0$，因为两个流速被设计成在该压力下相等。对于这个问题（在 7.0 MPa），$n = 0.5$，$b_1 = 2.646$ 和 $n = 1.5$，$b_1 = 0.378$。

表 12-4 列出了两种推进剂的压力值和 $(c^*/A_t)\Delta$ 值。单位未显示但是一致的。

表 12-4　例 12-1 中的压力 p_1 和 $(c^*/A_t)\Delta$ 值

压力 p_1/MPa	$(c^*/A_t)\Delta$	
	$n=0.5$	$n=1.5$
6.90	-0.05	0.05
7.00（标称压力）	0.00	0.00
7.10	0.05	-0.05

这些结果表明，当压力低于标称值时，当 $n<1.0$ 时，Δ 值为负值，这将导致压力上升；当压力升至高于标称值时，Δ 值为正值，这将使压力降低，因为更多的气流可以通过喷管。这时，随着压力降低，喷管可以容纳比进一步降低压力所产生的更多的流量。从稳定性考虑，对于 $n<1.0$ 的情况，流动能够进行物理调整，而在 $n>1.0$ 的情况下则不能。因此，对于固体推进剂发动机（具有恒定的喉部面积）稳定运行，n 必须小于 1.0。可以看出，$n=1.0$ 从其他因素考虑就会有问题。$n<1.0$ 的推进剂可以以"准稳态"方式运行，因为燃烧室压力波动足够小以使得趋势有效。但是，对于 $n>1.0$，稳态条件不可能是现实的。

通过例 12-1 或式（12-7）中的结果，可以看出热气体流速对指数 n 非常敏感。n 值越高，燃烧速率随压力变化越明显。这意味着即使燃烧室压力通常较小的变化也会引起产生的热气体量的显著变化。大多数量产推进剂的压力指数 $n=0.2\sim0.6$。当 n 接近 1.0 时，燃烧速率和腔室压力变得彼此非常敏感，并且腔室压力的灾难性上升可能就在几毫秒内发生。另外，具有零压力指数的推进剂在宽的压力范围内显示出基本上无燃烧速率变化。平台推进剂在有限的压力范围内具有恒定燃烧速率，并且它们对于最小化初始温度变化对发动机工作的影响是可预测（见 12.1.3 节）。一个平台推进剂在图 12-6 中显示为水平虚线。这些推进剂仅对有限范围内的燃烧室压力变化不敏感。已知几种双基推进剂和一些复合推进剂具有这种理想的平稳特性。表 13-1 列出了几种推进剂的标称燃烧速率 r 和压力指数。

12.1.3　燃速与温度的关系

如图 12-6 和图 12-8 所示，温度影响化学反应速率，燃烧前的推进剂装药的环境温度影响燃速。在比较大型的火箭发动机研制和试验中，通常在点火前将发动机在特定的温度下保温数小时，以保证推进剂装药均匀地达到所希望的温度。发动机性能必须处于指定的合格范围内。对于空中发射的导弹发动机，温度范围通常为 219 K（-60 ℉）和 344 K（160 ℉）。在这样的温度范围内，采用典型复合推进剂的发动机的燃烧室压力变化为 20%~35%，工作时间变化为 20%~30%（图 12-8）。在大型火箭发动机中，装药的不均匀受热（如日光加热一面）会引起燃速有相当大的差别，由此导致轻微的推力偏心（见参考文献 12-5）。因此，环境温度对发动机性能的影响是非常重要的，并且对于该主题的讨论对于理解固体推进剂行为是很有必要的。

燃速对推进剂温度的敏感程度可以用温度系数的形式表示，两个最常用的公式分别为

$$\sigma_p = \left(\frac{\partial \ln r}{\partial T_b}\right)_{p_1} = \frac{1}{r}\left(\frac{\partial r}{\partial T}\right)_{p_1} \qquad (12-8)$$

$$\pi_K = \left(\frac{\partial \ln p_1}{\partial T_b}\right)_K = \frac{1}{p_1}\left(\frac{\partial p_1}{\partial T_b}\right)_K \qquad (12-9)$$

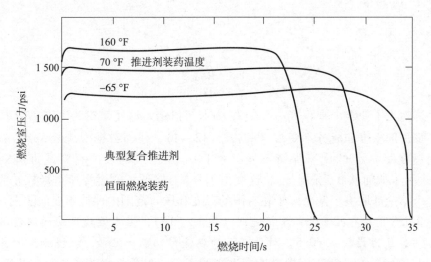

图 12-8 特定的发动机中，推进剂温度对燃烧时间和燃烧室压力的作用
（曲线下的积分面积和总冲成正比，三条曲线的总冲是相等的）

式中：σ_p 为燃速温度敏感系数，表示在特定燃烧室压力下，推进剂温度变化 1 ℃时燃速变化的百分比；π_K 为压力的温度敏感系数，表示在特定的 K 值下，推进剂在单位温度变化量时燃烧室压力变化的百分比；K 为一个几何函数，即燃烧面积 A_b 对喷管喉部面积 A_t 的比值。

对于新的推进剂，系数 σ_p 通常由标准燃烧器的试验数据计算，π_K 由全尺寸发动机或者缩比发动机的试验数据计算。σ_p 值的典型范围为 0.001~0.009/℃ 或 0.002~0.004/F，π_K 值为 0.000 67~0.002 7/℃ 或 0.001 2~0.005 ℉。由于这些灵敏度系数很小，式（12-8）和式（12-9）有时根据微分来写，以便操作。此外，当 π_K 在一定的温度区间内保持足够恒定时，可以将式（12-9）转换为在常数 K 下用于预测燃烧室压力波动的一个简化方程，即在给定的环境温度或标准状况下，下标为"0"（p_0 和 T_{0b}）：

$$\ln p_1 = \ln p_{01} + \pi_K (T_b - T_{0b}) \tag{12-10}$$

式中：系数 σ_p 和 π_K 的值主要取决于推进剂燃烧速率、组成和燃烧机理。除了环境温度的变化之外，制造公差的变化也有影响，预测发动机性能并不简单。上述两种灵敏度系数（σ_p 和 π_K）均用于设定火箭发动机的温度限制和最大压力，式（12-5）解释了用于预测燃烧时间的分析。

为了得出上面介绍的两个系数之间的关系，式（12-5）以对数形式表示，然后在假设系数 a 仅取决于 T_b，并且 n 和 K 是常数的情况下求导数：

$$\ln r = \ln a + n \ln p_1 \tag{12-11}$$

$$\left(\frac{\partial \ln r}{\partial T_b} \right)_{p_1} = d(\ln a)/dT_b$$

于是

$$\sigma_p = d(\ln a)/dT_b \tag{12-12}$$

下面，首先针对 p_1 求解式（12-6）并以对数形式写出；然后采用其环境温度导数，使式（12-11）等号右边第二项保持不变：

$$\ln p_1 = \frac{1}{1-n}[\ln a + \ln(Kp_b c^*)] \tag{12-13}$$

于是

$$\pi_K = \frac{1}{1-n}\frac{\mathrm{d}\ln a}{\mathrm{d}T_b} = \frac{\sigma_p}{1-n} \tag{12-14}$$

注意，这是为了使整个乘积 $Kp_b c^*$ 在 T_b 中保持恒定，这比量纲为 1 的参数 K 更大（燃烧室温度、推进剂密度和成分不变）。根据式（12-4），任何数据中衡量 $Kp_b c^*$ 一个很好的指标是在测量期间 p_1/r 的比率保持不变。由于 σ_p 是一般列表的材料或推进剂属性，式（12-14）表示了如何从 σ_p 获得 π_K，这突出了 π_K 对接近 1 的燃烧速率指数 n 值的强烈依赖性。这两个结论都取决于两个因子在有限的温度和压力范围内保持不变的假设。

例 12-2 对于具有恒面性药型推进剂（图 12-15），恒定燃烧区域的温度敏感系数为 $\pi_K = 0.005/℉$，压力指数 $n=0.6$。对于有效的燃烧时间 $t_b = 55\ \mathrm{s}$，燃烧速率 r 在室温（25 ℃）和 $p_1 = 1\ 500$ psi 时，70 ℉下燃烧速率为 0.32 in/s。假设变化是线性的，温度从 30 ℉到 110 ℉，确定 p_1 和 t_b 的变化。

解 可以使用式（12-10），双方指数计算压力偏移，如 $p_1 = p_n e^{\pi_K(T_b - T_{0b})}$，则

$$(p_1)_1 = 1\ 500 e^{[0.005\times(-40)]} = 1\ 230\ (\mathrm{psi})$$

$$(p_1)_2 = 1\ 500 e^{[0.05\times 40]} = 1\ 830\ (\mathrm{psi})$$

这转化为 600 psi 的总偏移或额定燃烧室压力的 40%。p_1 发生很大的变化是许多固体火箭发动机的典型。

假设随着药柱环境温度的变化，释放的总脉冲或化学能量保持不变，只有能量释放的速率会发生变化。当压力推力可忽略不计时，推力基本上与燃烧室压力成比例。那么，对于一个恒定的总冲：

$$I_t = Ft_b = 常数或 (p_1)_1 t_{b1} = (p_1)_2 t_{b2} = 1\ 500 \times 55 = 52\ 500\ (\mathrm{psi \cdot s})$$

因此

$$t_{b1} = 67.1\ \mathrm{s}, t_{b2} = 45.1\ \mathrm{s}$$

t_{b1} 与 t_{b2} 值之间的 22 s 变化表示标称燃烧时间的 40%。这些变化趋势如图 12-8 所示，其中实际 C_F 变化几乎对结果没什么影响。

在该例中，燃烧室压力的变化影响火箭发动机的推力和燃烧时间。推力轻易地在比例因子为 2 的范围内变化，这会导致装有冷的或者热的装药的飞行器轨迹发生显著的变化。如果 n 值升高，推力和燃烧室压力会惊人地提高。当 n 值和温度敏感性低时，推力和室压变化很小。

12.1.4 可变燃速指数 n

如果仔细研究燃烧速率曲线（图 12-7）可见，式（12-5）中的 n 不是真正的常数，而是 p_1 的函数（间接表明是 T_b 的函数）。因此，使用式（12-10）可能无法再准确预测环境温度变化而引起压强变化；可以从式（12-14）中看出，考虑到在常数 n 的情况下，π_K 仅取决于材料/推进剂性质 σ_p 和 n。推进剂燃烧速率数据的增加可能会导致燃烧室压力比 n 恒定时的预测值更大，相反也适用。如果这些曲线拟合中的压力增量足够小，则可以通过在一定的压强范围内以恒定的 n 值对数据进行分段曲线拟合来满足这些变化（见参考文献 12-5）。

当分段恒定燃烧速率指数方法不再适用时，一种有效的处理方法是假设 n 仅取决于 p_1，同时保持之前所有的假设不变。这样一来 π_K（火箭发动机参数）变为 p_1 的函数，并且可以求解下面的微分关系：

$$\ln p_1 \frac{\mathrm{d}n}{\mathrm{d}\ln p_1} = (1-n) - \frac{\sigma_p}{\pi_K} \qquad (12-15)$$

当 n 是常数时，式（12-15）就退化成式（12-14）的形式。式（12-15）的结果取决于是否有合适 n 作为 p_1 的函数。为了获得反映环境温度变化的 p_1 与变量 n 的影响的显式关系，利用式（12-9），求得

$$(1-n)\ln p_1 - (1-n_0)\ln p_{01} = \sigma_p \int \frac{\mathrm{d}\ln p_1}{\pi_K} = \sigma_p(T_b - T_{0b})$$

或者

$$\frac{1-n}{1-n_0}\ln p_1 = \ln p_{01} + \frac{\sigma_p}{1-n_0}(T_b - T_{0b}) \qquad (12-16)$$

当 n 不变时，式（12-16）退化成式（12-10）的形式。注意，因为 n 仅假设为 p_1 的函数，n 值可以在任何 T_b 从可用的燃烧速率数据获得，来表示推进剂的燃烧室压力的函数。式（12-16）的非显性性质使得它需要几个试验求解。例如，首先让 $n = n_0$ 并找到 p_1，然后从相关的经验信息中更新 n 对面新的压力值，并重复求解式（12-16），直到解决方案收敛到新的环境温度。本章习题11提供了求解该程序的过程。另一种方法是将 n 的多项式拟合作为 p_1 的函数代入式（12-6）。至于结果，当 $\Delta T_b > 0$ 并且对于给定的 σ_p 和 p_{01} 值，当 $n > n_0$ 时，最终燃烧室压力将大于由式（12-10）产生的压力；并且当 $n < n_0$ 时，最终腔室压力将减小。虽然这些趋势与直觉一致，但任何量化推论都必须通过上述假设的性质验证。如前所述，对于许多固体推进剂，式（12-5）仅近似满足。

12.1.5 侵蚀燃烧效应

侵蚀燃烧是指由于推进剂燃面上燃气的高速流动引起的推进剂燃速增加，它严重地影响固体推进剂火箭发动机的性能。侵蚀燃烧主要发生在燃气流向喷管的装药出口段；当装药出口段的横截面面积 A 与喉部面积 A_t 相比，通喉比小于4时，很有可能发生侵蚀燃烧。参考文献12-6给出了侵蚀燃烧的分析。燃面附近的高速度和边界层的湍流掺混提高了对固体推进剂的传热，于是提高了燃速。参考文献12-6的第10章综述了29种不同的理论分析处理和一系列试验技术，旨在更好地理解侵蚀燃烧。

侵蚀燃烧在燃烧初期会提高燃烧室压强和推力，如图12-9所示。一旦燃烧扩大了流动通道（燃烧面积没有明显的增长），通道面的流动速度就会降低，侵蚀燃烧消失，再度出现正常燃烧。因为推进剂在前期的侵蚀燃烧中消耗得比较快，所以在燃烧结束时流动和推力都要减小，燃烧时间缩短。侵蚀燃烧（定义见12.3节和参考文献12-7）还会导致装药肉厚过早燃尽，对于某些特定的药型结构，将会导致装药结构完整性变差进而导致部分装药破碎后未经燃烧就随着燃气流排出喷管。在某些发动机设计中，为了缩短拖尾提高结束段推力和压强，也可设计成增面燃烧药型以利用侵蚀燃烧效应。总之，在大多数发动机中，中等强度的侵蚀燃烧是可以容忍的，但是为了保持发动机性能的重复性，在发动机设计时应当尽量控制和避免侵蚀燃烧现象。

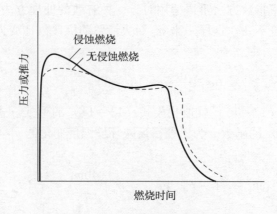

图 12 – 9　带有侵蚀燃烧和没有侵蚀燃烧的典型压力 – 时间曲线

1956 年，Lenoir 和 Robillard 针对侵蚀燃烧现象发展了一个相对简单的基于热传导的侵蚀燃烧模型，随后在发动机性能计算中得到了广泛的应用和发展。该模型是将两个燃速相加：r_0 主要是压力和装药温度的函数（见式（12 – 5）），它不含侵蚀燃烧；r_e 是由气体速度或者侵蚀效应引起的燃速增长：

$$r = r_0 + r_e$$
$$= ap_1^n + \alpha G^{0.8} D^{-0.2} \exp(-\beta r \rho_b / G) \tag{12 – 17}$$

式中：G 为单位面积的质量流量速度（kg/(m² · s)）；D 为通道的特征尺度（通常，$D = 4A_p/S$，其中 A_p 是通道面积，S 是其周长）；ρ 为未燃烧的推进剂的密度（kg/m³）；α 和 β 为经验常数。显然 β 与推进剂的配方无关，当 r 的单位是 m/s，p_1 的单位是 Pa，G 的单位是 kg/(m² · s) 时，β 值约为 53。α 的表达式是通过传热的考虑得到的：

$$\alpha = \frac{0.0288 c_p \mu^{0.2} Pr^{-2/3}}{\rho_b c_s} \frac{T_1 - T_2}{T_2 - T_0} \tag{12 – 18}$$

式中：c_p 为燃气的定压比热容 [kcal/(kg · K)]；μ 为气体的黏度 [kg/(m · s)]；Pr 为反应分子性质的普朗特数 ($\mu c_p / \kappa$)；κ 为气体的热导率；c_s 为固体推进剂的比热容 [kcal/(kg · K)]；T_1 为燃气反应的热力学温度；T_s 为固体推进剂的表面温度；T_p 为固体推进剂的初温。

图 12 – 10 显示了两种类似的推进剂的放大比例 r/r_0（或者说是在有/无侵蚀燃烧下的燃速比）与气体流速的关系，其中一种推进剂含有氧化铁燃速催化剂。在某些发动机设计中，燃速放大比例可以达到 3。因为气体加速时，静压能量转化为气体的动能，所以从装药通道的前端到后端会有压降。有侵蚀燃烧时，这种压差会导致装药中附加的轴向载荷和变形，必须在应力分析中予以考虑。沿着通道的长度方向，侵蚀或者燃速的放大并不相同。如果装药有不连续的情况，如凸起、包覆层的边缘、支撑结构或者分段装药间的缝隙，那么当地的侵蚀会由于湍流而增强。

12.1.6　其他的燃速增强效应

火箭发动机绕纵轴旋转（旋转稳定的需要）或者有较高的周向或轴向过载时（如反导弹火箭），会引起燃速的增长。目前，已经对这种现象进行了一系列推进剂的试验研究，包

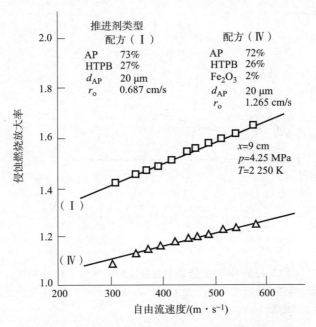

图 12-10 装药孔或空腔中气体的流速对侵蚀燃烧放大因子（带有侵蚀的燃速比上无侵蚀的燃速 r/r_0）的影响

（经 AIAA 许可，摘自参考文献 12-6 的第 10 章）

括含有或者不含铝粉燃烧剂的推进剂。推进剂的配方是一种控制参数（图 12-11），无论加速度是由旋转引起的周向还是轴向的，与加速度矢量成 60°~90°角的燃面倾向于燃速增长。例如，旋转的内孔燃烧柱状装药会受到很严重的影响。发动机旋转对内孔燃烧的推进剂的作用在图 12-12 中显示。对于新型发动机的设计，所选推进剂的加速燃烧特性通常在小尺寸发动机中测试，或者在测试设备中使燃烧的推进剂达到加速度（见参考文献 12-9 和 12-10）。快速的加速度或者快速的室压升高引起的应力会形成裂纹（见参考文献 12-11），这会暴露出更多的燃烧面积。

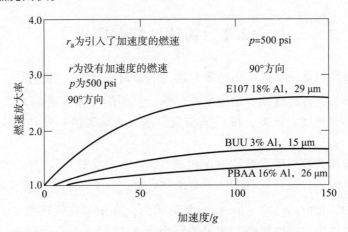

图 12-11 加速度对三种不同推进剂燃速的作用

（经许可摘自参考文献 12-8）

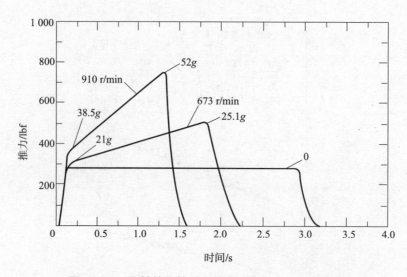

图 12-12 绕轴的旋转对火箭发动机推力-时间曲线
（发动机使用含有铝和 PBAN（聚丁二烯丙烯腈）作为燃烧剂的复合推进剂。经许可摘自参考文献 12-8）

在推进剂装药中埋入金属丝或其他形状的良好的金属导热体也会提高燃速。在端面燃烧装药中，一种方法是在装药中纵向排列银丝（见参考文献 12-12）。依靠金属丝的尺寸和装药横截面中金属丝的数量，可以很容易地将燃速提高 2 倍。铝丝的作用效果大概是银丝的一半。其他的导热体的形式还有 U 形金属丝（短小的弯曲金属丝），它是在浇注前和推进剂混合在一起。

在装药空腔中，炽热的燃气产生的强烈辐射会对燃烧的推进剂表面产生传热。更多的辐射能量会提高燃速。排气羽流（在喷管外部）的辐射和燃气中粒子的作用在第 20 章讨论。

燃烧不稳定也称为振荡燃烧，因为提高了热导率、气体速度和燃烧室压力，也会影响推进剂的燃速。在参考文献 12-13 中研究了在发动机最高响应函数条件下的特定频率下结构振荡导致的不稳定燃烧问题。燃烧不稳定问题将在第 14 章讨论。

12.2 其他性能问题

控制燃速和发动机质量排放速率的参数称为内弹道特性。它们包括 r、K、σ_p、π_K 以及压力、推进剂组分、气体速度或者加速度的影响。其他的固体推进剂火箭参数是性能参数，包括推力、理想排气速度、比冲、推进剂质量分数、火焰温度、发动机温度极限和工作时间等。

固体推进剂火箭的理想喷管排气速度由式（3-15）或式（3-16）给出的热力学理论得到。正如第 5 章所述，该式只对冻结平衡条件有效；对于动平衡，排气速度最好是通过焓降 $h_1 - h_2$ 定义，可以由 $v_2 = \sqrt{2(h_1 - h_2)}$ 计算得到。在推导排气速度公式中，需要假设喷管上游的气体速度很小，可以忽略。如果通道面积 A_p（推进剂装药间的气体流通面积）与喷管喉部面积 A_t 相比足够大，那么这是正确的。当通道与喷管喉部面积比 $A_p/A_t < 4$ 时，就必须进行压降的修正来得到有效的排气速度。

在火箭工作期间，内部材料烧蚀总是导致其性能的小幅下降。这种侵蚀通常在喷管喉部处最高，在发动机整个工作期间直径以 0.01~0.15 mm/s 的速度增大。这种侵蚀程度取决于推进剂燃气、气流中的固相颗粒以及喷管材料。喷管膨胀比的减小也会降低火箭发动机的性能。在火箭发动机性能参数中该比冲应为有效比冲，并且略低于初始或理论比（总冲与重量比冲比不同，因为它考虑了结构质量。在许多发动机中，包覆层和衬层在燃烧期间会有一部分消耗）。

固体推进剂火箭发动机的推力由第 2 章和第 3 章中相同的定义给出，即式（2-13）和式（3-29）。火焰或燃烧温度是推进剂配方和燃烧室压力的热化学特性。它不仅影响排气速度，还影响到装药的传热、结构设计、材料选择和排气羽流特征信号。在第 5 章中，介绍了燃烧温度计算的方法。第 3 章讨论了喷管喉部面积、喷管膨胀面积比和喷管尺寸的确定。

比冲 I_s 和有效排气速度 c 由式（2-3）、式（2-4）和式（2-6）定义。实际试验中测量瞬时的推进剂流量或者有效排气速度非常困难，但是在试验中可以测量总冲和总的推进剂消耗量。近似的推进剂消耗质量是通过试验前后发动机的质量变化得到的。因为在有些装药设计中允许有少量的推进剂不燃烧（称为剩药），所以有效的推进剂质量通常要比总的推进剂质量小一些。另外，在火箭发动机燃烧过程中，喷管的一部分和绝热层材料的烧蚀和蒸发会减少最终的发动机冗余质量，并且略微提高喷管质量流量。这就解释了表 12-3 中总的冗余质量和燃料燃尽时质量的差别。通过积分推力-时间曲线下的面积可以精确地确定总冲。因此，通常可以由总冲和有效推进剂质量来计算平均比冲。总冲 I_t 由式（2-1）定义，为燃烧时间 t_b 上推力 F 的积分：

$$I_t = \int_0^{t_b} F \mathrm{d}t = \overline{F} t_b \tag{12-19}$$

式中：$\overline{F}$ 为整个燃烧时间 t_b 内的平均值。

对于火箭发动机，使用两个时间间隔，燃烧时间和工作时间，如图 12-13 所示，并在 12.3 节中进一步描述。

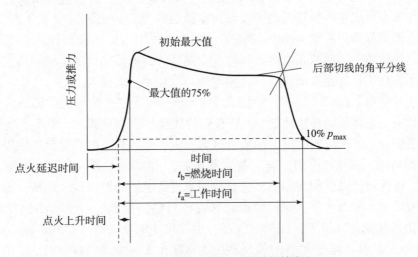

图 12-13 燃烧时间和工作时间的定义

燃烧时间、工作时间和压力上升或点火上升时间的定义如图 12-13 所示。时间零点通常确定为将给电爆管和点火药加载上点火起动信号的时刻，装药燃烧结束时刻通常采用在推力-时间曲线上采用双切线平分法确定，如图 12-13（见参考文献 12-14）所示，也可以通过计算机分析确定（见参考文献 12-15）。实际上，可以从火箭喷管看到燃气排出的时间要远长于工作时间，因为在工作时间之前和之后的尾气流量非常小，几乎对推力和总冲没有贡献，判断燃烧的结束时刻也有多种方法。上述定义虽然有些武断，但通常在标准中使用，如参考文献 2-2。

对于飞行试验，可以从测量的飞行路径加速度（减去任何估计的阻力）和来自燃烧室压力测量的瞬时发动机质量的估计得到瞬时推力，其基本上与火箭喷管质量流量成比例。这是给出了计算特定脉冲和总脉冲的另一种方法。

关于比冲的定义。特定比冲至少有四个值：①理论比冲；②标准状况下通过飞行试验、静态试验或验证试验确定的实际值（见参考文献 12-16）；③在标准状况下的比冲；④最低比冲。如果不指明具体的环境和测试条件，单纯比较比冲的数值大小是没有意义的。这个概念类似于 3.5 节中列出的"四个性能参数"。关于比冲损失及预示方法参见参考文献 12-17，可以预测由几次损失减少的比冲。

损失包括由于黏性边界层中的摩擦造成的喷管效率损失，参见第 3 章所述的非轴向喷管出口流动损失，第 18 章所述的推力矢量偏差损失、推进剂剩药损失、壁面和绝热层的热损失、不完全燃烧以及气体中的凝聚相的速度滞后损失。还有一些性能增益比，例如由于其他物质燃烧的气体（通过烧蚀喷管和热绝缘体或点火器推进剂的消融产生）也可能带来质量流量增加，在许多情况下也导致有效平均分子量稍低，并且略微减少火箭发动机工作后的最终干质量。

当燃气中固体颗粒的尺寸分布、形状和百分比已知时，可以用两相流动方程计算比冲。均匀球形颗粒直径的假设简化了分析（见参考文献 12-17），这个直径可以通过火箭发动机试验的特定比冲来估算（见参考文献 12-18）。3.5 节给出了气流中固体颗粒两相流动的简单理论。

推进剂燃烧到不同程度取决于燃料/氧化剂类型和氧燃比、能量损失以及火箭发动机内的环境。使用非金属燃料的推进剂的速度修正系数通常为 97% 或 98%（见 3.5 节），而使用添加了铝粉的推进剂修正系数为 90%~96%。由于燃气中的固体或液体颗粒都不具备使气体膨胀或加速的性质，因此两相流的效率较低。然而，铝的添加增加了燃烧热，即燃烧室气体温度，从而提高了排气速度或比冲。这种增加可以弥补一些损失。

推进剂质量分数 ζ 在式（2-8）中定义为 $\zeta = m_p/m_0$，它直接与发动机质量比和飞行器的飞行特性相关。发动机的初始质量 m_0 是有效的固体推进剂质量 m_p 和不燃烧的发动机惰性部件质量之和。对于飞行器的推进剂质量分数来说，有效载荷的质量和非推进系统的惰性质量（飞行器结构、制导和控制、通信装置和电源）都必须考虑。高的 ζ 值意味着发动机惰性质量低，部件设计高效和高应力，该参数用来进行前期的近似设计评估。另外，它也是发动机尺寸或质量、推力水平、喷管面积比和壳体材料的函数。对于很小的发动机（小于 100 lb），推进剂质量分数的值为 0.30~0.75。中等尺寸的发动机（100 lb $< m_0 <$ 1 000 lb），其 ζ 值为 0.80~0.91。对于大型的发动机（1 000 lb $< m_0 <$ 50 000 lb），ζ 值为 0.880~0.945。对每一类发动机都给定一个 ζ 的范围是因为它受到下列因素的影响：钢壳体的中等尺寸和大尺寸发动机比钛合金壳体发动机的 ζ 要低，并且它们的 ζ 值都要低于以凯夫拉纤维和环氧树脂基体为壳体的发动机。ζ 值最高的是以环氧树脂基体的石墨或碳纤维壳体的发动

机。对于较大的喷管面积比和带有推力矢量控制的发动机，ζ 要低一些。如图 12-1 和表 12-3 所示，STAR™ 27 火箭发动机的推进剂质量分数为 0.924。对于具有钛合金壳体并且有比较大的喷管出口面积的中等尺寸发动机来说，这个值是较高的。

许多性能参数用于评估固体推进剂火箭发动机并比较一个火箭发动机与另一个火箭发动机的设计质量。第一个是总冲与装填重量比 I_t/w_G，也称为单位有效比冲。装填重量 w_G 是推进剂和火箭推进系统硬件的初始总重量。I_t/w_G 的典型值为 100~230 s，较高的值代表高性能火箭推进剂和高应力硬件，这意味着较低的无效质量。从式（2-11）可以看出，总冲与装填重量比接近单位比冲的值。当结构部件、金属部件、包覆层等的重量相对于推进剂重量 w_p 变得非常小时，即 I_t/w_G 的比率接近 I_t/w 时，这是具体单位比冲的定义。I_t/w_G 的值越高，火箭发动机的设计越好。用于比较推进剂的另一个参数是容积脉冲。它定义为每单位容积推进剂装药的总冲，即 I_t/V_b。

推重比 F/w_G 是量纲为 1 的参数，它等于火箭推进系统在无重力真空中飞行的加速度（要乘以 g_0），它不包括其他的飞行器部件重量（见 4.3 节）。在使用中该参数很特别，变化范围可以从不到 $1g_0$ 的很低的值到超过 $1\,000g_0$（对于固体推进剂火箭发动机的高加速度用途）。有些火箭助推的炮的加速度有 $20\,000g_0$。

装药的两个环境温度限制通常列在火箭发动机规格或参数列表中：第一个是火箭发动机工作的最高和最低允许温度；第二个是发动机储存的最高和最低温度；第三个是发动机的储存时间，包括仓库中储存的时间和车辆运输时间，这些限制旨在最小化装药内部应力。

由于在不改变发动机结构的情况下无法直接测量推进剂流量或燃烧区域变化的速率，因此全尺寸固体推进剂火箭发动机（SPRM）的实际燃率或比冲很难测量，但是类似采用专用的试验发动机在地面点火时通过 X 射线测量燃烧区域的变化或燃烧速率等。直接测量工作还是可行的，并且获得了相关数据。以下测试是固体火箭发动机地面试验的典型项目（但并不在一次试验中进行全部测试项目）：推力-时间曲线、压力（包括燃烧室压力）、工作时间、燃烧时间、点火延迟、通过对试验前后的发动机进行称量计算推进剂总消耗量（包括少量的包覆层和喉部质量）、初始和终了时刻喉部及喷管出口直径、各种部件的温度、局部应力和应变以及振动。对于产品的直接测量则是选取其中的部分项目进行测试。例如，燃烧室初始体积、装药初始燃面、预期燃烧温度、推进剂物理性质和成分（如测量的比热容、标准燃速、推进剂密度等）数据来自仿真分析、实验室测试和设计。

例 12-3 对于一台固体火箭发动机，给出如下参数：

海平面推力平均	2 000 lbf
工作时间	10 s
燃烧室压力	1 000 psi
工作温度	环境温度（近似为 70 °F）
推进剂	硝酸铵-碳氢化合物

试确定比冲、喉部和出口面积、流量、推进剂总重量、总冲、燃烧面积和估计的质量（假设中等的效率设计）。推进剂的特性为：$k=1.26$；$T_1=2\,700\,°F=3\,160\,°R$；1 000 psi 压力下 $r=0.10$ in/s；$c^*=4\,000$ ft/s；$\rho_b=0.056$ lb/in^3；平均分子质量 $=22$ lb/(lb·mol)；气体常数 $R=1\,544/22=70.2$ (ft·lb)/(lb·°R)。

解 由图 3-4 和图 3-6 得，$C_F = 1.57$（$k = 1.26$，海平面最佳膨胀下压力比为 1 000/14.7 = 68.03），$\varepsilon = A_2/A_t = 7.8$。必须考虑喷管损失对理想推力系数的修正。假设修正系数是 0.98，那么 $C_F = 0.98 \times 1.57 = 1.54$。比冲为（式（3-32））

$$I_s = c^* C_F/g_0 = (3\ 967 \times 1.54)/32.2 = 190(\text{s})$$

由式（3-31）可得到所需要的喉部面积：

$$A_t = F/(p_1 C_F) = 2\ 000/(1\ 000 \times 1.54) = 1.30(\text{in}^2)$$

出口面积为 $7.8 \times 1.30 = 10.1$（in^2）。喷管重量流量可由式（2-5）得到，即 $\dot{w} = F/I_s = 2\ 000/190 = 10.5$（lbf/s）。工作时间为 10 s 的有效推进剂重量约为 105 lbf。考虑到推进剂的残留和推力建立过程的无效果，假设推进剂装载总量要大 4%，即 $105 \times 1.04 = 1\ 091$（lbf）。由式（2-2）得总冲 $I_t = Ft_b = 2\ 000 \times 10 = 20\ 000$（lbf·s），也可以由 $I_t = w \times I_s = 105 \times 191 = 20\ 000$（lbf·s）得到。推进剂燃烧面积可以用式（11-12）计算：

$$A_b = \frac{A_t p_1 \sqrt{k[2/(k+1)]^{(k+1)/(k-1)}}}{\rho_b r \sqrt{RT_1}}$$

$$= \frac{1.30 \times 1\ 000}{0.056 \times 0.10} \sqrt{\frac{32.2 \times 1.26}{(1\ 544/22) \times 3\ 160}} \times 0.885^{8.7} = 1\ 840(\text{in}^2)$$

该结果也可以由式（11-11）或式（11-14）得到。给定比例为

$$K = A_b/A_t = 1\ 840/1.30 = 1\ 415$$

火箭发动机（不是飞行器）的装载总重只有在详细设计后才能估算。但是，如果选定总冲对重量比的大概值（可能为 143）就能对重量进行大致的估计：

$$w_G = I_t/(I_t/w_G) = 20\ 000/143 = 140(\text{lbf})$$

因为推进剂重量为 109 lbf，所以结构部件部分估计为 140 - 109 = 31（lbf）。

12.3　推进剂装药和装药形状

装药是对按既定要求形状和质量装入火箭发动机内部固体推进剂的称呼。装药中，推进剂材料和几何形状决定了发动机的性能特性。推进剂装药是通过浇注、模压或者挤压成型的，其外观和触觉与硬橡胶或塑料类似。装药点燃后，其所有的暴露表面都会燃烧，生成炽热气体排出喷管。有些火箭发动机在单个壳体或燃烧室内有一根以上的装药，有极少数的装药分为几段，分别由不同的推进剂配方组成（如允许不同的燃速）。

将装药装在壳体中有两种方法，如图 12-14 所示。自由装填药柱的制造是在壳体外进行（挤压或浇注到圆柱形的模具或药筒中），然后装入壳体。自由装填装药方式多用于小型战术导弹和中型发动机上。壳体黏结装药呈现出更好的性能，惰性质量更低（没有夹持装置和支撑垫片，绝热层少），较好的容积装填分数，更高的应力，制造更困难和昂贵。目前，几乎所有的大发动机和许多战术导弹发动机都使用壳体黏结推进剂。这两种形式装药中的应力在下一节的结构设计中简要讨论。

关于装药的主要定义和术语有以下几种：

（1）装药构型：用于发动机工作的装药初始燃面的几何形状。

（2）圆柱形药柱：无论内孔形状如何，药柱内的横截面积沿着轴向不变（图 12-3）。

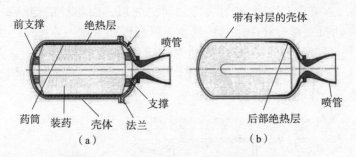

图 12-14 自由装填和壳体黏结装药示意图
(a) 自由装填装药；(b) 贴壁浇注装药

（3）中性燃烧：在发动机燃烧时间内，推力、压力、燃烧面积近似保持不变（图 12-15），典型地在 ±15% 以内。许多装药都是恒面燃烧。

（4）内孔：推进剂装药中心的空腔或流动通道，其横截面可以是圆形、星形等（图 12-15）。

（5）增面燃烧：在燃烧时间内，推力、压力和燃烧面积增加（图 12-15）。

（6）减面燃烧：在燃烧时间内，推力、压力和燃烧面积减小（图 12-15）。

（7）燃烧时间或者有效燃烧时间 t_b：通常是从最大压力（或推力）的 10% 开始，到肉厚燃尽的时间间隔，通常取压力-时间曲线尾部切线的交点为肉厚燃尽的时刻。

（8）工作时间 t_a：燃烧时间加上碎药燃烧的大部分时间，典型的为压力-时间曲线上开始和结束时压力的 10% 之间的时间间隔（图 12-13）。

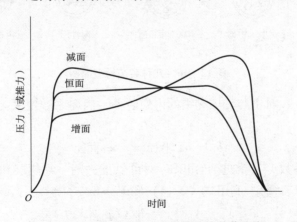

图 12-15 按照压力-时间特性的装药分类

（9）燃烧极限：在不需要加入能量的前提下，燃烧可以维持的最低压力。低于该压力，燃烧会停止或者不稳定，羽流周期性地出现和消失。

（10）包覆层：由缓燃或不燃烧的材料（通常为带有填充物的聚合橡胶）构成的层或涂层，应用（通过黏结、涂抹、浸渍或者喷涂等工艺）在装药中推进剂表面上的一部分阻止燃烧。通过防止包覆表面的燃烧，可以控制和减少初始燃烧面积（也称为保护层）。

（11）衬层：由橡胶类聚合物材料制造的高黏结、不自燃的弹性薄层，在推进剂浇注前涂覆于壳体内壁面，提高推进剂与壳体或者与绝热层之间的黏结性能。它允许在装药边缘和壳体之间有少许的轴向位移。

(12) 内绝热层：在壳体和推进剂装药之间的内层，由黏性的绝热材料制造，不易燃烧。其目的是在发动机工作过程中限制传热和壳体温度的升高。在图 12-1、图 12-4 和图 12-14 中可以看到衬层和绝热层，13.6 节也对衬层和内绝热层做了描述。

(13) 肉厚 b：药柱从初始燃面到绝热壳体壁面或者另一燃面之间的最小厚度；对于端面燃烧装药，b 等于药柱的长度（图 12-16）。

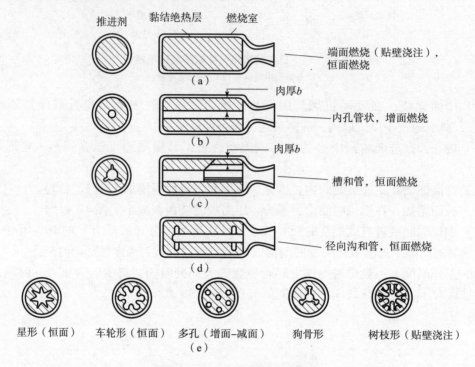

图 12-16 几种装药构型简图

(14) 肉厚系数 b_f：对于与壳体黏结的内燃装药，肉厚系数定义为肉厚 b 对装药外围半径之比：

$$b_f = b/\text{半径} = 2b/\text{直径} \qquad (12-20)$$

(15) 体积装填系数 V_f：推进剂容积 V_b 对可供推进剂、绝热层和保护层利用的燃烧室容积 V_c 之比（不考虑喷管）。利用式（2-4）和 $V_b = m/\rho$ 求解：

$$V_f = V_b/V_c = I_t/(I_s \rho_b g_0 V_c) \qquad (12-21)$$

式中：I_t 为总冲；I_s 为比冲；ρ_b 为推进剂密度。

装药必须满足以下几个要求：

(1) 由飞行任务确定的对固体火箭发动机的技术要求。这必须在装药设计之前就确定。通常由飞行器总体设计给定，进一步的要求包括总冲、需要的推力-时间曲线和误差、发动机质量、储存和工作时的环境温度限制、容许的几何尺寸或体积和由飞行器受力（振动、弯曲、气动载荷等）引起的飞行器加速度。

(2) 所选的装药药型要满足下面的要求：应该紧凑、高效地利用可用容积；有合适的燃烧面积-时间曲线，来满足希望的推力-时间曲线；避免或者限制侵蚀燃烧。残留的未燃烧的推进剂剩药在燃烧过程中会使重心移动，应该尽量减少。装药药型的选择很复杂，在参考文献 12-1 和 12-8 及本节中将进行讨论。

（3）推进剂类型通常基于其性能（如特征速度）、机械特性（如强度）、弹道特性（如燃速）、制造工艺、排气羽流特性和老化特性等来选择。如果有必要，推进剂配方会稍微改变或者"定制"来准确地满足燃烧时间或者装药药型的要求。推进剂选择在第 13 章和参考文献 12-8 中讨论。

（4）必要的装药（包括衬层和/或绝热层）结构完整性分析，以保证装药在处于所有的载荷、加速度和热应力或者应变下不会失效。装药的几何形状可以改变以消除多余的应力，将在 12.4 节讨论。

（5）孔、槽和翼等的复杂内腔容积随着燃烧时间不断增加，需要研究空腔的谐振、阻尼和燃烧稳定性（见第 14 章）。

（6）装药的加工和推进剂的制造应该工艺简单、成本低（见第 13 章），并且使得热应力可接受。

装药结构的设计要满足多数要求，但是有时这六类要求只能部分满足。在装药设计中，几何结构是至关重要的。例如，对于恒面燃烧的装药（近似恒定的推力），燃烧面积 A_b 近似为常数，而对减面燃烧装药，燃烧面积随着燃烧时间减小。由式（12-5）和式（12-6），在燃速和燃烧面积之间的取舍是明显的，燃烧面积随着时间的变化极大地影响室压和推力。由于多数现代推进剂的密度都处于一个很窄的范围内（约 0.066 lb/in^3 或 1 830 kg/m^3，-15%~2%），密度对装药设计的影响不大。

在过去 50 多年的发展历程中，人们研究设计了众多可用的装药结构形式。随着近些年推进剂燃速的调节能力提高后，越来越多的几何形状的装药结构被放弃不用。既然多数固体火箭发动机应用场合和技术需求都可以通过对传统的药型结构进行组合或者微调来实现，那么当前装药设计的重点就集中在少数几种药型结构的细节和力学性能研究上。如果几何尺寸存在不连续的倾向会导致装药结构破坏，如形成裂纹、产生较高的碎药损失、有较低的容积装填系数，或者生产成本的大幅提高。

对简单的几何形状，如柱状、管状、楔形、槽形，推进剂燃烧对表面积的影响是显而易见的，如图 12-16（a）~（d）的四个结构。其他基本表面形状的燃烧如下：外燃柱状——减面燃烧；外燃楔形——减面燃烧。多数推进剂装药由两种或多种基本表面组合起来，得到所希望的燃烧特性。例如，星孔装药是楔形和内燃管形的组合。图 12-17 所示为具有两种基本形状组合的典型的组合药型。术语"conocyl"是圆锥形（cone）和圆柱形（cylinder）两词的组合。翼柱（finocyl）表明是圆柱形（cylinder）和翼形（fins）的组合。

尽管从几何上来说所有的装药都是三维的，但是通常将径向和轴向同时燃烧的药型（如端面不包覆限燃的内-外燃烧组合的管状药）称为"三维装药"，相应地，仅仅是轴向或者径向燃烧的装药是二维装药。装药结构可以按照肉厚系数 b_f、长度与直径比 L/D 和体积装填系数 V_f 分类。对特定用途的发动机进行初步设计时，常用这三个独立的参数选择装药结构。装药类型及典型参数如表 12-4 和图 12-16 中的简图所示，由此可见，不同装药类型之间的部分特性参数有明显的重叠，在表 12-4 中，中部分隔线上面列出的药型结构参数是近来的设计常用的，下面的三种是在早期的设计中常用的，其制造工艺或者在燃烧室内支承较为复杂。端面燃烧具有最高的容积装填分数，对于给定的总冲有最小的装药空腔容积，以及相对低的燃烧面积或推力，可以有较长的工作时间。内孔燃

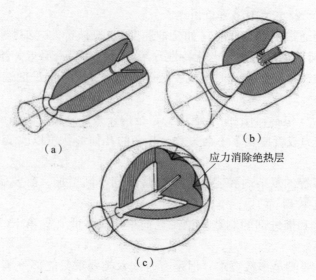

图 12 - 17 使用两种基本形状组合的典型装药结构
(a) 锥柱型（贴壁浇注）；(b) 翼柱型（贴壁浇注）；(c) 带有槽个圆柱的球形装药（贴壁浇注）

烧管型装药相对容易制造，并且当 $L/D \approx 2$ 时若两端不包覆则是恒面燃烧。当加入翼或者锥（图12-17），在 $2 < L/D < 4$ 时也会实现恒面燃烧。对于肉厚系数为 $0.3 \sim 0.4$，选用星形结构装药比较理想；在大于 0.4 时则是增面燃烧，但是可以加入翼或槽使之为恒面燃烧。从结构上说，在肉厚系数为 0.3 左右时，车轮形要优于星形，而当肉厚系数为 0.2（高推力和短的燃烧时间）时，它就是必要的了。当肉厚系数最低且需要相对大的燃烧面积时可以采用树枝形装药，但是内部应力可能很高。表12-4 中所列的药型结构数目有限，而且也没有囊括所有满足恒定推力的要求的药型。在进行方案设计时，如果在压力/推力波动、装药体积等方面有严格限制，可以参考或者采用表中某些药型的组合结构来开展论证工作。表12-5 中所列的基本药型结构可以通过修改参数来实现良好的扩展，由于发动机燃烧过程中重心的漂移将影响飞行器的飞行稳定性，在表12-5 中也给出了重心移动的相对值。大多数固体推进剂生产研制单位都有特定的方法和计算机程序来分析和优化装药几何形状，以及进行燃面和空腔容积分析（见参考文献12-19、12-20 和参考文献12-1 的第8章和第9章）。

表 12 - 5 几种装药结构的特性

结构	肉厚系数	L/D	体积装填系数	压力 - 时间燃烧特性	重心移动
端面燃烧	>1.0	NA	0.90~0.98	恒面	很大
内孔燃烧（包括开槽的管形、喇叭形、锥柱形、翼柱形）	0.5~0.9	1-4	0.80~0.95	恒面[a]	小、适中
分段管状（大型装药）	0.5~0.9	>2	0.80~0.95	恒面	小
星形[b]	0.3~0.6	NA	0.75~0.85	恒面	小
车轮形[b]	0.2~0.3	NA	0.55~0.70	恒面	小

续表

结构	肉厚系数	L/D	体积装填系数	压力-时间燃烧特性	重心移动
树枝形[b]	0.1~0.2	1~2	0.55~0.70	恒面	小
内-外管状燃烧	0.3~0.5	NA	0.75~0.85	恒面	小
杆、管装药	0.3~0.5	NA	0.60~0.85	恒面	小
狗骨形	0.2~0.3	NA	0.70~0.80	恒面	小

[a] 如果端面不包覆是恒面燃烧,否则是增面燃烧。
[b] 有4%或者有时到8%的剩药质量,因此是推力逐渐终止的。
NA:无应用或者无数据。

端面燃烧装药(雪茄式的燃烧)是独特的,它仅能沿轴向燃烧,使在给定尺寸的圆柱形发动机壳体中可以装填的推进剂质量达到最大。在较大的发动机(直径超过 0.6 m)中,端燃装药推力具有明显的增面特性。如图 12-18 所示,燃面很快形成了锥形,引起压力和推力的升高。尽管这种现象还没有被完全理解,但是有两个因素使靠近包覆层的燃速升高:燃速催化剂向包覆层的化学迁移,以及结合面处较高的推进剂应力和应变造成局部裂纹(见参考文献 12-21)。

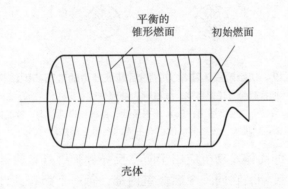

图 12-18 端面燃烧装药圆锥化效果的示意图
(在大尺寸(上面的直径大约为 0.5 m)下,燃面不再与发动机轴线保持垂直的平面,而是逐渐形成圆锥形。装药中的线表示连续增大的燃烧表面轮廓)

对于空中发射的火箭或者某些地面发射的导弹、气象火箭、某些防空反导导弹以及其他战术武器而言,实际上可以从随着工作时间而减少的推力中获益。常规武器为得到初始加速度,希望初始推力足够大,但是随着推进剂的消耗,飞行器质量减小,推力也可适当减小些;这可限制火箭推进的飞行器或者有效载荷所承受的最大加速度,并有一个最优的飞行轨迹。因此,如果在飞行器起飞阶段有较高的初始推力,随后在动力飞行的持续飞行阶段有较低的推力(通常为 10%~30% 的助推推力),那么在飞行器质量、飞行性能和费用方面都会得益。图 12-19 显示了能够在单一燃烧室结构内产生两段或者更多段推力的装药药型结构。这些结构实际上是表 12-4 中所列药型结构的组合。

在单室双推力的固体火箭发动机中,续航段推力常常是选择推进剂种类和装药形状的决定性因素,因为推进剂的绝大部分是在较长的续航推力阶段消耗的。

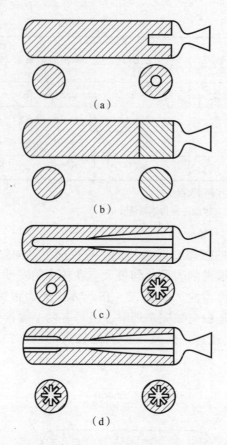

图 12-19 初始阶段为高推力，随后是低推力的装药药型结构简图
(a) 单根装药，助推时带有径向燃烧，续航时为端面燃烧；(b) 不同燃速的两种端面燃烧推进剂装药，因为制造昂贵，现已不适用；(c) 单根装药，助推段燃面较大，续航段燃面较小（都是径向的）；(d) 单根装药。助推-续航-助推，有不同的燃面（都是径向燃烧）

可多次起动（多脉冲）的固体发动机应用于防空反导导弹中具有明显的优势。在该发动机中两种（有时是三种）装药装在同一个燃烧室内部，每一个都有其自己的点火器。装药通过隔板结构或者绝热层实现物理分隔。图 12-20 所示为其中一种多脉冲发动机方案。推力（有时称为推力脉冲）的间隔时间由导弹制导系统控制和指令，因此可以改变轨迹以最优的方式和最短的时间接近目标。分隔装置必须能防止第一个装药的高压炽热燃气到达另一个装药，引起无意的点火。当第二个装药点燃时，分隔装置自动清除，破碎或者燃烧，但是这时部件的碎片不能阻塞喷管或者破坏绝热层（见参考文献 12-12）。

下面介绍剩药的概念。任何未正常燃烧的推进剂都称为剩药。如图 12-5 和图 12-9 所示，因为压力已经低于燃烧压力限制（见参考文献 12-23），在装药的边缘残留着未燃烧的推进剂碎块。大约 45 年前，装药设计有 2%~7% 的推进剂残药，这些没有燃尽的材料降低了推进剂质量分数和飞行器质量比。目前，装药设计技术的发展已经可以实现几乎没有剩药了（通常小于 1%）。如果在新的装药设计中出现了剩药，设计者会尽量将残药的容积用低密度的绝热层替代，这会降低高密度推进剂残留所带来的质量比的损失。

第12章 固体推进剂火箭发动机基础

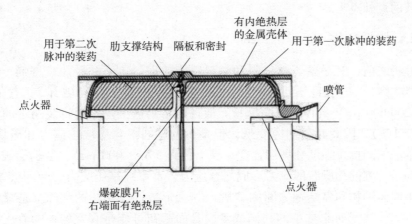

图 12-20 双脉冲试验火箭发动机概念简图
（两个装药由隔板分开。在第一个脉冲工作期间，金属隔板由高温材料制作的网状支架结构支撑。在第二阶段点火时，金属隔板受到另一个方向的载荷，它会破裂剥离。隔板的开口要远大于喷管喉部的面积）

12.4 推进剂装药应力和应变

　　火箭发动机应力分析的目的是更好地设计装药结构、衬层或者装药支撑，以致不会发生过高的应力，避免出现结构失效。在推进剂装药制造、运输、储存和工作中，都会对推进剂装药带来静载荷和动载荷应力。从结构上说，火箭发动机是薄壁回转体（发动机壳体），几乎充满了黏弹性材料（推进剂），后者占发动机总质量的 80% ~ 94%。推进剂具有一些与普通结构材料不同的力学性能，到目前为止对此类材料的性能研究相对比较少。固体推进剂的黏弹性特征是随着时间变化的，材料损伤在周期性应力中逐渐累积，称为累积损伤现象。

　　最常见的失效模式有以下几种：

　　（1）当表面应变过大时形成表面裂纹。它们形成了新的附加燃面，导致室压和推力升高。时间缩短幅值变大的推力会使飞行器轨迹改变，可能导致任务失败。如果裂纹多或者深，会导致壳体承受的压力超过极限作用压力而破坏。应变极限与应力的大小、装药形状、温度、推进剂寿命、载荷历程和裂纹或空洞的尺寸有关。与低应变率相比，在高应变率下较深的、高度扩展的裂纹更容易形成（见参考文献 12-11）。

　　（2）装药边缘的黏结被破坏，在靠近衬层、绝热层或者壳体的部位形成脱黏面或者缝隙。当装药表面退移时，一部分脱黏面积会暴露在炽热高压的燃气中，脱黏面会使燃烧面积突然增大。

　　其他的失效模式，例如高于装药储存条件的温度会引起力学性能的极大下降，最终导致装药裂纹和/或脱黏。气泡、孔隙或者局部的密度不均匀会降低推进剂强度，导致失效，裂纹或者脱黏也会引起同样的问题。目前，X 射线探伤已得到广泛应用，可以实现对除微裂纹和微脱黏以外的几乎所有缺陷的无损探伤。当 X 射线探伤检测到无法修复的裂纹和黏结时，这发装药就必须报废销毁。其他的失效模式还包括装药的过度变形（如大的装药塌陷会限制通道面积）和作为黏弹性材料的推进剂从大量的机械振动（如运输中的长期颠簸）中吸收能量而导致的意外点火。

12.4.1 材料特性

在结构分析之前，有必要了解材料和材料性能数据。装药材料（推进剂、绝热层和衬层）是橡胶类材料，几乎是不可压缩的。在初始状态下（没有破坏），它们都有至少 1 400 MPa（200 000 psi）的体积压缩模量。通过严格制造工艺控制将装药中的空隙减少到最少（远小于1%），因此其压缩应变低。但是，推进剂很容易被拉应力和剪切应力破坏。如果超过了推进剂的抗拉强度和剪切强度（典型值为 50~1 000 psi），装药会破坏或局部失效。因为装药是三维的，所有的应力形成复合应力，不单纯是压应力，装药会很容易破坏。因为推进剂中固体颗粒和黏结剂之间的"脱湿"会形成许多初始的空隙而造成破坏。这些靠近或者包围固体粒子的非常小的孔洞或者脱黏面起初可能是真空的，随着应变的增长会变大。

推进剂、衬层和带有固体填料的绝热层是黏弹性材料，它们呈现出非线性黏弹性特性，而不是线性的特性。这意味着每次施加载荷时，最大应力和最大应变要减小。在每次载荷循环或者热应力后强度变弱并会产生累积损伤，力学性能也会随着施加载荷变化率而变化。例如，非常快的加压实际上会使材料增强。某些黏结剂（如端羟基聚丁二烯（HTPB）在有相同黏结剂含量的情况下，含有 HTPB 的推进剂比含有其他聚合物的推进剂有更好的延展性和强度。因此，HTPB 是目前复合推进剂黏结剂的首选，物理性能还受加工过程的影响。例如，从相同的传统浇注复合推进剂上切下的拉伸样本，在不同的方向（与药浆流动方向比较）上，强度有20%~40%的变化。黏弹性材料的力学性能是载荷和破坏过程的函数，它们也有部分地修复随之而来损坏的能力，化学老化过程也会导致推进剂性能的劣化。所有这些现象使得对推进剂材料的建模和工程中对预测它们的材料性能和力学行为预示变得很困难。

目前，可以对小的试样进行一些常规的实验室试验，来确定这些材料的物理性质（见参考文献 12-24 和 12-25）。然而，简单的试验不能很好地描述推进剂复杂的非线性行为。这些实验室试验都是在理想状态下进行的——大都为单向应力，而不是复杂的三维应力——温度均匀而没有温度梯度，并且材料没有损伤。因此，实验室试验的结果与实际的结构分析相比引入了几个假设和经验修正系数。试验数据转换为推导的参数，以确定安全范围和使用寿命，参见参考文献 12-1 的第 9 章。虽然现在业界还未就如何表征材料性能取得一致意见，但是实验室试验为解决问题提供了有用的信息。其中一些在下面讲述。

简单的定应变单向拉伸试验是最常规的试验，其中的一组试验结果如图 12-21 所示。该试验常用于生产过程质量控制、推进剂研发和确定失效准则。如图 12-21 中的虚线所示，推进剂试样被加载、卸载几个循环以后，材料的损伤会使它的响应和性能发生改变。

根据定义，脱湿应变是固体氧化剂晶体和类黏结剂的黏结界面初始失效产生时的应变（对应最大应力）。脱湿应力逻辑上是弹性体材料的屈服点，因为这时代表了材料内部开始破坏。斜率 E 是低应变下的模量，通常在设计中不使用，但是常作为质量控制参数。由不同温度的单向试验数据可以得到容许应力、安全应变和推导的人工模量（见后面的介绍）。壳体黏结装药从浇铸温度后固化降温开始就会收缩，处于多向应变状态。对处于该温度过程

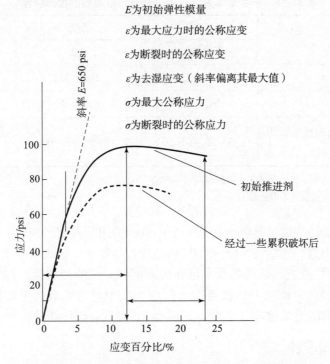

图 12-21 典型的复合固体推进剂的应力-应变曲线
（显示了累积破坏的影响，最大应力 σ_m 高于拉伸试验试样的断裂应力 σ_r）

中的装药的不同位置切下的试样进行试验通常得到不同的拉伸试验结果。

在实验室中也常常进行双向强度试验，其中一种方法可参见参考文献 12-24。在实验室中很难进行有意义的三维应力试验，因而通常不做。还有其他的试样试验能够给出推进剂性能。例如，应变持久试验，可以得到推进剂在何种应变条件下能够保持较长的耐久性而无明显的破坏，试验中保持应力为常数；带有裂纹或缺陷试样的断裂试验；在模拟的室压环境下的拉伸试验；测量热膨胀系数的试验。推进剂和衬层或者绝热层之间黏结的剥离试验非常常见，有关失效问题在参考文献 12-25 中讨论。另外，对于全尺寸的、试验的、飞行重量的发动机，偶尔采用埋入特别设计的传感器的方法进行应变或者应力测量。在装药中埋入传感器时必须十分小心，不能因传感器带来额外的应力-应变或扰乱装药的应力-应变分布，因为这会导致错误的测量结果。所有这些试验的方法和结果判读都依赖于装药的试验条件和实施过程。

与弹性材料相比，大多数推进剂的最大失效应力都比较低。典型值的范围为 0.25~8.00 MPa 或者 40~1 200 psi，对于指定的推进剂温度和应力过程，其平均值为 50~300 psi，伸长率范围为 4%~250%。表 12-6 列出了一种比较高的推进剂力学性能数据，有些双基推进剂和富含黏结剂的复合推进剂能达到较高的应力（约 32 MPa 或 4 600 psi）。压强和应变率对力学性能影响很大，推进剂在燃烧室压力下的拉伸试验表现出了比标准大气压下更高的强度，某些情况下甚至超过了 2。高应变率（如压力突然升高）也能暂时提高推进剂的力学性能。

表 12-6　一种战术导弹用的少烟复合推进剂的拉伸特性[a]

参数	温度/℉		
	158	77	-40
最大应力/psi	137~152	198~224	555~633
拉伸弹性模量/psi	262~320	420~483	5 120~6 170
在最大应力-应变和极限应力下的应变/%	54/55~65/66	56/57~64/66	46/55~59/63

[a] 去除铝粉和高氯酸铵的聚丁二烯黏结剂；数据由四种不同的 5 gal 混合物获得。
来源：经 AIAA 许可，数据取自参考文献 12-26。

装药材料的强度特性通常是限定在某一个推进剂适用的温度范围内。对于空中发射的导弹，这个温度范围很宽，通常为 -65~160 ℉或 219~344 K（这通常是发动机所处的环境中的低温和高温极限）。推进剂装药必须有足够的强度和足够的延展性，以满足在低温下收缩以及在发动机工作和点火状态下动载荷引起的应力集中。在推进剂中增加黏结剂材料的含量，可以提高推进剂的力学性能（强度、延展性），但是会降低能量特性。

12.4.2　结构设计

壳体黏结型装药的结构分析不仅需要考虑装药自身，还要考虑衬层、包覆层及壳体等所有在不同载荷下与装药结构存在可能相互作用部分（见参考文献 12-1 第 9 章）。为了在推进剂和衬层、衬层和包覆层以及包覆层与壳体之间有良好的黏结效果，必须考虑不同材料之间黏结性能的相容性问题。衬层一般是柔软的，能够在飞行器载荷从壳体（有时是飞行器结构的一部分）传到推进剂的过程中承受较大的变形而不失效。

当推进剂固化时，通常假设内部温度均匀，并且没有热应力。由于装药在固化后在一固定的环境下（如 -40~75 ℉）冷却和收缩并达到平衡，因此即使在这些温度下推进剂也可能承受相对较大的内应力和应变。由于壳体材料的热膨胀系数与推进剂材料相比较小（小一个数量级），因此在固化降温过程中应力有大幅增加。推进剂的无应力温度可以通过进行发动机加压固化来改变，因为该方法通常会降低环境温度范围内的应力，所以加压固化目前应用很广泛。

结构分析必须完成对装药所承受的所有载荷的甄别和量化分析之后方可实施。表 12-7 列出了固体推进剂发动机在寿命周期内和某些失效情况下会经受的典型应力。对于不同应用场合的发动机，其所承受的载荷有其特殊性。因此，需要根据发动机设计和具体的使用条件如寿命周期内所承受的载荷和加载时间历程开展相应的结构受力分析。尽管点火和高加速度（如发动机由卡车上跌落的冲击）通常会带来高应力和应变，但是它们并不总是达到临界载荷。由于环境温度变化或者重力下沉引起的应力一般比较小，但是它们会和其他载荷叠加而导致应力达到临界状态。生产后几个月内就发射点火的空间运载发动机与要在较长储存期内经历运输、温度循环和振动的战术导弹发动机有着完全不同的载荷条件，这也不同于储存于有严格温度控制的发射井中超过 10 年的大直径弹道导弹发动机。

表12-7 在壳体黏结火箭发动机中的载荷和可能的失效模式

载荷来源	载荷和关键应力区域的描述
制造过程中加热固化后的冷却	壳体和装药中温度差异；拉应力和压应力在装药表面；装药温度高，壳体温度低
储存或者运输期间的热循环	冷热环境的变化；临界条件发生在冷装药，热壳体；两个关键区域：黏结层拉伸应力（撕裂），内孔表面的裂纹
不恰当的运输振动	在若干小时或若干天内，$5 \sim 30 g_0$ 的力，公路运输中 $5 \sim 300$ Hz（飞机机体外携带的发动机为 $5 \sim 2\,500$ Hz）的冲击和振动；关键性的损坏：装药破碎或者脱黏
点火冲击/压力加载	壳体膨胀，装药受压缩；对于端面燃烧装药，轴向的压差很严重；关键区域：破碎和装药边缘脱黏
空腔中内部气体流动的摩擦	对装药产生轴向向后的力
发射和轴向飞行加速	惯性载荷多数是轴向的；黏结层的剪切应力；大发动机中的塌陷变形会减小通道直径
飞行机动（如反导弹火箭）	高的侧向加速度引起不对称的应力分布；导致脱黏或裂纹
旋转稳定炮弹/导弹的离心力	在内燃面上有高应变；会形成裂纹
储存过程中的重力塌陷；只存在于大发动机中	内孔的应力和变形可以通过定期转动发动机来减小；通道面积会由于塌陷而减小
外部的空气摩擦（当壳体是飞行器外壳时）	推进剂、衬层和绝热层的加热会降低强度，导致过早失效，引起了热应力

此外，结构分析要求了解材料特性和失效准则，即推进剂在不同条件下允许的最大应力和应变。失效准则可以从累积破坏试验、经典的失效理论、实际的发动机失效事件以及断裂力学中得到。这种分析应该是相互交叉的，因为如果分析显示超出了要求的安全裕度，就需要改变材料和几何结构。

理想地，基于非线性黏弹性应力理论的分析尚未成熟（见参考文献12-1）。基于黏弹性材料特征的分析是可行的，但是相对复杂，需要的材料性能数据难以获得并且可靠性较差。目前的多数结构分析基于弹性材料模型，它相对简单，并且各个发动机生产单位都有许多二维和三维的有限元分析程序可用。诚然，这种理论并不适用于所有情况，但是经过一些试验修正，它可以对多种装药结构设计问题给出近似的结果。图12-22 所示为一个二维有限元网格（见参考文献12-27）。

弹性材料的应力基本上和应变成正比，与时间无关；当去掉载荷后，材料回到其初始状态。对于装药或其他的推进剂材料来说，这两个假设都不合理。在黏弹性材料中，应力和应变之间有时间相关性，而且这个关系不是线性的，受到应变率的影响。众多的实验室试验已经证明，其中的应力不是一维的，而是很难可试化的三维状态。当载荷撤销后，装药不会准确地回到其初始位置。参考文献12-28、12-29 以及参考文献12-1 的第9章和第10章讨论了三维分析技术和黏弹性设计。目前，能够实现对累积破坏的影响进行预示的技术正在研究中。

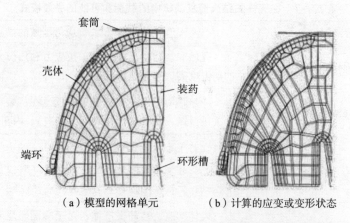

图 12-22　纤维缠绕壳体中浇注装药前端的有限元分析网格
（装药有内管和环形的沟。经 A. Turchot 许可，摘自参考文献 12-1 的第 10 章）

利用退化的许用应力值对非线性效应进行分析或使用基于实验室应变测试数据的复杂近似得到的有效模量等方法，已经被广泛用于对非弹性行为进行补偿。在考虑了温度补偿的时间-失效模式主曲线中多采用修正的模量（图 12-21 中，最大应力或 $\sigma_m/\sigma_\varepsilon$ 时的最大应力-应变），称为应力松弛模量 E_R，如图 12-23 所示（见参考文献 12-29）。应力松弛模量由一系列在恒定应变率（典型的为3%~5%）、不同温度（典型值为-55~43℃）下的单向试验数据建立。图 12-23 中的表格显示了对于 3% 的应变率，不同温度试验的温度漂移 T_s/T。纵坐标的应力松弛模量 λ 用来修正试验中拉伸试样的收缩。图 12-13 中的插图解释了对温度的修正（用于减少到失效的时间）。在环境温度 25 ℃（或 77 °F）下，经验的时间-温度等效因子 a_T 设为零，那么高于和低于该温度都有图示的等效。通用曲线提供与时间相关的应力-应变数据，用来计算结构分析中推进剂的响应（见参考文献 12-24 和参考文献 12-1 的第 9 章）。

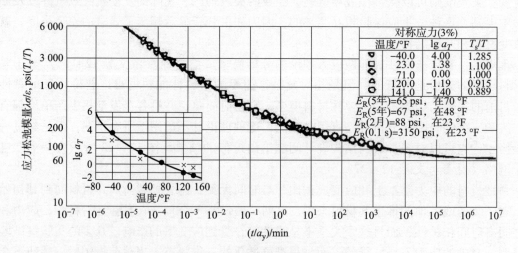

图 12-23　应力松弛模量的通用曲线
（针对特定的复合固体推进剂，由一系列恒定应变率但是不同温度的单向拉伸试验数据建立。经 United Technologies Corp. 许可，摘自参考文献 12-29）

通常，对装药承受的不同载荷和工作状态开展分析是必要的。这种结构分析对于识别最大应力或应变的位置，以及其对于结构或装药局部来说是过小还是过大都是有用的，但是这种分析并不总是有效，最好的分析工具和最好的伪黏弹性补偿因子的选择依赖于应力分析者的经验、特定的发动机设计条件、发动机的复杂程度、几何结构和合适、可靠的推进剂性能数据。

在壳体黏结发动机中，需要有特殊的措施来减小装药端面（壳体和装药交界面）的应力集中，尤其是希望在宽温度范围工作的发动机。基本上，高应力有两个主要的来源。首先，物理性质（包括壳体和推进剂材料的热膨胀系数）有很大的不同，典型固体推进剂的热膨胀系数为 1.0×10^{-4} m/(m·K)，是钢壳体的 5 倍。其次，后端和前端的装药-壳体连接一般是不连续的，理论的装药应力接近无穷大。实际上，因为推进剂、衬层和壳体绝热层的黏弹性变形，应力是有限的。要计算已知的壳体-装药端部布局的应力通常是不实际的，设计者要依靠试验数据的支持作近似处理。

对于简单的圆柱形装药，最大应力一般发生在外表面和内表面、不连续处（如黏结表面的终结点）或者应力集中部位（如星孔或车轮孔的根部或者顶部有尖锐半径的地方，如图 12-16 所示）。图 12-24 所示的应力释放片（有时称为保护罩），是减小局部应力的装置。它在靠近装药后端（有时也靠近前端）的地方，通常有一个裸露在装药外的区域，在这里的衬层材料不是黏性的，但是有一层非黏性涂层，允许装药背离壁面收缩。它可以将高应力部位移动到应力释放片边缘的衬层或者绝热层内，通常，衬层和绝热层比推进剂强度高很多。

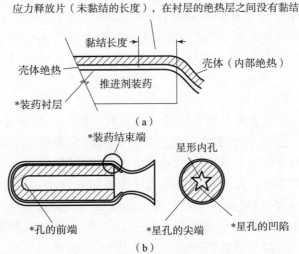

图 12-24 装药-壳体端部设计

（图中星号（*）标出了潜在的关键失效部位。图（a）是装药后面端部的局部放大，显示了应力释放片）

对于典型的装药-壳体端部设计（图 12-24），推进剂和壳体黏结应力的参数研究说明以下几点。

（1）与绝热层或者单独的释放片（如果采用的话）厚度相比，在控制装药-壳体端部的局部应力大小上，释放片的长度并不是最重要的。

（2）装药-壳体端部的局部应力分布对局部几何形状很敏感；壳体黏结处应力的大小，在内部压力和热收缩的载荷下，随着肉厚分数和长径比的增大而增大。

（3）当 L/D 和肉厚分数增加时，装药-壳体黏结处的内孔圆周应力和径向应力，比在内部压力和热收缩载荷下的装药-壳体端部应力增长得更快。

（4）在装药-壳体端部的径向壳体黏结应力，比在轴向加速度载荷下壳体黏结的剪应力大得多，也比内部压力和热收缩载荷下壳体黏结剪应力大得多。

在火箭发动机中，推进剂老化是指其物理性能随着时间恶化。它是在储存和运输期间，由装药的累积破坏（如热循环和加载）引起的。它也可以由随着时间发生的化学变化引起，如液体增塑剂的逐渐消耗（蒸发）或者吸湿。推进剂承载应力和延伸的能力随着累积破坏而消失。老化极限是发动机不再能够可靠或安全工作的估计时间（见参考文献 12-30 和 12-31）。老化极限或者发动机寿命依赖于推进剂和装药设计，其寿命为 8~25 年。在达到极限之前，发动机应该停用，将推进剂清除和替换。在军事储备中，大型和昂贵的火箭发动机要定期更新推进剂。

对于小型战术火箭发动机，老化极限通常由全尺寸发动机在制造后的不同时间阶段进行点火试验确定，即 2~3 年的时间内试验，然后通过外推得到更长的时间情况。加速的温度老化（更加严峻的热循环）和加速的机械脉冲载荷，以及过应力常用来缩短进行这些试验所需的时间。对于大型火箭发动机，因为很昂贵，全尺寸试验的次数必须尽可能少，老化准则由结构分析、实验室试验和缩比发动机试验得到。

许多早期的装药采用自由装填，装药和发动机壳体分隔开，使得由热膨胀造成的装药与壳体之间的应力和应变的相互影响降至最小。同时，加压后的壳体是膨胀的，而装药是收缩的。现在使用的壳体黏结装药在应力分析上要复杂得多。在装药与壳体牢固黏结的情况下，装药是半橡胶类的相对较弱的材料，它被强制跟随壳体应变。因此，在每个壳体黏结发动机设计中，都有几个关键性的应力区域，其中一些在图 12-24 中以星号（*）标明。

由于推进剂的物理性质引出各种各样的应力分析问题：一般来说，固体推进剂在拉伸和剪切下是比较弱的；它是半弹性的，在温度升高时会变得更软、更弱，在低温下会变硬、变脆；受到振动时很容易吸收和储存能量；在长期保存中由于分解和化学变化或者结晶，会引起物理上的变质；在加载，包括循环加载的条件下，它会累积结构上的损伤。最后这种现象在图 12-25 中显示，这对于要长期保存（超过 10 年）的发动机分析来说特别重要。事先无法知道引起材料累积损伤的原因，但是推进剂和把它们黏结到壳体的材料即使在恒定的载荷下也呈现这种特性，如图 12-26 所示。适用于累积破坏的有效理论和分析方法要综合考虑应力-应变历程和加载途经（加载材料）。影响储存寿命的最重要的环境变量是时间、温度循环、推进剂质量、应力（对于大型发动机是重力）、冲击和振动。由于累积损伤引起的破坏通常是孔的表面出现裂纹或者壳体黏结发动机出现局部"脱黏"。

大多数推进剂的强度对应变率敏感，实际上，在给定的温度下，当应变率增大时推进剂变得更脆，这个物理特性在点火过程中是很重要的。

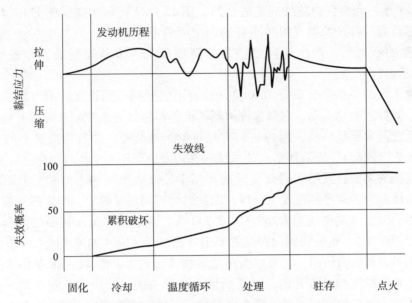

图 12-25　在壳体黏结火箭发动机中，装药和壳体之间的黏结处在经历了一个假想的应力过程中的累积损伤过程

（摘自参考文献 12-32）

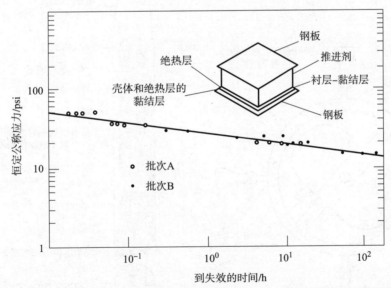

图 12-26　在 77 ℉承受恒定载荷的条件下，推进剂－衬层－绝热层黏结强度随时间的变化

（摘自参考文献 12-32）

12.5　用固体推进剂火箭发动机进行姿态控制和横向机动

在有些弹道导弹上使用一种固体推进剂的智能姿态控制（也称为反作用控制）系统。反作用燃气温度足够低，因此未冷却的部件可以长时间使用。硝酸铵复合推进剂（在表 13-1 和表 13-2 中作为燃气发生器推进剂被提到）或者含有硝胺的推进剂（RDX 或

HMX，见第13章）和聚合物黏结剂是适合的。图12-27所示为提供俯仰和偏航控制：热气流通过绝热歧管、打开的燃气阀和所有的四个喷管不断流出。当其中一个阀门关闭时，就会引起气流的不平衡，产生侧向力。为了简单起见，滚动控制的四个推力器没有在图12-27中示出。

有了这种形式的姿态控制系统（ACS），就有可能得到不同长度的推力脉冲工作，进行自由的偏航、俯仰和滚动机动，它与多推力器的液体推进剂姿态控制系统展开竞争。固体推进剂形式的系统通常要重一些，因为它们有较重的绝热装置，并且需要更多的推进剂（由于持续不断的燃气流动），而液体形式的系统只在需要姿态控制动作时工作。

带有燃气阀的类似装置用在拦截飞行器（用于导弹防御）的上面级，上面级只有很少的时间机动以接近来袭的导弹或者飞行器，因此燃烧时间通常很短。固体推进剂的燃气温度比气体发生器的温度（典型值为 1 260 ℃ ~ 2 300 ℉）高，但是低于典型的复合推进剂温度（3 050 ℃ 或 5 500 ℉），这使得阀门和歧管要用高温材料制造（如铼或碳）。除了姿态控制，系统还提供侧向力和推力转向，它可以横向地转移飞行轨道，图12-28显示了这样的推进系统。因为所有的燃气阀是常开的，要得到推力必须关闭一个阀门。姿态控制系统提供俯仰、偏航和滚动控制，使飞行器在飞行中保持稳定，使转向喷管定向到指定的方向，有时还使导引头（在飞行器的前端）指向目标。

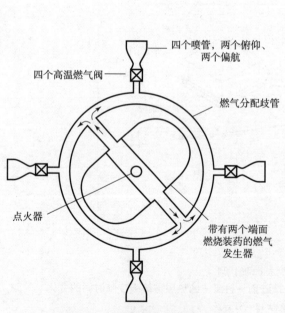

图12-27 使用固体推进剂的火箭姿态控制系统简图
（所有的四个阀门一般都打开，气流等量地流经所有的喷管）

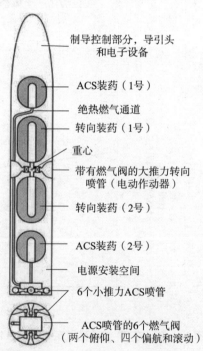

图12-28 有两个推进系统的结构简图
（可用于拦截导弹上面级的一种机动形式。侧向力相对比较大，并通过飞行器的重心。为了减小重心的移动，重心的上下各有两个装药。每个喷管都有自己的燃气阀，它们是常开的，可以脉冲工作。姿态控制系统由两个装药提供反作用气体，有6个小喷管）

第 12 章　固体推进剂火箭发动机基础

■ 符号

a	燃速常数，也称为温度系数
A_b	固体推进剂燃烧面积，$m^2(ft^2)$
A_p	通道面积（装药空腔内，在推进剂装药之间和装药周围的燃气流通面积），$m^2(ft^2)$
b	肉厚，m(in)
b_f	肉厚系数，或肉厚与直径的比
c	有效排气速度，m/s(ft/s)
c^*	特征排气速度，m/s(ft/s)
c_p	燃气的比定压热容，$kcal/(kg \cdot K)$
c_s	固体的比热容，$kcal/(kg \cdot K)$
C_F	推力系数
D	直径，m(ft)
E_R	应力松弛模量，MPa(psi)
F	推力，N(lbf)
$\overline{F}$	平均推力，N(lbf)
g_0	海平面的重力加速度，$g_0 = 9.8066 \text{ m/s}^2 (32.2 \text{ ft/s}^2)$
G	质量流量，$(kg \cdot m^2)/s$
h	单位质量的焓，J/kg 或 Btu/lbm
I_s	比冲，s
I_t	总冲，$N \cdot s(lbf \cdot s)$
k	比热比
K	燃烧面积对喉部面积的比，A_b/A_t
L	长度，m
m	质量，kg
$\dot{m}$	质量流量，kg/s
n	燃速指数
p	压力，$MPa(lbf/in^2)$
p_1	燃烧室压力，$MPa(lbf/in^2)$
Pr	普朗特数，$\mu c_p/k$
r	推进剂燃速（消耗的速度），m/s 或 mm/s 或 in/s
R	气体常数，$J/(kg \cdot K)$
t	时间，s
t_a	工作时间，s
t_b	燃烧时间，s
T	热力学温度，K(°R)
v_2	理论排气速度，m/s(ft/s)
V_b	推进剂体积，$m^3(ft^3)$

V_c	燃烧室容积，$m^3(ft^3)$
V_f	容积装填分数，%
w	有效的推进剂总重量，$N(lbf)$
w_G	带装药火箭的总重量或毛重，$N(lbf)$
$\dot{w}$	重量流量，$N/s(lbf/s)$

■希腊字母

α	传热系数
β	常数
δ	偏导数
ε	伸长率或者应变
κ	热导率
μ	黏度
π_K	平衡压力的温度敏感系数，$K^{-1}(°R^{-1})$
ρ	密度，$kg/m^3(lb/ft^3)$
σ	应力，$N/cm^2(psi)$
σ_p	燃速的温度敏感系数，$K^{-1}(°R^{-1})$
ζ	推进剂质量分数

■下标

b	固体推进剂燃烧状态
p	压力、推进剂或者通道空腔
t	喉部状态
0	初始或者参考状态
1	燃烧室状态
2	喷管出口状态

习 题

1. 计算具有以下特性装药的固体火箭发动机的燃烧面积和喷管喉部面积比是多少，同时计算燃速系数 a 和压强温度敏感系数 π_K。

推进剂比重	1.71
燃烧室压力	14 MPa
燃速	38 mm/s
温度敏感系数 σ_p	$0.007 K^{-1}$
比热比	1.27
燃烧室燃气温度	2 220 K
平均分子质量	23 kg/(kg·mol)
燃速指数 n	0.3

2. 应用式（12-5），画出习题1的发动机在压强为11~20 MPa区间内燃速与压强的关系曲线。

3. 在习题1中，如果压力提高10%，面积比A_b/A_t是多少（应用习题2的曲线）？

4. 以习题1和习题2所给的条件，设计一个简单的火箭发动机，其推力为5 000 N，工作时间为15 s。确定发动机的主要尺寸并预估其重量。

5. 对于表12-3中所列的Orbus-6火箭发动机，假设其飞行器的结构质量和有效载荷为6 000 lb，计算发动机起动和燃尽时刻的总冲/重量比、推力/重量比以及加速度。燃烧时间见表12-3并假设$g \approx 32.2 \text{ ft/s}^2$。

6. 对如图12-29所示的一个圆柱形的带有两个开槽的二维装药，在装药燃烧过程中燃烧面退移近似如图中的燃面轮廓线所示。对图12-16所示的任意装药结构，画出类似的燃面退移轮廓，并由此推算出其近似的推力-时间曲线，指出残药的位置。假设推进剂具有低的n值，且燃速随着燃烧室压力的变化很小。

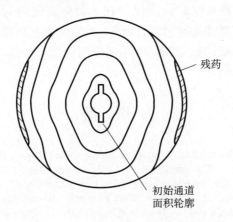

图12-29 圆柱形带有两个开槽的二维装药

7. 讨论装药肉厚分数、体积装填比和L/D等数值对飞行器性能和设计的影响。

8. 式（12-8）和式（12-9）表示了温度对固体推进剂燃烧的影响。说明为了在一个给定的参数范围内确定这些系数的值，应该如何设计试验并测量哪些参量。

9. 定性地分析如表12-3所列的三个发动机在较低的储存温度下工作时燃速（1 000 psi）、工作时间、平均推力、工作段平均压强、燃烧时间、工作段总冲是如何变化的。

10. 一个新设计的壳体黏结固体火箭发动机，采用了简单的端面燃烧装药结构，在第一次试验就失败爆炸了。在燃烧时间的前20%，发动机工作良好，这时的记录显示燃烧室压力有迅速的上升。在点火之前，装药在室温经过很好的保温，检查记录显示，在装药中没有任何缺陷和孔隙。列出可能造成这次失败的原因，并对每种情况提出建议，应该怎么做才能避免重复这样的失败。

11. 对图12-7中实心点曲线所示的AP-CMDB（30%，150 μm）推进剂，找到$\sigma_p \Delta T_b = 0.3$的增加所导致的燃烧室压力（这相当于30 °F随$\sigma_p = 0.01/°F$变化。取参考值为28 atm和70 °F。在图12-7中各种压力范围内的$n(p_1)$值如下：

$n(5 \sim 10 \text{ atm}) = 0.38, n(10 \sim 30 \text{ atm}) = 0.54, n(30 \sim 100 \text{ atm}) = 0.58$

答案：$p_1 = 78.6$ atm。

12. 表 12-3 中所列的 Orbus-6 火箭发动机，如果针对特定的飞行需要将其推力减少 15%，新的喷管有更大的喉部面积，但是出口面积不变，那么 A_t、r、I_s、T_0、t_b、A_b/A_t 和喷管喉部的传热率与额定的值相比其变化量是多少（假设推进剂、装药、绝热层和点火器都相同）？

13. 表 12-3 中所列的"民兵"火箭的第一级发动机，如果发动机在海平面点火，装药温度为 20 ℉，比所列的温度要高一些，那么 I_t、I_s、p_1、F、t_b 和 r 的值是多少（只使用表中的数据）？

答案：$I_t = 10\,240\,000$ lbf·s，$I_s = 224$ s，$p_1 = 796$ psi，$F = 1.99 \times 10^5$ lbf，$t_b = 51.5$ s 和 $r = 0.338$ in/s。

14. 用表 12-3 中的数据，以两种不同的方式为 STAR™ 27 发动机计算燃烧区域与喷管喉部区域的比率 K。有关几个定义，参见图 12-13。比较 K 并讨论的两个值。

15. 当推进剂燃烧期间腔室轮廓长度保持在 ±15% 范围内时，我们可以将 K 取为常数（图 12-5）。计算具有固定喷管几何形状且 $n = 0.5$ 的火箭发动机中 ±8% 变化所代表的推力变化。什么是推力和质量流量的相应变化？陈述你的假设，指出在现实生活中可能会发生的喷管腐蚀和可能发生的其他问题。

参考文献

12-1. P. R. Evans, Chapter 4A, "Composite Motor Case Design"; H. Badham and G. P. Thorp, Chapter 6, "Considerations for Designers of Cases for Small Solid Propellant Rocket Motors"; B. Zeller, Chapter 8, "Solid Propellant Grain Design"; D. I. Thrasher, Chapter 9, "State of the Art of Solid Propellant Rocket Motor Grain Design in the United States"; and A. Truchot, Chapter 10, "Design and Analysis of Rocket Motor Internal Insulation"; all in *Design Methods in Solid Propellant Rocket Motors*, AGARD Lecture Series 150, Revised Version, NATO, Brussels, 1988.

12-2. L. H. Caveney, R.L. Geisler, R, A. Ellis, and T. L. Moore, "Solid Rocket Enabling Technologies and Milestones in the United States," *Journal of Propulsion and Power*, Vol. 19, No. 6, Nov.—Dec. 2003, pp. 1038–1066.

12-3. E. Gautronneau, M. Darant, and E. Vari, "Vega Program the P80 FW SRM Nozzle," Report ESA 42-113-1, 2008.

12-4. N. Kubota, Chapter 1, "Survey of Rocket Propellants and Their Combustion Characteristics," in *Fundamentals of Solid Propellant Combustion*; K. K. Kuo and M. Summerfield (Eds.), *Progress in Astronautics and Aeronautics*, Vol. 90, AIAA, New York, 1984. See also A. Davenas, Development of Modern Solid Propellants, *Journal of Propulsion and Power*, Vol. 19, No. 6, May–Jun. 2003, pp. 1108–1128; V. Yang, T. B. Brill, and W.-Z. Ren (Eds.), *Solid Propellant Chemistry, Combustion, and Motor Interior Ballistics, Progress in Aeronautics and Astronautics*, Vol. 185, AIAA, Reston, VA, 2000.

12-5. S. D. Heister and J. Davis, Predicting Burning Time-Variations in Solid Rocket Motors, *Journal of Propulsion and Power*, Vol. 8, No. 3, May–June 1992; J. R. Osborn and S. D. Heister, Solid Rocket Motor Temperature Sensitivity, *Journal of Propulsion and Power*, Vol. 10, No. 6, November–December 1994, pp. 908–910.

12-6. M. K. Razdan and K. Kuo, Chapter 10, "Erosive Burning of Solid Propellants," in *Fundamentals of Solid Propellant Combustion*, K. K. Kuo and M. Summerfield (Eds.), *Progress in Astronautics and Aeronautics*, Vol. 90, AIAA, New York, 1984.

12-7. E. M. Landsbaum, "Erosive Burning Revisited," AIAA Paper 2003-4805, Jul. 2003.

12-8. "Solid Propellant Selection and Characterization," *NASA SP-8064*, Jun. 1971 (N72-13737).

12-9. M. S. Fuchs, A. Peretz, and Y. M. Timnat, "Parametric Study of Acceleration Effects on Burning Rates of Metallized Solid Propellants," *Journal of Spacecraft and Rockets*, Vol. 19, No. 6, Nov.–Dec. 1982, pp. 539–544.

12-10. P. Yang, Z. Huo, and Z. Tang, Chapter 3, "Combustion Characteristics of Aluminized HTPB/AP Propellants in Acceleration Fields," in V. Yang, T. B. Brill and W.-Z. Ren (Eds.), *Solid Propellant Chemistry, Combustion, and Motor Interior Ballistics, Progress in Aeronautics and Astronautics*, Vol. 185, AIAA, Reston VA, 2000.

12-11. K. K. Kuo, J. Moreci, and J. Mantzaras, "Modes of Crack Formation in Burning Solid Propellant," *Journal of Propulsion and Power*, Vol. 3, No. 1, Jan.–Feb. 1987, pp. 19–25.

12-12. M. K. King, "Analytical Modeling of Effects of Wires on Solid Motor Ballistics," *Journal of Propulsion and Power*, Vol. 7, No. 3, May–Jun. 1991, pp. 312–320.

12-13. D. R. Greatrix, "Correlation of Pressure Rise with Radial Vibration Level in Solid Rocket Motors," AIAA Paper 95-2880, July 1995; "Simulation of Axial Combustion Instability Development and Suppression in Rocket Motors," *International Journal of Spray and Combustion Dynamics*, Vol. 1, No, 1, 2009, pp. 143–168.

12-14. R. Mannepalli, "Automatic Computation of Burning Time of Solid Rocket Motors Using the Aft-Tangent Method," Report SRO-SHAR-TR-07-96-92, ISRO (Indian Space Rocket Organization, Bangalore), 1992.

12-15. R. Mannepalli, "Automatic Computation of Burning Time of Solid Rocket Motors Using the Chord-Midpoint Method", Report SRO-SHAR-TR-07-95-90, ISRO (Indian Space Rocket Organization, Bangalore), 1990.

12-16. "Solid Rocket Motor Performance Analysis and Prediction," *NASA SP-8039*, May 1971 (N72-18785).

12-17. E. M. Landsbaum, M. P. Salinas, and J. P. Leavy, "Specific Impulse Predictions of Solid Propellant Motors," *Journal of Spacecraft and Rockets*, Vol. 17, 1980, pp. 400–406.

12-18. R. Akiba and M. Kohno, "Experiments with Solid Rocket Technology in the Development of M-3SII," *Acta Astronautica*, Vol. 13, No. 6–7, 1986, pp. 349–361.

12-19. "SPP'04TM," Computer Program from Software & Engineering Associates, Inc., http://www.seainc.com

12-20. R. J. Hejl and S. D. Heister, "Solid Rocket Motor Grain Burnback Analysis Using Adaptive Grids," *Journal of Propulsion and Power*, Vol. 11, No. 5, Sept.–Oct. 1995.

12-21. W. H. Jolley, J. F. Hooper, P. R. Holton, and W. A. Bradfield, "Studies on Coning in End-Burning Rocket Motors," *Journal of Propulsion and Power*, Vol. 2, No. 2, May–Jun. 1986, pp. 223–227.

12-22. L. C. Carrier, T. Constantinou, P. G. Harris, and D. L. Smith, "Dual Interrupted Thrust Pulse Motor," *Journal of Propulsion and Power*, Vol. 3, No. 4, Jul.–Aug. 1987, pp. 308–312.

12-23. C. Bruno et al., "Experimental and Theoretical Burning of Rocket Propellant near the Pressure Deflagration Limit," *Acta Astronautica*, Vol. 12, No. 5, 1985, pp. 351–360.

12-24. F. N. Kelley, Chapter 8, "Solid Propellant Mechanical Property Testing, Failure Criteria and Aging," in C. Boyars and K. Klager (Eds.), *Propellant Manufacture Hazards and Testing*, Advances in Chemistry Series 88, American Chemical Society, Washington, DC, 1969.

12-25. T. L. Kuhlmann, R. L. Peeters, K. W. Bills, and D. D. Scheer, Modified Maximum Principal Stress Criterion for Propellant Liner Bond Failures, *Journal of Propulsion and Power*, Vol. 3, No. 3, May–Jun. 1987.

12-26. R. W. Magness and J. W. Gassaway, "Development of a High Performance Rocket Motor for the Tactical VT-1 Missile," AIAA Paper 88-3325, July 1988.

12-27. I-Shih Chang and M. J. Adams, "Three-Dimensional, Adaptive, Unstructured, Mesh Generation for Solid-Propellant Stress Analysis," AIAA Paper 96-3256, July 1996.

12-28. G. Meili, G. Dubroca, M. Pasquier, and J. Thenpenier, "Nonlinear Viscoelastic Design of Case-Bonded Composite Modified Double Base Grains," AIAA Paper 80-1177R, July 1980; and S. Y. Ho and G. Care, "Modified Fracture Mechanics Approach in Structural Analysis of Solid-Rocket Motors," *Journal of Propulsion and Power*, Vol. 14, No. 4, Jul.–Aug. 1998.

12-29. P. G. Butts and R. N. Hammond, "IUS Propellant Development and Qualification," Paper presented at the 1983 JANNAF Propulsion Meeting, Monterey, CA, Feb. 1983.

12-30. A. G. Christianson et al., "HTPB Propellant Aging," *Journal of Spacecraft and Rockets*, Vol. 18, No. 3, May–Jun. 1983; D. Zhou et al., "Accelerated Aging and Structural Integrity Analysis Approach to Predict Service Life of Solid Rocket Motors," AIAA Paper 2015-4240, Orlando, FL, 2015.

12-31. D. I. Thrasher and J. H. Hildreth, "Structural Service Life Estimates for a Reduced Smoke Rocket Motor," *Journal of Spacecraft and Rockets*, Vol. 19, No. 6, Nov. 1982, pp. 564–570.

12-32. S. W. Tsa, Ed., *Introduction to Viscoelasticity*, Technomic, Stanford, CT, 1968.

12-33. J. D. Ferry, *Viscoelastic Properties of Polymers*, John Wiley & Sons, New York, 1970.

第 13 章　固体推进剂

本章为讲述固体推进剂的四章中的第二章。在这一章中，我们介绍几种常用的固体火箭推进剂，包括它们的主要类别、组分、危险性、制造过程和质量控制。另外，还要讨论衬层和绝热层、点火器推进剂、定制推进剂和燃气发生器用的推进剂。

推进剂性能的表征需要利用热力学分析。其分析方法在第 5 章已描述。通过这种分析可以得到平均分子量的理论值、燃烧温度、平均比热比和特征排气速度，它们都是推进剂组分和燃烧室压力的函数。对于特定的喷管，还可以计算比冲。

术语固体推进剂有几个含义：①由氧化剂、燃料和其他成分组成的橡胶类或者塑料类的混合物经过加工形成的最终装药；②加工的尚未固化的产物；③单一成分，如燃料或氧化剂。常采用缩略语和化学符号表示推进剂和组分的名称缩写，本章只展示了其中的一部分。

13.1　分类

历史上，早期的火箭发动机推进剂通常分为两类：双基（DB）推进剂是第一代推进剂，而后用作黏结剂的聚合物的发展使复合推进剂的应用成为可行。下面介绍经过加工的现代推进剂的几种分类方法。这些分类方法并不严格或完全，有时同一种推进剂会分到两个或更多的类别中去。

（1）推进剂常按照特定的用途分类，如航天发射助推器推进剂或战术导弹推进剂；每一种都或多或少有特殊的化学成分、不同的燃速、不同的物理性质和不同的性能。表 12 – 1 列出了四种火箭发动机（每种都用不同的推进剂）和几种燃气发生器以及导弹防御系统的应用。火箭发动机用的推进剂都有高温（超过 2 400 K）的燃气，用来产生推力，而燃气发生器推进剂为了使非冷却式硬件可以使用则有温度相对较低的燃气（800~1 200 K），用来产生能量而不是推力。

（2）双基（DB）*推进剂是均相的推进剂装药，通常是一种固体成分——硝化纤维（NC）*吸收液体硝化甘油（NG），再加上少量的添加剂组成。其主要成分为高能材料，同时含有燃料和氧化剂。挤压双基（EDB）和浇注双基（CDB）推进剂都有广泛的应用，多数是用在早期设计的小型战术导弹中。通过添加结晶的三硝基苯甲硝胺（HMX 或 RDX）*，可以提高其性能和密度；有时称为改性浇注双基推进剂。更好的改进是添加一种弹性的黏结剂（橡胶类，如交联的聚丁二烯），这会改进其物理性能并且可以吸收更多的硝铵，因此也会稍微提高其性能，最终的推进剂称为弹性改性浇注双基推进剂（EMCDB）。这四类双基推进剂几乎都是无烟排放的。加入一些固体的高氯酸盐（AP）和铝（Al）会略微提高密度和比冲，但是排气是有烟的。这种推进剂称为复合改性双基推进剂或 CMDB。

ATK 生产了两种使用双基推进剂的武器系统：一种是 AGM - 114"地狱火"导弹（使用 XLDB，一种低烟交联推进剂）；另一种是 Hydra 70 火箭（在一定条件下具有稳定燃速，见图 12 - 6）。

（3）复合推进剂是非均相的推进剂装药，氧化剂晶体和燃烧剂粉末（通常是铝粉）一起在合成橡胶（或塑料）的基体中混合，如聚丁二烯（HTPB）*。复合推进剂由固体（AP 晶体、铝粉）和液体（HTPB、PPG）*成分混合，然后通过向交联或硫化的液体黏结剂聚合物中加入少量的固化剂，在固化炉里固化成固体。在过去的 40 年，复合推进剂得到了广泛的应用。复合推进剂还可以细分：

①传统的复合推进剂，通常包含 60% ~ 72% 的高氯酸铵（AP）作为氧化剂晶体，最高 22% 的铝粉（Al）作为金属燃烧剂，8% ~ 16% 的弹性黏结剂（有机聚合物）和增塑剂。

②改性复合推进剂加入了高能硝铵（HMX 或 RDX），从而略微提高了性能和密度。

③改性复合推进剂加入了高能增塑剂，如硝化甘油（在双基推进剂中使用），可略微提高性能；有时也加入 HMX。

④高能复合固体推进剂（含有铝粉），其中有机弹性黏合剂和增塑剂大部分被高能材料（如特定的炸药）替代，一些 AP 被 HMX 取代。六硝基六氮杂异伍兹烷（或称 CL - 20）是最近使用的推进剂成分，它是在美国以外生产的（见 13.4 节和参考文献 13 - 1）。有些推进剂称为弹性改性浇注双基推进剂（EMCDB），它们大部分都是试验用的推进剂。标准状态下理论比冲为 270 ~ 275 s。

⑤低能复合推进剂，其中氧化剂晶体是硝酸铵（AN）而不是 AP。它是燃气发生器推进剂。如果加入大量的 HMX，就会成为性能很好的少烟推进剂。

（4）推进剂可以按照排气中烟的浓度分类，如有烟、少烟或者无烟。铝粉是一种理想的燃烧剂成分，经过氧化成为氧化铝后会在排气中形成可见的小的固体烟颗粒。多数复合推进剂都是有烟的。大多数复合推进剂（如 AP）也是有烟的。通过用 HMX 和 RDX 代替 AP，使用高能黏结剂和增塑剂减少复合推进剂中铝粉的含量，也会显著减少发烟量。碳（烟灰）粒子和金属氧化物，如氧化锆或氧化铁，在足够高的浓度下也是可见的（见第 20 章）。

（5）根据爆轰的安全级别可以将推进剂分为潜在的爆轰材料（危险类别 1.1）或非爆轰的材料（危险类别 1.3），如 13.3 节所述。危险类别 1.1 的推进剂的例子是一些双基推进剂和含有大量固体炸药（如 HMX 或 RDX）和其他特定成分的复合推进剂。

（6）推进剂也可以按照主要使用的加工工艺分类。浇注推进剂是通过固体和液体成分的机械混合，然后浇注和固化形成的，这常用来制造复合推进剂。浇注推进剂的固化过程是在逐渐升高的温度下（45 ~ 150 ℃）黏结剂和固化剂之间进行化学反应的过程。但是，有些可以在环境温度（20 ~ 25 ℃）下固化或者通过非化学过程固化，如结晶。推进剂也可以通过溶剂化过程制造（将增塑剂溶解在固体颗粒的基体中，体积会膨胀）；挤压推进剂的制造是通过机械混合（在钢板上滚动），然后挤压（在高压下通过模具）。溶剂化和挤压过程最初是用在双基推进剂上的。

(7) 推进剂也可以由主要的成分进行分类,如主要成分是氧化剂(高氯酸铵推进剂、硝酸铵推进剂或叠氮化物类型推进剂)或者主要是黏结剂或燃烧剂成分(如聚丁二烯推进剂或铝化推进剂)。这种通过成分对推进剂分类的方式,参见13.4节和表13-8。

(8) 排气是有毒和无毒的推进剂,参见13.3节。

(9) 试验和(或)生产推进剂。这种推进剂是经过广泛试验(飞行前试验、鉴定试验)和安全、寿命和其他基本性能的测试后选择的。一项成功研发项目的最终成果是在飞行器应用中选择一种推进剂用于生产。

图13-1和图13-2显示了几种常用推进剂的比冲、燃速和密度。图13-1和图13-2中的纵坐标是标准状态(1 000 psi,海平面高度)下的真实或估算的比冲。这里不包括燃烧室压力的下降、喷管侵蚀或者燃烧损失的假设。图13-1和图13-2中显示,复合推进剂有较宽的燃速和密度范围,其中大部分的密度为 1.75~1.81 g/cm^3,燃速为 7~20 mm/s。表13-1列出了几种推进剂的性能特征。双基(DB)推进剂和硝酸铵(AN)推进剂的性能和密度较低。多数复合推进剂的性能和密度也差不多,但是燃速范围更宽。一种 CMDB 推进剂的性能最高,其成分是 DB/AP-HMX/Al,不过性能也只是提高了 4%。

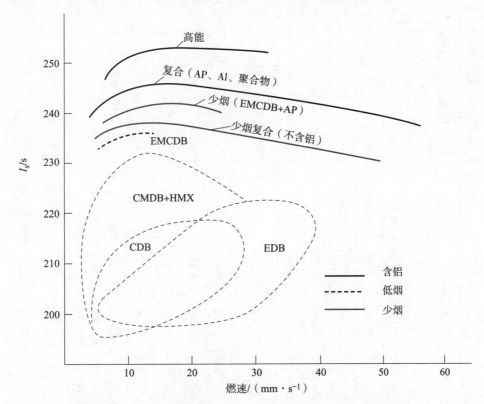

图 13-1　估算得到的几类固体推进剂的实际比冲和燃速
(经 AIAA 许可,摘自参考文献13-2)

需要说明的是,表 13-1 中几种分类并不是十分准确的。在复合改性双基推进剂(CMDB)中使用的 AP、Al 和黏结剂,也可用于 DB 推进剂。另外,某些加入了双基成分的推进剂也可以被归为复合推进剂。

表 13-1 某些固体推进剂的特性

推进剂类型[a]	比冲 I_s[b] /s	火焰温度[e] /°F	火焰温度[e] /K	密度/ (lb·in^{-3})	比重[e]	金属含量/ (wt%)	燃速[c,e]/ (in·s^{-1})	压力指数[c] n	危险类别[d]	应力(psi)/应变(%) -60 °F	应力(psi)/应变(%) 150 °F	加工工艺
DB	220~230	4 100	2 550	0.058	1.61	0	0.05~1.2	0.30	1.1	4 600/2	490/60	挤压
DB/AP/Al	260~265	6 500	3 880	0.065	1.80	20~21	0.2~1.0	0.40	1.3	2 750/5	120/50	挤压
DB/AP-HMX/Al	265~270	6 700	4 000	0.065	1.80	20	0.2~1.2	0.49	1.1	2 375/3	50/33	溶剂浇注
PVC/AP/Al	260~265	5 600	3 380	0.064	1.78	21	0.3~0.9	0.35	1.3	369/150	38/220	浇注或挤压
PU/AP/Al	260~265	5 700	3 440	0.064	1.78	16~20	0.2~0.9	0.15	1.3	1 170/6	75/33	浇注
PBAN/AP/Al	260~263	5 800	3 500	0.064	1.78	16	0.25~1.0	0.33	1.3	520/16 (在-10 °F)	71/28	浇注
CTPB/AP/Al	260~265	5 700	3 440	0.064	1.78	15~17	0.25~2.0	0.40	1.3	325/26	88/75	浇注
HTPB/AP/Al	260~265	5 700	3 440	0.067	1.86	4~17	0.25~3.0	0.40	1.3	910/50	90/33	浇注
PBAA/AP/Al	260~265	5 700	3 440	0.064	1.78	14	0.25~1.3	0.35	1.3	500/13	41/31	浇注
AN/Polymer	180~190	2 300	1 550	0.053	1.47	0	0.06~0.5	0.60	1.3	200/5	NA	浇注

[a] Al,铝;AN,硝酸铵;AP,高氯酸铵;CTPB,端羧基聚丁二烯;DB,双基;HMX,奥克托金;HTPB,端羟基聚丁二烯;PBAA,聚丁二烯-丙烯酸聚合物;PBAN,聚丁二烯-丙烯酸-丙烯脂聚合物;PU,聚氨酯;PVC,聚氯乙烯。
[b] 从 1 000 psi 膨胀到 14.7 psi,参考状态下的理想或者理论值。
[c] 1 000 psi。
[d] 见 13.3 节。
[e] 火焰温度、密度、燃速和压力指数在特定的组分下有轻微的变化。

用于固体推进剂的不同的化学成分和推进剂配方需要经过优化、分析,并通过试验发动机进行试验考核。典型的推进剂有 4～12 种不同的成分。本章只介绍 10 余种基本的推进剂配方,目前还有众多其他类型的固体推进剂在研究中。表 13-2 评估了所选类型的常规推进剂的优缺点,表 13-3 给出了三类推进剂的典型配方。在实际应用中,每种推进剂的研发者都有其自己的精确配方和制造工艺。即使是给定的推进剂,如 PBAN,其成分的准确含量不仅在制造商之间不同,而且在不同的发动机应用中也有细微变化。调整推进剂组成成分的含量,增加或减少一种或几种少量成分(添加剂)被称为推进剂定制。定制是通用的常规推进剂配方略做改变以适于新的应用要求、加工设备、发动机内弹道性能、储存期限、适用温度范围,甚至是配方来源的变化。

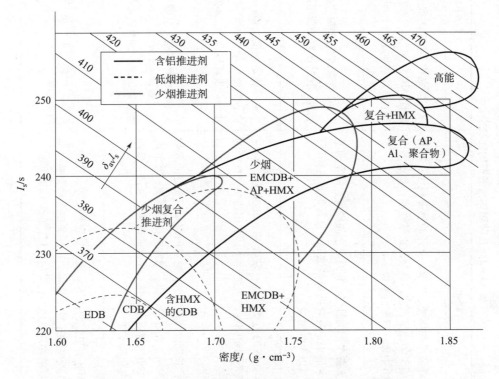

图 13-2　估算得到的几种固体推进剂类别的实际比冲和密度
(经 AIAA 许可,摘自参考文献 13-2)

为安全起见,新推进剂配方研制通常是使用实验室规模的捏合机、固化装置和相关设备对推进剂混合物(1～5 L)进行遥控操作。生产工艺研究通常是伴随配方而发展的,在配方研制的同时评估其工艺过程,以指导推进剂成分准备、混合、浇注乃至固化等生产工艺设备的设计。

历史上,黑火药(硝酸钾、硫黄和木炭加压混合物)是最早使用的一类推进剂。其他类型的组分和推进剂也在试验发动机中得到应用,包括氟化物,含铍、硼、氢化硼、锂、铍的推进剂或者新型的含有叠氮化物或硝化增塑剂和黏结剂材料。但是,其中大多数尚未在实际的火箭发动机中装备应用。

表 13-2 几种固体推进剂的优缺点

推进剂类型	优点	缺点
双基（挤压）	成本适中；无毒洁净的排气；少烟；良好的燃速控制；宽的燃速范围；简单明了的加工工艺；良好的机械性能；低的温度系数；很低的压力指数；可平台燃烧	需要结构支撑；性能低；密度低；制造过程有较高的危险性；因为 NG 渗出在储存设备的限制；直径受到挤压设备的限制；危险级别 1.1
双基（浇注）	燃速范围宽；无毒少烟的排气；相对安全的操作；简单明了的加工工艺；成本适中；良好的机械性能；低的温度系数；可以平台燃烧	NG 会渗出或迁移；加工过程有较高危险性；低性能；密度；比挤压双基费用高；危险级别 1.1
复合改性双基或者含有 AP 和 Al 的 CMDB	较高的性能；良好的力学性能；密度高（比重为 1.83~1.86）；出现燃烧不稳定问题的可能性小；费用适中；良好的使用背景	储存稳定性很勉强；复杂的设备；排气有烟；对湿度敏感；排气有中等毒性；制造过程有危险性；小的温度环境范围；n 值高（0.8~0.9）；较高的温度系数
复合 AP、Al 和 PBAN 或者 PU 或 CTPB 黏结剂	可靠；密度高；适当的成本；良好的老化性能；长的固化时间；良好的性能；通常稳定燃烧；低的或中等的温度敏感性；良好的燃速控制性；危险级别 1.3	不大的环境温度范围；在最大固体装填时高的黏性限制；火焰温度高；有毒，有些对湿度敏感；燃速调节难（如吖丙啶）是致癌物
复合 AP、Al 和 HTPB 黏结剂，是当今最常用复合推进剂	比 PBAN 或 CTPB 有更好的固体装填百分数和性能；良好的燃速控制；通常稳定燃烧；中等成本；良好的储存稳定性；速范围最宽；良好的物理性质；良好的应用；危险级别 1.3	复杂的设备；对湿度敏感；相当高的火焰温度；有毒、有烟的排气

续表

推进剂类型	优点	缺点
改性复合 AP、Al、PB黏合剂加 HMX 或者 RDX	高性能；良好的燃速控制；通常稳定燃烧；密度高；中等的温度敏感性；良好的力学性能	价格昂贵、复杂的设备；危险的加工过程；火焰温度高；有毒，有烟排气；对撞击敏感速；压力指数 0.5~0.7；成本高；危险级别 1.1
有高能黏合剂和增塑剂（如 NG、AP、HMX）的复合推进剂	性能最高；高密度（比重为 1.80~1.86）；燃速范围窄	价格昂贵；使用少；撞击敏感性；压力指数高
有 HMX 的改性双基	较高的性能；高密度（比重为 1.78~1.88）；稳定燃烧；燃速范围窄	同上面的 CMDB；使用少；多数级别为危险级别 1.1；价格昂贵
改性 AN 推进剂，加入 HMX 或者 RDX	性能好；相对干净；少烟；无毒	相对使用较少；制造过程有危险性；限制装药演变；燃速低；对撞击敏感；燃速级别 1.1 或危险级别 1.3
硝酸铵加聚合物黏合剂（燃气发生器）	排气洁净，少烟；本质上无毒；燃气温度低；通常燃烧稳定；成本较低；压力指数低	性能低；密度低；需要保持 AN 稳定来限制装药发展和避免相变；对湿度敏感；燃速低
有聚合物的 RDX/HMX	少烟；无毒；燃烧温度较低	性能低；密度低；爆炸级别 1.1

表 13 – 3　典型推进剂的配方

双基（JPN 推进剂）		复合（PBAN 推进剂）		复合双基（CMDB 推进剂）	
成分	含量/(wt %)	成分	含量/(wt %)	成分	含量/(wt %)
硝化纤维	51.5	高氯酸铵	70.0	高氯酸铵	20.4
硝化甘油	43.0	铝粉	16.0	铝粉	21.1
邻苯二甲酸二乙酯	3.2	聚丁二烯 – 丙烯酸 – 丙烯腈	11.78	硝化纤维	21.9
乙烷基中定剂	1.0	环氧树脂固化剂	2.22	硝化甘油	29.0
硫酸钾	1.2			甘油三乙酸酯	5.1
炭黑	<1%			稳定剂	2.5
烛木蜡	<1%				

13.2　推进剂特性

推进剂的选用是火箭发动机设计流程中的一个重要环节，下面介绍推进剂的性能要求，在本书的其他章节还会再次讨论。以下是不考虑特定发动机使用场合情况下选用固体推进剂的基本原则。

（1）高性能或者高比冲，事实上这也意味着高的燃气温度和（或）低的分子质量。

（2）具有适合装药设计和发动机推力 – 时间要求的可预示、调节范围宽、重复性好的燃速。

（3）为了使推力或燃烧室压力的波动小，要求推进剂燃速压力指数或者燃速温度系数都要小。

（4）在预期的工作温度范围内有足够的物理性能（包括黏结强度）。

（5）高密度（减小发动机容积）。

（6）可预测、重复性好的点火性能（如合理的点火压强）。

（7）良好的老化特性和寿命。老化和寿命的预测依赖于推进剂的化学和物理性质、在过载循环（见 12.4 节）和热循环下的累积损伤判据以及推进剂试样试验和失败发动机的试验数据。

（8）低的吸湿性，吸湿会导致推进剂化学老化。

（9）制造工艺简单、可重复生产、安全、成本低、可控制，并且危险性小。

（10）在推进剂的生产和使用寿命期内原材料和成分来源及供货渠道有保障，对杂质含量有可靠的控制措施。

（11）技术风险低，例如有良好的应用记录。

（12）对一定能量刺激的低不敏感性，在 13.3 节中描述。

（13）燃气无毒，无腐蚀性，即尾气环保。

（14）没有燃烧不稳定的倾向（见第 13 章）。

（15）每一批次的组分、性能具有良好的重复性。

（16）没有缓慢或长期的化学反应和组分迁移。

上述选择推进剂应遵循的要求，对确定固体火箭发动机的原材料和零部件也是部分适用的。例如，点火器、绝热层、壳体或者安全保险机构。但是，其中某些有时会和其他的特性冲突，例如提高推进剂的强度（增加黏结剂或交联剂）会降低推进剂性能和密度。因此，为提高某种特性而改变推进剂可能会引起其他一些特性的变化。

下面将通过一系列据图表说明当推进剂的主要成分变化时推进剂的特性如何变化。针对使用聚合物黏结剂（HTPB）和不同的晶体氧化剂的复合推进剂，图 13-3 显示了计算得到

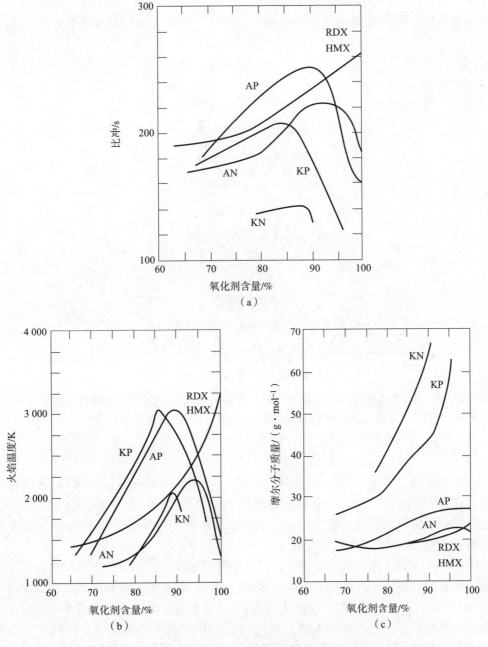

图 13-3 对于 HTPB 基复合推进剂，燃烧温度、燃气的平均分子质量和
理论比冲（冻结平衡）随着氧化剂浓度的变化关系

（燃烧室压力为 68 atm，喷管出口压力为 1.0 atm。经 AIAA 许可，摘自参考文献 13-4）

的燃烧或火焰温度、平均燃气分子量以及比冲随氧化剂含量的变化关系。这是参考文献 13-4 中根据第 5 章的热力学分析得到的计算数据，在相同的氧化剂含量的情况下，I_s 和 T_1 的最大值出现的位置大致相同。实际上，因为固体（包括铝粉）的总含量大于 90% 后捏合机就无法操作，AP（90%~93%）和 AN（约 93%）的最佳含量是无法达到的。流入模具的浇注药浆要求 10%~15% 的液体含量。

图 13-4 所示为一种复合推进剂的典型成分图。它显示了比冲是如何随着三种主要成分的改变而变化的，三种主要成分是高氯酸铵（AP）、铝粉（Al）和黏弹性的聚合物黏结剂（PU）。

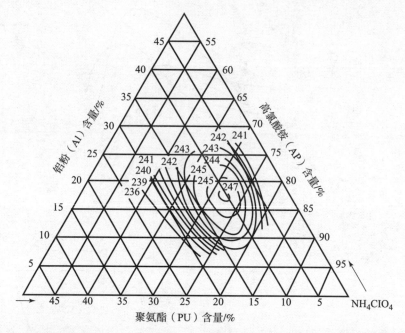

图 13-4 对于高氯酸铵(AP)－铝粉(Al)－聚氨酯（PU）（PU 是一种聚合物黏结剂）推进剂，在标准状态下（从 1 000 psi 膨胀到 14.7 psi）计算的比冲的成分图表

（比冲的最大值出现在 PU 约为 11%，AP 为 72%，Al 为 17% 的点。经美国化学协会许可，摘自参考文献 13-5）

图 13-5 所示为双基（DB）推进剂，I_s 和 T_1 与增塑剂硝化甘油（NG）百分含量的函数关系。在 NG 的含量约为 80% 时，达到理论上的最高比冲。实际上，由于硝化甘油是液体，过高的含量将导致物理性能变差，所以其浓度很少超过 60%。其他的固体或者可溶成分也是制造实用的 DB 推进剂的必要组成。

如图 13-6 所示，对于 CMDB 推进剂，无论是添加 AP 还是硝胺（如 RDX）的都会使 I_s 比一般的双基推进剂（不含 AP 或 RDX）要高。AP 和 RDX 都可提高火焰温度，使传热更严峻。在 AP 的含量为 50% 或 RDX 的含量为 100%（这是无法制造的和没有合理的物理性质的不实际的推进剂）时，I_s 达到最大值。当 AP 或者 RDX 的浓度很高时，排气中含有大量的 H_2O 和 O_2（图 13-7），这会提高含碳的绝热层或喷管材料的侵蚀速度。图 13-7 显示了有毒性成分 HCl 的浓度为 10%~20%，但是对于实际的推进剂一般不会超过 14%。

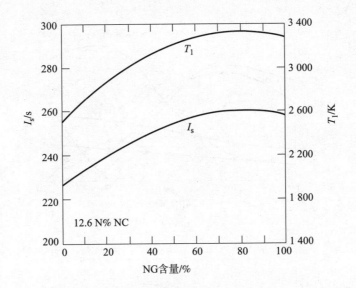

图 13-5　比冲和火焰温度与双基推进剂中硝化甘油（NG）的浓度关系
（经 AIAA 许可，摘自参考文献 13-4）

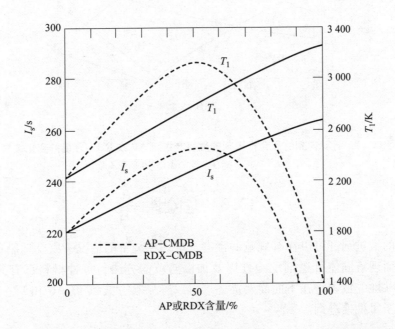

图 13-6　比冲和火焰温度与 AP-CMDB 推进剂中 AP 或 RDX 的浓度关系
（经 AIAA 许可，摘自参考文献 13-4）

硝胺（如 RDX 或者 HMX）本身的氧系数低，同时黏合硝胺晶体的黏合剂不能被完全氧化。黏合剂在燃烧温度下分解，形成富含氢和一氧化碳（这会降低分子量）的气体，将燃气冷却到较低的燃烧温度。图 13-7 显示了 AP 基和 RDX 基 CMDB 推进剂的燃气，由图可见，如果 RDX 的含量高于 85%，燃气就不含固体碳颗粒。

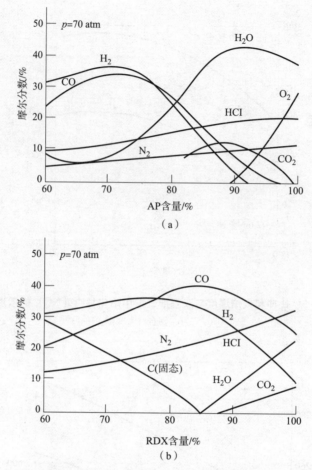

图 13-7　计算得到的复合推进剂的燃烧产物随 AP 或 RDX 含量的变化关系
（经 AIAA 许可，摘自参考文献 13-4 的第 1 章）

13.3　危险性

所有普通的推进剂都可以在有规范的预案、培训和装备的情况下安全地制备、处置和点火。有必要全面理解固体推进剂危险性以及加以防范的方法。每种材料都有其自身的危险性，其中一些共性的危害将在下面简要描述，可以参见参考文献 13-6 和 13-7。但是，这些并非都适用于每种推进剂。

13.3.1　意外点火

如果火箭发动机意外点火并开始燃烧，会随之产生炽热的燃气，并发生着火甚至引燃邻近的火箭发动机。除非发动机被卡紧和固定，否则其推力会突然使之加速到无法预料的速度，或者有随机的飞行轨迹，从而导致发动机破坏。另外，排气可能具有毒性和腐蚀性。以下几个因素可能会造成意外点火：

（1）杂散电流或感应电流。
（2）静电引起火花或电弧放电。

(3) 着火引起发动机外部过热，使推进剂温度升高到超过点火点温度。
(4) 冲击（子弹的穿过或者发动机撞击到硬的表面）。
(5) 从持续的机械振动中吸收能量导致推进剂过热。
(6) 核爆炸辐射。

一种常用来防止杂散电流引燃点火器的机电系统，称为安全保险系统。它可以防止由仪器其他导线的感生电流、雷达或者射频的感生电流、电磁脉冲或者核爆脉冲引起的点火。在非点火状态，它阻止电流进入点火器回路，当进入引爆状态后，它就可以接收起动指令并传递给点火器。

闪电、绝缘材料的摩擦和两个绝缘材料的移动分离都可能引起静电放电（ESD）。当静电势高达几千伏时，在放电时就会有一个迅速升高的电流，这反过来会导致沿着电流路径上产生火花或者放热反应。因此，所有的推进剂、衬层和绝缘层应该有足够的导电能力来防止静电荷的积累。目前普遍认为，"潘兴"地地导弹的一次意外发火就是在运输过程中静电累积放电引起的。ESD 与材料、材料的表面状况和体积电阻率、介电常数和击穿电压都有关。

黏弹性的推进剂可以很好地吸收振动能量，并且当长期以某一频率振动时会导致其局部发热。如果装药的一段没有进行良好的支撑，在固有频率时发生无约束的振动，就容易发生这种情况。另外，推进剂还可以被其他的能量输入突然点燃，如机械摩擦或机械振动。目前已经建立了标准试验，以测定推进剂在外部载荷冲击下意外发火的抵抗能力。

13.3.2 老化和使用寿命

老化与使用寿命在第 12 章的结构设计部分已经做了简要的讨论。在发动机寿命周期内装药所承受的载荷能够准确确定的情况下，推进剂的老化过程就可以通过试验发动机和推进剂试样试验来预测。这就有可能预估火箭发动机的储存寿命（见参考文献 13 - 7 和 13 - 8）。当热负荷和机械负荷周期性的循环（累积破坏）引起物理性能下降，使应力或应变的安全界限下降到破坏点时，发动机就不能安全点火和工作了。一旦到预期寿命，就进入衰弱状态，发动机很可能失效。这时，需要将之从服务清单中清除，并且也需要清除老化的推进剂，更换成新的推进剂。

特定发动机的寿命依赖于特定的推进剂、施加载荷或应力的频率和幅值以及其他因素。典型的寿命为 5~25 年。通过提高推进剂力学性能（如增加黏结剂用量），选择化学相容性好、长期分解程度小的稳定组分，减小振动负荷、温度极限或者温度循环次数（受控的储存和运输环境）等方式，都能提高储存寿命。

13.3.3 壳体超压和失效

如果燃烧室压力超过壳体的爆破压力，发动机壳体就会破裂或爆炸。高压燃气的释放引起爆炸，发动机碎片可能被抛到附近的区域。燃烧室压力突然下降到环境压力，一般会低于爆燃界限，这会致使危险级别 1.3 的推进剂（见危险级别分类）熄火。经常可以发现，在猛烈的壳体爆破后，有大块的未燃烧的推进剂。这种类型的发动机失败可由下面的现象引起。

(1) 装药过度失效、多孔或者有严重的裂纹，并且因为严重的累积破坏存在脱黏区域。
(2) 因为迁移或者缓慢、低阶的化学反应，使推进剂产生了显著的化学变化。这会降低容许的物理属性,削弱装药,于是推进剂开裂或者引起不希望的燃速增长。在一些例子中,化学反应产生的气体产物会形成许多微小的砂眼并且使密封储存的发动机压力升高。

(3) 发动机的制造不严格。显然,需要细致的制造过程和检验过程。

(4) 发动机已经破坏。例如,不当的操作在壳体上造成划痕或凹坑,会降低壳体强度。这种情况可以通过细致的操作和反复的检验来避免。

(5) 喷管阻塞(如一大块绝热层脱落)造成燃烧室压力的迅速升高。

(6) 吸湿会使含有吸湿成分的推进剂的强度和应变能力降低 1/10 ~ 1/3。通常,采用密封的方式防止潮气进入发动机。

1. 爆轰与爆燃

如表 13-4 所示,当固体火箭发动机燃烧室压强超过推进剂设计工作压强时,它会由燃烧转为爆燃(燃烧)或爆轰(猛烈的爆炸)。爆轰时,整个推进剂的化学反应能量在瞬时(几毫秒)释放出来,实际上相当于一个炸弹。特定组分推进剂会存在这种爆轰的条件(如本章后面将讲到的硝化甘油或 HMX)。为减小或避免爆轰现象的发生,适当的设计、正确的制造和安全的处理操作是必需的。

一种推进剂材料可能燃烧也可能爆轰,这依赖于其化学组成、物理属性(如密度或孔隙度)、开始燃烧的类型和强度、受约束的程度和发动机的几何特征。某一种推进剂突然从有序的爆燃变成爆轰是有可能的。这种转变的一个简单解释是,燃烧起初在额定的燃烧室压力下进行,炽热的燃气通过孔隙或裂纹渗入未燃的推进剂,那里的空间限制使当地压力变得很高,燃烧锋面被加速到激波的速度,这样就从低压增强到强烈的高压激波,呈现爆轰的特征。几何限制的程度和刚性以及尺度因素(如大直径的装药)会影响爆轰的发生和剧烈程度。

表 13-4 燃烧和爆轰的比较

特征	在空气中燃烧	在火箭发动机中爆燃	爆炸性的爆轰
典型的材料	煤和空气	推进剂,无空气	火箭推进剂或者炸药
开始反应的方法	加热	加热	激波;压力的突然上升和加热
线性反应速率/(m·s^{-1})	10^{-6}(亚声速)	$(0.2 \sim 5.0) \times 10^{-2}$(亚声速)	$(2 \sim 9) \times 10^3$(超声速)
产生激波	否	否	是
完全反应的时间/s	10^{-1}	$10^{-3} \sim 10^{-2}$	10^{-6}
最大压力/MPa	0.07 ~ 0.14	0.7 ~ 100	7 000 ~ 70 000
过程的限制	燃烧表面的传热过程	壳体强度	材料的物理和化学属性(如密度、组成)
燃速增长的结果	炉子可能破坏	超压和压力容器的突然破坏	所有推进剂猛烈迅速的爆轰和爆炸
残留物	未燃的煤渣可继续燃烧	壳体破坏后,未使用的推进剂通常会停止燃烧	无剩余可燃物
危险等级	无	1.3	1.1

2. 危险性分级

通常认为，能够从爆燃转变成爆轰的推进剂是更加危险的，它通常标识为危险级别1.1类型的推进剂。而危险级别1.3的推进剂即使在燃烧室压力过高、壳体可能会爆破的情况下也不会发生爆轰。危险性类别的确定试验方法和准则，参见参考文献13-9。推进剂样品要经受各种试验，包括撞击试验（落锤）和卡片间隙试验（用来确定将推进剂样品放入用传爆药产生的冲击波中，需要多大的力才能使推进剂爆轰）。如果装有危险级别1.3推进剂的发动机壳体发生猛烈的爆破，会有许多残存的未燃烧推进剂被抛出来，而如果发动机装有危险级别1.1的推进剂，爆破过程会使残存的推进剂迅速汽化，有时会随之发生强烈的爆炸，这比壳体在高压下爆破更加剧烈，且破坏性更强。术语"爆炸"不仅用来描述发动机壳体爆破成碎片的过程，而且用来描述爆炸中能量的高速释放，这种高速释放使发动机碎片速度更快、动量更大。

美国国防部（DoD）采用危险级别1.1或者危险级别1.3对推进剂进行标记，区分运输火箭推进剂、装有弹药的导弹、炸药或者军需品的费用，还决定某地点的推进剂储存量或者生产量的限度，以及储存点之间或者储存点与建筑之间的最小距离。DOD系统（见参考文献13-9）和联合国使用标记方法的是一样的。

13.3.4 不敏感性

军事行动中，意外点火、计划外操作或者火箭、导弹的爆炸会造成装备的严重损坏，甚至造成人员伤亡。这种情况可以通过发动机设计，降低推进剂对各种能量刺激敏感性来避免。最坏的情况是推进剂爆炸，因此必须避免其发生。导弹及发动机必须经过一系列规定的测试来确定它们对战斗中可能出现的各种能量刺激所引起的意外点火的抵抗能力。表13-5描述了军事规范中的一系列测试，这在参考文献13-3和13-10中进行了详述。除了表13-5所列的测试之外，有时还需要进行其他测试，例如摩擦测试和跌落测试。在测试前必须进行危险性评估，以预估导弹寿命周期内由后勤和操作产生的威胁性大小。评估的结果可能会使被测装置进行改进，以达到其合格标准，或者跳过后续测试。

表13-5　火箭和导弹的不敏感性测试

测试	描述	合格标准
快速走火	在导弹或发动机下面点火（喷油或用木柴）	没有比燃烧强烈的反应
慢速走火	逐渐加热（6 ℉/h）到失效	
子弹撞击	在短时间内使用1~3个50 mm口径的子弹射击	
碎片撞击	高速的小钢片	
感应起爆	附近的类似发动机或者军火的爆炸	被测发动机没有爆轰
成形炸药撞击	由成形炸药对指定部位轰击	不发生爆轰
剥离碎片撞击	由钢板上剥离的高速碎片对装药的撞击	燃烧，但是不爆炸或爆轰

导弹及其发动机在测试中会被破坏。如果发动机爆炸（这种后果是不可接受的），就必须重新设计发动机或者改变推进剂。几种新型的推进剂能更好地抵抗这些刺激，因此更适于

战术导弹，尽管它们的推进性能可能较差一些。如果发生爆炸，需要重新设计发动机来减轻爆炸的效果（减小猛烈程度）。例如，可以在壳体上增加装置使气体在爆炸前进行排放。这种装置安装在运输容器上也可以减轻爆炸的效果。如果仅仅产生燃烧（可接受的结果），那么就需要将燃烧限制在特定的装药或者发动机范围内。在有些环境下，壳体发生爆破是可以接受的。在过去的10年中，采用了新型黏结剂的一种新型的低敏推进剂被开发出来。当火箭发动机受到各种意外的能量刺激时，如外部着火、冲击或压力波（见表 13 – 5）等，这类推进剂能够尽量减轻后果的剧烈程度（如爆轰）。近年来，钝感推进剂在一些军事任务中得以应用，这是钝感推进剂发展的一个重要里程碑。最主要的例子是最近以 HTPE（端羟基聚醚）为黏结剂的复合推进剂，参见参考文献 13 – 11。HTPE 已应用于舰艇发射的改进版"海麻雀"导弹（ESSM）的 MK – 134 火箭发动机中。这台发动机是由美国的 ATK 和挪威的 NAMMO Raufoss 联合为北约"海麻雀"联盟的成员国制造的。法国也开发了一种相对不灵敏的推进剂，即一种不迁移的 HTPB 黏结剂，称为 Butacene。它已经符合美国和其他国家的一些系统标准，参见参考文献 13 – 11。

13.3.5 压力上限

如果压力的上升速率或绝对压力过高（在某些撞击试验或枪管中的加速度过高），推进剂可能会爆炸。对于多数推进剂来说，这个压力超过 1 500 MPa 或 225 000 psi，而对某些推进剂而言则比较低（300 MPa 或 45 000 psi）。这就是压力上限，超过该限度推进剂无法正常工作。

13.3.6 毒性

大部分火箭不存在明显的毒性问题。多数推进剂成分（如某些交联剂和燃速催化剂）和少数在纤维增强壳体中使用的增塑剂都对皮肤和呼吸器官有危害；有些是致癌物质或潜在的致癌物质。对包含这些成分的未固化的推进剂混合物必须小心操作，操作者应避免暴露。需要使用手套、面罩操作，要求通风良好，对于高蒸气压的成分，还需要用防毒面具。最终固化的推进剂或发动机通常是无毒的。

在排气羽流中，如果含有铍或氧化铍颗粒、氯气、盐酸气体、氢氟酸气体或者其他氟化物，那么就有很强的毒性。当使用高氯酸铵氧化剂时，排气中会含有高达 14% 的盐酸。对于大型的火箭发动机而言，这会产生数吨的剧毒气体。如第 21 章所述，对于羽流有毒的火箭，测试和发射设备要有特殊的预防措施，并进行不定期的净化。

13.3.7 安全准则

控制危险性和防止突发事件最有效的途径有：①对处于关系到推进剂危险性的人员进行培训，训练如何避免危险状况，防止突发事故，以及如何从事故中脱险；②设计更安全的发动机、工具和设备；③在设计、制造和操作过程中，建立严格的安全准则。例如，在有推进剂或者发动机的地方严禁烟火，穿防火花的鞋，使用防火花的工具，屏蔽所有的电子设备，在测试设备中装备喷淋灭火系统以冷却发动机或灭火，所有能产生静电的电设备都要良好接地。

13.4 推进剂组分

表 13-6 和表 13-7 分别列出了双基推进剂和复合推进剂中一些常用的推进剂组分。它们按照主要功能分类，如氧化剂、燃烧剂、黏合剂、增塑剂、固化剂等，本节将一一描述。然而，有些组分不止具备一种功能。本节所列的组分并不完全，在火箭发动机试验中曾至少尝试了 200 种其他的组分。表 13-6 中大多数成分的保质期超过 30 年。

表 13-6 双基推进剂（DB）和复合改性双基推进剂（CMDB）的典型组分

类型	含量/%	缩写	典型化学成分
黏结剂	30~50	NC	硝化纤维（固体），通常加入 20%~50% 的硝化甘油使之塑化
活性增塑剂（液体炸药）	20~50	NG	硝化甘油
		DEGDN	二甘醇二硝酸酯
		TEGDN	三甘醇二硝酸酯
		PDN	丙二醇二硝酸酯
		TMETN	三硝酸三酯乙烷
增塑剂（有机液体燃料）	0~10	DEP	邻苯二甲酸二乙酯
		TA	乙酸甘油酯
		DMP	邻苯二甲酸二甲酯
			邻苯二甲酸二辛酯
		EC	乙基中定剂
		DBP	邻苯二甲酸二丁酯
燃速调节剂	≤3	PbSa	水杨酸铅
		PbSt	硬脂酸铅
		CuSa	水杨酸铜
		CuSt	硬脂酸铜
冷却剂		OXM	草酸矿物质
遮光剂		C	炭黑（或者石墨粉）
安定剂或抗氧化剂	>1	DED	二乙基二苯基胺
		EC	乙基中定剂
		DPA	二苯基胺
可见火焰抑制剂	≤2	KNO$_3$	硝酸钾
		K$_2$SO$_4$	硫酸钾
润滑剂（只针对挤压推进剂）	>0.3	C	石墨 蜡
金属燃烧剂[a]	0~15	Al	铝粉（固体）

续表

类型	含量/%	缩写	典型化学成分
晶体氧化剂[a]	0~15	AP	高氯酸铵
		AN	硝酸铵
固体炸药结晶[a]	0~20	HMX	奥克托金
		RDX	黑索金
		NQ	硝基胍

[a] 其中几种（并非全部）添加到 CMDB 推进剂中。

表 13-7 复合推进剂的典型组分

类型	含量/%	缩写	典型化学成分
氧化剂（晶体）	0~70	AP	高氯酸铵
		AN	硝酸铵
		KP	高氯酸钾
		KN	硝酸钾
		ADN	二硝基铵
金属燃烧剂（也起燃烧稳定剂的作用）	0~30	Al	铝
		Be	铍（只是试验用）
		Zr	锆（也起燃速调节剂的作用）
燃烧剂/黏结剂，聚丁二烯类型	5~18	HTPB	聚丁二烯
		CTPB	羧基聚丁二烯
		PBAN	聚丁二烯-丙烯酸-丙烯酯聚合物
		PBAA	聚丁二烯-丙烯酸聚合物
燃烧剂/黏结剂，聚醚和聚酯类型	0~15	PEG	聚乙二醇
		PCP	聚己酸内酯多元醇
		PGA	聚乙二醇己二酸
		PPG	聚丙二醇
		HTPE	羟基聚乙烯
		PU	聚氨酯
固化剂或交联剂，与聚合黏结剂起化学反应	0.2~3.5	MAPO	甲基吖丙啶磷化氢氧化物
		IPDI	异氟尔酮二异氰酸酯
		TDI	甲苯-2,4-二异氰酸盐
		HMDI	环己二异氰酸酯
		DDI	二聚物二异氰酸酯
		TMP	三甲基丙烷
		BITA	三甲基-1(2-乙基)-吖丙啶

续表

类型	含量/%	缩写	典型化学成分
燃速调节剂	0.2~3.0	FeO	三氧化二铁
		nBF	n-丁基二茂铁
			Cu,Pb,Zr,Fe 的氧化物
			碱土金属碳酸盐
			碱土金属硫酸盐
			金属-有机化合物
炸药填充物（固体）	0~40	HMX	奥克托金
		RDX	黑索金
		NQ	硝基胍
增塑剂/储存稳定性控制（有机液体）	0~7	DOP	邻苯二甲酸二辛酯
		DOA	己二酸二辛酯
		DOS	癸二酸二辛酯
		DMP	邻苯二甲酸二甲酯
		IDP	壬酸异癸酯
活性增塑剂（液体）	0~14	GAP	缩水甘油基叠氮化物聚合物
		NG	硝化甘油
		DEGDN	二甘醇二硝酸酯
		BTTN	丁三醇三硝酸酯
		TEGDN	三甘醇二硝酸酯
		TMETN	三羟甲基乙烷三硝酸酯
		PCP	聚己酸内酯多元醇
活性燃烧剂/黏结剂	0~35	GAP	缩水甘油基叠氮化物聚合物
		PGN	丙基缩水甘油基硝酸盐
		BAMO/AMMO	双叠氮甲基乙氧基/叠氮甲基乙氧基共聚物
		BAMO/NMMO	双叠氮甲基乙氧基/硝基甲基乙氧基共聚物
黏结剂（改进与固体颗粒的黏结）	0.1	MT-4	MAPO-酒石酸-己二酸冷凝物
		HX-752	双-异酞酸基-甲基-吖丙啶
中定剂	0.5	DPA	二苯胺
		—	苯基萘基胺
		NMA	N-甲基-p-硝基苯胺
		—	二硝基二苯胺
工艺助剂	0.5	—	卵磷脂
		—	硫酸钠十二醇

现代推进剂（包括一些正在试验的新类型）的一种分类，见表 13-8，它是按照黏结剂、增塑剂和固体组分来分类的；固体可以是氧化剂、燃烧剂或者两者的混合物。

表 13-8 根据固体火箭推进剂的黏结剂、增塑剂和固体成分，对飞行器的固体火箭推进剂进行分类

名称	黏结剂	增塑剂	固体氧化剂或燃烧剂	推进剂应用	
				减少信号和烟	
双基 DB	塑化的 NC	NG、TA 等	无		助推器、主发动机和航天器
CMDB[a]	塑化的 NC	NG、TEMTN、TA、BTTN 等	Al、AP、KP	少烟	
			HMX、RDX、AP	最低性能、燃气发生器	
			HMX、RDX、叠氮化物	良好的力学性能	
EMCDB[a]	塑化的 NC + 弹性聚合物	NG、TEMTN、TA、BTTN 等	类似于上面的 CMDB，但是含有弹性的黏结剂		助推器、主发动机或者航天器，应用很广泛
聚丁二烯	HTPB	DOA、IDP、DOP、DOA 等	Al、AP、KP、HMX、RDX	少烟、燃气发生器	
	CTPB、PBAN、PBAA	完全类似上面的 HTPB，但是因为加工过程中较高的黏性使固体含量少一些，所以性能低一些，在老的设计中仍然应用	AN、HMX、RDX、AP	高能飞行器	
加入 HMX 或 RDX 的聚丁二烯	HTPB	DOA、IDP、DOP、DOA 等	AP、Al、HMX 或 RDX		助推器、主发动机或者航天器
聚醚和聚酯	PEG、PPG、PCP、PGA、HTPE[b] 和混合物	DOA、IDP、TMETN、DEGDN 等	Al、AP、KP、HMX $N_t = a_o$，$N_o = a_t N_t$		
活性黏结剂（除丁 NC）	GAP、PGN、BAMO、NMMO、BAMO/AMMO	TMETN、BTTN 等。GAP-叠氮化物，GAP-硝酸盐，NG	类似于上面的聚醚/聚酯推进剂	但是性能要稍微高一些，是试验用的推进剂	

[a] CMDB，复合改性双基；EMCDB，弹性改性浇注双基。推进剂和组分的简写和缩写的定义，见表 13-6 和表 13-7。
[b] HTPE，羟基端聚醚。Orbital ATK 公司为钝感弹药开发的推进剂用黏结剂。

组分的属性和纯度对推进剂特性有极大的影响。一种组分看起来很小的变化就会引起弹道特性、物理属性、迁移、老化或者制造难易程度上相当大的改变。当推进剂性能或者弹道特性有严格的误差限制时，组分的纯度和属性也必须有严格的误差控制和仔细的操作（如不能暴露在湿气中）。下面将按照功能简要讨论一些重要的组分。

13.4.1 无机氧化剂

表 13-9 列出了几种氧化剂和含有氧基的混合物的一些热化学属性。它们的值取决于每种组分的化学性质。

表 13-9　晶体氧化剂的热化学属性

氧化剂	化学式	平均分子质量/ $(kg \cdot kg^{-1} \cdot mol^{-1})$	密度/ $(kg \cdot m^{-3})$	氧基含量/ $(wt\%)$	备注
高氯酸铵	NH_4ClO_4	117.49	1 949	54.5	n 值低，廉价，容易获得
高氯酸钾	$KClO_4$	138.55	2 519	46.2	燃速低，性能适中
高氯酸钠	$NaClO_4$	122.44	2 018	52.3	吸湿，性能高，火焰明亮
硝酸铵	NH_4NO_3	80.0	1 730	60.0	少烟，性能中等，廉价

高氯酸铵（NH_4ClO_4，AP）是固体推进剂中使用最广泛的晶体氧化剂。因为它有优良的特性，包括能够与其他推进剂材料相容，有良好的性能、质量和均匀性，并且可以大量获得，所以它在固体推进剂中占据绝对优势。其他的固体氧化剂，尤其是硝酸铵和高氯酸钾，曾经和现在也偶尔用在生产的火箭中，但是在很大程度上已经被含有 AP 的更为新型的推进剂所取代。许多氧化剂混合物都是在 20 世纪 70 年代研制的，但是都没有达到生产的水平。

高氯酸盐的潜在氧化能量一般比较高，这使得该材料适用于高比冲的推进剂。AP 和高氯酸钾在水中的溶解度较低，这对推进剂来说是有利的。所有的高氯酸盐氧化剂与燃烧剂反应时都会产生氯化氢（HCl）和其他有毒、有腐蚀性的氯化物。在火箭点火时要特别小心，操作人员和居民不能在排气云的范围内，对于非常大型的火箭更是如此。AP 以白色小颗粒的形式供货。颗粒尺寸和形状直接影响推进剂的加工工艺和燃速。因此，在同一批量的生产中，晶体的尺寸和尺寸分布要精确控制。AP 晶体是球形的，这样就比尖锐的、断裂的晶体更容易混合。出厂时其直径为 80~600 μm（1 μm = 10^{-6} m）。直径 40 μm 以下的尺寸是有危险的（易于点燃，有时会爆轰），不能运输。因此，推进剂生产商通常生产比较大的晶体，只是在加入推进剂之前将其研磨（在发动机工厂）成较小的尺寸（小至 2 μm）。

与 AP 相比，无机硝酸盐是性能相对较低的氧化剂。但是，因为其价格低廉、无烟，以及排气相对无毒，所以硝酸铵在某些应用中使用广泛，主要是用在低燃速、低性能的火箭和燃气发生器中。在几种相变温度下，硝酸铵（AN）的晶体结构会发生改变，这会导致其体积的微小变化。例如，发生在 32 ℃ 的一种相变使其体积变化 3.4%。这种经过转变温度的温度反复变化会使推进剂中产生微小的孔隙，引起推进剂增长以及物理性质或弹道性质的变化。少量安定剂（如氧化镍或者硝酸钾）的加入可以将转变温度提高到高于 60 ℃，这个温度已经足够高，使得一般的环境温度变化不会引起 AN 的再结晶（见参考文献 13-12 和 13-13）。加入这种添加剂的 AN 就是众所周知的相稳定硝酸铵（PSAN）。另外，AN 是有吸湿性的，吸湿会使含有 AN 的推进剂降解。

13.4.2 燃烧剂

本节讨论固体燃烧剂。球形铝粉是最常用的燃烧剂，铝粉由小的球形颗粒（直径 5~60 μm）组成，用在很多种复合推进剂和复合改性双基推进剂的配方中，通常占推进剂重量的 14%~20%。小的铝颗粒能够在空气中燃烧，如果吸入铝粉会发生轻微的中毒。在火箭燃烧的过程中，该燃烧剂被氧化成氧化铝。这些氧化物粒子趋向于凝聚，形成较大的颗粒团。铝粉会增加燃烧中的传热，提高推进剂的密度、燃烧温度和比冲。在燃烧过程中，氧化铝以液滴的形态存在，而在喷管中，随着燃气温度的降低其就会固化。当氧化铝是液态时，会形成熔渣，聚集在发动机的凹陷处（如在设计不当的嵌入喷管周围），因此会对飞行器的质量比产生不利的影响。另外，如参考文献 13-14 和 13-15 所述，氧化铝还会沉积在燃烧室的内壁面上；参考文献 13-16 讨论了向固体推进剂中添加铝作为燃料的重要问题。

硼是一种高能燃烧剂，比铝轻一些，熔点也比较高（2 304 ℃），即使在有足够长度的燃烧室里它也难以高效地燃烧。然而，如果硼颗粒足够小，则其氧化程度可以相当高。在火箭-吸气组合发动机中，有足够大的燃烧容积，并且空气中有充足的氧化剂，因此在推进剂中加入硼颗粒，是很有利的。

铍比硼容易燃烧得多，并且能提高固体推进剂发动机的比冲，通常增加约 15 s，但是其氧化物有剧毒（当动物和人吸入粉末时）。目前，采用铍粉的复合推进剂技术已经通过试验验证，但是其强烈的毒性使之难以应用。

13.4.3 黏结剂

黏结剂为固体推进剂中固体颗粒的黏结提供结构上的基体。其原料是液体预聚物或者单体，聚合物、聚酯和聚丁二烯都曾经使用过（见表 13-6 和表 13-7）。黏结剂与固体组分混合后，通过浇注和固化，形成构成装药的坚硬的橡胶类材料。聚氯乙烯（PVC）和聚氨基甲酸乙酯（PU）（表 13-1）在 50 年前就开始使用，并且在某些发动机和多数的早期设计中仍然使用。对固体推进剂火箭来说，黏结剂材料也是燃烧剂，它在燃烧过程中氧化。黏结剂成分通常是一种或几种类型的聚合物，对发动机的可靠性、力学性能、推进剂加工的复杂程度、储存、老化和费用都有重要的影响。在推进剂固化的过程中，一些聚合物发生复杂的化学反应、交联和分支链接。近年来，比较好的黏结剂是 HTPB，因为它能够容许较高的固体含量（88%~90% 的 AP 和 Al），并且在一定温度范围内有相对良好的物理性质。表 13-1、表 13-6 和表 13-7 列出了几种常用的黏结剂。向弹性的黏结剂中加入塑化的双基类型硝化纤维可以增强物理性能。当黏结剂单体和交联剂发生反应时，开始发生聚合反应，形成长链的、复杂的三维聚合物。其他类型的黏结剂（如 PVC），在固化或塑化过程中没有分子反应发生（见参考文献 13-4、13-5 和 13-15）。例如，通常称为塑料溶胶类型的黏结剂，它们在不挥发的液体中形成非常黏稠的聚酯粉末分布，通过相互作用进行缓慢聚合。

13.4.4 燃速调节剂

燃速催化剂或燃速调节剂用来加速或者减弱燃烧表面的燃烧反应，提高或减小推进剂燃速。通过调节燃速，可以与特定的装药设计和推力-时间曲线相适应。表 13-6 和表 13-7

列出了一些燃速调节剂。其中一些会提高燃速,如氧化铁或硬脂酸铅,而其他的会减小复合推进剂的燃速,如氟化锂。无机催化剂不会产生燃烧能量,而且在被加热到燃烧温度时会消耗能量。因为改变了燃烧机理,这些调节剂是有效的,这将在第 14 章中介绍。参考文献 13-4 的第 2 章给出了几种调节剂如何改变复合推进剂燃速的例子。

燃烧速率的定义见 12.1 节,其依赖于推进剂组分。对于复合推进剂,可以通过改变推进剂特性提高其性能。

(1) 引入燃速催化剂、燃速调节剂(0.1%~3.0% 推进剂)或增加现有催化剂的百分比。

(2) 降低氧化剂的颗粒尺寸。

(3) 增加氧化剂比例。

(4) 增加黏结剂和(或)增塑剂的燃烧热。

(5) 在推进剂中嵌入高导电性导线或金属钉。

13.4.5 增塑剂

增塑剂通常是黏性相对低的液体有机成分,它也是燃烧剂。它的加入是为了在低温下提高推进剂的延伸率和加工性能,例如,已经混合但是未固化的推进剂在浇注和罐装期间需要较低的黏度。增塑剂的物理性能如表 13-6、表 13-7 中和表 13-8 所示。

13.4.6 固化剂或交联剂

固化剂或交联剂使聚合物形成较长的链,具有较大的分子质量,并且在链之间形成联结。尽管这种材料的含量很小(0.2%~3.0%),但是其含量的微小变化会对推进剂的物理性质、制造和老化产生很大的影响。另外,它只在复合推进剂中采用,用于使黏结剂固化硬化。表 13-7 列出了一些固化剂。

13.4.7 活性黏结剂和增塑剂

活性黏结剂和增塑剂的使用取代了传统的有机材料。它们和有机成分一样,含有氧化成分(如叠氮化物或有机硝酸盐)。由于在推进剂中增加了一些附加的能量,推进剂的性能会有适度的提高。对其他组分,它们起黏结剂或活性增塑剂液体的作用。它们能够进行放热的自身反应,无须单独的氧化剂就可以燃烧。缩水甘油基叠氮化物聚合物(GAP)是活性、热稳定的羟基预聚物的一个例子。它已经在试验的推进剂中采用。其他的活性黏结剂或者增塑剂材料的物理性能如表 13-6、表 13-7 和表 13-8 所示。

13.4.8 有机氧化剂或炸药

有机氧化剂是爆炸性的有机化合物,带有 $-NO_2$ 自由基或其他组合到分子结构中的氧化成分。参考文献 13-4 和 13-15 描述了它们的性质、制造和应用。它们在高能推进剂或少烟推进剂中使用,可以是固体晶体(如硝胺 HMX 或 RDX)、含纤维的固体(如 NC)或者是活性增塑剂液体(如 DEGN 或 NG)。当施加足够的能量时,这些材料可以自身反应或燃烧,但是它们都是炸药,在特定的条件下会爆炸。因为 HMX 和 RDX 都是化学计量系数平衡的材料,所以无论是燃烧剂还是氧化剂的加入都会使 T_1 和 I_s 的值减小。因此,当在黏弹性的基体中加入黏结剂燃料来固定其中的 HMX 或 RDX 晶体时，也必须同时加入氧化剂（如 AP 或 AN）。

RDX 和 HMX 在结构和性质上很相似。它们都是白色的固体晶体，可以被制成各种尺寸。为安全考虑，把它们放在有减感作用的液体中运输（在加工推进剂前，这种减感液体要去除）。HMX 的密度和爆轰速度要略高一些，能够产生更多的单位体积能量，并且熔点也高一些。NG、NC、HMX 和 RDX 也在军事和商业炸药中得到广泛的使用；DB、CMDB 或复合推进剂中可以加入 HMX 或 RDX，以获得比较高的性能或者其他特性。加入的含量可以占到推进剂的 60%。加工含有这些或者相似成分的推进剂是危险的，额外的安全预防措施会使加工费用升高。

液体 NG 对冲击、碰撞或摩擦非常敏感。当加入其他材料（类似三醋精或邻苯二甲酸二丁酯的液体）或者与硝化纤维复合后，NG 的敏感性会降低，那么对于推进剂来说它就是一种相当好的增塑剂。它在很多有机溶剂中都易于溶解，而反过来对于 NC 和其他固体组分而言它又是溶剂（见参考文献 13 - 15）。

NC 是 DB 和 CMDB 推进剂中的一种重要组分。它是将木材或棉花中的天然纤维用硝酸硝化而成，是几种有机硝酸盐的混合物。虽然呈结晶状态，但是它仍然保持着初始纤维素的纤维结构（见参考文献 13 - 15）。在确定 NC 的主要性质时，含氮量是很重要的，其范围为 8% ~ 14%，但是推进剂采用的等级一般在 12.2% ~ 13.1%。由于用天然产物制造 NC 不可能有精确的含氮量，因此需要通过仔细地混合来达到要求的品质。因为固体纤维状的 NC 材料难以制成装药，所以当它用在 DB 和 CMDB 推进剂中时，常常与 NG、DEGN 或其他增塑剂混合使之溶解或胶质化。

一种新发现的有机氧化剂——六硝基六氮杂异伍兹烷（也称为 HNIW 或 CL - 20），其作为实用推进剂的潜力正在广泛研究，参见参考文献 13 - 1 和 13 - 17。它可能产生迄今为止最高的比冲，略高于目前用 HMX 改进的固体推进剂，并可以作为最强大的炸药（比 HMX 多 20% 的能量）。到 2015 年，它只在实验室中少量生产。两大因素制约了 CL - 20 的全面应用；一是成本太高（2013 年高达 570 美元/lb）；二是敏感性和摩擦试验表明 CL - 20 不如 HMX 稳定。CL - 20 的密度略高于任何其他爆炸性成分（2.04 g/cm^3），对其潜在用途的研究仍在继续。

13.4.9 添加剂

少量的添加剂可以实现多种目的，包括加速或者延长固化时间、改进流变性质（便于黏性推进剂原料浇注）、改进物理性质、增加透明推进剂的不透明度来减少非燃面处的辐射传热、限制推进剂的化学成分向黏结剂迁移或者相反过程、减小储存期间的缓慢氧化或化学变质和改进老化特征或防潮性。黏结剂用来增强固体组分（AP 或 Al）和黏结剂之间的附着力；安定剂用来限制推进剂中可能发生的缓慢化学反应或物理反应，有时在交联剂或固化剂中加入催化剂来减慢固化速度；润滑剂用来辅助挤压过程；减感剂可以减弱推进剂对能量刺激的感应能力。这些添加剂的使用量通常很少。

13.4.10 颗粒尺寸参数

推进剂中，AP、Al 或 HMX 固体颗粒的尺寸、形状和尺寸分布对复合推进剂的性质有重要的影响。颗粒被加工成球形是因为球形可以使混合更加容易，并且在推进剂中比锐边形状的天然晶体有更高的固体装填量。通常，研磨的 AP 氧化剂晶体按照颗粒尺寸分成下面几级：

  粗颗粒   400～600 μm
  中等颗粒 50～200 μm
  细颗粒   5～15 μm
  极细颗粒 微米以下 – 5 μm

  粗颗粒和中等颗粒的 AP 晶体是危险级别 1.3 的爆炸材料，而细颗粒和极细颗粒是危险级别 1.1 的高爆炸物，通常在现场由中等颗粒或粗颗粒加工而成（见 13.3 节，爆炸危险性等级的定义）。因为小的颗粒可以充填较大颗粒之间的空隙，提高单位推进剂中的氧化剂含量，所以大多数推进剂使用各种尺寸的氧化剂颗粒混合物。单峰推进剂只有一种尺寸的固体氧化剂颗粒，双峰推进剂有两种尺寸（如 20 μm 和 200 μm），而三峰推进剂有三种尺寸，这可以使更多的固体加入推进剂中。习题 13 – 1 的草图解释了小的颗粒是如何填充大颗粒之间的空隙的。

  图 13 – 8 显示了氧化剂颗粒的粗/细比例变化和燃速添加剂对推进剂燃速的影响。图 13 – 9 显示出，铝粉颗粒尺寸对推进剂燃速的影响要比氧化剂颗粒尺寸的影响小得多。图 13 – 8 还显示了颗粒尺寸的作用。氧化剂颗粒（通常是 AP）和固体燃烧剂颗粒（通常是铝粉）的尺寸范围及颗粒形状对固体装填密度和未固化推进剂的流变性质（与黏性液体的流动和倾倒有关）有很大的影响。根据定义，装填密度是把固体装填成最小体积（理论状况）时固体的体积分数。较高的装填密度使得推进剂加工过程中的混合、浇注和处理更为困难。图 13 – 10 显示了采用高氯酸铵颗粒混合时，AP 颗粒尺寸的分布；通过控制尺寸范围和尺寸混合比，该曲线形状可以有很大的改变。另外，固体颗粒的尺寸范围和形状还会影响固体装填比，固体装填比是在未固化的推进剂中，固体成分和所有成分的质量比。现在采用计算机优化方法来调整颗粒尺寸分布，以改进固体装填比。在某些复合推进剂中，固体装填比可以高达 90%。较高的装填比可以提高性能，但是会使加工过程变得复杂和昂贵。对于

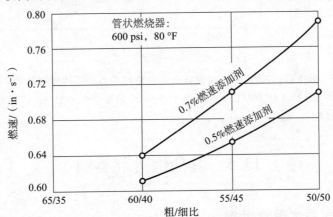

图 13 – 8 氧化剂（AP）颗粒尺寸的混合比和燃速添加剂
对复合推进剂燃速的典型影响

（摘自 NASA 报告 72262，Motor Propellant Development，1967 年 7 月；检索号：N68 – 16051. http: // ntrs. nasa. gov/archive/nasa/casi. ntrs. nasa. gov/19680006582_ 1968006582. pdf.）

许多高比冲的复合推进剂来说，如何在弹道（性能）要求、加工性、机械强度、废品率和设备费用方面进行折中仍然是个问题。参考文献13-4和13-15给出了颗粒尺寸对发动机性能影响的资料。

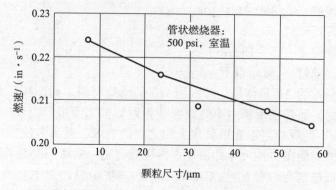

图13-9 铝颗粒尺寸对复合推进剂燃速的典型影响

（摘自 NASA 报告 8075，Solid propellant processing factor in rocket motor design，1972年10月；检索号：N72-31767. http：//hdl.handle.net/2060/19720024117；NTRS Document ID：19720024117.）

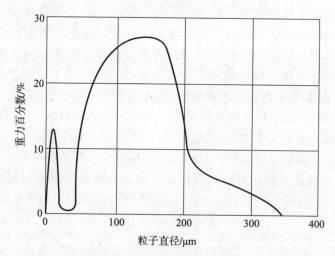

图13-10 氧化剂（AP）颗粒的尺寸分布是两种或多种不同颗粒尺寸分布的混合

（该种复合推进剂的 AP 颗粒直径主要分布在范围较窄的 0~10 μm 区间内和范围较宽的 50~200 μm 区间内）

13.5 其他推进剂类别

13.5.1 燃气发生器推进剂

燃气发生器推进剂用于产生燃气而不是推力。它们通常燃烧温度较低（800~1 600 K），并且在金属壳体中使用时大都不需要绝热层。燃气发生器的典型应用如表12-1所示。虽然很多推进剂都可以用在燃气发生器中产生燃气，但是这里只介绍几种。

稳定的 AN 基推进剂与其他各种组分或黏结剂在一起，已经使用很多年。它们产生的排气较为干净、少烟，并且燃烧温度低。因为其燃速低，它们在长时间工作的燃气发生器（如 30~300 s）中应用广泛。参考文献 13-13 给出了其典型组成，表 13-10 列出了一种典型的燃气发生器推进剂。通常在 AN 中加入一些燃料作为冷却剂也是有帮助的。

表 13-10 典型硝酸铵氧化剂的燃气发生器推进剂

弹道特性	
计算火焰温度/K	1 370
在 6.89 MPa, 20 ℃ 的燃速/(mm·s^{-1})	2.1
压力指数 n（量纲为 1）	0.37
温度敏感系数 σ_p/(K^{-1})	0.22
理论特征速度 c^*/(m·s^{-1})	1 205
比热比	1.28
排气分子量	19
组分（质量分数）	
硝酸铵/%	78
加入固化成分的黏合剂/%	17
添加剂（工艺助剂、稳定剂、抗氧化剂）/%	5
氧化剂颗粒尺寸/μm	150
燃气成分（mol %）	
水	26
一氧化碳	19
二氧化碳	7
氮气	21
氢气	27
甲烷	微量
25 ℃ 或 298 K 的物理性质	
抗拉强度/MPa	1.24
伸长率/%	5.4
张力弹性模量/(N·m^{-2})	34.5
比重	1.48

降低火焰温度的一种方法是在原来的 AP 推进剂燃烧中加入水来冷却燃气，将之冷却到未加热防护措施的金属可以承受的温度。该方法在 MX 导弹发射管的气体发生器中得到使用（见参考文献 13-18）。另一种推进剂配方是 HMX 或 RDX 加入过量的聚醚或聚酯类型的聚氨酯。

用于汽车碰撞安全气囊充气的排气必须无毒、无烟、温度低（不会灼伤人）、反应快速、可长期储存而不发生降解，并且能够可靠地获得。通常采用的一种解决方案是使用碱金属叠氮化物（如 NaN_3 或 KN_3）和氧化剂。最终的硝酸盐或氧化物是固体材料，可以通过过滤器去除，于是燃气就是洁净的并且主要是热的氮气。还有一种方案是将空气通过热的高压气体送入气囊，参见参考文献 13 - 19。一种特定的组成是 65%~75% 的 NaN_3、10%~28% 的 Fe_2O_3、5%~16% 的 $NaNO_3$（作为氧化剂），燃速调节剂和少量的用于吸湿的 SiO_2。产物中的固体氮化物残渣由过滤器过滤。

燃气发生器输出的理想功率 P 可以表示为（见第 3 章和第 5 章）：

$$P = \dot{m}(h_1 - h_2) = [\dot{m}T_1 Rk/(k-1)][1 - (p_2/p_1)^{(k-1)/k}] \qquad (13-1)$$

式中：$\dot{m}$ 为质量流率；h_1 和 h_2 分别为燃气发生器燃烧室和排气压力下单位质量气体的焓；T_1 为燃气发生器燃烧室中的火焰温度；R 为气体常数；p_2/p_1 为压力膨胀比的倒数；k 为比热比。

由于火焰温度相对比较低，燃气没有明显的分解，所以采用冻结平衡计算就足够了。

13.5.2 无烟或低烟推进剂

几种类型的双基推进剂，如 HMX 改性双基推进剂，硝基（HMX 或 RDX）复合推进剂、AN 复合推进剂或它们的混合物，在排气中没有或只有很少的固体颗粒。因为不含有铝或 AP，它们比含有 AP 的推进剂比冲低，而且只有很小的一次烟雾，但是在天气条件不好时会有二次烟雾。某些这样的推进剂已经在战术导弹上使用。如第 20 章所述，某些军事应用需要无烟推进剂。

制造真正的、具有无烟排气的推进剂是很难的。因此，要区别低烟（几乎无烟）和少烟推进剂（有微弱的可见羽流）。可见的烟尾迹来自羽流中的固体颗粒，如氧化铝。如果这些颗粒足够多，排气羽流就会散射或者吸收光线，形成可见的一次烟雾。颗粒可以充当湿气凝结的焦点。另外，汽化的羽流分子，如水或盐酸，会在冷空气中凝结并形成液滴，由此形成云迹。这些过程形成水汽尾迹或二次烟雾。

如上所述，低烟推进剂不是一个特殊的类别，不具有特殊的配方，而是前面提到的类别之一的变体。低烟推进剂往往含有 Al、Zr、Fe_2O_3（燃速调节剂）或者其他金属成分，会产生含有金属或金属氧化物颗粒的可见排气云，其中少烟推进剂通常是含有低浓度铝粉（1%~6%）的复合推进剂；在排气羽流中其氧化铝的含量低，只形成微弱可见的一次烟雾，但是在不适宜的天气下会凝结出很强的二次烟雾。如图 13-1 所示，其性能比低烟推进剂好得多。

13.5.3 点火器推进剂

推进剂的点火过程将在 14.2 节讨论，几种类型的点火器将在 15.3 节讨论。这里简要描述用于点火器的推进剂，这是推进剂技术中的一个专门领域。对点火推进剂有如下要求：

（1）点火器推进剂能够快速释放较高的热量，单位质量推进剂能生成大量气体，使燃气迅速地充满装药空腔并实现燃烧室局部增压。

（2）在较宽的压力范围内（从低于大气压到燃烧室压力）能够稳定地起动和运行，并且在低压下能够稳定燃烧，没有点火压力峰。

（3）点火器推进剂能够快速点燃，点火延迟小。

（4）燃速对环境温度的变化不敏感，燃速压力指数低。

(5) 能在高于要求的温度范围下起动、操作和存储。
(6) 安全，并易于制造、运输和处理。
(7) 良好的老化特性和长寿命。
(8) 吸湿性低，随着时间降解的速度慢。
(9) 组分和生产设备价格低。
(10) 无毒或低毒性，腐蚀性低。

一些点火器不仅产生热的燃气，还产生热的固体粒子或液滴，这些粒子会辐射热量，撞击并附着在推进剂表面，帮助暴露的装药表面开始燃烧。

现在有多种不同的点火器推进剂，并且进行了大量的试验研究。早期发动机中通常使用黑火药，因其特性难以重现，已不再应用。目前，挤压双基推进剂采用得比较多，其通常是大量细小的柱状颗粒。在有些情况下，用作主装药的火箭推进剂也用来做点火器装药，有时则稍微做些改变，它们用在待点火的大型发动机内的小火箭发动机中。通常的点火药配方是采用20%~35%的硼和65%~80%的硝酸钾，以及1%~5%的黏结剂。黏结剂主要有环氧树脂、石墨、硝化纤维、植物油、聚异丁烯和表13-7中所列的其他黏结剂。还有的配方使用镁和碳氟化合物（特氟龙或称为聚四氟乙烯），它会产生热粒子和热气（见参考文献13-20和13-21）。其他的点火器推进剂列在参考文献13-11中。

13.6 衬层、绝热层和包覆层

位于装药交界面的衬层、绝热层和包覆层已经在12.3节中定义。它们的材料不包含任何氧化成分，在炽热的燃气中会烧蚀、烧焦、蒸发或碎裂。即使燃气中含有很少量的氧化成分，它们也会燃烧，但是通常不会自身燃烧。衬层、内绝热层或包覆层必须与推进剂或其相互之间化学相容，以避免材料成分的迁移（下面进行介绍）和变化。另外，还要有良好的黏合强度，这样才能与推进剂或其相互之间黏合起来。它们遭受破坏或表面烧蚀退移的温度应该很高，并且比重应较低，从而可以减少冗余质量。典型的材料是氯丁（二烯）橡胶（比重1.23）、丁基橡胶（0.93）、三元乙丙合成橡胶（EPDM，0.86）或者在推进剂中使用的黏结剂（如聚丁二烯，0.9~1.0）。与推进剂的比重1.6~1.8相比，这些材料的比重是比较低的。对于低烟推进剂，这三种橡胶类的材料通常只产生气体，而不产生或者只产生很少的固体颗粒（见参考文献13-22）。

衬层的主要目的是在装药和壳体之间或壳体和内绝热层之间提供适当的结合。除了上一段列出的所希望有的特征，衬层还应是柔软的可拉伸的橡胶类薄层材料（典型的厚度是0.02~0.04 in，伸长率为200%~450%），这样就允许装药和壳体之间有相对位移。这是因为装药的热膨胀系数比壳体要大近一个数量级，两者会有不同的膨胀。衬层还要对纤维缠绕壳体进行密封（非常薄的壳体，通常是多孔透气的），这样才不会使高压燃气泄漏。一种典型的战术导弹用的衬层是由聚丙二醇（约57%）、氧化钛填料（约20%）、二异氰酸盐交联剂（约20%）和少量的其他成分（如抗氧化剂）组成的。在使用前，该发动机壳体必须预热到约82℃。三元乙丙橡胶（EPDM）交联成三元乙丙三聚物，形成衬层常用的合成橡胶，其黏合性和延伸性能都很好。

在现在的某些发动机中，内绝热层不仅提供对壳体（对高温燃气）的热防护，而且还起衬层（黏结推进剂和绝热层，或者绝热层和壳体）的功能。大多数发动机仍然有独立的衬层和绝热层。内绝热层应该满足以下要求：

（1）必须抗侵蚀，尤其是发动机后部或长尾管的绝热层。这可以通过使用坚韧的弹性材料来达到，如氯丁（二烯）橡胶或丁基橡胶在化学上对高温燃气和颗粒撞击有抵抗能力。表面完整性也可以通过在受热表面上做一层多孔黑色碳层（当其他多孔材料分解或蒸发后它仍然存在）来解决。

（2）必须有良好的热阻和低热导率，来限制燃气对壳体的传热，从而使壳体温度低于最大容许温度（对于复合材料中的塑料通常为160~350 ℃，对于钢壳体为550~950 ℃）。这可以通过在绝热层中添加氧化硅、凯夫拉纤维或陶瓷颗粒做到。石棉是一种很好的添加材料，但是因为其危害健康所以不再使用。

（3）应该允许较大的变形或应变，以适应装药在增压和温度循环中的变形，并且在装药和壳体之间传递载荷。

（4）表面的退移应该小，这样可以保持最初的几何形状，并且可以用较薄的绝热层。

发动机任意位置的绝热层厚度 d 取决于暴露时间 t_e、侵蚀率 r_e（由相似的气体速度和温度下的侵蚀试验得到）和安全系数 f（1.2~2.0），其关系可简单地表示为

$$d = t_e r_e f \tag{13-2}$$

在一些小发动机的测试中，有些设计者认为绝热层厚度应该是烧蚀厚度的两倍。

绝热层的厚度通常不是均匀的，其变化可高达20倍。在某些区域中，绝热层要厚一些，如发动机后部，因为那里材料暴露时间比较长，并且与推进剂覆盖的绝热层区域相比有较大的横向剥离速度。在选择材料之前，有必要估算一下流场和热环境（燃烧温度、气体组分、压力、暴露时间、内弹道），并据此进行热分析（侵蚀预估和估算绝热层厚度）。发动机不同部位的载荷和载荷下的变形也需要进行分析，以估算剪应力和压应力。如果有高应力或者减压装置，还需要进行结构分析。这些分析通常采用各种计算机程序实现，参见参考文献13-23和13-24。

包覆层的材料通常与绝热层相同。它们用于（黏结、浇注、粘贴或喷涂）装药不希望燃烧的表面。在分段燃烧的发动机中，如果只有内孔表面可以燃烧（图15-2），那么柱状装药的横截面就需要包覆起来。

迁移是流动（液体）的化学成分从固体推进剂向衬层、绝热层或包覆层移动或者反向移动的过程。液体增塑剂（如NG、DEGN、未反应的单体或液体催化剂），都会产生迁移。这种迁移通常非常慢，但会引起推进剂物理性质的巨大变化（如靠近衬层的推进剂变脆）。有证据表明，硝化甘油向绝热层的迁移会使之易燃。可以通过下面的方法避免或阻断迁移：①推进剂中不加入增塑剂；②绝热层或黏结剂中使用的增塑剂和推进剂中使用的相同；③增加一个无法渗透的材料薄层或迁移屏障（如PU或薄的金属膜）；④采用不允许迁移的绝热层材料（如PU）（见参考文献13-25）。

用于"德尔塔"运载火箭助推的石墨-环氧树脂发动机采用三层衬层：EPDM（三元乙丙橡胶）是第一层，用来提高黏结强度；聚氨酯衬层作为屏障防止增塑剂向EPDM衬层迁移；塑化的富含HTPB的衬层防止靠近壳体结合面的燃烧。另外，复合AP-Al推进剂也采用相同的HTPB黏结剂。

衬层、绝热层或包覆层以下面的方式装配在装药上：涂抹、包覆、浸蘸、喷涂或在装药

上黏结衬层条带。装配过程通常使用自动化机器以达到均匀的厚度和高质量。参考文献13-22讲述了特定绝热层的制造。

外绝热层通常用在发动机壳体外面，尤其是对于战术导弹或高加速度的运载火箭助推器。该绝热层降低了飞行器外表面边界层（气动加热）对壳体和推进剂的热流，从而避免纤维增强塑性壳体强度变弱、推进剂变软或者在极端条件下被点燃。外绝热层必须能够抵抗气动加热的空气引起的氧化、有良好的附着力、在飞行和发射的载荷下保持结构完整性以及具有合适的固化温度。外绝热层使用内绝热层的材料是不合适的，因为它们会在空气中燃烧并产生热量。因此，最好采用不热解、热导率低的耐火材料（见参考文献13-26），如高温涂料。内外绝热层还有助于降低装药的稳定波动以及温度的周期性变化（如日夜温度变化和升空导弹的高低空温度变化）引起的热应力。

13.7　推进剂的加工和制造

固体推进剂的制造包含复杂的物理和化学过程。过去，常采用多种不同的工艺来生产推进剂，包括粉末装料的压紧或压缩、用高压压力机产生高压将推进剂通过模具挤压，以及与溶剂混合（溶剂随后蒸发掉）。即使是同一种类型的推进剂（如双基、复合、复合双基推进剂），对于不同的生产商、发动机类型、尺寸或推进剂配方来说，其加工工艺也不一样，因此不存在一个单一的通用工艺流程或制造技术。目前生产的大多数火箭发动机都采用复合类型的推进剂，下面重点讨论其加工过程。

图13-11显示了一种完整的火箭发动机和批量生产的复合推进剂的典型制造流程。带星号（*）标记的过程是有潜在危险性的，通常采用远距离操作和控制，操作车间也要防火和防爆。混合和浇注过程是最复杂的，与其他工艺相比，其在检查质量、性能、燃速和物理性质上更为严格。

未固化推进剂的流变性质（指的是以剪切率、应力和时间表示的流动性质）对推进剂的加工性都是非常重要的，而这些性质沿着生产线长度的变化很明显。推进剂的批量处理，包括把推进剂浇注（倾倒）到发动机中去（发动机本身就是模具），是最普通的方法。对于特别大型的发动机，在一个壳体中浇注大约40批的推进剂往往需要好几天。在混合和浇注操作中，推进剂上方通常抽成真空，以除去空气和其他废气，同时避免装药中出现气泡。此外还要测量混合的推进剂的黏度（10 000~20 000 Pa·s）以保证质量控制。真空度、温度、振动、搅拌器的能量输出和时间是影响未固化推进剂黏度的几个主要因素。从停留在搅拌器中的时间来看（未固化的推进剂在混合后和固化硬化之前，在相当程度上保持为流体的一段时间），时间是很重要的。停留时间短（几小时），就要求倒空搅拌器、控制质量的测量、运输和浇注进发动机的操作要快。某些黏结剂系统，如采用PVC的黏结剂，可以有很长的停留时间，这就避免了加工线上时间的紧张性。参考文献13-5、13-11和13-27详细地给出了推进剂加工技术和加工设备。

双基推进剂和改性双基推进剂由不同的加工工艺制造，其关键是液体的硝化甘油向纤维状固体基体或硝化纤维扩散，通过溶解形成相当均匀的、分散的硬质固体材料。现在的双基推进剂制造通常采用多种工艺，包括挤压和药浆浇注。在药浆浇注过程中，壳体（或者模具）被固体浇注药末（许多硝化纤维的固体小颗粒和少量的硝化甘油）充满，然后用硝化

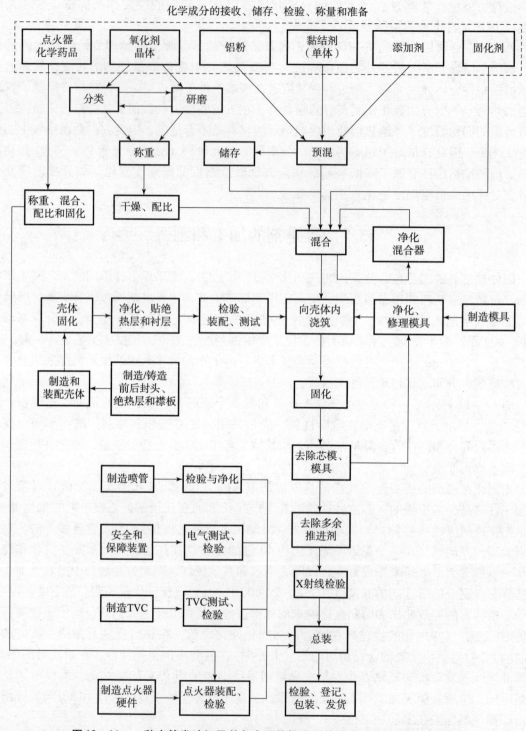

图 13-11 一种火箭发动机及其复合固体推进剂的简单制造过程的流程图

甘油将壳体或模具充满，硝化甘油会溶解硝化纤维颗粒。图 13-12 给出了药浆浇注过程的典型设备简图；双基推进剂的制造参见参考文献 13-5 和 13-15。

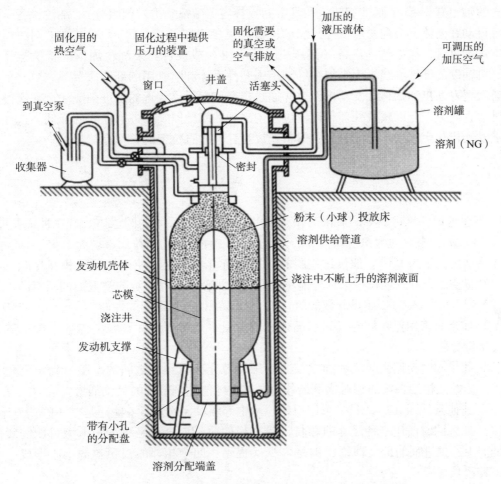

图 13-12 双基固体推进剂药浆浇注和初步固化系统简图

在浇注和固化过程中使用型芯来保证药柱良好的内部空腔或内孔。型芯用金属做成内腔（如星形或狗骨形）的形状，通常有轻微的锥度，然后用一层不黏结的材料（如聚四氟乙烯）包覆起来，使型芯在推进剂固化后容易抽出，且不会损坏装药。对于复杂的内部通道（如锥柱形），就需要制作复杂的组合型芯，它可以分块地从喷管法兰的出口取出或者折叠起来。有些制造商已经成功地用轻质泡沫推进剂制造了永久型的型芯（放置在发动机中无须取出），它在点火时会非常迅速地燃烧掉。

加工工艺的一个重要目标就是生产没有裂纹、低密度区域、空隙或其他缺陷的推进剂装药。通常，空隙和其他的缺陷会降低推进剂装药的内弹道和力学性能。推进剂装药中如果存在气泡将会导致燃速异常，从而引起发动机压力过高而带来灾难性事故。

最后完工的装药（或发动机）一般要用 X 射线、超声波、热波或其他无损检测技术来检查缺陷（裂纹、空隙和脱黏）。每一批推进剂都要取样品来测试流变特性，浇注成进行物理性质试验用的试样，或者浇注成小发动机，固化后再进行试验。要测试发动机性能（包括可能的失败）对推进剂空隙和其他缺陷的敏感性，通常需要对含有已知缺陷的发动机进行点火试验。试验数据对于建立检查标准（接收和退回生产的发动机）是非常重要的。

推进剂制造过程需要特殊的加工设备。对于复合推进剂，设备包括机械搅拌器（通常在垂直的轴上有 2~3 个桨叶旋转，在真空的搅拌容器中搅动推进剂组分)、浇注设备、固化炉或者自动在壳体上装配衬层或绝热层的机器（见参考文献 13-11）。双基推进剂的加工需要对推进剂进行机械处理的设备（滚压机、压力机）或进行药浆浇注加工的特殊工具。基于计算机辅助的纤维缠绕机用来编织纤维增强塑性壳体和喷管用的纤维。

对大型发动机和捆绑式发动机而言，通过选择离发射点较近的推进剂浇注点和保持火箭发动机垂直放置，可以减少处理和运输过程中出现的问题以及推进剂性能的降低。这种方式减少了发动机从生产到发射的时间，但不建议在任何垂直位置的长期存储。

习 题

1. 理想地说，推进剂中的氧化剂颗粒可以认为是均一尺寸的圆球体。有三种颗粒尺寸：粗的为 500 μm，中等的为 50 μm，细的为 5 μm，三种尺寸的颗粒比重均为 1.95，而黏弹性的燃烧黏结剂比重为 1.01。假设这些材料可以混合并加以振动使固体颗粒相互接触，在黏结剂中没有空隙，并且颗粒占据尽可能小的空间，类似于下面所示的横截面的示意图。希望在推进剂混合时加入 94% 质量分数的氧化剂，这样可以得到最佳的性能。

(1) 如果只采用粗颗粒的氧化剂晶体，或者只采用中等尺寸颗粒的晶体，确定氧化剂的最大质量分数。

(2) 如果同时使用粗颗粒和细颗粒，使细颗粒充满粗颗粒之间的空隙，确定氧化剂的最大质量分数。粗细颗粒的相对比例最佳值是多少才能达到最大的氧化剂量？

(3) 其他条件同 (2)，只是采用粗颗粒和中等颗粒，这要好一些还是差一些？为什么？

(4) 如果同时使用三种尺寸的颗粒，最理想的质量混合比是多少？最大可能的氧化剂含量是多少？推进剂的最大理论比重是多少（提示：四个相邻的粗颗粒的中心形成一个四面体，其边长等于直径）？

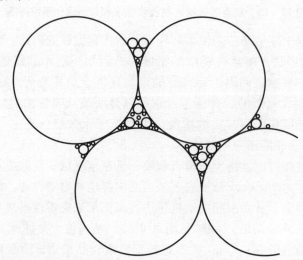

2. 对表 13-2 中列出的每种推进剂类型，提出一种或两种具体应用（洲际导弹、防空导弹、运载火箭上面级等），并解释和其他推进剂相比为什么选择它。

3. 详细描述推进剂混合后的过程。该 1 m³ 的垂直固体推进剂搅拌器有两个旋转的桨叶：一个搅拌容器；另一个真空泵系统使搅拌操作在真空下进行，带有阀门的填料槽或填料管道来提供成分,还有变速电动机、为实验室样品提取推进剂的装置,以及环绕搅拌容器用来加热或冷却的双层外壳。已知复合推进剂的性质受到混合时间、精确的组成成分的偏差、混合温度、桨叶附加的机械能、桨叶的速度和成分加入次序的影响。还知道如果有泄漏则无法保持真空,混合空腔、搅拌桨叶、填料槽等不干净使其壁面上有旧的推进剂残渣,如果没有在80 ℃混合,或者如果混合物的黏性超标,都会生产出不良的推进剂。装填组分的顺序是:①预聚物黏结剂;②增塑剂;③少量的液体添加剂;④固体(含有铝粉,然后加入双峰值AP晶体);⑤最后是聚合剂或交联剂(图13-11)。液体混合物的试样用来检查黏性和密度。请列出在混合前、混合中和混合后的所有步骤。如果希望控制指定的参数(重量、操作时间等),必须指明,但是像组分质量、时间、能量、温度等可以不指明。指出操作者需要使用的设备(如温度计、电表等)。此外,假设所有的组分都有适宜的成分、纯度和质量。

4. 确定一个24 in长的带有衬层(热膨胀系数为7.5×10^{-5}/℉)的自由装药在$-40 \sim 140$ ℉温度范围内的纵向长度增长。

答案:0.32 in。

5. 已知内孔燃烧的固体装药,两端包覆,其他数据如下:

长度	40 in
内孔面积	27 in^2
推进剂质量	240 lb
燃烧室前端的初始压力	1 608 psi
燃烧室后端的初始压力	1 412 psi
推进剂密度	0.060 lb/in^3
飞行器加速度	21.2g_0

确定由于压力差和飞行器加速度引起的推进剂支撑件上的初始受力。

答案:19 600 lbf,5 090 lbf。

6. 一端面燃烧的固体发动机的推力是4 700 N,工作时间14 s。有四种燃速的推进剂可选择,它们的性能和比重基本一致,但是AP的混合和尺寸不一致使燃速不同,分别为5.0 mm/s、7.0 mm/s、10 mm/s和13 mm/s。推荐的L/D为2.60,但是$L/D = 2.2 \sim 3.5$都是可接受的。在$L/D = 2.5$时,初始的推重比为96。假设喷管膨胀良好,燃烧室压力为6.894 MPa或1 000 psi,工作温度为20 ℃或68 ℉。确定装药的几何形状、推进剂质量、部件质量和初始质量。

7. 对于习题6中的火箭,确定大致的燃烧室压力、推力以及在245 K和328 K下的工作时间。假设温度敏感系数(在A_b/A_t为常量时)为0.01%/K并且不随温度变化。

8. 需要一富燃的固体推进剂燃气发生器来驱动液体推进剂的涡轮泵,确定其质量流率。已知下列数据:

燃烧室压力	$p_1 = 5$ MPa
燃烧温度	$T_1 = 1\ 500$ K
比热比	$k = 1.25$
需要的泵输入功率	970 kW
涡轮出口压力	0

涡轮效率	65%
燃气的平均分子质量	22 kg/(kg·mol)
燃气发生器和涡轮喷管入口间的压降	0.10 MPa

偏差和轴摩擦为 10 kW，忽略起动过程。

答案：$\dot{m}=0.288$ kg/s。

9. 燃气发生器的推进剂有下列参数：

标准状态下的燃速	4.0 mm/s
燃烧时间	110 s
燃烧室压力	5.1 MPa
压力指数 n	0.55
推进剂比重	1.47

确定端面燃烧的圆柱形装药的尺寸。

答案：选择一根端面燃烧的装药，直径 27.2 cm，长度 31.9 cm；或者两根端面燃烧的装药，每根直径 19.6 cm，长度 31.9 cm（两根装药装在一个燃烧室中，同时点燃）。

参考文献

13-1. O. Bolton et al., "High Power Explosive with Good Sensitivity: A 2:1 Cocrystal of CL-20:HMX," *Crystal Growth, Design*, Vol. 12, No. 9, August 2012, pp. 4311–4314. doi:10.1021/cg3010882.

13-2. A. Davenas, "Solid Rocket Motor Design," Chapter 4 of G. E. Jensen and D. W. Netzer (Eds.), *Tactical Missile Propulsion*, Vol. 170, *Progress in Astronautics and Aeronautics*, AIAA, Reston, VA, 1996.

13-3. "Hazards Assessment Tests for Non-Nuclear Ordnance," Military Standard MIL-STD-2105B (government-issued specification), 1994; M. L. Chan et al., "Advances in Solid Propellant Formulations," Chapter 1.7 in V. Yang, T. B. Brill, and W.-Z. Ren (Eds.), *Solid Propellant Chemistry, Combustion, and Motor Interior Ballistics, Progress in Astronautics and Aeronautics*, Vol. 185, AIAA, Reston VA, 2000, pp. 185–206.

13-4. N. Kubota, Chapter 1, "Survey of Rocket Propellants and Their Combustion Characteristics," in K. K. Kuo and M. Summerfield (Eds.), *Fundamentals of Solid-Propellant Combustion, Progress in Astronautics and Aeronautics*, Vol. 90, American Institute of Aeronautics and Astronautics, New York, 1984; see also Chapters 1.1 to 1.8 in V. Yang, T. B. Brill, and W.-Z. Ren (Eds.), *Solid Propellant Chemistry, Combustion, and Motor Interior Ballistics, Progress in Astronautics and Aeronautics*, Vol. 185, AIAA, Reston VA, 2000.

13-5. C. Boyars and K. Klager, *Propellants: Manufacture, Hazards and Testing*, Advances in Chemistry Series 88, American Chemical Society, Washington, DC, 1969.

13-6. Chemical Propulsion Information Agency, *Hazards of Chemical Rockets and Propellants*, Vol. II, *Solid Rocket Propellant Processing, Handling, Storage and Transportation*, NTIS AD-870258, May 1972.

13-7. H. S. Zibdeh and R. A. Heller, "Rocket Motor Service Life Calculations Based on First Passage Method," *Journal of Spacecraft and Rockets*, Vol. 26, No. 4, July–Aug. 1989, pp. 279–284; doi: 10.2514/3.26067.

13-8. D. I. Thrasher, Chapter 9, "State of the Art of Solid Propellant Rocket Motor Grain Design in the United States," in *Design Methods in Solid Rocket Motors*, Lecture Series LS 150, AGARD/NATO, Apr. 1988.

13–9. "Explosive Hazard Classification Procedures," DOD, U.S. Army Technical Bulletin TB 700-2, updated 1989; T. L. Boggs et al., "Hazards Associated with Solid Propellants," Chapter 1.9 in V. Yang, T. B. Brill, and W.-Z. Ren (Eds.), *Solid Propellant Chemistry, Combustion, and Motor Interior Ballistics, Progress in Astronautics and Aeronautics*, Vol. 185, AIAA, Reston VA, 2000. http://oai.dtic.mil/oai/oai?&verb=getRecord&metadataPrefix=html&identifier=ADA407332.

13–10. "Ammunition and Explosive Hazard Classification Procedures," U.S. Department of Defense, U.S. Army TB 700-2, U.S. Navy NAVSEAINST 8020.8, U.S. Air Force TO 11A-1-47, Defense Logistics Agency DLAR 8220.1, Jan. 1998 rev.

13–11. A. Davenas, *Solid Rocket Propulsion Technology*, Elsevier Science, New York, 1992 (originally published in French); see also A. Davenas, "Development of Modern Solid Propellants," *Journal of Propulsion and Power*, Vol. 19, No. 6, Nov.–Dec. 2003, pp. 1108–1128; doi: 10.2514/2.6947.

13–12. G. M. Clark and C. A. Zimmerman, "Phase Stabilized Ammonium Nitrate Selection and Development," *JANNAF Propellant Char. Subc. Mtg., CPIA Publication 435*, Oct. 1985, pp. 65–75; AD-B099756L.

13–13. J. Li and Y. Xu, "Some Recent Investigations in Solid Propellant Technology for Gas Generators," AIAA Paper 90-2335, Jul. 1990; doi: 10.2514/6.1990-2335.

13–14. S. Boraas, "Modeling Slag Deposition in the Space Shuttle Solid Motor," *Journal of Spacecraft and Rockets*, Vol. 21, No. 1, Jan.–Feb. 1984, pp. 47–54.

13–15. V. Lindner, "Explosives and Propellants," Kirk-Othmer, *Encyclopedia of Chemical Technology*, Vol. 9, pp. 561–671, John Wiley & Sons, New York, 1980.

13–16. R. Geisler, "A Global View of the Use of Aluminum Fuel in Solid Rocket Motors," AIAA Paper 2002-3748, Jul. 2002.

13–17. U, R, Nair et al., "Hexanitrohexaazaisowurtzitane (CL-20) and CL-20 Based Formulations," *Combustion Explosives and Shock Waves*, Vol. 41, No. 2, 2005, pp. 121–132.

13–18. J. A. McKinnis and A. R. O'Connell, "MX Launcher Gas Generator Development," *Journal of Spacecraft and Rockets*, Vol. 20, No. 3, May–Jun. 1983; doi: 10.2514/3.25590.

13–19. F. McCullough, W. F. Thorn, L. B. Katter, and E. W. Schmidt, "Gas Generator and Aspirator for Automatic Occupant Restraint Systems," SAE Technical Paper 720413, 1972, doi: 10.4271/720413.

13–20. A. Peretz, "Investigation of Pyrotechnic MTV Compositions for Rocket Motor Igniters," *Journal of Spacecraft and Rockets*, Vol. 21, No. 2, Mar.–Apr. 1984, pp. 222–224; doi: 10.2514/3.8639.

13–21. P. Gillard and F. Opdebeck, "Laser Diode Ignition of B/KNO3 Pyrotechnic Mixture," *Combustion Science and Technology*, Vol. 179, No. 8, Aug. 2007, pp. 1667–1699; doi: 10.1080/00102200701259833; G. Frut, "Mistral Missile Propulsion System," AIAA Paper 89–2428, Jul. 1989; doi: 10.2514/6.1989-2428.

13–22. J. L. Laird and R. J. Becker, "A Novel Smokeless Non-flaking Solid Propellant Inhibitor," *Journal of Propulsion and Power*, Vol. 2, No. 4, Jul.–Aug. 1986, pp. 378–379; doi: 10.2514/3.22898.

13–23. M. Q. Brewster, "Radiation–Stagnation Flow Model of Aluminized Solid Rocket Motor Insulation Heat Transfer," *Journal of Thermophysics and Heat Transfers*, Vol. 3, No. 2, Apr. 1989, pp. 132–139; doi: 10.2514/3.139.

13–24. A. Truchot, Chapter 10, "Design of Solid Rocket Motor Internal Insulation," in *Design Methods in Solid Rocket Motors*, Lecture Series LS 150, AGARD/NATO, Brussels, Apr. 1988.

13–25. M. Probster and R. H. Schmucker, "Ballistic Anomalies in Solid Propellant Motors Due to Migration Effects," *Acta Astronautica*, Vol. 13, No. 10, 1986, pp. 599–605; doi: 10.1016/0094-5765(86)90050-0.

13–26. L. Chow and P. S. Shadlesky, "External Insulation for Tactical Missile Motor Propulsion Systems," AIAA Paper 89–2425, Jul. 1989; doi: 10.2514/6.1989-2425.

13–27. W. W. Sobol, "Low Cost Manufacture of Tactical Rocket Motors," *Proceedings of 1984 JANNAF Propulsion Meeting*, Vol. II, Chemical Propulsion Information Agency CPIA Publ. 390, Vol. 2, Johns Hopkins University, Columbia, MD, 1984, pp. 219–226; AD-A143025.

第14章 固体推进剂的燃烧

该章是有关固体推进剂火箭发动机四章中的第三章,将讨论固体推进剂的燃烧、燃烧的物理和化学过程、点火或起动过程、熄火和燃烧不稳定等问题。

与其他动力装置相比,由于固体推进剂燃烧过程中气体组分始终不变,且燃烧温度相对较高,故火箭推进系统燃烧过程的效率非常高;相对恒定的气体组分和较高的燃烧温度可以加速化学反应,促使反应达到接近完全燃烧的程度。正如第13章中所提到的,燃烧中能量的释放最大可达到94.0%~99.5%。这个数字很难再进一步提高,因此火箭发动机设计者对燃烧过程并不太感兴趣,而更关心燃烧的控制(起动、熄火、热效应)和燃烧不稳定现象的避免。

14.1 物理和化学过程

固体火箭发动机中的燃烧包含非常复杂的反应,这些反应发生在固相、液相和气相的非均匀混合体中。就目前而言,不仅固体推进剂燃烧中的物理和化学过程没有完全明了,且可用的解析燃烧模型亦过于简单甚至不可靠。推进剂燃烧的试验观测显示,复杂的三维微观结构(如三维的火焰结构)、液相和气相中的中间产物、空间和时间的变化过程、铝的凝聚、非线性反应特性、碳颗粒的形成和其他复杂的现象都需要被进一步反映到数学模型中。

研究推进剂中某一种氧化剂组分的燃烧行为,能加深对燃烧过程的理解,例如,高氯酸铵已经开展了充分的研究。这种氧化剂可以在下限为 2 MPa 的燃烧压力下爆燃,且在 2~70 MPa 的燃烧范围内至少存在四个明显的"泡沫"区域;在 2~6 MPa 的范围内进行爆燃的过程中,晶体表面存在液体泡沫;在能量传输机制上有变化(特别是在 14 MPa 左右)。它对燃烧的影响主要依赖于氧化剂的纯度,其燃面退移的速度为 3 mm/s(299 K,2 MPa)到 10 mm/s(423 K,1.4 MPa)。

复合推进剂中使用不同的聚合物黏结剂,它们还没有被很好地特征化,并且它们的燃烧性质随黏结剂类型、加热速率和燃烧室压力的影响而发生变化。

铝粉(2~40 μm)的加入有助于提高比冲并增大燃烧稳定性。铝颗粒的燃烧图像显示,在燃烧过程中,颗粒通常团聚为更大的颗粒(100个或者更多的颗粒)。铝粉的燃烧特性取决于多种因素,包括颗粒尺寸和形状、表面氧化物、黏结剂和燃烧波环境。参考文献 14-1 中对固体推进剂的燃烧机理进行了大量描述。

在简单的试验中(如管式燃烧器试验),通过对火焰进行观察和测量,可进而研究燃烧过程。对于双基推进剂而言,燃烧火焰结构沿燃烧方向是均匀、一维的,如图 14-1 所示。

推进剂在燃烧时被加热，经历了熔化、分解，最终在固体推进剂燃烧表面汽化，形成了预混的燃气。可以观察到一个明亮的辐射火焰区域，以及其与燃面之间的暗区。大部分化学反应都发生在明亮火焰区。明亮的辐射反应区域看起来好像脱离了燃烧表面。发生在暗区的燃烧不会产生强的可见光辐射，但会发射红外光谱。随着燃烧室压力的增大，燃烧表面的传热增强使燃速提高，从而减小了暗区的厚度。参考文献 14-1 的第 2 章中报道了双基推进剂在管式燃烧器的惰性氮气中燃烧的试验，生动地显示了以下规律：对应压力是 10 atm、20 atm 和 30 atm，暗区的厚度分别为 12 mm、3.3 mm 和 1.4 mm，对应的燃速是 2.2 mm/s、3.1 mm/s 和 4.0 mm/s。当燃烧室压力升高时，靠近燃面的单位体积放热量增加，可见火焰的总长度变短。双基推进剂（DB）的燃烧表面是明亮且较薄的嘶嘶区或者燃烧区，该区域存在燃烧和放热过程。燃面下方是液化且鼓泡的推进剂，这个区域非常薄（小于 1 μm），称为泡沫区或者降解区。该区域的温度中心使推进剂分子汽化，推进剂将分解或者降解成更小的分子，例如，从泡沫表面释放的 NO_2、醛或者 NO。液层下方是固体推进剂，靠近表面的固体推进剂以热传导的方式被加热。

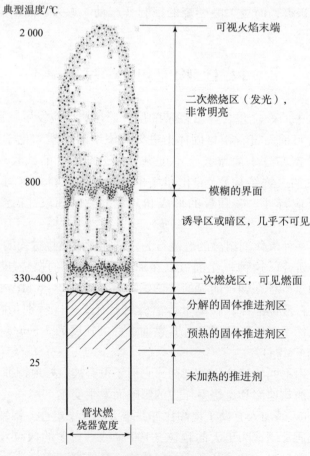

图 14-1　双基推进剂在充满惰性气体的
管式燃烧器中的燃烧火焰结构示意图

（经 AIAA 许可，摘自参考文献 14-1）

燃速催化剂仅对主燃烧区起作用，而不对凝相中的燃烧过程起作用。它们催化表面或者靠近表面的反应，通过增强或者减弱对表面的加热，进而改变燃烧的推进剂量。

如图14-2所示，AP/A1/HTPB*推进剂的典型火焰看起来与双基推进剂区别很大。发光的火焰好像附着在燃面上，即使在低压下也是如此。该火焰结构中没有暗区存在。AP分解的富氧气体与燃料分解的富燃的气体相互扩散。部分固体颗粒（Al、AP晶体，小块的黏结剂或其混合物）从表面挣脱，继续在气流中反应并降解。燃气包含着炽热的氧化铝液滴，产生强烈的辐射。推进剂材料和燃烧表面均是非均匀相的。火焰是不稳定（闪烁的）、三维、非轴对称的复杂结构。含有AP和A1的复合改性双基（CMDB）推进剂的火焰结构和燃速在AP含量高的情况下，接近于复合推进剂。同样，火焰结构是不包含暗区，并且是不稳定和非轴对称的复杂三维火焰结构。

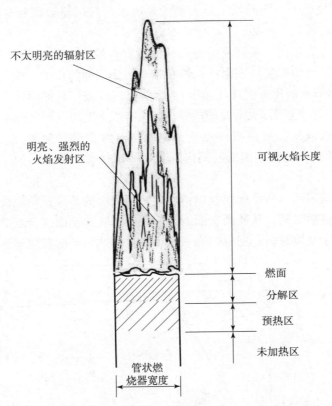

图14-2 复合推进剂闪烁的、不规则的燃烧火焰结构示意图
（经AIAA许可，摘自参考文献14-1）

根据参考文献14-1，添加了硝胺的双基推进剂的火焰结构在燃烧表面上只包含一个薄的暗区和一个微微发光的降解区。随着压力增加，暗区的厚度减小。纯RDX或者HMX颗粒的分解气体在本质上是中性的（非氧化）。对于CMDB/RDX推进剂而言，在RDX颗粒产生单组元推进剂火焰之前，固态RDX晶体的分解产物与双基（DB）推进剂基体的分解气体在燃烧表面相互扩散。因此，虽然固体推进剂本身是非均相的，但还是形成了一个本质上均相的预混气体火焰。火焰结构是一维的。当RDX的含量高至其颗粒尺寸的影响可以忽略时，推进剂的燃速会降低。为了表征不同推进剂的燃烧特性，目前已经做了大量的研究工作，参见参考文献 14-1 中的第 2 章（Kishore 和 Gayathri）、第 3 章（Boggs）、第 4 章（Fifer）以及参考文献 14-2~14-8。

所有推进剂的燃速首先都受到压力（见 12.1 节和式（12-5））、固体推进剂初温、燃速催化剂、铝颗粒粒径和分布的影响，其次还受其他成分和加工工艺的影响。侵蚀燃烧在第 12 章已有讨论，本章在后半部分将介绍燃烧不稳定性。

14.2 点火过程

本节主要介绍了固体推进剂装药燃烧点火过程的主要机理。正如 13.5 节提到的，一些特定的推进剂被成功地应用于点火。点火器的部件、类型、设计和在发动机中的装配将在 15.3 节讲述。参考文献 14-1 回顾了点火器的发展水平、试验数据和分析模型（目前证实了模型的可靠程度较低）。

固体推进剂的点火包括一系列复杂而迅速的过程：接收信号（通常是电信号）和发热；热量从点火器传递到发动机装药表面；火焰在整个燃烧表面的传播；燃气在燃烧室自由容积（空腔）的充填；非异常的压力上升（超压）；燃烧振荡；破坏性的激波；火焰延迟（延迟点火）；熄火和间歇燃烧。在固体火箭发动机中，点火器产生发动机点火所需要的热量和燃气。

除了大型发动机以外，发动机的点火通常在 1 s 内完成（见参考文献 14-9）。如图 14-3 所示，发动机的压力在很短的时间内升高到平衡状态。通常，为了分析方便，点火过程分为三个阶段。

阶段 I，点火延迟期：从点火器收到信号到装药表面的某点开始燃烧的时间。

阶段 II，火焰传播时间：从装药表面的最初点燃到装药燃面完全点燃的时间。

阶段 III，燃烧室充填时间：完成燃烧室充填过程和达到平衡燃烧室压力和流动的时间。

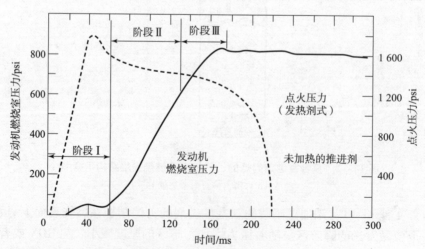

图 14-3 发动机燃烧室压力-时间曲线中典型的点火压力瞬变部分和点火器压力曲线，点火过程的显示图
（在零时刻前几毫秒接收到电信号）

一旦有足够的装药表面被点燃并且开始燃烧时，点火就成功了，此时发动机将继续升压直到到达燃烧室工作压力。如果点火器没有足够的能量，装药表面可能仅燃烧很短一段时间

后，其火焰将熄灭。当推进剂的汽化产物或者分解产物相互作用，并且和点火器的气相产物相互作用时，其关键步骤是燃面上方的气相反应。

要获得满意的、充满燃气流动的平衡燃烧室压力，依赖于：①点火器和点火器释放的气体温度、组成和流动的特征；②发动机推进剂组分和装药表面的可燃性；③点火器气体和装药表面之间的辐射传热和对流传热；④装药火焰的传播速率；⑤炽热燃气在发动机自由容积的充填过程的动力学过程（见参考文献 14-10）。用于点燃特定发动机装药的热能的性质和类型与点火器的设计参数有直接的关系——尤其是那些影响热量输出的参数。在给定的压力和温度下，推进剂的可燃性由点火时间对推进剂表面获得的热流的曲线表征，如图 14-4 所示。这些数据都是通过试验获得的。推进剂的可燃性受到许多因素的影响，包括：①推进剂配方；②推进剂装药表面的初温；③周围环境的压力；④传热方式；⑤装药表面粗糙度；⑥推进剂的寿命；⑦点火器燃气的组分和炽热固体颗粒的含量；⑧点火器的推进剂及其初温；⑨点火器释放的高温燃气与装药表面的相对速度；⑩空腔容积和结构。图 14-4 和第 15 章中的数据显示，提高热流和燃烧室压力可缩短点火时间。如果要求点火延迟较短，就需要更高能量的点火器。参考文献 14-11 指出，在点火瞬间，辐射起重要作用。在 15.3 节，将讨论点火器的分析和设计。

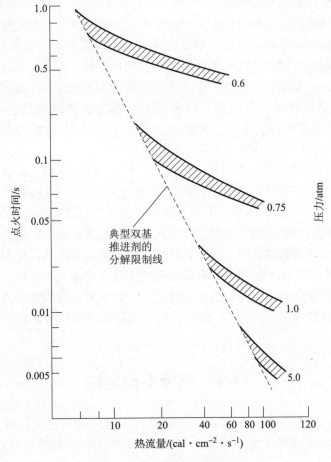

图 14-4 推进剂的可燃性曲线

（某特定的发动机中热流量对点火时间的作用）

14.3　推力终止

在所有推进剂燃尽之前，有时在下列情况需要终止固体发动机的燃烧。

（1）飞行器已经达到设计的飞行速度（对于弹道导弹达到预定的速度，或者对于卫星到达精确的轨道），或者要求精确的总冲界限时。

（2）作为安全措施，当飞行试验飞行器超出了飞行试验装置的安全界限时。

（3）对于多级飞行器，在级间分离动作中避免级间的碰撞（要求推力反向）时。

（4）在研究试验中，当研究者想检测部分燃烧的发动机时。

下面介绍熄火的一般方法，参考文献14-1对其进行了详细的介绍。

（1）快速降压，常通过突然、大幅地增大喷管喉部面积或者快速打开附加的燃气释放通道实现。最常见的技术是限制推力或者通过突然打开发动机壳体前方的释放孔使净推力反向，这种通过打开壳体前封头通道使推力反向的方法在"民兵"和"海神"导弹的上面级中得到了应用。其利用经过充分预测的、可重复使用的爆破装置突然打开附加的燃气释放孔（使压力减小），并且通过与喷管相反的方向释放燃气来抵消推力。为了平衡侧向力，推力终止喷射装置和排放管道总是对称设计的（两个或者多个）。在图1-5中，在壳体前封头上有四个对称放置的出口，这些出口由环形的爆破索穿起。两个经过包覆的环形索集合在一起，置于前封头的外壁面。向飞行器外部释放热燃气的管道并未在图1-5中画出。燃气的向前流动发生在很短的时间内，在此期间实际推力是相反的。压力的迅速下降使推进剂燃烧表面的燃烧突然停止。如果设计恰当，爆破索不会使残余推进剂发生爆燃或爆炸。

（2）在一些发动机研制项目中，人们希望了解部分燃烧的装药。通过喷射抑制液体（如水）熄灭火焰使发动机停止工作。文献14-12指出，在水中加入清洁剂可以使水与燃烧表面有更好的接触，从而减少熄火的用水量。

（3）将燃烧压力降低到爆燃压力的下限以下。与第（1）项相比，这种压力下降是非常慢的。许多固体推进剂都有一个低压燃烧限制范围，一般为0.05~0.15 MPa。这意味着有些推进剂在海平面1 atm（0.1 MPa）压力下静态试车时不会熄火，但是在高空时会熄火。

与气态燃烧区相比，推进剂表面的主燃烧区有时间延迟，而气态燃烧区在低压下会迅速地降低反应速度并且远离燃烧表面，因此突然的压力下降是有效的。高温固体推进剂的蒸发气体和高温分解产生的气体不能在表面附近通过气体反应完全地消耗掉，有些气体甚至完全未经过燃烧。这样使推进剂表面的传热迅速减小几个数量级，从而减弱或停止推进剂表面的反应。试验结果（见参考文献14-1）显示，较高的初始燃烧压力需要更快的压力下降速度以达到熄火的目的。

14.4　燃烧不稳定性

燃烧不稳定性有两种类型：一种是声振荡或者压力振荡，它在任何火箭发动机内都会发生；另一种是涡脱落现象，它只发生在相对较大的分段式装药或具有圆槽装药的发动机中。

14.4.1 声学不稳定性

当固体火箭发动机处于不稳定燃烧状态时，内部气体空腔（由通道或者孔、翼、槽、锥体或者径向的沟组成）至少有5%的压力振荡，而燃烧室压力的振荡常超过30%。当出现不稳定燃烧现象时，燃烧表面、喷管以及绝热壳体的传热显著增加；燃速、燃烧室压强和推力也有一定程度的提高；但是燃烧时间减少。推力-时间曲线形状的改变导致飞行轨迹产生极大的改变，有时还会引起任务失败。如果不稳定燃烧的时间延长，且振动能量很高时，不稳定燃烧现象就会破坏构件，例如，使壳体过热，从而导致喷管或壳体的失效。因此，必须避免不稳定燃烧现象，如果在发动机研制过程中出现燃烧不稳定，必须细致地研究和补救。发动机在设计过程中必须排除不稳定燃烧的出现。

固体推进剂与液体推进剂的燃烧瞬态行为有着根本性的差异。在液体推进中，燃烧室的几何形状是固定的；供给系统和喷注器中的液体虽然不是燃烧室中振荡气体的一部分，但是会与燃烧室压力波动之间产生强烈的相互作用。在固体火箭发动机中，振荡空腔的几何尺寸随着燃烧的进行而增大，并且有较大的阻尼系数，例如，固体颗粒和吸收能量的黏弹性材料。通常，不稳定燃烧问题不会经常发生，也不会在每一个发动机研制过程中出现，并且即使发生了不稳定燃烧，也很少造成发动机的突然失效或解体。尽管如此，不稳定燃烧仍然可能导致严重的后果。

固体火箭发动机燃烧室中的有害振荡始终是发动机设计、研制、生产，甚至长期储存（10年）中存在的一个重要问题。虽然与液体火箭发动机的燃烧室相比，其声学特性较弱，但是固体火箭发动机的燃烧室仍然是一个包含巨大声源（燃烧过程本身）的低损耗声腔。燃烧释放的小部分能量就足以把压力振荡激励到无法接受的程度。设计人员不希望燃烧室中出现这些振动，但是一直以来在固体火箭发动机的设计、优化、生产，甚至于某些导弹固发的长期储存（10年为单位）中，不稳定燃烧都是一个难以解决的问题。

不稳定燃烧可以是自发的，经常发生在发动机燃烧阶段的某个特定时间，并且对于同一台发动机通常是不重复的。纵波和横波都会出现。图14-5所示的压力-时间曲线具有典型的不稳定燃烧特征。压力振荡的振幅增大，推力和燃速也增大。通常，振荡频率是空腔几何形状、推进剂组分、压力和内部火焰区域的函数。当内部装药空腔增大，当地速度改变时，振荡通常会减弱或消失。一般情况下，燃烧振荡的时间和强度会随着发动机工作前装药的初温而改变。

对于简单的内孔装药，谐振和横向模式的振荡（切向和径向）一般与图9-4所示的液体火箭发动机推力室的振荡一致。通常，纵向式轴向模式频率较低，是由于声波在孔的前端和喷管收敛段之间平行于轴线运动形成的。这种基本振荡模式的谐振频率也可以被激发。燃烧室内部的空腔非常复杂，包括点火器壳体、活动或潜入喷管、翼、锥、槽、星孔装药，或者第12章描述的其他几何形状的装药；确定复杂空腔的谐振频率并不容易。另外，内部谐振腔的几何形状随着推进剂燃面的退移不断改变；随着空腔容积增大，横向振荡频率降低。

体积模式也称为Helmholtz模式、L^*模式或者喘振模式，它不属于上述几种振荡模式。它的频率相对较低（典型值小于150 Hz，有时小于1 Hz），并且压力在整个燃烧室内完全不一致。虽然速度几乎不发生振荡，但是压力却发生振荡。这是与经典的Helmholtz谐振模式

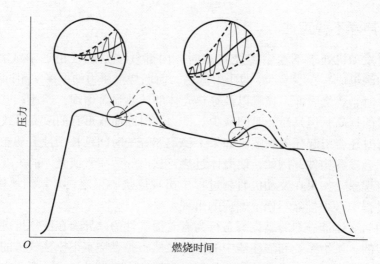

图 14-5　发动机的压力 - 时间曲线

（在压力 - 时间曲线上有两个燃烧不稳定阶段，曲线的两个部分做了局部放大。虚线是高频压力振荡的上下限。点画线是对推进剂配方略微改变后，没有不稳定的情况。振荡阶段的平均压力有上升。带有振荡以后，有效燃烧时间缩短，平均推力提高，总冲基本不变）

一样的气体运动（进出喷管），就像横向地吹过瓶口会发出声调一样（图 9-7）。该模式通常发生在 L^* 值低时（见式 (8-9)），有时发生在点火期间，并且在发动机空腔变大或者燃烧室压力升高时消失。喘振是周期性的低频过程，紧密的、不稳定的短暂燃烧排气之后，紧跟着是看不见火焰的阶段，这时排气的减慢和推进剂的蒸发使炽热的燃气在燃烧室中积聚。发动机经历了燃烧喷射和随之引起的压力增加，然后燃烧室压强降低，接近环境压力。这种暂停状态可以持续若干分之一秒到几秒的时间（见参考文献 14-13 和参考文献 14-1 中的第 6 章）。

图 9-5、图 14-6 和参考文献 14-14 给出了一种显示不稳定燃烧压力波动的有效方法。它包含对测量得到的压力振荡频谱的一系列傅里叶分析，每一个分析都处于燃烧期间的不同时刻并且在时间坐标的垂直位置连续显示，这就提供了一个振幅对频率以及振幅对燃烧时间的关系图。图 14-6 展示了一个低频轴向振荡和两个切向振荡，切向振荡的频率随着时间推移、空腔增大而减小；图中还展示了不同振荡的持续时间，包括开始和结束时间。

目前，人们尚未完全了解振荡模式的触发机制，但是振荡模式会使推进剂表面产生燃烧响应。同时可知，压力的突然变化是一种触发机制，例如，一块绝热层的脱落或者未燃烧的推进剂流过喷管并且暂时阻塞全部或部分喷管面积都会触发压力的突变（导致瞬时的压力升高）。众所周知，结构振动会引起燃烧不稳定性（见参考文献 12-13），这是由颗粒在火焰区域内外的物理运动引起的，这种效应类似于声波与推进剂压力耦合响应函数的耦合。

燃烧期间，增益和阻尼之间的平衡不断变化，引起特定振荡模式的产生或消失。当固体推进剂受到压强波动的刺激时，推进剂通过改变燃烧表面气体流量的生成或能量的释放做出响应。燃烧表面出现的瞬时压力峰会引起瞬时传热增加以及燃速增大，从而使燃面释放的质量流量增加。沿着燃面的速度波动也会引起质量流量的变化，不稳定燃烧的主要增益因素有以下几种（见参考文献 14-1 中的第 13 章）。

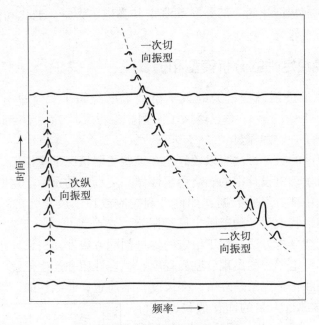

图 14-6 模式频率显示的例子

(也称为发动机燃烧的"瀑布"图。图中只显示了四个完整的时间-频率曲线；为了便于显示，只保留了共振频率附近的曲线，忽略了其他时间的曲线部分。波动的幅度和压力成比例。随着空腔容积增大，横向模式的振荡频率减小。经 AIAA 许可，摘自参考文献 13-1 中的第 13 章)

(1) 燃烧过程对流动波动或者燃速波动的动态响应。这种燃烧响应可以由 T 形燃烧器试验测定，T 形燃烧器试验见 14.4.3 节。压力耦合响应函数依赖于波动的频率和推进剂配方。燃烧响应不一定与波动的相位相同。边界层对速度波动的影响，参见参考文献 14-15。

(2) 流体振荡和主流之间的相互影响，这与管乐器或汽笛的原理类似 (见参考文献 14-16)。

(3) 涡对流体动力学的影响。

抑制振荡的现象是能量吸收过程，这些阻尼包括以下内容：

(1) 壁面阻尼或推进剂表面的边界层的黏性阻尼。

(2) 颗粒阻尼。随振荡气体/蒸气流动的颗粒或液滴有很强的阻尼作用。颗粒被运动气体"拖曳"着加速和减速，这个黏性流动过程会吸收能量。每种特定振荡频率的减弱都对应着一种尺寸的颗粒，低频振荡 (大发动机) 的抑制需要相对较大的粒子 ($8 \sim 20 \ \mu m$)；对于小发动机或者高频振荡，颗粒粒径较小时阻尼作用更加明显 ($2 \sim 6 \ \mu m$)。如果燃气中的粒子分布没有集中在最佳的阻尼附近，抑制作用会迅速减弱。

(3) 纵向振型和横向/纵向混合振型的能量会通过喷管排出，单纯横向振型的能量不会以这种方式消散。

(4) 声能由黏弹性的固体推进剂、绝热层和发动机壳体吸收，但是很难确定吸收的幅度。

推进剂特性对不稳定燃烧的敏感性影响很大。黏结剂的变化、颗粒大小的分布、氧化剂与燃料的混合比以及燃速催化剂都会以无法预测的方式影响燃烧稳定性。不稳定燃烧作为对新型或者改型的推进剂特征化的一部分（如测定其弹道、力学、老化和性能特征），许多公司已经开展了模型仿真研究。

14.4.2 燃烧稳定性的分析模型和仿真

人们在模拟固体推进剂燃烧行为的数学模型上已经做了大量卓有成效的研究，这在T'ien 的参考文献 14-1 中的第 13 章已经做了回顾。参考文献 14-17 与 14-18 也对燃烧稳定性的某些方面展开了一定的探讨。

应用计算机和复杂的数学方法可以较好地在某些受限情况下模拟燃烧过程，验证或者外推试验结果，或者对发动机设计中的燃烧稳定性做一定程度的预示。这些只适用于准确经过特征化的推进剂，其中部分经验数据（如推进剂响应或粒子尺寸分布）已经测定，并且工作参数、内型面几何形状或尺寸的范围也已经限定。迄今为止，对于发动机设计人员来说，尚无满意的不稳定燃烧分析方法。对于给定的推进剂配方或发动机设计指标来说，建立一个简单、可靠的预示不稳定燃烧的出现、剧烈程度、燃烧性质和产生位置的分析模型是不可能的。燃烧涉及的物理和化学现象是复杂、多尺度、不稳定和非线性的，不稳定燃烧受到许多变量的影响，如果不进行大量的简化假设，进行数学模拟过于困难。尽管如此，理论分析有助于了解物理现象，是解决不稳定燃烧问题有价值的组成部分，并且已经用来初步设计和评估装药空腔。

14.4.3 燃烧不稳定性的评估、改善和设计

与液体火箭相比，针对全尺寸固体火箭发动机，目前没有合适的燃烧稳定性评估方法。对大型的全尺寸火箭发动机来说，实施不稳定性试验过于昂贵，因此常采用低廉的方法，如进行缩比发动机试验、T 形燃烧器试验以及其他的试验技术评估发动机的燃烧不稳定性。

已知的、应用最广泛的获取燃烧不稳定性数据的方法是使用 T 形燃烧器进行测试，这是一种不使用全尺寸发动机的间接方法。图 14-7 所示为一个标准 T 形燃烧器的示意图，它有一个内径 1.5 in 的两端封闭的圆柱形燃烧器，在中间开有通气孔（见参考文献 14-19）。通气孔可以通过一个声速喷管与大气相连，或者通过管子连接到排气箱，通过排气箱使燃烧器中的压力保持在一个恒定的值。T 形燃烧器的设计和使用通常集中在全尺寸发动机中出现的横向振荡频谱的处理上。推进剂燃烧时加到推进剂装药上的声振频率往往决定

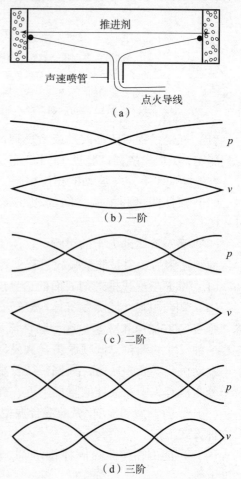

图 14-7 标准 T 形燃烧器及其纵向驻波模式（压力和速度）

了 T 形燃烧器的长度（两个封闭端之间的距离）。

喷管的位置处于燃烧器两端的中点，使基本的纵向模式振荡衰减至最小（在推进剂装药空腔中）。从理论上讲，声振压力波的波节出现在中点，而波腹在燃烧器两端。声振的速度波和压力波之间有相位差，速度波节出现在燃烧器两端。推进剂装药通常做成圆盘状或杯状，黏结在燃烧器的两端面上。这样，与全尺寸发动机相比，燃烧器中的燃气速度可以有意地保持在较低的值（$Ma0.2$ 或更低）。这样的设计减小了速度耦合能量波的影响，可以使压力耦合波的影响更清晰地显现出来。

应用 T 形燃烧器评估全尺寸固体火箭发动机的稳定性，是在预先假设 T 形燃烧器和实际火箭发动机中所发生的现象的理论模型是正确的前提下进行的，但是这些理论尚未完全得到验证。除了评估固体火箭发动机的燃烧稳定性外，T 形燃烧器还被用来评估新的推进剂配方和成分微小变化的重要性，例如，铝粉颗粒尺寸和氧化剂研磨方法变化的影响。T 形燃烧器测试是目前测定推进剂压力耦合响应的标准方法，其定义为振荡燃烧速率与平均燃烧速率的比值，与振荡压强与平均压强的比值之比（见参考文献 14-20）。压力耦合，即固体推进剂燃烧表面的声压力振荡与燃烧过程的耦合，是最重要的燃烧不稳定机理，它是频率、压强以及推进剂配方的函数。压力耦合响应对火箭发动机不稳定性预估而言，是一个关键的输入量。

对于给定的发动机，一旦观察或预测到不稳定燃烧，必须对发动机进行再设计以解决该问题。目前，对于如何选择恰当的解决方式还没有确定的方法，甚至下面所述的对策都不起作用。通常可以选择以下措施：

（1）改变装药的几何形状使频率远离不希望的值。有时可以通过改变装药翼的位置、端面的横截面外形或者槽的数目来实现。

（2）改变推进剂组分。如果氧化铝粒径的分布与振荡频率分布匹配，那么使用铝粉作为添加剂对处理横向不稳定问题很有效。在某些应用中，改变颗粒尺寸的分布或者使用其他粒子（Zr、Al_2O_3 或碳粒子）也可以解决此问题。有时，黏结剂的变化也起一定作用。

（3）增加抑制不稳定气体运动的机械装置或者改变空腔的固有频率。针对已知发动机中观察到的不稳定燃烧，可以增加不同的惰性谐振棒、隔板或桨状物。它们可以改变空腔的固有频率，引入附加的黏性表面损失，但是也会带来附加的冗余质量和传热或侵蚀燃烧的潜在问题。

在设计过程中，必须研究燃烧的不稳定性。该研究通常采用数值模拟方法解决其他发动机中的类似问题、对可能产生的变化进行研究以及进行试验工作（如 T 形燃烧器、粒径分布的测量）的综合。多数固体火箭发动机公司都有内部的二维或三维计算机程序，用来计算给定发动机中可能的声模式（轴向、切向、径向和这些的综合）、初始和中间时刻的空腔几何形状以及由理论分析计算的燃气特性。燃烧响应（动态燃速特性）和衰减的数据可以通过 T 形燃烧器试验获得。颗粒尺寸的数据可以由以前的经验获得或者由羽流测量估计（见参考文献 14-21）。另外，还需要对喷管损失、摩擦或者其他阻尼进行估算。对于特定的不稳定模式，装药的不稳定趋势依赖于增益和衰减之间的平衡。如果问题解决不顺利，则装药几何形状和推进剂都需要改变。如果问题解决顺利，则需要制造全尺寸发动机并进行试验验证预示的稳定燃烧特性。大量的分析工作、缩比试验和计算程序（并非总是针对稳定的发动机）往往是相互交替，并且在全尺寸发动机试车后还要大胆地进行一些改进的测试。

如果在发动机制造完成后没有观察到不稳定现象，那么解决燃烧不稳定问题则相对困难，往往需要很长的时间和很高的费用。

14.4.4 涡脱落不稳定性

涡脱落不稳定性是和装药开槽的内表面燃烧联系在一起的。大型分段火箭发动机装药分段之间开有槽，有些装药类型还有和装药中心线相交的槽。如图14-8所示，燃气从燃烧的槽表面进入装药通道或中心空腔的主流中。从槽中出来的燃气要转弯流向喷管。两边流出的燃气对从上游通道流过来的燃气产生约束，实际上减小了通道面积。这种约束会引起上游通道的压力升高，有时压力升高会很明显。两股亚声速燃气流之间相互作用会形成湍流，从而引起涡的形成。并且所形成的涡会周期性地脱落或者流向下游，从而形成不稳定的流型。涡脱落的流型可以与声不稳定性相互作用。参考文献14-22对此给出了描述，参考文献14-23给出了一种分析涡脱落现象的方法。该问题的解决措施一般是在某些燃面上增加抑制剂或者改变装药的几何形状（如增加槽的宽度就会减小当地速度），这样可以减少涡的产生。

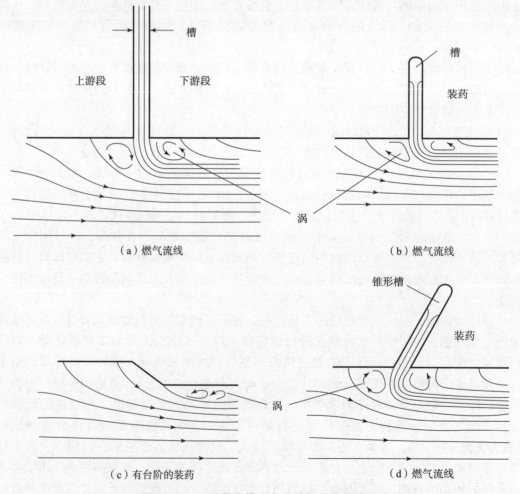

图14-8 四种带有槽或台阶的装药截面简图
（粗线表示燃面，流谱引起了涡的形成，这些涡的脱落会引起流动的波动和压力的不稳定）

习 题

1. （1）给定 T 形燃烧器固有振荡频率是 2 000 Hz，推进剂燃烧温度为 2 410 K，比热比为 1.25，平均分子质量为 25 kg/(kg·mol)，68 atm 下的燃速为 10.0 mm/s。T 形燃烧器与排气罐相连，其中充满压力为 68 atm 的氮气。推进剂圆盘厚度为 20 mm。计算 T 形燃烧器的长度，画出简图标明 T 形燃烧器的尺寸，包括装药圆盘。

（2）如果当推进剂燃烧 50% 时达到目标频率，那么推进剂燃尽时的频率是多少？

答案：（1）安装推进剂前 T 形燃烧器的长度 = 0.270 m；（2）燃尽时的频率 = 1 854 Hz。

2. 已知一个与图 12-1 所示类似的发动机的点火器。点火器的设计是按照图 14-3 所示的几种简单设计原则设计的。发动机装药内空腔容积为 0.055 m^3，初始燃面为 0.72 m^2。点火器装药有如下特性：燃烧温度为 2 500 K，能量释放 40 J/(kg·s)。试计算在下列两种情况下点火器的最小装药量：（1）空腔必须加压到 2 atm（忽略热损失）；（2）只有 6% 的点火器燃气能量被燃面吸收，推进剂需要 20 cal/(cm^2·s) 的热流在 0.13 s 时点火。

3. 首先，用图 14-4 的数据画出单位面积吸收的总热通量对点火压力的曲线，其中标明爆燃限制以上需要的点火能量；然后，对于 0.75 atm 的压力，画出所需要的总能量对点火时间的曲线，并口头解释这两个曲线的结果和趋势。

参考文献

14-1. N. Kubota, Chapter 1, "Survey of Rocket Propellants and Their Combustion Characteristics"; K. Kishore and V. Gayathri, Chapter 2, "Chemistry of Ignition and Combustion of Ammonium-Perchlorate-Based Propellants"; T. L. Boggs, Chapter 3, "The Thermal Behavior of Cyclotrimethylene Trinitrate (RDX) and Cyclotetramethylene Tetranitrate (HMX)"; R. A. Fifer, Chapter 4, "Chemistry of Nitrate Ester and Nitramine Propellants"; C. E. Hermance, Chapter 5, "Solid Propellant Ignition Theories and Experiments"; M. Kumar and K. K. Kuo, Chapter 6, "Flame Spreading and Overall Ignition Transient"; E. W. Price, Chapter 13, "Experimental Observations of Combustion Instability"; J. S. T'ien, Chapter 14, "Theoretical Analysis of Combustion Instability"; all in K. K. Kuo and M. Summerfield (Eds.), *Fundamentals of Solid-Propellant Combustion*, Vol. 90, *Progress in Astronautics and Aeronautics*, American Institute of Aeronautics and Astronautics, New York, 1984.

14-2. G. Lengelle, J. Duterque, and J. F. Trubert, Chapter 2.2, "Physico-Chemical Mechanisms of Solid Propellant Combustion," in V. Yang, T. B. Brill, and W.-Z. Ren (Eds.), *Solid Propellant Chemistry, Combustion, and Motor Interior Ballistics*, Vol. 185, *Progress in Astronautics and Aeronautics*, AIAA, Reston VA, 2000.

14-3. C. Youfang, "Combustion Mechanism of Double-Base Propellants with Lead Burning Rate Catalyst," *Propellants, Explosives, Pyrotechnics*, Vol. 12, 1987, pp. 209–214.

14-4. N. Kubota et al., "Combustion Wave Structures of Ammonium Perchlorate Composite Propellants," *Journal of Propulsion and Power*, Vol. 2, No. 4, Jul.–Aug. 1986, pp. 296–300.

14-5. T. Boggs, D. E. Zurn, H. F. Cordes, and J. Covino, "Combustion of Ammonium Perchlorate and Various Inorganic Additives," *Journal of Propulsion and Power*, Vol. 4, No. 1, Jan.–Feb. 1988, pp. 27–39.

14-6. T. Kuwahara and N. Kubota, "Combustion of RDX/AP Composite Propellants at

Low Pressure," *Journal of Spacecraft and Rockets*, Vol. 21, No. 5, Sept.–Oct. 1984, pp. 502–507.

14–7. P. A. O. G. Korting, F. W. M. Zee, and J. J. Meulenbrugge, "Combustion Characteristics of Low Flame Temperature, Chlorine-Free Composite Propellants," *Journal of Propulsion and Power*, Vol. 6, No. 3, May–Jun. 1990, pp. 250–255.

14–8. N. Kubota and S. Sakamoto, "Combustion Mechanism of HMX," *Propellants, Explosives, Pyrotechnics*, Vol. 14, 1989, pp. 6–11.

14–9. L. H. Caveny, K. K. Kuo, and B. J. Shackleford, "Thrust and Ignition Transients of the Space Shuttle Solid Rocket Booster Motor," *Journal of Spacecraft and Rockets*, Vol. 17, No. 6, Nov.–Dec. 1980, pp. 489–494.

14–10. "Solid Rocket Motor Igniters," NASA SP-8051, March 1971 (N71-30346).

14–11. I. H. Cho and S. W. Baek, "Numerical Simulation of Axisymmetric Solid Rocket Motor Ignition with Radiation Effect," *Journal of Propulsion and Power*, Vol. 16, No. 4, Jul.–Aug. 2000, pp. 725–728.

14–12. J. Yin and B. Zhang, "Experimental Study of Liquid Quenching of Solid Rocket Motors," AIAA Paper 90-2091.

14–13. B. N. Raghunandam and P. Bhaskariah, "Some New Results of Chuffing in Composite Solid Propellant Rockets," *Journal of Spacecraft and Rockets*, Vol. 22, No. 2, Mar.–Apr. 1985, pp. 218–220.

14–14. P. M. J. Hughes and E. Cerny, "Measurement and Analysis of High Frequency Pressure Oscillations in Solid Rocket Motors," *Journal of Spacecraft and Rockets*, Vol. 21, No. 3, May–Jun. 1984, pp. 261–265.

14–15. R. A. Beddini and T. A. Roberts, "Response of Propellant Combustion to a Turbulent Acoustic Boundary Layer," *Journal of Propulsion and Power*, Vol. 8, No. 2, Mar.–Apr. 1992, pp. 290–296.

14–16. F. Vuillot and G. Avalon, "Acoustic Boundary Layers in Solid Propellant Rocket Motors Using Navier-Stokes Equations," *Journal of Propulsion and Power*, Vol. 7, No. 2, Mar.–Apr. 1991, pp. 231–239.

14–17. L. De Luca, E. W. Price, and M. Summerfield (Eds.), *Nonsteady Burning and Combustion Stability of Solid Propellants*, Vol. 143, *Progress in Astronautics and Aeronautics*, AIAA, Washington DC, 1992.

14–18. V. Yang, T. B. Brill, and W.-Z. Ren (Eds.), *Solid Propellant Chemistry, Combustion, and Motor Interior Ballistics*, Vol. 185, *Progress in Astronautics and Aeronautics*, AIAA, Reston VA, 2000.

14–19. R. L. Coates, "Application of the T-Burner to Ballistic Evaluation of New Propellants," *Journal of Spacecraft and Rockets*, Vol. 3, No. 12, Dec. 1966, pp. 1793–1796; M. Barrere, Chapter 2, "Introduction to Nonsteady Burning and Combustion Stability," pp. 17–58, and L. D. Strand and R. S. Brown, Chapter 17, "Laboratory Test Methods for Combustion Stability Properties of Solid Propellants," pp. 689–718, in L. De Luca, E. W. Price, and M. Summerfield (Eds.), *Nonsteady Burning and Combustion Stability of Solid Propellants*, Vol. 143, *Progress in Astronautics and Aeronautics*, AIAA, Washington DC, 1992.

14–20. F. E. Culick, A Review of Calculations for Unsteady Burning of a Solid Propellant, *AIAA Journal*, Vol. 6, No. 12, Dec. 1968, pp. 2241–2255.

14–21. E. D. Youngborg, J. E. Pruitt, M. J. Smith, and D. W. Netzer, "Light-Diffraction Particle Size Measurements in Small Solid Propellant Rockets," *Journal of Propulsion and Power*, Vol. 6, No. 3, May–Jun. 1990, pp. 243–249.

14–22. F. Vuillot, "Vortex Shedding Phenomena in Solid Rocket Motors," *Journal of Propulsion and Power*, Vol. 11, No. 4, 1995.

14–23. A. Kourta, "Computation of Vortex Shedding in Solid Rocket Motors using a Time-Dependent Turbulence Model," *Journal of Propulsion and Power*, Vol. 15, No. 3, May–Jun. 1999.

14–24. L. Glick and L. H. Caveny, "Comment on Method of Reducing Stagnation Pressure Losses in Segmented Solid Rocket Motors," *Journal of Propulsion and Power*, Vol. 10, No. 2, Mar.–Apr. 1994, pp. 295–296. (Technical comment on W. A. Johnston, *JPP*, Vol. 8, No. 3, May–Jun 1992, pp. 720–721).

第15章 固体火箭发动机及组件设计

本章是有关固体火箭发动机的四章中的最后一章。本章首先讨论固体推进剂火箭发动机的关键组件，即发动机壳体、喷管和点火器壳体；然后讨论发动机设计。许多发动机中推力矢量控制机构也是一个组件，该控制机构将在第18章中单独介绍。固体火箭发动机中许多组件的成功主要是利用近年来开发的新材料。

15.1 发动机壳体

壳体不仅容纳推进剂装药，而且也是承受很大载荷的压力容器。壳体的设计制造技术，已经发展到可以为任何用途的固体发动机始终如一地生产出有效而可靠的发动机壳体的程度。大多数壳体的问题源于现有技术使用不当或者设计分析不当、对使用需求理解不当或者材料选择或其工艺过程控制不当，包括生产过程中漏掉了关键项目中的非破坏性试验。壳体设计通常要综合发动机和飞行器的要求。发动机壳体除了和喷管、推进剂药柱等构成火箭发动机的结构体外，常常还作为导弹和运载火箭的基本结构。因此，壳体的优化设计往往需要在壳体设计参数和飞行器设计参数之间作出折中。另外，壳体设计还常受装配和制造要求的影响。

表15-1列举了几种类型的载荷及其来源，它们必须在壳体设计之初就加以考虑。只有部分载荷在任何用途的火箭发动机中都存在。另外，对特定发动机的特殊环境条件及其应用必须加以仔细考虑。这些典型的条件包括：①温度（内部加热、气动加热、储存期间的温度循环或热应力和热应变）；②侵蚀（潮湿/化学腐蚀、电化锈蚀、应力侵蚀或氢脆）；③空间环境（真空或辐射）。

表 15-1 火箭发动机壳体载荷

载荷来源	载荷类型/应力
内压	双轴，拉伸、振动
轴向推力	单轴，振动
发动机喷管	单轴，弯曲、剪切
推力矢量控制作动器	单轴，弯曲、剪切
推力终止装置	双轴，弯曲
装在壳体上的气动控制面或翼	拉伸、压缩、弯曲、剪切、扭曲
级间分离	弯曲、剪切

续表

载荷来源	载荷类型/应力
机动飞行	单轴，弯曲、剪切、扭曲
在发射台上的飞行器重量和风载	单轴，弯曲、剪切
来自飞行器振荡的动态载荷	单轴，弯曲、剪切
初始压力峰	双轴
地面操作（包括提升）	拉伸、压缩、弯曲、剪切、扭曲
地面运输	拉伸、压缩、剪切、振动
地震（大型发动机）	单轴，弯曲、剪切

已经应用的三类壳体材料是：高强金属（如合金钢、铝合金或者钛合金）、纤维缠绕增强塑料以及两者的组合，即金属壳体外面通过缠绕纤维得到超高强度。表 15-2 比较了几种典型的材料物理特性。对于纤维增强材料，表 15-2 中不仅给出了复合材料的数据，也给出了几种高强纤维和典型黏结剂的数据。复合材料的比强度较高，这意味着其死重较小。采用塑性黏结剂纤维缠绕壳体的发动机，尽管有某些严重缺陷，但往往在性能上更胜一筹。外面复合了纤维缠绕增强结构的金属壳体以及复合了塑料黏结螺旋缠绕金属带的金属壳体已成功得到应用。

表 15-2 20 ℃时固体火箭发动机壳体可选材料的物理特性

材料	拉伸强度/ $(N \cdot mm^{-2})$ $(\times 10^3 \text{ psi})$	弹性模量/ $(N \cdot m^{-2})$ $(\times 10^6 \text{ psi})$	密度/ $(g \cdot cm^{-3})$ $(lbm \cdot in^{-3})$	比强度 (1 000)
纤 维				
玻璃纤维	1 930 ~ 3 100 (230 ~ 450)	72 000 (10.4)	2.5 (0.090)	1 040
劳纶纤维 （凯夫拉49）	3 050 ~ 3 760 (370 ~ 540)	124 000 (18.0)	1.44 (0 ~ 052)	2 300
碳纤维或石墨纤维	3 500 ~ 6 900 (500 ~ 1 000)	230 000 ~ 340 000 (33 ~ 43)	1.53 ~ 1.80 (0.055 ~ 0.065)	2 800
黏结剂（自身）				
环氧树脂	83 (12)	2 800 (0.4)	1.19 (0.043)	70
纤维增强复合材料				
E 玻璃纤维	1 030 (150 ~ 170)	35 000 (4.6 ~ 5.0)	1.94 (0.070)	500

续表

材料	拉伸强度/ (N·mm^{-2}) ($\times 10^3$ psi)	弹性模量/ (N·m^{-2}) ($\times 10^6$ psi)	密度/ (g·cm^{-3}) (lbm·in^{-3})	比强度 (1 000)
纤维增强复合材料				
凯夫拉49	1 310 (190)	58 000 (8)	1.38 (0.050)	950
石墨	2 300 (250~340)	102 000 (14.8)	1.55 (0.056)	1 400
金属				
钛合金	1 240 (155~160)	110 000 (16)	4.60 (0.166)	270
合金钢 (热处理后)	1 400~2 000 (200~280)	207 000 (30)	7.84 (0.289)	205
铝合金2024 (热处理后)	455 (66)	72 000 (10)	2.79 (0.101)	165

发动机壳体的形状通常由装药形状或者飞行器对长度或直径的限制来确定。壳体的形状从细长的圆柱形（L/D 为 10）到球形或类球形（图 1-5、图 12-1~图 12-4 和图 12-17）都有。球形壳体单位容积的质量最小。壳体通常是飞行器的关键结构件，有时还必须为蒙皮、裙、电路板或推力矢量控制作动器等其他零部件提供安装平台。壳体质量通常对发动机的推进剂质量分数影响很大，其典型的范围为 0.70~0.94。较高的值适用于上面级发动机。对于小直径发动机，因为可行的壁厚以及在小尺寸时表面积（大致按直径的平方关系变化）与容积（大致按直径的立方关系变化）之比不理想，其推进剂质量分数要低一些。壳体的最小厚度要大于简单的应力分析求得的值。纤维复合壳体有两层纤维束层，而其金属层的最小厚度需要根据制造和搬运上的考虑而决定。

固体火箭发动机燃烧室壳体中的应力可以用简单的薄壳理论进行预测，该理论假设壳体壁中没有弯曲载荷，只有拉伸载荷。对于一个简单的半径为 R、厚度为 d 的圆柱壳体，当燃烧室压力为 p 时，轴向应力 σ_l 是切向应力或周向应力 σ_θ 的 1/2：

$$\sigma_\theta = 2\sigma_l = pR/d \tag{15-1}$$

对于带球形封头的圆柱形壳体，柱段壁厚是封头厚度的 2 倍。

轴向应力和切向应力的合成应力不应超过壁面材料的许用工作应力。火箭发动机开始工作后，内压 p 引起燃烧室沿轴向和周向增长，在设计发动机支撑件或装药时就必须考虑到这种变形。设 E 为弹性模量，ν 为泊松比（钢为 0.3），d 是壁厚，那么由于压力导致的长度 L 和直径 D 的增量分别为

$$\Delta L = \frac{pLD}{4Ed}(1-2\nu) = \frac{\sigma_l L}{E}(1-2\nu) \tag{15-2}$$

$$\Delta D = \frac{pD^2}{4Ed}\left(1-\frac{\nu}{2}\right) = \frac{\sigma_\theta D}{2E}\left(1-\frac{\nu}{2}\right) \tag{15-3}$$

详细资料可在有关薄壳或薄壁理论的文献中找到。球形封头在相互垂直方向上的应力彼此相等，并且等于相同半径圆柱的轴向应力。椭球形燃烧室封头表面不同位置的局部应力是变化的，其最大应力要大于球形封头的最大应力。如果采用薄壳理论计算，则圆柱端面的径向位移与半球形或椭球形封头的径向位移不相等，因此这种不连续性的存在引起了一些剪切应力或弯曲应力。安装点火器、压力表或喷管的凸台会导致弯曲和剪切应力，它们叠加在壳体单纯的拉应力上，因此在这些位置需要对燃烧室壁局部加强或增厚。

在火箭发动机运行期间，来自高温燃气的热传递导致壳体壁处的温度持续升高。在有内部隔热的地方，壳体受热减缓。在推进剂直接黏结到壳体壁面（或者将推进剂黏合到薄衬层后，然后通过衬层黏结到薄壳体壁面）的位置，传递到壁面上的热量基本上可以忽略不计（除了点火前传递的少量热量）。当火箭发动机壳体也是飞行器外壳的一部分时，对于某些特点的速度和高度下，热边界层从外部加热壳体壁面。为了减少这种外部加热，外层抗氧化的阻隔材料已成功应用于一些大气内的飞行任务。

壳体设计必须提供壳体和喷管（多喷管情况很少）的连接方法，壳体和飞行器、点火器的连接方法，并要提供装药柱的措施，有时在壳体上还需要安装气动面（翼）、传感器、电缆管道（电线的外部管道）、装卸吊钩、推力矢量控制作动器及其动力供应系统。对于战略导弹的上面级，壳体还包括爆破薄膜口或推力终止装置（见第 14 章）。典型的连接件有锥销或者直销、卡环或螺栓。采用密封垫或 O 形密封圈防止燃气的泄漏。

固体推进剂火箭发动机中的传热很少达到稳定状态，并且在发动机运行期间所有喷管和壳体部件的局部温度不断增加，对温度－时间曲线的分析可以用于确定厚度和其他隔热部件的参数，并且也可用于估计热应力。发动机设计单位采用有限元计算机应力分析软件确定壳体设计结构有一个合理的应力值。发动机壳体的应力分析应该与装药的应力分析同时进行（因为装药对壳体施加有载荷），并通过有限元法进行热分析来确定热应力和热变形，这些分析是彼此耦合的。

15.1.1 金属壳体

与纤维增强塑料壳体相比，金属壳体有几个优点：金属壳体是刚性的，可承受大量严酷的操作（许多战术导弹使用中的需要）；通常可以适度地变形，在断裂之前能够屈服；可以加热到较高的温度（700～1 000 ℃，某些特种金属的温度更高），因此需要的绝热措施较少。金属壳体的性能随时间或在露天存放条件下不会显著下降，并且如果在法兰或凸台处加厚，则易于适应集中载荷。由于金属壳体的密度高、绝热层少，它所占容积比纤维增强塑料壳体小，因此在相同外表面积下，金属壳体能稍微多装填些推进剂。

图 15－1 所示为一个典型的大型固体火箭焊接不锈钢壳体的各截面。壳体的形状，特别是圆柱壳体的长径比，不仅影响壳体承受的应力，而且影响装入一定药量的壳体材料的质量。对于很大、很长的发动机，推进剂药柱和发动机壳体要分段制造，壳体段在发射场以机械形式连接和密封起来。航天飞机的分段式固体火箭助推器如图 15－2 所示，有关论述参见参考文献 15－1。各段之间的密封至关重要，经常采用多道 O 形密封圈接缝，如图 15－3 所示，有关论述参见参考文献 15－2。当不分段的发动机太大、太重，不能在普通公路上运输（不能调头）或铁路上运输（不能通过某些隧道或桥梁）时，或若通常难以制造时，就要采用分段壳体。

第 15 章 固体火箭发动机及组件设计

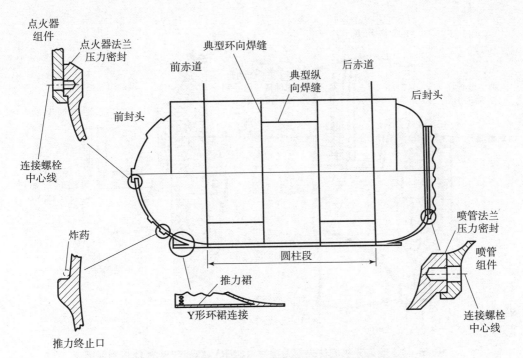

图 15-1 典型的大型固体火箭发动机焊接不锈钢壳体

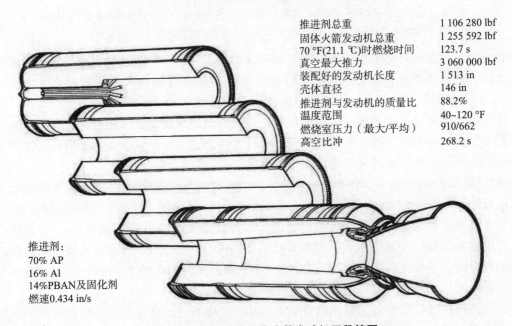

推进剂总重	1 106 280 lbf
固体火箭发动机总重	1 255 592 lbf
70 °F(21.1 ℃)时燃烧时间	123.7 s
真空最大推力	3 060 000 lbf
装配好的发动机长度	1 513 in
壳体直径	146 in
推进剂与发动机的质量比	88.2%
温度范围	40~120 °F
燃烧室压力（最大/平均）	910/662
高空比冲	268.2 s

推进剂：
70% AP
16% Al
14%PBAN及固化剂
燃速0.434 in/s

图 15-2 航天飞机固体火箭发动机四段简图
（忽略了推力矢量作动机构和点火系统的细节。由 NASA 和 Orbital ATK 提供）

战术导弹发动机的小型金属壳体可以挤压或锻造（然后再进行加工），或者如图 12-4 所示那样分三段制造。该壳体设计成装入自由装填药柱，壳体、喷管、尾管通过 O 形圈密封（见参考文献 15-4 中的第 6 章和参考文献 15-5 中的第 7 章）。由于大多数战术导弹要求的速度较低（100~1 500 m/s），推进剂质量分数相对较低（0.5~0.8），故发动机死重的

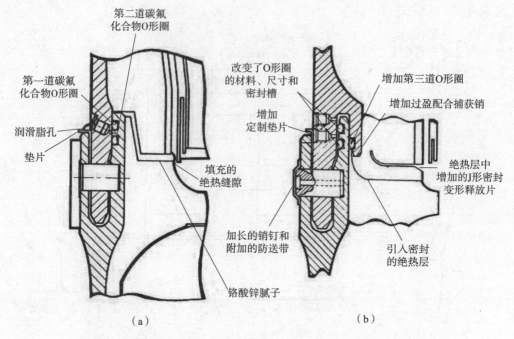

图 15-3　航天飞机固体火箭助推器（SRR）级间连接的 O 形密封圈
（a）原设计；（b）改进设计
（在一次大的失败后重新进行了设计，不仅对第三个 O 形密封圈、机械连接和其锁紧机构进行了改进，而且对各段推进剂之间的绝热层也重新作了设计，见参考文献 15-3。（NASA 提供）

百分比较高。考虑到严酷的搬运条件和累积破坏因素，战术导弹壳体的安全系数通常取得较高。因此，战术导弹发动机壳体（以及其他组件）的选择强调的不是性能最高（发动机死重小），而是可靠性、长寿命、低成本、坚固性和生存性。

高强度合金钢是最常用的壳体金属材料，但是其他金属材料，如铝合金、钛合金和镍合金也经常使用。表 15-2 列出了发动机壳体材料属性的比较。对强度在 240 000 psi 水平上的低合金钢发动机壳体的设计和制造已有了丰富的经验。

马氏体时效钢强度高达 300 000 psi 左右，同时具有较高的断裂韧性。马氏体时效表示合金在退火条件下为相对较软的低碳马氏体，通过在相对较低的温度下时效处理获取高强度。

由于其韧性和抗撕裂能力（这对发动机壳体和其他压力容器是很重要的），HY 钢（比马氏体时效钢更新）更具吸引力，因为失效不会是灾难性的。HY 钢的韧性能使壳体在破坏前先出现泄漏，至少在水压试验过程中如此。HY 钢强度为 180 000 ~ 300 000 psi（视热处理和添加剂而定）。

在对即将到来的灾难毫无征兆的情况下，某些金属的应力侵蚀裂纹会引起突发的破坏事故，这就提出了一个独特的问题。需要着重指出的是，轻质、薄金属壳体加剧了应力侵蚀和裂纹传播，裂纹通常开始于金属中的一个小缺陷，最终在低于金属屈服强度的应力水平下发生失效。

15.1.2　纤维缠绕增强塑料壳体

纤维增强壳体采用高强纤维连续丝以精确的图案缠绕，并和塑料（通常是环氧树脂）

黏结在一起，其最主要的优点是重量轻。多数塑料被加热到180℃以上时会变软，它们需要嵌入物或若加固以便允许固定或者安装其他部件，并承受集中载荷。增强塑料的热膨胀通常比金属的热膨胀更大，热导率更低，从而造成更高的温度梯度。参考文献15-4和15-5阐明了复合材料壳体的设计和缠绕，参考文献15-6讨论了它们的破坏极限。

以强度增加为序，典型的纤维材料有玻璃、芳纶纤维（凯夫拉）和碳，见表15-2。典型的碳纤维壳体的死重是玻璃纤维壳体的50%，是凯夫拉纤维壳体的67%。

纤维本身的拉伸强度很高（2400~6800 MPa），通过密度相对较低的塑性黏结剂定位，塑性黏结剂能防止纤维滑移及在剪切或弯曲时强度削弱。纤维缠绕复合材料中（带有拉伸、环绕、弯曲应力），纤维丝并不总是沿着最大应力的方向排列，而且材料中含有低强度的塑料，因此复合材料的强度比纤维丝本身的强度要下降1/5~1/3。塑性黏结剂通常是热固性环氧树脂材料，其最高温度限制在100~180℃。尽管已有更高温度限的树脂（295℃），但它们与纤维的黏结强度不如低温度限的树脂。因为在1.4~1.6倍最大工作应力时发生失效，所以确定结构分析中安全系数典型值为1.4~1.6，打压试验在1.15~1.25倍的工作压力下进行。

一个典型的纤维缠绕复合材料壳体的设计简图如图15-4所示。前封头、后封头和圆柱段缠绕在一个已经包括前后环的预成型毛坯或芯模上。纤维带在芯模上缠绕的方向和施加在纤维带上的拉力大小是得到优良壳体的技术关键。壳体的固化在炉子中进行，可能需要加压确保复合材料的高密度和孔隙最小。固化后，预成型毛坯就可以拿掉了。预成型毛坯的一种制造方法是采用沙子和水溶性黏结剂，固化后，毛坯用水洗掉。由于纤维缠绕壳体是多孔的，所以必须进行密封。壳体和药柱之间的包覆层可以作为密封防止燃气从壳体壁面渗漏。刮擦、压痕、吸湿都会降低壳体的强度。

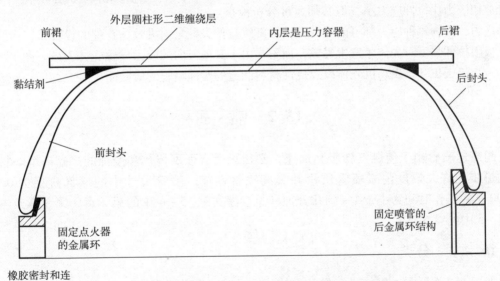

图15-4 典型的纤维缠绕复合材料壳体设计的半剖简图

（图中弹性黏结剂以黑色表示，外层对圆柱段增强并提供连接裙，直径较小的内壳，其厚度要增加）

在一些设计中，缠绕之前将绝热层套在芯模上，壳体和绝热层同时固化，参见参考文献15-7。在另外一些设计中，采用推进剂药柱和前后封头作为芯模。药柱外面是包覆层，然后是绝热层，壳体的高强纤维直接分层缠绕在带有绝热层的药柱上。带药柱缠绕壳体的固化必须在较低的温度下进行，这样才不会对药柱造成不利的影响。这种工艺适用于模压成型的圆柱形装药。也有壳体采用钢内胆外面加一层纤维缠绕复合材料的缠绕层的方式制造，参见参考文献15-8。许用应力一般通过粗纱或纤维带的拉伸试验以及用完全相同的纤维缠绕工艺制造的缩比壳体的断裂试验来确定。一些公司降低了许用应力以考虑潮湿、制造缺陷或密度不均的影响。

在发动机壳体中，纤维丝必须沿主应力方向定位，必须和应力的数量级成正比。在喷管、点火器等所需的壳体零件之间需要做出折中，在可行的前提下，缠绕方向尽量保持接近理想的方向。纤维丝通常合股成细纱、粗纱和带，其定义如图15-5所示。通过采用两个或更多的缠绕角（如螺旋向和周向的缠绕角），计算在每个方向上纤维的比例，可以获得应力均衡的结构。理想的应力均衡是每根纤维在每个方向上都承受相同的载荷（仅对拉伸而言）。实际上，环氧树脂支撑的纤维必定吸收应力压缩、弯曲载荷、层内剪切以及层间剪切。尽管剪切应力比拉伸应力小，但必须通过分析检查

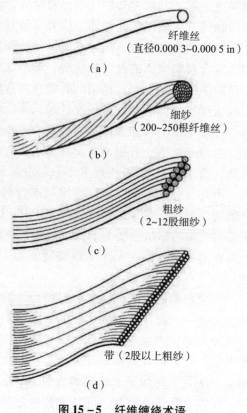

图 15-5 纤维缠绕术语
（各图以不同比例绘制）

每种应力，因为每种应力都可能导致壳体在纤维拉伸失效之前失效。合理的设计是，当纤维达到其极限拉伸强度时壳体才发生失效，而不是由于其他方向的应力导致壳体失效。图 18-5 所示为一个凯夫拉纤维发动机壳体以及烧蚀材料制造的柔性喷管的横截面。

15.2 喷 管

超声速喷管用于使燃气膨胀和加速，必须承受有强烈传热和侵蚀的严酷环境。材料技术的进步允许大幅度削减喷管质量并提高喷管性能。喷管尺寸中的喉部直径为 0.05 ~ 54.00 in，工作时间为小于 1 s 到几分钟（见参考文献 15-4 中的第 2 章、第 3 章及参考文献 15-5 中的第 6 章）。

15.2.1 分类

如图 15-6 所示，固体火箭发动机的喷管可以分为以下几种。

（1）固定喷管。结构简单，常在短程空基、地基、海基导弹等战术武器推进系统中使用，也可用于运载火箭的捆绑推进系统，例如"宇宙神"和"德尔塔"导弹，或者用于航天器的轨道转移发动机。战术导弹喷管典型的喉径为 0.25 ~ 5.00 in，而捆绑式助推发动机的喉径约为 10 in。固定喷管一般是非嵌入式的，不提供推力矢量控制（尽管有例外），如图 15-7 所示。

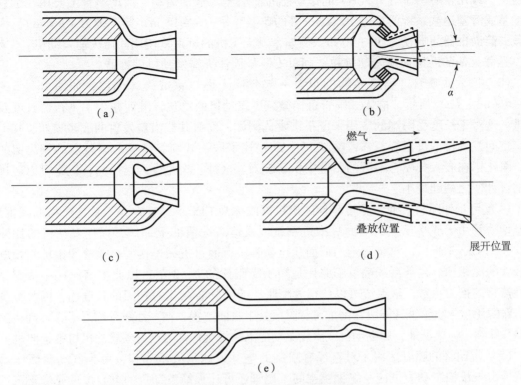

图 15-6　5种常见的喷管结构简图

(a) 固定喷管（最简单）；(b) 带有柔性连接的活动喷管（允许控制推力轴线的偏转，这就允许飞行器进行机动）；(c) 嵌入式喷管（总长更短）；(d) 可延伸喷管（可延伸出口锥，向后滑动方案。在高空采用大喷管，而在上升段是发动机的长度和体积最小）；(e) 带尾管的喷管（一些战术导弹平衡重心需要）

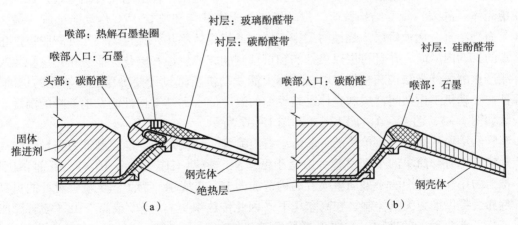

图 15-7　小型固体火箭发动机喷管结构

(a) 部分嵌入式喷管；(b) 外喷管

（采用烧蚀热沉壁面和石墨喉衬镶块抵抗高温、侵蚀和氧化。热解垫圈或圆片按高热导率方向垂直于喷管轴线布置）

(2) 活动喷管。为飞行器提供推力矢量控制。如第18章所述，一个活动喷管可以提供俯仰和偏航控制，而滚动控制需要两个活动喷管。典型的活动喷管是嵌入式的，采用柔性密封连接，或用带有两个分开成90°的作动器的轴承实现全轴运动。活动喷管主要用在远程战略地基或海基运载系统的推进上（第一级的典型喉径为7~15 in，第三级为4~5 in），大型运载火箭助推器的喉径为30~90 in，例如，航天飞机的可重复使用固体火箭发动机、"大力神"运载火箭的助推火箭发动机和"阿里安"V固体火箭发动机助推器。

（3）嵌入式喷管。喷管结构的很大一部分伸入燃烧室或壳体内部，如图15-2~图15-6（b）、（c）所示。嵌入式喷管可稍微减少发动机的总长，继而减少了飞行器长度及其死重。这对于长度受限制的应用来说很重要，例如，发射井或潜艇发射的战略导弹及其上面级、空间发动机推进系统。参考文献15-10描述了嵌入式喷管俘获的熔融态的氧化铝的晃动，氧化铝在嵌入式喷管附近的凹槽中积聚起来。这种积聚是令人讨厌的，但是可以通过恰当的设计使之减到最小。

（4）可延伸喷管。通常指可延伸的出口锥或称为EEC，尽管它并不总是严格的圆锥形。可延伸喷管用于战略导弹的上面级推进系统以及运载火箭的上面级，以使发动机的比冲最大。如图12-3所示，它有固定的低面积比喷管段，通过机械连接一个喷管圆锥扩张段放大到较大的面积比。延伸后的喷管膨胀比是初始膨胀比的2~3倍，以此提高比冲，从而显著提高喷管的推力系数。该系统可以让很大膨胀比的喷管装入相对较短的长度内，因此减少了飞行器的死重。喷管锥延伸段在助推飞行阶段处于收回位置，在下面级分离之后，发动机起动之前移动到位。典型地，用电动机或涡轮驱动的滚珠螺旋作动器展开喷管的出口锥延伸段。

（5）带尾管的喷管。用于对直径有限制的空基或地基战术导弹，可为气动翼面作动系统或推力矢量控制动力供应系统提供空间。尾管还可让火箭发动机的重心接近或位于飞行器重心之前，这就限制了发动机工作时重心的移动，使飞行更容易保持稳定。

15.2.2 设计和结构

几乎所有的固体火箭发动机都采用烧蚀冷却方式。通常固体火箭喷管结构设计成以钢壳体或铝壳体（外壳）承受结构载荷（发动机工作压力载荷和喷管TVC作动器的载荷最大），壳体上面黏结复合烧蚀衬层。烧蚀衬层用于给钢或铝壳体绝热，提供燃气充分膨胀以产生推力所需的气动内型面，并且衬层以可控和可预测的方式烧蚀和碳化，能防止热量积累起来损坏或严重削弱外壳结构和粘接材料。固体火箭发动机喷管设计要确保有足够厚的烧蚀层，以保证在发动机工作期间衬层和壳体黏结界面的温度低于黏结结构性能发生下降的温度。喷管设计如图1-5、图12-1~图12-4和图15-7所示。

喷管的结构从简单的、单块的、非活动石墨喷管，到复杂的、能控制推力矢量方向的多块活动喷管都有。简单的小型喷管一般适于低室压、短期工作（小于10 s）、低面积比和/或小推力的用途，典型的小型简单喷管的构造如图15-7所示。为了满足喷管设计的更高要求，例如，提供推力矢量控制、在高室压下（因此传热率更高）和/或高空中（喷管膨胀比大）工作、产生很大的推力以及在更长的发动机燃烧时间（30 s以上）内保持喷管完好，通常需采用复杂喷管。

图15-8和图15-9给出了固体发动机喷管的设计特征。它是目前生产的最大的喷管，也是最复杂的喷管之一。该喷管用于可重复使用的固体火箭助推器（RSRM），为图1-14和图15-2所示的航天飞机提供了71.4%的起飞推力。该喷管设计可以在航天飞机助推器123.7 s的燃烧时间内提供最大的结构和热安全余量，它由9段碳布酚醛烧蚀衬层和6段钢

和铝的外壳组成。喷管的外壳通过螺栓连接在一起形成喷管的结构基础。一个由填充钢垫片的硫化橡胶制成的柔性轴承（在第 18 章做进一步讨论）使喷管能偏离中线作多达 8 个自由度的全轴矢量运动，从而提供推力矢量控制。由于飞行之后金属外壳要回收并重复使用，所以用一个出口锥分离系统（周向线性形状装药）切除紧邻后出口锥铝壳以下的大部分后出口锥，这样可使溅落时作用在剩余部件上的载荷最小。

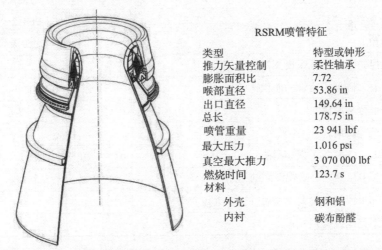

RSRM 喷管特征

类型	特型或钟形
推力矢量控制	柔性轴承
膨胀面积比	7.72
喉部直径	53.86 in
出口直径	149.64 in
总长	178.75 in
喷管重量	23 941 lbf
最大压力	1 016 psi
真空最大推力	3 070 000 lbf
燃烧时间	123.7 s
材料	
外壳	钢和铝
内衬	碳布酚醛

图 15-8 航天飞机可重复使用固体火箭发动机喷管外形的外侧 1/4 剖视图
（Orbital ATK 提供）

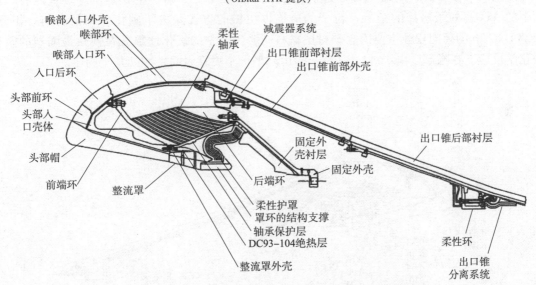

图 15-9 带有组件标识的图 15-8 中所示活动喷管截面
（由 Orbital ATK 提供）

从性能角度来看，喷管设计的主要任务是让来自发动机燃烧室的燃气流充分膨胀产生推力。带有非特征线出口锥的简单喷管可以用第 3 章给出的热力学基本关系式设计，从而求出喉部面积、喷管半角和膨胀比。要减少喷管的扩张损失，稍微提高些比冲，并减少喷管的长度和质量，可采用更为复杂的特型（钟形）喷管。3.4 节给出了具有最佳型面（避免产生激波）并使排气中粒子的碰撞最小的钟形喷管的设计数据。

二维两相反应气体的特征线方法流动程序用于分析喷管中的气体-颗粒流动,并求出比冲最大、侵蚀特性可接受的最优喷管型面。此类程序为辨识所有导致实际性能比理想性能低的比冲损失机理提供了分析方法。表15-3所示为RSRM的喷管损失计算结果。

表15-3 航天飞机助推器RSRM的喷管损失计算结果

理论比冲（真空条件）	278.1 s
实际比冲（真空条件）	268.2 s
损失（计算值）	（共9.9 s）
二维两相流损失（包括扩张损失）	7.4 s
喉部侵蚀损失（降低了喷管的面积比）	0.9 s
边界层损失（壁面摩擦）	0.7 s
嵌入损失（流动转向）	0.7 s
有限速率化学反应损失（化学平衡）	0.2 s
碰撞损失（Al_2O_3颗粒对喷管壁面的作用）	0.0 s
激波损失（如果回转角太大或者喷管长度太短）	0
燃烧效率（不完全燃烧）	0

图15-10给出了RSRM喷管中碳布酚醛衬层受化学侵蚀和粒子冲撞的去除量、衬层碳化深度及所选位置的气体温度和压力。头锥上的侵蚀（1.73 in）主要是从燃烧室内腔顺流而下的Al_2O_3粒子碰撞的结果,粒子的碰撞以机械的方式除去了碳化的衬层材料。相反,喉部1.07 in的径向侵蚀主要因含碳衬层材料同燃气流中的氧化性组分在换热最强烈的区域的化学反应。在喉部,由于Al_2O_3粒子的运动平行于喷管表面,冲蚀几乎为零。

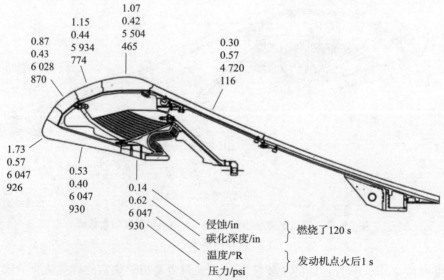

图15-10 航天飞机可重复使用固体火箭发动机喷管的
碳酚醛材料的侵蚀测量数据和碳化厚度数据

（由Orbital ATK提供）

在工作期间，喷管喉部侵蚀造成喉部直径扩大，这是喷管设计中遇到的问题之一。通常，对大多数固体火箭发动机而言，喉部面积增大超过5%是不可接受的，因为这将导致推力和燃烧室压力的下降。侵蚀不仅发生在喉部（典型速率为0.01~0.25 mm），而且发生在紧邻喉部区域的上游和下游截面，如图15-10所示。由于侵蚀，喷管组件将损失掉3%~12%的初始死重。侵蚀是由高温高速的燃气流、气体中的化学腐蚀性组分和粒子的机械剥蚀之间复杂的相互作用造成的。喷管材料中的C和O_2、O、OH或H_2O之类的组分反应后被氧化，这些组分的总浓度是可能发生侵蚀的指标。表5-6和表5-7列出了铝推进剂排气组分的化学浓度、富燃推进剂（其中所含自由O_2和O很少）和被Al_2O_3消耗了一些气态氧的推进剂不易造成侵蚀。喷管的非均匀侵蚀会造成推力偏心。

最佳的喷管型面需要通过分析（采用特征线方法设计钟形喷管的计算机程序见3.4节）确定，这样的型面使得气体最迅速地转向沿喷管轴线方向流动，同时不会引起激波和过多的Al_2O_3撞击到喷管壁面。图3-13给出了控制喷管型面设计的关键参数，初始扩张半角θ（紧邻喉部下游的超声速流动起点的角度）、喉部到出口平面的长度L、出口平面的出口扩张半角θ_e以及回折角。典型地，当初始扩张半角为20°~26°、回折角为10′~15″时，可使排气中固体或液体粒子对喷管的冲击最小。钟形喷管（燃气中带有固体颗粒）的长度是扩张半角为15°的等效锥形喷管的80%~90%。管喉部入口型面通常基于双曲螺旋线设计，这样在喉部平面可以使燃气流动均匀地加速到超声速。

15.2.3 吸热和喷管材料

火箭发动机在其工作期间永远不会达到热平衡。在工作期间，暴露在燃气流中的所有组件的温度一直在升高。在良好的热设计中，发动机关键位置的温度在发动机停止工作后的短时间内达到最大许用温度。喷管组件依靠其吸热能力（高比热容和材料的高分解能量）和缓慢的传热（低热导率材料的良好绝热）抵抗温度梯度和热载荷造成的应力和应变。任何发动机材料的最大许用温度为刚好低于性能过度下降（材料失去强度、熔化、变得太软、断裂、高温分解、脱黏、过快的氧化）发生的温度。喷管工作时间由设计以及吸热和绝热材料用量决定。换句话说，喷管设计的目标是使喷管中各处吸热和绝热材料的质量刚好够用，使其结构和连接件在所有可能的工作条件下和整个工作期间都能正常地工作。

选择和应用合适的材料是固体火箭发动机喷管设计成功的关键。表15-4根据用途对各种典型的喷管材料进行了分组。固体发动机的高温排气，特别是采用含金属推进剂时的高温排气，将喷管材料置于一个非常严酷的工作环境中。

表15-4 发动机喷管的典型材料及其用途

用途	材料	说明
结构和压力容器（喷管外充）	铝	限于515 ℃以内
	低碳镝、高强钢、特种合金	取决于所用材料，在625~1 200 ℃性能良好；刚度和强度好

续表

用途	材料	说明
喷管入口段和喉部的热沉材料和耐热材料；带有侵蚀的严酷的热气流	模压石墨	仅适用于低燃烧室温度和低燃烧室压力；低成本
	热解石墨	有各向异性热导率
	钨、钼或其他重金属	笨重、昂贵、易出现裂纹；耐侵蚀
	含有酚醛树脂或塑性树脂的碳布或凯夫拉纤维布	对纤维方向敏感，烧蚀性材料，大型喉部使用
	碳-碳	二维或四维交互编织纤维，高强度，价格昂贵，只限于3 300 ℃下使用
绝热层（在热沉层或阻燃层的背面）；不暴露在流动的燃气中	带有硅填充物或凯夫拉填充物的烧蚀塑料，酚醛树脂	要有低热导率、良好的黏结性能、坚固性、抗侵蚀能力；可以是纤维缠绕或树脂浸渍纤维布的模压增强材料，再进行后续加工
阻燃层（暴露在低速燃气中）	烧蚀塑料（与绝热层相同，但所含填充物和耐磨橡胶基体更少）	比碳-碳材料成本低，比许多绝热层的抗侵蚀性能好
	含有酚醛树脂或环氧树脂的碳纤维、凯夫拉纤维或硅纤维	纤维布或布带的模压增强材料；编织或模压，黏结到喷管壳体上
	碳-碳	比其他材料耐高温，三维编织或模压
喷管出口锥	带有金属外壳结构的烧蚀塑料	笨重，工作时间有限；纤维布或编织布带模压，黏结到喷管外壳上
	难熔金属（钛、钼）	辐射冷却，强度高，需要抗氧化涂层；可以很薄，限制在1 650 ℃下使用，使用时间无限制
	碳-碳，可能需要气密措施	辐射冷却，比金属许用温度更高；二维或三维编织，高强度，多孔

约在80年前，喷管用一块模压多晶石墨制造，有的还采用金属外壳结构作支撑。多晶石墨喷管易受侵蚀，成本很低。今天短时间、低室压、小推力、飞行高度低的火箭发动机中仍使用它们，例如在某些战术导弹中。对于更为严酷的条件，需要在石墨件中镶入喉衬或ITE，喉衬采用密度更大、质量更好的石墨。此后，开始应用热解石墨衬垫和纤维增强碳材料。在一段时间内，也使用过钨喉衬，它们的抗侵蚀能力很好，但沉重并经常断裂。此后引入了热解石墨，并且至今仍在小喷管喉衬中使用，如图15-7所示。高强碳纤维和碳基体曾是高温材料的重大进步。于是，小尺寸和中等尺寸喷管的ITE段就开始采用碳-碳材料制造。碳-碳是在碳基体中加入碳纤维的缩写（见参考文献15-12），正如下面将论述的那样，纤维的方向可以是二维的，也可以是三维的。所有这些材料的部分性能列于表15-4和表15-5中。对于大型喷管，当时已有的技术还无法制造大型的三维碳-碳ITE段，因此采用碳纤维（或硅纤维）布在酚醛树脂中浸渍得到的增强材料来制造。

第15章 固体火箭发动机及组件设计

表15-5 模压石墨、热解石墨、碳-碳、碳布酚醛、硅布酚醛物性的比较

参数	ATJ 现代石墨	热解石墨	碳基体中的三向碳纤维	碳布酚醛	硅布酚醛
密度/($lbm \cdot in^{-3}$)	0.055 6	0.079	0.062~0.072	0.053	0.062
热膨胀系数/($in^{-1} \cdot in^{-1} \cdot °F^{-1}$)	0.005~0.007	0.001 4 4(warp)			
室温下热导率/($Btu \cdot in^{-1} \cdot s^{-1} \cdot °F^{-1}$)	1.2×10^{-3}	4.9×10^{-5}(warp)[a]	2 to 21×10^{-5}(warp)[a]	2.2×10^{-3}(warp)[a]	1.11×10^{-3}(warp)[a]
室温下弹性模量/psi	1.5×10^{-3} 1.5×10^{6}(warp)[a]	4.2×10^{-5}(fill)[a] 4.5×10^{6}(warp)[a]	8 to 50×10^{-5}(fill)[a] $(35~80) \times 10^{6}$	2.86×10^{-6}(warp)[a]	3.17×10^{-6}(warp)[a]
剪切模量/psi	1.2×10^{6}(fill)[a] —	1.5×10^{6}(fill)[a] 0.2×10^{6}(warp)[a] 2.7×10^{6}(fill)[a]	—	2.91×10^{-6}(fill)[a] 0.81×10^{6}	2.86×10^{-6}(fill)[a] 0.80×10^{6}
侵蚀速率(典型)[b]/(in/s)	0.004~0.006	0.001~0.002	0.001 5~0.012	0.005~0.010	0.010~0.020

[a] 径向(wrap)是在主纤维方向上,纬向(f:u)与径向垂直。
[b] 试样在规定的工况下退移得到的表面磨损率——仅用于比较。

紧靠喉部的上游和下游区比喉部传热少、侵蚀小、温度低，不太昂贵的材料通常就可以满足要求。这包括各种等级的石墨或烧蚀材料、浸渍在酚醛树脂或环氧树脂中的高强高温纤维（碳或硅），这些材料将在本节的后面部分加以讨论。图18-5所示为一个带有多层绝热层的活动喷管，多层绝热层在直接受热的石墨喷管段的背面。这些绝热层（在非常热的喉衬和壳体之间）限制了热传递，防止壳体过热。

在喷管扩张出口段，热传递和温度比喷管的其他部位要低，这里可以采用类似的性能较低但价格较便宜的材料。喷管出口段和喉部可以制成一体，也可以将出口段分成一段或两段部件，然后固定到直径较小的喉部。这里可以使用的烧蚀材料，采用短纤维或绝热陶瓷颗粒制成，无须使用如同纤维布或纤维带中那样有排列方向的纤维。大面积比喷管（用于上面级或空间运输）经常伸到飞行器的锥平面外面，这样就可以采用辐射冷却，因为暴露在外面的出口锥段可以通过辐射将热量投射到太空中。在一些上面级或者航天器的喷管出口锥上，已经使用了采用辐射冷却的轻而薄的耐高温金属材料（铌、钛、不锈钢或一薄层碳－碳壳体）。因为辐射冷却的喷管出口段达到了热平衡，所以其使用寿命是无限长的。

喷管外壳和结构支撑采用与金属壳体相同的材料，如钢或铝制造。外壳绝不允许过热，一些小型、简单的喷管（通常分成一段、两段或三段，多数采用石墨喉衬）不需要单独的外壳结构，而是采用ITE（一体化喉部/入口段）结构。

估算不同时刻喷管内部温度和温度分布可以采用二维有限元素差分方法进行瞬态传热分析，该方法在原理上同8.3节描述的瞬态传热分析方法类似，如图8-20所示。点火以后，通过暴露在燃气中的较热的内侧零件向较冷的外侧导热，喷管温度到达平衡值。有时在点火后，喷管外部温度会超过温度限而受到破坏。喷管关键部件的结构分析（应力和应变）有赖于确定部件温度的传热分析，因为结构分析要采用合适的材料物性，而材料物性是与温度有关的。喷管设计还必须考虑到材料的热膨胀以及相邻零件之间热膨胀的差异。

ITE（一体化喉部/入口段）或喷管喉衬的典型材料列于表15-5中。它们暴露在最严酷的传热、热应力和高温环境中，其物性通常是各向异性的，也就是说，它们的物性随晶体结构的取向或增强纤维方向的变化而不同。多晶石墨靠挤压或模压成型，不同等级的产品有不同的密度和性能。正如前面提到的，它们广泛应用于简单喷管和ITE零件。热解石墨具有强烈的各向异性，在主方向上有很好的导热性能。一个采用热解石墨的喷管如图15-7所示。热解石墨是在充满甲烷气体的炉内，通过在基体上沉积石墨晶体制造出来的。热解石墨应用正在减少，但在现存的较早设计的火箭发动机中仍有使用。

碳－碳材料是由在碳基体中仔细定向的碳纤维制成。二维碳－碳材料在两个方向上有纤维，三维材料在三个方向（彼此成直角）有纤维分布，四维材料在与其他三个方向大致成45°的方向上有另外一组纤维。首先将液体有机树脂注入纤维间的空隙中；然后加压复合体，使填充物加热后碳化，还要经过进一步的注射和增密过程使其致密；最后在2 000 ℃以上的温度中进行石墨化。碳－碳虽然价格昂贵，但是适合喷管使用。高密度碳－碳材料在类似于喉部这样的高换热区有优良的表现，多维纤维增强材料能更好地承受零件内大温度梯度引起的高热应力。

15.2.4 烧蚀材料

烧蚀材料不仅在火箭发动机喷管中经常采用，而且也出现在一些绝热材料中。烧蚀材料通常是将高温有机或无机高强纤维，即高硅氧玻璃纤维、芳纶（凯夫拉）纤维或碳纤维浸渍在有机塑性材料中，例如，酚醛或环氧树脂中形成的复合材料。这些纤维可以是单股的，也可以是纤维带（在缠绕机上形成几何图案），或者是编织布或编织带，但都要浸渍在树脂中。

烧蚀是一个包括表面熔化、升华、碳化、汽化、深层分解和液膜冷却的综合过程。如图 15-11 所示，烧蚀材料的退移层发生吸热降解，也就是发生吸热的物理和化学变化。当部分烧蚀材料汽化（有些类型的烧蚀材料还会有黏性的液相），大量碳化的多孔固体材料留在表面，保持了基本几何形状和表面完整性。火箭发动机开始工作时，烧蚀材料的作用相当于热沉，但其低的热导率导致表面温度迅速上升。在 650～800 K 时，一些树脂开始吸热分解，成为多孔碳化层和热解气体。随着碳化层厚度的增加，当热解气体沿着与热流相反的方向渗流通过碳化层时发生吸热裂化过程。这些气体在碳化表面形成一个富燃、保护性、相对低温但稀薄的边界层。

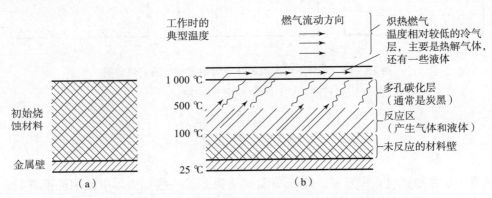

图 15-11　火箭发动机工作时纤维方向与燃气流成 45°的烧蚀材料的分区
(a) 工作前；(b) 工作中

由于碳化层中几乎都是碳，能承受 3 500 K 的高温，故多孔的碳化层使喷管的原始表面得以保留下来（但带有粗糙的表面纹理），保持了喷管的几何完整性。碳化层的强度较差，会被燃气中的固体粒子直接碰撞而破坏或磨蚀掉。如图 1-5、图 6-9（a）、图 12-1～图 12-4 和图 15-10 所示，燃烧室或喷管的部分或全部采用了烧蚀材料结构。

烧蚀零件要么采用高压模压（在 149 ℃、55～69 MPa 的温度和压力下）成型，要么在成型芯模上缠绕纱带以后，在 1 000～2 000 psi 压力和 300 ℃温度下高压固化成型。纱带缠绕法是大型喷管成型的常用方法。缠绕过程一般包括加热成型芯模（约 54 ℃）、加热纱带和树脂（66～121 ℃）、纤维材料带在张力下缠绕（35 000 N/m）几个步骤。在绕线的同时，缠绕部位要喷射树脂，并且保持适当的绕线速度、纱带张力、缠绕方向和树脂流量。经验表明，缠绕后密度是缠绕过程可接受性的重要指标，期望的密度应该接近热压密度的 90%。树脂成分通常为 25%～35%，视纤维增强材料和特定的树脂和填充物的不同而变化。一般固化的烧蚀材料的力学性能以及火箭发动机工作期间材料的耐用性，同固化材料的密度紧密相关。在最优的密度范围内，低密度通常意味着加强层的黏结较差、孔隙率高、强度低并且侵蚀率高。

在液体火箭发动机中，对于很小的推力室（没有足够的再生冷却能力）、脉冲或可重复起动的航天器控制用火箭发动机以及变推力（可节流）的火箭发动机，烧蚀比较有效。图6-9（a）示出了一个大型液体火箭发动机烧蚀喷管的扩张段。

很多烧蚀材料和其他纤维基材料的传热特性与其设计、组分和构造有关。图15-12给出了几种常见的纤维排布方向和路线。不管纤维是纱带还是纤维布，是纤维丝还是短纤维的形式，纤维增强的方向对复合喷管的抗侵蚀能力都有显著的影响（侵蚀数据见图15-10）。当纤维增强方向垂直于气流方向时，由于热传导路径短，传给壁面内部的热量多。当与壁面气流成40°~60°角时，抗侵蚀效果好。对于给定的设计，喷管制造中的变数使喷管寿命的变化很大，这些变数包括缠绕方法、模压方法、固化方法、树脂批处理过程和树脂来源。

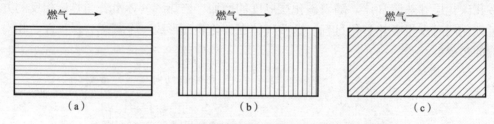

图15-12 三种不同类型的纤维增强烧蚀材料的示意图
(a) 平行纤维；(b) 端燃药型纤维；(c) 瓦片型纤维

15.3 点火器

14.2节已经描述过点火过程，13.5节简要地提到了一些点火器中使用的推进剂。本节讨论特定的点火器的类型、位置及其部件（见参考文献15-15）。

由于点火器装药量很少（经常少于发动机装药量的1%），而且大多数在低室压（低 I_s）下燃烧，所以对发动机总冲的贡献很小。设计者的目的在于将点火药量和点火器硬件质量减到最小，只要能保证在所有工作条件下正常点火即可。

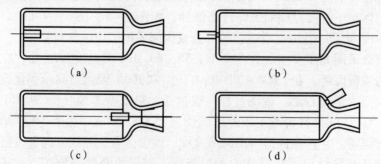

图15-13 点火器安装位置选择简图（未示出药型）
(a) 向后喷射，装在内部；(b) 向后喷射，装在外部；
(c) 向前喷射，装在内部（用喷管出口锥支撑）；(d) 向前喷射，装在外部

图 15-13 给出了几种不同的点火器安装位置。当点火器安装在前封头上时，燃气流过主装药表面，对实现点火有帮助。点火器安装在后面时，燃气运动很少，特别是在前封头附近，点火只能靠点火器燃气的温度、压力和传热实现。如果安装在喷管上，点火器及其支撑件在点火器用完全部点火药后被抛弃，因此没有点火器壳体造成的死重。点火器有两种基本类型，即烟火点火器和发热式点火器，下面将对二者进行讨论。

15.3.1 烟火点火器

在工程实践中，烟火点火器定义为（与下面将定义的发热式点火器不同）采用固体炸药或与推进剂类似的含能化学成分（通常是具有大燃面和短燃烧时间的推进剂小颗粒）作为发热物质的点火器。这个定义适用于多种点火器设计，如通常所说的袋式和碳棒式点火器、点火药盒、塑料壳式点火器、药粒篓式点火器、多孔管式点火器、可燃壳体点火器、胶筒式点火器、带式点火器或片式点火器。常见的药粒篓式点火器设计如图 15-14 所示，这是一种典型的烟火点火器。药粒中含有 24% 的硼、71% 的过氯酸钾和 5% 的黏结剂。主装药的点火是分阶段完成的。首先，接到点火信号后，起爆器（通常称为发火管或发火药）内的少量敏感的粉末状烟火剂中的能量被释放出来；然后，发火药释放的热量点燃传爆药；最后，推进剂主装药被点燃。

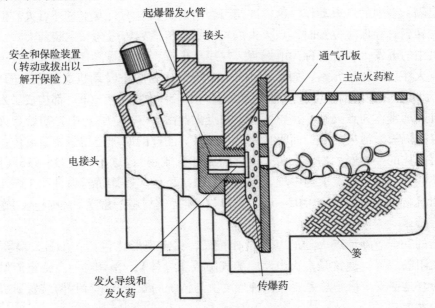

图 15-14　带有三种不同点火药顺序点火的典型烟火点火器

烟火点火器的一种特殊形式是表面粘接式或装药镶嵌式点火器。这种点火器的发火管被装在两个薄片间的夹层内，与装药接触的那一层是烟火剂主装药。这种形式的点火器用于带有两个或多个端燃药柱的多脉冲发动机上。这些发动机的第二脉冲和接下来的脉冲的点火对可用空间、与装药的相容性、寿命以及传爆药工作期间造成的温度和压力有特殊的要求。平板点火器的优点在于质量小、体积小和装药表面的热流高。点火器所用的任何惰性材料（如电线或陶瓷电绝缘体）在点火期间通常被吹出发动机喷管，这些材料的撞击会造成喷管损伤或堵塞喷管，特别是设计时没有考虑让其破碎成小块的情况下更是如此。

15.3.2 发热式点火器

发热式点火器一般是一个用来点燃大型火箭发动机的小型火箭发动机，它不是用来产生推力的。所有的发热式点火器都采用一个或多个小喷管，喷管既可以是声速的也可以是超声速的，大多数发热式点火器采用一般火箭发动机的装药配方和设计技术。发热剂向发动机装药的传热主要是与装药表面接触的燃气的对流，这与烟火点火器发出强烈的辐射能完全不同。图12-1、图12-2和图12-20所示为装有典型的发热式点火器的火箭发动机。图18-5中的点火器有两个喷管和一个高燃速的圆柱装药。发热式点火器的发火管和传爆药的设计与烟火点火器的设计极为相似。发热式点火器主点火药的反应产物冲击到发动机装药的表面，造成发动机点火。大型发动机通常的做法是将发热式点火器安装在发动机外面，其射流朝上射入大型发动机的喷管。在这种情况下，点火器就成了地面发射设备的一部分。

通常采用两种方法防止发动机点不着火或误点火：一种是采用传统的安全和解除保险装置；另一种是在发火管的设计中考虑安全保险措施。意外点火常常是一场灾难，其能量一般来自：①静电；②电磁辐射（如雷达）的感应电流；③地面测试设备、通信设施或飞行器附近电路的感应电流；④装卸和操作过程中的热、振动和冲击。从功能上说，安全和解除保险装置就像一个电开关，保证发动机不工作时点火器电路接地。在一些设计中，它还在机械上错开或阻隔一系列的点火动作，这样即使引爆药被点燃也不会发生意外点火。但安全和解除保险装置转到解除保险位置时，点火火焰能可靠地传播到传爆药和主装药上。

发动机中的电发火管也可称为电爆管、热线点火塞、起爆器，有时则称为点火头。它们总是构成点火序列的初始元素，如果设计得当，可以作为防止发动机意外点火的安全装置。图15-15示出了三种典型的电发火管设计方案。图15-15（a）、（b）都构成了发动机壳体的一个零件，通常作为点火头。在整体隔板式点火器图15-15（a）中，初始点火能量以激波的形式穿过隔板激活被动药，而隔板还保持完整。同样的原理还用于将激波传过金属壳体或纤维缠绕壳体的金属嵌入物，此时壳体不需要开孔或密封。点火头图15-15（b）类似一个简单的热线点火塞，在点火药中埋入了两根高阻抗桥丝。爆炸桥丝设计图15-15（c）采用一根低阻抗材料的细桥丝（0.02~0.10 mm），细桥丝材料一般为白金或金，施加高电压负载时就会熔爆。

点火器的安全措施是点火器的基本设计特征，其出现形式包括：①触发需要的电能下限；②电压阻隔装置（通常是点火电路中的气隙或半导体）；③只对一个特定能量脉冲或频带作出响应。这些安全措施总是要在某种程度上与传统的安全和解除保险装置所提供的安全性进行折中考虑。

一种触发点火器的新方法是用激光能量起动发火药的燃烧。这种点火器不存在感应电流或其他疏忽的电起爆造成的问题。点火能量来自发动机外部的小型钕/YAG激光器，通过光纤传到烟火点火器的发火药上（见参考文献15-16）。有时在壳体或封头壁面上开设光学窗口，就可以让发火药装在壳体内部。

15.3.3 点火器分析和设计

触发点火、传热、推进剂分解、爆燃、火焰传播和燃烧室充填的基本理论，对于烟火点火器和发热式点火器的设计和应用来说是相同的。一般来说，在点火器设计中考虑的物理和

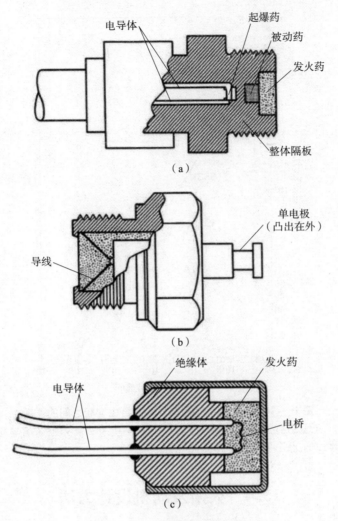

图 15-15 典型的电发火管

(a) 整体隔离型；(b) 双桥丝电极塞型；(c) 爆炸桥丝型

化学过程的数学模型还远不够完整和精确。参见参考文献 14-1 及参考文献 15-10 中 Kumar 和 Kuo 所著的第 6 章。

不管何种类型的点火器，其设计都主要依靠试验结果，包括过去全尺寸发动机成功和失败的经验教训。一些重要参数的影响完全可以通过现有发动机的数据预测出来。例如，图 15-16 有助于估算各种尺寸（发动机自由容积）发动机点火器主装药质量。从这些数据中可得

$$m = 0.12(V_F)^{0.7} \tag{15-4}$$

式中：m 为点火药量（g）；V_F 为发动机自由容积或发动机壳体中未被装药占据的空间（in^3）。

点火药质量流率越大，点火延迟越短。点火时间和事件如图 14-3 所示。

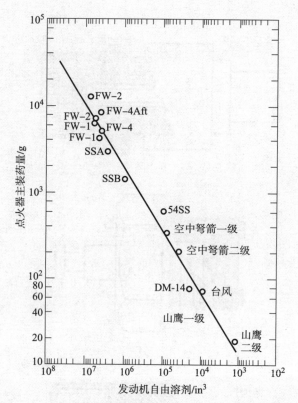

图 15-16 点火器装药量与发动机自由容积之间的关系
（这是建立在使用 AP/Al 复合推进剂的各种尺寸火箭发动机的经验基础上的。经许可摘自文献 15-17）

15.4 火箭发动机设计方法

尽管各种固体火箭发动机设计中有很多共同之处，但是没有一种简单、普遍的过程或设计方法。各类不同用途有不同的设计要求，不同的设计师及其所在单位有不同的设计方法、背景知识、设计步骤或设计重点。设计方法也随着有关设计内容的数据掌握量、推进剂、装药、硬件、材料的变化而变化，随创新（很多"新"发动机实际上是现有成功发动机的改进型）程度的不同而变化，或随现有的经过验证的计算机分析程序的多少而变化。

通常，上面各项是发动机初步设计过程的一部分。从飞行器或发动机的需求分析开始，这些需求列在表 15-6 中。如果要设计的发动机与现有成功发动机有些类似，这些成功发动机的参数和飞行经验将有助于减少设计劳动，并增加设计的可靠程度。常在初步设计之初就要对推进剂和药型做出选择。推进剂的选择已经在第 13 章讨论过了，装药设计已经在第 12 章讨论过了。推进剂并不总是很容易就满足性能 I_s、适合推力-时间曲线的燃速和强度（最大应力和应变）这三个关键要求。一种性能良好的推进剂、一种成功的药型或试验表现良好的那部分硬件总是被优先采用，并经常做些修改以适用于新用途。同全新开发相比，使用经证明成功的推进剂、装药设计或硬件部件省去了许多分析和试验工作。

表 15-6　固体火箭发动机的典型需求和限制

类别	需求
用途	任务定义，飞行器和推进装置要求，飞行轨迹，机动，环境
功能	总冲，推力-时间曲线，点火延迟，发动机初始质量，比冲，推力矢量控制的角度和加速度，装药质量分数，危险级别 1.1 到危险级别 1.3，燃烧时间，所有这些参数的许用极限
界面	与飞行器的连接，舵、推力矢量控制系统、能源供应、仪器、提升和运输特性、药柱探伤、控制信号、运输包装
操作	储存、发射，飞行环境，温度极限，运输载荷和振动，羽流特征（烟、有毒气体、辐射），寿命，可靠性，安全和解除保险设备的操作，现场检查
结构	飞行器（飞行机动时）施加的载荷和加速度，抵抗飞行器振荡的刚度，安全系数
钝感军需品（军事用途）	对快慢走火的反应，子弹的冲击，感应起爆，冲击试验
成本和进度	限于所分配的时间和资金
停用	推进剂的去除或回收方法，过期发动机的安全处置
限制	体积、长度或直径的限制，可接受的最低性能，最大成本

发动机设计中应该进行结构完整性分析，至少应对应力或应变可能超过装药承受极限的一些地方，或者工作在载荷或环境极限下的关键零件进行分析。还应该进行喷管分析，特别是当喷管很复杂或包括推力矢量控制时。喷管分析在本章的前面小节中已简要叙述过了。如果燃气流动分析表明在某段燃烧期间可能发生侵蚀燃烧，就必须确定该侵蚀燃烧是可以忍受的还是过度的，需要对推进剂、喷管材料或药型做出修改。通常还对装药空腔进行初步的谐振分析，目的在于识别可能的燃烧不稳定模式（见第 14 章）。另外，通常还要进行发动机性能分析、传热分析以及关键位置的应力分析。

在推进剂配方选择、药型设计、应力分析、热分析、主要零部件设计及其制造过程之间，存在相当多的相互依赖和反馈。很难在不考虑其他因素的情况下单独完成其中的一项设计分析。每项分析都可能需要反复多次。来自实验室样机、缩比发动机和全尺寸发动机的试验数据对这些设计步骤有很大的影响。

绘有发动机关键部件的初步草图或计算机辅助设计（CAD）图应该足够详细，能够提供尺寸及合理的、精确的标注。例如，绝热层初步设计（经常与传热分析一起进行）将提供绝热层的初步尺寸。草图可用来估算容积、死重和装药质量，这样就得到了装药质量百分数。

如果这些分析或草图表明有潜在的问题或可能发生结构失效，无法满足最初的设计要求或限制，通常就要修改设计，可能需要对推进剂或药型等做出改动。发动机设计改变了，设计过程需要重新进行。如果提出的改动太复杂或没效果，那么改变发动机设计要求可能是解决个别与设计要求不符问题的方法。在原始设计和最终设计之间有多次反复是正常的。任何重大新特征都会导致额外的开发和试验，以证实其性能、可靠性、操作或成本，这意味着需要更长的开发周期和额外的资源。

　　火箭发动机初步设计和开发活动的一个详细方法的简图，如图 15-17 所示。还有很多其他步骤没有表示在图中，例如点火器的设计和试验、衬层/绝热层的选择、推力矢量控制装置设计和试验、可靠性分析、备用设计方案的评估、材料技术规范、检测/质量控制步骤、安全措施、特殊的试验设备、特殊的试验仪器等。

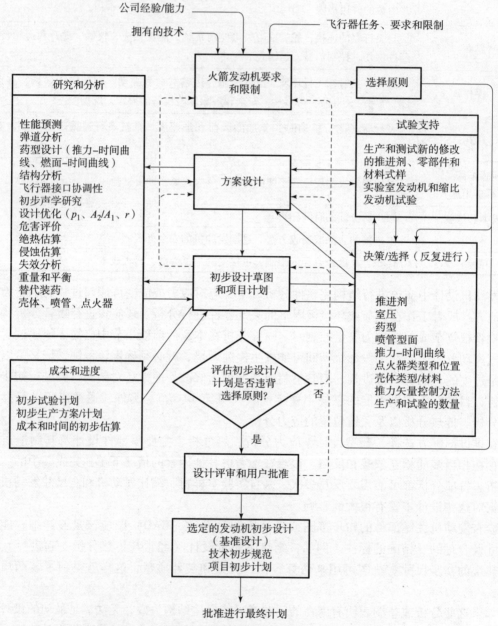

图 15-17　初步设计顺序和相互关系的一种方法的简图
（虚线指明了一些反馈路径。这里列出的有些项目只适用于某些类型的火箭发动机）

　　如果对发动机的性能要求苛刻而且很高，就需要研究性能和各种其他参数的累积误差。

例如，对推进剂密度、喷管喉部直径（侵蚀）、燃速系数、初始燃面、装药量或压力指数要指定合理的误差限。反过来，这些误差限将会反映到工艺的制定、细节检查、尺寸公差或推进剂组分称量精度的限制中去。成本永远是设计的主要因素，一部分设计精力要花在寻找低成本材料、更简单的制造工艺、更少的装配步骤或更低成本的零件设计上。例如，铸件的模具、壳体缠绕的芯棒、绝热层模压的模具就很贵。如果设计师、推进剂专家、分析人员、用户代表、制造者、测试人员、有关供货方之间有良好的沟通和合作精神，完成设计所需时间将被缩短。参考文献 15-18 讨论了一个助推器发动机设计中的一些不确定因素，参考文献 15-19 讨论了优化设计问题。

现在项目初步计划通常和初步设计工作同时制订。20 年前或更早以前项目计划在初步设计完成后才制订。随着今天对低成本的强烈关注，人们在设计工作之初就开始了降低所有零部件成本和加工成本的工作。项目计划反映了将要生产的发动机和关键零件的数量、关键材料和零件的可得性和交付时间、试验（包括老化试验和鉴定试验）的种类和次数这些要素的决策和定义。项目计划指定了要使用的生产设备、检测设备和试验设备以及人员（当需要他们时）的数量和种类，或者特殊的工装夹具。要做出真实的成本估计和制定初步进度，就需要上述决策和数据。如果超过了允许的成本或希望的交付进度，计划必须作一些改动。例如，这可能包括生产数量的变动、试验次数和试验种类的变动、简化设计或采用更低成本的部件等。但是这些变动不能牺牲可靠性或性能。当要设计的火箭发动机还没有被明确定义或者没有被充分详细设计时，要制订一个好的计划，以及做出准确的成本和时间估算是很困难的。因此，这些计划和估算很大程度上依赖于以前相似的火箭发动机的成功经验。

初步设计的最终成果包括发动机选定结构的草图或 CAD 图、性能的预测、发动机质量的估算（如果需要，还要备出重心的移动）、推进剂、装药、药型、绝热层以及一些零部件的关键材料的选定。如果有数据支持的话，最终成果中还要加上发动机可靠性和寿命预测的评估。在所选初步设计的评审时要提供所有上述信息。评审工作由发动机专家，飞行器设计人员，安全工程师，制造、装配和检验专家，用户代表，分析师等各类人员组成的一个小组承担。评审时，初步设计小组解释为什么他们会选择这样的设计及其设计是如何满足设计要求的。称职的评审人通常会给出修改和完善设计的建议。项目计划、初步的成本估算、初步的进度表有时和设计一道评审，但更多时候是提交给另外的专家组评审，或者只交给用户专家评审。

设计方案评审和所选的初步设计方案通过后，就可以开始所有零部件的详细设计工作或定型设计工作，以及设计规范的编写工作。在制造和开发试验中，可能有必要改变设计以改进加工性、降低成本和纠正明显的技术问题。在许多组织中，最终的详细设计在生产之前还要再次提交进行设计审核。审核通过后就可以开始新发动机的样机试验了。一些继承了以往发动机的成功经验的大型而又昂贵的发动机，研制中可能只有一次发动机点火试验。对于大批量生产的发动机和有重大新特征的发动机，其研制和鉴定可能包括 10~30 台发动机的点火试验。当全部详图或 CAD 图纸以及最终的零件清单完成，并且发动机试验说明书、制造工艺说明书、材料/零件验收说明书都准备好后，定型设计结束。当发动机成功通过其研制和鉴定试验并且开始交货生产时，就认为定型设计已完成。

习 题

1. 从图 14-4 和图 14-4 可以看出更高的压力和更快的传热速率使点火更快。一种促使点火更快的方法是把喷管堵住，直到达到某个最小压力时，喷管塞才被喷出。分析采用这样的装置缩短的点火时间，假设点火燃气的逸出遵循式（12-3）和式（12-5）。在什么条件下，这才是一个有效的方法？需要对空腔容积、推进剂密度等作出假设。

2. 一个带半球封头的简单圆柱壳体（忽略喷管入口段和点火器法兰），采用合金钢材料制造，或采用两种增强纤维（玻璃纤维和碳纤维）缠绕方式制造，用表 15-2 中的物性参数和薄壳理论进行分析，已知如下参数：

圆柱段长度	370 mm
圆柱外径	200 mm
内压	6 MPa
肉厚系数	0.52
绝热层厚度（平均值）	
金属壳体	1.2 mm
增强塑料壳体	3.0 mm
推进剂体积装填系数	88%
推进剂比重	1.80
比冲（实际）	248 s
喷管点火器和固定装置	0.2 kg

计算并比较这三种壳体的推进系统在无重力真空环境中的理论飞行速度（不带有效载荷）。

3. 下面给出一个合金钢或纤维增强塑料壳体的有关数据，如表 15-7 所示。

表 15-7　习题 3 的有关数据

类型	金属	增强塑料
材料	D6aC	有机纤维复合材料（凯夫拉）
物理性质	见表 15-2	见表 15-2
泊松比	0.27	0.38
热膨胀系数/$(m \cdot m^{-1} \cdot K^{-1} \cdot 10^{-6})$	8	45
外径/m	0.30	0.30
半球封头的圆柱段长度/m	0.48	0.48
喷管法兰直径/m	0.16	0.16
工作期间壳体材料的平均温升/℉	55	45

试求由于加压、加热及其耦合造成的壳体直径和长度的增长，并解释结果。

4. 一个高压氢气贮箱的最大存储压力为 8 000 psi，内径为 1.5 ft，极限强度时的安全系数取为 1.5，考虑下面的候选材料：

环氧树脂基体中的凯夫拉纤维（见表 15-2）

环氧树脂基体中的碳纤维

热处理过的焊接钛合金，极限强度为 150 000 psi，重量密度为 0.165 lbf/in^3

确定这三种材料制成的贮箱的尺寸和海平面重量并讨论其相应的优点。要在多孔的复合材料中包容高压气体，还必须给复合材料容器加一个薄的金属内衬（如 0.016 in 厚的铝层）以防止漏气。这个衬层实际上不承受结构载荷，但必须考虑其重量和体积。

5. 为一个带有半球封头的圆柱形合金钢火箭发动机壳体画一个简图，并求其质量或海平面重量。说明你对喷管组件和前封头上点火器的连接方式所做的假设。

壳体和飞行器外径	20.0 in
壳体圆柱段长度	19.30 in
拉伸强度极限	172 000 psi
屈服强度极限	151 300 psi
强度极限的安全系数	1.65
屈服强度的安全系数	1.40
喷管螺栓孔分布圆直径	12.0 in
点火器壳体直径（装于前封头）	3.00 in
最高燃烧室压力	1 520 psi

6. 设计一个有绝热层和衬层的固体火箭发动机。采用表 12-3 中 Orbus 6 使用的过氯酸铵/铝-端羟基聚丁二烯推进剂，平均推力为 3 600 lbf，平均燃烧时间为 25.0 s。说明求解过程中用到的全部假设和定律，并给出使用它们的理由。画出标有全部尺寸（长度和直径）的发动机横截面简图和半剖简图各一张，并求出近似装药质量。

7. STAR 27 火箭发动机（图 12-1 和表 12-3）的平均侵蚀速率为 0.001 1 in/s。

（1）试求在发动机关机时，喷管面积、推力、燃烧室压力、燃烧时间和质量流量的变化；

（2）同时求由于某种原因采用了比通常的侵蚀速率大 3 倍的劣等 ITE 材料时，上述各参数的值。对二者的差异和可接受性做出评论。

答案：喷管面积约增加 5.3% 和 14.7%，燃烧室压力在关机时也下降大约同样的百分比。

参考文献

15-1. NASA, *National Space Transportation System*, Vols. 1 and 2, U.S. Government Printing Office, Washington, DC, Jun. 1988 (Space Shuttle Description).

15-2. M. Salita, "Simple Finite Element Analysis Model of O-Ring Deformation and Activation during Squeeze and Pressurization," *Journal of Propulsion and Power*, Vol. 4, No. 6, Nov.–Dec. 1988.

15-3. A. J. McDonald and J. R. Hansen, *Truths, Lies and O-Rings, Inside the Space Shuttle Challenger Disaster*, Florida University Press, Gainesville FL, 2009.

15-4. J. H. Hildreth, Chapter 2, "Advances in Solid Rocket Motor Nozzle Design and Analysis Technology since 1970"; A. Truchot, Chapter 3, "Design and Analysis of Solid Rocket Motor Nozzle"; P. R. Evans, Chapter 4, "Composite Motor Case Design"; A. J. P. Denost, Chapter 5, "Design of Filament Wound Rocket Cases,"; H. Baham and G. P. Thorp, Chapter 6, "Consideration for Designers of Cases for Small Solid

Propellant Rocket Motors,"; all in *Design Methods in Solid Rocket Motors*, AGARD Lecture Series LS 150, Advisory Group for Aerospace Research and Development, NATO, revised 1988.

15-5. B. H. Prescott and M. Macocha, Chapter 6, "Nozzle Design"; M. Chase and G. P. Thorp, Chapter 7, "Solid Rocket Motor Case Design"; in G. E. Jensen and D. W. Netzer (Eds.), Vol. 170, *Progress in Astronautics and Aeronautics*, American Institute of Aeronautics and Astronautics, 1996.

15-6. A. de Rouvray, E. Haug, and C. Stavrindis, "Analytical Computations for Damage Tolerance Evaluations of Composite Laminate Structures," *Acta Astronautica*, Vol. 15, No. 11, 1987, pp. 921–930.

15-7. D. Beziers and J. P. Denost, "Composite Curing: A New Process," AIAA Paper 89–2868, Jul. 1989.

15-8. A. Groves, J. Margetson, and P. Stanley, "Design Nomograms for Metallic Rocket Cases Reinforced with a Visco-elastic Fiber Over-wind," *Journal of Spacecraft and Rockets*," Vol. 24, No. 5, Sept.–Oct. 1987, pp. 411–415.

15-9. Monograph Space Vehicle Design Criteria (Chemical Propulsion), *Solid Rocket Motor Nozzles*, NASA-SP-8115, Jun. 1975.

15-10. S. Boraas, "Modeling Slag Deposition in Space Shuttle Solid Rocket Motor," *Journal of Spacecraft and Rockets*, Vol. 21, No. 1, Jan.–Feb. 1984.

15-11. L. H. Caveny, R. L. Geisler, R. A. Ellis, and T. L. Moore, "Solid Rocket Enabling Technologies and Milestones in the United States," *Journal of Propulsion and Power*, Vol. 19, No. 6, Nov.–Dec. 2003, pp. 1038–1066.

15-12. B. H. Broguere, "Carbon/Carbon Nozzle Exit Cones: SEP's Experience and New Developments," AIAA Paper 97–2674, Jul. 1997.

15-13. M. Berdoyes, M. Dauchier, C. Just, "New Ablative Material Offering SRM Nozzle Design Breakthroughs," AIAA paper 2011-6052, Jul. 2011. doi: 10.2514/6.2011-6052.

15-14. R. A. Ellis, Personal Communication, 2013; R. A. Ellis, J. C. Lee, and F. M. Payne, CSD, USA; and A. Lacombe, M. Lacoste, and P. Joyez, SEP, France, "Development of a Carbon-Carbon Translating Nozzle Extension for the RL10B-2 Liquid Rocket Engine." Presented at 33rdAIAA/ASME/SAE/ASEE Joint Propulsion Conference, Seattle, WA, AIAA paper 97-2672, Jul. 6–9, 1997.

15-15. "Solid Rocket Motor Igniters," NASA SP–8051, March 1971 (N71–30346).

15-16. R. Baunchalk, "High Mass Fraction Booster Demonstration," AIAA Paper 90–2326, July 1990.

15-17. L. LoFiego, *Practical Aspects of Igniter Design*, Combustion Institute, Western States Section, Menlo Park, CA, 1968 (AD 69–18361).

15-18. R. Fabrizi and A. Annovazzi, "Ariane 5 P230 Booster Grain Design and Performance Study," AIAA Paper 89–2420, Jul. 1989.

15-19. A. Truchot, Chapter 11, "Overall Optimization of Solid Rocket Motors," in *Design Methods in Solid Rocket Motors*, AGARD Lecture Series LS 150, Advisory Group for Aerospace Research and Development, NATO, revised 1988.

第 16 章　固液混合推进剂火箭发动机*

在双组元火箭推进概念中，一种推进剂组分以液相存储而另外一种组分以固相存储的推进系统称为混合推进系统或混合火箭发动机（没有普遍承认的名称）。混合动力推进对于商业火箭的应用具有重要的价值，尤其是空间应用方面。混合推进系统的主要优点如下：①比传统的化学推进系统更安全、更耐用——使用混合推进剂的火箭可以承受子弹撞击、爆燃、意外坠落和来自邻近弹药或其他火箭的爆炸的伤害；②有开机 - 关机 - 重启能力；③与液体推进系统相比相对简单，总体系统成本较低；④比冲比固体火箭发动机高，密度比冲（见式（7-3））比许多普通的液体双组元推进剂发动机高；⑤可根据要求在大范围内平稳地改变发动机推力。得益于固体和液体火箭发动机的发展，混合推进系统有许多独特的特点。早期的混合火箭发动机是为靶弹或小型战术导弹研制的。已经对推力在 2～250 000 lbf 的不同尺寸的试验混合推进系统进行了研发和地面测试。一些中型和小型混合推进系统已经应用于试验火箭发动机中。然而，截至 2015 年，大型的混合推进系统并未应用到实际产品中。几个不同的亚轨道载人空间飞行器已经使用混合推进系统飞行，这将在本章后面详述；这些飞行器在一定高度（通常为 40 000 ft）上由运载飞机发射。

混合推进系统的缺点：①在非固体组分稳态流动或节流时，混合比会略有改变，因此比冲也将改变；②需要相当复杂的固体几何结构，燃烧结束后燃烧室内有显著和不可避免的残药，这些残渣会降低发动机的质量分数，并且会随着随机节流而改变；③容易出现大振幅、低频的压力波动（称为 chugging）；④目前对固体燃料的退移速率和大型混合推进系统的尺寸效应（部分由于其相对复杂的内部装药设计部件造成）的描述是不完整的。虽然混合推进系统固体部件中的裂纹可能不像固体发动机中的裂纹那样具有灾难性，但是总表面积确实影响推进剂的燃烧，并且燃烧面积的增加在火箭工作期间（在一些更复杂的设计中）可能发生不可预测的变化。

目前，有三种不同的混合推进系统布局（见参考文献 16-1）。迄今为止，最常见的配置，称为经典或典型布局，采用固体燃料和液体氧化剂，并且许多这样的组合方式已经过试验评估。逆向或反向布局采用固体氧化剂和液体燃料，相对而言，采用这种布局的很少。第三种结构称为固液混合布局，包括注入固体燃料的少量固体氧化剂，然后富燃混合物与另外的液体氧化剂一起燃烧，液体氧化剂或注入加力燃烧室中，或同时从固体燃料空腔的头部和尾部注入。第三种布局试图提高燃料的退移速率，从而增加推力和燃烧室压力（见参考文献 16-2）。经典布局中，在固体燃料中增加金属颗粒也可以提高燃料的退移速率。固体组分区域上游和下游的特殊燃烧室的设计在三种布局中都很常见。图 16-1 显示了一个经典的

---

* 本章最初是由 Terry A. Boardman 为第 6 版撰写的，修改后的内容记录在第 7 版和第 8 版。本版已做了进一步修订。

混合推进系统布局，包括液氧燃烧端羟基聚丁二烯（HTPB）固体燃料，其原本计划用于航天飞机升压助推器。根据用途和要求的比冲，氧化剂可以是常温（可储存的）或低温液体。在混合发动机方案中，氧化剂被喷入主燃料药柱上游的预燃室或汽化室。燃料药柱包含多个轴向燃烧通道，产生的燃料蒸气与注入的氧化剂发生反应。采用一个后混合室以确保所有燃料和氧化剂在进入喷嘴之前基本完全燃烧。

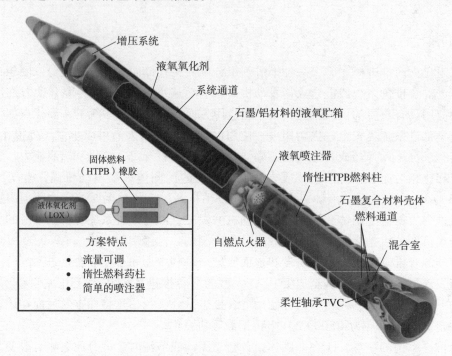

图 16-1　经典的混合推进剂系统布局

（描绘了一种旨在提升大型太空飞行器的混合火箭初步概念。它具有惰性固体燃料颗粒，加压液氧供给系统，并且可以节流。需要多个端口来实现高流速所需的大量燃料表面）

16.1　应用及推进剂

混合推进非常适合要求推力可调、可按指令关机或重启、需要使用可储存的无毒推进剂的长期任务或者要利用非自燃推进系统的基本操作（制造和发射）的那些用途和任务。这些用途包括运载器的助推主系统、上面级系统以及卫星的机动系统。混合动力推进已被用于增加有翼亚轨道载人宇宙飞船。

许多早期的混合火箭发动机是为靶弹或低成本战术导弹研制的（见参考文献16-3和16-4）。其他的研发活动还集中在高能上面级发动机上。在另一个计划中（见参考文献16-3）为高性能的上面级用途开发了一种混合发动机，设计要求额定推力为22 240 N，推力调节范围为8∶1。设计选择二氟化钨作为具有氢化锂/聚丁二烯燃料颗粒（均为剧毒）的氧化剂。近年来，开发工作集中在太空发射应用的助推器样机上。

一种虽然能量较低，但更为实用的上面级推进系统的推进剂组合以90%～95%的过氧化氢为氧化剂，以HTPB为燃料。对于典型的上面级任务（氧化剂储存在贮箱中几个月直到任务完成），过氧化氢可看成是可储存的，而且相对来讲其价格不高。在固体火箭发动机中，用 HTPB 作为黏结剂来巩固铝燃料和过氯酸铵氧化剂基体。在混合发动机中，HTPB 完全变成了燃料成分。HTPB 成本低，制造工艺简单，并且在任何条件下都不会自燃。

用于大型混合助推器推进剂的常见组合是 HTPB 燃料和液氧（LOX）氧化剂。液氧是太空航天运载工业中广泛使用的低温氧化剂，它相对安全，并且以相对较低的成本提供高性能。这种混合推进剂组合产生无毒、合理的无烟排气，并且有利于未来的助推器应用，因为它在化学和性能方面与 LOX - 煤油双组元推进剂系统相当。通常，金属化固体燃料可以提高性能，但是铍是非常有毒的，硼难以点燃，锂具有低的燃烧热，并且氧化铝通常会增加燃烧产物的相对分子质量。使用含有这些金属的氢化物和浆液（以抵消其固有的缺点）仍处于研究阶段。另外，过氧化氢（H_2O_2）和 HAN（羟基硝酸铵）已被证明具有理想的化学性质，无毒废气和有吸引力的密度特定脉冲（见参考文献 16 - 5）。它们的回归率和燃烧效率仅与使用 LOX 获得的回归率和燃烧效率相当，但它们具有存储优势和一定程度的环境保护。

对于某些具有烟雾或者对强烈辐射的羽流没有要求的应用，可以通过向混合推进剂燃料中添加铝粉提高性能。这种方法增加了燃烧温度，降低了化学计量混合比，并且增加了燃料密度以及总冲。然而，虽然增加了总冲 $\rho_f I_s$，但是向燃料中添加铝可能会降低实际的比冲。图 16 - 2 展示了与 HTPB 燃料结合使用的各种低温和可储存式氧化剂的理论真空比冲（在 1 000 psi 燃烧室压力和 10∶1 喷管膨胀面积比条件下计算结果）。表 16 - 1 列出了 HTPB 与各种氧化剂反应的生成热。

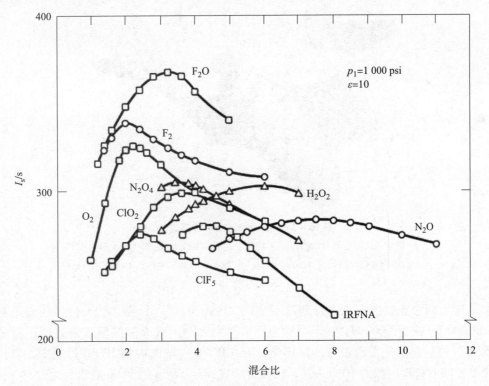

图 16 - 2　所选氧化剂与羟基封端的聚丁二烯燃料的理论真空比冲

（O_2 - HTPB 推进剂的 I_s 与 LOX - 煤油双组元推进剂发动机相当。IRFNA 是红色发烟硝酸）

表 16-1 与 HTPB 燃料有关的氧化剂的热化学性质

氧化剂	类型	沸点/℃	密度/（g·cm^{-3}）	$\Delta_f H^a$（kcal·mol^{-1}）
O_2	低温	-183	1.149	-3.1
O_3	低温	-112	1.614	30.9
N_2O	低温	-88	1.226	15.5
N_2O_4	可储存	21	1.449	2.3
IRFNA[b]	可储存	80~120	1.583	-41.0
H_2O_2	可储存	150	1.463	-44.8

[a] $\Delta_f H$ 是第 5 章中定义的标准条件下的生成热。
[b] 抑制红色发烟硝酸。

2002 年，洛克希德·马丁公司使用大型混合火箭发动机成功发射了亚轨道探测火箭。美国火箭公司（AMROC）在其毁坏之前测试了许多推力为 100~250 000 lbf 的混合火箭发动机。1998 年，SpaceDev（见参考文献 16-6）获得了 AMROC 制作的技术权利、专有数据和专利。Scaled Composites 采用混合动力推进系统（由 SpaceDev 开发）制造了一个较小的商业版航天飞机，该系统以其广为人知的成就赢得了 Ansari X-Prize，当时它是 SpaceShipOne（图 16-3）。

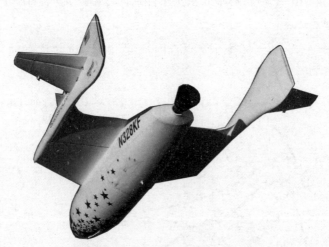

图 16-3 SpaceShipOne 滑落着陆

（这架飞机使用混合动力推进系统来产生其主推力。推进剂是 N_2O-HTPB。照片由比例复合材料制成。SpaceShipOne 是 Paul G. Allen 项目© Mojave Aerospace Ventures，LLC)

2004 年，两个亚轨道载人飞行到达了空间。1999 年，一个航空航天公司联盟还测试了几种 250 000 lbf 推力 LOX/HTPB 混合动力原型作为太空运载火箭的候选带式增压器（见参考文献 16-7）。在这些发动机中，聚环戊二烯（PCPD）被添加到 HTPB 燃料中，以使燃料密度比单独的 HTPB 增加约 10%。发动机设计为在 600 lbm/s 的 LOX 流速下运行 80 s，最大室压为 900 psi。图 16-4 显示了一个发动机配置的横截面。测试结果表明，需要额外的工作来开发大型混合动力发动机配置，这种配置在整个发动机燃烧过程中表现出稳定的燃烧。

第16章 固液混合推进剂火箭发动机

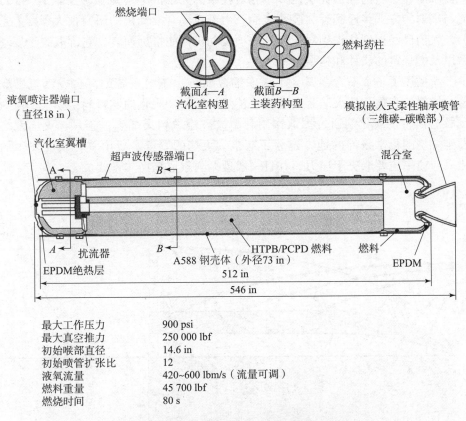

图16-4 250 000 lbf 混合推力发动机简化模型
（包括汽化室、后混合燃烧室和两种不同的固体装药。汽化室翼片和抗流板设计用于提高燃烧室中火焰稳定性，燃料成分PCPD是聚环丙烷）

混合推进剂燃料通常通过提供热源来点燃，热量使得发动机头部固体装药产生汽化，随后初始氧化剂流动产生了火焰，最终火焰蔓延完全点燃火箭发动机。一般点火是将自燃流体混合物注入发动机燃烧室来实现。以图16-4为例，将三乙基铝（TEA）和三乙基硼烷（TEB）的混合物注入汽化室，TEA-TEB的混合物与空气或者燃烧室中的燃气接触时发生自燃，在圆顶区域中蒸发燃料。随后，注入液氧完成发动机点火。目前，TEA-TEB的混合物用于Atlas和"德尔塔"商用运载火箭的发动机点火。参考文献16-8和16-9提供了能够在环境条件下当接触到除LOX以外的特定氧化剂立即发生自燃的固体燃料的相关资料。小型混合火箭发动机，例如，在实验室环境下使用气态氧的发动机，可以给放置在燃烧室端口中的电阻加电流或者通过单独使用丙烷或氢气点火系统来实现电点火。

16.2 内部混合动力发动机弹道

由于典型混合发动机的燃料药柱不含氧化剂，其燃烧过程以及因此造成的燃料表面退移与固体火箭发动机有显著不同。因为固体燃料在发生燃烧之前必须汽化，燃料表面退移与燃烧通道的气动力特征以及向燃料药柱表面的传热之间有内在联系。在燃料药柱表面，燃烧的主要区域被限制在燃料药柱边界层内一个相对狭窄的火焰区中（见参考文献 16-10）。热量通过对流与辐射的方式传递到燃料装药表面。由于对混合发动机的研究很大程度上是基于工程经验的，人们已经深刻认识到对于任意一项发动机性能指标而言，它都取决于发动机的推进剂体系以及燃烧室的尺寸和构型。

图 16-5 描述了一个不含金属（不考虑辐射加热）燃料系统的混合发动机燃烧过程的简化模型。燃料的汽化是从火焰区向燃料块传热的结果。汽化的燃料向上朝火焰区对流，而自由流（核心流）的氧化剂通过扩散作用和湍流被输送到火焰区。于是，火焰就在边界层内符合发生燃烧的化学条件的地方建立了起来。火焰的厚度主要由氧化反应发生的速率决定。氧化反应速率主要取决于压力，并且一般遵循阿累尼乌斯关系式。

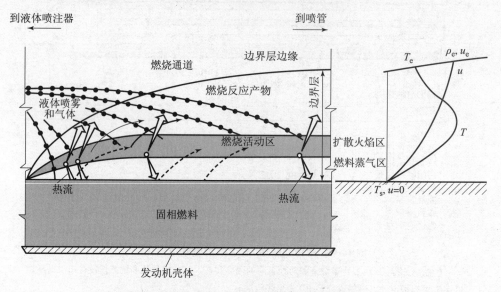

图 16-5　扩散控制混合燃烧过程的简化模型
（展示了嵌入燃料边界层内的火焰区域。T 是温度，u 是速度，下标 "e" 表示边界层的外部）

影响燃料药柱边界层发展，进而影响燃料药柱燃面退移特性的因素有压力、燃气温度、药柱组分、燃烧通道内氧化剂质量流量以及燃烧通道长度。燃气和固相之间的热传递关系取决于边界层是层流的还是湍流的。在一个以氧为氧化剂的典型混合发动机中，当氧化剂流率在 0.30~0.67（lbm/s）/in^2 水平时，每英寸药柱长度的雷诺数在 (1~2)×10^5 的数量级。因此，湍流边界层的特性控制着向不含金属的燃料药柱的对流传热过程。图 16-6 总结了许多氧化剂/固体燃料组合的一般表现。如图 16-6 所示，有三个较为显著的区域函数关系描述了自由流中质量流速的增长（$G = \rho v$，装药或氧化剂组分质量流率）。在低质量流量关系下，辐射传热现象通过压力和粒径对推进剂气体光学透过率的影响来显现（见参考文献 16-11、16-12），而这种影响同时也可能是由加载金属组分引起的；在到达"熔化极限"时，燃料组分可能会熔化、碳化或发生表面质变（见参考文献 16-11）。中间部分代表着湍流传热与质量转移，且此时燃面退移速率与 $G^{0.8}$ 的相关性与传统湍流扩散结果相符。在高质量流率下，来自气相化学反应动力学的影响十分显著，并且出现了新的压力相关性。

对于非金属推进剂燃料，在特定压力和通量条件下，对流传热被认为远大于通过气相热辐射或来自流中的烟灰颗粒的辐射传递的热传递。因此，可以通过分析湍流边界层中的对流传热来研究燃面退移的基本特征。所以，依据图 16-6 所述的机理，可以推导出以下燃料表面退移速率的表达式：

$$\dot{r} = 0.036 \frac{G^{0.8}}{\rho_f} \left(\frac{\mu}{x}\right)^{0.2} \beta^{0.23} \quad (16-1)$$

式中：G 为在任意给定的轴向位置 x 处的燃烧通道中自由流推进剂的质量速度（单位面积通道的氧化剂和燃料的总流量）；ρ_f 为固相燃料的密度；μ 为燃气黏度；β 为量纲为 1 的燃料质量流率，来自燃料表面的汽化；参数 β 为吹风系数。

式 (16-1) 表明，对于一个无辐射系统，混合发动机燃料的退移速率受 G 的影响强烈，受轴向位置 x 和燃料吹风特性 β 的影响相对较弱。人们可能还会发现，在这个公式中，退移速率与燃烧室压力之间没有显式关系。事实上，试验表明一些燃料的退移速率与燃烧室压力关系不大或没有关系，而另外一些燃料显示出二者有强烈的关系。特别是含金属的混合发动机燃料系统，其燃料表面退移速率表现出强烈的压力依赖关系。

随着燃烧通道长度的增加，加入通道质量流中的燃料增加了通道中的总质量流率。在以低混合比工作的混合发动机燃烧通道中，燃料质量的增加可能与开始时进入通道的氧化剂质量流率的数量级相同。假设退移速率与 x 存在着式 (16-1) 中那样的弱依赖关系，那么可以期待由于增加了 G，燃料退移速率会随轴向长度的增加而增加。然而，通常发生的是这样的情形，随着 x 的增加，观测到的燃料退移速率或者增加或者降低，这取决于特定的发动机构型。实际上，燃料的轴向退移特性受到氧化剂喷注以及预燃室/汽化室设计特征的强烈影响。随着 x 的增加，混合发动机燃烧通道中观测到的一般趋势如下：总质量流量增加；边界层厚度增加；火焰离开燃料表面的距离增加；燃烧通道的平均燃气温度增加；氧化剂浓度下降。

因为吹风系数 β 不仅是一个气动参数，而且还是一个热化学参数，另外式 (16-1) 中 x 与对退移速率的影响有相同的数量级，因此为了简化公式，在初步工程设计中常将 x、β、燃料密度、气体黏度归总成一个参数 a。在实际使用中，经常发现燃料表面退移速率与质量速度之间偏离了理论上的 0.8 次方关系。式 (16-1) 的简化结果保留原来的函数形式，但自由常数 a 和 n 要通过对特定的燃料和氧化剂组合的试验数据进行拟合得到。一个有助于对退移速率进行工程估算的函数形式为

$$\dot{r} = aG_o^n \quad (16-2)$$

式中：G_o 为氧化剂质量速度，它总是等于氧化剂流量除以燃烧通道的面积。试验观测到的 $\dot{r}$ 值为 0.05~0.20 in/s。另外，n 的试验值为 0.4~0.7。

在图 16-6 中低质量流量的末段或者使用金属化的燃料时，辐射传热是不能被忽视的。最近的研究提出了一套精确但基于经验的理论来解释这一点，参见参考文献 16-11。实际上，辐射传递的热量应该算在燃料表面接收到的对流热中，而这一点改变了现有湍流扩散关系。一个简化的经验关系式可用来描述这种末段行为的修正：

$$\dot{r} \approx 2.50 \dot{r}_{\text{ref}} (1 - e^{-p_1/p_{\text{ref}}})(1 - e^{-D/D_{\text{ref}}}) \quad (16-3)$$

式中：p_{ref} 和 D_{ref} 为依据经验选取的参考压力与直径。$\dot{r}_{\text{ref}}$ 的形式由式 (16-2) 给出（乘以系数 2.50 使其标准化）。

在高质量流量末段，化学动力学的影响最为显著，而以 $(p_1)^{0.5}$ 形式表现出来的与压力的强相关性也不出人们所料。在非均相化学反应动力学影响显著的区域，如下经验公式可

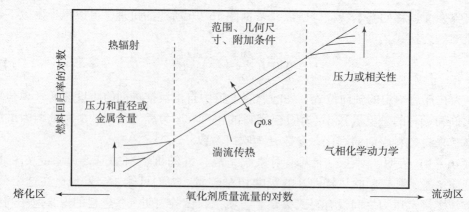

图 16-6 混合回归率关系
(摘自参考文献 16-11)

加以描述：

$$\dot{r} = (p_1)^{0.5} G^n x^{-m} \tag{16-4}$$

式中：n 的取值范围为 0.3~0.4；m 为 0.1~0.2，反映了对轴向位置的持续弱相关性（见参考文献 16-11）。

一旦需要强烈依赖经验信息，就如在使用上述经验公式时，一定要先具备长远的方针，否则对这些公式的应用就只能限制在试验观察的范围内。一维分析和相似理论都是通过减少相关变量来将试验结果一般化的工具，而最优解即理论和试验最为和谐的那一个解。

16.3 性能分析和装药结构

典型混合发动机的一个工作特点是燃料推移速率不到固体火箭发动机复合推进剂燃速的 1/3。混合发动机很难得到与固体火箭发动机推进剂燃速相当的燃料推移速率。因此，实际的大推力混合发动机设计必然要在药柱上开多个孔（燃烧通道）以产生所需的燃料表面积。混合发动机的性能（以比冲来定义）主要取决于燃烧室中流动的混合程度。高性能来自高燃烧效率，燃烧效率直接受到来自燃烧通道的未燃烧氧化剂与边界层底层中未燃烧燃料相互掺混的彻底程度的影响。在燃料药柱的下游，额外的燃烧通道提高了混合室中未反应的燃料和氧化剂在湍流混合环境中的燃烧效率。

一个典型的大推力混合发动机燃料药柱的横截面，如图 16-4 所示。确定所需的燃烧通道数是一个发动机优化问题，必须综合考虑需要的推力水平、燃烧期间能够接受的混合比的漂移量、对发动机长度和直径的限制，以及要求的氧化剂质量流量等因素。首先，混合火箭发动机设计一般从确定所需要的推力水平以及推进剂组合的规范开始，然后选择发动机工作所需的氧化剂/燃料混合比（O/F），以此求出推进剂的特征速度。一旦确定了特征速度和混合比，就可计算出产生要求的推力时发动机所需的推进剂总流量，下面分解出氧化剂及燃料各自的流量。混合发动机中燃料的流量由燃料总表面积（燃烧通道的周长乘以其长度）和燃料的退移速率决定。正如下面各节所述，燃料的退移速率主要由氧化剂质量速度决定，氧化剂质量速度又称为氧化剂流率。氧化剂流率等于燃烧通道中氧化剂质量流量除以通道的横截面积。因此，燃料流率和氧化剂流率是有内在联系的，不能像在液体火箭发动机设计中那样单独指定。

大多数来自液体发动机和固体发动机的技术可以直接应用到混合发动机上;固体推进剂的燃烧与混合燃料推移的主要差别是驱动机理不同。固体推进剂的氧化剂和燃料成分在推进剂制造过程中就已经充分混合;燃烧发生在固体装药表面上或非常靠近表面的地方,是多相化学反应的结果;固体推进剂燃烧速率由腔室压力控制,并遵循公认的燃烧速率公式(12-5),特定推进剂配方通过试验得到经验系数。由于在固体火箭发动机中,单位面积推进剂的汽化速率(给定推进剂温度并且不考虑侵蚀燃烧的影响时)仅由燃烧室压力决定,因此发动机推力可通过推进剂药柱的初始燃面和药柱几何特征预先计算。

在使用含金属燃料药柱的混合发动机中,传给燃料药柱的热流大部分来自燃烧通道内金属氧化物粒子云的辐射热流。含金属燃料的局部推移速率对燃烧通道内燃气流的平均湍流程度也十分敏感(见参考文献16-16和16-17),邻近燃料表面的局部燃气涡或回流区会显著增强这些部位燃料的推移速率。在固体火箭发动机工作的温度范围内(-65~165°F),可以认为混合燃料的推移速率对燃料药性的温度不敏感。这是因为在燃料表面没有发生燃料/氧化剂的多相反应(其反应速率是温度的函数),并且在上述温度范围内,固体燃料焓的改变与使燃料表面开始汽化所需的热量相比很小。

燃料组分的选择对药柱的推移速率也有显著的影响,药柱的退移速率在很大程度上是燃料从固相转化到气相所需能量 h_v 的函数,这个能量称为汽化热。对于由聚合物构成的燃料,汽化热包括打破聚合链所需要的能量(解聚热),以及将聚合物碎片变成气相所需的能量(蒸发热)。"蒸发热"一词经常作为涵盖混合燃料所有分解机理所需能量的统称。在不含金属的燃料中,低的汽化热将产生更高的推移速率。在含金属燃料中,已经注意到,相对于纯 HTPB 燃料,向 HTPB 中加入超细铝(UFAl)粉(颗粒尺寸为 0.05~0.1 μm的级别),可以显著提高燃料的推移速率(见参考文献16-18和图16-7)。添加铝粒子的混合推进剂,若铝粒子直径同那些固体火箭发动机推进剂使用的铝粒子的典型直径(40~400 μm)相同,则不会表现出这种效应。

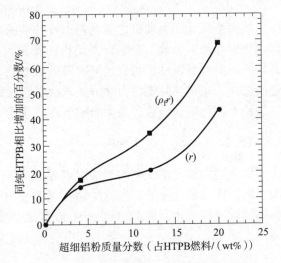

图16-7 超细铝(UFAl)粉末与HTPB混合显著提高了燃料退移速率
$\rho_f r$ 表示固相燃料的质量燃烧速率,
r 表示表面退移速率。

为了说明观测压力和/或通道直径的影响,式(16-2)的一个替代形式为

$$\dot{r} = aG_o^n p_l^m D_p^l \tag{16-5}$$

式中:观测到的 m 和 l 分别为 0~0.25 和 0~0.7。

图16-8给出了两个不同尺寸的火箭发动机试验中HTPB燃料药柱和气氧燃烧时的表面退移速率的数据。第一组数据由实验室尺度(直径2 in 的发动机,其燃烧通道直径为0.43 in)的小型发动机的燃料药柱在空气氧流量条件下试验得到。通过最小二乘回归分析,

求出式（16-2）中的常数。结果表明，在这样的尺度下，以氧化剂质量流量的函数的形式，下面的关系式最适合描述 HTPB 的退移速率特性（英国工程单位）：

$$\dot{r}_{HTPB} = 0.104 G_o^{0.681} \qquad (16-6)$$

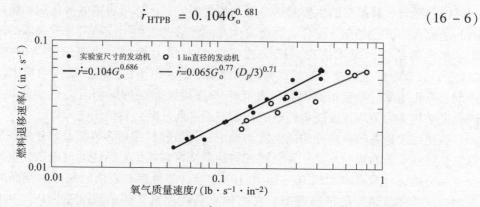

图 16-8　燃料退移速率随着混合发动机尺寸（燃烧通道直径）的增大而降低

采用同样推进剂系统的一个直径为 11 in 的大型混合发动机，其燃烧通道直径为 3~6 in，该发动机的燃料药柱表面退移速率对燃烧通道直径表现出较强的相关性。该试验的数据与式（16-5）（英国工程单位）形式的表达式吻合得最好：

$$\dot{r}_{HTPB} = 0.065 G_o^{0.77}(D_p/3)^{0.71} \qquad (16-7)$$

这两个尺寸的发动机之间燃料退移特性的差异反映出混合发动机设计的一个主要困难，即内弹道性能的缩放。对混合发动机内弹道性能缩放的影响因素还不完全了解（部分原因是缺乏不同尺寸发动机的充足且有效的数据），有些文献仅给出了退移速率缩放关系的大量经验公式。采用计算流体力学方法求解混合发动机流场，计算燃料表面的加热情况看起来是从理论上评估缩放因素的最大希望所在（见参考文献 16-19）。

16.3.1　动力学特性

混合动力推进系统中的动力学特性很重要，如前所述，因为即使在稳态氧化剂流动期间，混合比总是变化的。当质量储存项改变（在固体发动机中持续填充不断增加的燃烧室容积的推进剂气体，见 12.1 节）可以在燃烧室空腔中忽略时，式（6-2）和式（3-32）适用，即

$$\dot{m} = \dot{m}_o + \dot{m}_f = \frac{p_1 A_t}{c^*} \qquad (16-8)$$

因此，混合火箭发动机的推力可表示为

$$F = \dot{m} I_s g_0 = (\dot{m}_o + \dot{m}_f) I_s g_0 \qquad (16-9)$$

混合发动机可通过改变氧化剂的质量流量改变推力或者调节流量，氧化剂质量流量通常用氧化剂供应管路中的节流阀来改变。燃料质量流量是氧化剂质量流量的函数，但未必是线性函数。对于一个半径为 R 的圆形燃烧通道，式（16-2）可改写为

$$\dot{r} = a\left(\frac{\dot{m}_o}{\pi R^2}\right)^n \qquad (16-10)$$

燃料的质量生成率为

$$\dot{m}_f = \rho_f A_b \dot{r} = 2\pi \rho_f R L \dot{r} \qquad (16-11)$$

式中：A_b 为燃烧通道的表面积；L 为燃烧通道的长度。

将式 (16-10) 和式 (16-11) 合并，可得到以燃烧通道半径和氧化剂质量流量表示的燃料生成率：

$$\dot{m}_f = 2\pi^{1-n}\rho_f La m_o^n R^{1-2n} \tag{16-12}$$

从式 (16-12) 中可以注意到，对于 $n=1/2$ 这个特殊值，燃料质量流量与燃烧通道半径无关，并且按照与氧化剂质量流量的平方根成正比的关系变化。在这种情况下，如果氧化剂质量流量减少到其额定值的 1/2，那么燃料质量流量将减到原来的 0.707，而取决于推进剂总流量 $\dot{m}_f + \dot{m}_o$ 的发动机推力将不会随氧化剂质量流量作线性变化。通常，当通过减少氧化剂质量流量来降低推力时，混合比 $\dot{m}_o/\dot{m}_f$ 也会降低，渐渐变成富燃的。在有些混合发动机方案中，将一部分氧化剂注入燃料药柱下游的一个混合室中，以便保持更加稳定的混合比。但是，对于大多数应用，系统设计可以对混合比范围进行优化，使得由于节流造成的平均比冲下降很小。

式 (16-12) 还表明，对于恒定的氧化剂流量，如果 $n<\dfrac{1}{2}$，燃料生成率将随着燃烧通道半径的增加而增加；如果 $n>\dfrac{1}{2}$，燃料生成量将随着燃烧通道半径的增加而下降。

对于一个带有 N 个圆形燃烧通道的燃料药柱，通过对式 (16-10) 积分可以很容易地得到燃烧通道的半径、燃料的瞬时流量、瞬时混合比以及消耗的燃料总质量，这些变量都是燃烧时间 t 的函数。

燃烧通道半径 $R(t)$ 为时间和氧化剂流量的函数：

$$R(t) = \left[a(2n+1)\left(\dfrac{\dot{m}_o}{\pi N}\right)^n t + R_i^{2n+1}\right]^{1/(2n+1)} \tag{16-13}$$

瞬时燃料质量流量为

$$\dot{m}_f(t) = 2\pi N \rho_f La\left(\dfrac{\dot{m}_o}{\pi N}\right)^n \left[a(2n+1)\left(\dfrac{\dot{m}_o}{\pi N}\right)^n t + R_i^{2n+1}\right]^{(1-2n)/(2n+1)} \tag{16-14}$$

瞬时混合比为

$$\dfrac{\dot{m}_o}{\dot{m}_f}(t) = \dfrac{1}{2\rho_f La}\left(\dfrac{\dot{m}_o}{\pi N}\right)^{1-n}\left[a(2n+1)\left(\dfrac{\dot{m}_o}{\pi N}\right)^n t + R_i^{2n+1}\right]^{(2n-1)/(2n+1)} \tag{16-15}$$

消耗的燃料总质量为

$$m_f(t) = \pi N \rho_f L\left\{\left[a(2n+1)\left(\dfrac{\dot{m}_o}{\pi N}\right)^n t + R_i^{2n+1}\right]^{2/(2n+1)} - R_i^2\right\} \tag{16-16}$$

式中：L 为燃料药柱的长度；R_i 为初始燃烧通道半径；N 为燃料药柱中半径为 R_i 的燃烧通道的数量；$\dot{m}_o$ 和 $\dot{m}_f$ 分别为氧化剂和燃料的总流量。

虽然上述公式在严格意义上说仅对圆形燃烧通道有效，但它们也能用到非圆形燃烧通道的混合发动机分析中，可以对其工作情况有个定性的了解。

16.4 设计实例

大型混合动力助推器的初步设计参数将根据以下示例确定。

例 16-1 在海平面高度下，为太空飞行器的大型混合火箭助推器确定几个关键的混合

RPS 设计参数，例如：

燃料	HTPB
氧化剂	液氧
需要的初始助推推力	3.1×10^6 lbf
燃烧时间	120 s
药柱外径	150 in
燃烧室初始压力	700 psi
初始混合比（式（6-1））	2.0
初始膨胀比	7.72
环境压力	14.696 psi（海平面）

解决方案：利用表 16-2 的比热比和给定的初始喷管膨胀比，由式（3-30）确定海平面推力系数为 1.572。初始喉部面积和喉部直径由式（3-31）确定：

$$A_t = \frac{F_v}{C_{F_v} p_1} = \frac{3.1 \times 10^6 \text{ lbf}}{1.572 \times 700 \text{ lbf/in}^2} = 2817.16 \text{ in}^2$$

表 16-2 液氧-HTPB 燃料反应气体的理论特征速度 c^* 和比热比 k[a]

质量混合比	$c^*/(\text{ft} \cdot \text{s}^{-1})$	k
1.0	4 825	1.308
1.2	5 180	1.282
1.4	5 543	1.239
1.6	5 767	1.201
1.8	5 882	1.171
2.0	5 912	1.152
2.2	5 885	1.143
2.4	5 831	1.138
2.6	5 768	1.135
2.8	5 703	1.133
3.0	5 639	1.132

[a] 数据基于热化学火箭推进剂分析，类似于第 5 章所述。

于是 $D_t = 59.89$ in。从表 16-2 可以看出，初始混合比为 2.0 的 c^* 为 5 912 ft/s。由于氧化剂/燃料的不完全混合导致的燃烧效率降低，理论值 c^* 通常会有所降低。若燃烧效率取 95%，则 c^* 为 5 616 ft/s。初始推进剂总质量流量现在可以由式（3-32）确定（g_0 是一个转换因子）：

$$\dot{m} = \frac{g_0 p_1 A_t}{c^*} = \frac{32.174 \dfrac{\text{lbm} - \text{ft}}{\text{lbf} - \text{s}^2} \times 700 \text{ lbf/in}^2}{0.95 \times 5 912 \text{ ft/s}} = 1\,1297 \text{ lbm/s}$$

混合比定义如式（6-1）：

$$r = \dot{m}_o / \dot{m}_f$$

初始燃料和氧化剂流量遵循初始混合比 2.0，则

$$\dot{m} = \dot{m}_o + \dot{m}_f(r+1)$$

$$\dot{m}_f = \frac{11\ 297\ \text{lmb/s}}{3} = 3\ 765.6\ \text{lmb/s}$$

$$\dot{m}_o = 11\ 297 - 3\ 766 = 7\ 531.2(\text{lmb/s})$$

图 16-9（a）表示出了一种有 7 个圆形燃烧通道的对称的燃料药柱结构的候选方案。虚线表示在 120 s 燃烧时间的终点时燃烧通道的直径。问题是要确定燃烧通道的初始直径，使得在指定的 120 s 燃烧时间的尽头，刚好烧到药柱的 150 in 外径处。在这个例题中，未知变量是初始燃烧通道半径 R_i 以及燃料的燃烧距离 d_b。采用通道的初始半径，燃烧距离可以通过式（16-13）表示，即

$$d_b = R(t, R_i)|_{t=120} - R_i \tag{16.17}$$

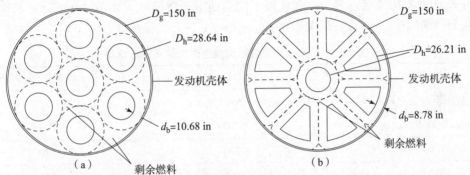

图 16-9 （a）圆形燃料药柱容积效率低，并且在燃烧结束时有大量剩药；（b）四边形燃烧通道混合装药结构在燃烧结束时燃料剩药最少

通过下面的关系式满足 150 in 燃料药柱直径的要求：

$$150\ \text{in} = 6R_i + 6d_b \tag{16.18}$$

缩比发动机试验数据表明，可以通过式（16-6）描述燃料表面的退移速率。假设这些数据对于目前考虑的流量水平和燃烧通道直径是适用的（忽略可能的退移速率缩放问题），联立式（16.17）和式（16.18）就可以求出通道的初始半径和燃烧距离：

$$R_i = 14.32\ \text{in}, d_b = 10.68\ \text{in}$$

知道了燃烧通道的初始半径，可以求出氧化剂质量速度：

$$G_o = \frac{\dot{m}_o}{NA_p} = \frac{7\ 531\ \text{lbm/s}}{7\pi(14.32\ \text{in})^2} = 1.67\ \text{lbm/(in}^2 \cdot \text{s)}$$

燃料初始退移速率可以从式（16-6）中显式地求出：

$$\dot{r}_i = 0.104 G_{oi}^{0.681} = 0.104(1.67\ \text{lbm/(ft}^2 \cdot \text{s)})^{0.681} = 0.147\ 5\ \text{in/s}$$

根据求出的 3 765.6 lbm/s 的燃料初始质量流量，可从式（16-11）得到七孔圆形燃料通道设计所需的燃料药柱长度：

$$L = \frac{\dot{m}_f/N}{2\pi R_i \rho_f \dot{r}_i} = \frac{(3\ 765.6\ \text{lbm/s})/7}{\pi(28.65\ \text{in})(0.033\ \text{lbm/in}^3)(0.147\ 5\ \text{in/s})} = 1\ 224.6\ \text{in}$$

用式（16-8）、式（16-9）、式（16-14）、式（16-15）以及式（16-16），当忽略喉部侵蚀效应时，确定 120 s 燃烧时间所需要的总燃料和氧化剂分别为 451 872 lb 和 903 720 lb。因此，所需的推进剂总质量为 1 355 592 lb。

选择圆形的燃料孔并不是混合装药设计的有效方法，因为在燃烧结束时仍然有大量剩药存在，而且比其他设计更重。在前面的实例中，计算得到的剩药百分数（1减去消耗的燃料与装填的总燃料的商）为29.8%。考虑到在每个燃烧通道周围以及在燃烧通道和壳体壁面之间的均匀燃烧距离将减少燃料剩余，圆形燃烧通道的外环可以换成四边形，如图16-9（b）所示。如果与之前一样，装药直径限制在150 in，药柱外形可以由指定的燃料和氧化剂的初始流量、燃烧通道数量、燃烧时间，以及每个燃烧通道间的燃烧距离相等的要求唯一确定。另外，所有通道的水力直径 D_h（4倍的通道面积除以通道周长）应该相等，以保证所有通道都有相同的质量流量。

在图16-9（b）中，9个燃烧通道的装药结构的理论剩药百分数为4%。实际上，这两种设计的剩药百分数都要比理论值大一些，因为在燃烧结束时，必须在通道之间保留一些肉厚以防止剩药被吹出喷管。表16-3比较了圆形通道药柱设计（图16-9（a））和四边形通道药柱设计（图16-9（b））的关键特征。

表16-3 圆形和四边形燃烧通道的装药设计比较

设计参数	圆形通道	四边形通道
氧化剂质量流量/(lb·s^{-1})	7 531	7 531
初始燃料质量流量/(lb·s^{-1})	3 766	3 766
燃烧时间/s	120	120
药柱直径/in	150	150
燃烧通道数	7	9
氧化剂质量流率/(lb·s^{-1}·m^{-2})	1.67	1.07（est.）
燃料退移速率/(in·s^{-1})	0.147 5	0.109（est.）
药柱长度/in	1 225	976.1（est.）
燃油消耗量/lb	451 872	348 584（est.）
理论剩药百分数/%	30	4

（est.）= 估计值。

在这个例子中，四边形通道的药柱设计消耗的燃料比圆形通道设计消耗的燃料少。因此，这两种设计方案的总冲不同。如果各个设计方案所消耗的燃料要求相等，就会发现，因为要增加四边形燃料通道数，药柱长度将会下降，而药柱直径将会增加。在实践中，混合发动机设计师必须仔细平衡运载火箭系统的各项要求，如总冲、蒙皮限制等，在现有的装药设计选择下实现发动机构型最优。另外，完成特定任务所需要的推进剂总量和推进剂储备量，将有赖于发动机关机时残余燃料和氧化剂的允许值和上升弹道的流量调节要求。上升弹道的流量调节要求将影响总的混合比和氧化剂用量。如果要求 Δv（为实现任务目标所需的飞行器速度）有应急储备的话，还需要更多的推进剂。

查表16-2得到 c^*，圆形燃烧通道助推器设计方案的初始真空比冲为

$$I_{s_v} = \frac{(C_F)_v c^*}{g_0} = \frac{1.572 \times 0.95 \times 5\,912 \text{ ft/s}}{32.174 \dfrac{\text{lbm} \cdot \text{ft}}{\text{lbf} \cdot \text{s}^2}} = 274 \text{ s}$$

通常，烧蚀喷管的喉部侵蚀对发动机总体性能的影响和喉部初始直径有关。以正在考虑的助推器设计为例，一个仅作用在喉部的 0.010 in/s 的侵蚀速率在 120 s 的燃烧时间时，将使喷管膨胀比从 7.72 降低到 7.11。使用估计的燃烧结束混合比，如果考虑到喉部侵蚀，与非侵蚀喉部假设相比，比冲降低约 1.0%。混合发动机中，喉部材料的侵蚀速率通常比固体火箭发动机系统要大得多，并且受燃烧压力和混合比的强烈影响。含碳的喉部材料（碳布酚醛、石墨等）的侵蚀，主要受碳和燃气中如 O_2、O、H_2O、OH 和 CO_2 之类氧化成分的多相表面化学反应的控制，生成物为 CO。混合发动机在富氧的混合比和高压下工作时，将导致很高的喉部侵蚀速率，而在富燃混合比和低于 400 psi 的压力下工作时，喉部侵蚀率很低。

目前，混合发动机助推器初步方案设计的做法是将燃料的退移速率模型、装药设计模型和助推器的部件设计模型集成在一个自动化初步设计程序中。采用数值优化算法，该计算机程序能够挑出最优的助推器设计方案，使得选定的优化变量最优，例如，助推器的理想速度最大或者比冲最高，同时使助推器的装药重量和死重最小。新的制造技术（增材制造）和绿色推进剂目前正在研究中，参见参考文献 16-23。

16.5　燃烧不稳定性

混合火箭发动机的燃烧过程趋向于产生比液体或固体火箭发动机粗糙一些的压力-时间特性。但是，一个精心设计的混合发动机，一般可将燃烧的不稳定程度大致限制在平均室压的 2%~3% 以内。任何燃烧设备中，在燃烧室或氧化剂供应系统的自然声学频率附近都容易发生压力波动。尽管已经在很多混合发动机试验中观测到燃烧室压力以燃烧室固有模态声学频率发生显著的振荡，但还没有证据表明这样的振荡是一个难以逾越的技术问题。当混合发动机中发生压力振荡时，发现压力振荡只增长到有限的幅度，增长的幅度取决于诸如氧化剂供应系统特性和喷注器特性、燃料药柱几何特征、燃烧室平均压力水平、氧化剂质量速度等因素。在固体和液体火箭发动机中，压力振荡可能发生无限增长，而在混合火箭发动机中还没有见到这种情形。

在静态试验环境中，混合发动机表现出两种基本的不稳定类型，即氧化剂供应系统引起的不稳定（非声学不稳定）和火焰不稳定（声学不稳定）。氧化剂供应系统不稳定主要是如第 9 章所述的一种间歇性燃烧类型，在供应系统足够"软"时发生。在低温系统中，这意味着来自氧化剂供应管线中气穴或两相流这样的可压缩性源头没有和燃烧过程充分隔离。图 16-10（a）显示了一个采用 HTPB 燃料的直径为 24 in 的混合火箭发动机，以 20 lb/s 的液氧质量流量工作时，由氧化剂供应系统引起的燃烧不稳定。这种不稳定性从图 16-10 中远低于燃烧室一阶纵向 1-L 声学频率的大幅度周期性振荡清楚地反映出来。在本例中，振荡频率是 7.5 Hz，而 1-L 振型频率的为 60 Hz。加强氧化剂供应/喷注系统的刚度能够消除这种振荡。这是通过增加喷注器压降（因此使发动机的压力扰动更难传到供应系统中）和消除供应系统中可压缩性的来源实现的。就预测和防止混合发动机中的间歇燃烧式不稳定而言，已证明间歇燃烧式不稳定是可以分析的（见参考文献 16-20）。为比较起见，图 16-10（b）给出了一个同样的直径为 24 in 的混合发动机，在 900 psi 的最大燃烧室压力下和 40 lbm/s 的液氧流量时的压力-时间曲线，该发动机表现出稳定的燃烧性能。

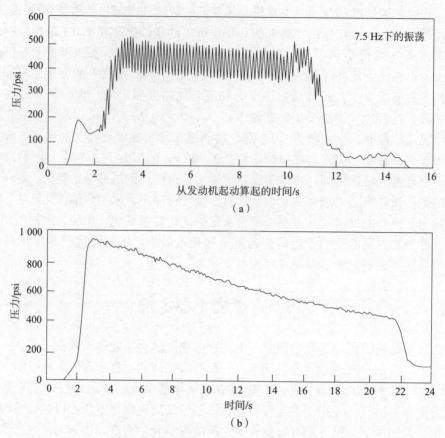

图 16-10　（a）直径为 24 in 的液氧/HTPB 混合发动机中的周期性、大振幅、低频率燃烧压力振荡，这是氧化剂供应系统引起的间歇燃烧型燃烧不稳定的一个例子；（b）直径为 24 in 的液氧/HTPB 发动机稳定燃烧的例子，表现出的总体燃烧不稳定程度为 1.3%

与混合发动机有关的火焰保持不稳定性是在固体燃料冲压发动机研制中被首次观察到的（见参考文献 16-21），固体冲压发动机实质上是一种以冲压空气中的氧气进行工作的混合发动机。混合发动机中的火焰保持不稳定一般出现在声学频率上，并且表现为纵向振型。在混合发动机中，没有观测到像固体或液体火箭发动机中那样的高频切向振型或径向振型的非声学不稳定性。火焰保持不稳定是由边界层中火焰稳定性不足引起的（见参考文献 16-22），与供应系统中流动的扰动没有关系。图 16-10 示出了一个以氧气为氧化剂，以 HTPB 为燃料的直径为 11 in 的混合发动机的火焰保持不稳定性，其喷注器产生的流场是锥形的。在这个试验中，在发动机点火前 2 s 氧化剂开始在 90 psi 的压力下流过发动机。该发动机采用氢火炬式点火器点火，点火器在发动机点火后继续工作约 1 s。在发动机工作的头 1 s 内，氢点火器的火焰使发动机的燃烧保持稳定。当点火器火焰熄灭后，发动机的燃烧变得不稳定起来。图 16-11 表明，同样的直径为 11 in 的发动机，不用氢火焰，也可消除火焰保持不稳定性。在这种情况下，稳定的燃烧是通过一个能产生轴向流场的喷注器改变了发动机内的流场实现的。图 16-11 给出了不稳定燃烧例子中压力-时间信号通过快速傅里叶变换分解出来的频率分量的结果。一阶纵向声学振型约在 150 Hz 处清晰可见。

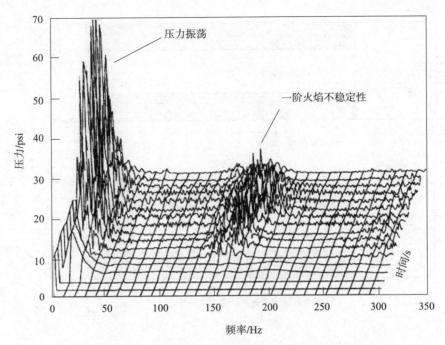

图 16-11 一个直径为 11 in 的 GOX/HTPB 发动机试验
以连续的时间间隔画出的频率-幅值图

(该图表明发动机内压力振荡为由火焰保持不稳定造成的一阶纵向声学振型，频率为 150 Hz)

火焰保持不稳定显然可以通过几种稳定边界层内燃烧的方法来消除。第一种方法是喷注氧或丙烷之类的可燃流体，引起导向火焰，在边界层火焰区的前缘位置为氧化剂提供充分的预热。采用这项技术，发动机的燃烧稳定性特性对喷注器的流场性质相对不敏感。在前面的例子中，氢火炬式点火器在其工作期间充当了火焰导向器的角色。第二种方法是改变喷注器的流场，确保在燃料药柱的头部端有一个足够大的燃气回流区。这样的回流区可以通过强迫上游气流流过一个向后的台阶或通过氧化剂强烈的轴向喷注来创建（图 16-12）。在合理的结构中，轴向喷注可在扩散火焰的头部产生一个强烈的反向流动的燃气回流区（圆锥喷射会产生一个小得多且通常无效的回流区），这个回流区同向后的台阶产生的回流区类似。这些技术产生的流场，同喷气发动机加力燃烧室以及固体燃料冲压发动机中为防止火焰被吹除而采用的非流线形体火焰稳定器产生的流场非常相似。回流区的作用是从核心流中央带高温燃气，对氧化剂进行充分的预热，使边界层前缘区的扩散火焰稳定燃烧。

上述不稳定性中的平均压力水平的比较说明了一个有趣的现象。对于同样的发动机工作条件（氧化剂流量、药型和组分、喉部直径），燃烧不稳定的发动机的平均压力显著地大于燃烧稳定的发动机。在固体火箭发动机中也发现了同样的现象，这种现象是由气流速度在燃料表面的高频振荡导致的向燃料表面传热的强化造成的。高加热速率导致被汽化的燃料比平衡条件时更多，因此造成更高的燃烧室平均压力。

尽管最近在混合发动机燃烧不稳定性的成因理解和解决上取得了一定的进展，但是发展一个全面的混合发动机燃烧不稳定的预测理论仍然是混合发动机技术开发的一项重大挑战（见参考文献 16-24）。

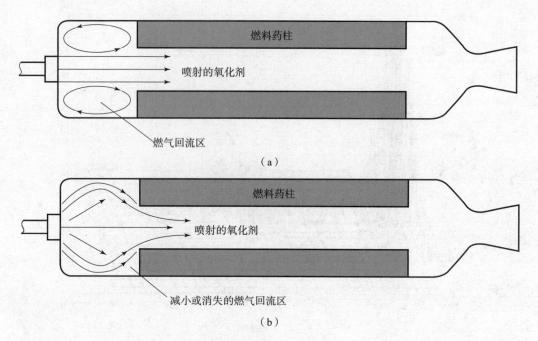

图 16-12 （a）氧化剂的轴向喷射在燃料药柱的前缘形成了一个强烈的燃气回流区，产生了稳定的燃烧；（b）氧化剂的锥形喷射将在燃料药柱的前缘形成一个弱燃气回流区或者不能形成回流区，造成燃烧不稳定

■符 号

符号	说明	变量单位
a	燃烧或退移速率系数（a 的单位取决于氧化剂流率的指数值）	
A_p	燃烧通道面积	m^2（in^2）
A_s	燃料药柱的表面积	m^2（in^2）
A_t	喷管喉部面积	m^2（ft^2）
c^*	特征速度	m/s（ft/s）
C_{F_v}	真空推力系数	无量纲数
c_p	比定压热容	$J/(kg \cdot K)[Btu/(lb \cdot °R)]$
d_b	燃料药柱的燃烧距离	m（in）
D_h	水力直径（$4A_p/P$）	m（in）
D_p	燃烧通道直径	m（in）
D_t	喷管喉部直径	m（in）
F_v	真空推力	N（lbf）
G	质量速度	$kg/(m^2 \cdot s)[lbm/(ft^2 \cdot s)]$
G_o	氧化剂质量速度	$kg/(m^2 \cdot s)[lbm/(ft^2 \cdot s)]$
g_0	重力加速度-转换因子	m/s^2—32.174$(lbm \cdot ft)/(lbf \cdot s^2)$
h	对流换热系数	$J/[(m^2 \cdot s)/K][Btu/(ft^2 \cdot s)/°R]$

符号	含义	单位
h_v	汽化热	J/kg (Btu/lbm)
Δh	火焰区-燃料表面的焓差	J/kg (Btu/lbm)
H_f	生成热	J/(kg·mol)(kcal/mol)
I_s	比冲	s
k	比热比	量纲为1的参数
L	燃烧通道长度	m (in)
$\dot{m}$	推进剂流量	kg/s (lbm/s)
$\dot{m}_f$	燃料流量	kg/s (lbm/s)
$\dot{m}_o$	氧化剂流量	kg/s (lbm/s)
n, m, l	燃烧速率或退移速率的压力指数	量纲为1的参数
P	燃烧通道周长	m (in)
p_1	燃烧室压力	MPa (lbf/in^2)
R	燃烧通道半径	m (in)
R_i	燃烧通道初始半径	m (in)
Re	雷诺数	量纲为1的参数
$\dot{r}$	燃料退移速率	mm/s (in/s)
r	氧燃混合比	无量纲数
T	温度	℃ (°R)
t	时间	s
u_e	轴线方向的气体自由流速度	m/s (ft/s)
v	垂直于燃料表面的气体速度	m/s (ft/s)
x	从燃料药柱前缘开始的轴向距离	m (in)
y	垂直于燃料表面的长度坐标	m (in)

■ 希腊字母

符号	含义	单位
α	燃料表面吸收率	量纲为1的参数
β	边界层吹气系数	量纲为1的参数
μ	气体动力黏度	N·s/m^2 [(lbf·s)/ft^2]
ρ_1	燃烧室气体密度	kg/m^3 (lbm/in^3)
ρ_e	自由流气体密度	kg/m^3 (lbm/in^3)
ρ_f	燃料密度	kg/m^3 (lbm/in^3)

■ 下标

符号	含义	
e	边界层边缘条件	最大效率状态
f	燃料	
i	初始条件	
o	氧化剂	

s　　　表面条件
x　　　离燃料药柱前缘的距离　　　　　　　　　m(in)
ref　　　参考条件

习　题

1. 一个典型布局的混合推进系统，固体燃料装药放置在圆柱形壳体中，燃烧通道半径为 R，燃烧通道长度为 L。根据式（16-2）给出的燃料燃烧速率进行如下分析，在 $\dot{r} = a(G_o)^n$ 中，$n = 0.7$。

(1) 燃烧过程中，在恒定的氧化剂质量流量下，推力随时间的推移如何变化？

(2) 如果氧化剂质量流量降低，燃料混合比将如何变化？

答案：(1) 减小；(2) 减小。

2. (1) 用基于气体自由流的雷诺数和轴向位置 x 写出式（16-1），这说明了表面退移速率和雷诺数之间是什么关系？

(2) 已知吹气系数本身与 $x^{0.2}$ 成正比。将式（16-1）转化为式（16-2），还需要哪些附加假设？

3. 计算混合推进剂 LOX/HTPB 的理论密度比冲 $[(kg \cdot s)/m^3]$，其中氧化剂-燃料比为 2.3，喷嘴两侧压力比为 1 000/14.7，完全膨胀。使用表 16-2 中的数据，燃料密度为 920 kg/m^3，将计算结果与表 5-5 中列出的 LOX/RP-1 双组元推进剂的值进行比较。

答案：$3 \times 10^5 \ (kg \cdot s)/m^3$

4. 画出瞬时混合比的曲线，瞬时混合比由式（16-15）给出，为指数 n 和时间的函数。指数 n 的值大于或小于 $1/2$（$n = 1/2$ 时，与时间无关）。为了只关注 n 的影响，使用修正变量 ψ（与混合比有关）和 τ（与时间有关）定义如下：

$$\psi = [(2n+1)\tau + 1]^{(2n-1)/(2n+1)}$$

$$\psi \equiv \frac{\dot{m}_o}{\dot{m}_f} \frac{2\rho_f La}{R_i \left(\dfrac{\dot{m}_o}{\pi N R_i}\right)^{1-n}} \text{ 和 } \tau \equiv a\left(\frac{\dot{m}_o}{\pi N R_i^2}\right)^n \frac{t}{R_i}$$

5. 经典混合推进系统具有以下特点：

推进剂	LOX/HTPB
理论燃烧时间	20 s
初始燃烧室压力	600 psi
初始混合比	2.0
初始喷管出口面积比	10.0
燃料颗粒外径	12 in
推进剂几何形状	单圆柱形壳体黏结
HTPB 初始温度	65 ℉

求初始和最终推力、比冲、推进剂质量和可用推进剂。

参考文献

16-1. K. K. Kuo, Chapter 15, "Challenges of Hybrid Rocket Propulsion in the 21st Century," in M. A. Chiaverini and K. K. Kuo (Eds.), *Fundamentals of Hybrid Rocket Combustion and Propulsion*, Vol. 218, *Progress in Astronautics and Aeronautics*, AIAA, Reston, VA, 2007.

16-2. R. A. Frederick Jr., J. J. Whitehead, L. R. Knox, and M. D. Moser, "Regression Rates of Mixed Hybrid Propellants," *Journal of Propulsion and Power*, Vol. 23, No. 1, Jan.–Feb. 2007.

16-3. D. Altman and A. Holzman, "Overview and History of Hybrid Rocket Propulsion," in M. A. Chiaverini and K. K. Kuo (Eds.), *Fundamentals of Hybrid Rocket Combustion and Propulsion*, Vol. 218, *Progress in Astronautics and Aeronautics*, AIAA, Reston, VA, 2007, Chapter 1.

16-4. H. R. Lips, "Experimental Investigation of Hybrid Rocket Engines Using Highly Aluminized Fuels," *Journal of Spacecraft and Rockets*, Vol. 14, No. 9, Sept. 1977, pp. 539–545.

16-5. S. Heister and E. Wernimont, Chapter 11, "Hydrogen Peroxide, Hydroxil Ammonium Nitrate, and Other Storable Oxidizers," in M. A. Chiaverini and K. K. Kuo (Eds.), *Fundamentals of Hybrid Rocket Combustion and Propulsion*, Vol. 218, *Progress in Astronautics and Aeronautics*, AIAA, Reston, VA, 2007.

16-6. SpaceDev website: http://www.spacedev.com.

16-7. T. A. Boardman, T. M. Abel, S. E. Chaflin, and C. W. Shaeffer, "Design and Test Planning for a 250-klbf-Thrust Hybrid Rocket Motor under the Hybrid Demonstration Program," AIAA Paper 97-2804, Jul. 1997.

16-8. S. R. Jain and G. Rajencran, "Performance Parameters of Some New Hybrid Hypergols," *Journal of Propulsion and Power*, Vol. 1, No. 6, Nov.–Dec. 1985, pp. 500–501.

16-9. U. C. Durgapal and A. K. Chakrabarti, "Regression Rate Studies of Aniline-Formaldehyde-Red Fuming Nitric Acid Hybrid System," *Journal of Spacecraft and Rockets*, Vol. 2, No. 6, 1974, pp. 447–448.

16-10. G. A. Marxman, "Combustion in the Turbulent Boundary Layer on a Vaporizing Surface," Tenth Symposium on Combustion, The Combustion Institute, 1965, pp. 1337–1349.

16-11. M. A. Chiaverini, Chapter 2, "Review of Solid-Fuel Regression Rate Behavior in Classical and Nonclassical Hybrid Rocket Motors," in M. A. Chiaverini and K. K. Kuo (Eds.), *Fundamentals of Hybrid Rocket Combustion and Propulsion*, Vol. 218, *Progress in Astronautics and Aeronautics*, AIAA, Reston, VA, 2007.

16-12. F. P. Incropera and D. P. DeWitt, *Fundamentals of Heat and Mass Transfer*, 5th ed., John Wiley & Sons, Hoboken NJ, 2002.

16-13. L. D. Smooth and J. C. Price, "Regression Rates of Metallized Hybrid Fuel Systems," *AIAA Journal*, Vol. 4, No. 5, September 1965, pp. 910–915.

16-14. D. Altman and R. Humble, Chapter 7, "Hybrid Rocket Propulsion Systems," in R. W. Humble, G. N. Henry, and W. J. Larson, *Space Propulsion Analysis and Design*, McGraw-Hill, New York, 1995.

16-15. A. Gany, Chapter 12, "Similarity and Scaling Effects in Hybrid Rocket Motors," in M. A. Chiaverini and K. K. Kuo (Eds.), *Fundamentals of Hybrid Rocket Combustion and Propulsion*, Vol. 218, *Progress in Astronautics and Aeronautics*, AIAA, Reston, VA, 2007.

16-16. P. A. O. G. Korting, H. F. R. Schoyer, and Y. M. Timnat, "Advanced Hybrid Rocket Motor Experiments," *Acta Astronautica*, Vol. 15, No. 2, 1987, pp. 97–104.

16-17. W. Waidmann, "Thrust Modulation in Hybrid Rocket Engines," *Journal of Propulsion and Power*, Vol. 4, No. 5, Sept.–Oct. 1988, pp. 421–427.

16-18. M. A. Chiaverini et al., "Thermal Pyrolysis and Combustion of HTPB-Based Fuels for Hybrid Rocket Motor Applications," AIAA paper 96-2845, Jul. 1996; "M. A. Chiaverini, K. K. Kuo, A. Peretz, and G. C. Harting, Regression-Rate and Heat-Transfer Correlations for Hybrid Rocket Combustion, *Journal of Propulsion and Power*, Vol. 17, No. 1, Jan.–Feb. 2001, pp. 99–110.

16-19. V. Sankaran, Chapter 8, "Computational Fluid Dynamics Modeling of Hybrid Rocket Flowfields," in M. A. Chiaverini and K. K. Kuo (Eds.), *Fundamentals of Hybrid Rocket Combustion and Propulsion*, Vol. 218, *Progress in Astronautics and Aeronautics*, AIAA, Reston, VA, 2007.

16-20. T. A. Boardman, K. K. Hawkins, R. S. Wasson, and S. E. Claflin, "Non-Acoustic Feed System Coupled Combustion Instability in Hybrid Rocket Motors," AIAA Hybrid Rocket Technical Committee Combustion Stability Workshop, 31st Joint Propulsion Conference, 1995.

16-21. B. L. Iwanciow, A. L. Holzman, and R. Dunlap, "Combustion Stabilization in a Solid Fuel Ramjet," 10th JANNAF Combustion Meeting, 1973.

16-22. T. A. Boardman, D. H. Brinton, R. L. Carpenter, and T. F. Zoladz, "An Experimental Investigation of Pressure Oscillations and Their Suppression in Subscale Hybrid Rocket Motors," AIAA Paper 95-2689, Jul. 1995.

16-23. S. A. Whitmore et al., "Survey of Selected Additively Manufactured Propellants for Arc-Ignition of Hybrid Rockets," paper AIAA 2015-4034, Orlando FL, 2015.

16-24. A. Karabeyoglu, Chapter 9, "Combustion Instability and Transient Behavior in Hybrid Motors," in M. A. Chiaverini and K. K. Kuo (Eds.), *Fundamentals of Hybrid Rocket Combustion and Propulsion*, Vol. 218, *Progress in Astronautics and Aeronautics*, AIAA, Reston, VA, 2007.

第 17 章 电 推 进

第 1 章和第 2 章已经讲到,电火箭推进装置使用电能加热和/或直接喷射推进剂,从而使能源系统和推进剂系统相互独立。本章旨在对不同的推力器、能量供应系统、应用和飞行性能进行更为全面的介绍。本章中的背景方程使用了一些矢量符号。目前,大部分电推进概念都不适用于地面发射。

就像在液体火箭发动机中常使用的推力室以及固体火箭发动机中常使用的发动机这些术语一样,在电推进领域,常使用推力器一词。除了独立的能源系统如太阳能、核能以及辅助装置(集能器、导热器、泵、太阳能板和散热器)之外,典型的空间电推进系统的基本子系统包括:①能量转换装置,即将电能转换为电推进系统所需的电压、频率、脉冲率和电流;②一个或多个推力器,即将电能转化为推进剂释放所需的动能;③推进剂系统,即用来存储、测量和输送推进剂和/或装填推进剂;④控制单元,即用来控制推进剂输送的起动与停止;⑤推力矢量控制单元(也称为 TGA——推力/万向节单元)。

电推进的特点在于它同时包括了在第 1 章中已经进行分类的热过程和非热过程两种机制,并且由于能源和推进剂是彼此分离的,推进剂的选择标准完全不同于化学推进剂。第 3 章给出的热推力器理想关系式同样适用于热电(或电热)系统。本章给出了非热电系统的概念和公式。根据至今所研发的电推进装置及概念,电推进可以分为三种基本类型。

(1)电热型。推进剂用电加热,通过热动力学膨胀喷出产生推力。与化学火箭推进系统一样,气体通过喷管加速到超声速。

(2)静电型。非中性或带电粒子(如离子、带电液滴或者胶体)通过与静电场相互作用实现加速。

(3)电磁型。等离子体与通过其内部的电磁场相互作用而实现加速。密度相对较高的等离子体是高温和/或非平衡气体,呈电中性,具有良好的导电性。一些装置通过增加喷管来增强性能。

第 1 章对这三种基本类型的电推进已经作了一般性介绍,图 1 – 8 ~ 图 1 – 10、图 17 – 1、表 2 – 1 和表 17 – 1 给出了几种电推进装置的大致功率和性能。可以看出,相对于化学推进系统,电推进推力很小,并且用来测量低流量的阀门也是一个挑战,但其比冲值很高,因此使得原本受推进剂限制的卫星寿命大大增加。目前,电推进能够提供的加速度太小,不足以克服地球的强重力场而从地面发射卫星。电推进系统的应用范围仅限于太空,这是因为太空环境能够满足静电和电磁类推进系统所需的真空条件。由于所有使用电推进系统的飞行器只能在微重力或无重力条件下工作,所以从地面发射飞行器必须使用化学推进。然而,从低重力天体如卫星和小行星表面不使用化学推进进行发射是可行的。最近,对小型航天器的研究促使一个名为微推进的火箭分支被建立了起来,参见参考文献 17-1。在微推进中,由于飞行器的总重 m_0 小于 100 kg,其所需的功率低于 500 W,推力小于 1 mN。

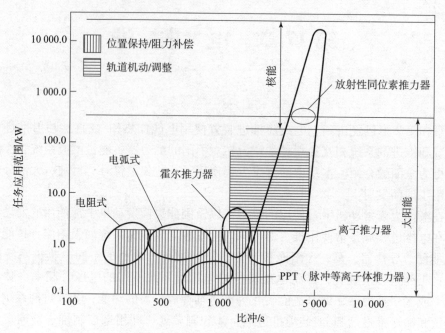

图 17-1　根据功率和比冲,给出不同电推进系统的应用范围

表 17-1　不同类型电推进系统的典型性能参数

类型	推力范围/mN	比冲/s	推力器效率[a]/%	推力持续时间	典型推进剂	单位推力所耗功率/(W·MN^{-1})
电阻(加热)	200~300	200~350	65~90	数月	NH_3,N_2H_4,H_2	0.5~6
电弧(加热)	200~1 000	400~800	30~50	数月	H_2,N_2,N_2H_4,NH_3	2~3
离子发动机	0.01~500	1 500~8 000	60~80	数年	Xe,Kr,Ar,Bi	10~70
固体脉冲等离子体	0.05~10	600~2 000	10	数年	聚四氟乙烯	10~50
磁等离子体动力发动机	0.001~2 000	2 000~5 000	30~50	数周	Ar,Xe,H_2,Li	100
霍尔推力器	0.01~2 000	1 500~2 000	30~50	数月	Xe,Ar	100
单组元化学发动机[b]	30~500 000	200~250	87~97	数小时或数分钟	N_2H_4	

[a] 见式(17-2)。
[b] 只用作对比。

目前，各类电推进系统都依赖于星上能源（如太阳能、化学能或核能）以及功率转换和其附属装置。即便使用太阳能，电源系统的重量也比推力器自身重得多，特别是当推力器效率低时，更是如此。这导致了航天器自身质量（干重）的增加。现代卫星和其他航天器的通信需求和其他电力需求通常非常大，这些卫星的通信和推进系统通常可以共享星上电源，从而避免增加推进系统的额外重量。电源一般是完全独立的系统。功率调节单元（PCU或PPU）可与电源系统合并在一起考虑，但推进系统还同其他航天器部件共享星上电源的情况除外。

电推进自从20世纪50年代人类开始征服宇宙时就已经应用了，但是到20世纪90年代中期它才真正产生了广泛影响。这也是充足的星上电源供应变得可能之后的结果。参考文献17-2~17-4给出了电推进装置的基本原理及其应用，但这些内容涉及的是较早类型的电推进装置。表17-2对几类电推进装置的优缺点进行了比较。脉冲装置与连续或稳态装置的区别就在于其起动和关闭时的延迟会降低其有效性能。但脉冲装置具有一定的实用性，本章稍后会具体讲解。

表17-2 电推进系统的比较

类型	优点	缺点	评述[a]
电阻加热（电热）	结构简单；易控制；电源功率调节简单；成本低；推力相对大，效率相对高；使用多种推进剂，包括肼增强式	比冲最低；热损失大；气体分解；气体非直接加热；腐蚀	已经运行
电弧加热（电热与电磁）	直接加热气体；电压低；推力相对大；能使用催化肼分解；惰性气体作推进剂	效率低；高功率下腐蚀；比冲低；电流高；配线重；热损；功率调节系统较复杂	相对大的推力/功率；高至2 kW的已经运行
离子推进（静电）	高比冲；高效率；推力可调；惰性推进剂（氙）	电压高；单位面积推力小；供电系统重	在GEO卫星上应用（波音702HP）；深空探测（DSI, DAWN, Artemis, GOCE, EURECA, Hayabusha）
脉冲等离子体（PPT）（电磁）	结构简单；功率低；固体推进剂；无须气体或液体供应系统；推进剂无0-g效应	推力小；聚四氟乙烯的反应产物有毒，可能有腐蚀或凝结；效率低	聚四氟乙烯PPT应用在EO-1上，已经运行
MPD稳态磁等离子体（电磁）	可扩展；比冲高；单位面积推力大	建模分析困难；比功率高；能源供应系统重；需要寿命验证	几种已经运行
霍尔推力器	比冲在理想范围内；体积小；惰性推进剂（氙）	一种惰性气体推进剂；束流发散；腐蚀	已经工作，SMART-1, AEHF

[a] 评述中列出的缩写是指特定的电推进系统。

电推进应用分为以下几大任务类型（在第 4 章已经介绍）：

(1) 克服卫星在轨道上平动和转动时的干扰。例如，地球同步轨道卫星的南北位置保持、调整望远镜或天线、中低地球轨道卫星的阻力补偿。对于 350 km 轨道的南北位置保持，速度增量一年需要 50 m/s，10 年要 500 m/s。实际上，对这类任务已经有几种不同类型的电推进系统飞行过。

(2) 需要克服地球附近相对微重力场来增加卫星速度。例如，从低地轨道到较高轨道，甚至是地球同步轨道的轨道提升。椭圆轨道的圆化需要 2 000 m/s 的速度，而从低地轨道提升到高轨道的速度增量一般高达 6 000 m/s。几种用于提升轨道高度的电推进装置正在研制中，但是当转移时间过长时，将使用化学推进和电推进相组合的方案。

(3) 星际旅行和深空探测这类潜在任务也将电推进作为候选方案。重返月球，飞向火星、木星和彗星，小行星探测现在也引起了人们的兴趣。几种类似的电推进器正在研制中，如 NASA 研制的 DAWN。

(4) 很多新型任务，如姿态/位置的精确控制或多卫星通信所需的编队飞行相对位置的控制也可以考虑使用电推进。几种应用于这些或类似任务的电推进单元已经研制出来，如波音 702SP 飞机、劳拉公司的"全电卫星"以及洛克希德的 AEHF（先进极高频）卫星。

为了描述电推进的优点，现在考虑一颗工作寿命 15 年、质量为 2 500 kg 的典型的地球同步轨道通信卫星。卫星进行南北位置保持所需的速度增量每年为 50 m/s；如果采用化学推进系统，在整个寿命周期需要约 750 kg 的化学推进剂，超过了整星质量的 1/4；而使用电推进系统可将比冲增加到 2 800 s（约比化学火箭高 9 倍），推进剂质量可降到 100 kg 以下。还需加上一个电源系统和电推力器，但省去了化学推进系统本身的质量。这样的电推进系统将节省 450 kg 或卫星质量的 18%。发射到地球同步轨道的费用为 50 000 美元/kg，则一颗卫星可节省约 22 500 000 美元的费用；更轻的卫星需要更小的发射火箭，这同样能节省费用。另外，卫星可以储存更多的推进剂，从而延长使用寿命；如果使用电推进进行位置保持和轨道提升，还可节省更多费用。

输出功率或动能 P_j 来自电源所能提供的基本功率 P_e，通常主要受下列因素影响而减少：①能量转换损失，如从太阳能或核能转换为电能；②由一次电源转换为推力器所需的电能（电压、频率等）的损失；③电能转换为喷射动能的损失（见推力器效率 η_t）。假设没有显著的压力推力（$c = v_2$）和没有明显的出口流发散，单位推力 F 所需要的功率 P_j 可以通过以下关系式表达：

$$\frac{P_j}{F} = \frac{\frac{1}{2}\dot{m}v^2}{\dot{m}v} = \frac{1}{2}v = \frac{1}{2}g_0 I_s \tag{17-1}$$

式中：$\dot{m}$ 为质量流量；v 为平均喷射速度（在第 2 章和第 3 章为 v_2 或 c）；I_s 为比冲。

推力器的功率推力比正比于喷射速度或比冲。这里似乎可以得出结论，比冲高的推力器需要更大的功率，也就是需要更大的电源，然而一般并非如此。在本章中，由于高比冲推进系统产生推力的时间 t_p 很长，推力很小（以得到相同的总冲），所以所需要的功率实际上是相当的。

推力器效率 η_t 定义为推力器射流所产生的动能（轴向分量）和推力器总功率（$\sum IV$，其中 I 是电流，V 是电压），包括消耗于推进剂汽化和电离的功率之比：

$$\eta_t = \frac{\text{推力器功率}}{\text{输出电功率}} = \frac{\frac{1}{2}\dot{m}v^2}{\sum IV} \qquad (17-2)$$

然后,根据第2章的基本公式(式(2-18)和式(2-21)),得

$$\frac{F}{P_e} = \frac{2\eta_t}{g_0 I_s} \qquad (17-3)$$

式中:P_e 为推力器的输入电功率,它通常是电流和所有相关电压(以 $\sum$ 表示求和)的积。所需一次电源的功率可以根据式(17-1)前面概述的两个额外转换效率得到。

综上所述,推力器效率考虑了所有对喷射动能无贡献的能量损失,包括:①浪费的电功率(漏电和欧姆电阻等);②未受影响和未被适当激发的推进剂粒子(推进剂的利用率);③射流发散(方向和大小)引起的推力损失;④热损失。因此,η_t 是利用电能和推进剂产生推力的有效性的一个量度。当电能不是唯一输入能量时,式(17-2)需要进行修改,如电阻加热式推力器中的肼分解,单组元化学推进剂将释放能量。

17.1 理想飞行性能

由于电推进的推力小,因此采用电推进的航天器飞行方式明显不同于采用化学推进的火箭。采用电推进的航天器加速度非常小($(10^{-6} \sim 10^{-4})g_0$),推力作用时间长,因此螺旋轨迹加速对电推进航天器更有利。图17-2给出了三种从低地轨道(LEO)到地球同步轨道(GEO)的转移方案,包括螺旋转移(用多个推力器持续加速几个月)、霍曼转移(见4.4节和图4-9,对化学推进而言,霍曼转移是最理想的)以及"超同步"轨道转移(见参考

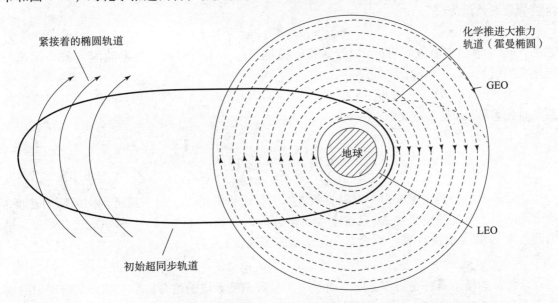

图17-2 三种从 LEO 到 CEO 的转移方案

(采用化学推进(短时间)、多重螺旋轨迹的电推进(长时间)从 LEO 到高轨道,超同步化学推进轨道(中等时间)取代 LEO 作为进入高轨道的起始轨道。在超同步轨道上,用电推进以固定的惯性姿态连续推进,降低了各轨道的远地点,提升了近地点,直到它达到最终地球轨道(GEO)。见参考文献17-5)

文献 17-5）。由于长时间的轨道转移方案很不明智，人们通常采用较短时间的轨道转移方案，如采用化学推进达到非常偏心的超同步椭圆轨道，然后采用电推进连续点火有效地将航天器推入地球同步轨道。

按照功率和相关质量来评价电推力器的性能较有指导意义（见参考文献 17-6）。假设 m_0 为航天器的初始质量，m_p 为喷出推进剂的总质量，m_{pl} 为航天器在给定假设下携带的有效载荷质量，m_{pp} 为推进装置质量（比化学火箭的推进装置质量大），即由未加注推进剂的推进系统组成，包括推力器、推进剂储存和输送系统。因为能源系统（包括能量转换系统及辅助系统在内的相关结构）通常都是和载荷共享的，所以可认为能源系统是 m_{pl} 的一部分（见参考文献 17-7）。因此初始质量为

$$m_0 = m_p + m_{pl} + m_{pp} \qquad (17-4)$$

电源的输入功率总是比输出功率大，转换装置将初级能量转换为所需的电压、频率和功率（光伏电池转换效率超过 24%，旋转机械的效率可达 30%）。经转换的电源输出功率 P_e 提供给推进系统。定义电功率 P_e 与推进装置质量的比值为 α，它通常被看作推进装置或整个推进系统的比功率（或者其倒数，比质量）。各种发动机都要对比功率进行定义，因为即使对于同一类型的发动机，α 在某种程度上也与发动机的配置有关（这包括共用相同的电源控制装置、冗余和阀门等的发动机数目）：

$$\alpha \equiv P_e / m_{pp} \qquad (17-5)$$

比功率正比于推力器功率，与 m_p 无关。其值与电推力器类型有很大关系，并在一定程度上与发动机的配置设计有关。目前在美国的设计中，α 的典型值在 $1.00 \sim 600 \text{ W/kg}$ 的范围内。随着技术的进步，推力器的 α 值有望超过现有水平（见参考文献 17-8）。电功率通过推力器转换为射流动能，假设考虑由式（17-2）所定义的推力器效率 η_t 后得出的损失，推进装置的质量为

$$m_{pp} = m_p v^2 / (2\alpha t_p \eta_t) \qquad (17-6)$$

式中：m_p 为推进剂有效质量；v 为等效排气速度；t_p 为工作时间或推进时间（推进剂按稳定速率喷射）。

根据式（17-4）、式（17-5）、式（17-6）以及式（4-7），可以得到一个"有效载荷质量比系数"（见参考文献 17-6）：

$$\frac{m_0}{m_{pl}} = \frac{e^{\frac{\Delta u}{v}}}{1 - \frac{(e^{\frac{\Delta u}{v}} - 1)v^2}{(2\alpha t_p \eta_t)}} \qquad (17-7)$$

这是假设航天器在无重力、无阻力条件下飞行得到的结果。由于推进剂射流喷射速度 v 而带来的航天器的速度变化 Δu 是推进剂质量分数的函数，如图 17-3 所示。比功率 α、推力器效率 η_t 以及推进时间 t_p 结合在一起形成特征速度 v_c：

$$v_c = \sqrt{2\alpha t_p \eta_t} \qquad (17-8)$$

该特征速度不是一个物理速度，而是一个具有速度单位的组合参数。如果电源输出的功率全部转换为自身质量 m_{pp} 的动能形式，它可视为推进装置的速度。式（17-8）包含了推进时间 t_p，也就是实际的任务时间（任务时间不能小于推进时间）。从图 17-3 可以看出，对于一个给定的有效载荷比 m_{pl}/m_0 和特征速度 v_c，存在一个最佳的 v 值，对应飞行器速度增量的峰值。后面（见 17.4 节）将表明对于许多要求的工作条件，存在一个明显的特定设

置（见参考文献17-6）。

图17-3中曲线峰值的形成是由于推进装置质量 m_{pp} 随比冲的提高而增加，而推进剂质量随比冲增加而减小。正如在第19章和其他篇章所提到的，对于所有推进系统，都存在这个趋势，因此可以表述为：对于一个给定的任务，理论上存在一个理想的比冲范围使 $\Delta u/v_c$ 达到最大，这样就有一个最优的推进系统设计。图17-3中各条曲线的峰值在 $\Delta u/v_c \le 0.805$ 和 $0.505 \le v/v_c \le 1.0$ 的范围内。这意味着，对于任何一个给定的电推进系统，最优工作时间 t_p^* 近似正比于飞行器速度总变量的平方，因此大的 Δu 将对应非常长的任务时间。同样，最优比冲 I_p^* 近似与航天器的速度变化量 Δu 成正比，则大的速度变化量对应于高比冲。

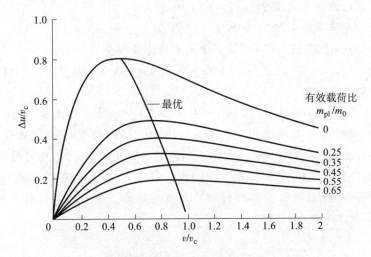

图17-3　在各种不同的有效载荷比下，航天器标准
速度增量随标准喷出速度的变化关系

（忽略推进剂贮箱的惯性质量，每条曲线的最优值由式（17-9）所表示的线连接）

图17-3中曲线的峰值点可通过式（17-7）得到

$$\left(\frac{v}{\Delta u}\right)(e^{\frac{\Delta u}{v}} - 1) - \frac{1}{2}\left(\frac{v_c}{v}\right)^2 - \frac{1}{2} = 0 \tag{17-9}$$

式中：Δu、v 和 v_c 对应于最大有效载荷比的情况（见参考文献17-2）。

迄今为止所引用的所有公式都适用于三类电推进系统，需要的唯一参数是发动机的总效率。各种电推进装置的效率为 0.4~0.8，而 α 的变化范围更宽。

在上述公式中，由于沿着最优曲线变化时有多个参数需要给定，所以公式没有完全约束。另外，得到的结果需要根据总体任务进行验证。在17.4节中将重新讨论该问题，届时我们将扩展并改善上面提到的最优结果。

例17-1　已知如下参数：

$$I_s = 2\,000\,\text{s}, F = 0.20\,\text{N}$$

$$\text{工作时间 } t = 4\,\text{周} = 2.42 \times 10^6\,\text{s}$$

$$\text{有效载荷质量 } m = 100\,\text{kg}$$

$$\alpha = 100\,\text{W/kg}, \eta_t = 0.5$$

试求：用于轨道提升的电推力器的飞行性能。

解 由式（2-6）或式（2-12）可得出推进剂流量：
$$\dot{m} = F/(I_s g_0) = 0.2/(2\,000 \times 9.81) = 1.02 \times 10^{-5} (\text{kg/s})$$

推进剂总需求量为
$$m_p = \dot{m} t_p = 1.02 \times 10^{-5} \times 2.42 \times 10^6 = 24.69 (\text{kg})$$

需要的电功率为
$$P_e = \frac{1}{2} \dot{m} v^2 / \eta_t = \frac{1}{2}(1.02 \times 10^{-5} \times 2\,000^2 \times 9.81^2)/0.5 = 3.92 (\text{kW})$$

由式（17-5）得出能量供应系统的质量为
$$m_{pp} = P_e/\alpha = 3.92/0.1 = 39.2 (\text{kg})$$

发动机工作前后的质量（见式（17-4））分别为
$$m_1 = 100 + 24.7 + 39.2 = 163.9 (\text{kg}) \text{ 和 } m_2 = 139.2 \text{ kg}$$

根据式（4-6），在理想真空和 $0-g$ 情况下的速度增量为
$$\Delta u = v \ln[m_0/(m_0 - m_p)] = 2\,000 \times 9.81 \ln(163.9/139.2) = 3\,200 (\text{m/s})$$

航天器的平均加速度为
$$a = \Delta u/t = 3\,200/2.42 \times 10^6 = 1.32 \times 10^{-3} (\text{m/s}^2) = 1.35 \times 10^{-4} g_0$$

4 周的持续推进，航天器动能的增加不足以使其从 LEO 升至 GEO（在连续推力作用下，航天器需要达到的速度为 4 200 m/s，但上述结果为 3 200 m/s）。在飞行过程中，卫星将环绕地球约 158 圈，将轨道提升至约 13 000 km。然而，这种情况并非最优。为了满足式（17-9），有必要增加开启时间（工作时间）或改变推力，或者两者同时改变。上述方法可与例 4-2 中的霍曼方法相比较。

17.2 电热推力器

在这类推力器中，电能用来加热推进剂，然后推进剂以热动力学方式从喷管喷出。目前在用的有两种基本类型：

（1）电阻加热推力器。利用高电阻元件消耗电能来加热推进剂，主要通过对流的方式传热。

（2）电弧加热推力器。电流从工质气体中通过，气体由于放电被电离。和电阻加热式推力器相比，电弧加热时推力器受材料限制更小。该方法可将更多热量直接传给气体（局部温度可达 20 000 K 以上）。电弧加热推力器中，磁场（外加的或由电流感应产生的）对于产生推力而言不像喷管那么重要。正如 17.3 节（图 17-10）中将要介绍的，电弧加热推力器还可以像电磁推力器那样工作，但此时磁场是产生加速的主要因素，且推进剂密度相当低。因此，有些电弧推力器既可归入电热类，也可归入电磁类。

17.2.1 电阻加热推力器

这类装置是一种最简单的电推力器。推进剂在流过电阻加热的难熔金属表面时被加热，加热器可以有多种方式，例如：①螺旋加热管；②空心加热管；③加热片；④加热圆柱。功率可为 1 W 到几千瓦。可以设计宽范围的输出电压（AC 或 DC），而对电源控制单元没有特别要求。按推进剂流量的不同情况，推力可分为稳态的和间断的。

由于材料的限制，电阻加热推力器的工作温度只能低于 2 700 K，最高比冲为 300 s 左右。最高比冲在使用氢作推进剂时达到（因其相对分子质量最小），但其密度低导致推进剂储存体积很大（对于空间任务，低温冷却是不现实的）。实际上很多气体可用作推进剂，例如 O_2、H_2O、CO_2、NH_3、CH_4 和 N_2。此外，由肼催化分解（产生约一个体积的 NH_3 和两个体积的 H_2（见第 7 章））所产生的热气体已经成功使用。采用液态肼的系统（见参考文献 17-10）具有结构紧凑的优点，混合气体利用催化分解预热至 700 ℃（1 400 ℉）以上，然后通过电加热至更高的温度。利用空间化学推进的优点可以减小所需的电功耗。图 17-4 给出了这种混合式电阻加热推力器的详细结构，其中肼流过催化床分解成热气体，供给加热器。电阻加热推力器的性能可提升 10% ~ 20%，表 17-3 列出了一些性能参数。

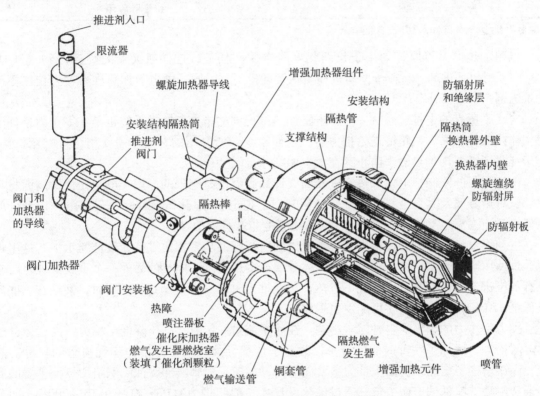

图 17-4　催化分解电热增强肼推力器

（图中示出了两个主要部件：①一个小型催化床，带电磁阀及防止肼结冰的加热器；②一个螺旋形电阻加热管，其外有薄辐射隔热屏、高温金属喷管和高温绝缘接头。洛克达因公司提供）

表 17-3　典型电热增强推力器的一些性能

推进剂	液态肼，催化分解
入口压力/MPa	0.689 ~ 2.410
催化剂出口温度/K	1 144
电阻加热推力器出口温度/K	1 922
推力/N	0.18 ~ 0.33
流量/(kg·s^{-1})	5.9×10^{-5} ~ 1.3×10^{-4}

续表

推进剂	液态肼，催化分解
真空比冲/s	280～304
加热器功率/W	350～510
阀门功率（最高）/W	9
推力器质量/kg	0.816
总冲/(N·s)	311 000
脉冲数	500 000
状态	可实际应用

来源：洛克达因公司 MR-501 产品数据表。

电阻加热推力器原计划用于长期载人深空探测任务，这样航天器的废弃产物（H_2O、CO_2）可用作推进剂。与粒子发动机和霍尔发动机不同，同一种电阻加热推力器可使用不同的推进剂。

与几乎所有的电推进系统一样，电阻加热推力器的推进剂输送系统也是在零重力条件下将气体或液体从高压贮箱输送给推力器。正如第6章所介绍的，液体需要用正排贮箱机构，对于纯肼还需要用加热器来防止其在太空中结冰。

由于材料的限制，电阻加热推进器的气体最高温度是有限的。用于电阻元件的高温材料由铼、难熔金属及其合金（如钨、钽、钼）、铂（同钇、氧化锆混合起稳定作用）以及金属陶瓷。对于高温电绝缘（但非绝热），氮化硼是非常有效的材料。

发动机设计的目的是使推力室中热损失同所消耗的功率相比维持在较低的水平。这里可以通过使用隔热外套、增加辐射屏和气体分层或多层流入。隔热的另外一个重要原理是防止储存的推进剂在所有的工作情况下过热，包括推力末段（温度超过480 K时，甚至在一些温度低至370 K情况下，液肼可能发生爆炸）。

推力室压力的确定受多种因素影响。在质量流量一定时，高压降低了推力室内气体分子的分解损失，增加了喷管内的复合率，改善了传热性能，减小了推力室和喷管的尺寸。然而，高压增强了传热，提高了推力室壁面应力，加速了喷管喉部腐蚀。电阻加热推进器的寿命通常由喷管喉部的寿命决定。通过优化设计，一般将推力室压力控制在15～200 psi 的范围内。

电阻加热推进器的效率为65%～85%，其值随推进剂组成、喷出气体的温度而变化。在表17-3中，比冲和推力随着加热器功率的增加而增加。流量增加（在比功率不变时）引起实际性能的下降。最高比功率（功率与质量之比）是在相对低流量、低推力和适度增强的加热器下达到的。在较高温度下，气体分子的离解明显降低了热动力膨胀的能量。

电阻加热推进器的比冲虽然相对较低，但它效率高，使得它与其他推力器相比有更高的推力/功率比（见式（17-3））。另外，这种发动机在所有电火箭发动机中是系统干重最轻的，因为它不需要功率处理单元，其羽流不带电（这就避免了如离子发动机所需的其他一些设备）。电阻加热推进器已经用于 Intelsat V、Satcom 1-R、GOMS、Meteor 3-1、Gstar-3 和"铱"星。电阻加热推进器最适合用于中小速度增量的任务，因为对于这些任务而言，功耗限制、推进时间和羽流效应起主要作用。

17.2.2 电弧加热推力器

电弧加热推力器的基本元件已在图 1-8 中给出,在其相对简单的物理结构中蕴含着十分复杂的现象。电弧加热克服了电阻加热推进器对气体温度的限制,它通过放电直接将推进剂加热到比推力室壁面高得多的温度。电弧在中心阴极和阳极之间产生,阳极是加速高温推进剂的共轴喷管的一部分。电弧加热部件必须彼此电绝缘,并且能够承受高温气体环境。在喷管处,最好使得电弧以环状形式向喉部下游发散(图 1-8 和图 17-5)。随着电弧电压和质量流量的变化,电弧区是可移动的。实际上,电弧往往是很细的,它只能加热很少一部分流动气体,除非喷管喉部尺寸足够小。通常在涡流和湍流的作用下气体通过混合实现整体加热。

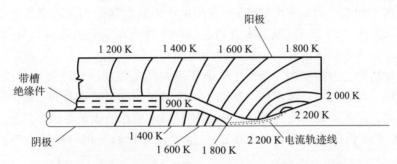

图 17-5 电弧加热推力器电极温度分布的典型估算值

电弧本身是不稳定的,经常有扭动和摆动,只有通过外加电场和/或在气流最外层通过旋转的涡流稳定。在喷管喉部,电弧电流的流层结构非常不均匀,电弧不稳定及喉部腐蚀通常会限制寿命。外层较冷气体同内部电弧加热气体之间的混合将使电弧稳定,同时降低其导电性,这反过来要求较高的工作电压。在一些设计中,通过加长喉部来延长电弧尺寸。

电弧加热推力器的运动离子流可根据等离子体物理进行分析。通过气体介质的任何电传导都需要有一定程度的电离。电离可由气体放电实现,即来自冷气的电击穿(如大气中的闪电,但与闪电不同,功率源按连续或脉冲形式供应电流)。导电气体中的导电规律遵循修正的欧姆定律。在一均匀介质中,电流 I 流过截面 A,通过一定的距离 d 形成电压差 V,欧姆定律可写为

$$V = IR = (I/A)(AR/d)(d) \tag{17-10}$$

如前所述,介质是均匀的,可以定义电场 $E = V/d$,电流密度 $j = I/A$,最后引进电导 $\sigma = d/(AR)$。因此可将欧姆定律重新简单写为 $j = \sigma E$。标量电导直接正比于自由电子密度,在平衡状态下,该密度可由 Saha 方程(见参考文献 17-11)给出。严格地说,Saha 方程只适用于热电离(不适用于放电)。对于大多数气体,要实现充分电离需要高温或低电离电位或两者同时保证。然而,因为在 100 万个电子中有一个电子自由运动就能提供良好导电,惰性气体中添加了低电离点电位蒸气,就如在等离子体中作为功率产生源所充分显示的那样。等离子体电导率 σ 可根据自由电子的运动计算得出:

$$\sigma = e^2 n_e \tau / \mu_e \tag{17-11}$$

式中:e 为电荷;n_e 为电子数密度;τ 为碰撞平均间隔时间;μ_e 为电子质量。

实际上，电弧电流几乎总是受外加磁场或自感磁场的影响，因此需要运动气体的通用欧姆定律（见参考文献 17-12），即下面的矢量公式（在电磁装置那部分，该公式以标量形式给出）：

$$j = \sigma\{E + v \times B - [\beta/(\sigma B)](j \times B)\} \quad (17-12)$$

式中：包含带电粒子的气体运动速度矢量用 v 表示，磁感应强度用 B 表示（上述关系式中的最后一项是一个标量 B），电场为 E。在式（17-12）中，电流密度 j 和电导都只和自由电子有关，与霍尔系数 β 一样。该霍尔系数是电子回旋频率 ω 与电子的平均碰撞时间 τ 的乘积，平均碰撞时间是指电子在与重粒子碰撞后损失了动量所间隔的时间。式（17-12）中的第二项 $v \times B$ 是感应电场，它是由等离子体沿垂直于磁场方向运动而产生的；最后一项表示霍尔电场，其方向垂直于电流和所施加的磁场的方向，它是电流和磁场的矢量积（为简单起见，忽略离子和电子运动密度梯度）。在放电中所观察到的大多数电弧特征，主要取决于磁场，如电弧变尖（由于电流同其本身的磁场相互作用而受到的限制）。磁场在下面章节中将要介绍的非热电磁推进形式中也起关键作用。

起动电弧加热推力器需要加一个比工作电压更高的电压来击穿冷气体产生的等离子体。有些电弧加热推力器在稳定持续工作之前需要一个较长的起动燃烧时间。因为通过气体导电本身是不稳定的，电弧需要一个外接负载电阻使其稳定工作。阴极必须在热状态工作，通常由 1% 或 2% 的敷钍钨制成（可达 3 000 K）。通常绝缘材料使用一种易成型的高温电绝缘体——氮化硼。

目前，大多数电弧加热推力器的效率很低，因为只有不到一半的电能转换为推力器的动能。出口羽流的非动能部分（残余内能和电离）是最大的损失。通常有 10% ~ 20% 的输入电能通过热辐射到太空或由喷管传导给系统内其他部件的形式被消耗掉。然而，电弧加热推力器比其他任何电推进系统更具有升级到大推力水平的潜力。一般情况下，电弧加热推力器的推力功率比是电阻加热推进器的 1/6 左右，因为其高比冲伴随有相对较低的效率。电弧加热推力器的另一个缺点是由于放电现象复杂，其功率处理单元要比电阻加热推进器的复杂。

电弧加热推力器的寿命受电极局部腐蚀和蒸发所限制，这主要受电弧接触点和高工作温度的影响。腐蚀率受特定推进剂和电极材料的综合影响（使用氩和氮比氢具有更高的腐蚀率），还受压力梯度的影响，压力梯度在起动或脉冲过渡段（通常比例因子为 100）比稳定工作状态要大。电弧加热推力器可以使用多种推进剂，但是目前工业上已经选用肼（N_2H_4）的催化分解产物。

催化肼分解室下游的电弧加热推力器看起来类似于图 17-4 的电阻加热推力器，不同之处在于电阻被一个直径较小的用来电弧加热气体的空腔代替（图 17-6）。同时，需要较粗的线缆来供应较大的电流。被分解的肼进入温度为 760 ℃ 的放电区。液态肼易于储存，与气体推进剂相比，其所需推进剂输送系统体积小，重量轻。但是需要合理控制贮箱温度，以避免肼结冰，并且需要做好贮箱隔热以免肼受到外部热源加热而爆炸。表 17-4 给出了用于南北位置保持的 2 kW 肼电弧加热系统的在轨性能。肼电弧加热推力器的比冲最高可达 600 s（见参考文献 17-13）。1999 年试验的一个 30 kW 氨电弧加热推力器的比冲达到了 786 s，推力值为 2 N。目前，NASA 和 NOAA 正在研制用于 GOES-R 航天器的比冲为 600 s 的肼电弧加热推力器，肼增强电弧加热推力器的性能约为肼电弧加热推力器的 2 倍。

第17章 电推进

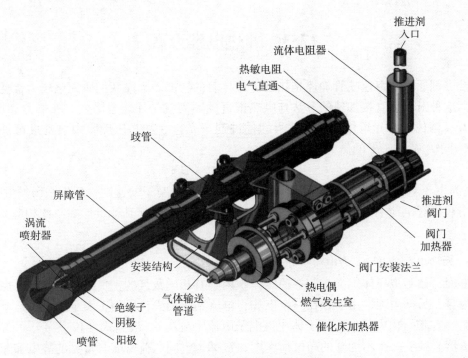

图 17 - 6　2 kW 电弧推力器透视图

（其性能通过将肼催化分解成适度热的气体来增强，热气体又通过电弧进一步加热。电弧位于收缩 - 扩张喷管的喉部流动通道的中心线处。由洛克达因公司提供）

表 17 - 4　在轨 2 kW 肼电弧加热系统参数

推进剂	肼
稳态推力	222 ~ 258 mN
质量流量	40 mg/s
供应压力	200 ~ 260 psi
功率控制单元输入	4.4 kW（两个推力室）
系统输入电压	70 V（直流）
PCU 效率	91%
比冲	570 ~ 600 s
尺寸	
电弧加热（约）	237 mm × 125 mm × 91 mm
PCU	631 mm × 359 mm × 108 mm
质量	
电弧加热推力器（4）和导线	6.3 kg
PCU	15.8 kg
总冲	1 450 900 N·s

来源：参考文献 17 - 13。

17.3　非热电推力器

热推进剂通过超声速喷管加速是热推进最显著的特征。下面我们研究电场力加速推进剂的情况，这种对气体直接加速的方法与电热推进的不同就是加速范围大。静电力（库仑力）和电磁力（洛伦兹力）可用来加速适当的推进剂至光速（在高压腔室中热推进可加速至声速）。作用于单荷粒子上的微力矢量为

$$f_e = eE + ev_e \times B \tag{17-13}$$

式中：e 为电子电荷量级；E 为电场强度矢量；v_e 为带电粒子的速度；B 为磁场矢量。

作用在所有电荷上的电磁力之和即单位体积的矢量力为（其标量形式与此相应）

$$\tilde{F}_e = \rho_e E + j \times B \tag{17-14}$$

式中：ρ_e 为净电荷密度；j 为电流矢量密度。

一方面，按等离子体定义，若在一定体积内具有相同数目的正负电荷，则该区域的净电荷密度为零；另一方面，由于存在一个电场，电流不会消失，因为正离子向电子运动会产生一个电流（在带自由电子的等离子体中该电子电流十分小）。根据式（17-14）可知，一个静电加速器必须有一个不为0的净电荷密度，常称为空间电荷密度。常见的静电加速器是离子推力器，其作用是对正离子加速，这里磁场在加速区不起主要作用。电磁式加速器（如MOD和PPT）是针对等离子体并依靠洛伦兹力来加速推进剂。霍尔加速器介于离子推力器和电磁推力器之间。下面介绍这三种加速器。目前，非热推力器在国际范围内正被广泛研究和开发。静电和电磁推力器的研究是以电磁基本理论为基础的，它可由麦克斯韦方程及其补充电磁力关系式（式（17-14））和修正的欧姆定律（式（17-12））来描述。另外，还需考虑气体离子化导电中的各种特殊现象，这也就形成了磁流体动力学（MHD）的基本原理。然而，该主题已经超出了本书的范围。

17.3.1　静电装置

静电推力器依靠库仑力来加速推进剂中的带电粒子，它们只能在真空条件下工作。电场力正比于空间电荷密度；由于带电粒子的电荷符号相同，它们的运动方向相同。虽然电子很容易产生和被加速，但其过轻的质量导致其不宜用于推进。从热推进原理（见第3章）可以得出"喷出粒子越轻越好"。但是，电子携带的动量即使在非相对论的高速度时也微乎其微，并且即使是在喷出速度或比冲非常高时，由电子流得到的单位面积的推力依然小到可以忽略（见习题17-11）。相应地，静电推力器利用带电量大的原子作为正离子（一个质子比电子重1 836倍，一个典型的离子包含几百个质子——等效粒子）。另外，还有一些采用小液滴或比原子还重10 000倍的带电胶体作为推进剂的研究。就电源和内部设备来说，使用带电胶体可以使静电推力器得到更理想的特性。例如，相比于传统的低电压、高电流及较重的线缆和转换设备，可以得到高电压和低电流。

根据离子源的不同，可以将静电推力器分为三类。注意，这些方案在出口处都需要中和粒子束。

（1）电子轰击推力器。通过由加热阴极发出的电子轰击氙或汞的气体或蒸气，从单原

子气体中得到正离子。电离方式既可以是直流（DC）放电，也可以是射频（RF）放电。在这些离子推进器中（图1-9），加速是通过向一系列适当制造和定位的导电栅格施加单独电源实现的。这是最古老的，也是目前最常见的方法。

（2）场发射推力器。利用场发射电力推进（FEEP）概念，从流过毛细管的液态金属源获得正离子，并且可以进行几种几何布置（见参考文献17-15）。在流经足够高的电场（大于 10^6 V/cm）时，液态金属如铟（见参考文献17-16）或铯产生分子离子，这些离子将会流进加速区。喷射器、离子发生器和加速器都是同一电压电路的一部分，其典型动作电压在10 kV以上；I_s 的值为 8 000~9 000 s。就微推进（推力低于1 mN，见参考文献17-1）的应用而言，这是一个意义重大的概念。一些FEEP已经获得太空飞行资格。

（3）胶体推力器。通过电喷雾（或蒸发）产生带电液滴，推进剂是典型的液态金属（或者低挥发性离子液体）。目前，这些正在研发中并且对微推进有利。

静电推力器在空间飞行中提供初始阶段推进的一个例子是NASA的DSI中的NSTAR（一个直流电子轰击氙离子推力器，见参考文献17-3和17-17）以及正在进行的DAWN任务。

RITA（射频离子推进器）在几个欧洲任务中有所使用，日本的 Hayabusa 太空船配备了四个微波离子发动机，这是另一个任务，包括着陆和从小行星起飞（见参考文献17-3和17-18）。波音飞机公司在其地球同步通信卫星中广泛使用了"L-3通信"XIPS 25 cm离子推进器。

17.3.2 静电推力器的基本关系式

1. 静电推力器

静电推力器，无论哪种类型，都包含相同的基本要素，即一个推进剂源、几种电源、一个电离室、一个加速区、一种中和喷出羽流的手段（图1-9）。所有的静电推力加速器都需要一定静电荷密度的单极粒子，但喷出的羽流必须是中性的以避免因空间电荷在航天器外的堆积而轻易导致推力室工作失效。中和工作通过向其下游注入电子来实现。粒子喷出速度是施加在由离子渗透栅极组成的加速室上的电压 V_{acc}、带电量为 e 的粒子质量 μ 的函数。根据能量守恒定律，假设无碰撞损失，一个带电粒子的动能等于从电场中获得的电能。对于喷出速度为 v_i 的粒子，有

$$\frac{1}{2}\mu(v_x^2 - v_i^2) = eV_x \tag{17-15}$$

式（17-15）描述了沿加速器坐标 x 的一维运动。从加速器发出的总离子速度变为

$$v = \sqrt{2eV_{acc}/\mu + v_i^2} \tag{17-16}$$

式中：e 是以 C 为单位的离子电荷；μ 是以 kg 为单位的离子质量；V_{acc} 以 V 为单位时，v 的单位是 m/s。

如果用 $\mathfrak{M}$ 表示离子的平均分子质量 [对于一个质子 $\mathfrak{M} = 1$ kg/(kg·mol)]，则对单电荷离子，当 v_i 可以忽略时，式（17-16）变为 $v(\text{m/s}) = 13\,800\sqrt{V_{acc}/\mathfrak{M}}$。参考文献17-3和17-4更详细地介绍了对该理论的一个应用。

对于一个理想离子推力器，加速器上的电流 I 由所有推进剂质量速度（完全但单电离和纯单向）组成，即

$$I = \dot{m}(e/\mu) \qquad (17-17)$$

由加速粒子产生的总推力在式（2-13）中给出（因为压力非常小，所以无压力推力项）：

$$F = \dot{m}v = I\sqrt{2\mu V_{acc}/e + (\mu v_i/e)^2} \qquad (17-18)$$

对于给定的电流和加速器电压，推力与带电粒子的质荷比 μ/e 成比例，并且高分子量离子因为它们每单位体积产生的高推力而比较受青睐。由中和电子产生的推力和功率消耗都很小（约1%），因此可以忽略不计。

非中性带电粒子束的电流密度 j 具有理论极限（与任何源电流饱和度无关），这取决于粒子束的几何形状和所施加的电压（见参考文献 17-2、17-3 和 17-19）。这种基本约束是由与所施加的电场方向相反的离子云形成的内电场所引起的，所以可以同时通过加速器区域的同符号电荷具有一个最大数量。这种空间电荷限制电流是从传统上应用于一维平面电极区域的泊松方程中找到的。下面，根据空间电荷密度定义电流密度：

$$j = \rho_e v \qquad (17-19)$$

电荷注入速度不可能为零，但是当电荷注入时的动能与其在电压为 V_{acc} 的加速器内获得的动能相比可以忽略时（去掉 v_i），通过求解式（17-16）、式（17-19）和式（17-20）可以直接获得经典关系式查得-朗谬尔定律：

$$j = \frac{4\varepsilon_0}{9}\sqrt{\frac{2e}{\mu}}\frac{(V_{acc})^{3/2}}{d^2} \qquad (17-20)$$

式中：d 为加速器的极间距离（m）；ε_0 为真空介电常数，$\varepsilon_0 = 8.854 \times 10^{-12}$ F/m。

另外，当粒子注入动能与其在加速器中获得的动能相比足够大时，式（17-16）仍然成立，增强过的电流值有可能超过它的查得-朗谬尔值。只要喷射源产生的电流值没有饱和，分析表明电流值可以增加至 j_{max}，即式中：$\kappa \geq 0$ 是粒子初始能量与在加速器中获得的能量之比，假设注入的为单能粒子，参见参考文献 17-20。

$$j_{max} = j[\kappa^{1/2} + (1+\kappa)^{1/2}]^3 \qquad (17-21)$$

采用国际单位制，经典的饱和电流密度方程式可以表示（对原子或分子离子）为

$$j = 5.44 \times 10^{-8} \dot{V}_{acc}^{3/2}/(\mathfrak{M}^{1/2} d^2) \qquad (17-22)$$

式中：密度单位为 A/m²；电压单位为 V；距离单位为 m。

对于用电子轰击电离的氙，j 值为 2~10。现实中，加速过程很少是一维的并且电流密度和横截面面积取决于加速电压、电极形状和间距。

使用式（17-18）（当 $v_i \approx 0$）和式（17-22）并且假设横截面是圆形的，这样通过每个格栅孔（图 17-7）的电流 $I = (\pi D^2/4)j$，相应的推力可以写为

$$F = (2/9)\pi \dot{\varepsilon}_0 D^2 V_{acc}^2/d^2 \qquad (17-23)$$

使用国际单位，这一经典的空间电荷限制关系式变为

$$F = 6.18 \times 10^{-12} \dot{V}_{acc}^2 (D/d)^2 \qquad (17-24)$$

羽流直径 D 与加速电极间距 d 之比可称为离子加速器的栅极特征比。对于带有许多相同孔（图 17-7 和图 17-8）的栅极，D 为单孔直径，d 为极间平均距离。

由于空间电荷限制，对于单荷离子束，$D/d \leq 1$。这意味着为了满足高推力需求，推进

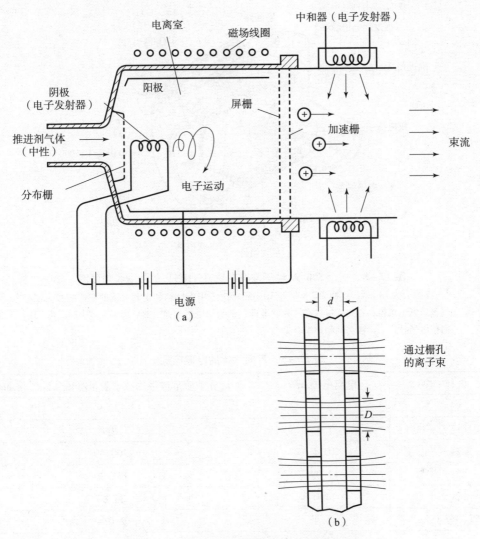

图 17-7　电子轰击式离子推力器简化原理图
(a) 推力器简化图；(b) 带对齐孔的双栅的放大图
(图中显示了一个放大的双栅加速器截面。目前的推进器使用三栅加速单元并且使用永磁体来替代线圈)

器应被设计得相当短粗并具有许多穿孔来产生大量平行的离子小束，当然其他一些实际因素也需要考虑。

按照式 (17-1)、式 (17-2) 和式 (17-17)，允许势能转换为动能过程中具有一定的损耗，静电加速区域的功率为

$$P_e = IV_{acc} = \frac{1}{2}\dot{m}v^2/\eta \tag{17-25}$$

这里，静电推进器效率 η 是整个推进器效率 η_t 的一部分（见式 (17-2)），并且其他损失包括电离能量消耗。电离能是使推进剂能在静电力作用下产生推力的必要条件，并且不可恢复。电离能可由分子或原子的电离电位 ε_i 和电流乘积得到，如例 17-2 所示。表 17-5 列出了不同推进剂的分子量和第一电离电位。实际工作中，放电室的工作电压要比电离电位高。

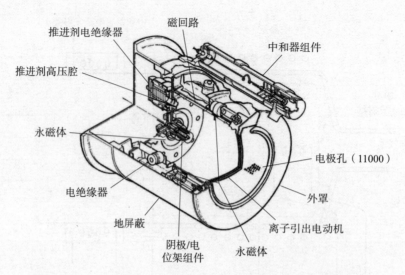

图 17-8　一个 500 W 粒子推进系统（XIPS）的外观和剖面图

（推力为 18 mN，比冲为 2 800 s。图中还示出了用于电离和中和束流的空心阴极。氙气被送到电离器，首先通过具有"片状电极"的引出电极加速，然后离子束被中和。由 L3 通信电子技术公司和美国物理学会提供）

表 17-5　不同气体的电离电位

气体	电离电位/eV	平均分子质量或平均原子质量/$(kg \cdot kg^{-1} \cdot mol^{-1})$
铯	3.9	132.9
铋	7.3	209
汞蒸气	10.4	200.59
氙	12.08	131.30
氪	14.0	83.80
氢，分子	15.4	2.014
氩	15.8	39.948

例 17-2　一台使用双栅加速器与氙气电子轰击式离子推进器的数据如下：

工作介质	氙（131.3 kg/(kg·mol)，12.08 eV）
净加速电压	750 V
栅极间距 d	2.5 mm
每个栅极开孔直径 D	2.0 mm
每个栅极上孔数	25 000

试求：推力、排出速度、比冲、质量流量、91 天工作所需要的推进剂量、羽流喷射能量，考虑到电离损失的推力器效率（假设 $v_i \approx 0$）。

解　对每个粒子束，由式（17-24）可得的理想推力为

$$F = 6.18 \times 10^{-12} \times 750^2 \times (2/2.5)^2 = 2.23 \times 10^{-6} (\text{N})$$

总理想推力可以通过上式乘以加速格栅上的孔数得到，即

$$F = 25\,000 \times 2.23 \times 10^{-6} = 55.56 (\text{mN})$$

由式（17-16）可以得到排出速度和比冲：
$$v = 13\ 800\ \sqrt{750/131.3} = 32\ 982(\text{m/s})$$
$$I_s = 32\ 982/9.81 = 3\ 362(\text{s})$$

由式（2-6）得质量流量：
$$\dot{m} = F/v = 55.67 \times 10^{-3}/32\ 982 = 1.68 \times 10^{-6}(\text{kg/s})$$

对于 91 天或者 $7.862\ 4 \times 10^6\ \text{s}$ 的累计工作，所需的氙推进剂总量（假设无损失）为
$$m_p = \dot{m}t_p = 1.68 \times 7.862\ 4 = 13.27(\text{kg})$$

推力器的动能率为
$$\frac{1}{2}\dot{m}v^2 = 0.5 \times 1.68 \times 10^{-6} \times 32\ 982^2 = 914(\text{W})$$

可以看出，在理想状况下，电离能约为加速能的2%。式（17-17）中得出的电流刚好低于 10 mA。放电损耗和其他损耗降低了该器件的高理想效率，最终效率约为98.3%；事实上研究发现，XIPS 产生的每个离子所需要的能量高于 200 eV，这使得总效率降低至 60%，尽管放电电压低至 140 eV 每离子（见参考文献 17-3）。

2. 电离模式

普通气态推进剂在静电加速之前必须进行电离。尽管所有离子的加速方案基本相同，但可以选用的电离方式有多种。大多数设备使用直流电进行电离，但有些设备使用高频交流电。在很大程度上，电离室决定了整个推力器的大小、质量和内部效率。

电子轰击使气体电离是一种很成熟的技术（见参考文献 17-2、17-3 和 17-19）。电子从热阴极或者效率更高的"空心阴极"发出，并在一个适当的电离室中与气态推进剂发生作用。电离室的压力较低，约为 10^{-3} Torr 或 0.134 Pa。图 17-7 所示为一个典型的电子轰击式电离推力器，其中包括中性原子、正离子和电子。所发射的电子受电离室中圆柱形阳极吸引，在轴向磁场的作用下沿螺旋线旋转，从而能够与电离所需的推进剂原子发生大量碰撞；更现代的设备采用"环形尖点磁路"，依靠"磁镜效应"控制和筛选放电电子。径向电场的作用是将电子从放电室中移出，轴向电场的作用是将正离子引向加速栅。这些栅极可设计成类似"多孔电极"，作用是只加速正离子。通过保持阴极相对于内栅电极和放电室壁的负电位，可以使电子损失最小化。外部电路将从圆柱形阳极上提取的电子排出，并将它们重新引入离子束中进行中和。

图 17-8 给出了一个使用氙气作为推进剂的具有三个带孔栅极或"离子提取电极"的离子推力器的剖面图。图 17-8 中内栅极充电至阴极电位（相对于航天器，地面等离子体的电位通常为 1 000 V）；中间栅极或"加速电极"通常为 -200 V；第三个栅极或者"减速电极"与中和器相连（以减少溅射侵蚀并且改善近场的离子束聚焦能力）。因此，饱和电流密度由前两个电极之间的电位差给出，引出速度由地屏蔽和加速器电极之间的电位差给出。每个栅极上的孔与另一个栅极上的孔保持在一条直线上，并且具有同样大小的孔。

其他推力器的关键部件包括：①阴极加速器；②推进器输送系统；③电绝缘器；④永磁铁。参考文献 17-17 描述了一个 500 W 氙推力器。空心阴极是有效的电子发射器，但因其尺寸和复杂性的限制，目前正在探索碳纳米管电子场发射器。氙气作为分子量最大的稳定惰性气体，通常可作为推进剂。氙气在空气中含量极低，浓度为亿分之九，因此它相对稀有且价格昂贵。在临界温度下，作为液体它易于储存，并且它没有冷凝或毒性问题。氙气减压器

需要相当精细的产品,因为不允许泄漏,且流量非常小。

17.3.3 电磁推进器

等离子体是电子和正离子的中性混合物（通常包括未离子化的原子/分子），很容易导电，通常存在于高于 5 000 K 或 9 000 °R 的温度下。按电磁理论,只要一个导体内通入一个垂直于磁场的电流,这样在垂直于电流和磁场方向就产生一个力作用在该导体上。与离子发动机不同,这个加速过程排出的是中性束流。另一个优点是其推力密度即单位喷口面积所产生推力相对较高,通常是离子发动机的 10~100 倍。

基本上,电磁推进器都设计有一个导电气体区域,其中电场产生的大电流通过外部或自生磁场的作用加速推进剂。许多方案工作已经历了实验室研究,其中一些有外磁场,一些有自感应磁场,一些适用于产生连续推力,一些只能产生脉冲推力。表 17 - 6 列出了电磁推力器的分类原则。由于其种类很多,相应的名称也很广泛。因此,参考其工作原理,我们将使用"洛伦兹力加速器"这一术语。对于所有类型的装置,等离子体电流必须是电路电流的一部分并且大多数加速器几何形状的面积恒定。推进剂运动、中等密度等离子体运动,通常为等离子体同较冷气体粒子的混合运动,包含了一系列复杂的相互作用机理。对于短时间（3~10 μs）未达到热力平衡状态的脉冲等离子体推力器尤其如此。

表 17 - 6 电磁推力器的特性

项目	推力室类型	
	稳态	脉冲（过渡）
磁场源	线圈或永磁铁	自感应
电流源	直流供应	电容器和快速转换器
工作介质	纯气体,掺杂气体或液体蒸气	纯气体或固体
几何要求	轴对称（共轴）长方形,圆柱形,固定或变截面	烧蚀,非对称,其他
特征	使用霍尔电流或法拉第电流	对推进器储存有简单要求

1. 常规推力器——MPD 和 PPT

所有磁等离子体动态（MPD）和脉冲等离子体（PPT）电磁推进器的基础都是沿施加电场方向垂直于磁场方向的等离子体的传导,等离子体的加速方向与电场和磁场矢量垂直（见参考文献 17 - 12）。式（17 - 12）在这里是针对笛卡儿坐标系的,其中等离子体"质量-平均速度"沿 x 方向,外电场 E_y 沿 y 方向,磁场 B_z 沿 z 方向。当霍尔系数 β 可以忽略时,对式（17 - 12）做简单变换,可得到一个电流矢量方程。应注意的是,只有 j_y（称为法拉第电流）、E_y 和 B_z 仍然存在：

$$j_y = \sigma(E_y - v_x B_z) \tag{17 - 26}$$

此时,式（17 - 14）中的洛伦兹力变为

$$\widetilde{F}_x = j_y B_z = \sigma(E_y - v_x B_z) B_z = \sigma B_z^2 (E_y/B_z - v_x) \tag{17 - 27}$$

式中：$\widetilde{F}_x$ 表示加速器中的力"密度",不能和总推力 F 混淆,$\widetilde{F}_x$ 的单位为单位体积的力

（N/cm^3）；轴向速度 v_x 是一个质量平均速度，它在加速腔内部沿其腔长增加。实际推力值等于输出值（v_{max} 或 v_2）乘以质量流量。

值得注意的是，只要 E_y 和 B_z（或 E/B）保持基本稳定，在被压缩值 E_y 所产生的感应场 $v_x B_z$ 的影响下，电流和力均沿加速腔长度方向减小。这种等离子体速度的变化导致了沿法拉第加速腔方向的力的减小，从而限制了最终的轴向速度。沿腔道逐渐增加 E/B 保持一个大的加速力看起来是很有效的，然而现实中很难实现。通常设计不追求喷出速度达到最大值，因为这样将导致加速腔的长度变得太长而难以实现（见习题 17-8）。因此，实际设计时，通常将喷出速度限制在 E_y/B_z 最大值的 1/10 左右。

Resler 和 Sears（见参考文献 17-21）提出的"气体动力学近似"（本质上是第 3 章经典概念推广到电磁场的等离子体范围）表明可能存在更复杂的现象。若等离子体速度在加速腔声速区没有达到一个特定值 $[(k-1)/k](E/B)$，则固定截面的加速腔通道将受到阻塞。对于惰性气体，该等离子体通道速度为 E/B 值的 40%，因为比热比 k 为 1.67。由于对典型的惰性气体等离子体而言，$Ma1$ 对应约 1 000 m/s 的速度，则同样面积和同样 E/B 值的加速器将严重阻塞。这样，在一个实际系统中，系统的 E、B、σ 的特性差别很大，固定截面的阻塞很容易存在一种或多种稳定性。另一个问题是电导率和电场值很难确定，经常需要对分析和测量的综合结果进行评估，如式（17-12）。幸运的是，当低于 10% 的粒子被电离时，大部分等离子体表现为良导体。

图 17-9 给出了采用自感应磁场的最简单的等离子体加速器。它是一个 PPT 推力器，等离子体脉冲由加速器电极之间的等离子体弧放电产生，加速电极由从航天器电源充电的电容器供电。通过等离子体的电流很快使电容放电，所以质量流量脉冲必须与"放电节奏"同步。放电电流形成一个"电流环"，产生一个垂直于平板面的强磁场。与电机中的金属导体相似，洛伦兹力作用在可动等离子体束上，使其沿板方向加速。这样加速推进剂没有必要改变（如喷喉）面积。

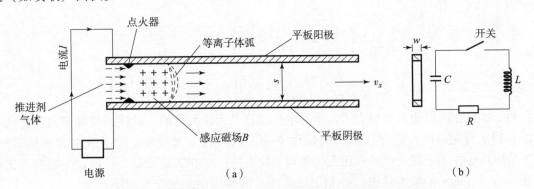

图 17-9 简单的自感应磁场加速带电等离子体的平板加速器
(a) 平板加速器示意图；(b) 简化的 LRC 电路
（这个方案可说明基本的物理相互作用，但存在一定的推进剂损失，因此效率低）

如图 17-9 所示，系统（虽然包含等离子体和其他更普通的电阻）可以用等效的 LRC 脉冲电路建模，其中 L 为集总参数总电路电感，R 为总欧姆电阻，C 为有效电容。在每次脉冲期间让电流反向是不可取的，因为这会减小总推力。非振荡脉冲可通过 $R > 2\sqrt{L/C}$ "阻抗平衡标准"实现（当物理上不可行时，可以插入"灭弧二极管"，见参考文献 17-22）。

在一些设计中，热等离子体脉冲具有足够的气体动力膨胀能力以增强推力（需要添加用于热膨胀的喷嘴）。在许多典型配置中，电路电感随着电弧行进距离 x 的增加率是唯一的推进因素($F = (1/2)I^2(\mathrm{d}L/\mathrm{d}x)$，其中 I 为环路电流）。因为感应磁场是加速器几何形状的函数，所以获得的轴向推力可以表现为下面两种形式。

线性：
$$F = \frac{1}{2}\mu_0 I^2 (s/w) \tag{17-28}$$

同轴：
$$F = \left(\frac{1}{4}\pi\right)\mu_0 I^2 \ln\left(r_0/r_i + \frac{3}{4}\right) \tag{17-29}$$

式中：s 为线性电极间距，w 为导轨宽度，如图17-9所示。

对于同轴加速器，式（17-29）描述了内半径 r_i 和恒定外半径 r_0 的电极几何形状（迄今为止，同轴微PPT的空间限定尚未有研究结果）。因为等离子体是非磁性的，所以 μ_0 的值保持与自由空间相同，即 $4\pi \times 10^{-7}$ H/m。

第一台实用的PPT样机于1968年投入使用（图1-10）。推进剂以固体特氟隆棒的形式储存，由弹簧推向两个线性电极，通过在特氟隆表面的脉冲放电使其瞬间消融汽化。特氟隆在太空中储存性能良好，易处理，蒸发时不出现明显的烧焦迹象。不需要贮箱、阀门、同步控制或在零重力下输送推进剂等装置。由一个从航天器中的功率处理单元充电的可充电电容器提供功率输入。与大多数其他电力推进装置不同，推力仅作为快速脉冲产生。这些脉冲推进器十分适于精确控制和定位机动，可以通过改变脉冲率或脉冲总数 N 改变平均推力。如果用 I_{bit} 表示单位脉冲的总冲或脉冲位（以 N·s 或 lbf·s 为单位），那么整个飞行器的速度变化 Δu 将是 N 个微小但相等的脉冲之和。使用式（2-4）和式（4-6），可以得到相当于式（4-36）的简化结果，条件是 $NI_{\mathrm{bit}}/cm_0 \ll 1$，其中 cm_0 是有效排气速度 c 与初始质量的乘积，对于PPT，有

$$\begin{aligned}\Delta u &= c\sum_{n=1}^{N}\ln\left[\frac{m_0-(n-1)I_{\mathrm{bit}}/c}{m_0-nI_{\mathrm{bit}}/c}\right] \\ &\approx \sum_{n=1}^{N}\frac{I_{\mathrm{bit}}/m_0}{1-nI_{\mathrm{bit}}/(cm_0)} \approx \frac{I_{\mathrm{bit}}}{m_0}\left[1+\frac{N}{2}(N+1)\frac{I_{\mathrm{bit}}}{cm_0}\right]\end{aligned} \tag{17-30}$$

PPT电路在电离能量上损失了大量的电能，这是无法恢复的；此外，被加速的推进剂通常不会很准直地退出，并且在早期的设计中推进剂的利用率很低。除了效率非常低之外，PPT的缺点还在于早期电容器和相关功率调节设备的尺寸和质量限制。目前，人们对于使用了更好的设计的针对微型推进（小型卫星推进）的PPT的兴趣越发浓厚。

图17-10给出了一个电热-电磁发动机的复合方案模型，该模型与PPT不同，它的意义在于能够产生高推力。它能产生连续的高推力，俄罗斯与日本已经试验过几种类型的此类发动机。与电热电弧发动机相比，这些装置的工作压力相对较低，电磁场更强。氢和氩是该类磁等离子体动力学电弧发动机通常所用的推进剂。与离子推力器不同，它不需要在束流喷出位置放置中和器。严重的电极腐蚀、电源部件笨重、效率低（伴随着热损耗）等问题以及需要相对较大、更复杂且昂贵的电力设施等制约了这类装置的实际应用进程。

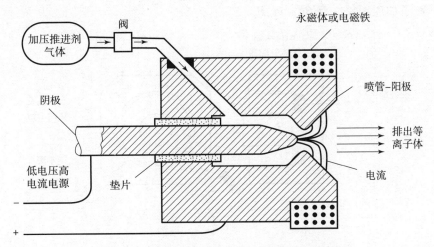

图 17-10 磁等离子体动力学电弧推力室示意图

（它的结构同图 1-8 中所示的热电弧推力器相似，但具有较强的磁场以产生推进剂加速能力）

2. 霍尔效应推力器

当等离子体密度足够低或/和磁场非常强时，霍尔效应电场显得十分显著。这与在半导体中所观察到的霍尔效应一样，其中电压沿垂直磁场方向增加。霍尔电流可以理解为电子垂直于电场和磁场方向（见参考文献 17-11）运动，此时碰撞相对不显著。人们对霍尔推力器感兴趣是因为它代表空间推进的一个非常实际的应用领域。俄罗斯科学家首先成功将其应用在了许多飞行器上，这种设计最初称为静止等离子推进器（SPT）。在参考文献 17-3 中，描述了霍尔推进器。

为了充分理解霍尔推力器的工作原理，有必要以标量的形式重新描述欧姆定律（式 (17-12)）。因为电子霍尔系数 β（在式 (17-12) 中介绍并在式 (17-34) 中描述）不能忽略，可以得到以下两个公式（笛卡儿形式）：

$$j_x = \frac{\sigma}{1+\beta^2}[E_x - \beta(E_y - v_x B_z)] \qquad (17-31)$$

$$j_y = \frac{\sigma}{1+\beta^2}[(E_y - v_x B_z) + \beta E_y] \qquad (17-32)$$

在典型的设计中，施加纵向电场 E_x 导致电流密度 j_x 在所施加的场方向流动，同时霍尔电流密度 j_y 沿垂直于 E_x 方向流动。相关的感应霍尔电场 E_y 外部是短路的，以使电流最大。同时，为了不使轴向电场 E_x 短路，电极是分段的。$\beta E_x > v_x B_z$ 是必要的。这种布置不可避免地导致非常复杂的设计。对于空间推进，工程师更愿意采用圆柱结构，因为这种设计简单且更实用。这里所加的磁场 B_r 是径向的，而电场 E_x 是轴向的。产生推力的霍尔电流 j_θ 是沿空间方向的，逆时针的。由于霍尔电流本身构成闭合回路，从而自动将所加的霍尔电场闭合。图 17-11 给出了相关的几何结构，正交电流密度和霍尔电流密度的公式 (17-31) 和式 (17-32) 可改写为

$$j_x = \frac{\sigma}{1+\beta^2}[E_x + \beta v_x B_r] \qquad (17-33)$$

$$j_y = \frac{\sigma}{1+\beta^2}[\beta E_y - v_x B_r] \qquad (17-34)$$

其中，对于加速现象，有 $\beta E_x > v_x B_r$。

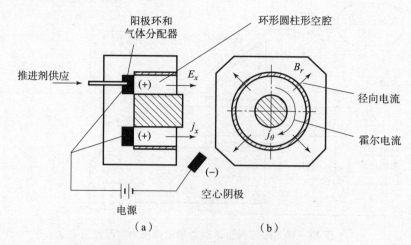

图 17-11　圆柱形霍尔加速器示意图

（图中显示了施加的轴向场如何产生加速率离子体横向电流，明显的轴向电流密度 j_x 代表霍尔装置效率并不高）

因为放电室与加速区部分重合，所以电流 j_x 需进行电离（通过电子轰击）。霍尔电流 j_θ 通过洛伦兹力 $j_\theta B_r$ 实现加速。电子霍尔系数 β 是电子回旋频率（见参考文献 17-11）$\omega = eB/\mu_x$ 和电子与重离子碰撞时间 τ 的乘积，τ 在式（17-11）中是影响电导率的参数。为了使霍尔发生器有意义，β 必须大于 1（实际上，在参考文献 17-23 中它至少为 100）；相反，离子运动相对不受磁场的影响。大的电子霍尔系数是由低等离子体密度得到的，相应的碰撞时间增大几倍。图 17-12 给出了带冗余的空心阴极（因为可靠性的提高，目前只使用一个）和用来产生磁场的电磁线圈对的 SPT 原始设计剖面图。在霍尔推力器中，氙或氩推进剂气体是在阳极附近供给的，通过阴极通入一些气体以使其更有效地工作。在放电室与加速区结构上不分开的情况下，在放电室的前部区域，由于离子密度低使电离区与放电室后部的加速区自动分开。局部电荷质量、离子和电子密度以及磁场构型需要匹配，以使离子运动主要沿轴向，而电子运动主要是螺旋线方向。这使给定的物理设计不易随推进剂改变而改变并且不适合稳定的节流。对原先 SPT 绝缘放电室壁的改造是用一个更小的金属壁取代，这就是具有更高推力密度的"带阳极层的发动机"（TAL）。

霍尔推力器既可以归为电磁装置，也可以归为静电装置，其中在离子加速器区的空间电荷被横穿离子流的电子束所中和（见参考文献 17-23 和 17-24）。假设可以人为地将电离过程与加速过程分开，就能很容易地看到在加速腔内部作螺旋运动的电子中和了从阳极向阴极运动的空间离子电荷。这样实际上是降低了加速场的大小，放松了大多数的束聚焦要求。实际上，在空间电子电流与离子电流之间存在轻微的相互作用，但它随霍尔系数 β 值的减小而减小。

当 β 值非常大时，霍尔推力器就产生一个最佳的 β 的霍尔效率（下面的公式定义为 η_H）。由式（17-14）、式（17-33）和式（17-34）以及等离子体的电导率 σ 的定义式（17-11），可以得到高的 β 极值：

$$j_x \to \sigma v_x B_r/\beta = \rho_e v_x, j_\theta \to \sigma E_x/\beta \tag{17-35}$$

$$\widetilde{F} = j_\theta B_r \to \rho_e E_x \tag{17-36}$$

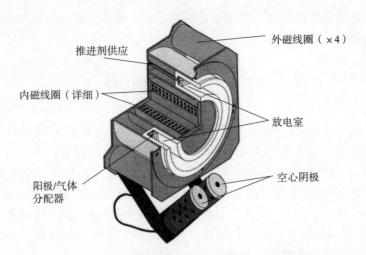

图 17-12　一台 1 350 W 霍尔加速器（SPT-100）的外观图和 1/4 剖面图

（其推力为 83 mN，比冲为 1 600 s。由一个内磁线圈和四个外磁线圈产生径向磁场。在绝缘环状腔道的前端发生电离。现代霍尔推进器仅使用一个阴极，如图 17-8 中的中和器。由 FAKEL 提供）

$$\eta_H \equiv \tilde{F} v_x / j_x E_x \rightarrow 1.0 \qquad (17-37)$$

磁流量密度 B_r 如图 17-11 所示。由式（17-36）可得，在高霍尔系数极值 β 下的加速力就是静电力，这是由于出口的电离水平约为 90%。从原理上来看，这正好对应于无严重空间电荷电流限制时离子发动机的情况。即使电子密度在 $10^{15} \sim 10^{17}/m^3$ 的量级，由于在出口处正离子被中和并且在喷口处接近零，有效空间电荷密度 ρ_e 明显较低。注意，式（17-37）定义的 β 的霍尔效率 η_H 严格地反映了电子霍尔系数 β 的影响。该效率是理想的情况，是一个内部参数，它表示总电流矢量不完全垂直于束流方向而引起的损失，总效率由式（17-2）给出。

例 17-3　BPT-4000 霍尔推进器是 GEO 卫星中使用的先进电力推进系统（见参考文献 17-25）。据报道，它在 2 000 s 的特定脉冲下的总效率为 59%，输入功率为 4.5 W，同时提供 280 mN 的推力。在约 5 800 h 的运行期间，据报道该系统利用了约 250 kg 的氙气（代表流速的大小）。计算质量流率和总效率，并与给出的值进行比较。

解　质量流率可以从式（2-17）计算得到，即

$$\dot{m} = \frac{F}{I_s g_0} = \frac{0.28}{2\,000 \times 9.81} = 14.3 \times 10^{-6} (\text{kg/s})$$

并且，推力器效率由式（17-3）可得

$$\eta_t = \frac{F I_s}{2 P_e} = \frac{0.28 \times 2\,000 \times 9.81}{2 \times 4\,500} = 0.61$$

该推进剂质量流量非常低，这是持续时间长的任务所期望的；计算的质量流量略高于给定数据（250/5 800），可能是由于缺乏特异性。计算效率略高于报出的 59% 的值是因为没有考虑影响较小的系统损失。此外，此处无法确定内部霍尔效率（式（17-37））是因为需要额外的信息（对于非常高的 β 值，霍尔效率 η_H 总是接近 1）。

霍尔推进器已参与过许多俄罗斯卫星和欧洲航天局（ESA）的 SMART-1 任务。例 17-3 中的 BPT-4000 已被美国空军用于多个任务中，而且霍尔推进器目前正用于美国对地静止

卫星的轨道提升和站点保持任务。拥有更高的比冲和一些节流能力的霍尔推进器被认为是应用于其他任务的理想选择。

17.4 飞行性能优化

现在讨论空间飞行性能。在17.1节介绍了最优推进系统设计的基本背景。但对每台推力器的比功率和效率，需要进一步深入探究和分析，所以这些讨论并不完全。在任务确定的情况下，需要指定有效载荷 m_{pl} 和速度增量 Δu 以及可用电力的上限（见参考文献17-26）。在17.1节的分析中，对任意指定的 $\Delta u/v_c$，可以找到一个对应有效载荷比率的最佳 v/v_c（v_c 为特征速度，见式（17-8））。但是，即使选择了一种电推进系统，若推进时间 t_p 未明确，总初始质量 m_0 仍然不能确定。推进时间或"燃烧时间"在零有效载荷下是最小的，随着载荷的增加而增加。同时所需的比冲变化是问题的约束条件。

给定有效载荷质量和速度增量，按17.1节的最优结果，可用下述方法设计航天器。

（1）由图17-3确定一个最优 $\Delta u/v_c$，由此确定有效载荷质量比。

（2）根据给定的 Δu，得出特征速度 v_c 值。

（3）在给定的质量比下，由图17-3的最优值 v/v_c 或式（17-9）计算出相应的 v 或 I_s。

（4）选择具有最优 I_s 的发动机，根据其性能（如 α 和 η_t），可由式（17-8）得到推进时间 t_p。

（5）在给定有效载荷质量比的情况下，根据17.1节和式（4-7）计算 m_p。

（6）核对航天器的电功率（见式（17-6））、体积、理想的任务时间以及总费用等项不超标。

显然，以上内容未涉及有效载荷质量比的判断。对该问题的可能解决办法是寻找"双优"，即寻找飞行器最高的有效载荷比下对应的最短燃烧时间。m_{pl}/m_0 和 $\Delta u/v_c$ 的乘积存在一个最大值，它是 v/v_c 的函数。该"双优"给定了在最小的轨道转移时间下的最小总质量（对于效率和特定质量的可比值）。表17-7给定了在相应的比冲范围内比功率一个预估值 α 和目前各类电推进系统的效率。

对17.1节中优化计算公式需要做相应调整，以估算装填推进剂的贮箱的质量。一般是将推进剂质量附加10%（贮箱质量分数）作为贮箱或容器质量（还可以进一步细化，包括冗余推进剂质量）。参考文献17-27中给出了各种不同推力器中的贮箱质量比。当比冲更高、工作时间更长时，前面所做的分析要做少许修改，此时出现最优工作点。对于一个任意的贮箱质量比 φ，有

$$\frac{\Delta u}{v_c} = \frac{v}{v_c}\ln\left[\frac{(1+\varphi)+(v/v_c)^2}{(m_{pl}/m_0+\varphi)+(v/v_c)^2}\right] \quad (17-38)$$

当 $\varphi=0.1$，双优的有效载荷比实际值为0.46，航天器速度增量提高0.299，推进剂排出速度提高0.892。进一步研究表明，有效载荷比的峰值很宽，为0.34~0.58，在数学最优值的6%范围内。因为发动机参数是"不变的"，而且航天器设计师还要处理很多并非与推进有关的问题，所以有效载荷比的最优值在一个较宽范围对于实际设计是有益的。

第17章 电推进

表17-7 当前使用的典型电推进发动机技术总结

发动机类型	标识（参考文献）	比功率 $\alpha/(W \cdot kg^{-1})$（估算值）	推力器效率 η_t	比冲 I_s/s	功率/W	推力/N	寿命/h	状态
电阻式	N_2H_4 (17-19, 17-28)	333~500	0.8~0.9	280~310	500~1 500	0.2~0.8	>390	运行
电阻式	NH_3 (17-19)		0.8	350	500			运行
电阻式	Primex MR-501B (17-28)			303~294	350~510	0.369~0.182	>389	运行
电弧式	N_2H_4 (17-28)	313	0.33~0.35	450~600	300~2 000	0.20~0.25	830~1 000	运行
电弧式	NH_3 (17-19)	270~320	0.27~0.36	500~800	500~30 k	0.20~0.25	1 500	运行
电弧式	MR-509(17-28)[a]	115.3	>0.31	>502(545)	1 800	0.213~0.254	>1 575	运行
电弧式	MR-510(17-28)[a]	150	>0.31	570~600	2 170	0.222~0.258	>2 595	运行
离子推进式	Busek CMNT Colloid	1.7		150~275	24	5~30	>2 200	鉴定
离子推进式	Alta FEEP-150	588	>0.9	5 000~8 000	20	1~150		鉴定
离子推进式	XIPS-13 (17-28)[b]		0.46, 0.54	2 585, 2 720	427, 439	0.017 8, 0.018	12 000	鉴定
离子推进式	XIPS-25 (17-28)[b]		0.65, 0.67	2 800	1 400	0.063 5	>4 350	运行
离子推进式	NSTAR/DS1/DAWN[b]	278	0.62	3 100	2 300~2 500	0.093	>30 000	运行
离子推进式	NEXT NASA GRC	110	0.7	1 400~4 300	560~6 900	0.250~0.235	>30 000	运行
离子推进式	ETS-VI IES（日本）(17-28)		0.4	3 000	730	0.02		运行
离子推进式	DASA RIT-10（德国）(17-28)[b]		0.38	3 000~3 150	585	0.015		运行

续表

发动机类型	标识（参考文献）	比功率 $\alpha/(W\cdot kg^{-1})$（估算值）	推力器效率 η_t	比冲 I_s/s	功率/W	推力/N	寿命/h	状态
霍尔式	Snecma—PPS 1350	283	0.55	1 650	1 200～1 600	0.088	9 500	运行
	SPT（XE）(17-28)	169.8	0.48	1 600	150～1 500	0.04～0.20	>4 000	
	ARC/Fakel SPT-100 (17-19)[c]		0.48	1 600	1 350	0.083	>7 424	运行
	Fakel SPT-70 (17-3)[c]		0.46, 0.50	1 510, 1 600	640～660	0.04	9 000	运行
	TAL D-55（俄罗斯）(17-28)	<50.9	0.48, 0.50～0.60	950～1 950	600～1 500	0.082	>5 000	运行
	BPT-4000 霍尔[a] (17-25)	366	0.59	2 000	4 500	0.28	>8 000	运行
MPD-脉冲	特氟隆 PPT (17-19)	1	0.07	1 000	1～200	4 000 N·s	>10⁷ 脉冲	运行
	LES 8/9 PPT (17-28)		0.006 8, 0.009	836, 1 000	25, 30	0.000 3	>10⁷ 脉冲	运行
	NASA/Primex EO-1[a]	<20	0.098	1 150	最高 100	3 000 N·s		运行
	PRS-101[a]			1 150		1.4 mN, 2 Hz		运行
	EPEX 电弧（日本）(17-28)		0.16	600	430	0.023		运行

研制单位：[a]：Aerojet Rocketdyne；[b]：L3 Communications，[c]：Fakel（俄罗斯）。

给定一个理想的 0.34~0.58 最优有效载荷比率范围，在这一优化方法下，首先选择在 $0.2268 \leq (I_s^*/\Delta u) \leq 0.4263$ 范围内的一台或多台发动机，其中最优比冲 I_s^* 以 s 为单位，速度变量以 m/s 为单位。因为航天器速度变量已知，该标准对比冲给出了限定。图 17-13 显示了式（17-38）中的参数在 $\varphi = 0.1$ 时在扩展的双优邻域中的曲线。椭圆形包围了一个由轮廓曲线界定的扩展的目标区域，该曲线表示低于数学峰值 10% 的值。

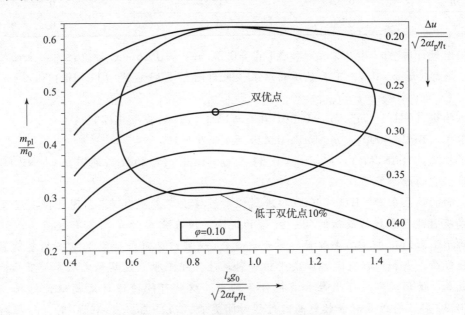

图 17-13 双重最优附近的有效载荷分数

（椭圆形表示比双最佳峰值低 10% 的轮廓。图 17-3 中的参数 v/v_c 和 $\Delta u/v_c$ 在这里显示为等效形式）

采用这一近似是有效的，结果与所用发动机的相关信息吻合。特别要指出的是，比功率是针对推进系统使用的所有惰性气体，可以由功率水平确定。有效载荷质量必须反映除了实际"载荷"之外既不正比于电功率，也不和推进剂相关的那部分质量。根据式（17-38）的要求，贮箱质量比必须与总推进剂质量成比例。假设电源（对于以太阳能作动力的航天器，一般为 28~300 V 直流）不属于推进系统，再假设效率不是比冲的函数（与参考文献 17-29 相反），这意味着在相关的比冲中使用平均或有效的效率值。因为对于图 17-13 的椭圆内的每种单独的推进器而言，其比冲有一个限制范围，所以，以上假设并不是很苛刻的。对于电火箭发动机的连续推进方式，推进时间即代表任务时间。

例 17-4 为了将 LEO 轨道变为 GEO 轨道，需要施加一个速度增量为 4 700 m/s 的持续低推力。选择符合图 17-13 所示双项最佳标准的三种发动机类型，并确定其相应的有效载荷分数 m_{pl}/m_0 和行程时间 t_p。利用表 17-7 中的相关信息和图 17-13 中的注释，特定脉冲的最大范围（椭圆的最宽部分）位于曲线上方 $\Delta u/v_c = 0.3$ 的点（其中还包含实际的双项最优值）。

解 从问题描述中可以直接求得 $v_c = 4\ 700/0.3 = 15\ 667$（m/s），这反过来也可以从图 17-13 中当 $\Delta u/v_c = 0.3$，椭圆内特定脉冲范围为 894~2 156 s 时得到。表 17-8 显示了满足此范围的三个推进器的相关数据。

表 17-8　例 17-4 推进剂的相关参数

参数	电弧推进（NH_3）	霍尔式（BPT-4000）	离子推进式（NSTAR）
I_s/s	800	1 983	2 800
$\alpha/(W \cdot kg^{-1})$	295	366	278
η_t	0.32	0.57	0.50
φ	0.10	0.12	0.12

我们继续计算 $\Delta u = 4\ 700$ m/s 和 $\Delta u/v_c = 0.3$，$v/v_c = 0.56 \sim 1.35$。注意：上面显示的贮箱质量分数都接近 $\varphi \approx 0.1$；下面显示的结果值来自图 17-13 或式（17-38）（m_{pl}/m_0）和式（17-8）（t_p）（注意 $v = c = I_s g_0$）。

电弧推进（NH_3）：$m_{pl}/m_0 = 0.391$ 且 $t_p = 15$ 日（I_s 的较低范围）。

霍尔式（BPT-4000）：$m_{pl}/m_0 = 0.429$ 且 $t_p = 6.8$ 日。

离子推进式（NSTAR）：$m_{pl}/m_0 = 0.34$ 且 $t_p = 10$ 日（I_s 的较高范围）（$I_s = 2\ 800$ s，受到限制时，它的效率低于 0.62）。

从上面的结果来看，BTP-4000 推进器似乎最接近"双最优点"，因此证实了我们早先的"最高有效载荷分数与最短时间一致"的说法。现在需要的是指定有效载荷以便能够增大所需的推进器的尺寸（功率配置、单元数量），这可以尽可能地添加更多的鉴别器材。注意，有效载荷分数和行程时间都取决于推进器属性，即比冲、效率和比功率。下面，需要考虑的是成本、使用周期、可用性和其他任务约束。这些可能使设计远离双优结果，因为当 $\Delta u/v_c < 0.30$ 时，有效载荷分数更高但行程时间更长；而当 $\Delta u/v_c > 0.30$ 时，行程时间短但有效载荷分数较低。

17.5　任务应用

在本章的前面介绍了三类主要的应用领域。对任何给定的飞行应用领域，选择特定的电推进系统时，不但要考虑推进系统的性能，而且要考虑特定飞行任务下的推进要求、所选的特定推进系统的性能、航天器接口以及功率转换和储存系统。总之，主要考虑下列准则：

（1）对于非常精确的小推力位置保持和姿态控制应用任务，脉冲推力器是最合适的。然而，一些系统因为不能容忍脉冲产生的噪声或振动而采用了连续推力系统。

（2）对航天器速度增量很大的深空探测任务，具有非常高比冲的系统将有更好的性能。这可以从双优位置处的比率 $\Delta u/v \approx 0.335$ 看出（图 17-13 中的数据）。

（3）航天器比冲越高，能得到的速度增量越大，但是所需要的推力时间也越长（见 17.1 节，由 $0.505 \leq v/v_c \leq 1.0$ 与式（17-8）可得最优比冲几乎正比于推进时间的平方根。这使得最佳推力和相应的功率通常较低，对比冲在 1 000 s 以上的静电和电磁系统很有利。

（4）因为大多数任务需要长寿命，系统可靠性是一个关键准则。在零压力和零重力下，在所有可能的环境条件（温度、加速度、振动和辐射）下需要进行广泛的测试。电火箭发动机的地面测试和验证需要同化学发动机一样全面彻底。要模拟太空中的低压环境需要大型真空舱。

（5）高推进器效率和高功率转换效率有很高的优势，它们可以降低推进剂质量、功率输送系统本身质量；同时降低热控要求，所有的这些将使航天器总质量降低，总体性能得以提升。比功率 α 的提高与贮箱质量分数 φ 的减小同样也可以减小死重。

（6）对于每种推进任务，理论上存在一个最优的比冲范围（图17-3），这样也就存在一个最优电推进系统结构。当这一最优设计受到其他相互冲突的系统局限性的影响时（如飞行时间或最大功率或体积限制或费用），目前列举的多种电推进系统在经过一些修改之后应该就可以满足需求。

（7）目前，电源的研发水平可能限制了可以用于探索外星球任务的电推进系统的类型与体积，除非航天器上的核能发电技术得到进一步发展，并且其发射安全问题越来越被社会所接受。

（8）有许多实际因素，例如，在零重力环境条件下储存和输送液体推进剂，推进剂（氙）的可获得性，将电源调节到所需要的电压、频率和脉冲宽度，关键系统组件的冗余，在长期飞行过程传感器和控制器的生存性，还包括自我故障诊断装置以及费用等，最终都将影响电推进火箭的选择和应用。

（9）除了考虑贮箱和其他内部因素外，推进剂的选择还将由一些外界因素决定（如羽流和通信信号不应相互影响）。羽流还必须不具有热破坏性，不会沉积在航天器的敏感表面上（如光学镜头、镜片和太阳能电池上）（见第20章）。

（10）随着越来越多经过飞行试验验证的电力推进系统变得可以选用，选择方法可能会与时俱进。同时，通过修改不太理想的现有成熟单元以满足所需的新任务应用是可能的且更实际的。

地球同步卫星或静止卫星尤其适用于通信和对地观察任务，其长寿命使得在寿命期间要进行大量的位置保持工作。到目前为止，影响寿命的主要因素是推进剂的问题。从LEO轨道提升到GEO轨道也可以使用电推进，其中可以同时进行轨道提升与位置保持的推进系统尤其受关注。"全电推进"是最近出现的一个术语，指的是不使用传统化学推进剂到达其运行轨道的卫星；尽管这种轨道提升过程可能需要更长的时间，但卫星本身比具有化学推进剂的那些类似装置要轻得多，并且它们在发射后仍有变轨能力。地球卫星在倾斜轨道上需要精确的时间-轨道位置要求时，也要求有推进装置使其保持在轨道上以抵消在第4章中描述的摄动干扰力。可以使用电动推进器完成近地轨道（掠过大气）卫星的拖曳补偿。

将地球卫星的寿命由最低8年增加到15年以上，明显地增加了其推进系统的总冲和长寿命要求。例如，一颗典型的地球同步轨道卫星的南北位置保持任务需要40 000 ~ 45 000 N·s 的总比冲。表17-9给出了在各种空间推进功能所需的小和大电火箭发动机的一些特征。参考文献17-30中对1997年以前的技术状况进行了很好的回顾。

表17-9 空间推进应用和三种不同推力水平的电推力器特征[a]

推力量级	应用（寿命）	特征	状态
微牛（μN）级	东西位保 姿态控制 飞轮卸载 （15~20年） 编队飞行[b]	10~500 W 功率 精确最小总冲约 2×10^{-5} N·s	运行和在研 （微推进）

续表

推力量级	应用（寿命）	特征	状态
毫牛（mN）级	南北位保 变轨 气动补偿 矢量定位 （20年）	千瓦级功率 对南北位保，冲量小于 2×10^{-3} N·s 46 000 N·s/年/100 kg 航天器质量	运行
0.01~10 N	轨道提升 星际旅行 太阳系考察 （1~5年）	长期 1~300 kW 功率 间断或连续工作	运行

a 目前，近95%的任务电力推进应用都是用于辅助推进，如轨道保持。
b 编队飞行用于几种通信 LEO 卫星。通过在它们之间跨度完全相等，可以在它们下方区域提供连续覆盖。

17.6 空间电源供应和调节系统

在空间使用大量电能是电推进实现高推力的一个关键需求。有多种能源混合使用及其转换方法已经达到原型机阶段，但只有太阳能电池（光伏）、同位素热电发生器（核）以及燃料电池（化学）已经达到满足航天器飞行应用的状态。大型运行系统的输出功率已从较低的 1 kW 增加到某些任务所需的中等程度——几十千瓦，要达到更高的一百多千瓦的功率输出还有待技术（包括政治上）的突破。

随着地球轨道通信卫星的容量和任务范围的增加以及计划中的载人和机器人探月和近地卫星等飞行任务的增加，对空间电源的功率要求也越来越高。有效载荷要求和推进时间决定了功率水平。商用通信系统电力卫星在轨道保持过程中可暂时降低通信容量，这样电源就不需要专门为推进系统供电，但获得较大的电源供应也需要增强的太阳能电池。许多通信卫星实际上与电推力器分享部分或全部功率转换设备。

17.6.1 电源单元

电源可分为直接（无活动机械部件）或动态两种。若强调可靠、总功率不大，则选择直接电源较为合适。但随着航天飞机时代的到来以及载人国际空间站（ISS）的出现，动态电源系统被重新考虑。人们已经评估了多种电源方案，以判断它们是否满足航天器以及电推进系统的需要。直接能量转换的方法有光伏、热电、热离子和电化学，而带移动部件的非直接方法包括 Brayton、Rankine 和 Stirling 循环。

1. 电池

电池可分为一次电池和二次电池。一次电池消耗其自身携带的活性物质，将化学能转化为电能。二次电池利用可逆化学反应储存电能，可多次反复充电。一次电池分为一次干电池和一次湿电池，一次电池随着20世纪60年代那样的短寿命卫星已经过时。具有可重复充电功能的二次电池可以比一次电池提供更高输出水平的电能和更长的寿命。所有电池必须同真空隔离开或装在充压的隔舱中。二次电池是太阳能系统的关键部件，用于电源输出放大和为应付紧急情况储备电能以及卫星位于地球阴影区时的电能供应。自 2003 年以来，锂离子电池一直用于空间应用，因为它们能提供比传统电池更高的能量/功率密度和工作电压。

2. 燃料电池

化学燃料电池能为载人飞行提供 2~4 周、功率达 40 kW 的空间电源供应。其基本原理是靠催化床控制化学反应，从反应中直接产生电能。另外，还必须采用散热措施，以保持理想的燃料电池温度。对于机器人和长时间的飞行任务而言，其体积过于庞大，并且还存在可靠性问题，但技术的改进大大提高了它们的性能与吸引力。

3. 太阳能电池阵

太阳能电池利用光伏效应将太阳的电磁辐射转换为电能。在硅电池中，太阳光在反向光电二极管的 P-N 结上产生电压和光电流。市售器件的效率已达到 20%，但单间隙（单晶）半导体的效率理论上限为 33.7%。比较新的多晶太阳能电池可以规避这种效率限制，因为当光通过叠层时，每层都会单独吸收光谱。目前，运行在地球轨道上的具有多晶半导体的太阳能阵列效率超过 24%（Fraunhofer ISE/Soltec 实验室效率高达 46%）。典型太阳能电池阵列的另一个方面是大多数最初设计仅适用于直流 28 V 输出，尽管目前的设计如 ISS 总线的设计工作在直流 160 V，而 NSTAR/DAWN 任务使用直流 80~160 V。目前，有些设计（称为高压或直接驱动，见参考文献 17-31）可以增加从太阳能电池阵列中输出的电压，使之高达直流 300 V，甚至更高。随着可操作性的提高，它们的高电压将大大简化许多现有电力推进系统中的功率调节设备，并且可以减小死重。但必须注意应该避免在地球轨道上某些位置更容易发生的静电放电现象。

太阳能电池为大多数长期的太空任务提供电能。第一块太阳能电池装在"先驱者 1 号"上，于 1958 年 3 月发射升空，成功工作达 6 年，为卫星的数据传输提供能量。目前，太阳能电池阵的功率达 10 kW，并有提升到 100 kW 量级的潜力。通常，太阳能电池阵在设计时留有 20% 的余量，以避免在"寿命末期"材料性能的衰减。由于辐射和粒子碰撞破坏，特别是在地球周围的辐射带上，太阳能电池的性能会下降。太阳能电池在持续地被改进以提高效率、可靠性和单位质量所输出的功率。例如，标准硅电池单元单位面积输出功率为 180 W/m^2，电池阵单位质量输出功率为 40 W/kg。新型的砷化镓电池单元单位面积输出功率为 220 W/m^2，比硅电池具有更高的辐射阻抗。这些电池阵已经经过空间验证，并且在有抛物线聚能器时可以达到 100 W/kg。

影响太阳能电池阵比质量的因素，除了它的转换效率外还有太阳常数（它与卫星距太阳的距离成平方反比）和电池的制造厚度。当采用太阳聚能器时，对太阳的取向是一个关键因素。电池单元的输出是其温度的函数，工作温度上升 100 ℉，现有设计的电池性能将降低 20%，所以控热就显得尤为重要。太阳能电池板的配置方式：①固定和安装在航天器上；②刚性和可展开的（在发射过程中保护起来，而在空间展开）；③灵活的电池面板可展开（卷起或折叠）；④随聚能器展开布置。

除了太阳能电池阵外，其结构、展开和对准机构及其他需要的部件包括电池、功率调节和分配系统都包括在电源单元的质量与体积里。除了体积较大和依赖电池外，太阳能供电系统是无人航天器的主要供电系统。

4. 核热电和热离子系统

来自长衰变放射性同位素的核能以及在某些情况下来自裂变反应堆的核能在空间供电中发挥着一定的作用。目前已经研制出热电装置（基于 Seebeck 效应）和热离子装置（基于 Edison 效应）。这些装置无活动部件，并由能抗环境辐射的材料制成。但它们的比功率相对低，在费用、可行性和效率上还有一些限制因素。"旅行者 2 号"航天器由 3 台放射性同位素热电发电机提供动力，发射时共发射 420 W（1977 年）。这艘航天器已经运行 37 年（截至 2014 年）。

从 20 世纪 50 年代到 20 世纪 60 年代，核裂变反应堆被认为是最能满足大功率空间飞行任务要求的，特别是需要数月甚至数年的星际航行任务。在一系列 SNAP（核辅助电源系统）上安装了放射性同位素的热电装置，其设计输出功率为 50~300 kW，并已通过试验验证。最近的太空核反应堆计划包括 NASA 的普罗米修斯项目和俄罗斯 TOPAZ，其空间测试功率接近 6 kW。后者的核心就是每个核反应棒环绕着一个热离子发生器。直接转换核能发电的使用，如 NASA 的多任务放射性同位素热电发电机（MMRTG），为目前包括探索地球的火星科学实验室（"好奇号"）供电。

热离子交换器和热电交换器都具有较高的辐射温度，前者与后者相比具有明显的质量优势。由于无论热电还是热离子转换器的热效率都低于 10%，另外必须将所有未经转换的热量辐射掉，因此，在较高工作温度下，热离子辐射器的重量相对较轻。另外，在不产生电能时，由于热源无法关闭，则装置一直需要冷却。根据散热的位置，需要对包括热管或冷却液循环回路进行更巧妙的设计。

5. 长期大功率输出的动力系统

地面上输出功率达 10~1 000 kW 的电源是利用核、化学和太阳能，并以 Stirling 或 Rankine 热机循环为基础的。总效率为 10%~40%，但是其相关硬件复杂，包括轴承、泵、反应堆、控制棒、屏蔽、压缩机、涡轮、阀门和换热器。超导磁体以及密封、轴承和储能飞轮技术的发展使动态部件越发具有吸引力。下面的问题就是研制能承受数年强烈核辐射剂量的高温材料，以及探讨该复杂系统能否在太空环境下具备所需的可靠性。已经开展了一些小规模的试验，研发该系统仍旧是一种挑战。一种先进的 Stirling 放射性同位素发生器，即放射性同位素电力推进（图 17-1）正在开发中，以取代放射性同位素热电发电机（RTG），用于未来的 NASA 任务。

17.6.2 功率转换装置

因为在空间电源和电推力室之间存在电压、频率、功率和其他电性能的不匹配性，所以必须在电推进系统中配备功率调节装置。功率调节装置比推力器本身更昂贵、更笨重、更难鉴定。如同在脉冲等离子体发动机那样，若推力也是脉冲的，则功率调节单元就需要提供脉冲信号以保证瞬间的高电流，并对不同的输出信号进行精确定时、控制以及对电容器充电。静电发动机需要高达 1 800 V 的直流电（FEEP 除外），而通常太阳能电池阵的输出为 28~300 V，所以就需要直流-直流（DC-DC）转换器和升压变换器来完成任务。通常该装置放在一个单独的"黑箱"——也称为功率调节器中。现在使用的调节装置包括所有内逻辑电路，它们可起动、安全运行和关闭发动机。推力器工作通常由航天器上的处理器所发出的开-关指令控制。功率调节装置除了控制每台发动机这个功能外，还提供电路保护和推进剂流量控制以及备份控制等功能。

由表17-7明显可知，对任意电推进系统的比质量α影响最大的因素之一，就是功率调节装置的质量。电热装置具有最简单和最轻的功率调节装置，有些甚至不需要。离子发动机则相反，具有最重的调节装置，而霍尔推力器居中（见参考文献17-24）。PPT趋向于大质量，而储能电容器技术的发展改变了这种局面。实际上，固态电子脉冲电路以及更轻、更高效和适用于更高温度的功率调节装置硬件的进步是电力推进发展的重要领域。通常功率调节装置的效率往往很高，约为90%或更高。但是，这里的产热量的条件是在低温下运行，所以必须进行辐射散热以保持其所需的较低的运行温度。虽然大多数现有的电力推进系统共享航天器电气"总线系统"，但在EPS作为主要推进装置的一些应用中具有称为"直接驱动"（见参考文献17-31）的特殊电气总线。在可行的情况下，功率调节装置可以省去，用一次电源直接驱动，但为了控制电磁干扰（EMI），低通滤波器可能仍然需要（更多信息见参考文献17-29）。

■ 符号

a	加速度，m/s^2（ft/s^2）
A	面积，cm^2 或 m^2
B，B_z	磁流密度，Wb/m^2 或 T
B_r	径向磁流密度，Wb/m^2 或 T
c	有效排气速度，m/s
C	电路电容，F/m
c_p	比定压热容，$J/(kg \cdot K)$
d	加速器栅极间距，cm（in）
D	孔或束流直径，cm（in）
e	电子电量，1.602×10^{-19} C
E	电场，V/m
E_x	纵行电场，V/m
E_y	横向电场，V/m
f	作用在单个粒子上的微观力
F	推力，N 或 mN（lbf 或 mlbf）
$\tilde{F}_x$	腔道内加速力密度，V/m^3（lbf/ft^3），见式（17-14）
g_0	将推进剂喷射速度的单位转换为秒的常数，$9.81\ m/s^2$ 或 $32.2\ ft/s^2$
I	总电流，A
I_{bit}	单脉冲冲量，$N \cdot s$ 或 $lbf \cdot s$
I_s	比冲，s（I_s^* 为最优值）
j，j_{max}	电流密度，A/m^2
j_x，j_y	正交电流密度分量
j_θ	霍尔电流密度，A/m^2
k	比热比

l_I		电力损失，W
L		电路电感，H
m_p		推进剂质量，kg (lb)
m_{pp}		电源质量，kg (lb)
m_{pl}		有效载荷质量，kg (lb)
m_0		航天器初始总质量，kg (lb)
$\dot{m}$		质量流量，kg/s (lb/s)
$\mathfrak{M}$		平均分子质量，kg/(kg·mol) (lb/(lb·mol))
n_e		电子数密度，m^{-3} (ft^{-3})
N		脉冲数
P		功率，W
P_e		电功率，W
P_{jet}		射流动能，W
r_i		内径，m
r_0		外径，m
R		等离子体阻抗，Ω
S		距离，cm (in)
t		时间或持续时间，s
t_p		推进时间，s (t_p^* 为最优值)
T		热力学温度，K (°R)
Δu		航天器速度增量，m/s (ft/s)
v, v_e		推进剂或带电粒子排出速度，m/s (ft/s)
v_x, v_i		沿加速器的等离子体速度或引入速度，m/s
v_c		特征速度，m/s
V		电压，V
V_x, V_{acc}		本地或总加速电压，V
w		极轨宽度，m
x		线性尺寸，m (ft)

■希腊字母

α		比功率，W/kg (W/lbm)
β		电子霍尔系数（量纲为1）
ε_0		真空介电常数，8.85×10^{-12} F/m
ε_I		电离能，eV
η_H, η		推力器的效率
κ		增加加速器能量的注入离子比不小于0
μ		离子质量，kg
μ_e		电子质量，9.11×10^{-31} kg
μ_0		真空电容率，$4\pi \times 10^{-7}$ H/m

φ	贮箱质量比
ρ_e	空间电荷，C/m³
σ	等离子体电导率，S/m
τ	平均碰撞时间，s（特征时间，s）
ω	电子回旋频率，s⁻¹

习 题

1. 用特征速度 $v_c = \sqrt{2t_p\alpha\eta}$ 无量纲化分析飞行性能。在未给定贮箱质量比（如 $\varphi = 0$）情况下，推出式（19-35）。并且画出对不同的 $\Delta u/v_c$ 值下，有效载荷比与 v/v_c 的对应关系，根据最优性能讨论结果。

2. 对于习题1中有效载荷为0的特殊情况，根据特征速度确定 $\Delta u/v_c$、v/v_c、m_p/m_0 与 m_{pp}/m_0 的最大值。

   答案：$\Delta u/v_c = 0.805$，$v/v_c = 0.505$，$m_p/m_0 = 0.796$，$m_{pp}/m_0 = 0.204$。

3. 对于速度增量为 85 000 ft/s 和比功率为 $\alpha = 100$ W/kg 的空间任务，确定在两个最大载荷比下，即0.35和0.55时，I_s 和 t_p 的最优值，推力器效率取100%且 $\varphi = 0$。

   答案：对于0.35，$I_s = 5.11 \times 10^3$ s，$t_p = 2.06 \times 10^7$ s；对于0.55，$I_s = 8.88 \times 10^3$ s，$t_p = 5.08 \times 10^7$ s。

4. 使用 $m_{pp} = m_p[(v/v_c)^2 + (v/v_c)^3]$ 而不是式（17-6）（取 $\varphi = 0$）导出式（17-7）；这个形式不利于高 I_s 和/或短 t_p 任务。绘制并与图17-3所示的结果进行比较。

5. 一台离子推力器使用荷质比为 500 C/kg 的带电重粒子，产生3 000 s的比冲。
   （1）使用双栅加速对所需的比冲需要多大的加速电压？
   （2）若加速器的间距是6 mm，离子束的直径是多少才能在该加速电压下产生0.5 N的推力？

   答案：（1）8.66×10^5 V；（2）$D = 1.97$ mm。

6. 一台氩离子发动机的性能和运行条件：电力电压为400 V，加速电压为 3×10^4 V，离子源直径为5 cm，加速器电极间距为1.2 cm。计算推进剂质量流量、推力、总推力效率（包括电离和加速）（假设为单荷离子）。

   答案：$\dot{m} = 2.56 \times 10^{-7}$ kg/s，$F = 9.65 \times 10^2$ N，$\eta_t = 98.7\%$。

7. 对一个输出功率为300 kW的电源，推进剂质量为6 000 lb，$\alpha = 450$ W/kg，有效载荷为4 000 lb，针对下列三种情况确定推力、理想速度增量和飞行时间。
   （1）电弧推力器：$I_s = 500$ s，$\eta_t = 0.35$；
   （2）离子发动机：$I_s = 3 000$ s，$\eta_t = 0.75$；
   （3）霍尔发动机：$I_s = 1 500$ s，$\eta_t = 0.50$。

   答案：
   （1）$t_p = 3.12 \times 10^5$ s，$\Delta v = 4.06 \times 10^3$ m/s，$F = 42.8$ N；
   （2）$t_p = 1.20 \times 10^7$ s，$\Delta v = 2.43 \times 10^4$ m/s，$F = 6.58$ N；
   （3）$t_p = 1.96 \times 10^6$ s，$\Delta v = 1.22 \times 10^4$ m/s，$F = 20.4$ N。

8. 下面给出了一个MPD的出口速度公式，由该速度可简单估算加速腔长度，该关系式

通过加速时间 t 间接地将加速距离同速度联系了起来。考虑具有一定等离子体密度 ρ_m 的束流（非阻塞），根据牛顿第二定律求解速度 $v(t)$，接着求距离 $x(t)$，有

$$v(t) = (E_y/B_z)[1 - e^{-t/\tau}] + v(0)e^{-t/\tau}$$
$$x(t) = (E_y/B_z)[t + \tau e^{-t/\tau} - \tau] + x(0)$$

式中：$\tau = \rho_m/(\sigma B_z^2)$，单位为 s。对于这个简化的 MPD 加速器等离子体模型，计算从静止加速到 $v = 0.01\ (E/B)$ 的加速距离和时间。其中等离子体电导率 $\sigma = 100\ \text{m}\Omega/\text{m}$，$B_z = 10^{-3}$ T，$\rho_m = 10^{-3}\ \text{kg/m}^3$，$E_y = 1\ 000\ \text{V/m}$。

答案：503 m，0.100 5 s。

9. 假设材料技术的突破使电热发动机的高压腔室的工作温度可由 3 000 K 上升到 4 000 K，储存氢气的贮箱温度室 250 K。忽略离解，取 $\alpha = 200\ \text{W/kg}$，$\dot{m} = 3 \times 10^{-4}\ \text{kg/s}$，按两种温度计算前后两个 Δu。运行或推进时间是 10 天，载荷质量为 1 000 kg，对双原子分子 $k = 1.3$。

答案：对前者 610 m/s，对后者 711 m/s。

10. 一台电弧推力器的推力为 0.26 N。计算航天器在无重力、无大气阻力下飞行 28 天，有效载荷质量为 100 kg 情况下的速度增量，设推力效率为 50%，比冲为 2 600 s，单位功率为 200 W/kg。这不是一个最佳的有效载荷比，计算使有效载荷比达到最大时的 I_s，其他因素保持不变。

答案：$\Delta u = 4.34 \times 10^3\ \text{m/s}$；$I_s = 2\ 020\ \text{s}$（降低）。

11. 有一种申请了专利的静电推进器，加速电子作为其推进剂。发明人指出，受空间电荷限制的推力与推进剂质量无关，并且电子非常容易产生（通过阴极表面发射）并且比原子离子更容易加速。使用本章给出的静电推进器的基本关系证明：电子加速对静电推进器来说是不切实际的。假设每个加速器孔所需的推力为 10^{-5} N，加速器中存在几千个"直径比"$D/d = 1.0$ 的孔，并且中和器使用质子（其质量为电子质量的 1 836 倍）运行。

12. 对于例 17-4 中的三个推进器中的每一个，计算推力 F 和输入功率 P_e，其有效载荷质量 $m_{pl} = 100\ \text{kg}$。如果航天器电源限制在 30 kW 但任务时间可延长至 100 天，结果如何？

答案：电弧推进器：0.754 N，9.24 kW；霍尔推进器：1.73 N，29.6 kW；离子推进器：1.49 N，40.9 kW。

参考文献

17-1. M. M. Micci and A. D. Ketsdever (Eds.), *Micropropulsion for Small Spacecraft*, Progress in Astronautics and Aeronautics, Vol. 187, AIAA, Reston, VA, 2000; J. Mueller et al., "Survey of Propulsion options for Cubesats," Jet Propulsion Laboratory Caltech, CPIAC JSD CD-62 (Abstract No. 2010-9915BP).

17-2. R. G. Jahn, *Physics of Electric Propulsion*, McGraw-Hill Book Company, New York, 1968, pp. 103–110. See also http://alfven.princeton.edu/papers/Encyclopedia.pdf.

17-3. D. M. Goebel and I. Katz, *Fundamentals of Electric Propulsion—Ion and Hall Thrusters*, John Wiley and Sons, Hoboken, NJ, 2008.

17-4. P. J. Turchi, Chapter 9, "Electric Rocket Propulsion Systems," in R. W. Humble, G. N. Henry, and W. J. Larson (Eds.), *Space Propulsion Analysis and Design*, McGraw-Hill, New York, 1995, pp. 509–598.

17-5. A. Spitzer, "Near Optimal Transfer Orbit Trajectory Using Electric Propulsion," AAS Paper 95–215, American Astronautical Society Meeting, Albuquerque, NM, Feb. 13–16, 1995.

17–6. D. B. Langmuir, Chapter 9, "Low-Thrust Flight: Constant Exhaust Velocity in Field-Free Space," in H. Seifert (Ed.), *Space Technology*, John Wiley & Sons, New York, 1959.

17–7. D. C. Byers and J. W. Dankanich, "Geosynchronous Earth Orbit Communication Satellite Deliveries with Integrated Electrical Propulsion," *Journal of Propulsion and Power*, Vol. 24, No. 6, 2008, pp. 1369–1375.

17–8. M. J. Patterson, L. Pinero, and J. S. Sovey, "Near-Term High Power Ion Propulsion Options for Earth-Orbital Applications," AIAA Paper 2009–4819, Denver, Colorado, Aug. 2009.

17–9. F. R. Chang Diaz, et al, VASIMR Engine: Project Status and Recent Accomplishments, AIAA Paper 2004-0149, Reno Nevada, Jan. 2004; see also Wikipedia entry: Variable Specific Impulse Magnetoplasma Rocket.

17–10. C. D. Brown, *Spacecraft Propulsion*, AIAA Education Series, Washington, DC, 1996.

17–11. F. F. Chen, *Introduction to Plasma Physics*, Plenum Press, New York, 1974.

17–12. G. W. Sutton and A. Sherman, *Engineering Magnetohydrodynamics*, McGraw-Hill Book Company, New York, 1965.

17–13. D. M. Zube et al., "History and Recent Developments of Aerojet Rocketdyne's MR-510 Hydrazine Arcjet Systems," Space Propulsion Conference 2014, paper SP2014_2966753, Cologne, Germany.

17–14. D. R. Bromaghim et al., "Review of the Electric Propulsion Space Experiment (ESEX) Program," *Journal of Propulsion and Power*, Vol. 18, No. 4, July–August 2002, pp. 723–730.

17–15. J. Mueller, Chapter 3, in Ref. 17–1.

17–16. M. Tajmar, A. Genovese, and W. Steiger, "Indium Field Emission Electric Propulsion Microthruster Experimental Characterization," *Journal of Propulsion and Power*, Vol. 20, No. 2, Mar.–Apr. 2004.

17–17. J. R. Beattie, XIPS Keeps Satellites on Track, *The Industrial Physicist*, Vol. 4, No. 2, Jun. 1998; C. E. Garner and M. D. Rayman, "In Flight Operation of the Dawn Ion Propulsion System Through Survey Science Orbit at Ceres," paper AIAA 2015-3717, Orlando, FL, 2015.

17–18. K. J. Groh and H. W. Loeb, State of the Art of Radio Frequency Ion Thrusters, *J. Propulsion*, Vol. 7 No. 4, Jul.–Aug. 1991, pp. 573–579; N. Nishiyama et al., "In-Flight Operation of the Haybusa2 Ion Engine System in the EDVEGA Phase," paper AIAA 2015-3718, Orlando, FL, 2015.

17–19. P. G. Hill and C. R. Peterson, *Mechanics and Thermodynamics of Propulsion*, Addison-Wesley Publishing Company, Reading, MA, 1992.

17–20. S. Liu and R. A. Dougal, "Initial Velocity Effect on Space-Charge-Limited Currents," *Journal of Applied Physics*, Vol. 78, No. 10, Nov. 16, 1995, pp. 5919–59–25; O. Biblarz, "Ion Accelerator Currents Beyond the Child-Langmuir Limit," AIAA Paper 2013–4109, San Jose, CA, Jul. 2013.

17–21. E. L. Resler, Jr., and W. R. Sears, "Prospects of Magneto-Aerodynamics," *Journal of Aeronautical Sciences*, Vol. 24, No. 4, Apr. 1958, pp. 235–246.

17–22. S. S. Bushman and R. L. Burton, "Heating and Plasma Properties in a Coaxial Gasdynamic Pulsed Plasma Thruster," *Journal of Propulsion and Power*, Vol. 17, No. 5, Sept.–Oct. 2001, pp. 959–966.

17–23. V. Kim, "Main Physical Features and Processes Determining the Performance of Stationary Plasma Thrusters," *Journal of Propulsion and Power*, Vol. 14, No. 5, Sept.–Oct. 1998, pp. 736–743.

17–24. C. H. McLean, J. B. McVey, and D. T. Schappell, "Testing of a U.S.-Built HET System for Orbit Transfer Applications," AIAA Paper 99-2574, Jun. 1999.

17–25. B. Welander et al., "Life and Operating Range Extension of the BPT 4000 Qualification Model Hall Thruster," AIAA Paper 2006–5263, Sacramento, CA, Jul. 2006.

17–26. D. Baker, Chapter 10, "Mission Design Case Study," in R. W. Humble, G. N. Henry, and W. J. Larson (Eds.), *Space Propulsion Analysis and Design*, McGraw-Hill, New York, 1995.

17–27. M. Martinez-Sanchez and J. E. Pollard, "Spacecraft Electric Propulsion—An Overview," *Journal of Propulsion and Power*, Vol. 14, No. 5, Sept.–Oct. 1998, pp. 688–699.

17–28. J. D. Filliben, "Electric Propulsion for Spacecraft Applications," *Chemical Propulsion Information Agency Report CPTR 96-64*, The Johns Hopkins University, Dec. 1996.

17–29. M. A. Kurtz, H. L. Kurtz, and H. O. Schrade, "Optimization of Electric Propulsion Systems Considering Specific Power as a Function of Specific Impulse," *Journal of Propulsion and Power*, Vol. 4, No. 2, 1988, pp. 512–519.

17–30. J. D. Filliben, "Electric Thruster Systems," *Chemical Propulsion Information Agency Report CPTR-97-65*, The Johns Hopkins University, Jun. 1997.

17–31. T. W. Kerslake, "Effect of Voltage Level on Power System Design for Solar Electric Propulsion Missions," *Journal of Solar Energy Engineering*, Vol. 126, No. 3, Aug. 2004, pp. 936–944.

第 18 章　推力矢量控制

控制飞行器的飞行轨道和姿态，可以使飞行器精确地到达预定飞行终点。火箭推进系统除了为飞行器提供推力外，还能提供使推进器转动的扭矩。通过本章下面将叙述的机构控制推力矢量的方向，可以控制飞行器的俯仰、偏航和滚转运动。推力矢量控制单元与主推进系统集成在一起，只在主推进系统点火且产生排气喷射时有效。自由飞行时，主推进系统关闭，此时需要另外的独立推进单元来实现对姿态或飞行轨道的控制。在太空中，具备多个独立推力发生单元的专用姿态控制系统在飞行器上广泛使用（图 1-14 和图 4-14）。图 3-16、图 6-14、图 12-27、图 12-28 所示为其他的姿态控制装置，参考文献 18-1 中给出了液体火箭发动机飞行轨迹控制的相关历史。

所有化学推进系统都可配备某种类型的推力矢量控制（TVC）机构。其中一些对固体、固液混合或液体推进系统都适用，但大多数机构只专门用于某一类推进系统。本章将叙述两类推力矢量控制方案：①用于单喷管发动机的方案；②用于两个以上喷管的方案。

气动安定面（固定的和可动的）用于控制飞行器在大气层内的飞行依然是很有效的，几乎所有的气象火箭、防空导弹和空面导弹都使用气动安定面。尽管气动控制面增加了一些阻力，但它们在飞行器重量、转矩和操纵动力消耗等方面的效果是其他任何飞行控制方法所难以比拟的。飞行器飞行控制也可以用单独的姿态控制推进系统来完成（见 4.5 节和 6.7 节）。在这种情况下，6 个或更多的小型液体推力器（有单独的供应系统，单独控制）在主发动机工作时、工作前或工作后为飞行器提供较小的力矩。图 4-14 表明它需要 12 个喷管才能获得绕三个垂直轴的纯扭矩。在太空中，火箭是 TVC 的主要手段。

采用 TVC 的理由：①有意改变飞行轨道或弹道（如改变寻的导弹的飞行弹道方向）；②在动力飞行段使飞行器旋转或改变姿态；③在动力飞行段修正与预定弹道或姿态的偏差；④在主推进系统工作期间，当主推力矢量偏离飞行器重心时修正其固定喷管的推力偏心。在先前所有的阐述中，我们默认推力矢量通过质心并且与飞行方向完全对齐（图 4-6）。对于 TVC 来说，就是有目的性地提供对质心的力矩来控制飞行轨迹。侧向力（或其垂直分量）沿飞行器轴线的位置决定了其力矩臂，从而确定了任一给定部件所需力的大小。这意味着尽可能远离质心（最长力矩臂）的位置是最理想的，以使所需的力最小化，从而使推进剂的使用最优化。

俯仰力矩是升高或降低飞行器鼻锥的力矩；偏航力矩使鼻锥横向偏转；滚转力矩绕着飞行器主轴施加（图 18-1）。通常主发动机喷管推力矢量沿着飞行器轴线方向并穿过飞行器重心。因此，只要简单地偏转主发动机的推力矢量，就可以得到俯仰或偏航的控制力拒。然而，滚动控制通常要采用两个以上回转舵或两个以上单独铰接的推进系统喷管。图 18-2 展示了如何用铰接推力室或喷管得到俯仰力矩。侧向力和俯仰力矩随推力矢量有效偏转角的正弦值变化。

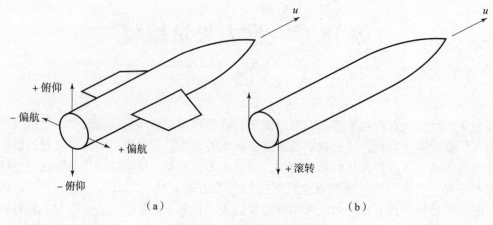

图 18-1 飞行器上的力矩

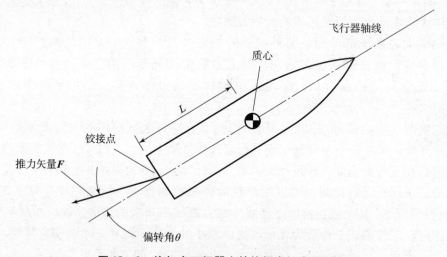

图 18-2 施加在飞行器上的俯仰力矩为 $FL\sin\theta$

18.1 单喷管 TVC 机构

有许多不同的 TVC 机构已成功得到应用,参考文献 18-2 和 18-3 对其中一些应用进行了描述。它们可以分为四类:

(1) 通过机械方法使喷管或推力室偏转。
(2) 将耐热可活动物体插入喷流,这些物体承受气动力并使部分排气偏转。
(3) 在扩张喷管的侧面喷入流体,使超声速排气气流不对称。
(4) 采用独立的产生推力的装置,它不属于通过喷管的主气流。

各类方法将在下面和表 18-1 中(各类之间用横线分开)进行简要的描述。图 18-3 所示为几种典型的 TVC 机构,这里给出的所有 TVC 方案均已在实际飞行器中使用过。

表 18-1　推力矢量控制机构

类型	L/S[a]	优点	缺点
常平架或铰链	L	技术简单成熟；转矩小，功率低；±12°；工作时间只受推进剂供应的限制；推力损失很小	要求用软管；惯性大；要求高摆动速率时作动器很大
可转动喷管（挠性轴承）	S	技术成熟，无滑动动密封；起动功率可预计；最大±12°	作动力大；低温下转矩大；作动力可变
可转动喷管（气体密封转动球）	S	技术成熟；若整个喷管可转动则无推力损失；可达±20°	滑动热燃气球密封；功率变化很大；工作时间有限；为保持密封需连续加载
燃气舵	L/S	技术成熟；起动功率小；摆动速率高；滚动控制用单个喷管；±9°	推力损失0.5%～3.0%；燃气舵有剥蚀；工作时间有限；导弹长度加长
燃气片	S	技术成熟，摆动速率高；装置紧凑	燃气片有剥蚀；当燃气片在喷流中时有推力损失；工作时间有限
射流偏转舵	S	经"北极星"导弹验证；作动功率低；重量可以很轻	剥蚀和推力损失；诱发飞行器底部热燃气回流；工作时间有限
液体侧向喷射	S/L	技术成熟；喷射剂的比冲几乎能弥补重量的增加；摆动速率高；易于在各种发动机上使用；飞行前可检测；组件可重复使用；工作时间仅受液体供应的限制；±6°	高性能时需要有毒液体；贮箱和供应系统通常难以装配；有时需要过多维护；某些推进剂会泄漏和有毒烟；限于小矢量角应用
燃气侧向喷射	S/L	质量小；起动功率小；摆动速率大；容积小/紧凑；性能损失小	热燃气阀中多道滑动接触和密封；导管热膨胀；工作时间有限；要求特殊的热燃气阀；技术未经验证
用于大推力发动机的铰接辅助推力室	L	技术成熟；由主涡轮泵供应；性能损失小；紧凑；起动功率小；无热移动面；工作时间无限	组件和复杂性的增加；施加于飞行器的力矩较小；在美国已有20年未使用
用于大发动机的涡轮排气偏转	L	偏转铰链为低压；性能损失小；重量轻；技术成熟	侧向力有限；适度的热偏转接头；仅能用于滚动控制

[a] L 指用于液体火箭发动机，S 指用于固体火箭发动机。

在铰接或常平架方案中（铰接只允许绕一个轴转动，而常平架基本是一万向接头），整个发动机支承在轴承上，因此推力矢量可以旋转。在转动角较小的情况下，这种方案比冲损失很小，可以忽略，因而在很多飞行器中采用了这种方案。它需要一组推进剂软管（波纹管），以使推进剂从飞行器贮箱流入可转动的发动机。航天飞机（图 1-14）有 2 台装有常平架的轨道机动发动机，还有 3 台装有常平架的主发动机。图 6-1 和图 8-17 展示了装有常平架的发动机。苏联的一些运载火箭采用了多台铰接推力室（图 11-1 和图 18-10 示出了 4 台铰接推力室），美国的许多飞行器则采用了常平架。

图 18-3 中所示的燃气舵是伸入火箭发动机固定喷管排气气流中的成对的耐热气动翼形表面，它们最早在 19 世纪 40 年代就开始使用。燃气舵产生额外的阻力（比冲减小 2%～5%，阻力随舵偏角而增加），舵材料会剥蚀。第二次世界大战中德国 V-2 导弹以及 1991 年伊拉克"飞毛腿"（Scud）导弹采用了石墨燃气舵。燃气舵的单喷管滚动控制优点通常胜过了其性能损失。参考文献 18-4 详述了单喷管燃气舵的一些最新的应用。

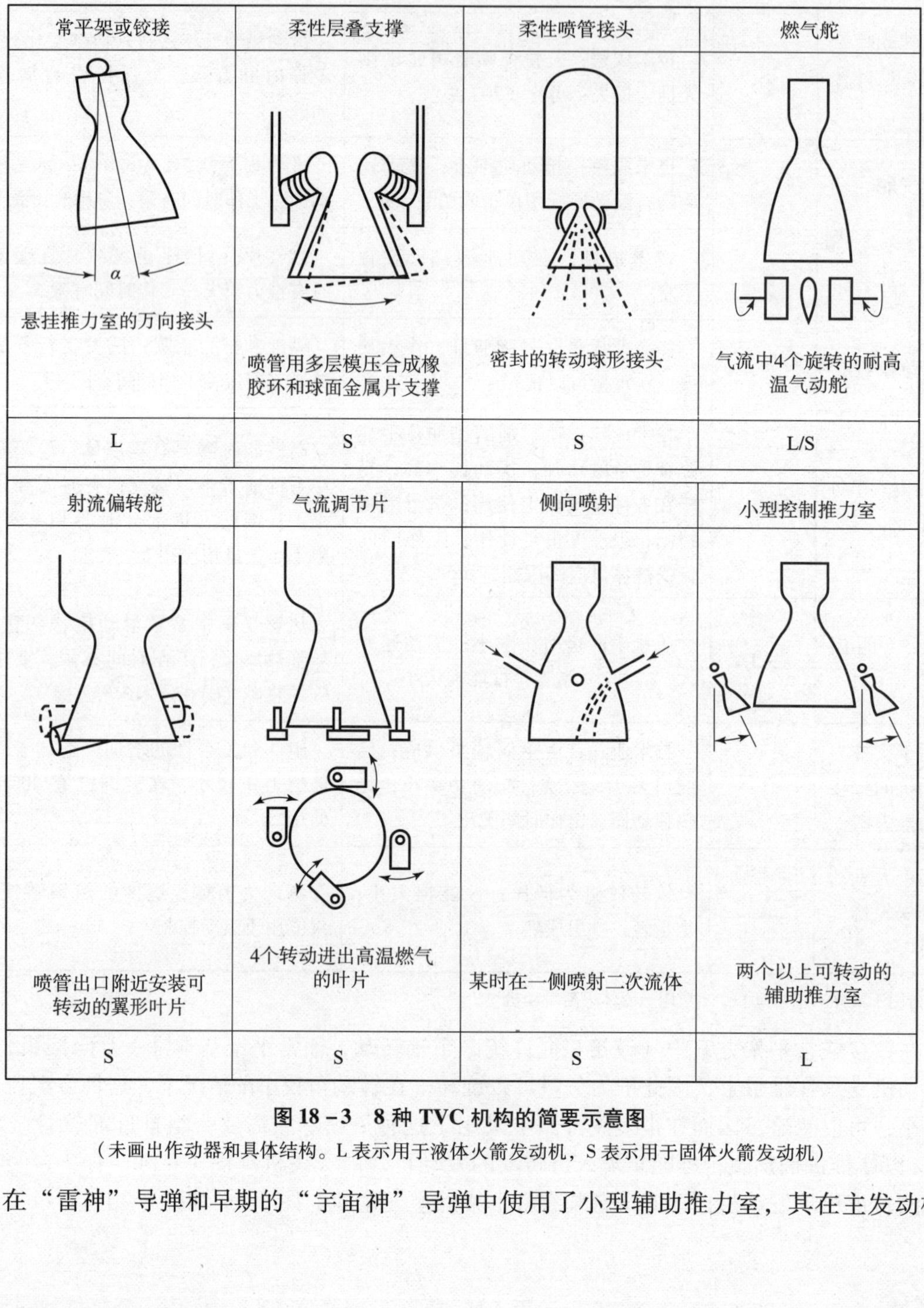

常平架或铰接	柔性层叠支撑	柔性喷管接头	燃气舵
悬挂推力室的万向接头	喷管用多层模压合成橡胶环和球面金属片支撑	密封的转动球形接头	气流中4个旋转的耐高温气动舵
L	S	S	L/S
射流偏转舵	气流调节片	侧向喷射	小型控制推力室
喷管出口附近安装可转动的翼形叶片	4个转动进出高温燃气的叶片	某时在一侧喷射二次流体	两个以上可转动的辅助推力室
S	S	S	L

图 18-3 8 种 TVC 机构的简要示意图

（未画出作动器和具体结构。L 表示用于液体火箭发动机，S 表示用于固体火箭发动机）

在"雷神"导弹和早期的"宇宙神"导弹中使用了小型辅助推力室，其在主发动机工作时提供滚动控制。它们与主发动机的推进剂由同一供应系统供应。俄罗斯某些助推火箭仍在使用这种方案。

通过喷管壁面的喷射孔向主气流实施二次流体喷射会在喷管扩张段中形成斜激波,造成主气流分布不对称,从而产生侧向推力。二次流体可以是储存的液体,或是由单独燃气发生器产生的气体(气体温度需足够低,以便管道输送),或是从燃烧室直接抽取的气体,或喷射经催化反应的单组元推进剂。当偏转角较小时,这种方案的损失较低,但在力矩较大(大侧向力)时二次流体的量变得非常大。这种方案已在少数大型固体火箭发动机中得到应用,如"大力神ⅢC"和"民兵"导弹。

在所有机械偏转方案中,可转动喷管和常平架发动机是最有效的。它不会显著降低推力或比冲,在重量上与其他机械型方案相比也有优势。图18-3和图18-4所示的柔性喷管是固体发动机常用的 TVC 机构。模压的多层支撑面填料起到密封、传递载荷的支撑面以及黏弹性曲面的作用。它利用球面形金属片之间的许多层叠的双层弯曲弹性(似橡胶的)层的变形来传递载荷、转动喷管方向。运载火箭和大型战略导弹中已使用柔性密封喷管,其使用环境的温度极值适中。在低温下弹性体会变硬,作动力矩显著增大,需要更大的作动系统。图18-5画出了另一种柔性喷管,它采用了活动接头,用环形液压囊传递载荷。此外,它还采用了双密封以防止热燃气的泄漏,采用了各种绝热措施使结构温度低于200 °F或93 ℃。

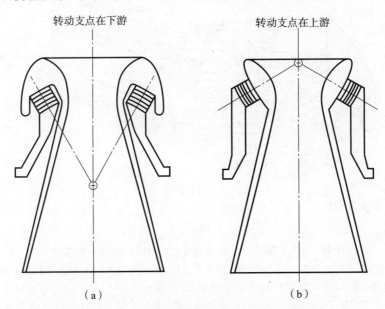

图18-4 转动中心位置不同的两种柔性喷管支撑方法
(支撑环用金属或塑料垫片制成,球面形曲面(白色)与多层模压橡胶层(黑条纹)连接在一起。为清楚起见,图中只画出5层,许多柔性支撑环有10~20层。经许可摘自参考文献18-2)

下面将详细叙述两种常平架。图18-6画出了航天飞机主发动机(SSME)的常平架组件,它支撑发动机的重量并传递推力。它有一个球窝万向接头,具有相互吻接的球面(凹面和凸面)。随着常平架组件的转动,这些表面出现滑动。在飞行器上安装发动机时采用了一些补偿衬套,以矫正推力矢量。表18-2列出了该常平架的一些设计特点和性能

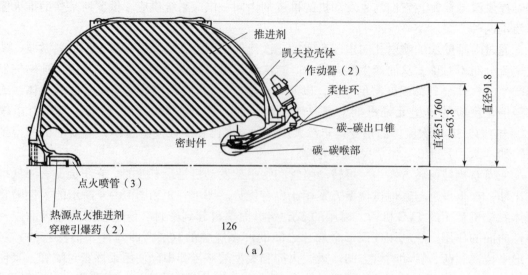

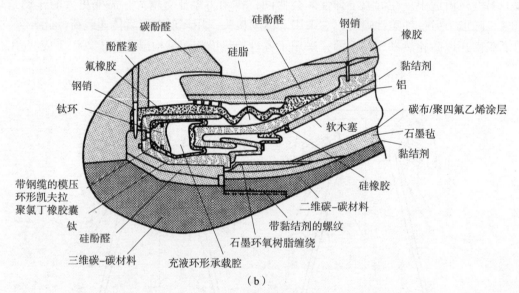

图 18-5　上面级固体火箭发动机（IUS）的简化剖面图

（该发动机中有绝热碳-碳复合材料喷管、绝热凯夫拉纤维缠绕壳体、热原点火器、前后应力释放装置、充液支撑环以及喷管中的弹性密封组件（允许推力矢量偏转 4.5°）。该发动机装填重量为 22 874 lbf，HTPB 推进剂 21 400 lbf，燃尽重量为 1 360 lbf，发动机重量比为 0.941，喷管喉部直径为 6.48 in，面积比为 63.8。发动机工作 146 s，平均室压 651 psi（最高 886 psi），平均推力 44 000 lbf（最高 60 200 lbf），有效高空比冲 295 s。图（a）为发动机纵剖面，图（b）为喷管密封组件的局部放大剖面图。该发动机为图 12-3 所示的 Orbus-6 发动机的放大版本。来自 1983 年加利福尼亚奈特雷 JANNAF 会议中 C. A. Chase 的"美国汽车工业协会固体发动机概述"；由联合技术公司前化学系统部门提供）

指标。其最大角运动实际上比工作时的偏转角大，以便适应不同的公差和对准。工作时的实际偏转角、对准公差、摩擦系数、角速度以及加速度通常比表中列出的最大值要小得多。

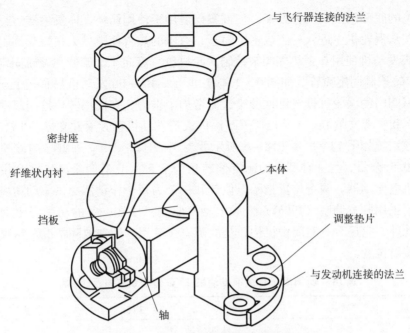

图 18-6 航天飞机主发动机的常平架组件

（由 Aerojet Rocketdyne Inc. 提供）

表 18-2 SSME 常平架组件的特征与性能指标

支撑的发动机重量/lbf	约 7 000
传递的推力/lbf	512 000
常平架组件重量/lbf	105
材料为钛合金	6Al–6V–2Sn
尺寸（近似）/m	R11×14
角运动/(°)	
使用要求（最大）	±10.5
作动器的缓冲余量	0.5
角向校准	0.5
常平架连接点公差	0.7
过调矢量调整	0.1
最大角运动能力	±12.5
角加速度（最大）/[(°)·s^{-2}]	30
角速度（最大）/[(°)·s^{-1}]	20
角速度（最小）/[(°)·s^{-1}]	10
侧向调整/in	±0.25
常平架绕每轴的任务循环	
至 10.5° 的工作次数/次	200
至 10.5° 的非工作次数/次	1 400
摩擦因数（88~340 K 温度范围）	0.01~0.2

表18-1的底部列出了一种方案，该方案仅适用于使用循环气体发生器运行的液体火箭发动机。尾气从涡轮机中进入一个或多个喷管，有限的热气使得最大扭矩受到限制。俄罗斯RD-119二级发动机使用6个热气阀来控制涡轮机废气流向4个俯仰和偏航固定喷管，以及4个较小的滚转控制固定喷管。如图6-9（a）所示，RS-68发动机只有一个连续流动的喷管，用于没有阀门的涡轮机排气。这种排气流增加了推力，它使用转环控制滚动。

表18-3和参考文献18-5给出了IUS固体火箭发动机喷管柔性支撑环TVC作动系统的设计指标，该系统如图12-3、图18-5所示并参考表12-3。一种型号的该喷管最大偏转角为4°加上0.5°余量，另一种型号的额定偏转角为7.5°。它有两个电气冗余设计的、采用球形螺杆的机电作动器，两个位置指示电位计和一个为每个作动器提供驱动功率和控制信号的控制器。它采用脉宽调制（PWM）变频电动机驱动，以在一定的功率和驱动力下减小尺寸和重量。此外，它还有一对闭锁机构，是故障安全装置，能在故障情况下将喷管锁定在固定的俯仰和偏航位置。

表18-3 IUS固体火箭发动机TVC作动系统的设计指标

项目	指标
性能参数	
输入功率	在直流24~32 V下最大为31 A/轴；>900 W（峰值）
行程	>10.2 cm（4.140 in）
停住力	>1.9 kN（430 lbf）
精度	<±1.6 mm（±0.063 in）
频率响应	在100°相位滞后下大于3.2 Hz
空载速度	>8.13 cm/s（3.2 in/s）
刚性	>28.9 kN/cm（16 600 lbf/in）
间隙	<±0.18 mm（0.007 in）
可靠度	>0.999 88 冗余驱动机构，>0.999 72 单线元件
重量	
控制器	单个<5.9 kgf（13 lbf）
作动器	单个<7.04 kgf（15.5 lbf）
电位计	单个<1.23 kgf（2.7 lbf）
系统	<22.44 kgf（49.4 lbf）

装配时推力矢量的对准是一项必需的工作。在中性位置（无偏转，或许多飞行器中推力轴线与飞行器轴线重合）推力矢量通常应穿过飞行器重心。必须根据预定飞行器轴线对TVC机构的角度以及中心点位置进行对准或调整。通常认为喷管扩张段的几何中心线就是推力方向。图18-6给出了一种对准措施。对于小尺寸喷管，采用良好的测量装置可达到0.25°、轴线偏移0.020 in的对准精度。

图18-3所示的燃气片TVC系统具有较低的转矩，对小面积比喷管的飞行器比较适合。当燃气片在气流中转到满角度时推力损失较大，然而当燃气片处于气流外的中性位置时损失

为零。在大多数飞行中燃气片角度的时间平均值很小，平均推力损失也就很小。燃气片的结构可以做得很紧凑，这种紧凑结构已成功地用于战术导弹。一个典型的例子是图 18-7 所示的"战斧"巡航导弹主推火箭发动机的燃气片装置。在发动机 15 s 的工作期间，独立作动的 4 个燃气片在发动机排气内外旋转。堵住 16% 喷管出口面积的一个燃气片能产生 9″的推力矢量偏转角。最大偏转角为 12°，燃气片的摆动速率很快（100°/s）。在一台自动积分控制器的控制下，燃气片通过 4 个小型线性推拉液压作动器与 2 台伺服阀驱动。动力由 3 000 psi 下储存的高压氮气提供。气体由电爆阀门释放，以落压方式挤压窝油器，燃气片由钨制成，以尽量减小排气中固体颗粒造成的剥蚀。

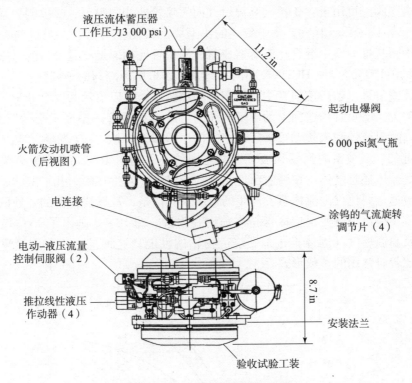

图 18-7　燃气片组件的两视图

（燃气片装配在"战斧"巡航导弹固体主推发动机喷管周围的环形圈空间内。紧靠喷管出口安装的液压作动器使燃气片在喷管排气内外旋转。由 TRW 公司 Space and Electronics Group 提供）

射流偏转舵用于潜艇发射的导弹，推力损失大致与矢量角成正比。图 18-3 中示出了这种机构，表 18-1 中也列出了一些矢量控制机构。

二次流体喷射注入排气气流的 TVC 方案可追溯到 1949 年，它可归功于 A. E. Wetherbee, Jr.（美国专利号 2943821）。液体喷射推力矢量控制（LITVC）从 20 世纪 60 年代初开始应用于产品飞行器。惰性流体（水）和活性流体（如肼或四氧化二氮）都曾使用过。虽然一些较老的飞行器上仍在使用活性液体的侧向喷射，但它需要增压的推进剂贮箱和供应系统。一般希望采用高密度的喷射液体，因为其贮箱相对较小，所需的增压质量较小。由于其他方案的性能更好，新的应用不太可能会选择液体喷射 TVC。

从性能和结构上看，固体推进剂或液体推进剂燃烧产物的燃气喷射 TVC（HGITVC）方案具有先天性的吸引力。在过去，由于高温燃气阀门中材料的侵蚀，HGITVC 没有用于实际产品。然而，现在有两个原因使高温燃气侧向喷射成为可行。第一，高温燃气阀门可以采用更新的碳-碳结构件和现代绝热材料制造。参考文献18-6介绍了采用工作时间有限的高温燃气碳阀门的一个高温燃气系统。此外，冶金学的进展使得铼合金制造的高温燃气阀门的研制成为可能，铼合金是一种适合用于高温燃气阀门的高温金属。第二，已研制了侵蚀性低（AP、Al_2O_3的含量低和/或氧化性气体成分较少）、对喷管和阀门的腐蚀较小的固体推进剂，这有助于高温燃气阀门和绝热的高温燃气导管在有限时间内的正常工作，但是往往要牺牲推进系统的性能。俄罗斯已经配备了燃气发生器在燃烧室内的HGITVC系统，参见参考文献18-7。

无论是液体还是固体推进剂，高温燃气都可以从主燃烧室中抽出或由单独的燃气发生器产生。高温燃气阀门可用于：①控制高温燃气向大喷管的侧向喷射；②控制一系列小的固定喷管（类似于第4、第6和第12章中叙述的小型姿态控制推力器）的脉冲流动。在液体推进剂发动机中，从推力室中混合比有意造成富燃的位置处抽取燃气是可行的，这样燃气温度就足够低（约1 100℃），使HGITVC阀门和导管可以采用不冷却的金属件。

二次流体喷射进入超声速喷管主流而产生的总侧向力可以表示为两个分量：①与喷射流体动量有关的力；②喷管内壁面上的不平衡压力。第②项喷管内壁面不平衡压力是由激波、边界层分离、喷射流体和未扰动喷管气流之间的压差以及一次/二次燃烧反应（对于活性喷射流体）引起的。激波系的强度和喷管壁面之间的不平衡压力与许多变量有关，包括喷射流体的物性是流体还是气体。在喷射活性流体的情况下，发生在喷射孔下游的燃烧产生的压力不平衡效应通常要比仅由流体蒸发产生的效应大。但是，从燃烧得到的好处取决于是否有足够高的化学反应速率以使反应区保持在喷射孔附近。图18-8画出了TVC喷管的惰性和活性流体以及高温燃气（固体推进剂燃烧产物）的性能。这种推力比与质量流量比的关系曲线是性能比较时常用的参数形式。

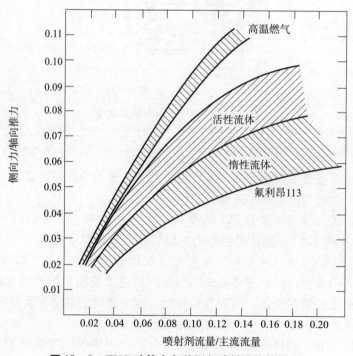

图18-8　TVC喷管中各种侧向喷射流体的性能

18.2 多推力室或多喷管的 TVC

图 18-3 所示的各种方案都是为飞行器提供俯仰和偏航力矩的。滚动控制只有在以下情况才能进行：至少有 2 个单独的矢量喷管；4 个固定的脉冲或变流量喷管；有 2 个旋转燃气舵伸入单个喷管排气流中。

已经研制并飞行了很多种使用 2 台以上的火箭发动机或有 2 个以上作动喷管的单台发动机的 TVC 方案。2 台双向摇摆推力室或喷管用很小的差动偏转角就可提供滚动控制。对于俯仰或偏航控制，偏转角可能要更大一些，2 个喷管的偏转角的大小和方向要相同。这也可以用 4 个铰接（图 11-1）喷管或万向摇摆喷管（图 18-12）来实现。图 18-9 画出了带 4 个可摇摆喷管的早期型号的"民兵"导弹主推器（第一级）火箭发动机。该发动机的有关参数如表 12-3 中所示。

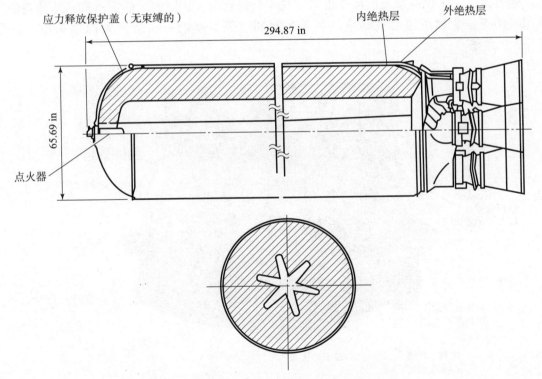

图 18-9 早期的"民兵"导弹一级发动机简化视图

（发动机采用复合推进剂，与壳体黏结。俯仰、偏航、滚动控制由 4 个摇摆喷管提供。资料来源：美国空军）

具有 4 个铰接推力室 TVC 的一个典型例子就是俄罗斯的 RD-0124A 液体火箭发动机。它应用于新安加拉系列太空运载火箭的二级发动机，其前身 RD-0124 则用于"联盟号" 1-1B 的第三级发动机（图 18-10、图 18-11 和表 18-4）。除主涡轮泵外，RD-0124A 发动机还有 2 个增压泵或进料泵，并运行在分级内燃机循环中（见参考文献 18-8）。

与以前的版本相比，RD-0124A 发动机具有更长的运行持续时间，以及设计上有一定的简化和更小的干发动机质量（但是这两种发动机非常相似，具有 60% 的通用部件）。它们是俄罗斯液体推进剂火箭发动机的代表，它使用单个大型涡轮泵来供应多个推力室。主泵排出口处抽出的少量高压燃料为 4 个铰接推力室的 TVC 作动器提供液压动力。铰链机构/结构处于喷管喉部的冷却套管附近；与安装喷射器的铰链机构相比，这减小了喷管出口平面处的力矩臂和所需的有效发动机直径。

图 18-10 显示了羽流回吹气体保护罩，也称为火焰屏障或热保护膜片。它旨在防止低压热气（来自 4 个羽流相互冲击）到达飞行器的发动机舱。利用由耐热材料制成的这种薄片，回吹气体在相邻的喷管之间流出。目前，这些火焰防护罩用于大多数大型多火箭喷管，在某些国家也用于火箭发动机组。

图 18-12 所示的差动节流方案没有常平架，并且不采用图 18-3 所示的单喷管所使用的任何方法。它有 4 台固定推力室，其轴线几乎与飞行器中心线平行，但是与飞行器中心线拉开一定距离。选择 4 台推力室中的 2 台进行节流（一般推力只降低 2%～15%）。4 个喷管可由同一个供应系统供应，也可以是 4 台独立的、相同的火箭发动机。这种差动节流系统用于第 8 章所述的气动塞式火箭发动机，俄罗斯的一些运载火箭也采用了这种系统。

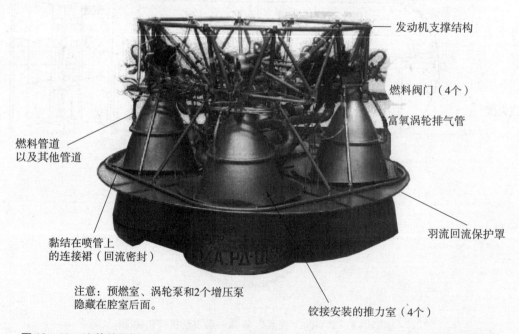

图 18-10 这款俄罗斯 RD-0124（类似于较新的 RD-124A）二级发动机有 4 个铰接安装的推力室

（其性能见表 18-4，流程图如图 18-11 所示。底部附近的大圆形舱壁可防止热气体回流，在本节后面进行讨论。除了提供推力之外，该发动机还可以控制运载火箭二级发动机的俯仰、偏航、滚转运动。隐藏在前推力室后面的是一个预燃室、两个增压泵和一个垂直安装的涡轮泵。由 J. Morehart, The Aerospace Corporation 提供）

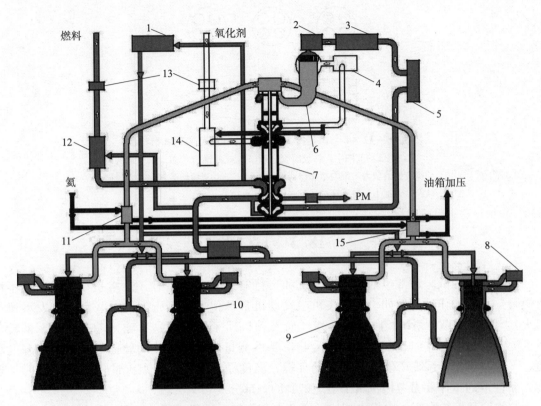

图 18-11 具有 4 个铰接推力室的 RD-0124 二级液体火箭发动机的简化流程图

（两个起动瓶内含有一种有毒的 hyper-golic 混合物，在有推进剂或者空气时，该混合物很容易被点燃。电源模块（PM）用来分配和控制高压燃料（在燃料泵放电时分离的），这些高压燃料用于驱动推力室的推力矢量控制作动器（这些在图上并未标出）。由 J. Morehart, The Aerospace Corporation 提供）

1，3—起动瓶；2，8—燃料阀门；4—氧化剂阀门；5—调节器；6—预燃室；
7—涡轮泵组件；9—推力室；10—铰链固定；11，15—热交换器；
12—增压泵；13—起动阀门；14—增压泵

表 18-4 具有 4 个推力室的 RD-0124A 火箭发动机的几个主要特征

推进剂	液氧和煤油
真空推力/kN（lbf）	254.3（57 170）
真空比冲/s	359.1
燃烧室压力/MPa	15.7
发动机干质量/kg	500
运行持续时间/s	420
发动机高度和尺寸/m	1.573/2.400
喷管出口截面比（估算）	165

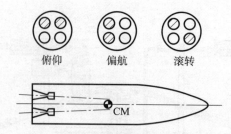

图 18 -12　4 个固定推力室的差动节流可实现飞行控制
（在上面的简图中，斜纹喷管表示节流或低推力状态。未节流的发动机产生的较大的推力给飞行器施加了转矩。对于滚转控制，喷管稍微倾斜，各推力矢量不穿过飞行器质心（cm））

18.3　试　验

TVC 系统的试验通常包括与推进系统和飞行器组装在一起时（通常是在飞行前且不注入燃料）系统的作动。例如，航天飞机主发动机常平架可在飞行前做一些运动（发动机不点火）。典型的 TVC 系统验收试验系列（向发动机厂家交付前）有输入功率测定、偏转角精度测定、角速度或加速度测定、信号响应特性测量或过调限位的验证等。在极端温度环境、飞行器或推进系统产生的各种振动环境、温度循环和发动机点火冲击（高的瞬时加速度）条件下的工作能力考核也属于鉴定试验的一部分。

与俯仰和偏航力矩、主推力相比，侧向力和滚转力矩通常很小。对它们做精确的静态试验测量是很困难的，特别是在小矢量角度的情况下。为保证有效的测量，需要使用装有多个推力传感器和隔离装置的精确的多分量试验台。

18.4　与飞行器的装配

TVC 系统的作动或运动由飞行器制导和控制系统操纵（见参见文献 18 -9），该系统测量飞行器的三维位置、速度矢量和旋转速率，并将它们与要求的位置、速度和转速比较。这两组参数之间的误差信号通过 TVC 控制器中的计算机变换为作动 TVC 系统的控制指令，直至误差信号降为零。飞行器计算机控制系统决定作动的时间、方向和偏转角的大小。包括伺服机构、动力源、监控/故障检测装置、带控制器的作动器以及运动补偿机构在内的系统是比较复杂的。

TVC 系统的选择和设计准则来源于飞行器的需求，包括操纵力矩和操纵力的变化速率、飞行加速度、工作时间、性能损失、尺寸和重量限制、飞行器可用功率、可靠性、交付日程和费用。对于 TVC 系统设计师，这些准则要转换成任务特性、偏转角、摆动角速率、功率要求、运动位置误差以及许多具体的飞行器/TVC 接口和发动机/TVC 接口等因素，此外还要考虑费用和交付进度。

具体的接口有进出飞行器控制器和动力源的电接点与作动器紧固件的机械连接以及测量推力轴线或作动器位置的传感器。通常在设计上要采取便于开展 TVC 系统试验、易于检测和维修或有助于承受高振动环境的设计特点。通常 TVC 子系统要在硬件上与飞行器连接，它安装在发动机喷管上。这些组件的设计必须相互协调并通盘考虑。参考文献6-1（液体火箭发动机 TVC 系统及其控制机构）和参考文献18-9 讨论了喷管/TVC 系统的接口。

参考文献18-12 讨论了电化学作动方面的控制。作动器可以采用液压的、气动的或机电的（导螺杆），通常含有位置传感器以将信号反馈给控制器。已经过验证的动力源有高压储存冷气、电池组、燃气发生器产生的热气、由冷气或燃气发生器热气挤压的液压流体、来自飞行器的电源或液压动力以及来自独立的涡轮发电机（本身又由燃气发生器驱动）的电源或液压动力。最后一种用于工作时间长、功率高的应用场合，如参考文献18-10 所述的航天飞机固体火箭助推器 TVC 系统所用的动力装置。作动方案及其动力源的选择要考虑重量轻、性能损失小、控制简单、耐用、可靠、易装配、作动力与飞行器力矩之间的线性度好、费用低以及其他一些因素。若飞行器较小（如小型战术导弹），则要求频率响应较高。表18-3 列出的响应主要应用于较大的航天器。有时 TVC 系统与可转动的气动控制面系统一体化设计，参见参考文献18-11。电化学控制方面在参考文献18-12 中有所讨论。

习 题

解决推力矢量控制中的问题，应该从火箭飞行器的几何形状推断出飞行器质心的信息以及旋转的质心半径或适当的质量惯性矩，或者应该明确给出这些信息。许多基础动力学书籍都有附带这些信息的表格（例如，J. L. Meriam, L. G. Kraige, and J. N. Bolton, Engineering Mechanics: Dynamics; Eighth edition, John Wiley and Sons, Inc., Hoboken, NJ, 2015）。注意，当推进剂被消耗时，在大多数推进系统中，质心可以在推进系统运行期间沿着飞行器轴线移动。

1. 单级气象探测火箭的起飞质量为 1 020 kg，海平面初始加速度为 $2g_0$，有效推进剂质量为 799 kg，平均比重为 1.20，推进剂燃烧时间为 42 s，飞行器为圆柱状，L/D 为 5.00，鼻锥半角为 12°。假设飞行过程中质心位置不变，在飞行期间飞行器翻滚（以不受控制的方式旋转）并且未能达到其目标。随后对其设计和装配的评估表明，主推力室的最大可能推力偏差为 1.05，最大横向偏移 d 为 1.85 mm，但装配记录显示该飞行器相应偏差和偏移为 0.7 mm 和 1.1 mm。由于推进剂流速基本恒定，因此在截止高度时的推力比起飞时大 16.0%。不打开任何辅助推进系统，确定主推力室在起动和切断时施加的最大扭矩。然后，确定在飞行期间飞行器将旋转的最大近似角度（假设没有阻力），讨论这些结果。

2. 推力为 400 000 N 的推进系统预计最大推力偏心角 $\theta \pm 0.50°$，推力矢量的水平偏移 d 为 0.125 in。如图 8-13 所示，4 个小反应控制推力室中的一个将用于抵消干扰扭矩。那么它的最大推力和最佳方向应该是多少？游标万向节到 CM 的距离为 6 m。

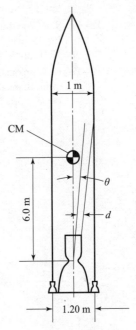

图 18-13 习题 2 的导弹推力室示意图

参考文献

18-1. G. P. Sutton, Section 4.9, "Steering or Flight Trajectory Control," *History of Liquid Propellant Rocket Engines*, AIAA, 2006, pp. 218–227.

18-2. A. Truchot, "Design and Analysis of Solid Rocket Motor Nozzles," in *Design Methods in Solid Rocket Motors*, AGARD Lecture Series 150, Advisory Group for Aerospace Research and Development, NATO, Revised Version, 1988, Chapter 3.

18-3. B. H. Prescott and M. Macocha, "Nozzle Design," in G. E. Jensen and D. W. Netzer (Eds.), *Tactical Missile Propulsion*, Vol. 170, *Progress in Astronautics and Aeronautics,* American Institute of Aeronautics and Astronautics, 1996, pp. 177–186.

18-4. A. B. Facciano et al., "Evolved SeaSparrow Missile Jet Vane Control System Prototype Hardware Development", *Journal of Spacecraft and Rockets*, Vol. 39, No. 4, July–August 2002, pp. 522–531.

18-5. G. E. Conner, R. L. Pollock, and M. R. Riola, "IUS Thrust Vector Control Servo System," paper presented at 1983 JANNAF Propulsion Meeting, Monterey, CA, February 1983.

18-6. M. Berdoyes, "Thrust Vector Control by Injection of Hot Gas Bleed from the Chamber Hot Gas Valve," AIAA Paper 89-2867, July 1989.

18-7. A. M. Lipanov, "Historical Survey of Solid-Propellant Rocket Development in Russia", *Journal of Propulsion and Power*, Vol. 19, No. 6, Nov.–Dec. 2003, pp. 1073.

18-8. Personal communication with Dr. J. Morehart of the Aerospace Corporation (2014, 2015).

18-9. J. H. Blakelock, *Automatic Control of Aircraft and Missiles*, 2nd ed., John Wiley & Sons, New York, 1991.

18-10. A. A. McCool, A. J. Verble, Jr., and J. H. Potter, "Space Transportation System's Rocket Booster Thrust Vector Control System," *Journal of Spacecraft and Rockets*, Vol. 17, No. 5, Sept.–Oct. 1980, pp. 407–412.

18-11. S. R. Wassom, L. C. Faupel, and T. Perley, "Integrated Aerofin/Thrust Vector Control for Tactical Missiles," *Journal of Propulsion and Power*, Vol. 7, No. 3, May–June 1991, pp. 374–381.

18-12. D. E. Schinstock, D. A. Scott, and T. T. Haskew, "Modelling and Estimation for Electromechanical Thrust Vector Control of Rocket Engines," *Journal of Propulsion and Power*, Vol. 14, No. 4, Jul.–Aug. 1998, pp. 440–446.

第19章 火箭推进系统的选择

本章将概括地讨论为特定任务选择推进系统的过程，在作出适当的选择之前，需要考虑和评价许多因素，包括条件限制和分析。其目标是使推进系统工作时有着非常高的燃烧效率，并防止重复破坏性或燃烧不稳定性（见参考文献19-1~19-6）。因为设计问题通常有几种可能的工程解决方案，这可能是一项复杂的任务。这里详细介绍了三个具体的选择方面。

（1）液体推进剂火箭发动机与固体推进剂火箭发动机的优缺点比较。

（2）评估特定推进系统和从多个备选火箭推进系统中作出选择时所考虑的一些主要因素。

（3）推进系统与飞行器和/或工程大系统之间的界面。

推进系统实际上是飞行器的一个分系统，而飞行器则是工程大系统的一部分。工程大系统的一个例子是由地面站、计算机、发射台和若干卫星组成的一个通信网络，每颗卫星都是一个飞行器，其上装有满足特定需求的姿态控制推进系统。在轨时间的长短是一系统参数，该参数影响卫星的规模和对推进系统的总冲需求。

飞行器系统中的分系统（如结构、推进、制导、控制、电源、通信、热控和地面支持）提出的需求常常是有矛盾的。只有通过仔细的分析和系统工程的研究，才能找到让所有分系统都能恰当地运行且互相协调的一种折中解决方案。工程设计学科在最近这些年广泛使用计算机辅助设计，从而得到了长足的进展，若要详细了解可查阅如参考文献19-1那样的比较全面的参考书。其他文献有叙述空间系统设计的（见参考文献19-2~19-3）和液体火箭发动机设计的（见参考文献19-4）。在本书中，11.6节"系统集成和发动机优化"和15.4节"火箭发动机设计方法"是本章的前奏，可能包含一些重复的内容。

系统工程是火箭推进系统选择中一门有用的学科。这个课题可以定义为"活动、分析和工程设计的逻辑过程"（见参考文献19-5），它以一种最佳的方式改变由特定任务目标产生的一组需求，确保了项目或工程系统的所有可能方面都被考虑并集成为一个一致的整体。这些研究包括推进系统及其地面支援的所有元件，其他子系统或地面设备的所有接口，并考虑安全、风险和成本，以及有规则地选择最合适的推进系统。

推进系统的需求通常有以下三个层次（见参考文献19-5），每个层次都会涉及性能、费用或可靠性。

（1）在最高层次是任务定义要求，例如空间通信或导弹防御。在这里，任务通常负责组织进行分析和优化，它们定义了火箭推进参数，如轨道有效载荷、飞行器数量和寿命等，并将其归档为任务要求规范。

（2）根据任务要求文件，可推导出飞行器的定义和规范。这可能包括飞行器尺寸、飞行器质量、飞行器的级数和尺寸、推进类型、所需质量分数、最小比冲、推力矢量和/或姿态控制需求、容许加速度、可接受的推进剂类型、对发动机尺寸和/或惰性质量的限制、成本限制、允许的起动延迟、所需的推力时间曲线、优先选择的推进系统类型（液体、固体、混合、电推）、环境温度限制等。工程分析、初步设计和附加规范通常由负责飞行器设计的单位完成。

（3）推力要求是推进系统最终设计和开发的基础，它们是从上述两个层面派生出来的。例如，这可能包括最佳推力－时间曲线、重启要求、液体推进剂发动机的循环、脉冲时间表、固体火箭发动机壳体长径比（长度/直径）、微小颗粒的组成、对质心运动的限制、推力矢量和/或姿态控制机构的细节、可靠性、成本和/或进度限制，以及预期运载的推进系统和备用部分的数量。这些要求通常是在飞行器研发单位所选择的一个或多个推进系统研发单位的共同合作下完成的。

目前，大部分设计（推进系统的三维建模）、大多数分析（应力分析）、测试、所有的硬件组装和零件库存的记录，以及检查记录或数控编程都是用计算机完成的。将这些计算机程序彼此相互连接，并与处理某些或所有方面推进系统问题的组织部门直接相连，成为一个重要的目标。

总任务（工程大系统）需求、飞行器需求和推进系统需求都会涉及性能、费用或可靠性。对某一特定任务而言，这些准则中的某一个往往比其余两个更加重要。上述的三个层次的需求之间、三种准则之间都存在密切的相互关系。有些推进系统（通常为第二层次的分系统）特性对飞行器有很大的影响，反过来飞行器对其也有很大影响。例如，推进系统性能的提高会直接影响飞行器的规模、工程大系统的成本或寿命（寿命可归结为可靠性与成本）。

19.1 选择过程

选择过程是飞行器系统和火箭推进系统总体设计工作的一部分。选择要根据一组准则进行，这些准则以需求为基础，它用于评估和比较各种推进系统。最合适的火箭推进系统的确定过程取决于其应用、各种推进系统特性的定量表达能力、可获得的有用数据的多少、选择方案所需的经验以及可用于检查备选推进系统的时间和资源。本章讨论的选择过程有些理想化，如图19-1所示，除此之外还有其他的选择顺序和选择方法。

由于整个飞行器的性能、飞行控制、操作或维护通常与火箭推进系统的性能、控制、操作或维护之间的关系很密切，故飞行器需求和推进系统需求一般要经过多次反复协调后才能明确，然后形成文件。这个反复过程既要涉及工程大系统负责单位（或飞行器/工程大系统承包方），也要涉及一个或多个推进系统负责单位（或火箭推进系统承包方）。文件有多种形式，电子计算机的功能现已扩展到网络、数据库记录和文件检索。

通常要对多个备选系统方案进行评估。它们可能是由不同的火箭发动机研制单位提出的，可能基于对已有的一些火箭推进系统的修改，也可能采用了一些新技术，或者是专门为满足该飞行器或任务的需要而配置的新型系统。在作评估时，必须对各个备选推进系统进行相互比较，就其满足各种需求的程度进行排序（根据选择准则）。因此，需要对各备选系统进行分析，还常常再做一些额外的试验。例如，对所有关键组件的功能、失效模式和安全系数作统计分析后可得到可靠性的定量评估值。对于某些准则，如安全性或以往的相关经验，不太可能对备选系统作定量比较，只能作某些主观比较。

在用于特定任务时，火箭发动机的各参数需进行优化。根据总体要求可用权衡折中研究

第 19 章 火箭推进系统的选择

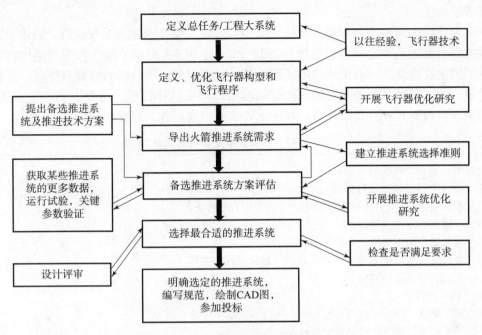

图 19 – 1 理想化的推进系统选择过程

对这些参数进行优化,此类权衡研究通常在以下项目上进行:推力室的数量、最佳燃烧室压力(考虑性能和惰性推进系统质量)、选定混合比(性能、罐容积)、固体推进剂壳体结构(L/D)、推进系统性能和成本、燃烧室压力与推进系统的尺寸和/或质量、燃烧室压力与传热或冷却方法、推进剂配方、质心、推力大小/弹道与工作时间的关系、喷嘴出口面积比性能、喷嘴质量和/或喷嘴尺寸(长度、直径)、交替 TVC 概念与质量和功率、室压与传热(冷却方法或绝缘)和惰性质量参见参考文献 19 – 5。

在方案选择过程的初期通常要就推进系统类型作出尝试性的选择,例如,是采用固体火箭发动机还是液体火箭发动机,或者电推进系统,抑或其他类型。每种类型都有它的推力、比冲、推重比(加速度)范围或通常的工作寿命,如表 2 – 1 和图 2 – 4 所示,其上列出了几种化学火箭发动机和非化学火箭发动机的这些特征。液体火箭发动机和固体火箭发动机已经在第 6 ~ 15 章中介绍,固液混合火箭发动机已经在第 16 章介绍,电推进已经在第 17 章介绍。

若要对已有飞行器作改进或改动,则其推进系统通常也要改进或改动(如加大推力、增加总冲或提高推力矢量控制速度)。此时可能还是要对可修改的推进系统参数做一些折中的研究和优化,但不像在全新飞行器或全新任务里那样视为完全不同的推进系统。此外,很少有完全相同的火箭推进系统被选择用于两种不同的用途。已有的火箭推进系统为适应另一种应用,通常需作一些设计更改和接口修改。在满足任务需要的情况下,已有的、已经过飞行验证的推进系统一般在成本和可靠性上有优势。

电推进系统因其推力小、加速度小、空间飞行轨道独特、比冲高、工作时间长以及通常其电源供应系统比较庞大而具有一些独特的用途。它很适合用于某些空间转移和轨道保持任务。随着上天飞行的电推进系统的增多,已经得到验证的电推力器的选择范围越来越大。在撰写本书时,已经有了完全使用电推进发射的阶段性计划,这些系统及其设计方法已经在第

17 章介绍。

当认定化学火箭发动机最适合某特定应用后,就需要在液体火箭发动机、固体火箭发动机和固液混合推进系统之间作出选择。表 19-1~表 19-4 列出了液体火箭发动机和固体火箭发动机的主要优缺点。表中所列的是就一般情况而言的,有些条目可能有争议,有很多仅限于特定应用。其中某些条目可转化为评估准则。对于具体任务,可对表 19-1~表 19-4 中的相关条目根据其相对重要性进行排序。许多条目需要作定量化处理。

表 19-1　固体火箭发动机的优点

设计简单(活动部件很少或没有)。
使用方便(飞行前检测项目很少)。
可快速投入使用。(推力按键准备就绪)可在零重力条件下起动。
无推进剂泄漏、溢出或晃动。
在总冲较低的应用中总重量有时较小。
通过预先设计可实现推力调节和多次起动(通常只有一次)。
可提供 TVC,但复杂性增加。
可储存 10~30 年。
一般总密度较高,因此外包络尺寸较小,飞行器可缩小(减小阻力)。
有些推进剂的排气无毒、清洁,但性能较低。
可通过推力终止装置控制总冲。
绝热层、喷管和喉衬材料的烧蚀与汽化增加了质量流量及总冲。
当战术发动机通过合理的设计和选用特殊的推进剂以预防能量冲击(例如,子弹撞击或外部撞击)时,可以避免爆炸。
有些战术导弹发动机生产批量很大(每年 20 万台以上)。
能设计成可回收、再装填和可重复使用的(航天飞机固体火箭发动机)

表 19-2　液体火箭发动机的优点

通常在推进剂量一定的情况下比冲最高飞行器速度增量和能达到的任务速度为最大。
推力可随意调节,可随意起动、关机;可脉冲工作(某些小推力发动机工作超过 106 次);推力-时间曲线可任意控制,能实现飞行弹道重复。
采用推力终止装置控制关机冲量(飞行器末速控制得更好)。
可在临使用前进行全面的检测,飞行前可在地面或发射台作全推力试车。
能设计成经发射场维护和检测后可重复使用的。
推力室(或飞行器某些部分)可以冷却,能降低质量。可储存液体推进剂在飞行器上的储存已超过 20 年,发动机可快速投入使用。
对于泵压式供应系统和较大的总冲,推进系统死重(包括贮箱)相当小(薄壁、低压贮箱),推进剂质量分数高。大多数推进剂的排气无毒,环保能接受。
同一推进剂供应系统可为飞行器各处的多个推力室供应推进剂。
工作期间为防止出现可能导致任务或飞行器失败的故障而可以改变工况。
能实现组件冗余以提高可靠性(如双重单向阀或额外推力室)。
多发动机情况下能设计成在一个或多个发动机关机后系统仍能工作(发动机故障工作能力)。
低压贮箱的形状能按多数飞行器的空间限制设计(应安装在机翼或鼻锥内)。
推进剂贮箱在飞行器内的布局能最大限度地减小动力飞行段重心的变化量,提高了飞行器的飞行稳定性,减小了控制力。
通常羽流辐射很弱,烟雾很少

表 19-3　固体火箭发动机的缺点

爆炸和着火的可能性较大；发动机失效会造成灾难性后果；多数无法承受枪击或向硬表面的坠落。
在公共场所运输时许多发动机需要得到环保许可和采取安全措施。
有些推进剂和药柱在某些条件下会发生爆震。
储存或重复飞行（在军用飞行条件下）期间的环境温度变化会形成推进剂裂纹并逐渐增大，增加燃烧面积，导致燃烧压力过高，缩短使用寿命。
若设计成可重复使用的，则制造厂需要进行大范围的再加工和装填新推进剂。
需要点火系统。
每一次再起动都需要一个独立的点火系统和更多的绝热装置，实际上只有一到两次再起动。
含高氯酸铵的复合推进剂排气一般有毒。
有些推进剂或推进剂成分在储存过程中会变质（自身分解）。
多数固体推进剂羽流造成的无线电频率衰减比液体推进剂大。
一旦点燃就无法改变预定的推力或工作时间。
若推进剂中碳、铝或其他金属颗粒的百分比含量超过一点点，排气就会冒烟，羽流辐射会很强烈。
推力和工作时间随药柱初始温度变化，不易控制。因此，发动机的飞行弹道、速度、高度和射程会随药柱温度变化。
大型主推发动机起动时间需好几秒。
几乎所有发动机都需要隔热措施。
无法在使用前进行试验。
需要预防无意点火的安全措施，无意点火会引起发动机意外工作，会造成灾难。
在崎岖不平的道路上装卸或运输，或超过温度限制，都可能导致累积的推进剂裂纹，火箭发动机可能存在引燃安全问题。

表 19-4　液体火箭发动机的缺点

设计相对比较复杂，组部件较多，故障模式较多。
低温推进剂无法长期储存，除非贮箱隔热良好、逸出的蒸气重新凝结。推进剂在发射台加注，需要低温推进剂储存设备。
有几种推进剂的泄漏或溢出会引起危险、腐蚀、有毒和火灾。
对于大多数工作时间短、总冲低的应用，总重量较大（推进剂质量分数低）。
非自燃推进剂需要点火系统。
需要独立的增压子系统给贮箱增压，这可能需要长期储存高压（2 000～10 000 psi）惰性气体。
控制燃烧不稳定性的难度较大。
枪击会造成泄漏，有时会引起着火，但一般不会发生爆震。
少数推进剂（如红色发烟硝酸、四氧化二氮）释放出剧毒的蒸气或烟雾。
由于推进剂平均密度较低，发动机组件安装效率相对较低，一般所需空间较大。
若飞行器解体、燃料和氧化剂紧密混合，则有可能产生爆炸性混合物。
贮箱内的晃动会给飞行稳定性带来问题，但可用隔板把问题减到最小限度。
某些单组元推进剂可能会因温度过高而爆炸（可以放到冷却套中）。
若贮箱出口露空，吸入的气体会引起燃烧中断或燃烧振荡。
某些烃类燃料会产生含烟（灰）的排气羽流。
零重力环境下的起动需采取专门的设计措施。

续表

> 低温液体推进剂有起动延迟，因为把系统流道硬件冷却到低温需要一段时间。
> 需冷却的大型推力室的寿命大概限于 100 多次起动。
> 大推力发动机的起动时间需好几秒。
> 如果在晃动或涡流状态下油箱出口被打开，则吸入的加压气体将流向推力室，并可能导致燃烧中断或不稳定。

一部分人经常问的问题是，固体火箭发动机和液体火箭发动机哪一种更好？明确的倾向意见只能针对具体的飞行器任务给出。目前，固体火箭发动机看起来比较适合用于战术导弹（空空导弹、空面导弹、陆空导弹或短程面面导弹）和弹道导弹（远程或短程面面导弹），因为能立即使用，结构紧凑，没有有害液体的溢出或泄漏问题，这些是应用中很重要的原则。液体火箭发动机看起来比较适合用于运载火箭主推进系统和上面级，因为它比冲较高，排气相对比较清洁，推力可随意调节。液体火箭发动机还常用于主推结束后的控制系统以及姿态控制系统，因为它具有任意多次的脉冲工作能力和精确的关机冲量。此外，它还用于动能杀伤防御导弹的轴向和侧向脉冲推进系统。不过，以上应用方向总是有一些例外的情况。

在为一个新的大型的多年高成本项目选择火箭推进系统时，相当多的时间和精力花在评估和发展合理的定量比较方法上，从某种角度讲这是由政府政策和国际竞争造成的。互相竞争的工程大系统研制单位和火箭推进系统研制单位开展了很多研究工作，许多正式评述被用于帮助考虑所有因素、定量比较重要准则以及做出合适的决策。

当提交一个新的或修改的单位的建议时，需要一个明确的项目计划、一个适当的成本估算和一个实际的时间计划表。只有在以下内容确认后，再准备这些修改或建议：①几何结构的设计布局，包括拟用系统的功能和特点；②计划试验、数据处理、特殊试验设备和安全试验设施的说明；③制造计划，包括制造步骤、工装夹具、适用的工厂空间和特殊制造设备；④合格零件供应商和其他供应商名单；⑤所有所需材料的说明和可用性；⑥具有丰富经验人员的名单。

19.2　选择准则

在选择特定火箭推进系统时采用的许多标准是特定的任务或飞行器应用所特有的。然而，这些选择因素中有些适用于多个应用。典型的性能指标包括推进剂成分、推力分布、最小比冲、工作持续时间、推力变化率（节流）、寿命、系统质量或重量、喷嘴出口面积比、固体推进剂参数（强度、延伸率或储存温度限值）、最大允许残留液体推进剂或固体推进剂装药，以及点火条件。对于可回收式飞行器，这些指标应包括起动次数、排放残余液体推进剂的限制要求以及油箱供给系统进行清洗和干燥的规定。大多数战术导弹都要考虑到承受外部火力、枪击或附近不会引起推进剂爆炸的爆炸标准。在公共交通工具上储存或运输时，必须充分掌握装有固体推进剂的火箭推进系统的规则和安全标准。上述各项的容许公差/变化需要明确定义。有关这些标准的更完整列表，参见参考文献 19-6。

任何评估/评审小组都应包括来自飞行器开发/制造的经验丰富的技术人员，这些小组可能会由来自政府实验室、顾问和/或其他外部专家的人员进行补充。由负责签订推进系统合同的组织人员根据既定的优先标准进行方案选择。实际选择将取决于根据各种相关因素的重要性、效益和/或对系统的潜在影响进行平衡，以及通过分析、先前经验/数据的补充、成本估计、权重和/或控制单一变量测试尽可能量化大多数的因素（见参考文献19-5）。布局、质量估算、重心分析、供应商成本估算、初步应力或热分析以及其他初步设计工作是量化选择参数所必需的。对推进系统转换接口的比较检查也可以是这一过程的一部分。

对于携带了光学仪器（如望远镜、地平仪、星敏感器或红外辐射敏感器）的航天器，排气羽流不能有污染物（其会沉积或凝结在太阳电池片、辐射致冷器、光学窗口、发射镜面或透镜表面上，降低它们的性能）和颗粒物（会把太阳光散射到仪器小孔内，造成误差信号）。传统的复合固体推进剂以及脉冲工作的双组元可储存推进剂通常就不能使用，但是冷的或加热过的清洁气体（H_2、Ar、N_2 等）以及单元肼反应气体一般是可以用的。另一个例子是，强调无烟推进剂排气羽流，这样会使烟雾痕迹的光学探测变得非常困难，这种应用对战术导弹尤其重要。只有极少几种固体推进剂和一些液体推进剂是真正无烟的，在任何天气情况下都没有烟雾尾迹。

有些选择准则可能互相矛盾。例如，有些推进剂比冲很高，但也容易产生燃烧不稳定性。较高的燃烧室压力会增加喷嘴的压力比，并增加比冲，提高车辆性能，但燃烧室（以及在 LPRES 和推进剂供给系统中）要求更厚、较重的壁，质量的增加将降低发动机的比冲，从而降低发动机速度（见第 4~6 章）；在电力推进中，高比冲往往伴随有庞大的电源供应与调节装置。当推进条件彼此不兼容时，必须做出妥协。例如，额外的传感器监测可以促进补救措施从而提高推进系统的可靠性来防止某些类型故障的发生。然而，这些额外的传感器和控制部件将会增加系统的质量和复杂性，并且它们可能发生的故障也会降低总体的可靠性。这些选择过程还包括当所述推进要求无法满足或不合理时的反馈，从而对初始任务或飞行器的要求进行修订或重新定义。

一旦成本、性能和可靠性因素明确且定量化，就可以确定系统标准的优先顺序，并为特定任务选择最佳推进系统。最终的推进需求可能是多次迭代的结果，通常要对其形成文件如推进需求进行规范，其中包含大量的记录条目（如发动机验收文件、CAD 图、零部件清单、检测记录、实验室测试数据等）。与设计、制造及与部件供应商、样机等有关的规范有很多。审批和执行设计与制造的更改必须有一套严格的程序。如今这些已经是推进系统设计和研制的先决条件。

19.3 接　口

接口可以认为是构成两个相邻实体或组件之间边界的表面（通常是不规则的）。火箭推进系统（RPS）有三种接口。第一种接口位于系统和对应的飞行器之间，两个组成部分上的两个接口通常是单独设计和制造的，但是在组装时必须可以形成一个单一的结构，该结构可传输（在接口处）电力和/或电信号（如联氨加热器、命令和控制/起动信号、测量仪器电力输出），以及在某些情况下输送液体（加压气体和装载液体推进剂）。对于大型飞行器，RPS 与地面发射台之间存在第二种接口，此处同样适用于上述接口连接，但有另外规定，允许在发射时将飞行器与发射台分离。从发射台上释放飞行器可通过以下结构实现：爆炸性螺栓、电气断开装置（通常是钢丝钳）和填充管中的流体断开配件（阀门），这些配件设计用于将气体或液体推进剂的泄漏损失降到最低。第三种接口是多级飞行器中任意两级之间的接口；对于级间分离，在分离之前，需要断开或切断两级之间的所有结构互连链路和所有电气连接，这可能包括使用所有剩余的高压气体（或小型分离火箭发动机）在较低的级上进行反向推力，这些动作需要在分离机动期间进行控制。

在19.2节中，推进系统与飞行器和/或工程大系统之间的接口界被视为选择推进系统时需考虑的准则之一（见参考文献19-5）。只有少数火箭推进系统能很容易地装配与连接到飞行器上。此外，这些接口还是规范的设计与研制工作的重要内容。接口保证了推进系统与飞行器及其他分系统之间在所有可能的工况和任务环境下都能正常发挥功能、协调工作。通常，接口文件或规范是为设计人员和操作和/或维护人员准备的。

下面是按复杂性增加顺序排列的系统列表。与冷气系统一样，简单的固体推进剂火箭发动机具有最少和最不复杂的界面。单组元液体火箭发动机也有相对较少和简单的界面。与常见的发动机相比，具有TVC和推力终止能力的固体推进剂发动机具有额外的接口，双组元火箭发动机比单组元火箭发动机复杂。当接口具有涡轮泵供给系统、节流功能、TVC和/或脉冲功能时，接口的数量和难度会增加。在电力推进系统中，与稳态电热系统相比，具有脉冲功能的静电推力器的接口数量和复杂性最高。一般来说，更复杂的电力推进系统产生更高的比冲值。当任务包括回收和重复使用推进系统或载人飞行器（在这种情况下，机组人员可以监控和/或覆盖推进系统命令）时，需要引入更多的附加接口、安全特性和要求。

在过去的15年里，人们越来越重视降低航天火箭推进系统的成本。表19-5列出了迄今为止已实现的一些降低成本的示例。表19-5不完整也不全面，只有一些项目可能适用于任何一个特定的系统，但它确实突显了许多相关的问题。只有在不降低或损伤受影响部件、组件、系统的预期功能、飞行性能或环境兼容性的情况下，降低成本才是可接受的，它必须始终满足飞行器能在其所有的限制条件下飞行并完成预期的任务。

表19-5 降低火箭推进系统实际成本示例

用毒性小和/或可储存的液体推进剂替换有毒液体推进剂和/或低温推进剂。节省成本的原因包括：更少的安全预防措施、减少或不增加隔热层、更短的发射准备时间和发射操作、更少的安保人员和更少的防护设备，以及可能忽略不计的推进剂蒸发损失
将现有的材料换用为其他成本更低或更容易加工和制造的材料，参见参考文献19-7中的示例
如果可行，用仔细挑选的标准零件替换自定义设计的零件。例如，标准紧固件（螺栓、夹具和螺钉）、常用清洗液、商用金属板的标准厚度、O形环、管道或管道尺寸、配件等
将两个或多个独立部件组合成一个单元，以减少操作、减少设置，并时常注意降低制造成本，这也有助于避免错误。新的制造技术可以简化某些复杂的零件
只要可行，应使用标准的商业制造设备。这可能包括普通机床、简单焊工、普通弯管设备、更简单的工具和更简单的夹具。这可以避免一些专用机械的研发，成本更低，维护更容易

续表

（1）如果尺寸公差精度较低，会降低制造成本。高精度需要额外的精加工和安装时间（只对关键部件进行精加工）； （2）在加工部件、组件或检查时明确制造步骤和数量设置； （3）备件库存满足可接受的最低限度； （4）组织的管理费用； （5）在开发、飞行评估、鉴定和/或生产期间进行一定次数的部件测试和完整系统测试
将危险等级1.1中的固体推进剂改为危险等级1.3中的推进剂，这种推进剂的安全性要求较低，且对爆轰敏感度较低
如果可以，尽量减少制造过程中检查和试验的要求、次数和时间。这包括工厂压力试验、电气连续性试验、表面硬度试验、几何形状和尺寸测量、材料、成分和杂质等
简化并减少对装药、部件、材料和组件等采购的接收操作或接收检查的次数
收集并销售未使用的材料，如在推进系统零件制造和组装完成后剩余的材料（例如，机加工碎片、金属片碎片、多余或未使用的固体推进剂材料等）
如果可以，在修改设计时应考虑到易于制造和检查
当计划了充足次数的飞行时，可重复使用的飞行器和可重复使用的推进系统（例如，使用新的复合材料，见参考文献19-7）可以节省成本。比如重新修复航天飞机的主发动机（排放、清洁、检查和重新测试），以便重复使用

参考文献

19-1. W. J. Larson and J. R. Wertz (Eds.), *Space Mission Analysis and Design*, 2nd ed., Microcosm, Inc., and Kluver Academic Publishers, Boston, 1992.

19-2. J. C. Blair and R. S. Ryan, "Role of Criteria in Design and Management of Space Systems", *Journal of Spacecraft and Rockets*, Vol. 31, No. 2, Mar.–Apr. 1994, pp. 323–329.

19-3. R. W. Humble, G. N. Henry, and W. J. Larson, *Space Propulsion Analysis and Design*, McGraw-Hill, New York, 1995.

19-4. D. K. Huzel and D. H. Huang, *Modern Engineering for Design of Liquid Propellant Rocket Engines*, rev. ed. *Progress in Astronautics and Aeronautics*, Vol. 147, AIAA, Washington, DC, 1992.

19-5. P. Fortescue, J. Stark, and G. Swinerd, *Spacecraft Systems Engineering*, 3rd ed., John Wiley & Sons, Hoboken, NJ, 2003.

19-6. Table 19-6 (pgs. 703 to 705) and Table 19-7 (pgs. 706 to 708) of G. P. Sutton and O. Biblarz, *Rocket Propulsion Elements*, 8th Ed., John Wiley & Sons, Hoboken, NJ, 2010.

19-7. S. Schmidt et al., "Advanced ceramic matrix composite materials for current and future propulsion technology applications," *Acta Astronautica*, Vol. 55, Nos. 3–9, Aug.–Nov. 2004, pp. 409–420.

第 20 章 火箭发动机排气羽流

本章将介绍火箭发动机排气羽流的总体背景，描述了各种羽现象及其影响，并为进一步的研究提供参考。羽流是由从火箭喷管喷出的高温燃气（通常还夹杂着小颗粒）在喷管外运动而形成的。这种气体的结构、速度或组成上是不均匀的，包含多个不同的流动区域和超声速激波。火箭发动机排气羽流通常为可见的明亮火焰，在红外、可见光和紫外谱段中发出强烈的辐射能量，并且是很强的噪声源。许多羽流会留下烟雾或蒸气尾迹，有些还含有有毒气体。在高空中，羽流气体会散布在较大的区域内，并且部分羽流会沿喷管外部回流，甚至到达飞行器的部件上。

羽流特性（大小、形状、结构、光子和/或声压波的发射强度、可见度、电子干扰和/或发烟性）不仅取决于特定火箭推进系统及其推进剂的特性，还取决于飞行轨道、飞行速度、高度、当地气象条件（如风速、湿度和/或云层）和飞行器的构型（见参考文献 20-1～20-3）。近几十年来，通过实验室试验研究、计算机模拟、静态试车时的羽流测量、飞行试验或真空舱中的高空模拟试验，在理解羽流内复杂的、相互作用的物理、化学、光学、空气动力学和燃烧现象方面取得了进展。然而，一些羽流现象尚未被完全理解或预测。如表 20-1 所示，在许多应用中需要对羽流特性进行定量预测。

表 20-1 羽流技术的应用

设计/开发/操作飞行器其推进系统、发射架或发射设备
对于任何给定的推进系统和工况（高度、气象、速度、与大气氧气的二次燃烧等）下确定或预测羽流尺寸、温度分布、辐射或其他参数。
大致确定羽流（包括二次燃烧和回流）对飞行器各部件、试验设备、推进系统或发射装置的传热，并改变设计以防破坏。
估计飞行器和试验设备承受羽流强噪声的能力。
确定羽流与飞行器周围气流的气动相互作用，这种相互作用会导致阻力和羽流形状的变化。
减少对飞行器各部件的撞击（如姿态控制推进器产生的羽流撞击太阳帆板），撞击会引起组件过热或产生使飞行器偏转的撞击力。
估计并降低羽流对飞行器或发射装置各部件的侵蚀效应。
防止凝结组分沉积在航天器观察窗、光学表面、太阳帆板或辐射散热表面上。
确定羽状颗粒或凝聚组分对太阳光的散射，并使进入飞行器光学仪器的散射辐射降到最小，因为散射辐射会产生误差信号。
保护使用肩扛式火箭发射筒的人员免受高温、爆炸、噪声、烟雾和毒气的危害。
检测羽流中的金属微量元素蒸气（Fe、Ni、Cu、Cr），作为在推力室工作过程中推力室损坏和潜在失效的指标

续表

飞行器的检测和跟踪
羽流辐射频谱或特征的分析和/或测量。 在航天器、飞机或地面站观察时，使用红外、紫外或可见光辐射和/或雷达反射，在远距离辨别运载火箭发动机的羽流。 区分羽流发射信号与背景信号。 检测并识别烟雾和蒸气尾迹。 跟踪羽流并预测飞行弹道或确定发射位置。 在恶劣气象条件下估计二次烟雾量。 减少二次烟雾。 将飞行器运动矢量发送到导弹防御系统。 羽流给人们在飞行器机体上提供了一个瞄准点。
增进对羽流特性的了解
改进研究羽流现象的理论方法。 改进或创建出新颖的或是更真实的计算机模拟方法。 通过飞行试验、实验室研究、静态试验或高空模拟设备中得到的试验结果，进一步验证理论。 了解并尽量最小化高能噪声的产生。 了解烟雾、炭黑或蒸气形成的机理，由此掌握其控制方法并将其最小化。 更好地了解羽流内辐射、吸收和散射。 更好地预测化学发光。 了解激波、燃烧振荡或飞行动作对羽流现象的影响。 了解羽流气体留在平流层或臭氧层的影响。 开发更好的算法来模拟羽流不同部分的湍流。
降低射频干扰
确定飞行器上特定天线和天线位置的羽流衰减。 估计并降低必须通过羽流的无线电信号的衰减，典型的是在飞行器上的天线与地面天线或另一个飞行器上的天线之间的无线电信号。 估计并降低羽流反射的雷达。 估计并降低羽流中的电子密度和电子碰撞频率，如通过降低气体中的某些杂质含量（如钠）

20.1 羽流外观和流动特性

图 20-1 显示了在低空工作的大型推进系统的喷管排气羽流的近场区域情况。羽流开始于火箭推进系统的喷管出口平面，此处羽流具有最小的横截面。当羽流气体以超声速喷射出飞行器时，其直径逐渐扩大。如第 3 章所述（图 3-10），喷管出口流量是不均匀的，通常为欠膨胀状态。排出的羽流气体和周围空气之间的相对平均速度（排出气体速度与飞行器速度的差值）沿着羽流的长度方向逐渐减小，最终在羽流的尾端附近接近零。低推力推进系统具有小羽流，因此发射的辐射和声能小得多。

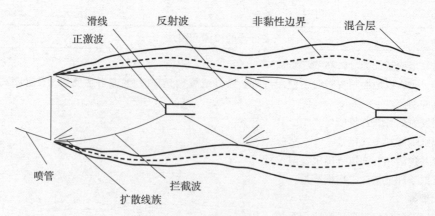

图 20 – 1　低空作业的大型火箭推进装置的排气羽流在近场区域的简化示意图
（经许可摘自参考文献 20 – 1，类似的图形可见参考文献 20 – 2 和 20 – 3）

羽流的无黏内核会不断膨胀，直到外部流体的动压迫使它转动。超声速流转动的唯一方式是通过斜激波实现，也称为桶形激波，这将在后面解释。这种拦截斜激波向羽流中轴弯曲，在羽流轴处形成直径小于喷管出口的强正激波。内部流动在其边界处被反射为倾斜的膨胀波或反射波。通过正激波后，其后方区域立刻变为亚声速，来流超声速流体的动能将转换成热能，表现为局部温度和压力大幅增加。在许多液体推进剂羽流中，该正激波和其下游的高温亚声速区域清晰可见。激波将在本章后面讨论。在流过高温亚声速区域后，羽流中的气体再次被压缩。这一系列的超声速斜激波和正激波不断重复，形成一种通常称为菱形激波的特征图案，因为它具有菱形的外观。这种菱形激波随着高度的增加而扩大。

在混合层中（图 20 – 1），来自羽流的高温气体（通常是富含额外的 H_2 和 CO 的燃料）与环境空气中的氧气混合并燃烧。这种二次燃烧产生额外的热量并使混合层中的温度上升几百度。因此，混合层通常是强辐射体。一些推进剂（如 O_2/H_2 或 LOX/醇）的混合层是透明的，但处在核心的菱形激波清晰可见。对于大多数固体推进剂和某些可储存的液体推进剂来说，该混合层是不透明的，部分原因是悬浮粒子的发射和吸收，使得来自羽流核心的大量红外辐射被明亮的外部混合层遮挡或吸收。

当羽流的中轴线与飞行器中轴线对齐时，会形成一个直的内核和对称的混合层，正如图 20 – 1 以及表 20 – 2 中的示意图和数据所示。当羽流与飞行器中轴线成一定角度时，情况就和自寻的高级反导弹飞行器一样，羽流形状和混合层在几何上会发生很大变化。对于制动火箭（其推进系统的击发方向与飞行器的飞行方向相反）来说，羽流形状也会发生变化，但它可能是对称的（见参考文献 20 – 4）。

表 20 – 2 给出了羽流结构随海拔高度典型变化的三个示意图，并列出了相关的热源。通常，羽流的长度和直径随着高度的升高而增加，但是它们的内部温度和压力沿着它们的长度下降，并且羽流通常变得比产生它的飞行器更大。所有高温羽流部分都会释放辐射。第一个示意图实际上是图 20 – 1 中羽流的完整版，它有一个长的无黏内核（充满尚未与空气混合的废气）与许多菱形激波，在低空中（5 km 以下，此时 $p_2 \approx p_3$），羽流的形状几乎是圆柱形的，混合层是圆柱形或略呈圆锥形。第二个示意图标出了几个羽流范围。在过度区域，激波和辐射随每个菱形激波的出现而减弱，更多的排气与环境空气混合；在高空（10 ~ 25 km）处，喷管处压强 p_2 远远超过大气压强 p_3，并且羽流进一步扩张和变大；在更高的高空

(35 km以上，此时 $p_2 \gg p_3$），大气压强非常低，羽流可以扩张到几千米直径，只有 1～2 个可见的菱形激波。在第三个示意图中，可以看到两个直径相对较大的激波。一个是在飞行器前方的稀薄空气中，被称为弓形激波，它在飞行器处于超声速时产生；另一个激波附着在飞行器的尾端，称为排气激波（在比较低的高度上也会出现这种激波的较小形式）。在远场（羽流的尾端）处，环境空气和排气在整个羽流横截面中相当好地混合，并且局部压强实质上就是环境压强。

表 20-2　大型羽流的高度特征

羽流构型（不同的规模）			
高度/km	0～20	20～50	80 及以上
传热源 激波	次要热源（来自内核）	主要热源	主要热源
二次燃烧外壳	主要热源	次要热源	几乎为零
回流	通常较小[a]	主要热源[a]	次要热源
颗粒物（含固体推进剂）	可以是主要热源	主要热源	次要热源
羽流大小	比飞行器长	直径更大，更长	激波宽度可超过 5 km
羽流形状	近乎圆柱形	近乎圆锥形	核心很小
尺寸	10～100 m（长）	200～1 000 m（长）	1～15 km（宽）
可见菱形激波数	6 个或更多	3～4 个	通常只有第一个无黏区域有，有时有 1.5 个

[a] 两个或更多喷管共同击发时强度更高。

从喷管喷出的欠膨胀的超声速流体，通过附着在喷管出口的波进行普朗特-迈耶膨胀。这种膨胀使得喷管外的外部流线弯曲，增加了羽流外层气体的马赫数，并且在较高的高度，可能导致超声速羽流的一小部分相对于喷管轴线弯曲超过 90°。对于 $k=1.4$（空气）的气体，$Ma1$ 的来流经过普朗特-迈耶膨胀的理论极限约为 129；对于 $k=1.3$ 的气体，约为 160（典型的火箭排气混合气体，见参考文献 20-5），但从更高的喷管出口马赫数来看，这种膨胀要小得多，如图 20-2 所示。

对这种回流进行分析，可以估计飞行器部件可能受到的热量、撞击和污染影响（见参考文献 20-6）。

紧贴喷管壁面的边界层是黏性流动区，其流速低于核心或无黏区域。流速在紧贴喷管壁面处为零。对于大型喷管，这些边界层非常厚，如 2 cm 或更厚。图 3-15 显示了喷管扩张段边界层内的亚声速和超声速区域。该图还显示了温度和速度分布。虽然超声速流能偏转的角度受到限制，但是喷管唇缘处的亚声速边界层流可以偏转高达 180°。尽管这

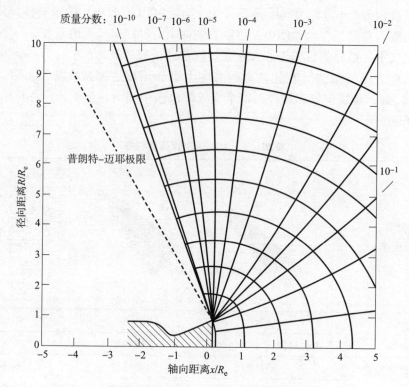

**图 20-2　利用一维流模型计算的可储存双组元推进剂
小推力推进器真空羽流膨胀的密度分布**

(将轴向距离 X 和羽流半径 R 用喷管出口半径 R_e 进行归一化。此处 $k=1.25$,
喷管出口马赫数为 4.0,喷管半锥角为 19°)

些亚声速边界层仅占总质量流量的一小部分,但它们却能使排气在喷管外倒流,特别是在较高的高空。这些回流会加热暴露在其中的飞行器和推进系统部件,甚至引起化学损坏。

从图 20-2 可以看出,羽流中的质量分布或相对密度是不均匀的,该图基于对高空羽流的数值计算。其中 90% 的流量集中在喷管轴线 ±44°范围内,并且只有总质量流量的 10^{-6} 或 10^{-5} 弯曲超过 90°。

图 20-3 是三级推进系统的辐射强度和羽流形状的示意图,飞行器的三个飞行阶段分别由飞行器的三级推进系统进行驱动。在图 20-3(a)中,每个草图都列出了一个羽流的主要尺寸 D,也描述了一些激波和羽流的形状(每个草图都以不同的比例绘制)。弯曲线段表示了湍流和风对核心周围混合层的影响。气体羽流只在特定的窄波长或光谱频率下交换辐射。这里的羽流不含任何微粒。排气中的每一种化学物质(H_2、H_2O、CO、N_2 等)都有其特有的发射/吸收波长。图 20-3(b)显示了卫星观测到的各级推进系统在对数尺度上的羽流辐射强度。虚线是预估的主级羽流总辐射强度。

在图 20-3(b)中,助推阶段总发射强度随高度的升高而增加是由于羽流直径的增大,助推器与空基传感器之间的大气吸收减小造成的;随后其总强度的下降可以解释为随着飞行器高度的增加,二次燃烧逐渐减少的结果。曲线上的间隙是由于级间分离(助推器推力的终止及之后主级推进系统的起动)。该主级推进系统具有较低的推力和较小的羽流,因此,

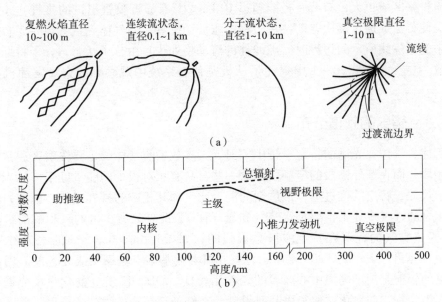

图 20-3　三级上升飞行器羽流的辐射强度随高度、推力或质量流量、推进剂组合和羽流温度而变化
（a）羽流；（b）羽流辐射强度
（描述羽流的四个简图的比例尺是不同的。航空航天公司 2000 年版权所有）

总辐射强度较低。主级推进系统的辐射强度随着羽流的膨胀和辐射气体体积的增大而增加。图中显示的强度下降是由于特定传感器的视野和灵敏度有限，从而只能看到全部羽流的一部分（约 1×1 km）造成的。

主级或第二级通常有比第一级或助推级更大的喷管出口面积比，并且其喷管出口处的羽流具有更低的出口压强。当羽流气体出口压强接近于高空环境压强时，主级推进系统羽流的初始形状近似于低空初始助推器羽流形状，但是更小。与最终助推器羽流相比，初始主级羽流尺寸和辐射强度较小，这在一定程度上导致了图 20-3 中主级推进系统曲线初始波谷的出现。由于空气和排气羽流的混合随着高度的增加而减少，二次燃烧产生的排放物也减少了，这也是产生波谷的部分原因。随着高度的进一步增加，主级的羽流扩散开来，形成一个更大的辐射气体，因此整体辐射强度更大。

在 170 km 以上的高空，羽流进一步膨胀，最终只有内核（半个或一个半菱形激波）具有足够强的辐射，可以通过远程传感器（见参考文献 20-4）进行测量。

第三级（可以是卫星或多弹头的上部）的多推力室推进系统（通常有 6~12 个小型推进器）的推力要比其他两个阶段低得多，羽流也要小得多，因此它们的辐射强度是最低的。羽流中唯一足够热，以至于可以发出明显辐射的部分是喷管出口下游的无黏内核。辐射也可能来自小燃烧室内的高温气体，但这些气体只能以狭窄的角度通过喷管观察到。从太空看，小推进器的辐射通常很难与地球的背景辐射区分开来。

助推器和主级都在大气中连续流占优的那部分高度工作，也就是说，分子的平均自由程与飞行器尺寸的关系很小，分子间经常发生碰撞，气体遵循基本气体定律，它们会产生压缩波或膨胀波。随着高度进一步增加，流动将由连续介质状态转变为自由分子流状态，此时单位容积内的分子数很少，分子碰撞之间的平均自由程大于飞行器的主要尺寸（如长度）。在这里，羽流扩张区域更大，有些直径能超过 10 km。只有靠近喷管出口的排气，才满足连续流动条件，使得流线通过逐次普朗特-迈耶膨胀波而扩展。当气体到达图 20-3 右边最后一张示意图中椭圆虚线所示的边界时，虚线外的流动将处于自由分子状态，分子将继续沿直线向空间扩散。在参考文献 20-1 中描述了从天基侦查系统中观察到的火箭发动机排气羽流现象。

20.1.1 辐射的频谱分布

如前所述，气体在光谱的特定窄带中辐射。大多数羽流气体的主要辐射区通常位于红外谱段的窄频段，而在紫外谱段的窄频段要少一些，只有相对很少的能量处于可见光谱段。辐射量取决于尺寸、特定的推进剂、推进剂的混合比例和其相应的排气成分。例如，液氢-液氧推进剂组合的排气成分中主要是水蒸气和氢（H_2），此外只有少量的氧和解离组分（见表 5-4）。这些热燃气的辐射在特定波段是很强的，如 2.7 μm、6.3 μm 的水（红外区）和 122 nm 的氢（紫外区）。如图 20-4 所示，氢-氧羽流基本上是透明或无色的。白色菱形激波内部可见的辐射是由于高温中心区域的少数元素 O_2、OH、H 或 O 的化学反应造成的。另一种推进剂组合物，四氧化二氮和甲基肼燃料，在红外区域产生强烈的辐射。除了前面提到的 H_2O 和 H_2 在特定波段有很强的辐射，4.7 μm 的二氧化碳（CO_2）和 4.3 μm 的一氧化碳（CO）同样有强烈的辐射，而在紫外区和可见光谱段（属于 CN、CO、N_2、NH_3 以及其他中间和最终气相反应产物的谱段）的辐射较弱。因此，它的火焰一般是粉红橘黄色的，但羽流仍然是半透明的。

图 20-4　Vulcain 60 推力室氧-氢推进剂产生的可见羽流

（该推力室高空比冲为 439 s，喷管膨胀面积比为 45，混合比为 5.6。由于少量发光组分的辐射，羽流核心区的多重激波系清晰可见。2016 年，由德国空中客车防务与空间有限公司提供）

许多固体推进剂和一些液体推进剂的排气含有固体颗粒，也可能含有凝结液滴。在本书中，"粒子"一词涵盖了这两种类型。在表 5-8 和表 5-9 中列出了排气含固体颗粒的固体推进剂的例子，这些固体推进剂的炽热白色排气羽流中含有约 10% 的氧化铝（Al_2O_3）小液滴或固体颗粒。一些燃烧煤油的液体推进剂和许多固体推进剂的排气中含有少量的煤烟或小的碳颗粒。固体火箭发动机的绝热材料和喷管中烧蚀材料的退火、侵蚀或碳化也会导致排气中存在固体碳颗粒。高温固体的辐射频谱是连续的，通常在红外区达到峰值，但在可见光区和紫外区也有强辐射，这种连续频谱在可见光范围内的辐射通常比羽流气体组分的窄频带辐射要强。混合层的二次燃烧可使颗粒温度升高几百度，从而增强了颗粒的辐射强度。只要有2%～5%的固体颗粒，这些羽流就会明亮发光，肉眼很容易看到。然而，处于羽流外层的这些颗粒可能会遮蔽中央核心区，因此可能无法再观察到激波系。

小粒子的分布是很不均匀的。图20-5显示了两个羽流的合成图像示意图，其中下半部分是固体颗粒，上半部分是凝结液滴。火箭发动机排气中高温固体颗粒的连续辐射通常比所有气态物质的辐射都要高，而且往往更加容易被肉眼看到。这些小粒子（包括凝结液滴和固体颗粒）被气流加速或拖动，但它们的速度总是滞后于较高的气流速度。较大的固体颗粒比小的固体颗粒在流动方向上具有更大的惯性。随着羽流的扩张，部分气体可能会在与羽流轴线成90°以上的夹角方向上流动，但固体颗粒只能在小角度范围内流动（5°～30°）。它们没有到达羽流的外部边界，如图20-5所示。羽流的中心区域基本上包含所有较大的固体颗粒，其被环形区域包围，该环形区域包含一些大颗粒，但主要是中小尺寸的颗粒。大多数较小的固体颗粒处于下一个环形流动区域，而羽流的外部区域几乎没有固体颗粒。

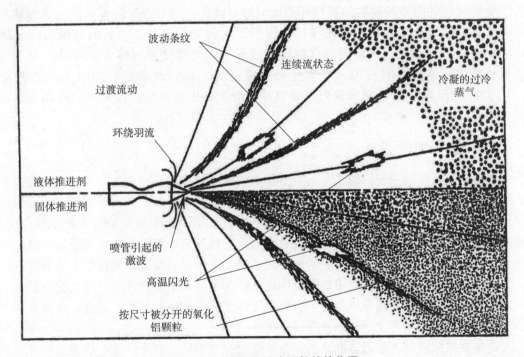

图20-5　高空羽流中颗粒的简化图
（上半部分显示气体冷凝成小液滴，下半部分显示来自固体火箭发动机的羽流，在羽流中心线附近有小的氧化铝固体颗粒。航空航天公司2000年版权所有）

涉及凝结液滴的机制有所不同。某些气体在特定的液化温度下凝结成液滴，而与羽流内的位置或流线无关。当气体在羽流中膨胀时，它们会急剧冷却，但它们也会从周围的热粒子中吸收热量。因此，凝聚的液滴在羽流中的分布变得相对均匀。

从图20-5的上半部分可以看出，任何过冷水蒸气实际上都是在喷管出口下游凝结成的，可能是匀相成核。这些凝聚液滴主要可观察到的效果是太阳光的散射。图的下半部分显示了固体氧化铝颗粒。一些较大的粒子以小液滴的形式从喷管进入羽流，然后通过辐射冷却固化（见参考文献20-1和20-4）。

即使在飞行器离开之后，具有颗粒的羽流仍然可以在相对长的时间内通过散射阳光而被看到，最终它们会被当地的风吹走。这种烟雾或蒸气尾迹标志着刚刚过去的飞行器的轨迹。最终羽流冷却、扩散，并且由于大气的吸收，变得不再可见。

羽流经常在其流线上显示出一些波动的可见热条纹。如图20-5所示，这些热条纹是可移动的发热闪光点，具有强烈辐射的槽腔，或是局部高温的气体混合物。这些高温的移动气体局部异常是由于燃烧室中的不稳定燃烧和推进剂的喷射，以及湍流引起的（见参考文献20-1）。

来自羽流的总辐射也会加热相邻的飞行器部件或推进系统部件。要预测辐射，需要了解羽流成分和介入大气以及羽流气体的辐射吸收（见参考文献20-1和20-7）。从羽流到飞行器各部件的任何热传递（通过热辐射和热对流）将取决于推进剂组合、喷管构造、飞行器几何形状和大小、喷管数量、轨迹、高度以及喷管周围和飞行器尾端的二次湍流流动。如图18-10所示，为了防止羽流对飞行器的损坏，安装了羽流回流保护罩。

需要针对各种因素对辐射的观察和测量值加以修正。信号强度随着羽流与观测站之间距离的平方而减小，并且观察值在飞行阶段会发生很大的变化。波长的衰减与大气条件（雨、雾或云）、羽流的高温部分与观察位置之间的空气质量和气体含量有关，并且与相对于视线的飞行矢量方向有关。当垂直观察羽流时，总辐射量是最大的（见参考文献20-1、20-3和20-7）。背景辐射（在卫星观测中是很重要的）或多普勒频移会给辐射测量值带来误差。

20.1.2 多喷管羽流

通常会有多个推进系统同时工作，或有多个喷管喷出高温排气羽流。例如，一些大型运载火箭的第一阶段有多个液体推进剂火箭发动机和两个或两个以上的固体推进剂发动机作为捆绑式助推器，它们都同时工作。这些羽流相互干扰和撞击会在组合羽流中产生高温区域，因此产生更大的辐射，但辐射将不再是轴对称的。此外，多个喷管会造成飞行器尾部附近的气流变形，影响飞行器的阻力，并且增加局部羽流的热回流。随着多推进系统的羽流相互撞击，会产生局部高温点。在高空中，多重推进系统的羽流似乎会合并在一起。在分析时，有时可以近似地将多喷管羽流等效为一个能提供等量总质量流量的单喷管羽流，且具有各个喷管的性能和特性（见参考文献20-4）。

无论是液体推进剂还是固体推进剂，与单喷管排气不同，两个或多个热羽的相互撞击会重新分配高温气体。羽流的扩展能超过90°，撞击模式也会随高度变化。由于这样的撞击，一些高温低压气体向上流动，然后在位于飞行器尾部下方的推力室之间或喷管之间由中心向外进行侧向流动。因此，需要安装羽流回流保护罩或"隔热层"，以保护发动机部件和飞行器设备免受高温低压气体和强烈的羽流辐射的损坏。该隔热层由耐高温材料制成，它具有允许喷管在推力矢量控制期间进行角度变换的特点。图18-10所示为RD-124发动机隔热层的一个例子，大多数航天飞行器都使用这种隔热层。

20.1.3 羽流特征

该术语包含了特定飞行器、特定任务、特定推进系统和特定推进剂产生的羽流在红外、可见光和紫外谱段的所有特征及其电子密度、烟雾或水蒸气特征（见参考文献 20 - 3，20 - 8 ~ 20 - 10）。为了尽量减小被检测到或追踪到羽流的可能性，许多军事应用希望弱化羽流特征。喷管出口气体中 H_2 和 CO 的含量可能是影响羽流特征的最重要因素。随着羽流温度的升高，辐射水平和辐射频率的相互作用将会提高。如果选择燃烧温度较低的推进剂组合或混合比，辐射就会降低，遗憾的是这通常会降低性能。减少烟雾的方法将在本章后面描述。通常情况下，羽流特征常作为所有新的或改进的火箭推进军用飞行器的一个设计指标，常对某些谱段的辐射和最大烟雾量做出限制。

大气会吸收某些谱段的能量。例如，空气中包含一些 CO_2 和 H_2O，这些分子吸收和减弱这两个组分相应频带内的辐射。由于许多羽流气体含有大量的 CO_2 或 H_2O，因此羽流本身的衰减可能就很大。当用光谱仪测量羽流能量或强度时，必须修正羽流与测量点之间的空气或羽流气体造成的误差。

20.1.4 飞行器底部形状和回流

喷管出口和飞行器尾部或底部的形状对羽流具有一定影响。图 20 - 6 显示的单喷管出口，其直径几乎与飞行器本体的底部或尾部直径一样大。当喷管出口与飞行器尾部最大直径处有一定距离时，飞行器底部或尾部将存在一较平坦的环形表面。在该区域中，高速燃烧气体速度通常大于飞行器外的空气速度（其与相对于飞行器的当地空气速度大致相等），并且将引起非定常的涡流型回流。这大大增强了补燃和对飞行器底部的加热，并且通常使底部压强降低。实际上，这种较低的背压增加了飞行器的阻力。

飞行器尾部的空气流型（其有助于保持飞行器的气动稳定性）根据不同的尾部形状（如直圆柱、渐缩锥形或扩张锥形）是不同的。空气流型和混合层随着攻角、尾翼或机翼而发生显著变化，导致不对称的羽流形状和可能的流动分离。在某些情况下，与空气混合的富燃排气回流会点火燃烧，这极大地增加了对底部的传热量，并使羽流特性发生一些变化。

20.1.5 压缩波和膨胀波

激波是超声速流中的不连续面。在火箭发动机羽流中，动能会在这个很薄的波面内迅速变成势能和热能。在稳定激波前后，流体的压强不可逆地突升，而速度则不可逆地突降。当流体通过正激波时，其流动方向不会变化。这种正激波产生的压升（和下游当地温升）最大，并且通过正激波后的流体流速为亚声速。当来流与激波表面的夹角小于 90°时，称为弱压缩波或斜激波。图 20 - 7 说明了这些流关系并显示了流动变化的角度。正激波后的气体温度接近燃烧室的滞止温度，因此辐射会大大增加。此外，在这里（以及其他高温羽流区）可能会发生气体组分的解离和化学发光（发出可见光），如图 20 - 4 所示（强激波下游）。

超声速流中所有的气体膨胀特性都具有非常类似的几何关系。气流在膨胀面上经历普朗特 - 迈耶膨胀波，通过该表面后压力降低，速度增加。通常，膨胀时会产生彼此相邻的一系

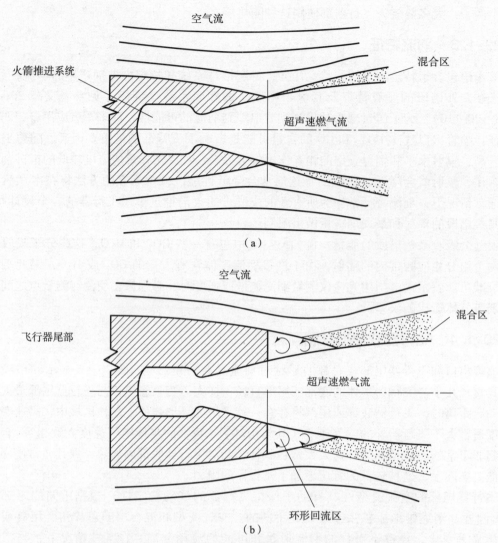

图 20-6 两种不同构型的收敛型尾部或飞行器底部周围的流型图
(一种有燃气回流,另一种没有燃气回流)

列弱膨胀波。如图 20-1 和图 20-2 所示,这些情况发生在喷管出口之外,其气体压强高于环境压强(欠膨胀状态)。

来自氢-氧液体推进剂燃烧的羽流主要由过热水蒸气和氢气组成,这些水蒸气和氢气基本上是不可见的。然而,它们可能由于在高温区中的微量元素的化学反应而变得微弱可见,观察到的淡黄色和白色轮廓的波系就是由于这些化学反应引起的(见表 20-2 和图 20-4)。

在遇到波面改变方向或遇到激波之前,喷管出口之外的超声速气流是不受扰动的。压缩波面和膨胀波面一起构成了菱形波系。这些波系(见表 20-2 和图 20-4)不断重复,在很透明的羽流(如氢-氧或酒精-氧推进剂组合产生的羽流)中清晰可见。波系随一个个波逐渐变弱,由于膨胀波反射回来成为压缩波,因此混合层起到反射作用。

如图 20-1 所示,火箭发动机排出的羽流气体和流过飞行器的空气(或由高速羽流卷吸的空气)之间的界面起着自由边界的作用。斜激波在自由边界上反射成性质相反的波。例

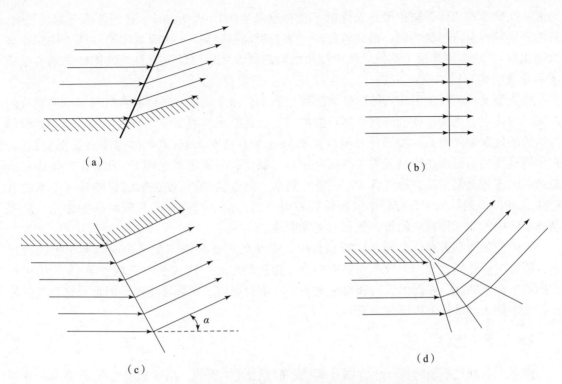

图 20-7　斜激波（或压缩波）、正激波和膨胀波的简要示意图
(a) 斜激波（压缩）；(b) 正激波（压缩）；(c) 膨胀波；(d) 多重膨胀波
（箭头长度的变化表示气流穿过波面后气体速度的变化）

如，斜压缩波反射成斜膨胀波。该边界通常不是简单的旋转面，而是环形层，有时称为滑移层或混合层，滑移层或混合层会受到湍流影响而扭曲。

20.2　羽流效应

20.2.1　烟雾和蒸气尾迹

烟雾在一些军事导弹应用中是不可接受的，它会干扰光学信号的传递，如视线或光电制导系统。烟雾还阻碍了操纵有线反坦克武器的士兵的视野。肉眼可见的尾迹可以轻松快速地检测到正在飞行的导弹，并且通过跟踪飞行轨迹就可能会发现隐蔽的发射点。烟雾不仅产生在火箭发动机工作期间，而且在火箭发动机关机（或间歇性燃烧）之后剩余的固体推进剂不规则燃烧期间也会产生，如第 14 章所述，这种情况下会产生频率为 2~100 Hz 的小股火焰和烟雾。

一次烟雾由气体中许多非常小的固体颗粒组成的悬浮物形成，而二次烟雾则来自冷凝的小液滴，如凝结水汽形成的云或雾。二次烟雾可能在纯气相羽流中形成，也可能在含有一次烟雾的羽流中形成。在火箭发动机动力飞行期间，许多推进剂会在羽流中留下可见的烟雾和/或蒸气尾迹（见参考文献 20-3、20-8 和 20-9）。在飞行器飞过后，这些尾迹被当地风吹走。由于尾迹发光要依靠反射或散射阳光，所以它们在白天最为明显。在复合推进剂中，形成一次烟雾的固体颗粒主要是氧化铝（直径通常为0.1~3.0 μm）。在固体推进剂废气中，其他固体颗粒是未燃烧的铝、锆或氧化锆（来自燃烧稳定剂）、铁或氧化铅（调节燃烧速率的催化剂）。许多固体推进剂发动机中使用的隔热材料和采用烃类燃料的液体推进剂会生成碳颗粒或烟雾。

在火箭发动机排气羽流气体的外部膨胀过程中，由于辐射、气体膨胀以及周围冷空气的对流，气体混合物的温度会降到其露点温度以下，此时水蒸气凝结。当然，所有这些影响都与当地的气象条件有关。如果外界温度足够低（如在高空）和/或气体膨胀到很低的温度，则水滴会冻结以形成小冰晶或雪。在高空中，二氧化碳、氯化氢（HCl）和其他气体也可能凝结。大多数火箭发动机排气含5%~35%的水，但液氢/液氧推进剂组合的排气中水的含量高达80%。当排气中含有微小的固体颗粒时，则它们会起到水蒸气凝结核的作用，从而增加羽流中的非气体物质的量，使羽流更加明显。

当降低羽流烟雾在任务要求中很重要时，必须使用低烟固体推进剂或烟雾最低的推进剂，或者可以选择已知不形成小碳颗粒的液体推进剂组合。这些在第7章和第13章中进行了描述。即便如此，在低温天气和高湿度条件下也会形成二次烟雾尾迹，但是只含蒸气的尾迹在大多数天气条件下可能难以看到。

20.2.2 毒性

许多火箭推进系统的排气包含剧毒和/或腐蚀性气体成分，这些成分会危害健康，并可能会对发射场或试验场周围造成环境破坏。某些液体氧化剂（如四氧化二氮（N_2O_4）或红烟硝酸（HNO_3））意外泄漏后会产生有毒、腐蚀性气团，其密度大于空气，会弥漫在地面附近。像一氧化碳或二氧化碳这些排气，若过量吸入也会危害健康。采用过氯酸盐氧化剂的固体推进剂生成的氯化氢气体、二氧化氮（NO_2）、四氧化二氮或硝酸等这些气体允许的健康安全吸入浓度相对较低。第7章列出了一些物质的暴露浓度安全极限值。排气的破坏性随有毒成分的浓度、质量流量或推力量级以及火箭发动机在靶场或其附近地区的工作时间而增加。

由于风的弥散、空气的扩散和稀释作用，有毒物质的浓度会在几分钟内降到安全值，但这取决于当地的气象条件（见第21章）。因此，要对发射或试验操作的时间作仔细安排，使风将这些气体吹向附近的非居民区。对于剧毒排气（如包含氧化铍或某些氟化物的物质），从静态试验设施排出的气体要收集起来，在排入大气之前作化学处理和净化（通常针对推力相对较小的情况）。

20.2.3 噪声

噪声是产生推力时不可避免的副产品。降低噪声对于大型运载火箭特别重要，是飞行器和许多地面设备（特别是电子部件）设计时的一个主要考虑因素。噪声除了危害火箭飞行器附近的人员外，还可能严重干扰发动机试验场附近的居民区。"土星"V运载火箭发射时产生的声能约为2×10^8 W，若可转换为电力，足够用于约20万户普通家庭的照明。

发射的声能主要与排气速度、气体流量、排气密度以及静止介质中的声速有关。就声能而言，化学火箭发动机是所有飞机和导弹推进装置中噪声最大的。声强在喷管出口附近最高，并随与声源的距离的平方而减弱。火箭发动机排气噪声的分析模型通常将羽流分为两个主要区域：一个在激波上游；另一个在下游（亚声速）。第一个区域产生高频噪声；第二个产生低频噪声。高速排气与周围相对静止的大气之间的强烈湍流混合产生噪声，此外激波本身也是一个噪声源。声发射通常用声压单位微巴（μbar）度量，也可用声能（W）、声强（W/ft^2）或声级（dB）表示。由于分贝是两个能量或两个强度量的比值的对数，分贝、能量和强度之间的关系不是很直观。此外，采用分贝表示时必须有一个分贝标度基准，如对应于 0 时的瓦特量。在美国，最常用的分贝标度基准为 10^{-13} W 能量，欧洲则为 10^{-12} W。

大型火箭发动机产生的声级可达 200 dB（基准为 10^{-13} W），对应的声能为 10^7 W，而 75 人管弦乐队产生的声级为 140 dB，声能为 10 W。声能降低 50%，声级只降低 3 dB 左右。就人们的感觉而言，声级变化 10 dB，普通人通常感觉声音加倍或减半。140 dB 以上的声级通常会使耳朵疼痛，160 dB 以上的声级则难以忍受（见参考文献 20-4）。

20.2.4 航天器表面污染

对飞行器设计师和用户而言，火箭发动机排气产物对航天器敏感表面的污染是个需要考虑的问题。当污染物沉积在表面上时，会使某些产品功能显著退化，例如太阳能电池、光学透镜、散热器、观察窗、热控涂层和镜面。排气中有凝结液体和/或固体颗粒的推进剂看来比排气几乎全是气态产物的推进剂（如氢-氧或单元燃料肼推进剂）更麻烦。大多数固体推进剂的羽流含有污染成分。实际上，这里的所有研究都围绕推力为 1.0~500 N、采用可储存液体推进剂的、脉冲工作的小型姿态控制发动机，即常用于飞行器长期姿态控制和轨道位置保持的发动机。在这些发动机中已经发现硝酸肼和其他物质会沉积。排气产物在附近表面的积累与许多变量有关，包括推进剂、燃烧效率、燃烧压力、喷管面积比、表面温度以及发动机/飞行器界面的形状。分析计算只能在一定程度上预测排气对航天器表面的污染。航天器表面的排气污染预测仅部分可以通过分析计算。参考文献 20-10 提供了双组元液体火箭发动机的综合分析模型和计算机程序。

凝结组分（微小的液滴或固体颗粒）聚集物会产生另一种效应，即散射阳光，导致阳光照射到航天器的光学仪器上，如照相机、望远镜、红外追踪器或星追踪器。这种效应会使仪器测量值出错。散射取决于羽流与仪器的相对位置、推进剂、颗粒的密度和尺寸、敏感光谱频率以及仪器表面温度。

20.2.5 无线电信号衰减

在飞行器制导、通信或雷达探测时，所有火箭发动机排气羽流通常都会干扰要穿过羽流的射频信号的传输。在这里，固体推进剂排气羽流产生的干扰通常比液体火箭发动机羽流产生的干扰多。信号衰减与自由电子密度和电子碰撞频率有关，若给定整个羽流场中的这两个参数，就可以计算信号在通过羽流时的衰减量。图 20-8 显示了一个足以预测信号衰减的最小的羽流模型，其上有恒定电子密度和电子碰撞（动量交换）频率的等值线。排气羽流中的自由电子密度和活动受许多因素的影响，包括推进剂配方（特别是碱含量）、排气温度、发动机尺寸、燃烧室压力、飞行速度和高度以及喷管出口的距离。目前，已建立了用计算机分析排气羽流的理化成分（包括电子密度）和衰减特性的方法（见参考文献 20-11~20-14）。

根据典型的固体推进剂发动机的经验，一些相互影响的发动机和飞行器设计因素之间的关系可归纳如下：

（1）碱性金属分子的存在会增加衰减量。将钾的浓度水平从 10×10^{-6} 改为 100×10^{-6} 会使低空相对衰减量增加 10 倍。钾（约 150×10^{-6}）和钠（约 50×10^{-6}）都被认为是工业级硝化纤维素和高氯酸铵中的杂质。

（2）铝燃料的浓度有重要影响。将其百分含量从 10% 提高到 20% 后，会使海平面的衰减量增加 5 倍，而在 7 500 m 高度处的衰减量则增加 3~4 倍。

（3）将任何给定的含铝推进剂的燃烧室压力从 100 psi 增加到 2 000 psi，相对衰减量降低了 50%。

（4）衰减量随着喷管出口平面的距离而变化，并且有些地方的衰减量可达喷管出口平面处的 4~5 倍，具体取决于飞行高度、喷管形状、氧化剂与燃料混合比、飞行速度和高度以及其他参数。

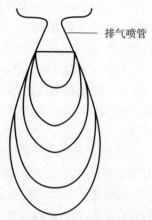

图 20-8　用于预测无线电通信信号衰减的排气羽流模型

（图中的轮廓线是相等的电子密度或电子碰撞频率的等值线，最大值在喷口附近）

对于许多固体火箭发动机的应用场合而言，排气羽流对无线电或雷达信号强度的衰减几乎不构成问题。若有问题，通常可以通过控制推进剂成分中的碱性杂质含量以及使用非金属燃料或低含量的铝（小于 5%）来将衰减保持在可接受的程度。具有大面积比喷管的火箭发动机有助于降低电子浓度，因为随着排气温度的降低，电子与正离子重新组合得更快。

羽流中的电子大大增加了雷达的有效反射面积，雷达可以很容易地检测到高温羽流。羽流通常是比飞行器更强的雷达反射器。因此，雷达自寻的导弹导引头会盯住羽流，而不是飞行器。在作战情况下，一般期望减小羽流横截面积（降低排气温度，减少钠杂质含量）。

20.2.6　羽流撞击

在大多数反应控制系统中有多个小推进器，它们指向不同的方向。尽管小型推进器具有的小羽流辐射强度相对较低，但它们仍可能对飞行器造成严重损坏。存在小推进器羽流撞击空间飞行器的一些关键表面的情况，例如展开的太阳能电池板、辐射散热面或气动控制面。这种情况大多发生在高空中，此时羽流直径很大。这种撞击可能导致这些表面过热和产生意外的转矩。同时，在级间分离时，存在上面级的羽流撞击飞行器下面级的情况。这不仅会对下面级（被抛掉的）造成过热、撞坏，而且这些羽流还会通过反射或回流影响上面级。其他羽流撞击的例子还有对接机动飞行、火力密集的多管火箭发射（几乎同时）。一个火箭弹的羽流在飞行时撞击另一个火箭弹时，可能导致后者飞行弹道发生变化，从而不能击中预定的目标。

20.2.7　液体推进剂火箭发动机的热传递

根据参考文献 20-15，所有多引擎空间运载火箭（图 1-12 和图 1-13）在发射和上升过程中都经历了强烈的加热。这主要影响运载火箭的下部，这些热量产生于羽流辐射和高温排气的热对流。在不同的上升阶段，这种热传递的强度和位置的变化可以简单地分为四个阶段。第一阶段，在发射开始时，热量来自每一枚火箭的羽流和冷却火箭底座的大气流动。第二阶段发生在中等高度的高空，在这个阶段穿过飞行器底座的气流与由多个羽流相互作用而产生的上升气流相互对抗——在前两个阶段，热量仍然相对较低。第三阶段，在更高的高度，羽流扩张，辐射源尺寸增大，此时几乎不存在混合区（图20-1）。在高空中，由于大气压较低，各个火箭羽流膨胀并合并成一个羽流，就会产生对飞行器底部加热的峰值量。通过飞行器底部的气流明显减少，并且高温气体可能与飞行器的下部结构相接触（见表20-2和图20-3）。在第四阶段，当火箭到达太空边缘时，温度会趋于稳定，发动机的羽流与火箭底部周围循环的高温气体结合在一起。推力室自身通常能够被冷却套里的液体充分冷却，然而非冷却部件（如压力开关、飞行器结构、天线、温度传感器、级间分离装置等）可能过热甚至于失效。知道每个阶段的预估温度可以让设计人员构建能够处理热负荷的硬件。

如前所述，许多具有多个燃烧室的大型液体推进剂火箭发动机在发动机底部附近都有一个防火屏障或防回流保护罩，如图18-10中用于RD-124发动机的装置。该隔热罩放置在与飞行器轴线垂直的面上，它被固定在飞行器的圆周上，并且靠近各个推力室的出口部分。这样的屏障可以防止热敏发动机和飞行器部件（在屏障上方）因羽流辐射和羽流混合层的高温气体回流而失效。在多推力室系统火箭发动机中，当某些部分羽流相互撞击时，就会产生低压气体的回流，特别是在较高的高空。耐热屏障的设计是为了防止这种损坏。如果用于推力矢量控制推力室是万向节或铰接的，则屏障必须具有特殊的特征，以允许喷管进行角度变换而不用在屏障上打任何孔。

20.3 分析与数值模拟

目前，已采用数学算法对羽流的复杂结构、特性和许多物理现象进行模拟，且编制了一些比较复杂的计算机程序（见参考文献20-1～20-3和20-16～20-20）。虽然在羽流现象的数学模拟方面已取得很大进展，但这种分析的结果对于预测许多羽流特性并不总是可靠或有用的。然而，这些模型确实有助于理解羽流，并在一定范围内能将测试结果外推到不同的条件。羽流的一些物理现象还未完全认识清楚。

所有模拟都需要进行简化假设以使方案可行，并且它们的应用领域通常是有限的。分析旨在预测各种羽流参数，例如温度、速度、压力分布、雷达有效反射面积、热传递、辐射、凝结、光学表面上的沉积、撞击力和/或化学成分。这些分析通常局限于羽流中各独立空间区域（如核心区、外层、超声速区域或亚声速区域、连续流或自由分子流、近场或远场），并且许多对流动的动力学或稳定性采用了不同的假设（许多忽略了湍流效应和/或边界层与激波之间的相互作用）。大多数仅适用于稳态条件。在处理化学反应、固体含量、能量释放、羽流内的组分变化、不同飞行高度、气流和飞行器的相互作用和/或选定的谱段（只考虑IR）等方面，算法也是各种各样的。它们可能需要对颗粒尺寸、颗粒数量、空间和尺寸分布、气体速度分布、混合层的形状和边界和/或湍流特性等作出假设。更复杂的数学模型则使用多维模型。参考文献20-16～20-20中显示了使用几种不同模型对羽流进行分析的实例。许多分析在一定程度上要通过实际羽流测量数据的外推来指导求解过程。

静态和飞行试验中获得的羽流实测值可以用于验证理论。羽流测量需要专用仪器、仔细标定和经验丰富的人员，另外还要灵活应用各种修正系数。将计算机结果外推到尚未完全验证的范围或参数往往得不到好的结果。有用于羽流现象预测的计算机验证程序，但大多数是专有的或使用受限的。

习 题

1. 试列出至少两个可能增加羽流总辐射发射的参数，并解释原因。例如，增加推力会增加羽流的辐射质量和大小。

2. 在技术辞典或化学百科全书中查找化学发光，给出定义，并解释它如何影响羽流辐射。

3. 描述在海平面上发射的垂直上升火箭飞行器的羽流中总辐射强度的变化，假设观察者也在海平面上，但距离发射位置 50 km。

4. 一个火箭飞行器在 25 km 高度水平飞行。它的羽状辐射强度是通过 50 km 以外的气球吊舱中的仪器测量的，但是在 25 km 的相同高度上，在这个位置，空气密度非常低，并且空气的羽流吸收很小并且可以忽略不计。简述为了确定羽流的辐射强度而需要进行哪些校正。

参考文献

20-1. F. S. Simmons, *Rocket Exhaust Plume Phenomenology*, Aerospace Press, The Aerospace Corporation, El Segundo, California, 2000.

20-2. S. M. Dash, "Analysis of Exhaust Plumes and Their Interaction with Missile Airframes," in M. J. Hemsch and J. N. Nielson (Eds.), *Tactical Missile Aerodynamics*, a book in the series of *Progress in Astronautics and Aeronautics*, Vol. 104, AIAA, Washington, DC, 1986.

20-3. A. C. Victor, Chapter 8, "Solid Rocket Plumes," G. E. Jensen and D. W. Netzer (Eds.), *Tactical Missile Propulsion*, a book in the series of *Progress in Astronautics and Aeronautics*, Vol. 170, AIAA, 1996.

20-4. Personal communication from Frederick S. Simmons of The Aerospace Corporation, 2008 and 2015.

20-5. S. M. Yahya, *Fundamentals of Compressible Flow*, 2nd revised printing, Wiley Eastern Limited, New Delhi, 1986.

20-6. R. D. McGregor, P. D. Lohn, and D. E. Haflinger, "Plume Impingement Study for Reaction Control Systems of the Orbital Maneuvering Vehicle," AIAA Paper 90-1708, June 1990.

20-7. R. B. Lyons, J. Wormhoudt, and C. E. Kolb, "Calculation of Visible Radiations from Missile Plumes," in *Spacecraft Radiative Heat Transfer and Temperature Control*, a book in the series of *Progress in Astronautics and Aeronautics*, Vol. 83, AIAA, Washington, DC, June 1981, pp. 128–148.

20-8. *Rocket Motor Plume Technology*, AGARD Lecture Series 188, NATO, Jun. 1993.

20-9. Terminology and Assessment Methods of Solid Propellant Rocket Exhaust Signatures, AGARD Advisory Report 287, NATO, Feb. 1993.

20-10. R. J. Hoffman, W. D. English, R. G. Oeding, and W. T. Webber, "Plume Contamination Effects Prediction," Air Force Rocket Propulsion Laboratory, December 1971.

20-11. L. D. Smoot and D. L. Underwood, Prediction of Microwave Attenuation Characteristics of Rocket Exhausts, *Journal of Spacecraft and Rockets*, Vol. 3, No. 3, Mar. 1966, pp. 302–309.

20-12. K. Kinefuchi et al., "Prediction of In-Flight Radio Frequency Attenuation by a Rocket Plume by Applying CFD/FDTD Coupling," AIAA Paper 2013-3790, July 2013.

20-13. A. Mathor, "Rocket Plume Attenuation Model," AIAA Paper 2006–5323, Jun. 2006.

20-14. K. Kinefuchi, K. Okita, I. Funaki, and T. Abe, "Prediction of In-Flight Radio Frequency Attenuation by a Rocket Plume by Applying CFD/FDTD Coupling," AIAA Paper 2013-3790, Jul. 2013.

20-15. H. Kenyon, "Modelling heat off rocket engines," *Aerospace America*, Vol. 53, No. 4, Apr. 2015, pp. 16–18.

20-16. I. Boyd, *Modeling of Satellite Control Thruster Plumes*, PhD thesis, Southampton University, England, 1988.

20-17. S. M. Dash and D. E. Wolf, "Interactive Phenomena in Supersonic Jet Mixing Plumes, Part I: Phenomenology and Numerical Modeling Technique," *AIAA Journal*, Vol. 22, No. 7, Jul. 1984, pp. 905–913.

20-18. S. M. Dash, D. E. Wolf, R. A. Beddini, and H. S. Pergament, "Analysis of Two Phase Flow Processes in Rocket Exhaust Plumes," *Journal of Spacecraft*, Vol. 22, No. 3, May–Jun. 1985, pp. 367–380.

20-19. C. B. Ludwig, W. Malkmus, G. N. Freemen, M. Slack, and R. Reed, "A Theoretical Model for Absorbing, Emitting and Scattering Plume Radiations," in *Spacecraft Radiative Transfer and Temperature Control*, a book of the series of *Progress in Astronautics and Aeronautics*, Vol. 83, AIAA, Washington, DC, 1981, pp. 111–127.

20-20. A. M. Kawasaki, D. F. Coats, and D. R. Berker, "A Two-Phase, Two-Dimensional, Reacting, Parabolized Navier-Stokes Solver for the Prediction of Solid Rocket Motor Flow Fields," AIAA Paper 92–3600, Jul. 1992.

第 21 章 火箭发动机试验

21.1 试验类型

火箭推进系统投入使用之前要进行一些不同类型的试验，下面按其进行的顺序概述如下：

（1）单机部件的加工检验和生产试验（尺寸检验、压力试验、X射线探伤、泄漏检测、电气导通测试、机电检测等）。这些试验通常在工厂里完成。

（2）组件试验（在点火器、喷嘴、绝缘部件、阀门、控制器、喷注器、结构、贮箱、电机箱、推力室、涡轮泵、推力矢量控制器等方面的功能试验）。这些试验可能需要特殊的设备或设施。

（3）火箭推进系统静态试验（完整的推进系统装在试车台上试验）如下：

①全系统试验（额定工况、偏工况、人为偏置环境条件或调整状态）。

②使用液体推进剂进行部分工作或模拟工作试验（用于检验功能、调整状态、点火、运行是否正常。通常未达到满推力状态，试验时间未达到全寿命）；对于重复使用或多次起动的火箭推进系统，试验还包括多次起动和长寿命试验，试验后需进行检测与重新调整。

③一些化学推进系统的试验和几乎所有的电推进系统的试验均在模拟高海拔稀薄大气的大型真空设施中进行。

（4）飞行器静态试验（推进系统安装在一个受限的、不能飞行的飞行器或飞行器的某一级上）。

（5）飞行试验如下：

①采用配备特殊仪表或新推进系统的处于研制状态飞行试验用的飞行器。

②采用产品状态的飞行器。

以上 5 种类型的试验可以在很多研制计划中采用，每一种都可以应用在至少下面三种基本的研制计划中。

（1）新型（或改进的）火箭发动机、推进剂或其组件的研究和研制（或改进）。

（2）新型（或改进的）火箭发动机对特定应用或飞行任务的适用性的评估。

（3）现有火箭推进系统的产品与品质保证。

前两种研制计划主要针对新型或改进型产品，常采用试验发动机对新方案或新现象进行试验和测量。例如，新型固体推进剂颗粒的试验、新型控制阀组件的研制以及喷管锥形扩张段在工作期间热膨胀的测量。

生产试验关注的是推进系统中几个基本参数的测量,以保证产品的性能、可靠性和工作情况处于规定范围内。若产品批量很大,这些试验所需的测试设备和仪器通常就要使用半自动或全自动的,以便在较短的时间内完成试验、测量、记录和评估。

在研制计划的早期,为验证特定的设计特点和性能特征,通常要对组件及全系统做很多专门的、独特的试验。这些试验要采用专门的设备和仪器,或要对已有的试验装置进行改进。例如,用于在加速状态下测试推进系统的大型离心机,用于振动组件或全系统的变频振动设备等。对于第二种研制计划,为确定发动机性能和可靠性的统计值,通常要采用很多台设计状态的相同产品做一些专门的试验。在这个阶段还要开展一些试验以验证发动机承受极端工况的能力,如环境温度的高低、燃料成分的变化、振动环境的变化,或处于潮湿、雨水、真空,或在储存期间的草率处理。为了验证安全性,有时会对推进系统制造人为故障、伪信号或引入加工缺陷,以检验控制系统或安全装置处理和预防可能发生的故障的能力。

在试验发动机用于飞行器正式飞行之前,它必须通过初步飞行评定试验,以验证发动机的安全性、可靠性和性能。它不是一种单项试验,而是在各种特定条件、操作限制、性能容差、模拟环境和人为故障下的一系列试验。之后,发动机才可用于试验飞行。然而,在正式投入生产之前,发动机必须在各种严格的特定条件下通过另一系列测试,称为质量鉴定试验或生产前试验。一旦某推进系统通过了鉴定,或通过了鉴定试验,一般就不允许对它的设计、工艺或材料作任何改动,改动则需经过仔细的评审,递交详细的申请报告,并常常要重新进行质量鉴定试验。

推进系统组件及全系统试验的数量和费用在最近几十年已大大减少,原因可以归结为以下几点:先前类似产品的经验更加丰富,硬件开发更少,传感器更加优良,分析模型模拟更加优化,系统参数预测更加精确,应用健康监测系统识别初期损伤(节省硬件)以及故障模式的预测及其定位更加准确。经过验证的计算机程序消除了很多不确定性,免去了很多试验。在某些应用中,热试车次数减少到了以前的1/10甚至更少。

21.2 试验设施和安全措施

1. 试验设施

对于化学火箭推进系统,各种试验设施通常都包括以下主要系统或组件。

(1) 试验间或试验台,用于安装被试产品(火箭推进系统或推力室),通常要采用试验专用夹具。如果试验具有危险性,则试验设施必须有保护操作人员和限制事故破坏性的措施。

(2) 监测系统,具有相应的计算机,用于探测、保持、测量、分析、校正和记录各种物理化学参数,通常包括校准系统和计时器,以保证测量精确同步。

(3) 控制系统,用于起动、关机和调整工况。

(4) 用于装卸笨重组件、供应(或移除)液体推进剂、提供维护的系统和安保系统。

(5) 对于剧毒推进剂和有毒排气,需要收集毒性气体或蒸气(通过在封闭管路系统内点火工作)以处理大部分或全部毒性成分(如湿法洗涤和/或化学处理)、排出无毒气体成分,并安全处理所有有毒的固体或液体残留物。例如,对于含氟废气,可通过钙溶液清洗清除大部分毒性气体，形成的氟化钙不溶于水，可以沉淀后除去。

（6）在一些试验中需要专门的试验设备和独特的设施，以开展各种环境条件下或模拟紧急情况下的静态试验。例如，大型火箭发动机的高低温环境温度试验可能需要在发动机周围设置温控外壳；装填推进剂的导弹系统在做枪击试验及火烧试验（汽油或火箭燃料与库存导弹下面的空气燃烧）时需要粗糙不平的防爆设施。与此类似，振动试验、三维推力矢量和力矩测量或小推力短脉冲的总冲测量也需要专门的设备。

现在大多数火箭推进试验都在可精确控制试验条件的综合设备上进行。现代火箭推进试验设施常建在居民区几英里外的地方，以避免或尽量降低强噪声、振动、爆炸和有毒废气的影响。图21-1显示的是一种开放式试车台，用于垂直向下喷火的大型液体火箭推力室、中型的固体火箭发动机（SPRM）或液体火箭发动机（LPRE）（推力为100~2 000 klbf）。推进系统试验时喷火方向（垂直或水平）最好能与实际飞行状态相同。图21-2显示的是一种约10.5 t 推力（46 klbf）的高空模拟试车台。该试车台包括安装发动机的真空舱、一组抽真空用的蒸气喷射器、燃气降温用的喷水器以及冷却扩压器。在有化学火箭推进剂燃气流动时，这种设备不可能保持很高的真空度，一般只能保持在15~4 torr（1 torr = 133.3 Pa）的范围（相当于20~35 km高度）。这种试验设备可以试验大喷管面积比的火箭推进系统，在海平面压力下，这种面积比通常会产生流动分离。

在任何试验开始之前，照例都要培训参试人员，反复进行演习排练，使每个人都熟悉岗位职责和操作规程（包括紧急处理程序）。

现代试验设施中典型的人员和设备安全措施包括以下内容：

（1）混凝土墙建造的掩体或控制室，用于保护远离火箭推进试验台的人员、仪器和地面计算机终端（图21-3）。

（2）所有危险的操作和测量都采用远程控制、显示和记录，并将测量间、控制室与推进剂、废气等隔离。

（3）自动或人工的喷水系统和灭火系统。

（4）远程观看试验的闭路电视系统。

（5）试验前通知人员清场的警报信号（汽笛、铃声、喇叭、灯光、扬声器）和危险消除后的安全信号。

（6）限制液体推进剂贮罐和固体推进剂储存点的数量和距离，以尽量减小万一爆炸造成的破坏，并将燃料与氧化剂互相隔离。

（7）危险试验点周围建造保护墙，以减小爆炸时碎片造成的破坏。

（8）采用防爆电气系统、静电鞋、无火花操作工具，防止点燃易燃物（如某些固体火箭推进剂成分或蒸气）。

（9）对某些推进剂还要使用安全工作服（图21-4），包括防推进剂的耐火服、面罩及护罩、手套、专用鞋和安全帽。

（10）严格执行有关试验区域准入、吸烟、安检等规章制度。

（11）任何时候都要限制危险区域内的人员类别和数量。

第 21 章 火箭发动机试验

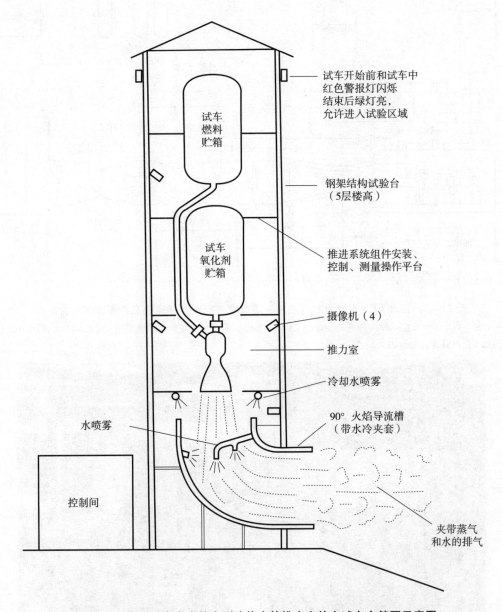

图 21 – 1　典型垂直点火的大型液体火箭推力室静态试车台简要示意图

（只有一小部分排气羽流（在喷管出口与火焰导流槽之间）可见。火焰导流槽使排气羽流偏转了 90°（呈水平方向），以免火焰在地面上吹出一个大坑。图中未画出的是起重机、安装或移除推力室的设备、安全护栏、高压气瓶、推进剂贮箱增压系统，互相隔离的燃料、氧化剂和冷却水的贮罐及其供应系统以及一个小车间）

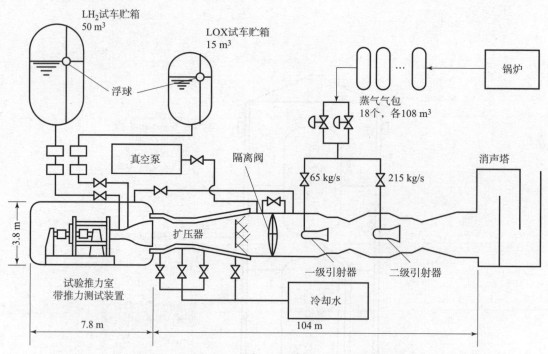

图 21-2 日本 LE-5 推力室（液氧-液氢推进剂）水平点火高空模拟试车台简图
（图中画出了抽真空原理（静态 13 torr，试验时 6 torr）。限于蒸气喷射器系统容量，最长试验时间约 10 min。经 AIAA 许可转载自文献 21-1）

图 21-3 RS-68A 验收试验的真实照片
（试验指挥员在后排中间位置，他的右边是发动机试验工程师，左边是控制与飞行器仿真工程师（前排人员主要控制设施基站，如氧气和氢气系统）。顶部是监控发动机点火的装置。目前的试验几乎全部通过计算进行远程控制并显示读数和储存数据。转载自 Aerojet Rocketdyne）

图 21-4　试验人员在处理危险性或腐蚀性液体推进剂
时使用的塑料安全服、手套、靴子和帽子
（当人站在平台上后，安全淋浴器就会自动打开，洗掉飞溅
或溢出的推进剂。美国空军官方照片）

2. 环境监测和有毒物质的控制

为了保护人员和环境，化学火箭推进系统开放式试验要经常测量和控制试验区域附近的排气浓度和气体运动。大多数的试验和发射设施都具有几个工作站（分布在设施内部和外部）用以在试验前、试验期间和试验后收集并测量空气样本。发动机正常工作排气，推进剂意外溢出造成的蒸气或反应气体，着火、爆炸、飞行器飞行中自毁或火箭在发射台自毁所产生的气体都会生成有毒的废气云（有些带有颗粒物）。环保条例通常限制可释放在大气中的毒气或颗粒物的局部最高浓度或总量。第 7 章和第 13 章已经提及了一些液体、蒸气和气体的毒性。对于会排放中等毒性的气体或产物的试验，一种控制方法是把试验推迟到天气和风力情况好的时候进行。

对爆炸、工业烟尘、导弹和航天器发射尾气对周围环境的影响所做的大量的分析研究和测量为预测火箭排气云的大气扩散和下游浓度提供了很好的基础。在地面试验分析中，毒气源可当作点源处理，而在飞行试验中它当作一带源处理。排气云的扩散率受许多推进参数（如推进剂类型、发动机尺寸、排气温度、发动机工作时间）、许多大气变量（如风速、风向、湍流度、湿度和垂直安定性或温度直减率）和周围地形的影响。参考文献 21-2 描述了毒气云的浓度及扩散的危害；参考文献 21-3 评估了大型火箭发动机排气对大气臭氧层和试验场附近地区天气的影响，文中认为影响通常很小，而且是暂时的；参考文献 21-4 描述了一个试验区域大气测量网络。

O. G. Sutton 提出了一个广泛应用于预测气体云在大气中扩散的公式（见参考文献 21-5）。许多关于毒气云下游浓度有关的现代方程和模型是 Sutton 理论的扩展。下面给出火箭和导弹工作者最感兴趣的 Sutton 公式。

在各向异性瞬时地面点源条件下，有

$$\chi_{(x,y,z,t)} = \frac{Q}{\pi^{3/2} C_x C_y C_z (\bar{u}t)^{3(2-n)/2}} \exp\left[(\bar{u}t)^{n-2}\left(\frac{x^2}{C_x^2} + \frac{y^2}{C_y^2} + \frac{z^2}{C_z^2}\right)\right] \quad (21-1)$$

在各向异性连续地面点源条件下，有

$$\chi = \frac{2Q}{\pi C_y C_z \bar{u} x^{2-n}} \exp\left[-x^{n-2}\left(\frac{y^2}{C_y^2} + \frac{z^2}{C_z^2}\right)\right] \quad (21-2)$$

式中：χ 为浓度（g/m^3）；Q 为点源强度（瞬时条件下单位是 g，连续条件下单位是 g/s）；$C_{x,y,z}$ 分别为 x、y、z 平面的扩散系数；$\bar{u}$ 为平均风速（m/s）；t 为时间（s）；坐标 x、y、z 的单位是 m，在瞬时条件下以气云中心为起点，在连续条件下以气云轴线下面的地面点为起点。指数 n 为稳定性系数或湍流系数，其值在 0（强烈湍流）和 1（非常稳定）之间，通常为 0.10~0.50。

研究排气云在大气中的扩散的几个基本定义如下：

（1）微气象学。研究和预测在地面上空 300 m 以上、水平距离约 5 mi① 范围内的大气现象。

（2）温度直减率。随着地面高度增加，温度的降低速率，美国标准大气表（见附录 2）中的直减率为每 1 000 m 6.4 ℃ 左右，温度直减率也受高度、风和湿度的影响。

（3）逆温或逆温层。这是温度直减率为负的情况（温度随高度而增加），通常发生在夜间地面附近。

下面是一些根据火箭排气云大气扩散的经验得出的一般性规则和观测结论。

（1）逆温层非常稳定，它大大降低了气云的垂直扩散（温度直减率越高，垂直扩散越大）。

（2）非常稳定的大气条件往往使排气羽流或云团完整地离开地球表面，除非排气产物比周围空气重得多。

（3）强风会增加扩散率并降低热效应。

（4）对于短暂点火试验（500 s 以下），下游气云总量近似等于瞬时点源所产生的量。

（5）当羽流到达某距离的 1/4 时排放停止，则该距离处其浓度峰值约等于同强度连续源的 3/4。

（6）逆温层的存在大大限制了推进系统废气与大气的混合与扩散能力，因为有效空气质量是地表与逆温层之间的空气质量。

（7）由热排气云浮力引起的向逆温层的渗透很少发生。

（8）导弹或运载火箭在 1 500 m 以上高度爆炸所造成的地表气云总量比在 600~1 000 m

---

① mi 为英里，5 mi ≈ 8.05 km。

高度爆炸要低很多。

毒性物质浓度已知后，要了解它的危害性，还需要知道它对人体和环境的影响。人类的承受极限已在第7章和参考文献7-5中给出。通常感兴趣的有三个极限、公众的短期暴露极限、工人的8 h暴露极限和必须疏散的浓度极限。根据具体有毒化学物质的不同，8 h极限可能在$5\ 000 \times 10^{-6}$（如二氧化碳这种气体）与1×10^{-6}以下（如氟这样的剧毒物质）之间。排气产物造成的人体中毒一般是通过吸入气体或细小固体颗粒引起的，但有时热试车后留在试验台附近数周或数月的固体残留物也会通过伤口或其他途径进入人体。此外，某些液体推进剂会引起灼伤和皮疹，或者在摄入后引起中毒（见第7章）。

21.3 测试设备和数据管理

在过去的几十年中，测试设备和数据管理取得了相当大的进展。如要进一步研究，读者可参考试验用测试设备和计算机的标准教材（见参考文献21-6）。火箭推进试验中通常测量的一些物理量如下：

（1）力（推力、TVC侧向力、短脉冲推力）。
（2）流量（热气、冷气、液体燃料、液体氧化剂、泄漏率）。
（3）压力（燃烧室、推进剂、泵入口/出口、贮箱等）。
（4）温度（室壁或外壳壁、推进剂、结构、喷管）。
（5）阀门、开关、点火器、全压加载等的指令时序。
（6）应力、应变、振动以及热膨胀（燃烧室、结构、推进剂管路、振动部件的加速度）（见参考文献21-7）。
（7）零部件的运动和位置（阀杆、摇摆架位置、部件在载荷或热量作用下的变形）。
（8）电子组件或控制分系统的电压、频率和电流。
（9）目测火焰形状、试验件失效模式和爆炸，采用高速摄影机或摄像机。
（10）特殊量，如推进剂应变、涡轮泵转速、推进剂贮箱液位、燃烧速率、火焰亮度、声压或废气成分。
（11）测试区域及下游的环境空气条件（压力、温度、风速、风向、毒气含量）。

在火箭发动机产品测试中，首先测量上述11种物理量中的其中一些；然后计算机自动与先前通过测试的同型发动机进行比较。计算机会识别出两者测量结果之间的偏差，经过探究这些偏差成因，合适时会进行一些调整或硬件修正以使正在测试的发动机达到预期性能。

参考文献21-8描述了一些推进系统的专用诊断技术，如利用非介入式光学法、微波法和超声法测量温度、速度、粒子尺寸或固体推进剂药柱燃烧速率。这些传感器许多采用了专门的技术和独特的软件。各种测量参数均可以采用不同类型的仪器、传感器和分析仪获得，参见参考文献21-9。

21.3.1 测量系统术语

各种测量装置或测量系统通常都需要一个或多个敏感元件（称为传感器或探头），一种用于记录、显示或指示探测到的信息的设备，以及另一套用于把探测到的信号调节、放大、修正或转换为适合记录、指示、显示或分析形式的设备。火箭发动机试验数据可用多种方法记录，例如，图形记录器或数字式存储设备（如磁带或磁盘），下面给出几个重要术语的定义（见参考文献 21-6）。

（1）量程指测量系统能给出真实的线性响应的最小值与最大值之间的范围。通常还留有一定的余量，以承受暂时性的过载而不致损坏仪器或需要重新校准。

（2）测量误差通常有两种类型：①人为误差（不正确地读数、调整仪器、查表或记录以及对这些数据不正确的整理或校正）；②仪器误差或系统误差，通常分为静态误差、动态响应误差、漂移误差和滞后误差（见参考文献 21-6 和 21-10）。静态误差通常是由加工、装配差异造成的固定的误差。这种误差一般可通过仔细的校准检测出来，然后在读数时加以适当的修正。漂移误差是一段时间内输出值的变化，它通常是由随机因素和环境条件造成的。为了避免漂移误差，测量系统必须经常在标准环境条件下对照已知标准参考值对整个量程范围进行校准。动态响应误差是测量系统来不及记录处于变化状态的被测参数（尤其是参数变化很快时）的真值所产生的误差。例如，由于振动、燃烧振荡、与结构的相互作用等，推力有一个动态分量。这些动态变化会使推力测量值失真或放大，除非仔细设计试车台结构、发动机安装结构以及推力测量和记录系统，以避免产生谐振或能量阻尼过大。为获得良好的动态响应，需要对整个系统进行仔细分析和设计。

（3）最大频率响应是指测量系统能测得真实值的最大频率。测量系统的固有频率应高于极限响应频率。一般来说，高频响应需要更复杂、更昂贵的仪器。整个测量系统（敏感元件、调制器和记录仪）都必须能够快速响应。在火箭发动机试验中，大多数测量采用了两种仪器：一种是用于参数变化相对缓慢、接近完全静态条件的仪器；另一种是用于快速变化的瞬态条件（如发动机起动、关机或振荡）的仪器（见参考文献 21-11）。后一种类型的仪器的频率响应在 200 Hz 以上，有时高达 20 000 Hz。这种快速测量对分析快速变化中的物理现象是必需的。

（4）仪器的线性度指在仪器整个量程内输入（通常是压力、温度、力等）与输出（通常为电压、输出显示变化等）之比。通常，静态校准误差即表示与绝对线性响应的偏差。非线性响应会在动态测量中引起相当大的误差。分辨率指给定仪器能检测到的测量参数的最小变化量。死区或滞后误差通常是由仪器系统内的能量吸收或仪器机构间隙造成的，在某种程度上，它们限制了仪器的分辨率。

（5）灵敏度是指由特定因素引起的响应或读数的变化。例如，温度灵敏度和加速度灵敏度分别指由环境温度和飞行加速度引起的测量值的变化。它通常表示为单位温度或单位加速度引起的测量值的百分比变化。该信息可用于把读数修正为参考条件或标准条件下的值。

（6）测量误差的来源有很多。参考文献 21-12 给出了一种采用数学模型的误差估计的标准化方法，既能对分量逐个进行估计，也能对测量和记录系统的累积效应进行估计。

（7）测试系统（包括电源、传输线、放大器和记录器）内的电气干扰或"噪声"会影响记录数据的精度，尤其是采用低输出的传感器时。参考文献 21-13 介绍了测量和消除令人讨厌的电噪声的方法。

21.3.2 试验测量

在火箭发动机或其部件的试验中，需要明确以下事项：一个或多个试验目的，试验对象的确认，试验的描述，试验设施的确认，要执行的特殊测量的一览表，试验数据储存、分析或显示的说明，对试验结果的解释，以及试验结论。

对于许多试验，特别是对于大型液体火箭发动机，产生的数据量可能非常大。最原始的方法是熟练的工人进行手工数据分析，但十分烦琐。如今计算机的应用已经很普遍，不仅可以编程对原始测量数据进行校正、存储、分析、修正和显示，也可以编制一些控制系统来控制正在试验的发动机并大大减少故障的发生。这种方法实际上是 11.5 节末尾提到的健康监测系统（HMS）的一个版本，这也将在下一节中进行介绍。

实际上，在试验期间或试验后常常只对一部分记录数据进行分析和审查。在复杂的火箭发动机开发试验中，有时会进行 100~400 次不同的仪器测量并记录。一些数据需要高频采样（如有些瞬态参数的采样频率可能超过 1 000 次/s），而另一些数据只需要低频采集（如安装支架的温度可能仅需 1~5 s 采样一次）。为简化数据传输，通常采用数据多路复用技术。多数发动机试验计算机系统都包含一个配置文件，用于标明各通道的数据特征，如量程、增益、参考值、平均类型、参数特性或数据修正算法。大多数数据不会经过分析或打印，只有需要对特定试验现象详细了解时才会对数据进行详细的分析。这种分析可能在试验结束数月后才开始，并且不一定在同一台计算机上进行。

在对待测推进系统进行健康监控时，选择正确的测量类型、测量次数以及采样频率十分重要。开发特定推进系统时，一般由工程师通过识别影响性能的关键参数以及可能发生的故障做出相应的选择。

实际试验测量中应用到的各种传感器会经过修正以适应标准接口，从而可以接入普通的计算机或网络（见参考文献 21-14）。由于环境温度变化、仪器校正系数、非线性输出、模/数转换、数字过滤等因素，各个仪器或传感器的测量输出会通过校正来消除关注范围之外的信号。数据的记录可以由位于发动机内、地面上或者飞行器中的计算机完成。数据处理包括对所选发动机参数数据的比例变化和显示（表格、图形或曲线），进而支持试验结果的分析。

21.3.3 健康监测系统

如前所述，健康监测系统（HMS）的工作依赖于接收传感器的修正数据输入，其相关内容在 11.5 节中也进行了讨论。在推进系统模拟和验证的分析描述中，各个参数的标称（期望）值可以在试验的特定时间导出并输入到 HMS 计算机中。通常包括在发动机工作的不同时间的参数标称值（燃烧室压力、推力、喷管壁面温度、电压以及稳态或瞬态条件下的其他参数等）。对于测量参数和时间，程序分析模型会给出标称值及上下限（也称为红线值）来确定该参数的安全操作范围。这些分析模型通常还包括瞬态条件（起动/停止）。各个参数的测量值一般由已经通过热试车的同类型火箭发动机的实际测试数据来验证（有时需要校正）。

随后，HMS 计算机会将实际测量的校正数据与等效分析模拟的数据进行自动对比。比较结果将会显示各个测量参数是否符合要求（是否在限制区间内）。对于化学火箭系统，损坏发生得非常快（1 s 内），迅速做出反应十分必要。在即将出现故障时，其他的测量通常也会超过其安全限制。例如，当液体火箭发动机涡轮机入口温度太高时，涡轮机叶片也可能损坏；当涡轮机入口气体温度超过安全极限后，涡轮泵轴速度和涡轮机入口歧管温度一般也会超过其安全极限。多次红线测量可以用来检测任何可能发生的严重故障，发动机初始故障就可以用这样的方法确定，并且可以补救并消除偶然的单传感器故障。

计算机会迅速做出可能的补救措施决定（当然比人类的决定快得多）。当同时接收到三个超过其安全极限的测量值并且均与相同潜在故障相关时，计算机会采取补救措施，它会自动查询补救措施表，快速识别和选择符合三个超限值情况的相应措施并自动起动该措施。对于上述涡轮机入口温度的例子，补救措施一般包括控制气体发生器的总流量或改变气体发生器的流量混合比（假设气体发生器阀具有节流能力）或安全地关闭发动机。这些迅速的决定在开发试验中节省了大量硬件设施。这也是火箭发动机试验中一个相对新颖的特征。

在一些组件试验中，可编程逻辑控制器会替代通用计算机来控制试验操作，这种情况下也通常需要一些软件开发。

21.4 飞行试验

大型火箭推进系统的飞行试验总是与飞行器及其他子系统（如制导、飞行器控制或地面设备）的试验一起进行的。这些飞行试验一般在导弹和运载火箭的航区内进行，通常在海洋上空。如果试验飞行器偏离了预定弹道，似乎要飞向人口密集地区时，航区安全官（或计算机）将采取行动，要么炸毁飞行器，中断飞行，要么对它进行弹道修正。因此，许多推进系统都有用于终止运行的设备（关闭火箭发动机或向发动机壳体打开推力终止装置，见14.3节）或起动爆炸装置的设备（使飞行器及推进系统在飞行中解体）。

飞行试验需要特殊的发射试验范围支持装置，观测、监视、记录数据的装置（摄像机、雷达、遥测计等），保证航区安全、数据整理和评估飞行试验性能的装置，以及经过专门训练的人员。不同的飞行器需要不同的发射装置，例如，肩扛式步兵导弹发射筒、安装在军用卡车或战舰上的可移动转塔式安装多管发射器、大型导弹的运输车、航天器运载火箭用的轨道式发射平台或固定的大型发射台。发射装置必须具有用于将飞行器装载或运送到发射工位以及用于飞行器对准或瞄准的设备，使各种设备能方便操作、与发射装置方便连接（检测、监测、加注等），并能承受发射时火箭发动机高温喷流的冲刷。

在试验飞行期间，常常要对飞行器各子系统的性能进行全面的测量。例如，燃烧室压力、进给压力、温度等火箭推进参数要进行测量，数据通过遥测传回地面接收站进行记录、监测和分析。有些飞行试验需要打捞和检查试验后的飞行器。

21.5 事故处理程序

任何火箭推进系统的试验都免不了会有失败，特别是当某些工作参数接近其极限时。每次失败是更好地了解设计方案、材料、推进性能、生产工艺或试验程序的机会。要了解失败的可能原因，确定补救措施防止以后出现类似失败，需要对其作全面仔细的研究，从这些失败中学到的教训也许是开发试验最重要的好处。在发生事故后，通常会采用规范化的事故处理程序，特别是在失败造成的影响很大的情况下，如高昂的成本、严重的破坏或人员伤亡。严重的失败（如运载火箭毁掉、试验设施严重破坏）通常会导致研制计划中止、下一次试验或飞行暂停，直至查明失败原因并采取措施防止再犯。

严重失败发生时最关心的是应付紧急情况需采取的步骤。这些步骤包括对受伤人员进行急救，把推进系统和试验设备恢复到安全、稳定的状态，避免化学危险品进一步对设施或环境造成破坏，配合当地消防部门、医护救生人员和残骸清理人员工作，迅速向上级主管部门、员工、新闻媒体和社会通报情况。此外还必须封锁通往事故现场设施的通道，保留现场以备事后调查。所有试验人员，特别是管理人员，不仅都要进行事故预防和尽量减少失败影响的培训，还要进行应付紧急情况的培训。参考文献 21 – 15 提出了与火箭推进剂有关的事故处理程序。

参考文献

21–1. K. Yanagawa, T. Fujita, H. Miyajima, and K. Kishimoto, "High Altitude Simulation Tests of LOX-LH2 Engine LE-5," *Journal of Propulsion and Power*, Vol. 1, No. 3, May–Jun. 1985, pp. 180–186.

21–2. *Handbook for Estimating Toxic Fuel Hazards*, NASA Report CR-61326, Apr. 1970.

21–3. R. R. Bennett and A. J. McDonald, "Recent Activities and Studies on the Environmental Impact of Rocket Effluents," AIAA Paper 98-3850, Jul. 1998.

21–4. R. J. Grosch, "Micro-Meteorological System," Report TR-68-37, Air Force Rocket Propulsion Laboratory, Nov. 1968 (AD 678856).

21–5. O. G. Sutton, *Micrometeorology*, Chapter 8, McGraw-Hill, New York, 1973.

21–6. D. Ramsey, *Principles of Engineering Instrumentation*, University of Michigan, Ann Arbor, MI, 1996.

21–7. K. G. McConnell and P. S. Varoto, *Vibration Testing: Theory and Practice*, 2nd ed., John Wiley & Sons, Hoboken, NJ, 2008.

21–8. Y. M. Timnat, "Diagnostic Techniques for Propulsion Systems," *Progress in Aerospace Sciences (Series)*, Vol. 26, No. 2, 1989, pp. 153–168.

21–9. R. S. Figliola and D. B. Beasley, *Theory and Design for Mechanical Measurements*, 4th ed., John Wiley & Sons, Hoboken, NJ, 2005.

21–10. R. Cerri, *Sources of Measurement Error in Instrumentation Systems*, Preprint 19-LA-61, Instrument Society of America, Research Triangle Park, NC.

21–11. P. M. J. Hughes and E. Cerny, "Measurement and Analysis of High-Frequency Pressure Oscillations in Solid Rocket Motors," *Journal of Spacecraft and Rockets*, Vol. 21, No. 3, May–Jun. 1984, pp. 261–265.

21–12. *Handbook for Estimating the Uncertainty in Measurements Made with Liquid Propellant Rocket Engine Systems*, Handbook 180, Chemical Propulsion Information Agency, Apr. 30, 1969 (AD 855130).

21–13. "Grounding Techniques for the Minimization of Instrumentation Noise Problems," Report TR-65-8, Air Force Rocket Propulsion Laboratory, Jan. 1965 (AD 458129).

21–14. S. Schmalzel, F. Figuero, J. Morris, S. Mandayam, and R. Polikar, "An Architecture for Intelligent Systems Based on Smart Sensors," *IEEE Transactions on Instrumentation and Measurement*, Vol. 34, No. 4, Aug. 2005.

21–15. D. K. Shaver and R. L. Berkowitz, *Post-accident Procedures for Chemicals and Propellants*, Noyes Publications, Park Ridge, NJ, 1984.

附　　录

附录1　转换因子与常数

转换因子（按字母顺序排列）

加速度（Lt^{-2}） *

1 m/s² = 3.280 8 ft/s² = 39.370 1 in/s²

1 ft/s² = 0.304 8 m/s² = 12.0 in/s²

g_0 = 9.806 65 m/s² = 32.174 ft/s²（地球表面标准重力加速度）

面积（L^2）

1 ft² = 144.0 in² = 0.092 903 m²

1 m² = 1 550.0 in² = 10.763 9 ft²

1 in² = 6.451 6 × 10⁻⁴ m²

密度（ML^3）

比重为量纲为1的参数，数值大小与以 g/cm³ 表示的密度相同。1 L = 10⁻³ m³

1 kg/m³ = 6.242 79 × 10⁻² lbm/ft³ = 3.612 73 × 10⁻⁵ lbm/in³

1 lb/ft³ = 166.018 4 kg/m³

1 lb/in³ = 2.767 99 × 10⁴ kg/m³

能量、功或热量（ML^2t^{-2}）

1 Btu = 1 055.056 J

1 kW·h = 3.600 59 × 10⁶ J

1 ft·lbf = 1.355 817 J

1 cal = 4.186 8 J

1 kcal = 4 186.8 J

力（MLt^{-2}）

1 lbf = 4.448 221 N

1 dyn（达因）= 10⁻⁵ N

1 kgf（欧洲用）= 9.806 65 N

---

* 标题后面括号中的符号表示量纲参数（L为长度，M为质量，t为时间，T为温度）

1 ton（英吨，力）（欧洲用） = 1 000 kgf

1 N = 0.224 808 9 lbf

1 mN = 10^{-3} N

重量是由重力吸引（地球表面为 g_0）作用在质量上的力

长度（L）

1 m = 3.280 8 ft = 39.370 1 in

1 ft = 0.304 8 m = 12.0 in

1 in = 2.540 cm = 0.025 4 m

1 mile = 1.609 344 km = 1 609.344 m = 5 280.0 ft

1 n mile = 1 852.0 m

1 mil（窖耳） = 0.000 025 4 m = 1.00 × 10^{-3} in

1 μm = 10^{-6} m

1 天文单位（au） = 1.496 00 × 10^{11} m

质量（M）

1 slug = 32.174 lbm

1 kg = 2.205 lb = 1 000 g

1 lb = 16 oz = 0.453 6 kg

功率（ML^2t^{-3}）

1 Btu/s = 0.292 4 W

1 J/s = 1.0 W = 0.001 kW

1 cal/s = 4.186 W

1 hp = 550（ft·lbf）/s = 745.699 8 W

1（ft·lbf）/s = 1.355 81 W

压力（$ML^{-1}t^{-2}$）

1 bar = 10^5 N/m^2 = 0.10 MPa

1 atm = 0.1.132 5 MPa = 14.696 psi

1 mmHg = 133.322 N/m^2

1 MPa = 10^6 N/m^2

1 psi（lbf/in^2） = 6 894.757 N/m^2

速度（或线速度）（Lt^{-1}）

1 ft/s = 0.304 8 m/s = 12.00 in/s

1 m/s = 3.280 8 ft/s = 39.370 1 in/s

1 knot = 0.514 4 m/s

1 mile/h = 0.477 0 m/s

比热容 ($L^2 t^{-2} T^{-1}$)

1 (g·cal)/(g·℃) = 1 (kg·cal)/(kg·K) = 1 Btu/(lb·℉) = 4.186 J/(g·℃)
    = 1.163 × 10^{-3} (kW·h)/(kg·K)

温度 (T)

1 K = 9/5 °R = 1.80 °R

0 ℃ = 273.15 K

0 ℉ = 459.67 °R

1 ℃ = (5/9)(℉ − 32), 1 ℉ = (9/5)℃ + 32 ℃

时间 (t)

1 天 (d) = 24 h = 1 440 min = 86 400 s

1 年 (y) = 365 天 = 3.153 6 × 10^7 s

黏度 ($ML^{-1}t^{-1}$)

1 cSt = 1.00 × 10^{-6} m^2/s（运动黏度）

1 cP = 1.00 × 10^{-3} kg/(m·s)

1 (lbf·s)/ft^2 = 47.880 25 kg/(m·s)

常数

J	热功当量，J = 4.186 J/cal = 777.9 (ft·lbf)/Btu = 1 055 J/Btu
R'	通用气体常数，R' = 8 314.3 J/(kg·mol·K) = 1 545 (ft·lbf)/(lbm·mol·R)
V_{mole}	理想气体分子体积，V_{mole} = 22.4 L/(kg·mol)（标准状态下）
e	电子电荷，e = 1.602 18 × 10^{-19} C
ε_0	真空介电常数，ε_0 = 8.854 187 × 10^{-12} F/m
G	引力常数，G = 6.674 × 10^{-11} m^3/(kg·s^2)
k	玻耳兹曼常数，k = 1.380 650 03 × 10^{-23} J/K
	电子质量 = 9.109 381 × 10^{-31} kg
NA	阿伏伽德罗常数，NA = 6.022 52 × 10^{26}/(kg·mol)
σ	斯忒藩 − 玻耳兹曼常量，σ = 5.669 6 × 10^{-8} W/(m^2·K^{-4})

附录2 地球标准大气特性

海平面大气压为 0.101 325 MPa (4.696 psi 或 1.000 atm)

高度/m	温度/K	压力比	密度/$(kg \cdot m^{-3})$
0（海平面）	288.150	1.000 0	1.225 0
1 000	281.651	$8.870\ 0 \times 10^{-1}$	1.111 7
3 000	268.650	$6.691\ 9 \times 10^{-1}$	$9.091\ 2 \times 10^{-1}$
5 000	255.650	$5.331\ 3 \times 10^{-1}$	$7.631\ 2 \times 10^{-1}$
10 000	223.252	$2.615\ 1 \times 10^{-1}$	$4.135\ 1 \times 10^{-1}$
25 000	221.552	$2.515\ 8 \times 10^{-2}$	$4.008\ 4 \times 10^{-2}$
50 000	270.650	$7.873\ 5 \times 10^{-4}$	$1.026\ 9 \times 10^{-3}$
75 000	206.650	$2.040\ 8 \times 10^{-5}$	$3.486\ 1 \times 10^{-5}$
100 000	195.08	$3.159\ 3 \times 10^{-7}$	5.604×10^{-7}
130 000	469.27	$1.234\ 1 \times 10^{-8}$	8.152×10^{-9}
160 000	696.29	$2.999\ 7 \times 10^{-9}$	1.233×10^{-9}
200 000	845.56	$8.362\ 8 \times 10^{-10}$	2.541×10^{-10}
300 000	976.01	$8.655\ 7 \times 10^{-11}$	1.916×10^{-11}
400 000	995.83	$1.432\ 8 \times 10^{-11}$	2.803×10^{-12}
600 000	999.85	$8.105\ 6 \times 10^{-13}$	2.137×10^{-13}
1 000 000	1 000.00	$7.415\ 5 \times 10^{-14}$	3.561×10^{-15}

资料来源：*U. S. Standard Atmosphere*, National Oceanic and Atmospheric Administration, National Aeronautics and Space Administration, and U. S. Air Force, Washington, DC, 1976 (NOAA – S/T – 1562).

附录3　理想化学火箭发动机主要方程汇总

参数	公式	公式编号
平均排气速度 v_2 (m/s 或 ft/s)(假设 $v_1=0$)	$v_2 = c - (p_2 - p_3)A_2/\dot{m}$	(2-15)
	当 $p_2 = p_3$ 时, $v_2 = c$	
	$v_2 = \sqrt{[2k/(k-1)]RT_1[1-(p_2/p_1)^{(k-1)/k}]}$	(3-16)
	$= \sqrt{2(h_1-h_2)}$ (假设 $v_1 \approx 0$)	(3-15)
等效排气速度 c (m/s 或 ft/s) 推力 F(N 或 lbf)	$c = c^* C_F = F/\dot{m} = I_s g_0$	(3-22),(3-33)
	$c = v_2 + (p_2-p_3)A_2/\dot{m}$	(2-15)
	$F = c\dot{m} = cm_p/t_p$	(2-16),(4-9)
	$F = C_F p_1 A_t$	(3-31)
	$F = \dot{m}v_2 + (p_2-p_3)A_2$	(2-13)
	$F = \dot{m}I_s g_0$	(2-6)
特征速度 c^* (m/或 ft/s)	$c^* = c/C_F = p_1 A_t/\dot{m}$	(3-32)
	$c^* = \dfrac{\sqrt{kRT_1}}{k\sqrt{[2/(k+1)]^{(k+1)/(k-1)}}}$	(3-32)
	$c^* = I_s g_0/C_F = F/(\dot{m}C_F)$	(3-32),(3-33)
推力系数 C_F(量纲为1)	$C_F = c/c^* = F/(p_1 A_t)$	(3-31),(3-32)
	$C_F = \sqrt{\dfrac{2k^2}{k-1}\left(\dfrac{2}{k+1}\right)^{(k+1)/(k-1)}\left[1-\left(\dfrac{p_2}{p_1}\right)^{(k-1)/k}\right]} + \dfrac{p_2-p_3}{p_1}\dfrac{A_2}{A_1}$	(3-30)
总冲 I_t(N·s)	$I_t = \int F \mathrm{d}t = Ft = I_s w$	(2-1),(2-2),(2-5)
比冲 I_s(s)	$I_s = c/g_0 = c^* * C_F/g_0$	(2-16),(3-33)
	$I_s = F/\dot{m}g_0 = F/\dot{w}$	(2-5)
	$I_s = v_2/g_0 + (p_2-p_3)A_2/(\dot{m}g_0)$	(2-15)
	$I_s = I_t/(m_p g_0) = I_t/w$	(2-4),(2-5)
推进剂质量分数 (量纲为1)	$\zeta = m_p/m_0 = \dfrac{m_0-m_f}{m_0}$	(2-8),(2-9)
	$\zeta = 1 - MR$	(4-4)
飞行器或某一级的质量比 MR(量纲为1)	$MR = \dfrac{m_f}{m_0} = \dfrac{m_0-m_p}{m_0}$ $= m_f/(m_f+m_p)$	(2-7),(2-10)
	$m_0 = m_f + m_p$	(2-10)
无重力真空飞行器速度增量 Δu(m/s 或 ft/s)(假设 $u_0=0$)	$\Delta u = -c\ln MR = c\ln\dfrac{m_0}{m_f}$	(4-6)
	$= c\ln[m_0/(m_0-m_p)]$	
	$= c\ln[(m_p+m_f)/m_f]$	(4-5),(4-6)

续表

参　数	公　式	公式编号
推进剂质量流量 $\dot{m}$ （kg/s 或 lb/s）	$\dot{m} = Av/V = A_1 v_1/V_1$ $\quad = A_t v_t/V_t = A_2 v_2/V_2$ $\dot{m} = F/c = p_1 A_t / c^*$ $\dot{m} = p_1 A_t k \dfrac{\sqrt{[2/(k+1)]^{(k+1)/(k-1)}}}{\sqrt{kRT_1}}$	(3-3) (3-24) (2-16),(3-32) (3-24)
马赫数 Ma（量纲为1）	$Ma = v/a = v/\sqrt{kRT}$ 喉部处，$v = a, Ma = 1.0$	(3-11)
喷管面积比 ε	$\varepsilon = A_2/A_t$ $\varepsilon = \dfrac{1}{M_2}\sqrt{\left(\dfrac{1+\dfrac{k-1}{2}M_2^2}{1+\dfrac{k-1}{2}}\right)^{(k+1)/(k-1)}}$	(3-19) (3-14)
滞止条件下自由等熵流关系式	$T_0/T = (p_0/p)^{(k-1)/k} = (V/V_0)^{k-1}$ $T_x/T_y = (p_x/p_y)^{(k-1)/k} = (V_y/V_x)^{k-1}$	(3-7)
圆轨道卫星速度 u_s （m/s 或 ft/s）	$u_s = R_0\sqrt{g_0/(R_0+h)}$	(4-26)
逃逸速度 v_e （m/s 或 ft/s）	$v_e = R_0\sqrt{2g_0/(R_0+h)}$	(4-25)
液体火箭发动机混合比 r 与推进剂流量 $\dot{m}$	$r = \dot{m}_0/\dot{m}_f$ $\dot{m} = \dot{m}_0 + \dot{m}_f$ $m_f = \dot{m}/(r+1)$ $m_0 = r\dot{m}/(r+1)$	(6-1) (6-2) (6-4) (6-3)
平均密度 ρ_{av} （或平均比重）	$\rho_{av} = \dfrac{\rho_0 \rho_f (r+1)}{r\rho_f + \rho_0}$	(7-2)
燃烧室特征长度 L^*	$L^* = V_c/A_t$	(8-9)
固体推进剂质量流量 $\dot{m}$	$\dot{m} = A_b r \rho_b$	(12-1)
固体推进剂燃烧速率 r	$r = a p_1^n$	(12-5)
燃烧面积 A_b 与喉部面积 A_t 之比	$K = A_b/A_t$	(12-4)
燃烧速率定压温度敏感性	$\sigma_p = \dfrac{1}{r}\left(\dfrac{\partial r}{\partial T_b}\right)_{p_1}$	(12-8)
定 K 值下压力对温度敏感性	$\pi_K = \dfrac{1}{p_1}\left(\dfrac{\partial p}{\partial T_b}\right)_K$	(12-9)